창호/커튼월

실무와 이론

(사)한국창호커튼월협회

Window & Curtain wall

도서출판 구미서관

발간을 축하하며

존경하는 독자 여러분께,

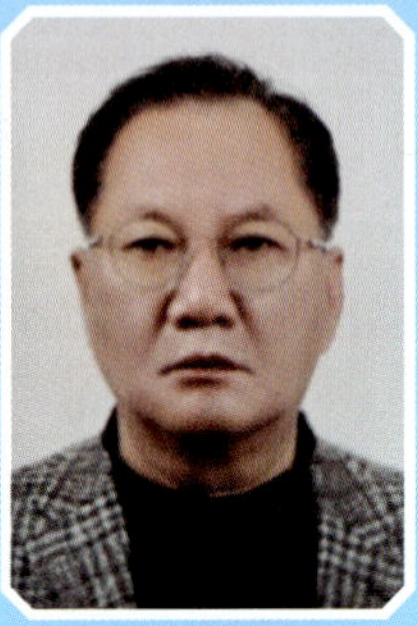

건축 외피 시스템은 단순한 구조 요소를 넘어, 건축물의 에너지 효율과 실내 환경, 도시의 미적 수준까지 아우르는 중요한 기술 분야입니다.
그중 창호 및 커튼월 시스템은 고기밀·고단열 성능을 중심으로 한 고성능 건축물 실현에 핵심적인 역할을 하고 있습니다.

최근 기후 변화 대응과 탄소중립 실현, 건축물 고도화 요구가 빠르게 증가함에 따라, 관련 기술에 대한 전문 지식과 실무 역량이 더욱 중요해지고 있습니다. 이에 본 협회는 이 기술서가 대학생, 실무 종사자, 그리고 공공과 민간 부문의 관계자 모두에게 실질적인 지침서가 되길 기대하며 기획하였습니다.

이번 발간물이 창호 및 커튼월 분야의 기초 이론부터 시공 사례, 최신 기술 동향까지 폭넓게 다루어 학습과 실무 현장 모두에 도움이 되길 바랍니다.

끝으로, 본 기술서 발간에 힘써주신 한국창호커튼월협회와 집필진 여러분과 모든 관계자 분들께 깊은 감사의 말씀을 드립니다.

감사합니다.

2025년 5월

사단법인 한국창호커튼월협회 회장 **장기문**

발간을 축하하며

창호커튼월 협회가 설립 된지 벌써 몇 년이 흘렀습니다. 그 동안 협회의 위상을 높이기 위해 많은 노력을 하고 있는 것 중에 하나로써 '창호/커튼월 실무와 이론'에 관련된 책자를 발간 하게 되었습니다.
창호협회와 파사드 협회가 통합하여 창호커튼월 협회가 설립되었을 때 과연 두 협회의 통합으로 시너지 효과를 나타낼 수 있을까 하는 의문이 들었지만, 협회 회원사와 협회에 관련 된 분 들의 도움으로 협회의 위상이 점점 높아지고 있습니다.

한국창호커튼월 협회의 나아 갈 것 중에 하나로써 창호에 관련된 교재의 발간을 기획하고 시행하게 되었습니다.

'창호/커튼월 실무와 이론'은 창호회사에 근무하고 있는 실무자에게 도움이 될 수 있는 창호의 기본적인 성능과 시험방법에 대해 서술하였고, 창호의 설계와 시공에 대해서 서술 하였습니다. 이는 창호기능사 훈련에 필요한 교재로 사용할 수 있고, 대학 건축과 학생들도 건설경기에 필요한 교재로 사용할 수 있게 하였습니다.

1998년 외환위기 당시 건설투사 성상률이 이후 죄저인 건설경기의 하락으로 창호 관련공사가 줄어 힘들때, 우리는 창호의 품질시공을 높일 필요가 있습니다.
창호커튼월 협회 여러분들의 사업의 번창과 건강을 기원 합니다. 감사합니다.

2025년 5월

사단법인 한국창호커튼월협회 회장 조 수

추천의 글

최근 건축 산업은 고성능 외피 시스템을 통한 에너지 절감과 건물 외관의 미적 및 기능 적 품질 향상을 동시에 요구받고 있습니다. 특히 기후 위기 대응과 고층 건축물 증가라 는 이중 과제 앞에서, 건축물의 외피를 구성하는 창호와 커튼월 시스템은 단순한 외장재 를 넘어 건물 성능의 핵심 구성요소로 자리매김하고 있습니다.

이러한 흐름 속에서, 한국 창호커튼월협회가 발간한 이 책은 현장과 학계, 설계와 시공, 구조와 시험 등 다양한 전문 분야를 유기적으로 아우르는 종합 지침서로서 큰 의미를 지 닙니다. 실무자와 연구자 모두가 참고할 수 있는 깊이 있는 내용으로 구성되어 있을 뿐 아니라, 현장의 문제 해결과 기술 표준화에 실질적인 도움을 줄 수 있는 구체적인 해석 과 사례들이 포함되어 있습니다. 또한 외피시스템에 작용하는 하중과 구조적인 요구성능 뿐만 아니라 기밀성능, 수밀성능, 내풍압/구조성능, 단열성능, 내화성능 및 차음, 동적변 위, 층간변위 등에 관한 시험방법을 망라하고 있고 최종단계인 목업시험방법까지를 다루 고 있어 현장에서 널리 활용할 수 있을 것으로 기대됩니다.

이 책에서는,
1장~2장에서는 창호 및 커튼월의 기본 재료와 개요를 체계적으로 정리하고,
3장에서는 건축물 외피의 에너지적 관점에서의 성능 평가,
4장~5장에서는 설계 및 시공 사례를 통해 커튼월의 구조적 안정성과 시공상의 디테일,
6장~7장에서는 시험법 및 성능기준, 그리고 앵커설계의 정량적 기준이 명료하게 서술되어 있습니다.
8장은 실질적인 현장 컨설팅을 반영하여, 실무자들이 겪는 기술적 이슈에 대한 해결책을 제공합니다.

이 책은 단지 정보를 나열하는 데 그치지 않고, 창호·커튼월의 설계부터 시공, 평가 및 유지관리까지 전 생애주기에 걸친 종합적 접근을 제시하고 있습니다. 이는 국내 건축기술의 전문성과 국제 경쟁력 강화를 위한 토대가 될 것이며, 고품질 건축물 실현에 크게 기여할 것이라 확신합니다.

끝으로, 이 책의 발간을 위해 수고하신 한국 창호커튼월협회와 집필진 여러분의 노고에 깊이 감사드리며, 본 서적이 업계 현장과 학문 영역 모두에 널리 활용되어 기술의 통합 과 진보를 이끄는 지침서가 되기를 기대합니다.

2025년 5월

단국대학교 건축공학과 석좌교수 **정 란**

기술서적 집필위원·자문위원·출판위원

기술서적 집필위원·자문위원·출판위원

분야		성명	소속	직함
집필위원	1장 개요	조수	秀건축연구소	연구소장
	2장 창호와 커튼월의 재료	임재한	이화여자대학교	교수
	3장 건축물 외피와 에너지	전철수	㈜아존아시아	이사
		손성구	에스케이에코플랜트(주)	프로
		이용준	㈜비이엘테크놀로지	대표이사
	4장 커튼월의 적절한 현장관리를 위한 설계와 시공의 사례 검토	안찬식	삼성물산	커튼월 마스터
	5장 구조	원종호	㈜시티월이엔지	대표이사
		이국환	㈜시티월이엔지	부장
	6장 창호와 커튼월의 시험방법 및 요구성능	조동환	건축자재시험연구원	실장
		임보혁	건축자재시험연구원	실장
	7장 콘크리트용 앵커 설계법 및 평가기준	안영승	㈜원진	상무
		채경훈	㈜원진	책임 연구원
	8장 현장 컨설팅	주현용	㈜시티월이엔지	기술이사
자문위원		강재식	한국건설기술연구원	선임 연구위원
		김상철	㈜아텍글라스	대표이사
		박현수	신한대학교 대학원	교수
		장기문	㈜다중씨엠씨	대표이사
		정란	단국대학교	교수
		최상록	인천경기알루미늄공업협동조합	이사장
		홍성철	㈜알루이엔씨	대표이사
		조원일	포스코이앤씨	Expert
출판위원		원종호	㈜시티월이엔지	대표이사
		조수	秀건축연구소	연구소장
		박기영	㈜선우시스	대표이사
		전철수	㈜아존아시아	이사
		박성원	창일산업개발(주)	대표이사

Contents

CHAPTER 01 개요

제1장 | 개요

창호(권두언)

창호는 건축물의 바닥, 벽, 지붕에 설치하는 개구부를 일컫는 것으로 窓과 戶를 붙여서 된 것이고, 창호의 역사는 인류의 생존방식, 문화, 건축 기술 변화와 발전과 밀접하게 연결되어 있다. 우리나라의 건축물에서는 창호에 창호지를 붙여서 사용하여 왔다. 유리의 제조 기술이 개발되면서 창문에 유리를 적용한 창호가 등장했다. 이는 외부를 확인하고, 빛을 유입할 수 있음과 동시에 외부 요소로부터 건물 내부를 격리하여 보호하는 중요한 역할을 했다. 또한 유리 창문을 여러 겹으로 만들어서 건물 내부를 일정한 온도와 환경으로 유지하고, 바람이나 잡음을 줄일 수 있었다.

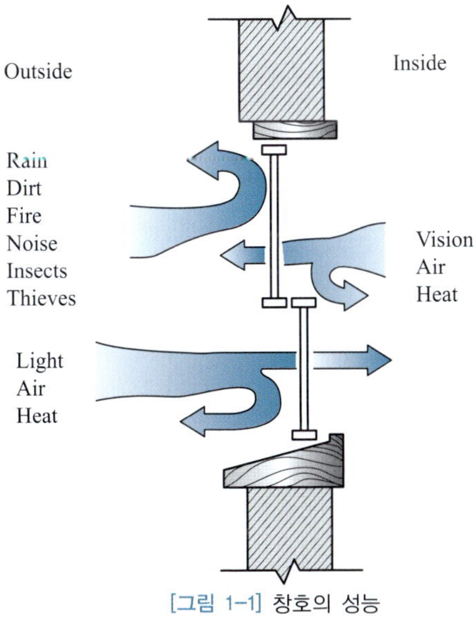

[그림 1-1] 창호의 성능

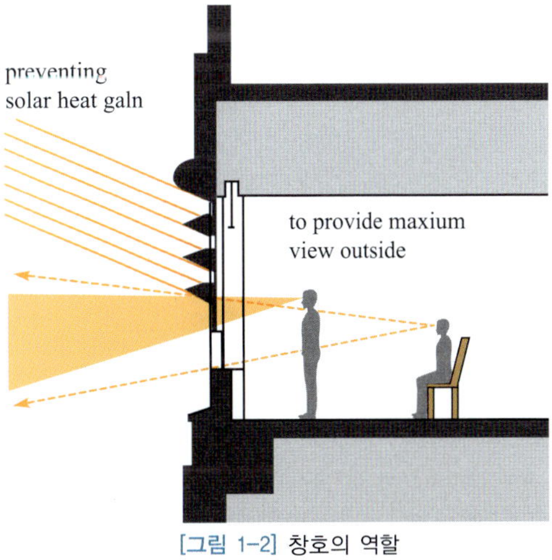

[그림 1-2] 창호의 역할

[그림 1-1]에서 보는 바와 같이, 건물에서의 창호는 밖을 조망하는 눈의 역할을 하면서, 건물의 미적인 면을 지니고 있어야 한다. 그리고 비, 먼지, 화재, 소음, 곤충, 도둑 등의 차단을 할 뿐만 아니라, 환기, 열교환 등의 기능을 지닌 중요한 역할을 하고 있다. [그림 1-2]는 창호가 건물의 외피와 눈의 역할을 하고 있다.

19세기의 산업 혁명 시대에 들어 철강과 콘크리트 등 새로운 건축 자재의 등장과 함께 대규모 건축물이 건설되면서 창호 또한 급격한 발전 과정을 거쳤다. 이 시기에는 창문이 훨씬 크고 복잡한 형태로 제작되었으며 개폐가 가능한 창문의 하드웨어, 창문 프레임 디자인 등 다양한 기술적 혁신이 이루어졌다. 대량 생산기술의 발달로 저렴한 가격의 창호가 생산되어 대형 건축물 외에 일반 주택에도 유리를 적용한 창호가 보편적으로 보급되기 시작되었으며, 현대의 건축에서는 창호가 단순한 기능을 넘어 안전성, 디자인적 요소 등 여러 가지 측면에서 기능을 확보해야 하고 다양한 파생 기술을 접목함으로써 건축물의 기능적인 면에서 중요한 역할을 담당하고 있다. 최근에는 에너지 절약과 친환경에 대한 관심이 높아짐에 따라 에너지 효율이 높은 창호와 친환경 소재로 만든 창호가 개발되고 있으며 스마트홈 기술의 발달로 원격 조작이 가능한 창호나 인공지능 기반으로 자동으로 개폐되는 창호 등도 등장하고 있다.

다양한 이종의 기술을 접목하는 신개념 창호 등이 개발되고 있지만 창호는 기본적인 기능을 완벽하게 확보해야만 하며 복합적인 기능이 접목될 때 효과를 배가시킬 수 있다. 창호는 제작, 시험법, 시공에 관한 국가가 정한 규격에 부합하거나 동등 이상의 성능을 확보해야 한다. 국내에서는 건축물에서 발생하는 냉·난방 부하를 줄이기 위해서 여러 가지 R&D가 개발되고 있다. 정부에서는 건축물 에너지효율등급, 에너지자립률, 건축물 에너지관리시스템을 평가함으로써 건축물에서의 냉·난방 에너지를 줄이고자 한다. 신축 및 리모델링 건축물에서 비용이 적게 들고, 가장 효과적인 에너지 절약 방법이 창호에서의 에너지 절약 방안이다. 따라서 정부에서는 2012년 7월부터 창호에도 에너지효율등급 표시제를 적용하여 창호의 에너지소비효율에 따라 소비자가 에너지절약형 창호를 쉽게 구분하여 제품을 구입할 수 있도록 하여 창호에서 에너지를 줄이고자 하였다.

창호에서 요구되는 성능이 많이 있지만, 에너지 효율에 관련된 성능은 단열성능, 기밀성능, SHGC(태양열취득계수)가 대표적이다. 그 외에도 창호에서 요구되는 성능시험은 기능, 안전성에 대한 시험으로 분류할 수 있고, 각종 재료의 개별 성능 외 창호 완성품에 대한 시험 중 내구성 및 사용성과 연관된 개폐력, 수밀성능, 내풍압성능, 결로 방지 성능 등이 있다.

또한 건축물의 용도, 주변의 기후적 특성, 건축주 및 관리인의 요구, 대상물의 성격과 추구하는 목적에 따라 창호의 재료 선정, 구성부품, 성능 수준 등을 적정하게 조합해야만 한다. 각 성능기준은 한쪽이 월등하게 좋다고 해서 종합적인 성능 및 사용성이 비례적으로 향상될 수 있다고 볼 수 없다. 일례를 들면 단열성능이 높다고 해서 결로 방지 성능이 무조건 좋지는 않은 점과 같다. 창호의 입면 전체를 통해 유출되는 열량을 확인하는 단열성능 시험은 일정 부위의 열적 취약성이 있더라도 높은 수준의 성능을 발현할 수 있는 반면 결로는 개폐력 향상을 위한 하드웨어 부위, 구동 부위가 열적 취약 부위가 되어 결로가 발생하는 것처럼 말이다.

이처럼 각종 성능기준은 다른 성능에 영향을 주게 되며 최초 계획한 종합적인 목표성능과 사용성을 충족시키지 못할 수도 있다. 따라서 확실한 대상별 달성 목표 수립, 적정한 사전 예측, 평가, 시공관리, 사후 계측을 통한 보완 등이 필요하다. 그래서 창호의 R&D가 쉬운 것 같지만, 실제로는 어려운 점이 바로 이것이다.

최근 기후변화와 더불어 악화된 외부 기후조건에 대응하여 재실자의 쾌적성을 충족시키기 위해 건축물은 다량의 에너지를 소비하게 된다. 건물의 외벽을 통한 에너지 손실은 30 % 이상을 차지하는 것으로 알려져 있고 창호는 일반적인 단열 시공된 벽체보다는 열 손실이 클 수밖에 없다. 동계 에너지 손실이 많은 국내의 기후조건에서는 태양에너지를 건물의 실내로 유입시킬 수 있는 거의 유일한 통로로 이용하여 에너지 부하를 저감 시킬 수 있다. 반대로 하계 과도한 일사의 유입은 냉방부하를 가중하는 요인이 될 수 있다.

이런 변동하는 부하영향 조건에서 창호가 가져야 할 기능적 측면이 바로 일사유입을 자동으로 조절할 수 있는 유리, 차양기술이라 할 수 있다.

국내의 경우 건축물의 에너지절감을 위해 건물 에너지효율등급 제도, 창호는 창 세트 에너지소비효율등급 표시제도 등을 시행하고 있고 제로에너지건축물 보급 확대를 위해 인증 등급을 부여하고 있다. 협소한 공간, 토지비 상승 등에 대응하여 건축물은 점점 고층화, 집적화되는 상황에서 에너지의 생산과 관련한 가장 효율적인 방법은 건축물의 외피를 에너지 생산 주체로 변화시키는 것이다. 다양한 제약조선이 있긴 하지만 향후 필연적으로 시행해야만 하는 필수적인 기술적 과제일 수 있다. 이전에도 외피를 에너지 생산 주체로서의 변화시키려는 아이디어와, 기술적 시도가 있었으나 소위 얘기하는 가성비가 떨어지는 문제로 인해 활성화되지 못한 것이 현실이었다. 하지만 가장 많은 표면적으로 갖는 외피에 적용 가능한 BIPV, 유기태양전지 기술 등이 이전과 달리 기반 기술의 보편화로 인해 가격 측면이 우수해지며 적용 가능성이 점차 밝아지고 있다.

4차 산업혁명 기술의 적용에 있어서도 창호는 기술도입의 효과가 큰 분야일 수 있다. 외기의 각종 환경 데이터, 내부 환경센서, 재실감지 등이 일반화되면 자동으로 개폐되는 창호, 블라인드, 차양, 창호 일체형 환기장치 등의 기술 역시 시장 요구도가 커질 수 있을 것으로 판단된다. 상상의 힘이 현실이 되는 시대가 도래한 상황에서 기술개발을 통한 잠재시장은 무궁무진할 것이다. 또한 최근에는 안전과 관련한 각종 법령, 법규 등이 강화되고 있기 때문에 창호의 화재 안전성에 대한 성능기준 충족을 위한 노력도 필요할 것으로 판단된다.

국내 창호의 기술 수준은 에너지절감의 핵심 요소로 건물 외피, 창호를 선정한 적극적인 정부의 개발지원, 제조업체, 연구진의 노력으로 해외 선진 창호 기술 대비 약 90 %, 국산화율은 95 % 수준 정도로 품질향상을 이루었다.

향후의 창호 기술은 변화하는 미래의 건설시장의 요구에 걸맞게 새로운 복합 기술의 개발을 지향하고 뿐만 아니라 가장 기본이 되는 기초성능의 향상, 효과적이며 목적에 부합하는 적용 방안 시스템화, 시공에 필요한 디테일한 시공법 등이 지속적으로 확보되어야 할 것이다.

제 1 장은 창호와 커튼월의 개요에 관하여 작성되었다.

제 2 장은 창호와 커튼월의 구성요소와 재질 및 스페이스에 관련된 모든 재료의 특징에 대해서 작성하였다.

제 3 장은 창호가 건축물 외피로서의 역할과 건축물에서 많은 손실이 일어나고 있는 창호에서 냉·난방 부하를 저감할 수 있는 설계 방법 및 창호의 단열에 관련된 측정 지수인 열관류율, 태양열취득계수, 기밀성능, 결로에 관하여 정리하였으며, 창호 단열성의 시뮬레이션에 의한 열관류율 측정과 결로 예측에 관련하여 작성되었으며, 기준 및 제도에 관하여 작성하였다.

제 4 장은 현장에서 커튼월의 현장 품질관리를 위한 설계 및 검토에 관해서 적성 되었으며, 커튼월 제작/설계 및 공정관리의 자동화를 정리하였다.

제 5 장은 커튼월의 외피시스템에 가해지는 여러 가지 종류의 하중에 관해서 작성 되었으며, 구조의 성능에 요구되는 성능에 관하여 작성하였다.

제 6 장은 창호와 커튼월에서 요구되는 성능 및 시험에 관하여 정리하였다. 창의 기본성능인 기밀, 수밀, 내풍압, 단열, 방범, 내화, 연소 성능 및 층간 변위 시험과 동적 내진 시험에 관한 KS와 ASTM 및 AAMA의 시험방법을 기술하였으며, Mock-up Test에 관하여 작성하였다. 하였다.

제 7 장은 콘크리트 앵커의 분류 및 기본개념을 작성하였으며, 콘크리트용 앵커 설계법과 평가기준 및 구조체에 고정하는 앵커의 기준 및 강도에 대해서 서술하였다.

제 8 장은 현장에서 필요한 사항을 컨설팅에 관하여 정리하였으며, 외장재 현장 컨설팅과 컨설팅의 주요 업무에 관해 서술하였다. 외장재에 관련된 주요 법규 사항을 정리하였으며, 드론을 이용한 현장 컨설팅 및 외장재 하자 파악을 위하여 드론을 활용하는 방안을 서술하였다.

CHAPTER 02

창호와 커튼월의 재료

제2장 | 창호와 커튼월의 재료

1절. 창호와 커튼월의 발전과정

1. 건물에서 창호, 커튼월의 발전 과정

지난 인류 역사의 수천 년 동안 유리는 건물에 자연채광을 유입하고 열악한 외부 환경조건으로부터 실내 환경을 보호하기 위해 사용되어왔다. 일반적인 모든 건물에서는 자연채광을 위해 창문(window)이나 커튼월(Curtain wall), 아트리움(Atrium), 천창(Skylight)과 같은 건축 기술이 적용되고 있다. 커튼월은 건물 구조에 부착되어 건물의 바닥이나 지붕 하중을 지탱하지 않는 건물 외벽의 기능을 하는 창호 시스템으로 발전되었다. 커튼월은 벽돌이나 프리캐스트 콘크리트 패널과 같은 두꺼운 벽체 구조물은 물론 금속 패널과 함께 모듈화되고 있으며, 알루미늄 프레임으로 일체화되어 설계, 시공되고 있다. 천창은 아트리움 등의 설계와 관련하여 자연채광을 실내에 고르게 분포하도록 적용되고 있다. 천창은 알루미늄 프레임에 창유리를 설치하여 다양한 모양으로 설계, 시공되고 있다. 이러한 다양한 유형의 창호 시스템은 창유리와 창 프레임(Window frame) 또는 커튼월의 구조 프레임, 그리고 건축구주체와의 접합부 상세(Joint details) 조건에 따라 요구되는 성능 수준이 달라진다. 최근에는 고성능 창호 시스템 개발을 위해 다양한 요소 기술들이 개발되어 지속적인 발전을 거듭하고 있다.

보통 유리(glass)는 보통 규사와 탄산나트륨, 탄산칼슘 등을 고온으로 녹인 후 냉각하면 점차 점성이 증가하면서 나중에 투명한 고형물로 굳게 되는 것을 의미한다. 즉 유리는 온도가 낮아짐에 따라 응고(결정화)하지 않고 점차 점성(粘性, Viscosity)이 증가하고, 나중에는 비결정질 고형물의 형태로 존재하게 되지만, 일반적인 융해상태의 액체는 냉각되면 일정한 온도 조건에 이르러서 응고되어 결정(結晶) 형태로 변화된다. 이러한 유리는 탄성계수(영계수, Young's Modulus)가 크고 취성(脆性, brittleness)이 강한 재료로서, 유리에 외력을 가하면 쉽게 파괴되는 성질을 갖고 있다. 그러므로 일반적으로 유리는 취성이 강해서 깨지기 쉬우므로 건물에서 구조체에 고정하기 위해서 유리 주변을 감싸는 창 프레임(window frame)이 구조적인 지지 역할을 해야 한다. 정밀한 판유리 제작 공정 기술이 개발되지 않았던 중세에는 성당이나 대저택에서 스테인드글라스(stained glass)를 건물의 디자인과

조화롭게 사용되어 왔다. 반면, 1950년대부터 판유리를 만드는 플로트(float) 공정이 개발되면서 고품질의 판유리를 경제적으로 대량 생산할 수 있게 되었다. 현재까지 사실상 모든 건축용 유리는 기본적으로 판유리를 시작점으로 제조되어 색유리나 안전유리, 로이유리, 복층유리 등 다양한 유리가 개발되어 건물에서 사용되고 있다. 최근 들어서는 건물에너지 효율 향상과 재실자의 실내 쾌적성 증대를 위해 삼중유리, 진공유리와 같은 고성능 유리도 개발되어 적용되고 있다.

20세기 초까지만 하더라도 창문은 주로 목재 프레임이 대부분 적용되었으나, 철이나 청동, 강철 등 금속 가공 기술이 발전하면서 일부 건물에서는 강재 프레임을 적용한 창문이 설치되기 시작했다. 그리고 2차 세계 대전 이후부터 알루미늄 압출 기술이 개발되면서 창문 프레임을 압출하여 내구성이 있는 알루미늄 창문이 널리 보급되기 시작하여 1990년대까지 전 세계적으로 알루미늄 창문의 보급이 많이 늘어났다. 강재 창문은 알루미늄 창문보다 강도 측면에서는 우수하지만, 저렴한 비용으로 고성능, 고품질의 강재 창문을 제작하기 어렵고, 실제 시공 현장에서 설계상 제작된 제품을 유연하게 반영하기 어려워서 일반적인 보급에 어려움을 갖고 있다. 이에 특수한 형상과 재질의 구체적인 설계 조건이 주어지는 경우, 맞춤형으로 강재 커튼월 시스템이 적용되기도 한다. 반면 최근에는 건물 에너지 성능 및 실내 결로 발생 등을 고려하여 PVC[1] 창호(플라스틱 창호, 하이샤시)나 알루미늄 복합창 등 다양한 창 프레임의 재료들이 개발되어 활용되고 있다.

2. 창호(window)와 커튼월(curtain wall), 윈도우 월(window wall)의 개념

건물에서 그럼 커튼월과 윈도우월의 차이점은 정확히 뭔가요?"라는 질문을 던집니다. 대부분의 방이 "멍청한 질문이에요"라는 표정을 짓지만, 사실은 모두 같은 생각을 하고 있다는 것입니다. 결국 커튼월 시스템의 가장 일반적인 정의는 "외벽이 비구조적인 건물의 외벽"입니다. 벽 자체는 벽돌, 유리 또는 기타 재료로 구성될 수 있습니다. 이 기사에서는 유리와 관련된 커튼월에 초점을 맞추고 커튼월과 창호 벽 시스템에 대한 기본 개요를 제공하려고 합니다.

사실, 유리 및 유약 산업조차도 두 시스템을 범주적으로 정의하는 데 항상 의견이 일치하는 것은 아닙니다. 한 시스템이 다른 시스템보다 선호되는 매우 뚜렷한 프로젝트와 응용 프로그램이 있지만 때로는 서로 바꿔 사용할 수 있습니다. 여러 가지 다른 요소를 고려해야 하며 프로젝트의 목표와 설계 의도를 완전히 이해한 후에야 특정 프로젝트에 가장 적합한 시스템을 결정할 수 있습니다.

이 주제가 자주 나오기 때문에, 우리는 Kovach에서 두 솔루션을 어떻게 보는지에 대한 몇 가지 지침을 제공하고 싶었습니다. 이 기사에서 우리의 의도는 창문 시스템에 대한 완전한 논문을 제공하는 것이 아니라, 여러분이 다음 프로젝트에 대해 더 많은 정보를 얻을 수 있도록 창문 벽과 커튼월에 대한 높은 수준의 인식을 제공하는 것입니다.

1) Polyvinyl Chloride(폴리염화비닐)

2절. 건물 에너지 절약을 위한 창호(窓戶)의 기능과 적용

1. 건물에서 창호의 기능

과거부터 창문은 건물에 항상 설치해 왔다. 창문은 건물의 내부와 외부를 시각적으로 연결하고 자연채광과 환기 등 실내 거주자들이 쾌적하고 건강하게 생활하기 위한 기본적인 건축 요소라고 볼 수 있다. 즉, 건물의 외피에 큰 창문을 둠으로써 외부와 일정한 경계를 이루면서도 재실자가 외부 경치를 감상하고, 시각적인 개방감을 유도할 수 있다. 특히 거주자는 외부 자연경관이나 전망을 즐기기 위해 창문을 설치하기를 희망한다. 그리고 주간에는 창문을 통해 햇빛을 실내로 끌어들이고, 실내 공간을 밝게 유지할 수도 있다. 또한 적절한 크기의 창문을 건물 외피에 적절하게 배치함으로써 실내 환기를 통해 오염된 실내공기를 배출하고 신선한 외부 공기를 공급할 수 있다. 그러나 창문은 일반 벽체나 지붕 등 구조체와 비교하여 단열 및 기밀 성능이 상대적으로 취약하기 때문에, 여름이나 겨울철에 큰 에너지 부하 요소가 된다. 또한 창문은 단열이나 기밀 등의 에너지 성능 요소만이 아니라 건물의 입면 디자인과 실내 인테리어에 큰 영향을 미치기 때문에 디자인 설계 요소로서도 매우 중요하다.

2. 창호의 성능을 고려한 건물 적용

건물의 설계 과정에서 건물의 배치나 향별로 창문의 크기나 위치, 개폐 여부 등 계획적인 요소를 디자인에 반영하고, 건물에너지 절약 설계 기준에 부합하도록 창유리(窓琉璃)와 창호(窓戶)의 종류를 선정한 뒤, 다양한 실내외 차양장치를 설계에 반영한다. 건물에서 창호는 자연채광은 물론, 일사열의 유입, 자연환기 등 재실자의 쾌적한 환경 조건을 만족시키도록 설계되어야 하며, 강우나 먼지와 같은 외부 환경 요인은 물론, 화재발생, 소음발생에 대해서도 적절한 성능이 필요하다. 또한 해충에 대한 방지 기능과 보안 및 안전 등을 고려한 외피구조로서의 성능도 갖춰야 한다. 특히 최근에는 국가 온실가스 저감 및 건물에너지 효율 개선을 위해 고성능 창호에 대한 사회적 요구가 증대되면서 한국에너지공단에서는 창 세트 제품에 대한 고효율 인증이 진행되고 있다.[2] 이를 통해 소비자에게 창세트의 에너지 효율성능에 대한 올바른 정보를 제공하여 고효율 창호 제품의 시장 보급 확대를 유도하고, 관련 기업체의 에너지효율 향상 기술개발을 촉진하여 자발적으로 고성능 창호로의 시장 전환 및 이를 통한 건물에너지 절약과 온실가스 감축을 예상하고 있다.

2) https://eep.energy.or.kr/main/main.aspx

면적이 1 m^2 이상이고, 창틀(프레임)과 창유리를 포함하는 모든 창 세트에 대해서 적합한 성능 인증기준을 만족하도록 관련 법규 기준을 강화해 나가고 있다. 또한 정부에서는 에너지효율등급제도에 따라 건축물 중 외기와 접하는 곳에서 사용되는 창 이를 위해 KS F 3117에서는 건축물에 사용되는 창 프레임 구조에 따라 여러 가지 재료별 창 세트의 성능 기준을 규정하고 있다. KS F 3117은 지난 1986년 최초 제정된 이래, 국내외의 사회적인, 그리고 기술적인 변화를 반영하여 8차례의 개정을 거쳐 현재의 인증심사 기준으로 발전되어 왔다. 현재는 창 프레임의 재료에 따라 알루미늄 합금제, 강철제, 합성 수지제, 목제, 복합제로 구분되어 있으며, 창호의 개폐방식에 따라 스윙창, 고정 스윙창, 슬라이딩창, 고정 슬라이딩창 등의 종류로 세분되어 있다. 온실가스 배출 저감 및 건물에너지 절약을 위해 창 세트는 단열 성능 및 기밀 성능은 물론, 수밀 성능, 내풍압 성능 등의 제반 성능기준에 부합해야 한다. 창 유리와 창 프레임에서의 단열 성능을 비롯하여 수밀 성능, 기밀 성능, 내풍압 성능을 동시에 만족하도록 하는 것은 쉬운 기술이 아니다. 그러나 최근 정부의 단열 성능 기준의 강화 및 창 세트의 효율관리기자재 시행 등과 맞물려서 고성능 창호에 대한 기술개발이 크게 증가하고 있으며, 그린 리모델링 등의 정책적인 시장 확대와 더불어 첨단 창호 시스템에 대한 관심도 증가하고 있다.

3. 창호(Window)와 커튼월시스템(Curtain wall)

고층 건물에서 유리창을 보면, 보통 일반적인 창호와는 다른 디자인을 갖고 있다. 건물 전체가 유리창으로 덮여 있거나 외벽이 다른 일반적인 건축 자재가 아닌 유리로 만들어진 것처럼 보이기도 한다. 이러한 고층 건물에서의 외부 파사드는 커튼월 공법에 의해 시공된다. 보통 일반적인 창호는 바닥 슬래브나 벽체 위에 고정하여 설치되고, 창틀의 상하부, 측면이 슬래브나 벽체에 고정된다. 벽체의 단열 조건에 따라서는 건물 내부에 설치되거나 건물 외부까지 창호가 확장되어 지지될 수도 있다. 일반적인 창호는 창틀을 사전에 제작하여 건물의 슬래브나 벽체 위에 고정하고, 별도의 방화 구획이 발생하지는 않는다. 다만, 기밀 성능을 개선하기 위해 구조체와 창 프레임 사이에 별도의 기밀재나 단열재를 포함하기도 한다. 반면, 커튼월의 경우, 구조 프레임을 건물의 바닥 슬래브 외부에 구조적으로 고정하여 마치 커튼이 걸려 있는 것처럼 슬래브에서 슬래브까지 하나의 모듈 형태로 설계, 시공된다. 커튼월은 제작, 시공 방법에 따라 스틱형 또는 패널형으로 구분된다. 그리고 커튼월은 구조 프레임과 바닥 슬래브 사이에 틈새가 발생할 수 있기 때문에 층간 방화구획 설계시 내화성 재료를 적용하고 시공 시에 기밀시공이 이뤄질 수 있도록 해야 한다. 창호 및 커튼월 시스템의 설계에 있어서 중요한 요소는 건물 구조체와 창호 또는 커튼월의 구조 프레임, 그리고 접합부 상세 조건으로 구분될 수 있다. 열교 부위를 최소화하기 위한 설계 기술과 결로 방지를 위한 설계 기술 등이 종합적으로 검토되어야 한다.

창호 커튼월지침서(창호, 유리 커튼월 및 금속 커튼월)는 건축사, 건축주 및 건물관리자를 위해 벽체 시스템의 설계 및 성능에 관한 실질적인 정보를 제공하기 위한 것이다. 모든 벽체 시스템은 실내외 환경을 적절히 분리하기 위해 다음과 같은 성능 요구 사항을 만족해야 한다.

창호 커튼월이 갖춰야 할 성능 항목

- 충분한 구조 강도(structural strength)와 강성(rigidity) : 내풍압성능
- 화재 확산 방지(resist the spread of fire)
- 내구성 (be durable)
- 실내공기 오염원 제어(control odours) : 환기 성능
- 자연채광 성능(control light)
- 소음 및 진동 제어(control sound and vibration) : 차음성능, 방진 성능
- 단열 성능(control heat flow)
- 기밀 성능(control air flow)
- 투습제어(control water vapourflow) : 결로방지성능
- 외부 강우 유입 제어(control exterior precipitation) : 수밀성능
- 일사 조절 성능 (control solar radiation) : 차양 성능

벽체가 갖춰야 할 성능 항목은 모두 다 중요하지만, 실제 사례들을 살펴보면 벽체의 성능 결함은 일부 요구 사항에 더 자주 관련되어 있다. 따라서 이러한 성능 요구 사항은 물리적인 또는 재정적인 피해와 관련성이 크다. 벽체가 갖춰야 할 성능 항목과 관련되어 특정 하자의 발생률이 증가하면서 업계에서는 기술 실무 지침서가 필요하다. 커튼월(유리 커튼월 및 금속 커튼월)은 저층의 상가 건물은 물론 고층 건물의 외벽에 이르기까지 다양한 형태로 적용되고 있으며, 최근 건물 외장재로서 중 가장 대중적인 형태가 되었다. 커튼월이라는 일반적인 용어가 유리 및 금속 커튼월을 가리키는 일상적인 표현이 되었다.

현대적인 건축물에서 커튼월시스템은 정교한 제조 공정과 대량 생산, 표준화, 정밀 가공 장비와 시공 기술이 필요한 제품이다. 전통적인 벽체와 달리, 커튼월은 일반적으로 한 명의 계약자가 설계, 제조 및 설치를 모두 담당한다. "사용자가 수리할 수 없는 부품이 없는" 현대의 자동차와 마찬가지로, 커튼 월은 종종 "블랙 박스"로 취급되며, 설계 전문가들은 벽 설계에 거의 관여하지 않는다. 이러한 세부 설계 참여의 부족은 커튼 월 공급업체의 기술 전문성에 대한 의존도를 높이며, 종종 전문가들이 공급업체가 제안한 특정 설계의 적합성을 적절히 평가할 수 없게 만듭니다. 이 가이드는 이러한 측면에서 전문가들에게 도움을 주기 위해 작성하였다.

창호 커튼월시스템에서 하자가 발생하는 주요 원인은 기존 건물에서 보수나 신축 건물에서 외피 시공 기술을 잘 알지 못하고 적용하기 때문이다. 기본적으로 유리 커튼월이나 금속 커튼월은 투명한 또는 불투명한 인필패널(infill panels)을 결합하기 위한 경량 금속 프레임(구조물)으로 구성된다. 이러한 경량 금속 구조물은 튜브 모양이거나 개구부를 갖는 형태로 이루어질 수 있으며, 현장에서 개별 부품을 조립하는 형태(스틱형)이거나 공장에서 미리 조립된 패널을 현장에서 조립하는 형태((유닛형)으로 시공될 수 있다. 어떠한 경우이든 경량 금속 구조물은 일반적으로 바닥 슬래브 가장자리 부분에서 강구조부재에 정착되어 건물에 커튼처럼 매달리게 된다. 유리는 가시성을 갖는 패널, 또는 코팅되어 불투명한 스팬드럴패널로 제작되어 경량 금속 구조 프레임에 끼워서 시공한다. 다양한 다른 재료들, 예를 들어 석재, 강재, 알루미늄, 복합 패널 및 플라스틱 등 다양한 재료가 커튼월 패널로 사용된다. 커튼월시스템은 성능 평가에 사용되는 성능 시험의 횟수, 유형 및 수준이 일반 벽체와 다른 벽체 시공 방법이다. 다양한 커튼월 제품의 상세나 시공 정밀도, 성능 시험과는 별개로 기본적으로 커튼월시스템은 모든 벽체 유형과 동일하게 기본적인 성능 기준을 충족해야 한다. 재료적으로 커튼월시스템에 사용되는 유리와 금속은 경량이고 두께가 얇으며, 물을 흡수하지 않는 특성이 있어서, 기본적인 벽체의 성능 기준을 충족하기 위해서는 여러 가지 제약이 있다. 예를 들어, 금속과 유리로 된 커튼월시스템은 벽돌이나 석재처럼 물을 흡수하고 저장하여 다시 증발시키는 능력이 없기 때문에 실링재를 사용하여 양압으로 커튼월 내부를 유지하거나 배수를 통해 내부로 물이 침투되지 않도록 제어해야 한다. 커튼월 시스템에서 모듈 형태의 경량 금속 구조물 레이아웃별로 등압에 의한 차수막성능(PER, pressure-equalized rainscreen performance) 설계가 이뤄져야 한다. 이를 위해서는 주의 깊은 상세 설계 기술과 시공 기술이 갖춰져야 한다. 커튼월시스템은 거의 모든 다른 벽체 유형보다 더 많은 성능 시험이 요구된다. 적절한 시험 절차를 선택하고, 합리적인 시험 기준을 설정하며, 시험 결과를 적절하게 해석하는 것은 시험 프로그램의 유용성과 프로젝트 성공에 모두 중요하다.

커튼월의 성능 시방서(performance specifications)는 일반적으로 커튼월 설계 과정과는 별개로 "블랙박스"와 같이 설계 전문가(시공자)가 작성하여 사용해 왔다. 안타깝게도 설계 전문가는 커튼월 상세 설계 단계에 참여할 수 없기 때문에, 커튼월 공급업체(제조업체)의 기술 전문성에 크게 의존하고 있다. 설계 전문가들이 건축주(고객)의 요구사항이나 해당 부지의 특정 요구 조건에 따라 실제 벽체의 속성을 설계에 적절하게 반영하는 것이 어렵다. 다만, 설계 전문가들이 커튼월 상세 설계에 대해 더 많이 이해하고 있다면, 커튼월 성능 시방서를 더욱 엄격하게 작성할 수 있다. 커튼월시스템은 모든 벽체 시스템과 마찬가지로 시간이 지나면서 노후화되고 마지막 교체하기 전까지 지속적으로 유지보수가 필요하다. 많은 벽체 구성 요소는 대부분의 환경 조건에서 본질적으로 내구성이 있지만, 건물주가 커튼월시스템을 적절한 시점에 유지보수하거나 교체하기 위한 예산을 고려하지 않고, 실란트와 단열 유리와 같은 주기적인 점검이 필요한 구성 요소에 대한 대규모 비용 투자를 간과하는 경우가 많다. 유지보수 및 교체에 관한 지침은 설계 전문가가 건축주에게 컨설팅을 진행하는 데 도움이 될 수 있다.

3.1 금속 커튼월

금속 커튼월은 여러 가지 방법으로 분류될 수 있다. 일반적으로 서로 다른 커튼월시스템을 구분하는 방법 중 하나는 커튼월의 제작 유형(type), 구조 프레임 시공 방법(erection system), 창유리 시공 방법에 따라서 분류된다.

예를 들어 커튼월시스템은 제작 유형에 따라 표준형(standard) 커튼월과 맞춤형(custom) 커튼월로, 구조 프레임 시공 방법에 따라 스틱형(stick)과 유닛형(unitized), 기타 커튼월로, 창유리 시공 방법(glazing method)에 따라 EXTERIOR BATTEN, STOP, STRUCTURAL SILICONE GLAZING (SSG) 커튼월로 분류된다.

필수 용어 개념

커튼월시스템의 설계를 위해 특징을 설명하기 위해서는 다음과 같은 몇 가지 기본적인 용어를 이해하는 것이 중요하다. 다음은 커튼월시스템의 구성요소에 대한 필수 용어이다.

수직멀리언(vertical mullion)
스팬드럴패널(spandrel panel)
수평 레일(horizontal rail)
캡(Cap)
익스팬션조인트(expansion joint)
앵커(anchor)
상부프레임(head)
하부 프레임(sill)
뒤판(Backpan)
인필(infill) : 조망창(vision lite) 또는 스팬드럴패널(spandrel panel) 부위로서 구조 프레임에 끼워서 설치하는 부분

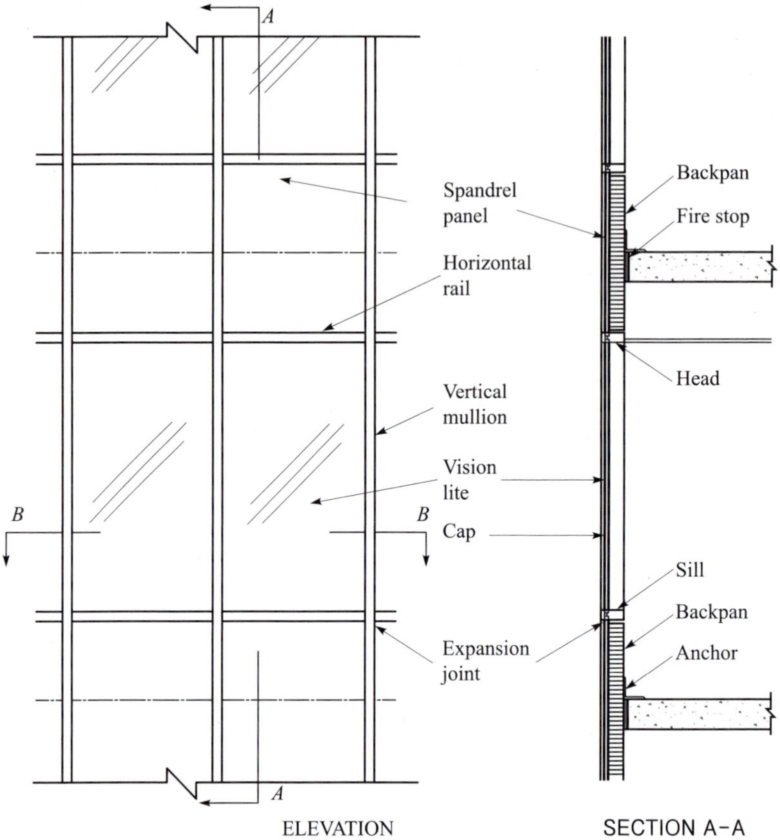

[그림 2-1] 커튼월시스템의 구성요소

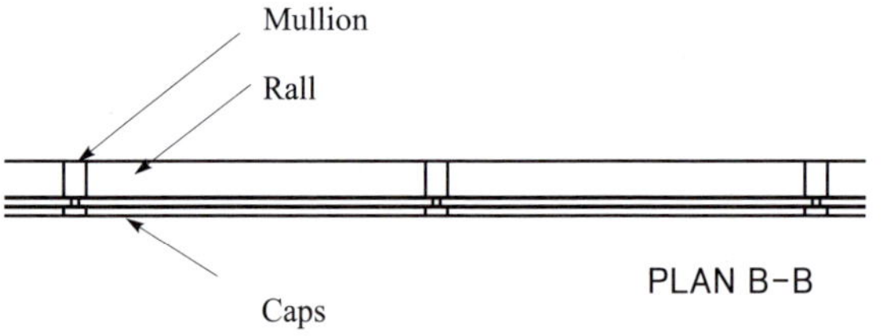

[그림 2-2] 커튼월시스템의 구성요소

커튼월벽체 제작 유형(WALL TYPES)

다음과 같이 커튼월 벽체의 제작 유형은 2가지로 구분된다.

- 표준형(STANDARD) 커튼월
- 맞춤형(custom) 커튼월

1. 표준형(STANDARD) 커튼월

- 제조업체가 설계한 표준화된 상세 및 구성 부재로 이뤄져 있음
- 제조업체는 딜러 네트워크를 통해 판매함
- 제조업체는 일반적으로 6.5~8.2 m(20~27 ft)의 표준 길이로 재고를 보유함
- 비록 맞춤형 마감도 가능하지만, 보통 표준 마감조건으로 적용됨
- 일반적으로 구조 프레임의 폭(width)이 50 mm(2 인치) 또는 63.5 mm(2 1/2 인치)이고, 구조프레임 깊이(depth)가 75~150 mm(3~6 인치)임
- 제조업체의 카탈로그 정보를 즉시 이용 가능함
- "표준" 지정은 구성 부재의 잠재적 배열 방법이 아닌 구성 부재에만 적용됨

2. 맞춤형(custom) 커튼월

- 단일 프로젝트 또는 다수의 프로젝트 그룹을 위해 특별히 설계된 상세 및 구성 부재로 이뤄져 있음
- 자재나 부품은 일반적으로 시장에서 구할 수 없으며 단일 공급업체 또는 설치업체에게만 주어짐
- 맞춤형 압출(extrusions) 부재 물량을 생산, 제작하기 위해 필요한 프로젝트의 최소 규모가 적정해야 함
- 건축적 요구 사항을 충족하기 위해 적정한 자재의 사용과 유연성이 허용됨
- 건축적으로 구성 부재 치수 및 단면(cross sections)이 달라짐

구조 프레임 시공 방법(erection system)

커튼월시스템의 분류 방법 가운데서, 구조 프레임의 시공 방법(설치 방법)은 크게 2가지 유형이 많이 사용되고 있다.

1. 스틱형(STICK) 커튼월

- 보통 저층 건물이나 소규모 인구 밀집 지역에서 일반적으로 적용되는 커튼월시스템
- 커튼월벽체의 각 부재는 현장에서 하나씩 설치된다. 우선 1층 또는 2층 규모로 수직 멀리언부재를 설치하고, 끼워 넣을 패널(infill panels)의 너비와 길이가 동일하게 수평 레일을 설치한다.
- 설치 과정에서 작업자의 공사 현장 작업이 많고 숙련도에 따라 공정이나 품질이 많이 달라질 수 있다.
- 표준형(standard) 커튼월을 주로 적용한다.
- 조립 설비(장비)나 운송에 대한 최소로 요구된다.
- 일반적으로 공사 현장 도착까지 소요되는 시간은 짧지만, 현장 설치(시공)/마감에 소요되는 시간이 더 길다.
- 흔들림이나 지진으로 인한 내부에서의 변위(움직임, in-plane movements)를 수용하기가 어렵다.

2. 유닛형(UNITIZED) 커튼월

- 4층 정도의 낮은 건물에서도 적용되지만, 보통 대규모 고층 건물에서 적용된다. 1980년 이후 유닛형 커튼월시스템의 인기가 높아졌다.
- 스팬드렐패널이나 조망창 부분을 공장에서 사전에 조립하여 현장으로 반입한다. 커튼월패널은 끼워 넣을 패널의 너비로 보통 1층 높이 규모로 제작된다.
- 커튼월패널은 분할된 수직 멀리언과 익스팬션 조인트 부위에서 수평 레일이 중첩될 수 있도록 설계되어 연속적으로 시공이 가능하다.
- 상당한 규모의 제작시설과 운송 방법이 요구된다. 스틱형 커튼월시스템과 비교하여 공장 작업자에 대한 의존도가 높고 현장 작업자의 의존도가 낮다.
- 일반적으로 공사 현장으로 반입하는데 소요되는 기간이 더 길지만, 공사 현장에 도착하면 공정 마무리까지 시간을 최소화하여 신속한 설치가 가능하다.
- 흔들림이나 지진으로 인한 내부에서의 변위(움직임, in-plane movements)를 수용할 수 있는 설계가 가능하다.

3. 멀리언-패널 커튼월시스템(Mullion and panel)

- 스틱형 커튼월시스템과 유사하게 격자 구조를 만들고, 그 사이에 조립식 프레임 패널을 설치한다. 1970년대까지 인기가 있었지만 현재는 거의 사용되지 않는다.
- 스틱형과 단일화된 벽 시스템의 기능을 결합합니다.

4. 패널형(Large panel) 커튼월 시스템

- 일반적으로 높이가 1층 규모이고, 길이가 10~15 m(33~50 ft)인 강구조 트러스 구조 프레임으로 구성된다. 구조 프레임은 모든 벽체 부재를 지지한다.
- 취급 문제로 인해 많이 적용되고 있지는 않는다. 보통 소규모 프로젝트에서 적용되었다.

5. 윈도우월(Window wall)

- 바닥 슬래브 가장자리 덮개가 있는 바닥 슬래브 사이에 걸쳐있는 커튼월시스템으로 구성됩니다. 거의 대부분 주거용 건물에서 적용되고 있다.
- 스톱 글레이즈 처리된 내부 경량 주거용 프레임. 스틱형 또는 통합형 프레임을 활용할 수 있습니다. 종종 본질적인 신뢰성 문제가 있는 오래된 기술을 사용합니다.

3절. 유리(glazing)

1. 유리의 재료적 특징

건물에서 창문은 수 세기에 걸쳐 문화적으로는 한 시대의 문화를 반영하면서, 기술적으로는 보다 정교하고 고품질, 고성능의 기술로 발전해 오고 있다. “window”라는 단어의 기원은 고대 바이킹족이 사용했었던 “바람의 눈(the eye of wind)”을 의미하는 아이슬란드어 “vindauge”이다. 이 용어가 영어로 “windowe” 또는 “windoge”로 파생되어 지금의 “window”로 변화되어 사용되고 있다.[3] 일반적으로 규소, 붕소, 게르마늄 등과 같은 무기물이 비결정 고형물의 상태인 것을 유리라고 한다. 보통 건물의 창문에 사용되는 유리(glass)는 그 조성이나 형상, 용도 등에 따라 다양한 재료로 구분된다. 과거에는 규산을 원재료로 하여 규산염 유리가 가장 대표적인 유리의 재료였지만, 최근에는 붕산염 유리, 인산염 유리 등의 산화물 유리가 사용되고 있다. 물질의 분자 구조 특징을 살펴보면, 일정한 비율로 결합된 금속이나 비금속의 산화물이 열로 인하여 화학반응을 일으켜 원자가 불규칙하게 연결된 물질을 유리라고 한다. 유리는 겉보기에는 고체이지만 고체 특유의 결정 구조를 가지지 않으며, 녹는점이 일정하지 않다. 그러므로 유리는 아스팔트 등과 같은 무정형 물질로서 극단적으로 점도가 높은 과냉각 액체로 볼 수 있다. 그러므로 유리는 여러 가지 다양한 모양으로 성형할 수 있으며, 모래나 석영에 높은 열을 가해 녹여서 만들 수 있다. 이러한 특징 때문에 유리는 건물에서 칸막이나 문, 창문 등 개구부에 사용하여 빛을 투과하여 유입한다.

2. 건축용 판유리의 제조 방법 및 종류

전 세계적으로 건물에서 창유리의 사용이 늘어나면서 건축사새로서 판유리의 수요가 급격하게 늘어나면서 공업화된 양산방법이 다양하게 개발되어왔다. 판유리의 제조방법은 크라운 공법(Crown Method), 핸드 실린더 공법(Hand Cylinder Method), 라버 공법(Lubber Method), 풀콜 공법(Fourcault Method), 콜번 공법(Colburn Method), 피츠버그 공법(Pittsburgh Method)으로 발전해 왔다. 그리고 18세기 이후에는 플로트 공법(Float Processing Method)이 개발되어 산업혁명 이후 유리 공업이 비약적으로 발전하게 된다. 플로트 공법에 의해 제작되는 현대적인 판유리는 실리카 모래와 소다회, 석회석 및 돌로마이트 등을 주성분으로 하는 원료 혼합물과 유리 스크랩(파유리)를 함께 용광로에 넣어 1,200~1,500 ℃까지 가열하여 재료를 녹여 용융 상태로 만든 후, 표면에 모인 찌꺼기나 기포 등 불순물을 걷어내고, 용융 상태의 유리를 일정한 두께로 주석 욕조(tin bath)에 흘려보낸 후 서냉을 하게 된다.

---

3) https://en.wikipedia.org/wiki/Window

판유리는 투명유리(clear glass), 색유리(Tinted glass), 망입유리(Wired glass), 무늬유리(Patterned glass)와 같은 1차 제품으로 제작되거나, 강화유리(Tempered glass), 배강도유리(Heat-strengthened glass), 접합유리(Laminated glass), 로이유리(Low-e coated glass), 복층유리(Pair glass) 등과 같이 1차 제품을 재차 가공하여 생산하는 2차 제품의 형태로 제작된다. 맑은 유리(clear glass)라고도 불리는 투명유리는 일반 오피스건물이나 주택의 창호나 매장의 진열장, 거울 등 각종 가공유리의 원판으로 사용된다. 색유리는 판유리 성분에 철, 니켈, 코발트, 크롬 등 소량의 금속산화물을 첨가하여 제조한 색조가 들어간 판유리를 말하여, 건물 내부로 들어오는 태양열과 빛을 걸러 주는 역할을 한다. 혼입된 금속산화물의 종류에 따라 녹색, 황동색, 청색 등의 색상으로 나타난다.

망입유리는 유리의 파손 위험을 줄이고, 파손되더라도 부서진 유리 조각들이 금속망에 그대로 붙어있게 함으로써 인명피해를 줄이기 위한 용도이다. 이를 위해 유리의 중앙에 금속망이나 금속선을 넣어 성형한다. 보통 열과 충격에 강해서 파손 위험성이 낮기 때문에 학교나 공공시설, 비상 통로의 감시창 등에서 사용된다. 무늬 유리는 유리 반대편에서 물체가 직접 보이지 않도록 적당히 차단하여 유리 안쪽 거주공간의 프라이버시를 보호하기 위해 사용하는 것으로서, 일반 건물의 창호는 물론 현관문이나 각종 칸막이벽, 목욕탕, 화장실 등 다양한 인테리어 요소로 사용된다. 강화유리는 판유리를 600℃까지 가열하고 급랭함으로써 일반 판유리보다 4~5배 강도가 높다. 외력에 의해 파손되더라도 유리파편이 작은 알갱이 형태로 흩어지기 때문에 안전사고를 줄일 수 있다. 다만, 건물의 고층부에서 깨지는 경우 유리 파편이 낙하하여 2차 인명 사고가 발생할 수도 있어서 주로 건물의 저층에 있는 출입구나 수족관, 학교나 병원 등 안전사고 발생이 우려되는 곳에서 적용된다. 배강도유리는 판유리를 600℃ 이하로 가열한 후 차가운 공기로 서서히 냉각하여 제조하는 유리로서, 일반 판유리보다 강도가 2~3배 정도 높은 편이다. 강화유리에 비해 유리의 파손 시 유리 파편의 이탈 위험이 적어 건물의 고층부는 물론 일반 주거건물에서도 많이 사용되고 있다.

접합유리는 판유리 사이에 탄성률이 높은 투명한 PVB(polyvinyl butyral, 폴리비닐부티랄) 필름을 삽입하고 높은 온도와 압력으로 두 장의 판유리를 결합한 것이다. 접합유리는 외부의 충격을 흡수함으로써 쉽게 깨지지 않고 파손되었을 때도 접합 필름에 의해 파편이 흩어지는 것을 막을 수 있다. 안정성과 구조적 성능을 개선하기 위해 삼중 이상으로 여러 겹 접합할 수도 있다. 방탄유리는 이러한 접합유리의 한 종류이며, 투명 폴리카보네이트 필름과 PVB 필름을 이용하여 탄환도 쉽게 관통하지 못하도록 저항력을 크게 향상시킨 유리이다. 접합유리는 건축물에서 주로 저층부의 외벽, 상가 학교는 물론, 화장실의 샤워 부스나 실내외 유리 난간, 유리 계단, 유리 칸막이 등 다양하게 적용되고 있다. 로이유리는 저방사유리라고도 불리며, 판유리의 표면을 은막으로 코팅하여 제조한다. 가시광선은 은막 코팅을 투과하지만, 실내의 장파장 열선(적외선)은 반사함으로써 겨울철 실내에서 외부로의 열손실을 줄일 수 있다. 에너지 절약 설계 기준이 강화되면서 최근 로이유리는 공동주택이나 일반 사무소 건물은 물론 호텔, 병원 등 다양하게 적용되고 있다. 복층유리는 다수의 판유리 사이에 공기층(불활성 가스 충진 가능)을 두어 단열성능을 높이고, 차음 및 결로 위험을 줄임으로써 건물 에너지 절약을 위해 다양한 건축물에서 사용되고 있다. 둘 이상의 판유리 원판 사이에 비어있는 공기층을 두기 위해 일정한 두께의 간격재(Spacer)를 두고 간격을 일정하게 고정하게 된다. 판유리의 레이어 개수에 따라 2개인 경우를 보통의 복층유리라 불리기도 하며, 판유리가 3개 또는 4개인 경우를 삼중유리, 사중유리라고 불리기도 한다.

최근에는 창호에서의 에너지 효율을 개선하기 위해 복층유리는 일반 투명유리에 로이 코팅을 한 로이복층유리가 많이 사용되고 있다. 보통 복층유리에서 외기에 면하는 가장 바깥면을 기준으로 1면, 2면, 3면, 4면이라고 칭하는데, 로이코팅면의 위치에 따라 태양복사에너지의 투과 및 실내 장파장 복사의 투과 특성이 달라지기 때문에 건물의 사용 패턴에 따라 코팅면의 위치가 달라진다. 주로 오피스나 공공건물과 같이 주간에 재실자가 거주하는 건물에서는 코팅면을 2면에 두어 주간에 태양복사에너지의 유입을 조금 더 차단하여 실내의 온도가 높아지지 않도록 한다. 아파트와 같은 주거건물에서는 로이유리의 코팅면을 3면에 배치해 중공층을 통해 태양복사열을 받아들이면서도, 난방되는 실내공간으로부터 장파장 복사열을 다시 내부로 반사하도록 함으로써 겨울철 주간에 받은 태양복사열을 오랫동안 유지하고, 난방 에너지를 조금 더 줄일 수 있다.

유리는 기본적으로 비결정질 고체(amorphous solid)로, 다양한 성분과 제조 방식에 따라 여러 가지 종류로 나뉜다. 각 유리는 다음과 같은 특정한 기계적, 광학적, 열적 특성을 가지며, 용도에 따라 선택된다.

〈표 2-1〉 유리 종류에 따른 구성 성분 및 주요특성

유리 종류	구성 성분	주요 특성	용도
소다-석회 유리 (Soda-Lime Glass)	SiO_2 (70-75%), Na_2O(12-15%), CaO(10-15%)	저렴한 가격, 가공 용이, 낮은 열 충격 저항	창유리, 병, 식기, 조명
붕규산 유리 (Borosilicate Glass)	SiO_2, B_2O_3 (12-15%), Na_2O, Al_2O_3	높은 내열성, 열 충격 저항 우수, 화학적 내성	실험실 기구(Pyrex), 조리기구, 광학 기기
납 유리 (Lead Glass)	SiO_2, PbO(20-60%), K_2O	높은 굴절률, 전기 절연성 우수, 부드러운 가공성	크리스탈 제품, 광학 렌즈, 방사선 차폐
알루미노 규산염 유리 (Aluminosilicate Glass)	SiO_2, Al_2O_3 (5-20%), Na_2O, MgO	높은 강도, 내열성 우수	스마트폰 화면, 항공 및 자동차 부품
석영 유리 (Fused Quartz Glass)	순수 SiO_2 (>99%)	매우 높은 내열성, 낮은 열팽창, 뛰어난 광학 투과성	반도체, 광섬유, 고온 실험 장비
강화유리 (Tempered Glass)	소다-석회 유리를 열처리 또는 화학 처리	일반 유리보다 4~5배 강함, 깨질 때 작은 조각으로 분해	자동차 유리, 스마트폰 화면, 건축용 유리
저압유리 (Laminated Glass)	두 개 이상의 유리 사이에 PVB 또는 EVA 필름 삽입	깨져도 파편이 붙어있음, 방음 및 충격 저항 우수	자동차 앞 유리, 방탄유리, 건축 유리

〈표 2-2〉 유리의 물성 및 설명

물성	설명	일반적인 범위
밀도 (Density, g/cm^3)	유리의 질량 대비 부피 비율	2.2 ~ 5.0 g/cm^3
압축 강도 (Compressive Strength, MPa)	압축력에 대한 저항력	800~1000 MPa
굴절률 (Refractive Index, n)	빛이 유리를 통과할 때 굴절되는 정도	1.45 ~ 2.0
굽힘 강도 (Flexural Strength, MPa)	유리의 휨 저항력	30~150 MPa (강화유리는 200 MPa 이상)
경도 (Hardness, Mohs Scale)	표면 긁힘 저항	5 ~ 7 (석영 유리는 약 7)
열팽창 계수 (Thermal Expansion, $10^{-6}/K$)	온도 변화에 따른 길이 변화 비율	0.5~9 (석영 유리는 0.5, 소다-석회 유리는 약 9)
열 충격 저항 (Thermal Shock Resistance, K)	급격한 온도 변화에 대한 저항	60 ~ 800 K (석영 유리는 1000K 이상)

3. 유리의 광학적 성능

지구에 입사되는 태양광은 태양에서 방사된 전체 복사 에너지의 일부분으로서, 대기의 상태에 따라 대기권 밖에서 측정되는 값과 대비하여 스펙트럼 분포나 그 크기가 크게 달라진다. 태양으로부터 발산되는 태양복사에너지의 파장 범위는 매우 넓게 분포하지만, 대기권을 통과하면서 UV 영역을 비롯하여 많은 부분이 차단되어 실제 지표면에 도달하는 태양복사에너지의 파장 영역은 대략 280~4,000nm 범위에 걸쳐 나타난다. 태양복사에너지는 전자기파 형태의 복사에너지로서 우리의 눈을 자극하는 가시광선 영역을 비롯하여 적외선, 자외선 영역으로 크게 구분된다. 지표면에 도달하는 태양복사에너지는 지역에 따라, 시간에 따라, 천공의 상태에 따라 달라진다. 그러므로 태양이 떠 있는 위치에 따른 태양복사에너지의 스펙트럼 분포를 고려하기 위해 대기권 공기층의 두께, 즉 공기의 양을 고려하여 AM(Air mass)라는 개념을 사용한다. AM0은 공기층을 지나지 않는 태양복사에너지, 즉 대기권 밖에서의 기준을 의미하며, AM1.0은 지나는 공기의 양이 가장 적은 경로, 즉 관측자 머리 바로 위에 태양이 떠 있을 때를 의미한다. 그리고 숫자가 커질수록 태양복사에너지가 투과하여 지나는 공기 양도 많아진다. AM1.5의 경우, 각각의 파장별 에너지를 합산하면 대략 1,000 W/m^{2}의 크기가 된다. 건물에서 적용되는 창유리의 광학적 특성은 태양복사에너지의 스펙트럼 특성을 고려하여 가시광선 투과율과 반사율을 고려한다. 창유리의 가시광선 투과율과 반사율은 유리의 종류에 따라 다를 수 있다.

실내 측, 또는 실외 측의 가시광선 반사율은 유리의 종류에 따라 달라질 수 있다. 가시광선 투과율 및 반사율은 사람이 느낄 수 있는 색상과 바깥 풍경을 볼 수 있는 투과량과 관련되는 값으로서, 가시광선 투과율이 높으면 실내가 밝아 가시성이 좋아지지만, 외부 반사율이 높으면 실내 공간의 프라이버시를 보호하는데 유용하다. 그러나 반사율이 너무 높이지는 경우, 현휘현상으로 인해 주변 건물이나 보행자, 운전자들에게 시각적 불쾌적을 야기할 수 있다. 그러므로 건축물의 창호 및 커튼월을 디자인하는 경우, 적절한 창유리의 선정이 매우 중요하다. 국내에서는 KS L 2514에 따라 판유리의 가시광선 투과율, 반사율, 방사율, 태양열 취득률, 자외선 투과율, 연색성을 시험을 통해 측정한다.

유리는 광학적 특성이 우수하여 다양한 산업에서 활용된다. 특히 빛의 투과율, 굴절률, 분산, 반사율, 자외선 및 적외선 투과 특성이 중요한 요소이다. 이러한 성질은 유리의 조성과 제조 방식에 따라 다르게 나타난다.

〈표 2-3〉 유리의 주요 광학적 성질 및 설명

광학적 성질	설명	일반적인 범위
굴절률 (Refractive Index, n)	빛이 유리를 통과할 때 굴절되는 정도를 나타냄. 높은 굴절률일수록 빛이 더 많이 휘어짐.	1.45 ~ 2.0 (소다-석회 유리: 1.51, 납 유리: 1.7~2.0)
광 투과율 (Light Transmittance, %)	가시광선(380~780 nm)에서 유리를 통과하는 빛의 비율. 투명도가 높은 유리는 90 % 이상 투과함.	80 ~ 95 % (일반 유리), 95 % 이상 (광학 유리)
분산 (Abbe Number, νd)	프리즘 효과와 관련된 값으로, 값이 클수록 색수차가 적음.	20 ~ 80 (납 유리는 낮고, 석영 유리는 높음)
반사율 (Reflectance, %)	유리 표면에서 반사되는 빛의 비율. 코팅 여부에 따라 달라짐.	4 ~ 8 % (무코팅), 1 % 이하 (AR 코팅)
자외선 투과율 (UV Transmittance, %)	자외선(UV, 100~380nm) 영역에서의 투과율. 일반 유리는 UV 차단 효과가 약함.	0 ~ 70 % (소다-석회 유리: 20~30 %, 석영 유리: 80 % 이상)
적외선 투과율 (IR Transmittance, %)	적외선(IR, 700 nm~10 μm)에서의 투과율. 특정 유리는 적외선 차단을 위해 설계됨.	0 ~ 95 % (소다-석회 유리는 낮고, 석영 유리는 높음)

〈표 2-4〉 유리의 종류별 광학적 특성 비교

유리 종류	굴절률 (n)	투과율 (%)	자외선 차단	적외선 투과
소다-석회 유리	1.51	85~90 %	보통 (20~30 %)	낮음 (차단 효과 있음)
붕규산 유리	1.47	90 % 이상	보통 (30~50 %)	중간 (IR 일부 투과)
납 유리 (크리스탈 유리)	1.7~2.0	80~85 %	낮음 (자외선 투과 높음)	낮음
알루미노 규산염 유리	1.53	85~92 %	보통	낮음
석영 유리	1.46	95 % 이상	매우 높음 (80 % 이상 투과)	매우 높음 (95 % 이상 투과)
강화유리	1.51	85~90 %	보통	낮음
복층유리 (코팅 적용 가능)	1.50~1.55	70~90 %	높음 (UV 차단 코팅 적용 가능)	낮음 (IR 차단 코팅 가능)

■ 광학적 특성의 활용

유리의 광학적 성질은 다양한 용도에서 중요한 역할을 하며, 특정 요구 사항에 따라 적절한 유리 소재를 선택하는 것이 중요하다.

1) 굴절률이 높은 유리 (납 유리, 고굴절 유리) → 렌즈, 프리즘, 광학 장비
2) 투과율이 높은 유리 (석영 유리, 붕규산 유리) → 광섬유, 레이저 장비, 실험실 장비
3) 자외선 차단 유리 (UV 코팅 유리, 특수 필터 유리) → 자동차 창문, 선글라스, 박물관 유리
4) 적외선 차단 유리 (Low-E 코팅 유리, 복층유리)→ 건축용 유리, 에너지 절약 창문

4. 실란트(Sealant)

4.1 개요

산업화 이후 건설 산업에서는 금속, 콘크리트 등 여러 가지 재료를 사용하고 있으며, 샌드위치 패널, 창문, 문, 파티션, 바닥 및 외벽용 조립식 콘크리트 슬라브 등 많은 조립식 부재 또는 자재를 사용하고 있다. 건물 및 건설 산업에서 다양한 건축자재와 재료를 주요 구조물이나 서로 다른 자재에 연결하고 접합하기 위해 실란트가 사용된다. 실란트는 다양한 부품과 재료를 주요 구조물과 그 자체에 연결하고 접합하는 데 사용된다. 실란트는 구조물의 요소와 표면 사이의 틈새를 매우는데 효과적인 재료로서, 물이나 공기와 같은 유체와 기타 물질이 표면의 크랙이나 조인트 부위를 관통하지 못하도록 한다. 특히 창호나 커튼월 등 개구부, 건물의 틈새 등은 건물의 기밀성능, 수밀성능을 확보하기 위해 충진재로서의 건축자재가 필요하다. 이러한 목적으로 접합부(Joint)나 갈라진 틈새(Seam)에 충진하는 물질을 일반적으로 실링재(sealing material)라고도 한다. 실란트는 두 개 이상의 건축 부재 또는 자재 사이의 간격을 채우거나 공기나 물 등 물질이 통과할 수 없는 보호용 불투과성 장벽으로서 기능을 하며, 건물이나 공간, 창호, 설비 등이 특정 환경 조건에서 예상 수명 동안 밀봉 특성을 유지함으로써 일정한 환경 조건으로 유지하도록 한다.

1950년대 이전까지 유리, 금속, 목재, 콘크리트 등 서로 다른 재료 사이의 접합부에는 아마씨 오일과 같은 올레오 레진 또는 토목공사에서의 아스팔트와 타르와 같은 재료가 코킹재로 사용되었다. 이러한 충진재는 재료가 파괴될 때 쉽게 훼손되고, 열악한 외부 기후 조건에 노출되면 쉽게 풍화되어 제 기능 발휘가 어려웠다. 이후 실란트의 역사는 다양한 건축외장공법이 개발되어 활용되면서 함께 발전을 거듭해 오고 있다. 1960년대까지는 유성코킹이 주로 사용되었으며 창유리를 고정시키기 위해 유리용 접착제 등으로 사용해왔다. 산업이 발전되면서 폴리설파이드계, 폴리우레탄계, 실리콘계, 변성실리콘계 등 새로운 실링재료가 개발되면서 점차 고성능 실란트가 개발되었다. 1970년대 이후에는 커튼월 공법이 보편화되면서 그 수요도 급증하였으며, 창유리와 커튼월 프레임 사이에 기밀, 수밀 성능 확보에 대한 중요성에 대한 인식도 높아지면서 폭넓게 사용되고 있다.

〈표 2-5〉 일반적인 재료의 선팽창계수

재료	선 팽창 계수 (m/m-℃ x 10-6)
점토, 석조물(벽돌, 점토 또는 셰일)	
벽돌, 내화점토	5~6
타일, 점토 또는 셰일	6.0
타일, 내화점토 소재	4.5
콘크리트	
자갈골재	10.0
가벼운 구조	8.1
콘크리트, 석조	
신더골재	5.6
고밀도 골재	9.4
팽창형 셰일 골재	7.7
팽창슬래그골재	8.3
화산성 부석 및 골재	7.4
세포 콘크리트	11.0
궤조	
알루미늄	23.8
황동, 빨간색 230	18.6
구리	16.5
철	
캐스트 그레이	10.6
꾸민	13.3
납, 일반	29.3
모넬	14.0
스테인리스 스틸	
302, 304형	17.0
구조용 강철	11.5
아연	36.0
유리, 접시	8.0
벽토	
석고골재	13.7
석고보드	12.0
플라스틱, 복합재	
아크릴	80.0
렉산®(폴리카보네이트)	67.0
플렉시글라스®	70.0
폴리에스터, 유리 강화	18-25
비닐	59.0
천연석	
화강암	8.0
석회암	6.5
대리석	13.0
현무암	9.0

4.2 실란트의 재료적 요구 조건

일반적으로 건축물의 자재 또는 부재는 열 변화로 인한 팽창이나 수축, 수분 함량 변화에 따른 치수 변화, 고정 하중 하에서의 처짐, 풍압 등 다양한 요인으로 미세한 변형, 즉 변위가 발생한다. 실란트는 건축 사용된 다양한 재료 간의 미세한 움직임을 허용하기 위해 사용되는 것으로서 탄성이 필요로 한다. 실링재는 어느 정도의 강도와 탄성을 가지고 있어서 건축부재를 고정시키고 건축물의 내구성을 증진시킨다. 탄성 실링재를 실란트(Sealant)라고 하며, 충진 형태에 따라 부정형 재료와 정형 재료로 나누어진다. 보통 실링재는 부정형 재료를 말하며 부정형 재료는 실란트와 코킹재로 구분된다. 건축물의 구조체와 각종 자재, 부재가 설계자들이 원하는 기능과 성능을 발휘하기 위해서는 접합될 재료의 특성을 고려한 실란트를 선정하는 것이 필요하다. 즉, 재료별로 적절한 접합 특성을 가져야 예상되는 움직임을 견딜 수 있으며, 적절한 성능을 발휘할 수 있다.

각종 접합부의 수밀성, 기밀성을 확보하기 위해 실란트는 건축재료의 특징을 고려하여 부재와 부재 사이의 틈새를 연속적으로 시공할 수 있도록 작업성, 경화성, 부착성이 우수해야 하며, 접합부의 움직임에도 완전 경화된 도막이 파열되거나, 박리되지 않도록 탄성이 우수해야 한다. 또한 옥외의 자연조건하에서도 내구성을 갖도록 내후성, 내한성, 내열성, 내수성, 내약품성을 갖춰야 한다.

- 내수성이 우수할 것
- 부재(피착재)에 대한 부착성이 우수할 것
- 계절에 관계없이 양호한 접착성과 작업 가능 시간이 적당하며 확실하게 경화할 것
- 줄눈에 발생하는 움직임에 잘 대응하고 과도한 응력 발생으로 인한 이상 변형이 없을 것
- 장기간에 걸쳐서 강인한 접착력을 발휘하고 실링재 자체가 약화되지 않을 것

실링재는 프라이머(Primer)를 사용하여 많은 피착재에 접착이 가능하지만, 실링재의 종류에 따라 그 주성분이 근본적인 접착성 문제 때문에 사용되지 않는 경우도 있기 때문에 피착재의 종류, 상태에 따라 실링재의 신중한 결정이 필요하다. 유리에서의 접착성을 장기간에 걸쳐 확보하기 위해서는 유리면에 투과되는 자외선 등의 빛에 대하여 영향을 가장 적게 받는 실링재와 프라이머(Primer)의 선정이 필요하다. 석고보드, ALC Panel 등 표면강도가 약한 피착재에 대한 대처 방안이 고려되어야 한다. 그 외에도 상온 건조형의 도장면에도 대처도 필요하다. 표면강도가 약한 피착재에 대해서는 프라이머(Primer) 또는 전처리 코팅(Coating) 등의 방법으로 표면강도를 높이는 방법도 있다. 플라스틱(Plastic), 도장면 등이 피착재가 되는 경우에는 그 재료의 내용제성이 문제가 된다. 실링재에 함유된 용제가 미량이더라도 프라이머(Primer)에는 다량의 용제가 함유되어 있으므로 용제의 종류에 따라 피착재를 침식하는 경우가 있어서 침식하지 않는 프라이머(Primer)를 선정하거나, 프라이머(Primer)를 중복도장할 수도 있다.

부재(피착재)는 온도 변화에 의한 부재의 신축, 지진에 의한 층간 변위, 바람에 의한 부재의 변형, 부재의 함유 수분의 변화에 의한 변형 등 다양한 요인으로 이동 변위가 발생하게 된다. 이러한 이동 변위의 크기에 따라 줄눈의 종류, 부재의 종류, 크기, 색조, 설치 상태 및 노출된 상태 등을 고려하여 실링재를 선정하는 것이 중요하다.

장기적인 내구성 측면에서 내열성, 내후성, 내수성 등을 고려가 필요하다. 특히 금속 간의 조인트에 대하여는 KS F4910(실링재 규격) 규정 중 내구성 구분표에서 상위 실링재를 선정하고 폭로 시험에 의해 불량 여부를 판정하도록 한다. 콘크리트 줄눈에서는 내열성에 대한 필요성은 적으나, 내수성, 내알칼리성 등이 많이 요구되며, 또한 물 주위의 줄눈에서는 내수성이 주된 검토 항목이 된다.

방수 성능과 직접적인 관계는 없지만, 실링재의 선정에서는 미적인 요소도 중요한 요소가 된다. 실링재 표면이 노출되는 경우, 실링재 그 자체가 변색, 퇴색될 수도 있으며, 실링재 표면에 먼지 부착 및 곰팡이 발생하거나, 실링재에 의한 줄눈 주변 부재의 오염이 발생할 수도 있다. 실링재 표면에 도료가 도장되는 경우에는 도료의 박리 및 변색 등이 문제가 된다.

4.3 실란트의 종류 및 용도

실란트는 보통 사용되는 방식에 따라 1액형과 2액형으로 구분되는데, 1액형은 실리콘계(습기경화 TYPE), 아크릴계(건조경화 TYPE)와 같이 카트리지(Cartridge Type) 형태로서 경화제와 베이스 폴리머(Base Polymer)를 하나의 용기에 담아서 시공 시 바로 사용할 수 있도록 포장된 제품이고, 2액형은 변성실리콘계(반응경화 TYPE), 폴리설파이드계(반응경화 TYPE), 폴리우레탄계(반응경화 TYPE)와 같이 경화제와 베이스 폴리머(Base Polymer)를 별도의 용기에 포장해서 사용 전에 혼합하여 사용하는 제품이다.

실리콘(Silicone)계는 Silicone Organic Polysiloxane을 주성분으로 한 실링재로서, 주로 1성분형이 사용되고 있다. 경화 과정에서 수분과 반응할 때 방출되는 성분에 따라 초산형(Acetoxy Type)과 비초산형(Non-Acetoxy Type)으로 나뉘는데, 보통 알루미늄 복합판넬, 금속패널, 창유리(초산/비초산), Al 커튼월(불소도장), 석재 조인트(비오염성) 등에 사용된다.

변성실리콘(Modified Silicone)계는 변성실리콘(Organic Polysiloxane을 함유한 유기 Polymer)을 주성분으로 한 실링재이다. 1980년대 중반에 석재 건물의 줄눈에 실리콘(Silicone Sealant)을 사용하는 경우, 3~5년 경과 후에 줄눈 주위가 검게 되는 것을 방지하기 위해 개발되어 석재, GPC, GRC, TPC 조인트 등에 사용되고 있다.

폴리설파이드(Polysulfide)계는 탄성 실란트로서 가장 오랜 역사를 가지며 고층 빌딩의 신축을 가능케 한 커튼월 공법이 널리 보급되면서 부재의 조인트 부위(Working Joint)의 방수 목적으로 사용되고 있다. 미국 THIOKOL사에서 개발된 Polysulfide Polymer를 주성분으로 한 2액형 실란트로서, 석재 조인트, P/C, GRC, GPC 조인트, 2중·3중 복층유리에 사용되고 있다.

폴리우레탄(Polyurethane)계는 Isocyanate기(–NCO)를 가진 주성분과 활성 수소 화합물을 가진 경화제 성분을 조합한 상온 경화형 탄성 실란트로서, 1액형과 2액형으로 보급되고 있다. 폴리우레탄 실란트는 다른 용제형이나 에멀젼형 실란트보다 성능적으로 우수하며, 무용제 탄성 실란트로서 가격이 저렴하므로 중간적인 성능을 요구하는 분야에 널리 사용되고 있다. 콘크리트, 벽돌, 철재, 석재 등의 조인트, ALC, PAIL 조인트, 콘크리트 포장도로 줄눈 조인트, 콘크리트 바닥 조인트 및 방수 실링 등 다양한 분야에서 사용되고 있다.

아크릴(Acryl)계는 합성 수지계 실란트로서 통상 아크릴 에멀젼 수지를 주성분으로 자연 건조형 1액형 실란트로써 활용되고 있다. 경화는 함유 수분이 증발 또는 피착재에 흡수되면서 경화되며 주로 건축물의 내부 및 발코니 부위의 조인트 및 균열보수에 사용된다. 배기 및 통풍관 실링이나 흡음 칸막이 방음 실링, 사무실, 아파트, 공장 등 일반 건물의 창문, 문, 벽 등에 폭넓게 사용되고 있다.

5. 스페이서(Spacer)

복층유리는 두 장의 유리와 간격을 유지하는 스페이서(spacer, 간봉)를 이용하여 유리 사이에 일정한 공간(중공층)을 두어 공기나 특정한 불활성 가스를 채우고 테두리를 접착제로 밀봉한 유리이다. 유리와 유리 사이의 공기층은 열전달이나 음의 투과율을 낮추기 때문에 단열성능과 차음성능, 결로방지성능이 향상된다. 또한 스페이서 내부에는 제습제(desiccant)가 있어서 복층유리 내부 공기에 포함된 미량의 습기를 흡수할 수 있다. 보통 창유리와 스페이서는 2곳에서 실란트로 접착하는데, 1차 실란트(primary seal)에서는 외부의 수분 유입이나 가스의 누출을 방지하기 위해 스페이서와 유리를 폴리아이소부틸렌(polyisobutylene)으로 접착시키고, 2차 실란트(secondary seal)는 복층유리 내부 공기층을 보호하고 기계적인 고정 역할을 하는 접착제로서 폴리설파이드(polysulfide)나 실리콘(silicon)이 많이 사용한다.

복층유리의 스페이서(Spacer)는 두 유리판 사이의 간격을 유지하고, 단열성능을 향상시키는 중요한 역할을 합니다. 스페이서 재료는 알루미늄과 스틸, 플라스틱, 복합재료 등 다양한 종류가 있다. 알루미늄은 전통적으로 많이 사용되던 재료로서, 가격이 저렴하고 가공이 용이하다. 그러나 열전도율이 높아 단열 성능이 떨어질 수 있다. 반면, 스테인리스 스틸은 알루미늄보다 열전도율이 낮아 단열 성능이 향상된다. 내구성이 뛰어나고 부식에 강하지만, 가격이 상대적으로 비싼 편이다. Warm Edge라고 불리는 스페이서는 폴리아키드, 폴리우레탄, 폴리에틸렌 등의 재료로 구성되며, 열전도율이 매우 낮아 단열 성능이 뛰어나다. 유연성이 있어 다양한 형태의 유닛 제작이 가능하며, 열팽창과 수축에 잘 대응한다. 최근에는 유리섬유 강화 플라스틱 등 다양한 재료를 혼합하여 복합재료의 스페이서도 개발되고 있으며, 단열 성능과 내구성을 모두 갖추고 있다. 이러한 스페이서 재료들은 각각의 특성에 따라 다양한 기후와 창문 디자인에 맞춰 선택될 수 있다. 복층유리의 성능을 최적화하기 위해서는 적절한 스페이서 재료를 선택하는 것이 중요하다.

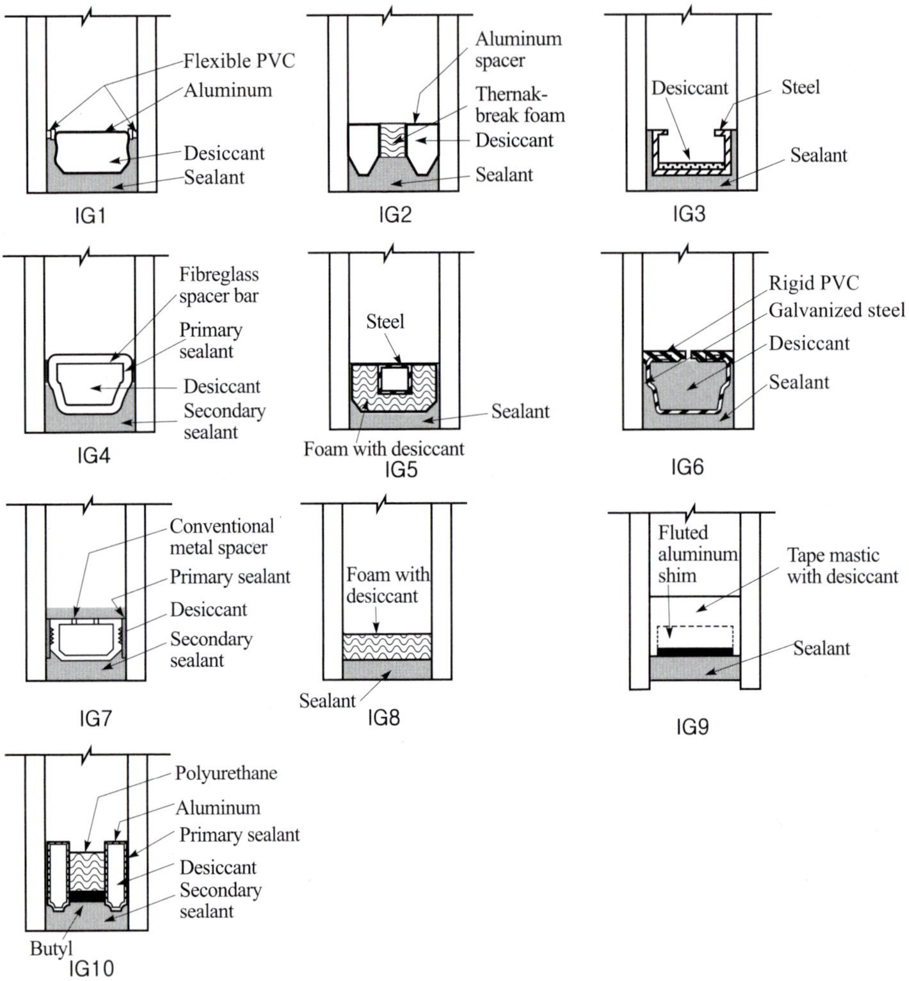

[그림 2-3] 고성능 단열 스페이서의 유형[4)]

4) Sofie Van Den Bergh, Robert Hart, Bjørn Petter Jelle, Arild Gustavsen, Window spacers and edge seals in insulating glass units: A state-of-the-art review and future perspectives, Energy and Buildings, Volume 58, 2013, Pages 263-280.

Thermoseal Group에서는 열전도율이 매우 낮은 Thermobar와 Thermoflex Warm Edge Spacer를 개발하였으며, Technoform사에서는 에너지 효율성과 내구성이 우수한 하이브리드 Warm Edge 스페이서를 개발하였다. Edgetech사에서는 기존 금속 스페이서보다 단열 성능이 우수한 TruPlas®와 같은 고성능 스페이서를 개발하였다. Euroview사에서는 다양한 스페이서 바 옵션을 제공하며, 특히 Thermobar™ Warm Edge와 DGS Chromatech Ultra가 유명하다.

6. 가스켓(Gasket)

창문 유리에 사용되는 가스켓(gasket)은 창문을 닫을 때, 창문 유리와 창문 프레임 사이의 틈새를 기밀하게 함으로써 공기 유출입을 방지하고, 소음을 줄이며, 외부 습기와 먼지를 차단하는 역할을 한다. 가스켓은 창문의 기밀 성능을 향상시키고, 에너지 효율성을 높이는 데 중요한 역할을 한다. 본적인 요구사항을 분석하고, 창문의 종류와 사용 목적에 따라 가스켓의 재질을 선택하는 것이 필요하다. EPDM, PVC, 또는 고무 재질 다양한 형태로 가공되고 있다. 가스켓의 형태는 창문의 브라켓 구조와 일치해야 하도록 설계된다.

창문의 가스켓을 설계하기 위해서는 가스켓이 설치될 창문의 크기, 형태, 재질, 사용 환경 등 기이를 위해 CAD(컴퓨터 지원 설계) 소프트웨어를 사용하여 가상 모델을 만들고 설계된 가스켓을 실제로 제작하고 성능시험을 진행한다. 이러한 과정을 통해 가스켓이 창문에 잘 맞는지, 시공이 편리한지, 기밀하게 고정되는지 등 실제 사용 조건에서 테스트를 진행한다. 이러한 테스트가 완료된 후에 현장 시공이 이뤄진다. 다양한 가스켓의 형태로 인해 시공 과정에서는 가스켓의 정확한 위치와 방향을 맞추는 것이 필요하다.

일반적으로 가스켓의 재료로 사용되는 EPDM(Ethylene Propylene Diene Monomer)은 다양한 용도로 사용되는 합성 고무(synthetic rubber)의 일종이다. EPDM은 ASTM Standard D-1418에서 M-Class의 고무이다. M-Class는 포화 폴리에틸렌 사슬을 가진 엘라스토머(elastomers)로 구성된다. EPDM은 에틸렌, 프로필렌 등의 화학 물질과 에틸리덴 노르보르넨(ENB, ethylidene norbornene), 디사이클로펜타디엔 (DCPD, dicyclopentadiene) 및 비닐 노르보르넨(VNB, vinyl norbornene)과 같은 물질로부터 만들어진다. EPDM은 오염, 습기, UV 복사 등에 강하며, 내구성이 뛰어나고, 온도 변화에 잘 대응하는 재료이다. EPDM은 유리, 플라스틱, 금속 등 다양한 재료와 함께 사용되는 고체 재료이다. EPDM은 −50° C에서 150° C까지의 범위에서 안정적으로 사용할 수 있다. EPDM은 유연하여 다양한 형태로 제작될 수 있어, 다양한 용도로 사용될 수 있다. 또한 접착력이 우수하여 다양한 재료와 잘 접착되어, 다양한 환경에서 안정적으로 사용할 수 있다. 환경에 미치는 영향이 적어, 지속 가능한 재료로 간주되고 있다. 이러한 특징으로 인해 창문 유리, 창문 프레임, 창문 코너 등에서 널리 사용되고 있다.

TPE(Thermoplastic Elastomer)도 가스켓의 재료로 많이 사용되고 있다. 유연성이 뛰어나고, 다양한 환경 조건에서도 안정적으로 사용할 수 있다. TPE는 주로 폴리에틸렌(PE), 폴리프로필렌(PP), 폴리우레탄(PUR) 등의 고체 폴리머와 스티렌-부타디엔 (SBS), 스티렌-에틸렌-부타디엔(SEBS) 등의 유연성을 가진 폴리머를 블록 코폴리머 방식(Block Copolymer Method)으로 결합하여 만들어진다. 이는 다양한 성질을 가진 두 가지 이상의 폴리머 블록을 결합하여 만든 고분자 구조를 의미하며, 이러한 결합 방식으로 인해 TPE는 유연성과 고체성을 동시에 나타낼 수 있다.

실리콘 가스켓은 창문, 차량 부품, 의료 장비, 스포츠용품 등 다양한 산업에서 널리 사용되고 있다. 실리콘 가스켓은 오염, 습도, UV 복사 등에 강하며 내구성이 우수하다. 그리고 유연성을 확보하고 있어서 다양한 형태로 변형될 수 있으며, 원래 형태로 돌아갈 수 있다. 또한 실리콘 가스켓은 화학 물질에 대한 내성이 높아, 다양한 환경에서 안정적으로 사용할 수 있다. 그리고 실리콘 가스켓은 다양한 재료와 잘 접착되어, 다양한 환경에서 안정적으로 사용할 수 있다.

가스켓에 사용되는 부틸 고무(Nitrile Rubber, NBR)는 니트릴계 고무이다. 이 재료는 아크릴로니트릴(Acrylonitrile)과 부타디엔(Butadiene)으로 이루어진 코폴리머이다. NBR은 내유성과 내화학성이 뛰어나며, 고온 및 저온에도 안정적인 성능을 발휘한다. 즉, 기름이나 연료에 강한 저항성을 보이며, 다양한 화학물질에도 내성이 높다. 낮은 온도에서도 유연성을 유지하여 제작이나 시공이 용이하다. 또한 내구성이 우수하여 오랜 시간 동안도 초기 품질을 유지할 수 있기 때문에 자동차 부품이나 가스켓, 씰, 호스 등 다양한 산업에서 널리 사용되고 있다.

4절. 창호의 구조 및 재료

1. 목재 창호(Wood window)

목재 창호는 나무를 재료로 이용해서 만든 창호로서, 플라스틱 창호나 알루미늄 창호가 일반화되기 전까지 전통적으로 사용되어 온 소재이다. 과거에는 나무의 특수성 때문에 외장용보다는 내장용에 적합하기 때문에 지금은 오래된 단독 주택이나 저층 빌라 등에서 일부 사용되어 왔다. 이 경우 외기에 노출되면 목재의 특성상 습기에 취약해서 구조적으로 뒤틀림 현상이 발생할 수 있어서 창문을 여닫는 경우 소음이 발생할 수 있다. 그러나 나무의 특성상 열전도율이 낮아서 목재 프레임에서의 결로 발생 등의 가능성은 낮으며, 친환경 재료로서 온실가스 배출 등에 미치는 영향은 적다. 최근에는 고성능 목재 가공 기술이 개발되고, 실내 인테리어 과정에서 목재가 갖는 디자인 요소가 강조되면서 외기에 면하는 창호는 물론 실내 인테리어 창호로도 사용되고 있다. 국내에서는 목재 창호에 사용되는 목재의 품질을 KS F 3108의 품질기준에 적합하도록 규정하고 있으며, 재료적 측면에서 창호 제작 직전의 함수율은 KS F 3108의 시험 방법에 의거하여 15% 이내로 제한되어 있다.

2. 알루미늄 창호(Aluminum window)

알루미늄은 철에 비해 가볍고 목재에 비해서는 상대적으로 강도가 높다. 다만, 열전도율이 높아서 추운 외기에 노출되는 경우, 창호 프레임에서 결로가 발생할 수 있으며, 창 세트의 단열 성능이 저하된다. 최근에는 이러한 문제를 해결하기 위해 단열 알루미늄을 사용하거나 내부 구조부에 열교 차단을 위한 특수 단열재료를 사용하여 단열성능을 개선해 오고 있다. 알루미늄 합금 창호의 경우, 내구성이 뛰어난 알루미늄과 철의 비중이 1:3로 녹이 슬지 않으면서도 단단하고 견고해서 내구성이 높다. 알루미늄 합금 창호는 KS D 6759에 따라 요구성능이 규정되어 있으며, 알루미늄 합금 압출형재 및 판재의 표면처리는 KS D 8301 또는 KS D 8303에 적합하도록 규정되어 있다.

3. 합성수지(PVC, ABS 등) 창호

합성수지 창호에 사용되는 PVC(폴리염화비닐), ABS 등의 재료는 석유, 천연가스 등의 부산물로서 저분자의 유기화학물질을 원료로 하여 가염, 가열 등에 의해 반응시킨 가소성(plasticity)이 있는 고분자물질이다. 플라스틱 계열의 합성수지를 이용하여 창 프레임을 제작하여 조립하는 것을 의미한다. 특히 PVC(폴리염화비닐) 창호는 알루미늄 창호에 비해 단열성능과 난연성, 내구성이 우수하며 경제적이다. 합성수지 창호는 KS F 3117(창세트)에 적합하도록 요구성능이 규정되어 있다.

4. 강재 창호(Steel window)

강재 창호는 KS F 3117(창세트), KS F 3109(문세트)에 적합한 제품으로서 변형, 흠, 빨간 녹 등이 없는 것으로 제작해야 한다. 주로 스테인레스강이 사용되며, 고급 새시(sash)나 도어 등의 창호로 제작된다. 일반적인 강재는 약 3~5년마다 방청처리를 해야 한다. 알루미늄 창호나 합성수지 창호에 비해 풍압 등에 대한 강도가 매우 우수하지만, 재료비 및 가공비가 다소 높아 고급 빌딩이나 호텔 등에 사용된다. 국내에서는 강재 창호에 쓰이는 재료 및 부속 부품의 품질이 KS F 3117(창세트)와 KS F 3109(문세트)에 규정되어 있다. 그리고 강재 창호 제작 및 시험방법에 관한 사항은 KS F 4507(강철제 창 및 창틀)과 KS F 4508(강철제 문)의 기준에 따른다.

5. 복합 소재 창호

일반적으로 알루미늄 창호의 에너지 성능을 개선하기 위해 복합소재 창호가 개발되고 있다. 복합소재 창호는 보통 2개 이상의 재료를 이용하여 제작되는 창호로서, 경제성이 좋은 PVC와 같은 합성수지 재료를 견고하고 강도가 높고 가벼운 알루미늄 재료와 결합하여 조립, 제작함으로써 창 프레임의 단열성과 수밀성 등을 개선하고, 풍하중에 대한 구조적 안정성을 확보하고 있다. 알루미늄+단열재, 알루미늄+목재, 알루미늄+PVC 형태로 프레임을 제작함으로써 에너지 성능 및 구조성능을 종합적으로 개선해 나가고 있다. 또한 실내 측에서는 PVC나 목재로 디자인적 요소를 반영하고 열교현상에 따른 열손실을 최소화하도록 설계되고 있다.

CHAPTER 03

건축물 외피와 에너지

제3장 | 건축물 외피와 에너지

건축물의 외피는 단순히 Shelter의 개념에서만 볼 때는 여러 외력에 의해 견딜 수 있어야 한다. 그러나 현대사회의 건축물 외피의 역할은 피신을 위한 기능 제공을 벗어나 거주자의 쾌적성 증대, 더 나아가 건축물의 생산적 측면에서의 지구의 에너지 고갈 해결, 탄소 저감에 기여까지 확장되고 있다. 이 측면에서 바라볼 때 건축물의 외피와 에너지의 상관관계들을 이 장에서는 다루고자 한다.

먼저 개괄적으로 건축물에서 외피의 요구 성능 중 에너지 효율과 기초적 열 환경 개념인 열 손실(Heat Loss)과 열 획득(Heat Gain)에 대해 알아보고자 한다.

다음으로 건축물 외피의 에너지 저감을 위한 설계 방법들과 에너지의 저감 차원뿐만 아니라 건축물의 외피에서 에너지 생산까지 이루어지는 방법들에 대하여 개괄적으로 살펴본다.

건축물 외피에 있어서 중요한 성능인 단열과 관련된 여러 측정 지수에 대하여 정리하여 소개하고자 한다. 주요 성능으로 열관류율, 태양열취득계수, 기밀성능, 결로 저항 성능에 대하여 그 기초개념들을 이해하고 거주자의 쾌적성을 증대하기 위한 측정 지표로 인지할 수 있는 계기를 알아보고자 한다.

이를 측정하기 위한 여러 방법 중 이 장에서는 시뮬레이션 방법에 의한 열관류율 측정 및 결로 예측 Program의 활용에 대해 소개한다.

구체적으로 건축가의 디자인 구현을 위하여 Order-made인 비주거용 건축물 외피의 주류를 이루는 유리 커튼월의 단열성능 향상을 위한 유리와 알루미늄 프레임 단열 방식에 대해 알아본다.

마지막으로 국내 관련 법규 및 제도들을 살펴봄으로써 거주자의 쾌적성과 에너지 저감을 위한 창호들의 여러 기준을 인지할 수 있도록 정리하였으며 추가적으로 민간부분에서도 적용될 제로에너지 빌딩(ZEB) 등급 달성을 위한 건축물 외피 요구수준까지 살펴보았다.

이 장에서는 전체적인 건축물 외피에서 에너지와 관련된 여러 요소를 살펴봄으로써 전반적인 이해를 정립하는데 기여하는 장으로 정리하여 보았다.

1절. 건축물 외피와 에너지

1. 외피의 성능과 에너지 효율

건축물에서 큰 의미로 에너지를 관리한다는 말은 에너지 효율이 좋은 건물을 뜻한다.
유럽에서는 1990년대 기준으로 1차 에너지 사용의 28 %가 건축물과 관련이 있다고 추정했다. 이는 산업/건축물/수송 중 산업에 이어 두 번째로 차지한다.
우리나라의 경우 2000년 기준 건축물은 약 23 %를 차지하고 있으며 이는 약 35,000K.TOE에 해당한다(1TOE : 석유1Ton을 연소할 때 발생하는 에너지, 1,000만 kcal) 건축물의 에너지 소비량 중 약 30 %는 건축물의 열적 성능 개선으로 감소시킬 수 있다고 한다.

이에 대한 디자인적 접근 방법으로 살펴보면 4가지 방법이 있다.
① Thermal envelope를 통한 열 흐름 감소를 기본
② 패시브 시스템의 조합
③ 기계적 장치를 통한 액티브 시스템의 컨트롤
④ 신재생에너지를 적용

함으로써 건축물의 에너지 사용의 추가 감소를 도모한다. 여기서 Thermal envelope를 통한 열 흐름 감소와 패시브 시스템의 조합을 통칭하여 Passive Control 이라 총칭하여 설명하기도 하는데 이 장에서는 외피의 측면에서 세분화 한 것이다. 실내의 쾌적은 벽, 각 실들 특히 개구부를 단열할 때 증대된다. 그리고 단열은 에너지절약뿐만 아니라 열 쾌적도 증대시킨다. 그러므로 이는 에너지 효율이라고 하는 편이 적합하다고 볼 수 있는데 이것은 곧 경제성으로 이어진다.
경제성은 초기 투자 비용으로 보는 것도 있지만 거주자의 유지 비용까지 고려하여 그 적정성 최적 방안을 찾는 것이 중요하며 이에 외피의 열적 성능은 중요한 요소이다.
모든 건축물은 충분히 에너지 효율 건물로 구현될 수 있다. 1차적으로 외피의 열적 성능을 강화한 건축물들은 일반적으로 난방이나 냉방 장치 용량이 적게 들도록 하여 초기 비용이 싸지고 유지 비용도 절약된다. 건축물을 구성할 때도 경제성을 가지고 사회가 추구하고 있는 가치 있는 에너지를 절약할 뿐 아니라 풍부한 시각적 환경에 대한 건축가의 욕구도 증진될 수 있다.
에너지 효율성을 가진 건축물의 6가지 이점들은 다음과 같다. ① 건축물 설계 및 운영개선 ② 에너지 비용 절감 ③ 거주 및 작업환경의 개선 ④ 건축물의 시장가치 증대 ⑤ 한정된 화석연료 소비 감소 촉진 ⑥ 이산화탄소 배출 감소를 통한 지구환경 개선에 기여 같은 결과들로 정리 할 수 있다.[1]

이러한 이점들을 구현하기 위한 여러 방법 중 이 장에서는 건축물의 외피로 한정하여 살펴보기로 한다.

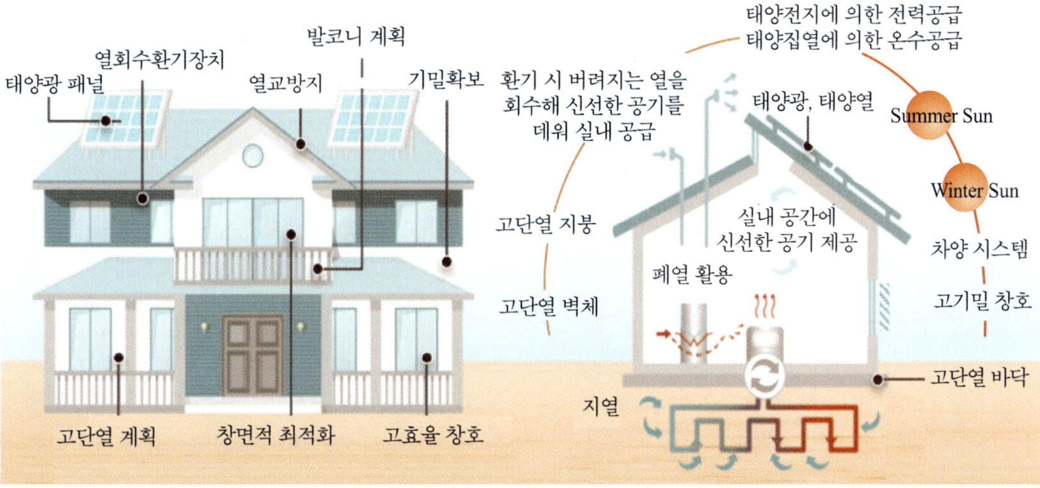

[그림 3-1] 건축물 에너지 효율 증대를 위한 Passive / Active Control & 신재생에너지 적용

2. 열 손실(Heat Loss)과 열 획득(Heat Gain)

외피에 있어서 에너지 효율과 직접적인 개념은 열적 전달이다. 건축 4대 환경 중 가장 많은 부분을 차지하는 열 환경 중에서 기본 개념인 열 손실(Heat Loss)과 열 획득(Heat Gain)에 대하여 설명하기 이전에 기본적인 개념들도 같이 간략히 살펴보기로 한다.

가. 전도(Conduction), 대류(Convection), 복사(Radiation)

전도(Conduction)는 입자 간의 상호 작용의 결과로 물질의 에너지가 더 많은 입자에서 인접한 에너지가 상대적으로 적은 입자로 에너지를 전달하는 것을 말한다. 매체(고체, 기체 또는 액체)의 형태에 따라 전도는 분자의 충돌, 확산 및 진동 또는 자유 전자(금속)의 에너지 수송으로 인해 발생한다.

열전도율[W/m.K]은 지정된 조건에서 특정 재료를 통해 열이 전도되는 속도를 측정한 것으로 이 계수는 1 K의 온도 차이에서 1 m^2의 표면적에 대해 1 m 두께에 걸친 열 흐름[W]으로 측정된다.

---

1) Fenestration And Cladding Engineering Technology Scheme Section 05.01 Thermal Properties Version 1.00.aa © Centre for Window and Cladding Technology - 2000, 2001

대류(Convection)는 열전달은 유체가 다른 온도에 있는 표면 위로 이동할 때 유체에서 발생하는 것으로 유체 이동에 대한 메커니즘은 전도 온도 구배로 인한 자연적으로 유도 된 부력으로 이 경우 자연 대류 또는 자유 대류라는 용어가 사용되며 유체 운동이 압력 차이 또는 팬과 같은 외부 기관에 의해 발생할 수 있다. 이 경우에는 강제 대류라는 용어를 사용한다.

표면과 유체 본체 사이의 대류 열전달은 관계에 의해 정의할 수 있다.

일반적으로 열전달 계수(hc)는 유체 운동이 일정할 경우 이론적으로 예측할 수 있지만 유체 운동이 난류인 경우 실험적으로 결정해야 하는 어려움이 있다.

열전달 계수의 값은 ① 유체의 상대 속도(유체-표면), ② 표면과 유체 사이의 온도 차이, ③ 열 흐름의 방향, ④ 표면 크기 및 방향, ⑤ 유체 재료 특성, ⑥표면 거칠기 여러 상황에 따라 달라진다.

복사(Radiation)는 모든 물체가 전자기 방사선을 방출하며 물체가 방출하는 방사선의 양은 주로 절대 온도의 함수이다. 예를 들어, 진공 상태에서 인간의 몸이 자신과 주변 환경 사이에 복사 에너지의 순 교환이 없을 때, 주변에서 에너지를 흡수하는 것과 동일한 속도로 에너지를 방출할 때 안정적인 온도에 도달하는 것을 말한다. 신체가 에너지를 흡수하는 속도보다 더 빠른 속도로 에너지를 방출하면 신체의 온도가 떨어지고 그 반대의 경우는 온도가 오른다.

방사선의 열적 효과를 고려할 때는 표면의 방사율이 넓은 파장 범위에 걸쳐 상당히 일정하기 때문에 방사선의 스펙트럼 조성은 중요하지 않다고 가정하는 경우가 많으며 이는 4절에서 언급될 시뮬레이션 방법에 적용된다. 그러나 방사선의 스펙트럼 구성은 건물 내 조명 같은 경우에는 에너지 전달의 중요한 고려 사항이다. 그러나 외피에서는 주로 장파 복사로 인한 열전달에 대해서만 언급된다.

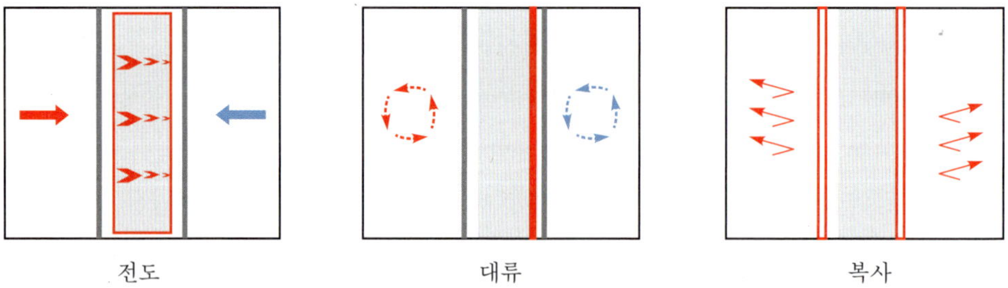

[그림 3-2] 전도, 대류, 복사의 개념

나. 냉교(Cold-bridging) / 열교(Thermal-bridging)

냉교 또는 열교의 열량은 구조물의 일반적인 부분보다 열 저항이 현저히 낮은 부분을 통과하는 것을 말한다. 이들은 특히 개구부 주변과 벽/바닥 및 벽/지붕의 접합부에서 발생한다. 콘크리트 및 금속 프레임 건물 또는 정면은 이러한 요소가 그 해당 부분에 절연되지 않는 한 특히 냉교가 발생하기 쉽다. 냉교는 열전도율이 높은 요소의 존재로 인해 발생하는 낮은 열 저항의 국부적인 영역에서 나타나기 때문이다.

일반적인 예로는 비단열로 구성된 금속 프레임, 콘크리트 우각부, 연결부 그리고 개구부 등에 주로 발생한다.

열교 또한 열손실과 열획득이 열교부분에서 상대적으로 많이 증가하며, 이에 따른 결로 위험이 증가할 수 있는 국부적인 영역에 발생하는데, 이는 결로로 인한 곰팡이와 결로 얼룩이 발생할 수 있다.

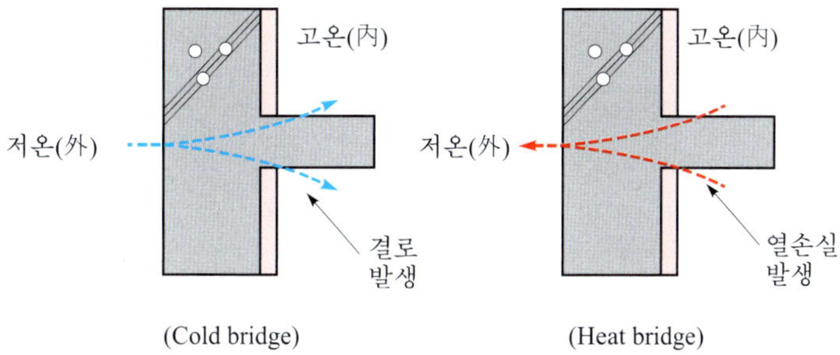

[그림 3-3] 냉교와 열교의 개념

다. 열 손실(Heat Loss), 열 획득(Heat Gain)

열 손실의 경로는 전도(transmission), 침기(infiltration), 환기(Ventilation)이다.

열은 각실, 벽, 계단, 창, 문을 통해 전도됨으로써 열 손실이 발생한다. 열은 전도, 대류, 복사에 의해서 복합적으로 발생된 전도에 의해 흐른다. 겨울철에는 세 가지 조합으로 열 손실이 발생하는데 이는 시공 방식에 따라 달라진다. 실제적으로 전도되는 열은 내외부의 온도 차, 건물의 외피 열 저항 성능을 통하여 손실량이 달라진다. 그러므로 열 손실은 최소면적, 벽 사이의 온도 차를 없애고 열 저항을 크게 하여 최소화할 수 있다. 열은 또한 창이나 문의 틈새뿐 아니라 구조물의 이음부를 통해 차가운 공기가 침입하여 손실이 발생한다. 침기에 따른 열 손실은 건물 내외부 온도 차와 건물로 얼마나 많은 찬 공기의 양이 들어오는가 하는 것이다.

창과 문의 틈새를 통하여 공기 침투율을 사용할 때 침입 열 손실을 계산하는 방법이 air change method가 있다.

내부의 공기가 가습되어진다면 현열뿐만 아니라 잠열까지도 겨울철에 침투에 의해 잃게 된다. 환기에 의한 열 손실은 공기 교환의 제어되고 의도적인 방법을 제외하고는 침투와 같은 것이다.

열 획득은 열 손실과 비슷할지라도 다소 표면적인 차이점이 있다.

유사점은 건물 외피의 열 흐름이 내기와 외기의 온도차로 인해 발생되고, 차이점은 태양열은 물론 열적 mass의 효과, 내부 열원으로부터의 부하가 있다는 것이다.

건물 타입에 따라 내부 열원이 크거나 작을 수 있다.

인체 발열량, 조명, 설비 기구 각각과 이들의 조합에 의해 생성된 큰 열을 가진다. 그 열은 현열, 잠열 형태 모두 존재할 수 있다. thermal mass는 온도가 하루 동안에 넓게 변화할 때 열 획득을 감소시킬 수 있다.

주거용건물에서 많이 사용하는 이중창은 창과 창 사이의 중공층이 자연스럽게 존재하게 된다. 이 중공층은 열전도도가 상대적으로 낮은 공기층으로 이루어져 있으며 대류가 상하로 발생하여 열전도도가 상대적으로 낮은 공기층으로 열전달 속도를 저하시키는 효과로 인해 외부로의 열 획득과 내부로부터의 열 손실이 저감시킨다. 이중창의 경우에는 뒤에서 설명하게 될 기밀성능과도 상관관계가 있어 복합적 해석이 요구된다.

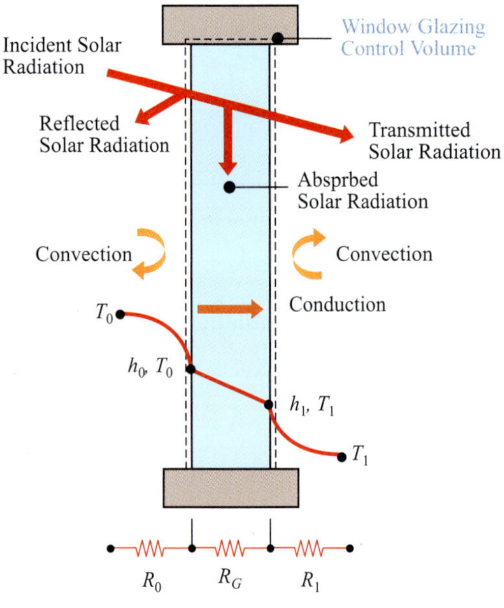

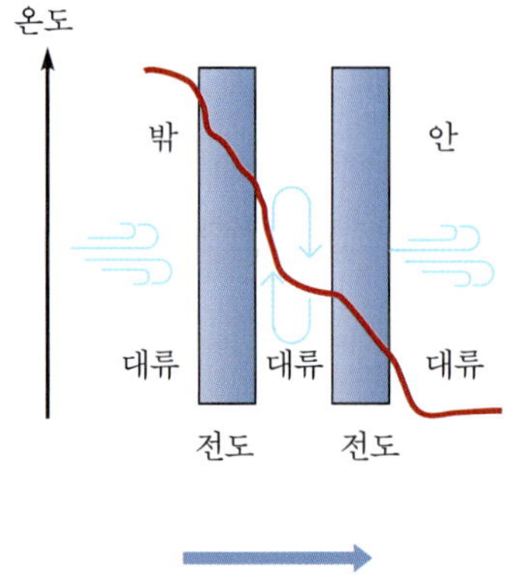

[그림 3-4] 단창과 이중창의 열 흐름 개념

2절. 건축물 외피의 에너지 저감 설계 방법

건축물 외피와 에너지의 상관관계를 볼 때 외피가 기여할 수 있는 부분은 크게 두 가지로 나눌 수 있다 첫 번째는 에너지를 저감 할 수 있도록 냉·난방 부하를 외피의 성능 자체로 저감하도록 하는 방법과 두 번째는 외피에서 화석연료를 사용하지 않고 생산할 수 있는 에너지를 발생시켜 냉·난방 부하를 상쇄할 수 있는 것으로 볼 수 있다. 이 절은 이 두 가지 접근 방법에서 할 수 있는 설계 방법들과 요소 기술들은 다음과 같다.

1. 냉·난방 부하 저감을 위한 외피의 설계 방법

냉·난방 부하를 절감하기 위한 건축물 외피의 방법을 살펴보기 전에 건축계획단계에서 고려하고 반영할 사항을 생각해 보면,

가. 건축 계획적 측면

에너지절약이 가능한 건물의 배치계획이 수반되면 더 좋은데 이를 살펴보면[2)]
첫 번째로 주변의 환경을 분석하여 최적향 및 장/단변비를 고려한 최적의 주동 배치 및 평면계획을 수립하는 것이 유리하다. 구체적으로 향은 남향이 최고로 우수하며 남동향, 남서향의 배치순이다. 또한 건물의 장, 단변비는 1.5:1이 가장 적합하다고 권장하며 1:1, 2:1 순서이다.
두 번째로는 체적대비 외피 면적비의 최소화가 이루어지면 냉·난방 부하저감의 효과에 기여한다. 이는 동일 연면적의 건물일지라도 외피 면적이 작아서 외부로의 열 획득, 특히 열 손실이 줄어드는 효과를 건축 계획적으로 할 수 있는 방법이다.
세 번째로는 외피의 창면적비를 30~35 % 정도로 설계를 권장한다. 이는 건축 열 환경측면에서 볼 때 외피의 벽체보다 상대적으로 열적 성능이 적은 창호의 최적 적용 비율을 고려하는 것이다. 이 수치는 열 획득과 열 손실 즉 냉·난방 부하의 최적점관계에서 우수한 적용 비율이며 향별로는 남향에서는 40~45% 미만, 북향은 35~40 % 미만, 동, 서향은 25~30 % 미만으로 제안하고 있다.
이는 건축계획단계에서 이루어지므로 건축물의 외피 설계에서는 참고 사항으로 추가적 건축물 외피의 에너지 저감 추가적 부담에 대한 요소로 파악하는데 활용될 수 있다.

2) 제로에너지 건축물인증 기술 요소 참고서, 한국에너지공단 건물에너지실, 2024.3

나. 건축 외피의 냉·난방 부하 저감 요소

건축물의 외피에서 냉, 난방부하 저감을 할 수 있는 요소들을 살펴보면 다음과 같다.

첫 번째로 가장 중요한 요소는 외피의 단열성능 강화이다.
구조체나 창호의 열관류율을 개선하여야 하며 이는 벽체는 단열재 성능의 강화, 창호는 유리와 프레임의 성능 강화로 열관류율을 개선하여 적용하여야 한다. 유리와 프레임의 요구수준 및 개선 방법은 3절에서 6절까지 상세히 기술하고자 한다.
냉방부하 저감보다는 난방부하 저감에 더 많은 기여를 하며 패시브 컨트롤의 주요 요소라 할 수 있다.
두 번째로 고려할 요소는 침기 및 열교 최소화이다. 창호 자체 기밀성능 향상만을 의미하는 것이 아니라 접합부 주변의 기밀성능 강화가 동시에 이루어져야 한다.
기밀테이프등을 활용하여 접합부에서 발생하는 침기를 막아야 하며 침기에 의한 열 손실 발생량을 줄여야 하기 때문이다.
외기는 건물의 균열 부분이나 틈새를 통해서 침투하거나 누출됨으로써 실내공기의 온습도에 영향을 주어 냉·난방 효과를 떨어뜨린다. 외기 침투는 건물 내외부의 온도 차에 의한 굴뚝효과로 인하여 차압이 발생해서 생기는데, 일반적으로 굴뚝 차압은 건물 높이 미터당 0.02 Pa 정도 발생한다. 2.5 m/s이하의 낮은 풍속에서는 풍압이 1~2 Pa 정도 발생하나 10 m/s 이상의 높은 풍속에서는 25 Pa 이상의 풍압이 발생하여 냉·난방이나 환기시스템에 악영향을 준다.[3] 또한 열교차단은 주로 구조체 외벽에서 단열재의 시공법 개선(겹침이음, 결로방지 단열재 등)을 통해 이루어지며 설계 시 충분한 디테일 검토로 개선하여야 한다. 여기서 우리가 생각해야 할 요소가 있는데 외단열은 내단열보다 열교현상을 차단하므로 열적 성능이 더 우수하다. 그러나 건축물의 외피에서 외단열공법 시공 시 외벽과 창호의 결합부에서 발생하는 열교현상에 대한 근본적 시공성이 고려된 방법이 도출되지 않아 더 많은 디테일 연구가 이루어져야 한다.
세 번째로는 냉방부하저감을 위한 요소들로 차폐성능 개선이 있으며 유리의 SHGC 개선과 차양시스템의 적용으로 나누어 볼 수 있다. 유리의 SHGC개선방법은 3절에서 6절까지에 상세히 기술하며 이 절에서는 차양시스템(Shading Devices)의 적용에 대해 간략히 기술하고자 한다.
1년 365일, 8,760시간 동안 태양은 대칭되어 움직인다. 특히 남중고도와 가조시간의 경우 하지 때 가장 높고 동지 때 가장 낮다.
이러한 태양의 움직임은 여름철 냉방 에너지 절감과 겨울철 난방 에너지 절감이라는 상반된 목

3) 건축물 외피의 에너지 절감 기술, 한국과학기술정보연구원, 차성기, 2009

적에 부합하도록 고려되어야 한다. 차양장치의 경우 냉방 에너지 절감에 초점을 두어 상대적으로 크고 넓게 설치할 경우, 겨울철 실내로의 일사 취득열량이 감소되어 냉방 에너지 상승을 초래할 수 있다. 일반적으로 고정형 차양장치는 여름철 하지의 남중고도와 겨울철 동지의 남중고도를 고려하여 설계되어진다.

또한 방위별로 태양의 위치가 달라지므로 동측과 서측의 경우에는 수직형 또는 격자형이 유리하며, 남측의 경우에는 수평형 또는 격자형이 유리한 것이 일반적이다.

국내 대부분 지역은 직달일사와 확산일사 성분이 5:5 내외의 비율로 분포하고 있다. 기존의 차양 설계에서와 같이 직달일사만을 고려한 계획은 한계가 있으므로 이에 대한 보완책이 요구되고 있다.[4)]

차양장치는 건물 외부에 장착되어지는 특성으로 일사 차단 효과로 냉방부하 저감에 기여하는 제품으로 실내로 유입되는 태양 에너지의 양을 최소화하고 부가기능으로 현휘의 감소, 외부 시야 확보 가능, 기계적 장치를 추가할 경우 일사량 조절과 외기차단의 동시 적용 등의 이점이 있다.

수직 차양장치는 수평 차양장치와 비교해 그 성능이 다소 떨어지는 것이 일반적이다. 그러므로 수직만을 고집하기보다는 수평과 수직 차양장치를 병행하는 방안도 건물 입면 디자인에 큰 영향이 없다면 고려해 보는 것도 바람직할 것이다.[5)]

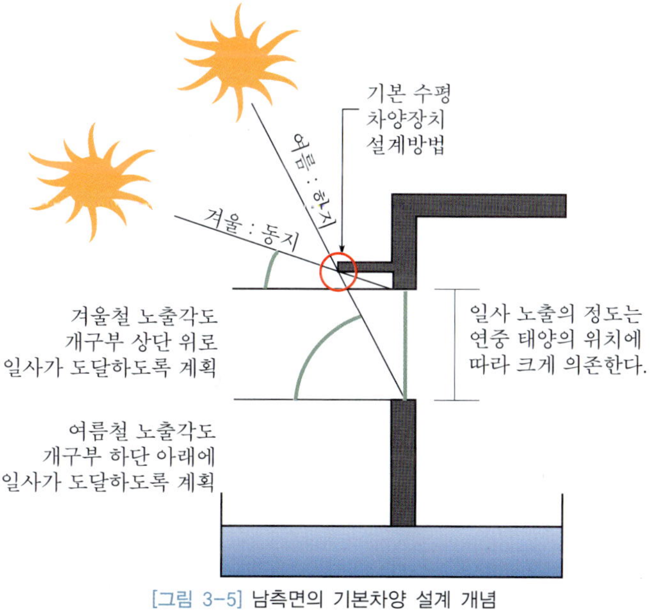

[그림 3-5] 남측면의 기본차양 설계 개념

---

4) 최원기, Facade Design Guideline, 선우시스 기술연구소, 2017

5) http://www.tboake.com/carbon-aia/introduction.html AIA, The Carbon Neutral Design Project, 2012

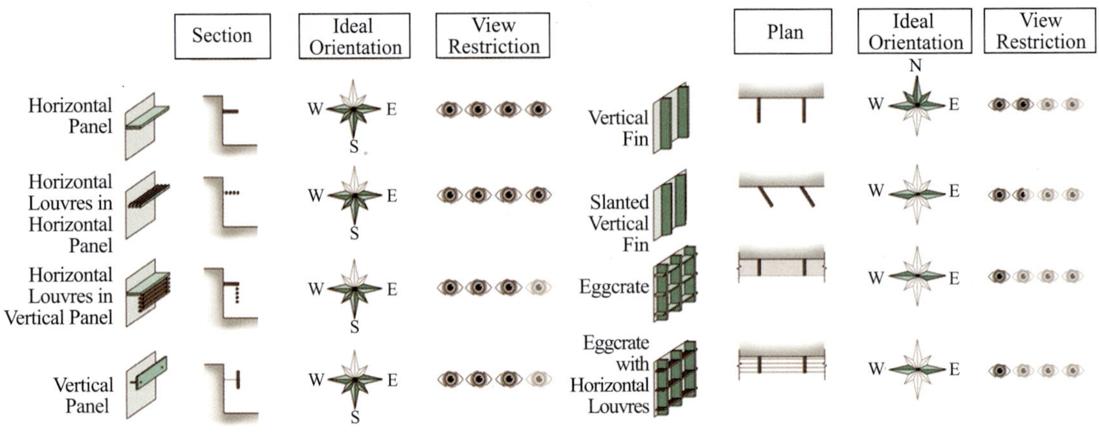

[그림 3-6] 수평, 수직 차양장치의 향별 적용

2. 에너지 생산을 위한 외피의 설계 방법

건축물의 외피 (창호나 벽면, 발코니 및 지붕재 등) 건축물의 외피를 구성하는 자재를 대체하여 태양광 모듈로 전력생산을 하여 냉·난방부하 저감에 드는 에너지 소요량을 상쇄시키는 것으로 전력 수요처와 생산지가 같아 송배전 손실이 없으며, 건설비용도 절감할 수 있는 방식이다. 다만 태양광 모듈이 건물 외장재로 사용되기 때문에 전기적인 효율과 더불어 건물의 디자인적 요소가 중요하며, 외벽의 5대 성능을 만족하여야 할 때도 있다.

여기에서 태양광 모듈이 제거되어도 건물의 구조적 기능이 훼손되지 않는 BAPV와 외벽의 5대 성능을 만족하는 BIPV로 나누어 생각하여야 한다. 두 기술 모두 태양으로부터 전기를 생성하는 데 사용되지만 설치, 비용 및 효율성 측면에서 다르다.[6)]

BIPV의 요구성능은 건축적으로 내화성능, 구조성능, 단열성능을 충족함과 동시에 기밀, 수밀, 차음성능까지 고려되어야 하며, 유리나 금속 커튼월의 유리, 금속패널 부위에 설치되면서 창호의 기본 기능을 충족한다고 생각하면 된다. 그리고 발전성능의 충족이 필요하며 추가적인 기능 조건에 유지, 보수와 화재 확산 방지에 대한 논의가 이루어지고 있다.

6) https://metsolar.eu/blog/designing-a-commercial-building-project-checklist-how-to-achieve-maximum-area-for-a-solar-power-plant

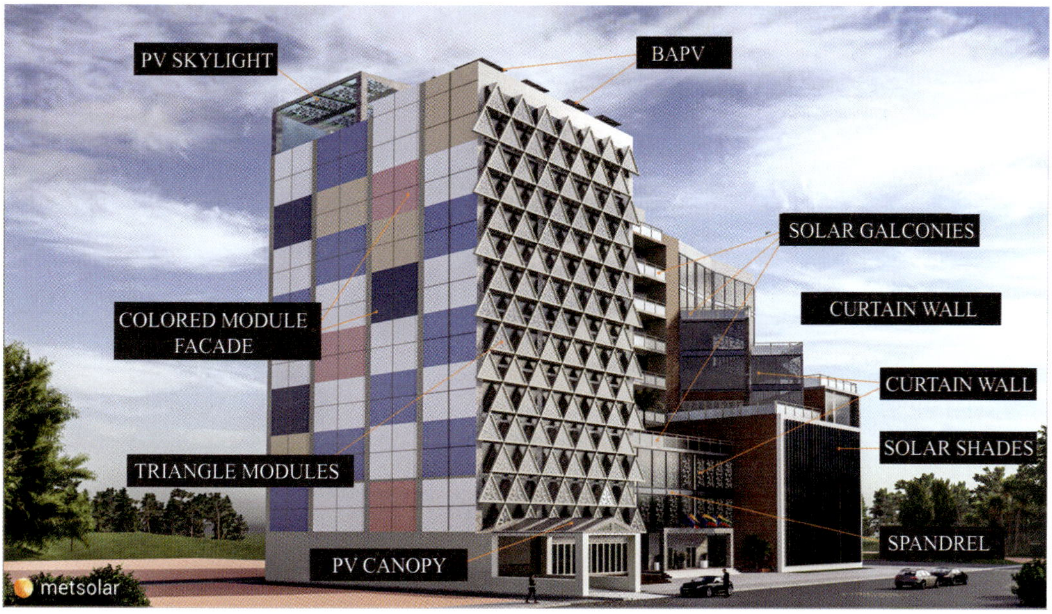

[그림 3-7] 건축물 외피의 에너지 생산 방법 종류 (참조: METSOLAR)

3절. 건축물 외피의 단열 관련 측정 지수

앞서 설명되었듯이 건축물의 창호나 커튼월에서 발생하는 에너지 손실을 줄이기 위한 여러 가지 기술들이 개발되고 에너지 사용량을 줄이기 위해 단열성능에 대한 규제가 법제화되고 그에 대한 기준이 강화되고 있는 추세이다. 건축물 외피의 단열성능을 측정하기 위해 창호의 열관류율, 태양열취득계수, 기밀성능, 결로저항성능 등의 지표들이 사용되는데 측정 기준에 대한 자세한 내용은 7장에서 상세히 기술되므로 기본 개념들을 살펴보면 다음과 같다.

1. 열관류율(Heat Transmittance, U-Value or U-Factor)

창호의 단열성능을 평가하는 가장 기본적인 지표로 창호를 통한 열 흐름을 수치로 나타낸 값으로 단위 면적당, 시간당 열전달량으로 정의할 수 있다. 건축물의 내외부 온도 차이에 의해 발생하는 전도, 공기의 대류, 태양광의 복사를 통해 창호를 통해 전달되는 열의 총량이다. U-Value(or U-Factor)로 표기하고 $W/(m^2 \cdot K)$ 단위를 사용한다. 일부 국가에서는 역수값인 열관류 저항값(R-Value=1/U-Value)을 표준으로 하기도 한다. 창호의 구성 요소별로 열관류율을 구분하는 경우가 있는데 이는 아래와 같이 표기된다.

- U_c : 유리 중앙부의 열관류율 값 [W/(m² · K)]
- U_e : 유리 가장자리 부분의 열관류율 값 [W/(m² · K)]
- U_f : 프레임의 열관류율 값 [W/(m² · K)]
- U_t : 창호 전체의 열관류율 값 [W/(m² · K)]

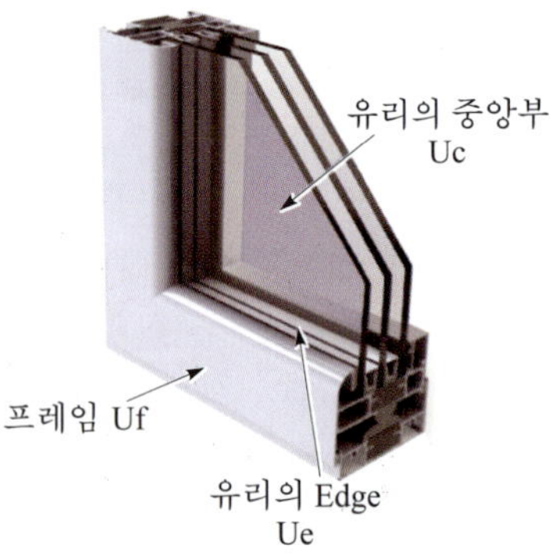

[그림 3-8] 창호의 열관류율

창호와 커튼월의 열관류율의 측정과 관련된 국내 표준규격은 'KS F 2278 창호의 단열성 시험방법'이고 국제 표준규격인 'ISO 15099:2003 Thermal performance of windows, doors and shading devices – Detailed calculations'를 통해 계산된 값을 사용하도록 하고 있다.

미국에서는 NFRC(국가 창호 등급 위원회, National Fenestration Rating Council)에서 자체 표준인 ANSI/NFRC 100에서 상세한 테스트 규정을 제시하고 있으며 관련 규격에 대해서는 테스트 규격 관련 장에서 상세히 기술하고 있다.

국내에서는 2008년에 '건축물의 에너지절약 설계기준'이 제정되면서 지역별 창호의 열관류율 값에 대한 기준이 처음 도입되었고 이후 2012년 '창호 에너지 소비효율등급제'(이하 창호등급제)를 도입하여 사용되는 창호의 열관류율을 제품에 표기하도록 하였으며 2018년부터는 상업용 건축물에 사용되는 커튼월 부분은 '고효율 에너지 기자재 인증'제도를 도입함으로써 열관류율에 기준을 강화하였으며, 지속적 강화와 임계점에 다다른 상황의 관점에서 지금도 활발한 논의가 진행 중이다.

2. 태양열 취득계수(SHGC, Solar Heat Gain Coefficient)

건축물 외피의 단열성능을 평가하는 두 번째 지표로는 태양열 취득 계수(SHGC)가 있다. 일사열취득계수라고도 표현하며 태양 에너지 중 흡수되거나 실내로 투과되는 에너지의 비율을 의미하며 창호의 면적 중 가장 큰 면적을 차지하는 유리의 광학적 성능이 이를 좌우하게 된다. 태양열 취득 계수가 낮을수록 태양열이 건축물 내부로 덜 유입된다고 이해하면 된다. 0.0에서 1까지의 수치로 나타내며 0에 가까울수록 태양열 에너지를 취득하지 않고 차단, 반사하고 1에 가까울수록 많은 태양열 에너지를 취득, 투과한다. 온난화와 기후변화의 영향으로 냉방 수요가 크게 증가한 상황에서 냉방 중심의 지표로도 활용되고 있다.

SHGC는 건축물의 용도와 냉·난방의 가동시간 등의 조건에 따라 신중하게 고려해야 할 사항으로 일반적으로 상업용 건축물은 주로 일사량이 많은 낮 시간대에 사용 빈도가 높고, 건물 내부에서 조명과 전자 기기들의 발열 및 높은 유동 인구 비율에 따라 난방 부하보다, 냉방부하가 높다. 이러한 경우 SHGC가 낮은 창호(유리)를 사용하게 되면 태양열 에너지의 유입이 적어져, 냉방부하를 줄일 수 있다. 이에 따라 최근에 건축된 고층 상업용 빌딩들의 커튼월 유리들은 반사율이 높은 유리와 로이 유리를 조합하여 만든, 반사+로이 제품들이 널리 사용되고 있다.

[그림 3-9] 여의도 IFC (실버 색상의 더블코팅 소프트 로이 유리 사용 / 제조사: KCC)

반면 주거용 건물은 주로 일사량이 낮은 아침시간과 일사가 끝난 오후부터 야간에 사용 빈도가 높으므로, 주거용 건물에는 SHGC가 높은 창호(유리)를 사용하여 태양열 에너지를 최대한 흡수하면 난방 부하를 크게 줄일 수 있다.

커튼월 형태의 입면이나 유리의 면적비가 큰 주상복합 건축물에서의 창호나 커튼월은 SHGC를 U-Value와 신중하게 고려하여야 건축물의 에너지 효율을 최적화할 수 있다.

3. 기밀성능(Airtightness)

건축물 내외부의 압력 차이에 의해 발생하는 누기와 침기를 측정한 값으로, 창호의 기밀성능은 건물의 에너지 효율성과 실내 쾌적성에 직접적인 영향을 미치는 중요한 성능 지표이다. 기밀성능이 낮은 창호를 사용할 경우, 냉·난방 부하가 증가하며 실내 습도 관리 또한 어려워진다.

국내에서는 KS F 2292 '창호의 기밀성능 시험방법'에 따라 기밀성능을 평가한다. 시험 방법은 압력 상자 내부에 시험체를 설치하고, 일정 시간 동안 단계적으로 가압하여 압력 차에 따른 통기량을 측정 한 후 등급을 결정하는 방식이다. 결과는 $m^3/h \cdot m$ at 100 Pa단위로 표시된다.

기밀성능 기준은 일반적으로 두 가지 형태로 구분된다. 미국의 ASHRAE와 USGBC는 대상 건물의 용도나 규모에 따라 최소한 달성해야 하는 상한 기준을 설정하며, 국내의 KS F 2292와 EN 12152는 기밀성능 수준을 단계적으로 구분하여 등급화하는 방식을 채택하고 있다.

한편, 국내에서 커튼월의 Mock-up테스트에서 주로 사용되는 AAMA시험 기준은 제품 및 설치 상태의 품질 검사를 목적으로 수행되는 시험이라는 점을 이해해야 한다.

가. 에너지절약형 친환경 주택의 건설기준 [국토교통부고시 제2022-235호, 2022.]

국토교통부에서 고시한 에너지절약형 친환경주택의 건설기준에는 제7조 설계조건으로 다음 사항 중 어느 하나의 설계조건을 충족하여야 함을 고시하고 있다.

〈표 3-1〉 에너지절약형 친환경주택의 건설기준

구분			내용
제7조 설계조건	고단열 고기밀 강재문	거실내의 방화문과 외기에 직접 면하는 세대 현관문	기밀성능 1등급
		외기에 간접 면하는 세대 현관문	기밀성능 2등급 이상
	외기에 직접 면하는 창의 기밀성능		기밀성능 1등급 이상 단, 발코니 내측에 설치되어 있는 창은 제외할 수 있음

나. 건축물의 에너지 절약 설계기준 [국토교통부고시 제2023-104호, 2023.]

국토교통부에서 고시한 건축물의 에너지 절약 설계기준에는 용어의 정의, 건축부문의 의무사항 및 권장사항이 고시되어 있다. 고시 내용은 결로 방지를 위한 기밀 및 단열 시공방안에 대한 내용[7]으로 작성되어 있다.

7) Building Airtightness Information Platform TECHNICAL NOTE 02:2023 기밀성능기준 (Standard for Airtightness) www.baip.co.kr

〈표 3-2〉 건축물의 에너지절약 설계기준 중 결로 방지를 위한 기밀 및 단열 사항

구분		내용
제5조 용어의 정의	기밀성 창, 기밀성 문	KS F 2292 규정에 의하여 기밀성 등급에 따른 기밀성이 1~5등급 (통기량 5 $m^3/h \cdot m^2$ 미만)
제6조 건축부문의 의무사항	기밀 및 결로방지 등을 위한 조치	방습층으로 알루미늄박 또는 플라스틱계 필름 등을 사용할 경우 이음부는 100 mm 이상 중첩하고 내습성 테이프, 접착제 등으로 기밀하게 마감할 것. 건축물 외피 단열 부위의 접합부, 틈 등은 밀폐될 수 있도록 코킹과 가스켓 등을 사용하여 기밀하게 처리하여야 함. 건축물의 거실의 창이 외기에 직접 면하는 부위인 경우에는 기밀성 창을 설치하여야 함
제7장 건축부문의 권장사항	기밀계획	틈새바람에 의한 열손실을 방지하기 위하여 외기에 직접 또는 간접으로 면하는 거실 부위에는 기밀성 창 및 문을 사용하여야 함. 공동주택의 외기에 접하는 주동의 출입구와 각 세대의 현관은 방풍구조로 함. 기밀성을 높이기 위하여 외기에 직접 면한 거실의 창 및 문 등 개구부 둘레를 기밀테이프 등을 활용하여 외기가 침입하지 못하도록 기밀하게 처리하여야 함.

4. 결로 저항 성능(Condensation Resistance)

결로는 겨울철 외기에 면한 창호나 열교(Thermal Bridge)가 발생한 부위 내장재의 표면온도가 노점 온도(Dew point)이하로 떨어지면서 실내공기 중 습기가 표면에 이슬형태로 맺히면서 내장재 오염이나 곰팡이로 번지는 문제를 유발하게 된다. 이에 결로 저항 성능 또한 창호의 중요한 성능 지표로 활용 되어진다.

가. 결로 저항 성능(Condensation Resistance Factor, Condensation Index)

미국에서는 결로에 대한 저항성능을 (CRF, Condensation Resistance Factor)로 표기하는데 NFRC에서는 컴퓨터 시뮬레이션을 이용해 산출하며 1-100로 표기하며 높은 숫자일수록 결로에 대한 저항 성능이 우수하다. 최근 NFRC에서는 ANSI/NFRC 500에 CI(Condensation Index) 기준을[8] 새롭게 제시하고 등급을 부여하는 시스템을 만들어 시험 운영 중에 있다. AAMA 1505에서는 외기온도 −18 ℃, 6 m/s, 내기온도 21 ℃ 기준으로 물리적 실험을 통해 확인하고 있으며. 일반적으로 30−80 범위의 수치로 표현되며 NFRC와 마찬가지로 높은 수치가 결로에 우수한 저항 성능을 나타낸다.

8) https://nfrccommunity.org/page/CI

나. 온도차이비율 (Temperature Different Ratio)

국내에서 사용되는 결로에 대한 저항 성능 지표는 온도차이 비율(TDR)이 있는데 계산식은 아래와 같다. 낮은 값이 결로에 대한 저항 성능이 우수하다고 이해하시면 된다.

$$\text{온도차이 비율(TDR)} = \frac{\text{실내온도} - \text{적용 대상부위의 실내표면온도}}{\text{실내온도} - \text{외기온도}}$$

[그림 3-10] 온도차이 비율(TDR) 계산식

국내에서 공동주택등에서 결로에 대한 문제로 인해 건설사와 입주민들간에 분쟁이 지속적으로 발생하여 2016년 '국토교통부 고시 제 2016-835'를 통해 아래와 같은 지역별 TDR 기준을 제정하였다.

1. 지역을 고려한 주요 부위별 결로 방지 성능기준은 다음 표와 같다.

〈표 3-3〉 지역별 TDR 기준

대상부위			TDR값[주1), 주2)]		
			지역I	지역II	지역III
출입문	현관문 대피공간 방화문	문짝	0.30	0.33	0.38
		문틀	0.22	0.24	0.27
벽체접합부			0.25	0.26	0.28
외기에 직접 접하는 창		유리 중앙부위	0.16 (0.16)	0.18 (0.18)	0.20 (0.24)
		유리 모서리부위	0.22 (0.26)	0.24 (0.29)	0.27 (0.32)
		창틀 및 창짝	0.25 (0.30)	0.28 (0.33)	0.32 (0.38)

주 1) 각 대상부위 모두 만족하여야 함
주 2) 괄호안은 알루미늄(AL)창의 적용기준임

2. 제1호의 지역I, 지역II, 지역III 은 다음 표와 같이 구분한다.

〈표 3-4〉 지역I, 지역II, 지역III 구분

지역	구분[주)]
지역I	강화, 동두천, 이천, 양평, 춘천, 홍천, 원주, 영월, 인제, 평창, 철원, 태백
지역II	서울특별시, 인천광역시(강화 제외), 대전광역시, 세종특별자치시, 경기도(동두천, 이천, 양평 제외), 강원도(춘천, 홍천, 원주, 영월, 인제, 평창, 철원, 태백, 속초, 강릉 제외), 충청북도(영동 제외), 충청남도(서산, 보령 제외), 전라북도(임실, 장수), 경상북도(문경, 안동, 의성, 영주), 경상남도(거창)
지역III	부산광역시, 대구광역시, 광주광역시, 울산광역시, 강원도(속초, 강릉), 충청북도(영동), 충청남도(서산, 보령), 전라북도(임실, 장수 제외), 전라남도, 경상북도(문경, 안동, 의성, 영주 제외), 경상남도(거창 제외), 제주특별자치도

주) 지역I, 지역II, 지역III은 최한월인 1월의 월평균 일 최저외기온도를 기준으로 하여, 전국을 -20 ° C, -15 ° C, -10 ° C로 구분함

4절. 시뮬레이션 방법에 의한 열관류율 측정 및 결로 예측

컴퓨터 시뮬레이션(Simulation) 프로그램의 개발로 상당히 많은 시간과 비용이 발생하는 열관류율 및 결로 성능의 물리적 실험을 컴퓨터 시뮬레이션으로 대체할 수 있게 되었다. 해외에서는 시뮬레이션 결과에 대한 신뢰도가 확보되어 NFRC, BFRC에서 결과값을 물리적 시험 결과와 동일하게 인정하면서 이미 사용이 보편화되었다. 국내에서도 창호등급제에서 일부 인용되고 있고 상업용 커튼월의 기초 설계 단계에서부터 단열성능 예측을 위해 필수 검토사항이 되면서 사용이 되면서 보편화되고 있는 추세이다.

ISO 15099와 ISO 10077 표준을 기반으로 외피의 구성 요소별 열관류율을 면적에 대한 가중치로 계산하는 프로그램으로 현재 세계적으로 몇 가지 프로그램이 개발되어 사용되고 있는데 본 장에서는 가장 대표적인 프로그램인 미국 LBNL에서 개발된 'Therm & Window'와 벨기에 Physibel사에서 개발된 프로그램과 국내에서 개발된 ICE & WINeerUS라는 프로그램에 대해 알아보도록 하겠다.

1. Therm & Window의 활용

이 프로그램은 미국의 LBNL(Lawrence BerkeleyNational Laboratory)에서 개발되어 현재는 NFRC에서 인증하고 있는 프로그램으로 무료로 사용이 가능하여 국내에서도 많이 사용되고 있다. 프로그램은 기본적으로 Therm, Window, Optic, IGDB로 구성되어 있다.

Windows & Daylighting
BERKELEY LAB

[그림 3-11] Therm & Window Pogram Logo

기본적으로 Therm 프로그램은 유한 요소 해석법(Finite-element methode)을 기반으로 창호의 2차원 전도 및 복사열 전달 현상을 해석하고 이를 창호의 구성 요소별 라이브러리 형태의 DB 프로그램인 Window에 입력하여 창호의 구성 요소별 물성 정보를 조합하여 열관류율과 SHGC등을 산출하게 된다. 이때 프레임과 유리의 표면온도를 예측하여 실내 상대습도를 감안하여 결로 발생 여부를 검토할 수 있다.

두 프로그램의 상호 관계를 살펴보면, Therm에서는 창호 프레임을 도면을 기반으로 Modeling을 한 후 Window에서 생성된 Glazing System을 Therm으로 불러들일 수 있다. Window에서 불러들인 Glazing을 적용하여 Frame의 U값 및 Glazing Edge의 U값을 구하게 된다. 다시, Therm에서 구한 각 Frame과 Glazing의 Edge값이 Window에서 적용되며, 창호의 규격과 형태에 맞게 적용된다. 나머지 구성 재료(Glazing, Thermal condition, Divider 등)를 추가로 적용시켜, 전체적인 열관류율 값을 구하게 된다. 이러한 프로그램 상호관계는 다음 [그림 3-12]와 [그림 3-13]에 간단히 도식화하였다.

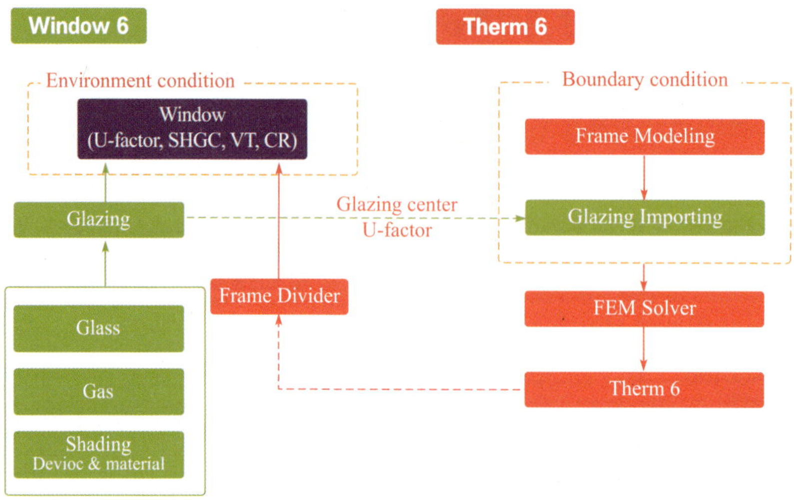

[그림 3-12] Therm & Window simulation 상호관계

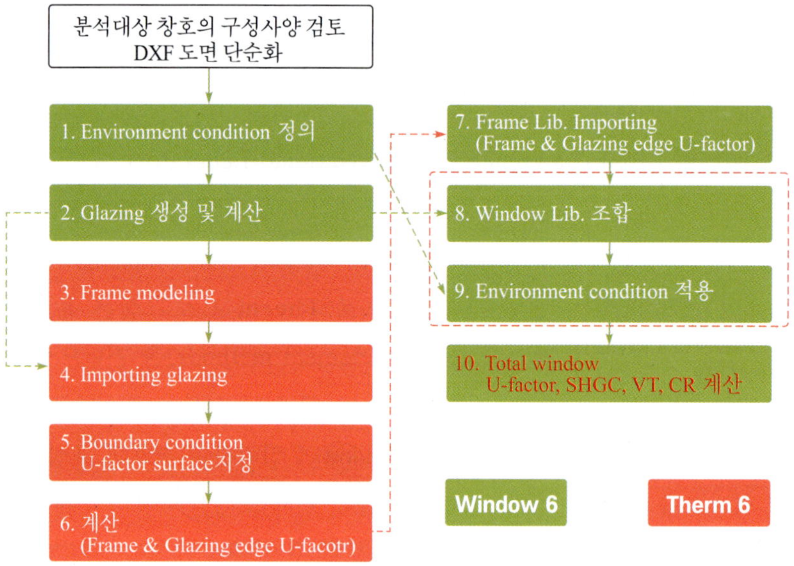

[그림 3-13] Window와 Therm 운용 과정

Therm과 Window에서는 시뮬레이션을 위한 각 컴포넌트 (Component)를 Edge와 Center, Frame, Divider로 구분하게 되는데, 그 분할되는 영역은 다음 [그림 3-14]와 같다.

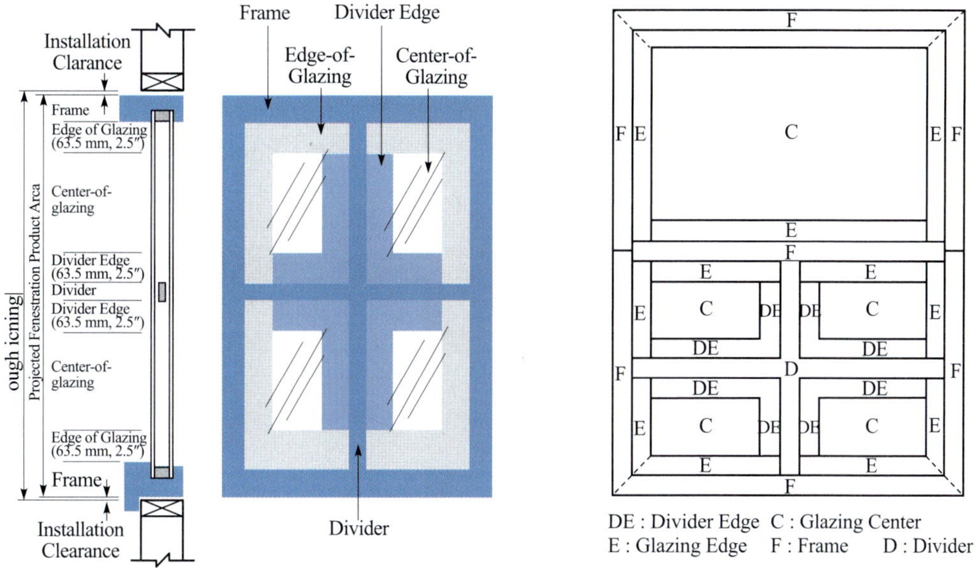

[그림 3-14] Simulation을 위한 component 분할
DE : Divider Edge C : Glazing Center E : Glazing Edge F : Frame D : Divider

위 [그림 3-14]에서 볼 수 있듯이 Glazing의 부분이 Frame이나 Divider부분에 접해 열적 영향을 받는 부분을 'Edge'라 구분하며, 나머지 부분을 'Center'로 하고 있다.

Therm은 실재 창호의 단면을 Material로 재구성해주는 기능을 가지고 있다. 하지만 Therm 자체에서 그 전 과정을 실행하기는 너무 많은 시간이 요구되며, 정확한 치수를 적용시키기도 불리하다. CAD를 이용하여 작성한 창호 도면을 Therm에서 지원하는 DXF 또는 Bitmap 형식의 파일로 변환하여 Under Lay 작업을 하게 된다. Therm에서 Under Lay된 창호 도면을 Modeling을 하고 각 구성 요소별 재질을 구분하여 부여하고 Window에서 사용할 Glazing system을 구성하여 Therm에 삽입하여 프레임별 열성능을 계산한다.

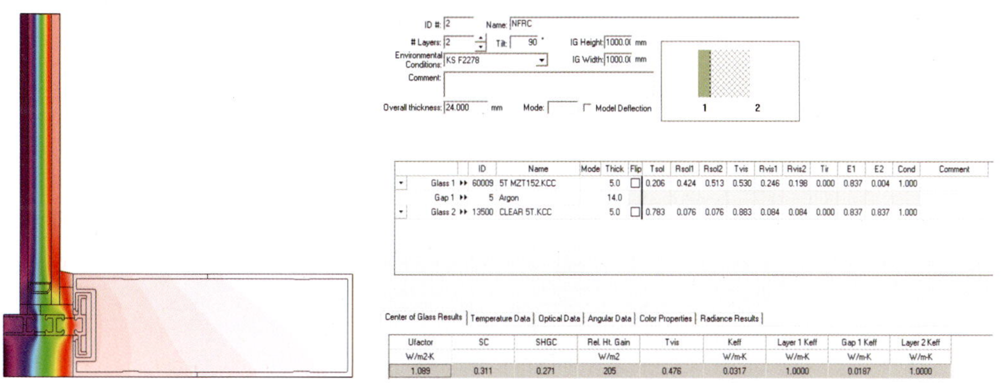

[그림 3-15] Frame modeling 및 Importing glazing system

Window 프로그램은 아래의 총 7가지의 Library로 구성되어 있다.

Window Library, Glazing Library, Glass Library, Gas Library, Frame Library, Divider Library, Environmental Condition Library Window 프로그램에서, 각 Library는 결과값을 얻기 위한 중요한 구성 요소이며, 각 Library의 조합으로 최종적인 창호의 열 성능을 평가할 수 있게 된다.

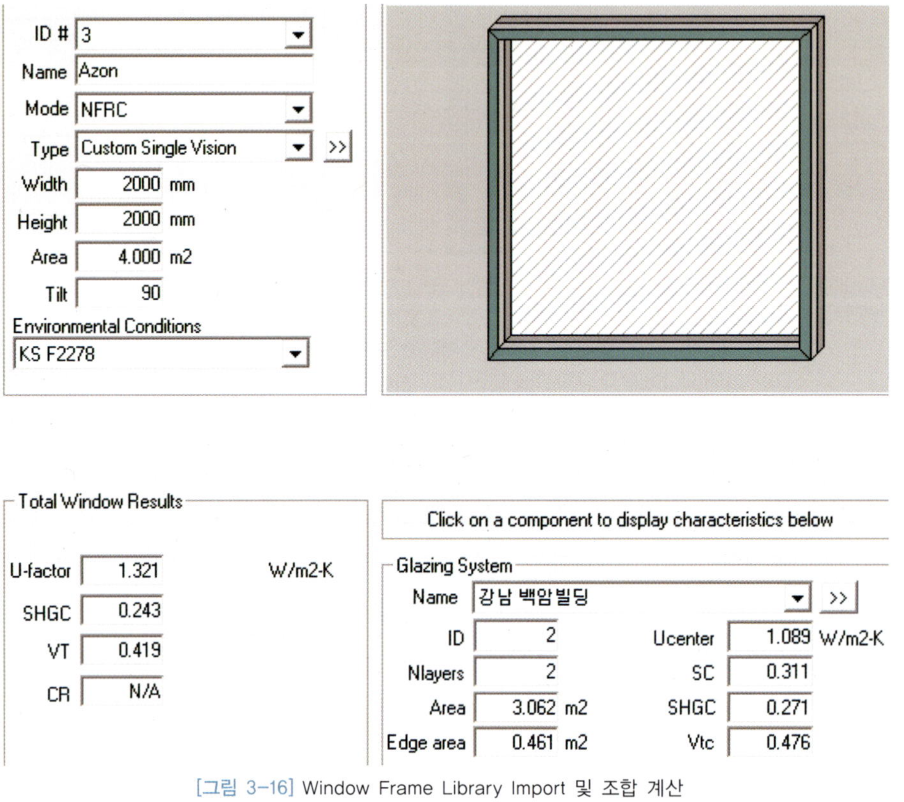

[그림 3-16] Window Frame Library Import 및 조합 계산

추가적으로 제공되는 Optic 프로그램은 유리 및 다층 유리의 광학 데이터 작업을 위해 설계되어 유리 데이터베이스(IGDB)의 자료를 기반으로 다층 유리의 광학 특성을 계산할 수 있다.

2. ICE & WINeerUS의 활용

창세트 및 커튼월의 에너지 성능과 결로방지성능을 평가하기 위한 국산 평가 도구로서 ICE와 WINeerUS가 개발되었으며, 각 프로그램은 기존의 NFRC(National Fenestration Ration Council)에서 제공하는 평가 도구인 THERM, WINDOW에 대응하는 기능을 수행할 수 있도록 구성되었다. [그림 3-17]은 국산 평가 도구의 활용 개념을 간략히 정리한 것이다.

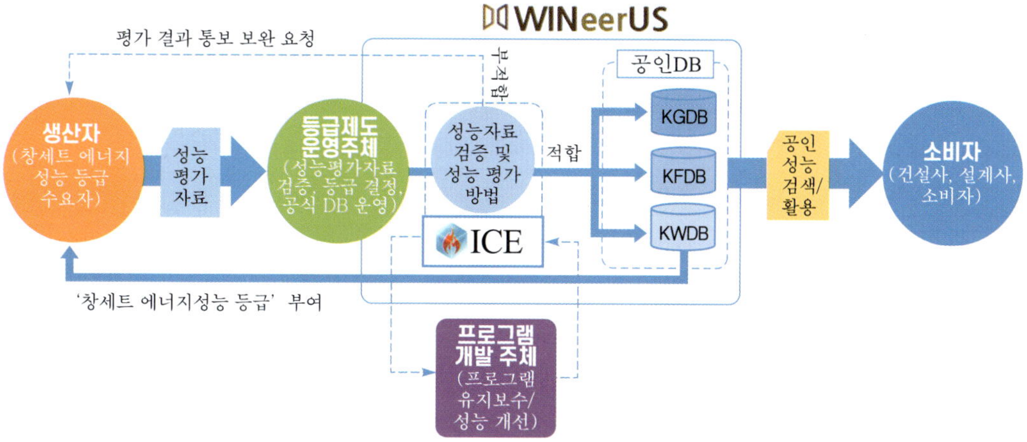

[그림 3-17] 국산 창세트 및 커튼월 에너지 성능 평가 개념

가. ICE

ICE는 3차원 및 2차원 형상에 대한 정상상태(steady-state) 전열해석을 수행할 수 있도록 개발된 국산 해석 도구로서 2021년 완료된 국토교통부 지원 연구 과제[9]를 통하여 개발되었다.

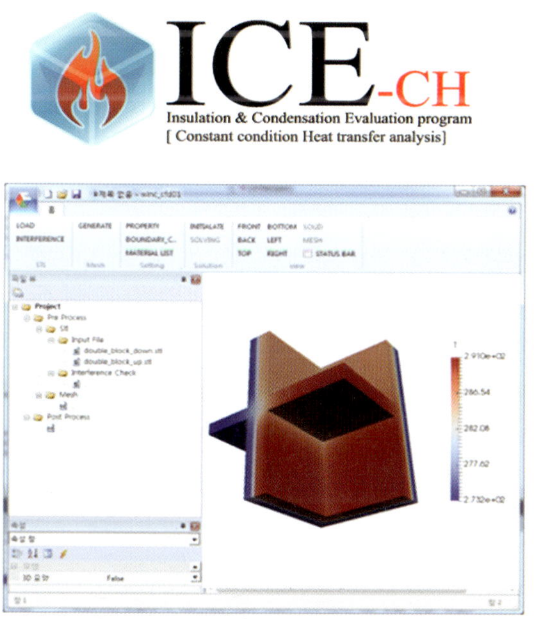

[그림 3-18] ICE 프로그램 로고 및 GUI

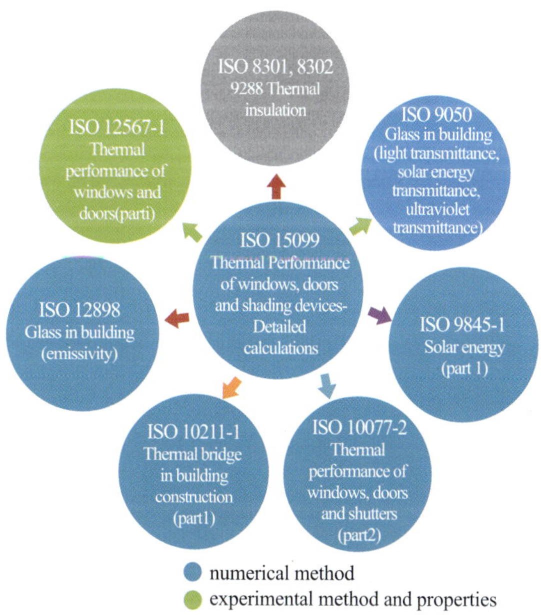

[그림 3-19] ICE 프로그램 해석 기능 관련 기준

9) 주거복지 구현을 위한 생활밀착형 공동주택 성능 향상 기술개발(과제번호 20RERP-B082204-07, 주거환경연구사업, 3세부 90% 이상 생활환경 조건 대응 결로방지 기술개발 및 연구단 통합 보급시스템 구축), 주관기관 이화여자대학교 산학협력단, 수행기간 2014~2021(7년)

〈표 3-5〉 ICE 프로그램 운용 과정

step	구분	작업
①	프로젝트 만들기	프로젝트 생성 및 정보 입력 및 설정
②	STL파일 import하기	CAD프로그램 생성 형상을 STL파일로 import
③	격자(mesh) 생성	격자의 개수와 형태를 컨트롤
④	물성치 설정	각 구성 물질들의 물성치를 설정
⑤	경계조건 설정	temperature, convection 경계조건 설정
⑥	시뮬레이션 실행	행렬의 해를 구하는 작업으로, 각 격자들의 온도를 계산
⑦	결과 확인	그래픽 창을 통해 온도와 TDR 분포 확인
⑧	Report	Report 기능으로 전열해석 결과를, csv로 export

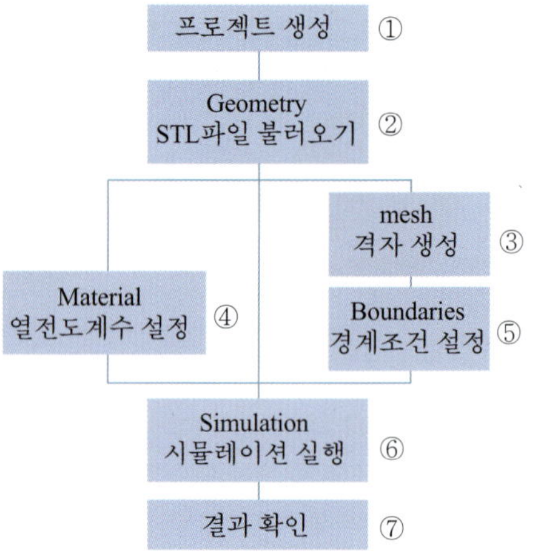

[그림 3-20] ICE 프로그램 운용 과정

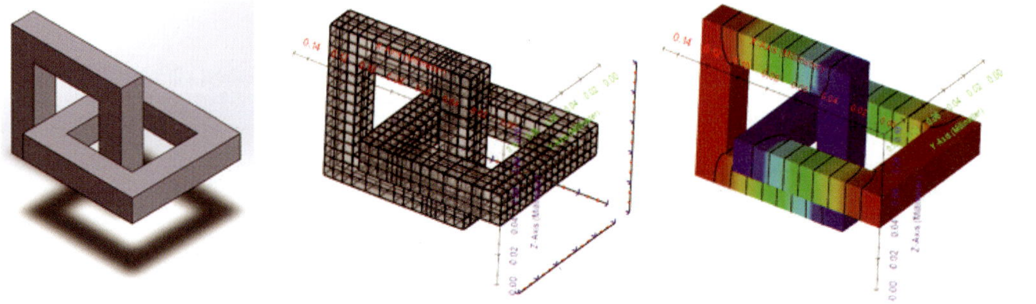

[그림 3-21] ICE 프로그램 운용 과정에 따른 결과 이미지

ICE는 건물의 창호 설계에 따른 에너지 성능 및 결로방지성능을 평가하기 위한 엔지니어링 도구로 사용자 편의성과 해석 정확성을 장점으로 하는 3차원 및 2차원 열전달 해석 도구이다.

열전달을 수행하기 위해서는 해석 형상, 격자, 경계조건, 수치모델이 필요하다. 특히 격자 생성의 과정은 시간과 노력이 들어간다. ICE는 설계자의 노력을 최소화하면서 높은 정밀도를 제공하기 위하여 수동/자동으로 최적의 육면체 격자를 생성한다. 격자생성을 위해서는 형상 읽기, 형상정보축출(도메인, 꼭짓점 위치, 표면 정보 등), global 격자 생성, 각 도메인의 surface에 해당하는 cell face 찾기, 내부 cell 찾기, 해석을 위한 writing의 과정을 거치게 되며 이 과정을 모두 자동화하였다.

[그림 3-22] 격자 생성과정

격자를 생성하기 위해서 우선 형상 정보를 가지고 있는 CAD를 읽어 들이고 이 CAD를 모두 감싸는 Global 격자를 생성하여 이로부터 형상에 해당하는 격자만을 축출한다. 이 방법은 여러 가지 물질로 구성된 계산 영역을 생성할 수 있을 뿐 아니라 서로 다른 영역 간의 컨포말격자(conformal mesh)를 생성할 수 있어 수치해석의 수렴성과 정밀도를 높일 수 있다.

수치적으로 열전달 현상을 해석하기 위해서는 지배방정식을 차분화하고 컴퓨터로 계산이 가능한 대수방정식으로 표현해야 한다. 열전달을 포함한 일반화된 보존방정식은 식(3-1)과 같다.

$$\frac{\partial}{\partial t}\int_V \rho\phi dV + \int_S [\rho\phi v - \Gamma\nabla\phi]\cdot dS = \int_V Q dV \quad \text{식 (3-1)}$$

왼쪽부터 첫 번째 항은 시간에 따라 변화하는 양인 비선형항, 두 번째 항의 첫 번째 항은 대류, 두 번째항은 확산항이며 마지막항은 생성항에 해당한다. ICE는 전열해석을 주요 목적으로 하므로 확산항과 생성항이 차분화의 대상이 된다. 특히 비정렬격자를 사용하는 경우 확산항은 미분을 포함하고 있으므로 이를 적절히 모델링하거나 근사화해야 하는 근본적인 어려움을 가지고 있다. 보존방정식을 비교적 작은 크기의 다면체 격자에 적용하여 차뷰화(Finite Volume Methods)하여 격자개수와 같은 N개의 연립방정식을 이용하여 각 격자의 중심에서 온도를 구한다. ICE는 비정상, 확산항을 고려하여 온도를 구하였다.

ICE의 정확도와 유용성을 확인하기 위하여 ISO 10211[10]의 복합 소재 해석 검증 Case에 대하여 수치해석을 수행하였으며 ISO에서 요구하는 계산 정밀도를 만족하였다. 또한 ICE의 정밀도와 우수성을 확인하기 위하여 상용소프트웨어인 Star-CCM+와 비교 검증하였다.

10) ISO 10211:2017, Thermal bridges in building construction - Heat flows and surface temperatures - Detailed calculations

〈표 3-6〉 ICE 프로그램 해석 정밀도 검증 결과

ISO 10211	ICE (국산 개발 프로그램)	상용프로그램 (Star-CCM+)

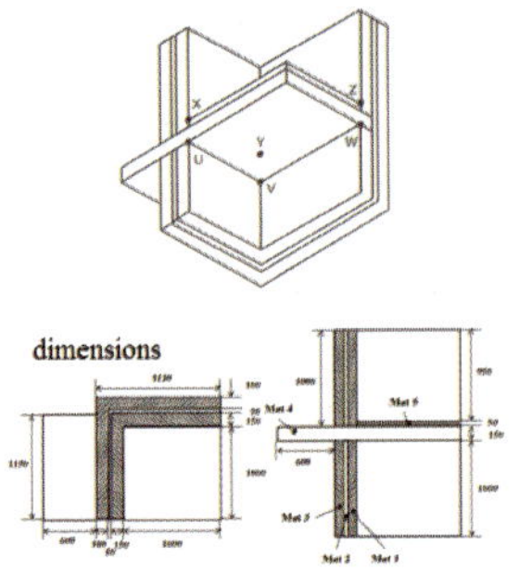

No	Material	Mesh name	Conductivity [W/mk]	Note
1	mat1	m1	0.7	
2	mat2	m2	0.04	
3	mat3	m3	1.0	
4	mat4	m4	2.5	
5	mat5	m5	1.0	

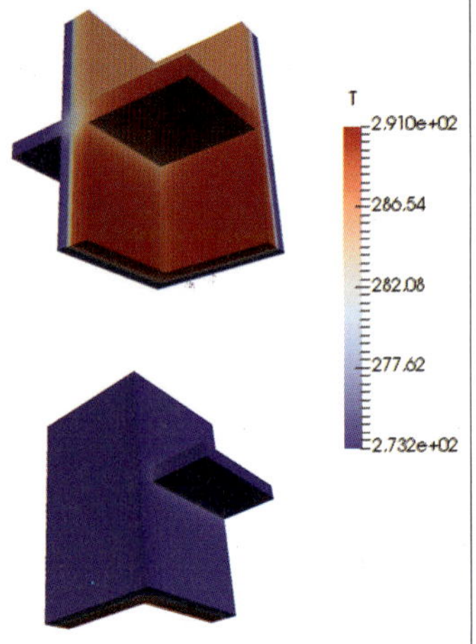

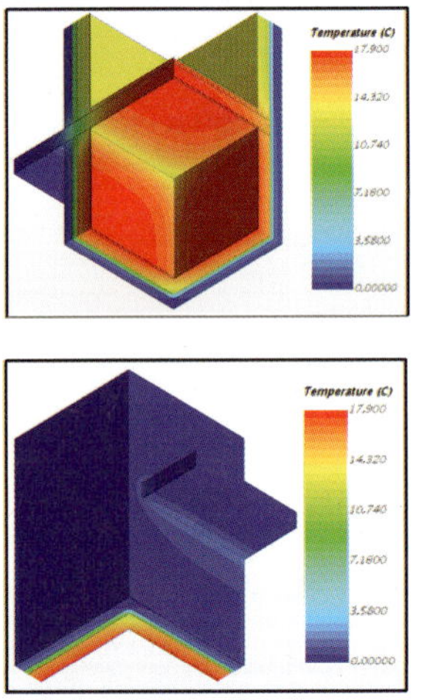

Loc.	ISO [W/m²]	Present		STAR-CCM		Tolerance (%)
		Q [W/m²]	Error (%)	Q [W/m²]	Error (%)	
$Q_\alpha + Q_\beta$	59.98	59.792	0.33	59.57	0.68	< 1
Q_α	46.09	45.948	0.31	45.80	0.64	< 1
Q_β	13.89	13.834	0.40	13.77	0.84	< 1

- 표면 열류량 오차 ISO 기준 (〈 1.0%) 만족(상용프로그램과 비교 시 오차 감소함)

[그림 3-23]은 ICE 프로그램을 활용하여 국내 대표적인 주거용 창세트인 4 track 창호의 모서리를 3차원 전열해석한 사례이다.

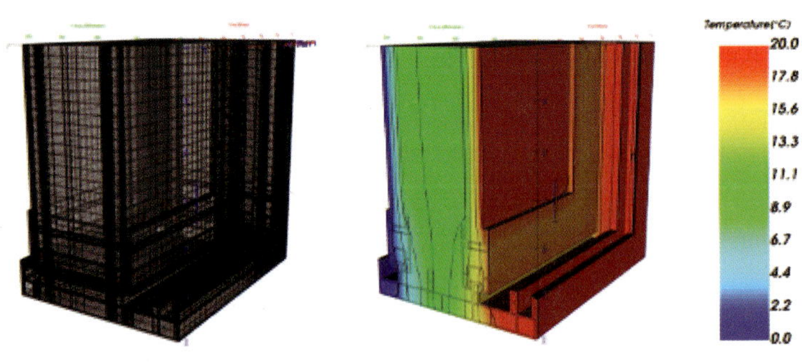

[그림 3-23] ICE 활용 사례 (4Track 창호 3차원 모서리)

나. WINeerUS(위너어스)

WINeerUS는 창호의 부위별 열관류율과 창유리를 조합하여 창세트 전체의 열성능을 평가하는 프로그램으로 2018년 완료된 산업자원부 지원 연구 과제[11]를 통하여 개발되었다. 프로그램은 웹 프로그램으로 개발되어 인터넷 환경에서 별도의 설치 없이 활용 가능하며, 다음의 [그림3-24]는 개발 프로그램의 GUI이다.

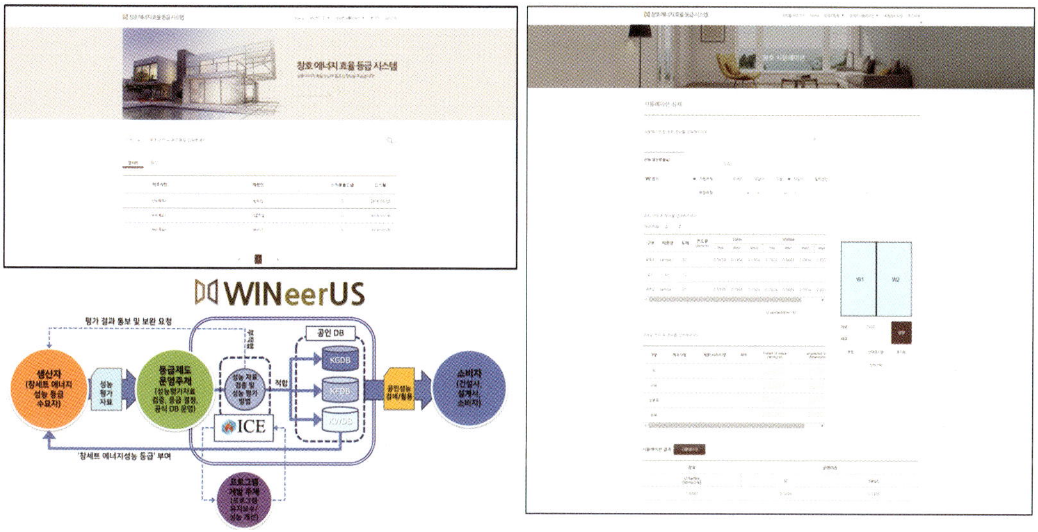

[그림 3-24] WINeerUS 프로그램 GUI(좌상:로그인 화면, 우:에너지 성능 계산화면)

대상 프로그램은 ISO 15099[12] 및 ISO 10077-2[13]에 기반한 창세트의 에너지 성능을 평가하도록 개발되었으며, 창세트에 적용되는 복층유리의 열성능 계산을 위한 판유리 및 공기층의 조합에 따른 복층유리의 열성능 계산 기능도 개발되어 있다.

내부에는 유리 데이터베이스(KGDB), 창세트 프레임 데이터베이스(KFDB), 창세트 데이터베이스(KWDB)가 내장되어 해당 데이터베이스를 활용하여 계산을 수행하도록 구성되어 있으며, 이 중 창세트 프레임 데이터베이스에 입력되는 프레임의 열성능(Uf)은 앞서 제시한 ICE 프로그램을 활용한 해석 결과를 활용한다.

---

11) 창호 에너지 성능 시뮬레이션 프로그램 및 검증(과제번호 20152000000210, 산업기술혁신 사업, 에너지 수요관리 핵심기술), 주관기관 ㈜비이엘테크놀로지, 수행기간 2015~2018(3년)

12) ISO 15099:2003, Thermal performance of windows, doors and shading devices – Detailed calculations

13) ISO 10077-2, Thermal performance of windows, doors and shutters – Calculation of thermal ~~transmittance~~

3. Physibel Program의 활용

Physibel의 열해석 시뮬레이션 프로그램은 2D/3D 분석이 가능하며 창호 외에도 건축물의 골조나 슬라브, 단열재등의 구성 요소까지 분석할 수 있는 상업용 프로그램이다. 아래와 같이 5가지 프로그램으로 구성되어 있으며 사용자의 필요에 맞게 구매하여 사용이 가능하다.

[그림 3-25] Physibel Program Logo

〈표 3-7〉 Physibel simulation Program 종류

	BISCO	TRISCO	SOLIDO	BISTRA	VOLTRA
DIMENSION	2D	2D/3D	2D/3D	2D	2D/3D
FREE FROM	✓		✓	✓	
RECTANGULAR SHAPES		✓			✓
STEADY-STATE	✓	✓	✓		
DYNAMIC				✓	✓
SOLAR PROCESSOR				✓	✓
INPUT FORMATS	.dxf	.dxf	.stl	.bsc	.trc

창호와 관련해서는 BISCO와 TRISCO 프로그램을 주로 사용하게 되는데 BISCO는 EN-ISO 10077 기준을 기초하여 창호의 2차원 단면 열해석을 통해 열관류율을 해석할 수 있는 프로그램이고 TRISCO는 벽체등의 다른 건축 구성요소와 함께 검토할 수 있는 3차원 해석 프로그램이다.

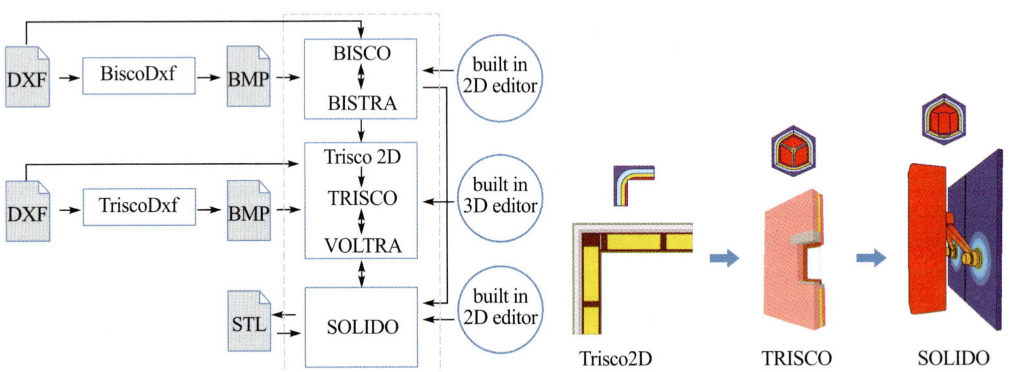

[그림 3-26] Physibel simulation flow

5절. 건축물 외피의 단열 방식

KOLAS 창호 시험성적서는 2000 mm × 2000 mm 사이즈의 실제 창호를 제작하여 인증 테스트 기관에서 테스트한 결과값이다. 기본적으로 유리와 프레임의 각각 열관류율이 좋아야 창호의 열관류율 값이 좋다. 그러나 창세트에서 유리가 차지하는 비율이 약 80% 이기 때문에 우선 어떤 유리를 적용하느냐가 창세트의 열관류율 값에 영향을 미친다고 볼 수 있다. 그리고 창호의 프레임도 창호 제작사별로 프레임의 종류, 성능이 다양하기에 동일한 유리를 사용하였다고 하여도 어떠한 프레임으로 창호를 제작했느냐에 따라 창호의 열관류율 값에는 많은 차이가 발생한다.[14]

유리의 열관류율 & 프레임의 열관류율 → 창호의 열관류율

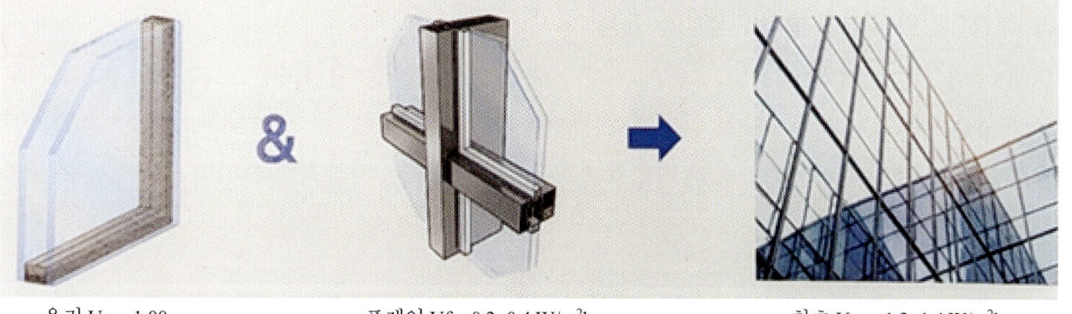

유리 Ug = 1.00 프레임 Uf = 0.2~0.4 W/m²k 창호 Uw = 1.2~1.4 W/m²k

[그림 3-27] 창호의 열관류율

1. 건축용 유리의 단열

주거용과 비주거용으로 나누어 생각할 수 있는데 주거용은 주로 PVC 창호(이중창)를 사용하기 때문에 열적성능을 충족하기 위하여 유리의 구성에서 로이유리의 적용유무, 위치 등에 고려사항들이 있다. 이중창의 경우 중공층의 역할이 있으므로 기성제품의 특성상 제품의 시험성적서가 적합한 수치를 나타내고 있는지에 대한 검토만 이루어지면 (시뮬레이션 방법에 의한 예측이나 물리적 시험방법에 의한 재검증) PVC 창세트에서 유리의 단열성능은 쉽게 선정할 수 있다. 공동주택 외(비주거)의 경우에는 커튼월을 포함하여 주로 알루미늄 단창을 적용한다.

이는 열관류율뿐만 아니라 차폐 계수 및 디자인까지 고려하여 로이 유리를 선택해야 하므로 주거용의 경우보다 훨씬 많은 면에서 복층유리의 조합이 이루어진다. 보편화된 복층유리에서의 단열성능을 이루는 기본적인 요소들을 다음과 같다.

14) Glass Facade Design Guidebook, 한글라스, 2019

① 복층유리의 구성 (로이적용유무)
② 간봉 두께
③ 간봉의 종류
④ 공기 또는 충진 가스
⑤ 유리 색상

앞서 언급된 요소들의 최적조합을 이루어 단열성능과 기타 성능 충족을 위한 복층유리의 구성 조합이 이루어진다.

가. 복층유리의 구성을 통한 단열성능 개선

현재 국내 건축물에서 적용되는 곳에는 단열재가 열적성능을 담당하는 스팬드럴 부분까지도 복층유리를 사용하고 있으므로 단판유리는 제외하기로 한다.
복층유리는 단판유리와 중공층의 단열효과를 이용한 것으로 기본적인 유리의 열적성능 개선의 기본이다.

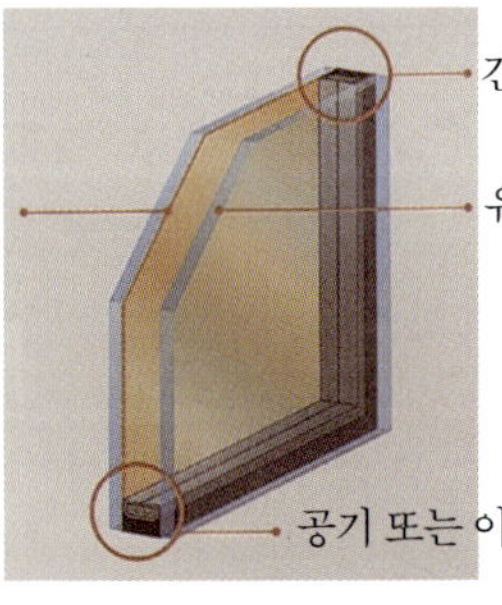

[그림 3-28] 복층유리의 구성 - 단열성능 개선 요소

나. 복층유리의 일사차폐성능

주거용 건축물에서도 냉방부하가 증가하여 최근 제도에서 반영할 예정이지만 이제까지는 비주거용 건축물에서만 냉·난방부하를 산정하였다. 그러므로 비주거용 건축물에 있어서는 유리를 구성할 때 냉방부하 저감을 위한 열적성능 값(SHGC)을 고려해야 한다. 현재 차폐계수(SC)를 사용하는 경우도 있으며 두 지표 모두 여름철에 일사유입에 따른 일사 취득 총열량을 지표의 숫자가 낮을수록 줄어들게 하여 실내의 냉방부하저감에 영향을 준다고 이해하면 쉽다.
유리에서는 두 가지 방법이 있는데 첫 번째 방법은 일반투명유리 대비 컬러유리를 사용하여 차폐계수를 낮추는 방법이다. 유리에 색상을 넣어 일사유입을 차단하고 이에 따른 실내유입열량을 줄이는 것이다. 유리의 색상별 효과는 투명 복층유리 대비 약 33% 개선 효과가 있다고 하며, 색상은 그린, 블루, 그레이, 브론즈가 있다.

두 번째 방법은 로이코팅유리 적용 시 Solar control 로이코팅유리를 사용하여 일사차단 성능을 높이는 방법이다. 이는 로이코팅 중 일사차폐성능이 더 좋도록하는 것으로 외부에서 볼 때 반사나 색이 코팅면에 구현되어 디자인면까지 같이 고려되어 선택할 수 있다.

색상	투명	브론즈	그레이	그린	블루
유리 구성	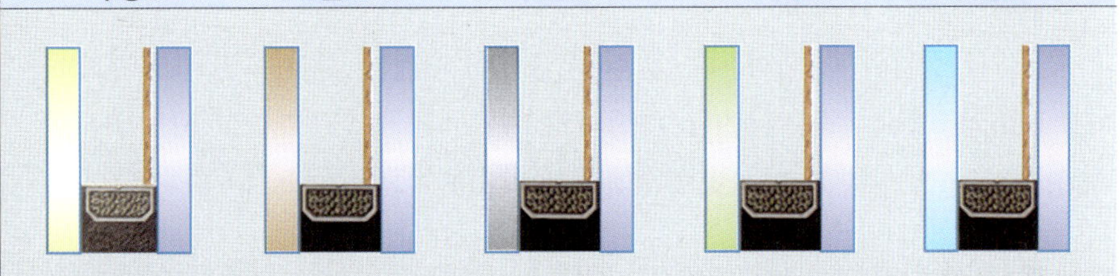				
차폐 계수 (SC)	0.54	0.36	0.41	0.35	0.35

로이 유리의 종류	투명 로이 유리	Solar Control 로이 유리		
	싱글 로이	싱글 로이	더블 로이	트리플 로이
유리 구성	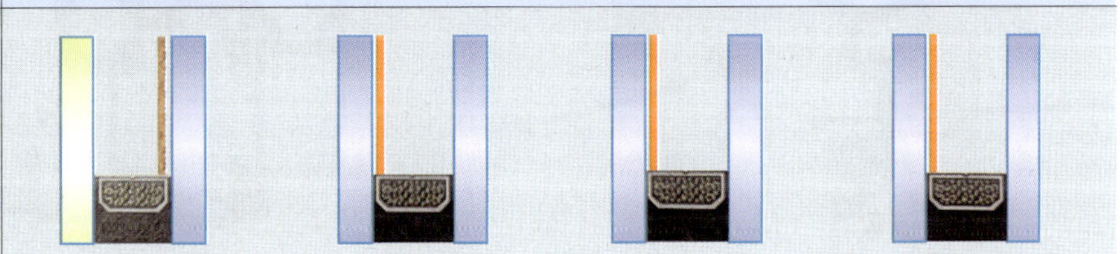			
	6CL + 16 Ar + 6PLA ONE	6KS145II + 16 Ar + 6CL	6SKN154II + 16 Ar + 6CL	6Xtreme60-28II + 16 Ar + 6CL
차폐 계수 (SC)	0.54	0.30	0.29	0.29

[그림 3-29] 유리의 일사차폐 방법

2. 알루미늄 프레임의 단열 방식

알루미늄 소재는 우수한 구조적 성능, 경량, 뛰어난 가공성, 다양한 표면처리, 재활용성등으로 건축물 외피의 프레임으로 사용이 적합하여 굉장히 오랫동안 사용되고 있다. 그러나 높은 열전도를 가진 재료적 특성으로 냉·난방 시 에너지 손실이 높게 발생하는 단점이 있다. 이러한 프레임을 통한 열 손실을 최소화하여 냉·난방 부하를 줄일 수 있는 단열재와 기술(Thermal Barrier,

Thermal Break)이 개발되었고 2000년대 이후 국내에서도 사용이 보편화되고 있다.

국내에서도 외기에 직접 면한 창호의 단열성능의 요구조건이 크게 강화됨에 따라 고성능 프레임 기술이 급속도로 발전하고 있는 현실이다. 창호성능을 구현하기 위해 프레임 설계 단계에서 고려되어야 하는 열교 차단재의 기능과 역할에 대해 소개하고 이를 통해 창유리 성능 향상을 통한 창호 또는 커튼월의 단열성능 향상이 아닌 프레임 설계 기술 향상을 도모하고자 한다.

프레임의 열 손실을 비율로 구분하면, 그림 30과 같이 전도가 50 %, 대류가 35 %, 그리고 복사를 통한 열 손실이 15 %를 차지한다. 창호 내외부의 열교차단재를 통해 열 손실을 최소화하는 것이 프레임 단열의 기본이다.

열교차단재를 정의할 때 사용되는 명칭을 간략히 나타낸 것이 그림 31이다. Bf는 전체 프레임의 폭이고 b1tb와 b2tb는 적용된 열교차단재의 폭을 나타낸다. 그리고 b/B 비율의 경우 전체 프레임 폭(Bf : mm)을 열교차단 면적의 폭(mm)인 (b1tb + b2tb)로 나눈 값이다.

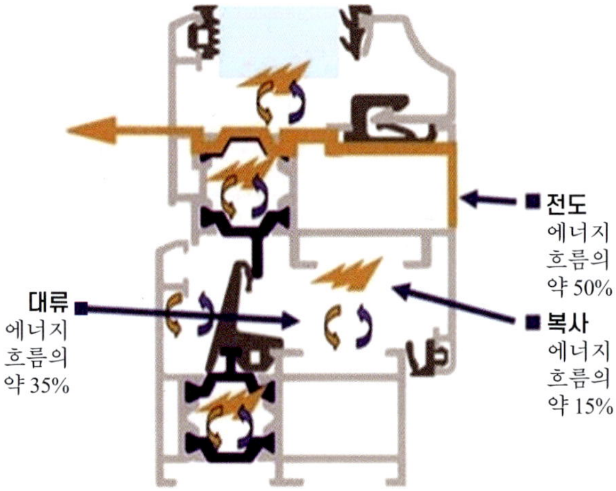

[그림 3-30] 프레임의 열전달 메카니즘

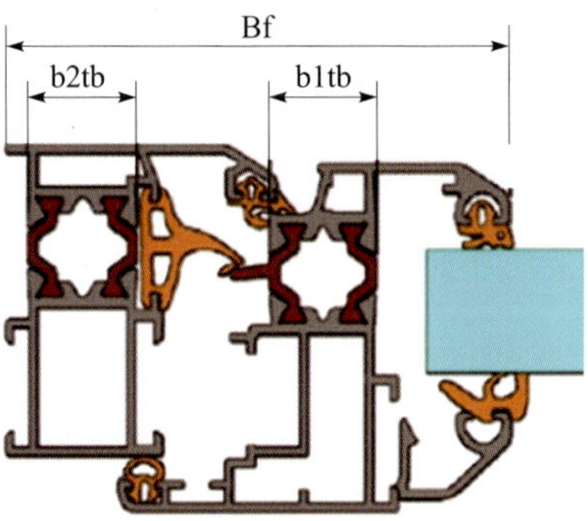

[그림 3-31] 열교차단재 정의

열교차단재 가운데 고성능 프레임에 적용되는 열교차단재는 크게 폴리우레탄(아존)타입과 폴리아미드(PA66GF25) 타입으로 나누어지며 이는 재료 물성에 따른 것으로 설계방법에 차이가 있다.

가. Azon(폴리우레탄) 충진, 절단 공법(Pour and Debridge)

Azon USA Inc.에서 1970년대에 개발된 기술로 열전도율이 알루미늄에 대비 약 1/1,300인 고강도 폴리우레탄(Structural Polyurethane)을 열교차단제로 이용해 단열성능을 확보하고 구조적인 성능까지 확보하는 단열공법이다. AAMA TIR-A8-16 단열바의 설계, 구조검토, 테스트 방법등에 대한 자세한 내용이 설명되어 있다.

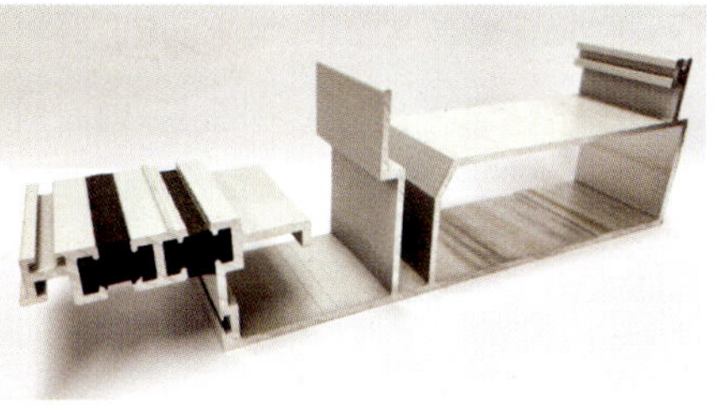

[그림 3-32] Azon 단열바

알루미늄 프레임 설계 시 AAMA 기준에 따라 단열층(Cavity)을 프레임 설계에 반영하고, 알루미늄 압출, 도장 후 액체 상태인 단열재를 충진(Pour)하고 단열재가 경화된 후 하단부를 절단(Debridge)하여 단열성능을 확보하게 된다. 구조적인 성능을 강화하고 장기 내구성 확보를 위해 기계적 결합(Mechanical Lock)을 형성하기 위한 공정을 추천하고 있다.

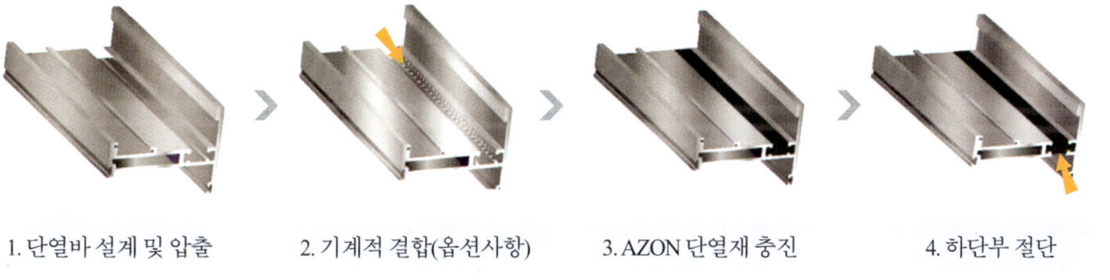

[그림 3-33] Azon 충진, 절단 공법

아존 단열 시스템은 단순 단열재 역할뿐 아니라 알루미늄과 합성체(Composite)로 구조적 역할을 할 수 있도록 설 계되어 있다.

AAMA TIR-A8-16 7.5 Structural Design Method for Composite Aluminum/Elastomer Beams 기준에 의거해 단면 성능 I-Value를 산정하고 이를 커튼월 구조 계산에 반영하도록 규정하고 있다.

계산식은 구조적 요소이므로 이 장에서는 생략하기로 한다.

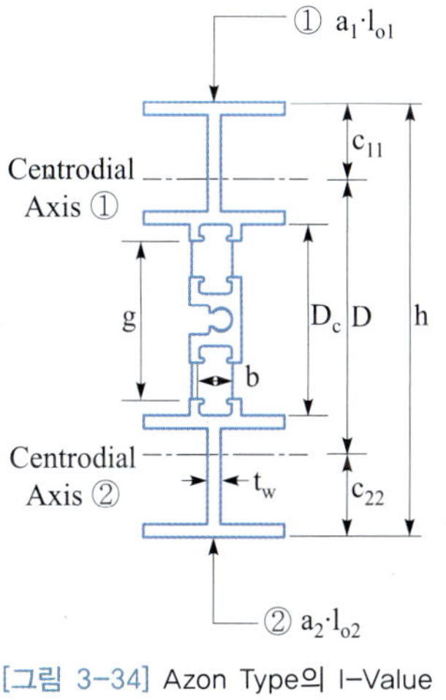

[그림 3-34] Azon Type의 I-Value

AAMA에서는 단열층인 Cavity는 기본적으로 아래의 AA~EE 타입까지 5가지 형태를 제시하고 있었고 2016년 개정판에 FF-KK type까지 6가지 타입의 디자인을 추가로 제시하고 있다. 프레임의 형태와 두께를 고려하여 Cavity 타입을 선정하게 되는데 상황에 따라 일부 변형하여 사용이 가능하다. 단열층은 일반적으로 최적의 단열라인을 형성하기 위해 Glass pocket에 위치하게 되는데 단열성능 극대화를 위해 3중유리의 사용과 함께 두 개의 단열층을 병렬 형태의 사용하는 Dual cavity design이 보편화되고 있다.

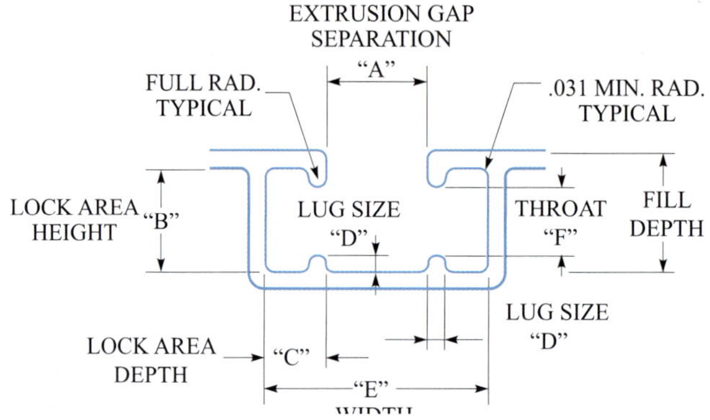

[그림 3-35]

〈표 3-8〉 Azon Cavity Design Guide in AAMA　　　Cavity Data (단위:mm)

Standard Designations	"A"	"B"	"C"	"D"	"E"	"F"	Area (mm^2)	Vol (mm^2/m)	Al Thickness
AA	5.18	6.86	2.79	1.02	10.77	4.83	70.96	0.071	1.0 이상
BB	6.35	7.14	4.06	1.14	14.48	4.85	100.65	0.101	1.5 이상
CC	6.35	7.92	4.78	1.27	15.90	5.38	123.23	0.123	2.0 이상
DD	7.92	8.89	5.49	1.57	18.90	5.74	165.81	0.166	2.5 이상
EE	9.53	9.53	5.74	1.57	21.01	6.38	199.35	0.199	3.0 이상

관련된 설계, 생산, 품질관리 등에 관련된 내용은 아래의 AAMA 표준에 따르게 된다.

- AAMA TIR A8-16 Structural Performance of Composite Thermal Barrier Framing System.
- AAMA QAG-1-09 Quality Assurance Processing & Monitoring Guide for Poured and Debridged Polyurethane Thermal Barriers

나. Polyamid Thermal Breaker 공법

폴리아미드는 특성상 형상, 길이, 핀 및 위치에 따라 성능에 큰 차이를 나타내는 프레임 단열공법이다. 프레임의 단열성능이 향상을 위한 열교차단재의 설계원리는 다음과 같다. 기본적인 프레임의 단열성능이 향상을 위한 열교차단재의 설계원리는 다음과 같다. 가능한 한 길이를 길게 하고, 중공층에 핀을 활용해 대류를 최대한 억제하고, 창유리와 단열라인이 연속적으로 설계한다. 형성되는 중공층의 크기를 최소화할 수 있는 복잡한 형상이 유리하고, b/B 비율이 크도록 설계한다.

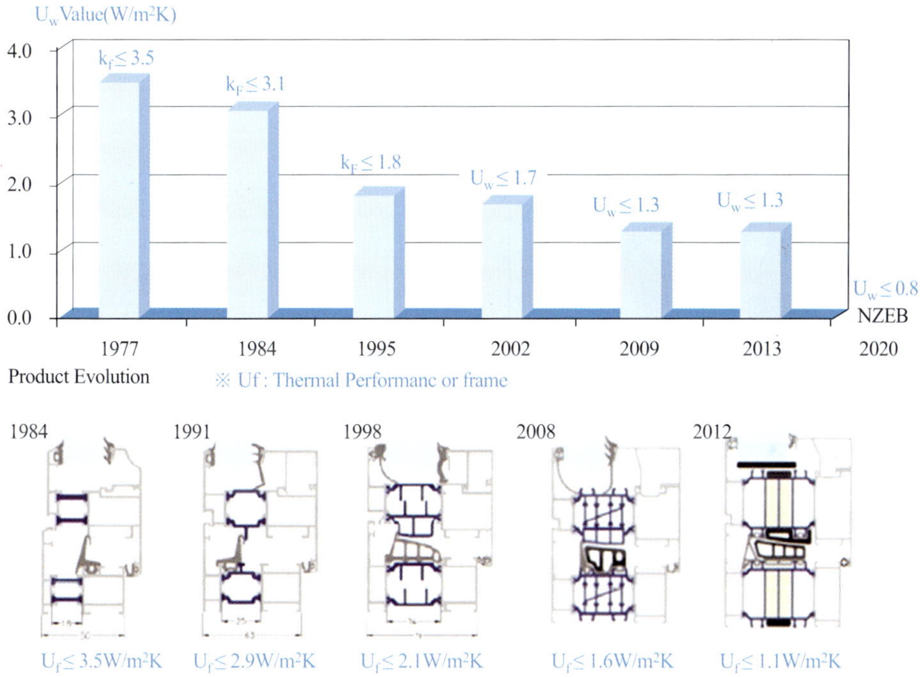

[그림 3-36] 알루미늄 프레임의 단열 기술발전 동향

독일을 비롯한 유럽에서는 수분침투와 장기간 온도 사이클 변화에 적합한 단열성능과 품질 공법의 시장 요구로 인해, 1978년 독일 Wicona사와 Ensigner사가 공동으로 PA66GF25% (Polyamide 6.6 with 25% Glass Fiber) 를 혼합한 원료를 압출한, "15 mm-폭-I" 자 형태의 열교차단재를 통해 알루미늄 내외부 사이에 기계적 결합(Rolling)하는, 폴리아미드 단열재를 최초 개발하였다. 곧이어, 1980년대 초 이후부터 독일에서 (Schuco사와 Technoform사)가 I자 형태 외에 C형, T형, 중공형 등을 다양한 형상의 PA66GF25 열교차단재를 선보이며, 본격적인 유럽 시장의 상용화를 이끌었다.

관련 국제 규격으로, ISO 10077-2-2017에서 PA66GF25 재질의 단열성능을 명시(W/m², K)하고 있으며, EN14024-2023에서는 알루미늄프로파일과 고강도 PA66GF25단열재의 구조합성보 결합의 이론 정의, 시험방법 및 구조검토이론에 대해 안내되어 있다. 품질 관련 코드로는 중국의 GB/T 23615-1-2017가 있다.

PA66GF25(폴리아미드)의 결합 공정은, ① 널링과 ② 롤링의 2개 공정으로 구분된다. 첫 번째 '널링' 공정은, PA단열바 삽입 전 알루미늄 프로파일에 뾰족한 홈을 내주는 공정으로, 널링 공정의 진행 여부 및 널링 품질 상태에 따라 금속단열결합프로파일의 결합 전단력에 큰 영향을 미친다. 알루미늄 프로파일에 널링을 한 후, 롤링 장비의 대칭 롤러의 해머를 통해, 알루미늄 해드를 관통하여, 일관된 힘으로 눌러주는 기계적 결합을 취한다.

PA는 금속프레임 내부에 고강도 내구성이 확보된 다양한 형상의 가늘고 긴 열교차단 라인을 구성하여, 금속 프레임에 요구되는 최적화된 단열성능을 확보하는 것이다.

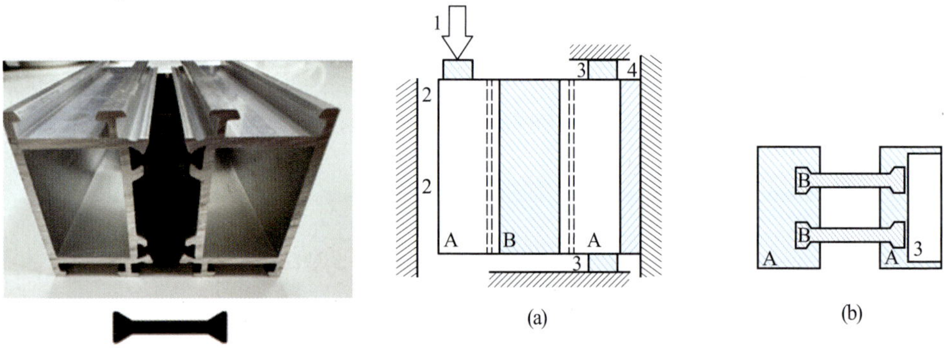

[그림 3-37] 알루미늄 프레임과 폴리아미드 결합을 통한 단열성능 개선

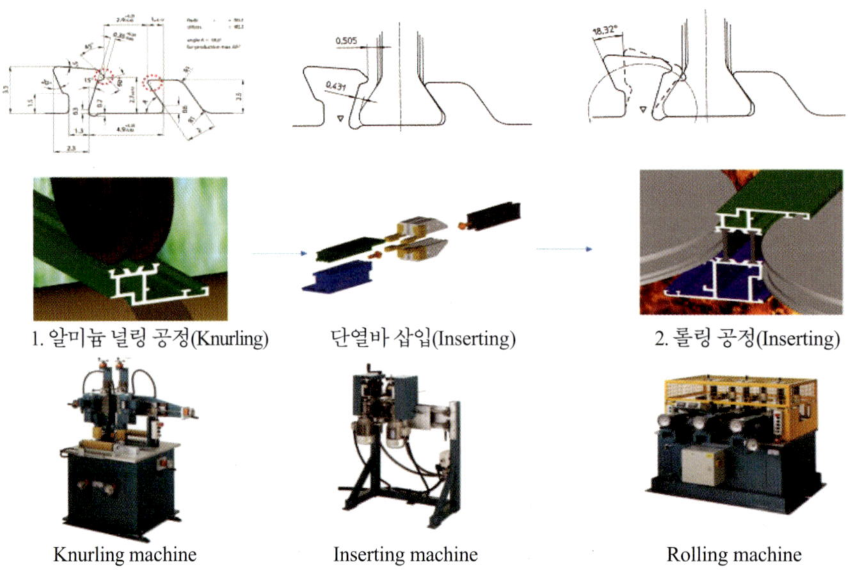

[그림 3-38] 폴리아미드 방식의 널링과 롤링

열 전도의 정의λ [W/(m·K)]은 오직 열전달만이 종속변수가 되어 기온경도에 따라 일정한 조건의 해당 면적에의 열의 전달량을 말한다.
열전도율='heat flow rate(열 흐름율)/(distance(거리)×temperature gradient(기온경도)
=W/(mK)', λ 의 계수가 높을 경우 열전도성이 좋으며 낮을 경우 단열성이 좋다.
PA66GF25(폴리아미드) 단열 시, 금속프레임의 단열성능 최적화를 위한, Uf 값에 영향을 미치는 세부 요소들을 살펴보면 다음과 같다.

① 단열바의 길이, ② 시스템의 폭, ③ 단열바의 기하학적 구조, ④ 프로파일 영역 디자인, ⑤ 프로파일 영역의 샤시와 프레임에서 단열영역의 위치, ⑥ 시스템의 투영 면적 영역과 연관된 단열영역(b/B), ⑦ 단열영역의 방사율, ⑧ 단열바 내부핀, ⑨ 단열영역에 삽입된 폼, ⑩ 단열바에 삽입된 폼, ⑪ PA 패키기 솔루션, ⑫ 가스켓이 있다.

폴리아미드 단열 시스템은 단순 단열재 역할뿐 아니라 알루미늄과 합성체(Composite)로 구조적 역할을 할 수 있도록 설계되어 있다. 다만 합성체로서의 역할을 하기 위한 품질기준은 더 엄격히 관리되어야 하고 기준을 충족하지 못할 경우 유리 탈락의 위험성이 증가할 수 있다.
BS EN 14024-2023 Metal Profile Thermal Barrier에 명기된 기준에 의거해 단면 성능 I-Value를 산정하고 이를 커튼월 구조계산에 반영하도록 규정하고 있다.
계산식은 구조적 요소이므로 이 장에서는 생략하기로 한다.

6절. 국내 관련 법규 및 제도

전 세계적으로 지구온난화 문제를 해결하기 위해 각고의 노력을 기울이고 있으며, 우리나라에서는 건물 부문에서의 에너지절약 및 온실가스 감축을 위해 2025년 제로에너지 의무화 로드맵이 수립되었다. 이러한 목표로 녹색건축물 활성화를 위해 건축물의 에너지 절약 설계기준이 마련되어 모든 건축물이 일정 수준 이상의 에너지 성능을 달성하도록 규정하고 있다. 그 외 건축물 에너지효율등급 인증, 녹색건축인증, 제로에너지건축물 인증 등도 마련하여 에너지절약형 건축물 설계를 활성화시키고 있다. 이러한 법규 및 인증제도들은 개정이 수시로 이루어짐에 따라 그 내용의 변동 사항은 항상 유의하여 파악할 필요성이 있다.

1. 건축물의 에너지 절약 설계기준

'건축물의 에너지 절약 설계기준'은 2008년 1월 11일에 (건설교통부 고시 제2008-5호)로 최초 제정되었고 건축물 에너지효율등급 인증, 제로에너지건축물 인증, 녹색건축인증등의 제도가 생기면서 수차례 개정되었다. 2023년 개정안(국토교통부 고시 제2023-104호)에 따르면 '건축물의 효율적인 에너지 관리를 위하여 열 손실 방지 등 에너지 절약 설계에 관한 기준, 에너지 절약계획서 및 설계 검토서 작성기준, 녹색건축물의 건축을 활성화하기 위한 건축기준 완화에 관한 사항 등을 정함을 목적'하고 있다.

내용 중 건축물 외피와 직접적으로 관련된 기준은 '제2장 에너지 절약 설계에 관한 기준, 제1절 건축부문 설계기준, 제6조 (건축부문의 의무사항) 1. 단열조치 일반사항'에 아래와 같은 기준에 제시되어 있다.

4) 창 및 문의 경우 KS F 2278(창호의 단열성 시험방법) 에 의한 시험성적서 또는 [별표4]에 의한 열관류율 값 또는 산업통상자원부고시 「효율관리기자재 운용 규정」에 따른 창 세트의 열관류율 표시 값 또는 ISO 15099에 따라 계산된 창 및 문의 열관류율 값이 [별표1]의 열관류율 기준을 만족하는 경우 적합한 것으로 본다.

〈표 3-9〉 [별표1]지역별 건축물 부위의 열관류율표

(단위 : W/m²·K)

<table>
<tr><th colspan="3">지역
건출물의 부위</th><th>중부 1지역</th><th>중부 2지역</th><th>남부지역</th><th>제주도</th></tr>
<tr><td rowspan="4">거실의 외벽</td><td rowspan="2">외기에 직접 면하는 경우</td><td>공동주택</td><td>00.150 이하</td><td>0.170 이하</td><td>0.220 이하</td><td>0.290 이하</td></tr>
<tr><td>공동주택 외</td><td>0.170 이하</td><td>0.240 이하</td><td>0.320 이하</td><td>0.410 이하</td></tr>
<tr><td rowspan="2">외기에 간접 면하는 경우</td><td>공동주택</td><td>0.210 이하</td><td>0.240 이하</td><td>0.310 이하</td><td>0.410 이하</td></tr>
<tr><td>공동주택 외</td><td>0.240 이하</td><td>0.340 이하</td><td>0.450 이하</td><td>0.560 이하</td></tr>
<tr><td rowspan="2">최상층에 있는 거실의 반자 또는 지붕</td><td colspan="2">외기에 직접 면하는 경우</td><td colspan="2">0.150 이하</td><td>0.180 이하</td><td>0.250 이하</td></tr>
<tr><td colspan="2">외기에 간접 면하는 경우</td><td colspan="2">0.210 이하</td><td>0.260 이하</td><td>0.350 이하</td></tr>
<tr><td rowspan="4">최하층에 있는 거실의 바닥</td><td rowspan="2">외기에 직접 면하는 경우</td><td>바닥난방인 경우</td><td>0.150 이하</td><td>0.170 이하</td><td>0.220 이하</td><td>0.290 이하</td></tr>
<tr><td>바닥난방이 아닌 경우</td><td>0.170 이하</td><td>0.200 이하</td><td>0.250 이하</td><td>0.330 이하</td></tr>
<tr><td rowspan="2">외기에 간접 면하는 경우</td><td>바닥난방인 경우</td><td>0.210 이하</td><td>0.240 이하</td><td>0.310 이하</td><td>0.410 이하</td></tr>
<tr><td>바닥난방이 아닌 경우</td><td>0.240 이하</td><td>0.290 이하</td><td>0.350 이하</td><td>0.470 이하</td></tr>
<tr><td colspan="3">바닥난방인 층간바닥</td><td colspan="4">0.810 이하</td></tr>
<tr><td rowspan="6">창 및 문</td><td rowspan="3">외기에 직접 면하는 경우</td><td colspan="1">공동주택</td><td>0.900 이하</td><td>1.000 이하</td><td>1.200 이하</td><td>1.600 이하</td></tr>
<tr><td>공동주택 외 - 창</td><td>1.300 이하</td><td>1.500 이하</td><td>1.800 이하</td><td>2.200 이하</td></tr>
<tr><td>공동주택 외 - 문</td><td>1.500 이하</td><td>1.500 이하</td><td>1.800 이하</td><td>2.200 이하</td></tr>
<tr><td rowspan="3">외기에 간접 면하는 경우</td><td>공동주택</td><td>1.300 이하</td><td>1.500 이하</td><td>1.700 이하</td><td>2.000 이하</td></tr>
<tr><td>공동주택 외 - 창</td><td>1.600 이하</td><td>1.900 이하</td><td>2.200 이하</td><td>2.800 이하</td></tr>
<tr><td>공동주택 외 - 문</td><td>1.900 이하</td><td>1.900 이하</td><td>2.200 이하</td><td>2.800 이하</td></tr>
<tr><td rowspan="2">공동주택 세내현관문 및 방화문</td><td colspan="2">외기에 직접 면하는 경우 방화문</td><td colspan="4">1.400 이하</td></tr>
<tr><td colspan="2">외기에 간접 면하는 경우</td><td colspan="4">1.800 이하</td></tr>
</table>

비고

1) 중부 1지역 : 강원도(고성, 속초, 양양, 강릉, 동해, 삼척 제외), 경기도(연천, 포천, 가평, 남양주, 의정부, 양주, 동두천, 파주), 충청북도(제천), 경상북도(봉화, 청송)

2) 중부 2지역 : 서울특별시, 대전광역시, 세종특별자치시, 인천광역시, 강원도(고성, 속초, 양양, 강릉, 동해, 삼척), 경기도(연천, 포천, 가평, 남양주, 의정부, 양주, 동두천, 파주 제외), 충청북도(제천 제외), 충청남도, 경상북도(봉화, 청송, 울진, 영덕, 포항, 경주, 청도, 경산 제외), 전라북도, 경상남도(거창, 함양)

3) 남부지역 : 부산광역시, 대구광역시, 울산광역시, 광주광역시, 전라남도, 경상북도(울진, 영덕, 포항, 경주, 청도, 경산), 경상남도(거창, 함양 제외)

〈표 3-10〉 [별표4] 창 및 문의 단열성능

(단위 : $W/m^2 \cdot K$)

창 및 문의 종류				창틀 및 문틀의 종류별 열관류율								
				금속재						플라스틱 또는 목재		
				열교차단재[1] 미적용			열교차단재적용					
유리의 공기층 두께[mm]				6	12	16 이상	6	12	16 이상	6	12	16 이상
창	복층창	일반복층창[2]		4.0	3.7	3.6	3.7	3.4	3.3	3.1	2.8	2.7
		로이유리(하드코팅)		3.6	3.1	2.9	3.3	2.8	2.6	2.7	2.3	2.1
		로이유리(소프트코팅)		3.5	2.9	2.7	3.2	2.6	2.4	2.6	2.1	1.9
		아르곤 주입		3.8	3.6	3.5	3.5	3.3	3.2	2.9	2.7	2.6
		아르곤 주입+로이유리(하드코팅)		3.3	2.9	2.8	3.0	2.6	2.5	2.5	2.1	2.0
		아르곤 주입+로이유리(소프트코팅)		3.2	2.7	2.6	2.9	2.4	2.3	2.3	1.9	1.8
	삼중창	일반삼중창[2]		3.2	2.9	2.8	2.9	2.6	2.5	2.4	2.1	2.0
		로이유리(하드코팅)		2.9	2.4	2.3	2.6	2.1	2.0	2.1	1.7	1.6
		로이유리(소프트코팅)		2.8	2.3	2.2	2.5	2.0	1.9	2.0	1.6	1.5
		아르곤 주입		3.1	2.8	2.7	2.8	2.5	2.4	2.2	2.0	1.9
		아르곤 주입+로이유리(하드코팅)		2.6	2.3	2.2	2.3	2.0	1.9	1.9	1.6	1.5
		아르곤 주입 +로이유리(소프트코팅)		2.5	2.2	2.1	2.2	1.9	1.8	1.8	1.5	1.4
	사중창	일반사중창[2]		2.8	2.5	2.4	2.5	2.2	2.1	2.1	1.8	1.7
		로이유리(하드코팅)		2.5	2.1	2.0	2.2	1.8	1.7	1.8	1.5	1.4
		로이유리(소프트코팅)		2.4	2.0	1.9	2.1	1.7	1.6	1.7	1.4	1.3
		아르곤주입		2.7	2.5	2.4	2.4	2.2	2.1	1.9	1.7	1.6
		아르곤 주입+로이유리(하드코팅)		2.3	2.0	1.9	2.0	1.7	1.6	1.6	1.4	1.3
		아르곤 주입+로이유리(소프트코팅)		2.2	1.9	1.8	1.9	1.6	1.5	1.5	1.3	1.2
	단창			6.6			6.10			5.30		
문	일반문	단열 두께 20 mm 미만		2.70			2.60			2.40		
		단열 두께 20 mm 이상		1.80			1.70			1.60		
	유리문	단창문	유리비율[3] 50 %미만	4.20			4.00			3.70		
			유리비율 50 %이상	5.50			5.20			4.70		
		복층창문	유리비율 50 %미만	3.20	3.10	3.00	3.00	2.90	2.80	2.70	2.60	2.50
			유리비율 50 %이상	3.80	3.50	3.40	3.30	3.10	3.00	3.00	2.80	2.70

2. 에너지절약형 친환경주택의 건설기준

친환경 주택의 건설기준은 국가 온실가스 감축을 목표로 2009년 최초 제정되었고 이후 제로에너지 주택 공급을 확대하기 위해 에너지 기준이 단계적으로 강화해 왔다. 이후 탄소중립기본법에 따라 건축물에서의 탄소 배출을 줄이기 위한 기준들이 강화되면서 2020년 이후부터 연면적 1,000 m2 이상의 공공건축물, 2025년부터는 민간건축물도 제로에너지 건축물 인증 5등급이 의무화되었다. 최근 개정안에는 30세대 이상 주택 건설 시 '친환경주택 에너지절약계획서' 의무적으로 제출해야 한다. 최근 개정안인 (국토교통부 공고 제2024-450호)에 따르면 2025년부터는 아래의 기준에 부합하는 제품을 시공하도록 의무화하고 있다.

〈표 3-11〉 [별표1] 친환경주택의 단열성능 기준(창)

부위 \ 지역		평균열관류율(W/m²K)			
		중부1	중부2	남부	제주
창(발코니 내측 창호 포함)	외기에 직접면함	0.90 이하	0.90 이하	1.00 이하	1.50 이하
	외기에 간접면함	1.20 이하	1.50 이하	1.70 이하	1.70 이하

〈표 3-12〉 [별표3] 친환경주택의 단열성능 기준(세대 내 강재문)

부위 \ 지역		평균열관류율(W/m²K)			
		중부1	중부2	남부	제주
세대 현관문	외기에 직접면함	1.4			
	외기에 간접면함	1.8			
거실 내 방화문		1.4			

〈표 3-13〉 [별표4] 친환경주택의 창면적비 기준

기준	Bay 수	1	2	3	4	5
	창면적비	20%이하	25%이하	31%이하	38%이하	45%이하
기타		창면적비[%] = (0.0689×Bay 수 + 0.1044)×100 계산값 이하				

단, 펜트하우스, 테라스하우스, 복층형 및 3면개방형 등 특이평면은 실제 창 면적비를 계산하여 입력

3. 창호 에너지 소비효율등급제

한국에너지공단에서 운영하는 '에너지소비 효율등급 표시제도'는 1992년부터 다양한 제품에 적용되었고 2012년 '창세트'를 제도에 포함시켰다. 기본적으로 가장 오래된 제도인 미국의 창호등급제(NFRC, National Window Rating System)를 벤치마킹하여 일반 소비자가 창호의 성능을 직관적으로 알아볼 수 있는 성능 라벨을 부착하여 고효율 제품에 대한 수요를 확산하고자 시행되었다. 미국에서는 임의제도인 반면 국내에서는 의무적 신고제도로 제품을 신고하고 에너지소비

효율 라벨 부착을 의무로 하고 최저소비효율기준(MEPS) 미달제품은 생산과 판매를 금지하고 있다. 시행 10년차인 2022년에 등급제 기준을 한차례 상향 조정하여 현재 아래 표와 같은 기준으로 창호에 등급을 부여하고 있다.

〈표 3-14〉 창호 에너지 소비효율등급제

개정고시 제2020-225호

7.1 최대 열관류율 기준 (단위 : (W/m^2·K)

구분	최대 열관류율 2012년 10월 1일부터
창세트	2.8

7.2.2 소비효율등급부여기준

R	기밀성	등급
R ≤ 0.9	1등급	1
0.9 < R ≤ 1.2	1등급	2
1.2 < R ≤ 1.8	2등급 이상(1등급 또는 2등급)	3
1.8 < R ≤ 2.3	묻지 않음	4
2.3 < R ≤ 2.8	묻지 않음	5

4. 고효율 에너지 기자재 인증제도

고효율 에너지 기자재 인증제도는 「에너지이용합리화법」제22조 및 제23조 등과 "고효율에너지 기자재 보급촉진에 관한 규정"(산업통상자원부고시 제2021-166호)등에 의거하여 에너지사용 기자재 중 에너지 효율 및 품질시험 검사 결과가 정부가 고시한 일정 기준 이상 만족하는 제품을 고효율 에너지 기자재로 인증하는 자발적 제도이다. 금속재 커튼월이 2021년 품목에 추가되면서 아래의 기준에 만족 시 고효율 에너지 기자재로 인증되면 공공기관, 조달 우선 구매 등의 혜택을 받을 수 있게 되었다.

〈표 3-15〉 고효율 에너지 기자재 인증제도

커튼월 인증기준

항목	인증기준	
열관류율 [W/m^2·K]	1.50 이하	
기밀성 [m^3/h·m^2]	1.0 이하(1등급)	
태양열취득율	0.4 이하	
가시광선투과율[%]	복층유리	40 이상
	삼중유리	30 이상
	사중유리	20 이상

고효율기자재

7절. 제로에너지빌딩(ZEB) 등급 달성을 위한 건축물 외피 요구수준

제로에너지빌딩(이하 ZEB)이란 건축물에 필요한 에너지부하를 최소화하고 신에너지 및 재생에너지를 활용하여 에너지 소요량을 최소화하는 녹색건축물이다.[15)]

에너지 소요량은 특정조건(내·외부온도, 재실자, 조명기구 등)하에서 실내를 쾌적하게 유지하기 위해 건물이 요구하는 에너지, 즉, 에너지 요구량에 설비의 손실량을 모두 더한 값이다. 그리고 에너지자립률은 건물에서 사용하는 총 에너지 대비 신재생에너지에 의해 생산되는 에너지의 비율로 우리나라에서 정의하는 ZEB는 에너지자립률에 따라 5개 등급으로 구분하고 있다. 에너지 자립률 20 % 이상 40 % 미만은 5등급에 해당하며 1개 등급 상향에 따라 20 % 증가하여 100 % 이상인 경우 1등급이 된다.

2017년부터 기후변화 대응 및 탄소중립이라는 시대적 흐름에 따라 제로에너지빌딩 인증을 제도화하였고, 단계적인 로드맵을 수립하여 공공에서 민간건축물로 적용 범위를 점차 확대해 나가고 있다.

이에 ZEB를 구현하기 위한 다양한 연구 개발이 및 기술 상용화가 이루어지고 있으며, 크게 냉·난방 에너지 요구량을 최소화하기 위한 패시브 기술과 에너지 소비량을 최소화하는 액티브 기술, 이와 더불어 건물 내 신재생에너지를 생산, 활용하는 기술로 구분할 수 있다.

패시브 기술은 주로 단열과 기밀성능을 강화하기 위한 기술, 액티브 기술은 고효율 설비와 BEMS 등의 에너지 최적화 시스템 기술, 신재생에너지 기술은 건축물 자체적으로 에너지를 생산하는 태양광, 지열, 연료전지 등의 발전 기술 위주로 발전되어 왔다.

건축물 에너지 관점에서는 모든 기술의 균형이 중요하지만, 무엇보다 냉·난방 부하 자체를 최소화하는 외피의 에너지 절약 기술이 반드시 선행되어야 한다. 다양한 요소기술 중 패시브 기술은 상대적으로 기술성숙도가 높아 적용 가능한 기술이 많고, 초기 투자비용이 낮아 시장 진입이 용이하다는 장점이 있다.

다만 외피의 기술 향상과 경제성의 적정 수준을 찾아 적용하는 것이 필요한데, 이는 외피의 에너지 성능과 에너지 자립율에 대한 기여도가 지속적으로 비례하여 향상되는 것이 아니기 때문이다. 이는 한국에너지공단의 제로에너지건축물 인증 기술요소참고서에 기술된 최소 요구수준을 참조할 수 있다.

---

15) {녹색건축물 조성 지원법} 제2조(정의)제4호.

〈표 3-16〉 제로에너지빌딩(ZEB) 등급 달성을 위한 건축물 외피 요구수준

비주거 건축물

외벽 및 창호 열관류율 법적기준[1]수준 유지(비주거 건축물의 경우 냉방부하 절감을 동시에 고려해야 함)
지붕·바닥 열관류율[2] EPI 0.8 배점 수준

구분	법적기준 (중부2지역)	법적기준 (남부지역)	제로에너지 가이드 (법적 기준대비 약30% 강화)
외벽	0.24 W/m²·K	0.32 W/m²·K	EPI[3] 0.8 배점 수준 (벽체단열 법적기준 수준 유지, 창면적비 30~35 % 적용)
지붕	0.15 W/m²·K	0.18 W/m²·K	EPI 0.8 배점 수준 (단열성능 약 30~35 % 적용)
바닥	0.20 W/m²·K	0.25 W/m²·K	EPI 0.8 배점 수준 (단열성능 약 30~35 % 적용)
창호성능	1.5 W/m²·K	1.8 W/m²·K	1.0~1.5 W/m²·K
	로이복층유리 or 로이삼중유리	로이복층유리	로이복층 or 로이삼중 시스템 창호 (열관류율/기밀성 동시 고려)

주거 건축물

제로에너지 가이드라인 기준 적용(주거건축물의 경우 난방부하 저감에 대한 민감도가 큼)

구분		에너지절약형 친환경주택기준 (중부1 지역)	한국에너지공단 공동주택 로드맵 (중부1 지역)	에너지절약형 친환경주택기준 (중부2 지역)	한국에너지공단 공동주택로드맵 (중부2 지역)
외벽	직접	0.15 W/m²·K	0.15 W/m²·K	0.17 W/m²·K	0.16 W/m²·K
	간접	0.21 W/m²·K	0.19 W/m²·K	0.24 W/m²·K	0.24 W/m²·K
지붕	직접	0.15 W/m²·K	0.14 W/m²·K	0.15 W/m²·K	0.14 W/m²·K
바닥	간접	0.21 W/m²·K	0.20 W/m²·K	0.24 W/m²·K	0.20 W/m²·K
창호	직접	0.90 W/m²·K	0.80 W/m²·K	0.90 W/m²·K	0.80 W/m²·K
	간접	1.20 W/m²·K	1.10 W/m²·K	1.50 W/m²·K	1.10 W/m²·K
	발코니	2.40 W/m²·K	2.10 W/m²·K	2.40 W/m²·K	2.10 W/m²·K
현관문	간접	1.80 W/m²·K	1.40 W/m²·K	1.80 W/m²·K	1.40 W/m²·K

CHAPTER 04

커튼월의 적절한 현장관리를 위한 설계와 시공의 사례 검토

제4장 | 커튼월의 적절한 현장관리를 위한 설계와 시공의 사례검토

이 장에서는 커튼월 시공 사례의 현장 경험을 토대로 반복되는 문제점을 방지하기 위하여 커튼월 공사의 현장 품질관리와 효율적인 업무를 위한 중요한 설계 및 구성 요소의 다양한 기술적 사항을 다루고자 한다. 건축의 복잡성이 증가하고 내구성이 뛰어나고 에너지 효율적이며 안전한 건물 외관에 대한 필요성이 증가함에 따라 커튼월은 현대 건축에서 중추적인 역할을 한다. 설계 단계부터 현장 설치 및 설치 후 평가에 이르기까지 커튼월의 성능, 안전성 및 미적 일관성을 향상시키는 세부적인 고려 사항을 통해 프로젝트 팀(건축가, 엔지니어, 계약자 및 품질관리자)에게 도움이 되고자 구성하였다.

커튼월의 기본적인 구조적 움직임 고려 사항을 바탕으로 스틱 시스템(Knock Down System)과 유닛 시스템(Unit System)의 심층 비교와 풍하중, 열 변화, 건물 움직임과 같은 외부 하중에 효과적으로 대응하는 커튼월 설계의 기본 기능을 설명하여 커튼월의 기본 개념을 이해하도록 하였으며, 커튼월이 돌이나 테라코타와 같은 기타 외부 마감재와의 잠재적인 간섭 문제를 다루거나 포디움과 같은 저층 구조, 수평 연창의 천정 마감속 상부 단열패널 같은 곳의 물량 누락 건이나 루버의 개구율 등 대한 특수한 부위의 검토 사항 등을 강조하였다. 또한 외부 패널 안정성과 패널의 탈락 문제를 방지하기 위한 '지퍼 효과'와 같은 일반적인 문제 예방에 중점을 두어 다양한 패널 고정 방법을 평가하고 가장자리 스크류의 고정을 위한 설계기준을 제시하며 일반적인 복합 패널 안정성을 향상하기 위한 잠재적인 해결책을 제시하였다.

스팬드럴 부분 또는 후면 패널에 대한 설계 및 품질관리 요구 사항에 관해 설명하였으며, 유리의 열 파손 위험, 온도 변동에 따른 패널의 변형, 구조적 코킹의 품질관리 및 커튼월 화재 확산 방지 구조인 '바닥-커튼월 선형조인트의 건축자재 등 품질인정 기준'에 대한 안내 및 후면 패널 설치를 개선하는 방법도 검토하여 커튼월 전문기술자에 도움을 주고자 하였다.

특히 커튼월의 주요 연결 시스템(Main Connection)에 대해 자세히 설명하며, 현장에서 안전과 품질에 대한 무용접 설치 공정에 대한 요구의 대응, 미국과 일본 사례의 프레임 조립 방식을 비교하면서 톱니 모양의 브래킷 시스템과 비실런트 기반 유닛 조립 방법을 포함한 연결 등 국내 커튼월 설계 개발의 발전 상황을 검토하였으며, 구조적 약점을 줄이기 위한 알루미늄 후크 클립 디자인도 검토해 보았다. 커튼월 제작, 설계 및 현장관리의 자동화를 통한 효율성과 정확성을 향상하기 위한 3D 모델링, 컨베이어 기반 제조, 작업 흐름 플랫폼 및 자동화된 제품추적 방법의 기술 발전이 설명되어 있으며, 끝으로 건축기술의 변화가 프로젝트 작업 흐름과 품질관리 방법을 재구성함에 따라 진화하는 엔지니어의 역할에 대한 고민도 제시하였다.
이 장은 커튼월 전문기술자나 현장 관리자가 높은 품질, 기능 및 미적 매력 기준을 충족하는 커튼월 시스템을 만드는 데 도움을 주기 위해 작성된 기술 자료이며 오래 지속되는 고성능 설치를 달성하기 위한 실용적인 지침과 함께 커튼월 시공과 관련된 과제와 해결책을 만들어가기 위한 기반 역할을 할 것으로 기대한다.

1절. 커튼월 구조적 Movement의 이해와 설계 적용

1. 스틱 시스템(Stick System, Knock Down System)과 유니트 시스템(Unit System)의 비교

커튼월(Curtain Wall)은 건물 외벽을 감싸는 형태의 외부 마감 공법으로, 설치 방법에 따라 여러 종류로 분류된다. 대표적으로는 스틱 시스템(Stick System, Knock down system)과 유니트 시스템(Unit System)이 있다. 각 시스템은 현장 조건과 설계 요구 사항에 따라 선택되며, 각각의 장단점을 고려하여 프로젝트에 적합한 시스템을 결정해야 한다.

가) 스틱 시스템(Stick System, Knock Down System)

스틱 시스템은 커튼월의 구성 부재를 현장에서 조립하고 설치하는 방식이다. 이는 건물 현장에서 각 부품을 조립하여 커튼월을 완성하는 것으로, 다음과 같은 특징이 있다.

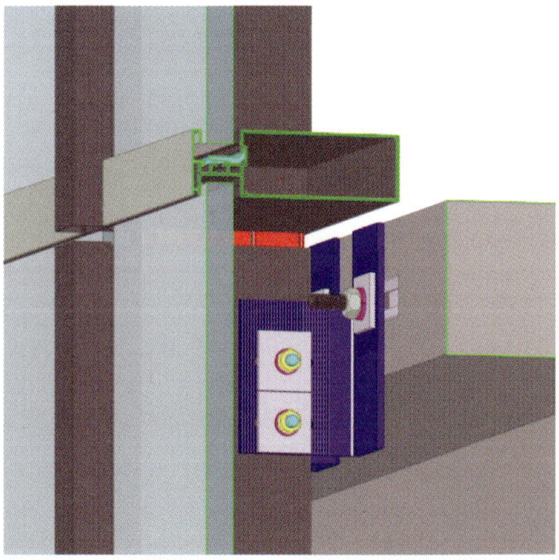
[그림 4-1] 스틱시스템

- 현장에서의 조립 작업: 스틱 시스템은 부재들이 현장에서 조립되기 때문에, 단열, 방수, 기밀성 등의 관리를 철저히 해야 한다. 이러한 특성으로 인해 작업의 복잡성이 증가할 수 있으며, 이를 제대로 관리하지 않으면 품질이 고르지 않을 수 있다.
- 운송의 용이성: 구성 부재들이 각각 분리된 형태로 운반되기 때문에, 부피가 크지 않아 운송이 상대적으로 쉽다. 특히 현장이 복잡하거나 좁은 경우에도 비교적 쉽게 자재를 반입할 수 있는 장

점이 있다.

- 복잡한 저층 건물에 적합: 스틱 시스템은 구조가 복잡한 건물이나 저층 건물에 적합한 방식이다. 현장에서 개별적으로 조립할 수 있기 때문에, 설계가 복잡한 건물에도 유연하게 대응할 수 있다.
- 품질관리의 어려움: 현장에서 모든 조립 작업이 이루어지기 때문에, 품질을 균일하게 유지하는 것이 어렵다. 따라서 부주의나 현장 조건에 따라 결함이 발생할 가능성이 크다.
- 비용이 비교적 저렴: 유니트 시스템에 비해 비용이 낮은 편이다. 공장에서 미리 제작하지 않고 현장에서 조립하기 때문에 제조 비용이 절감된다.

나) 유니트 시스템(Unit System)

유니트 시스템은 커튼월의 구성 부재를 공장에서 완벽히 조립한 후, 하나의 유니트로 만들어 현장에서 설치하는 방식이다. 이 방식은 다음과 같은 특징을 가진다. :

[그림 4-2] 유니트시스템

단열, 방수, 기밀성 확보가 용이 : 유니트 시스템은 공장에서 모든 부품이 완벽히 조립되고 관리되므로, 단열성, 방수성, 기밀성을 철저하게 확보할 수 있다. 이러한 장점은 특히 고층 건물에서 중요한 요소로 작용한다.

- 운송의 어려움: 유니트화된 커튼월은 크고 무거운 경우가 많아 운송이 어려울 수 있다. 따라서 운송 경로와 설치 현장의 접근성에 대한 철저한 계획이 필요하다.
- 현장 작업 최소화: 유니트 시스템은 대부분 작업이 공장에서 완료되므로 현장에서의 작업이 최소화된다. 이는 작업 시간을 단축시킬 수 있으며, 층간 배수 시스템과 같은 복잡한 설비의 설치가 쉽다.
- 시공 오류의 흡수 어려움: 유니트 시스템은 공장에서 이미 완성된 제품이기 때문에, 현장에서 발생하는 시공 오류를 흡수하거나 수정하기가 어려울 수 있다. 또한, 특정 부위의 부분적인 시공이 어려운 경우도 발생할 수 있다.
- 비용이 상대적으로 높음: 유니트 시스템은 공장에서 완제품으로 제작되기 때문에, 스틱 시스템에 비해 비용이 더 높을 수 있다. 그러나 공장에서의 조립으로 인해 현장 작업 시간이 줄어드는 만큼, 시공 기간 단축에 따른 장점도 존재한다.

이 두 가지 커튼월 시스템은 건물의 설계 목적과 요구 사항에 따라 선택된다. 예를 들어, 저층 건물이나 복잡한 설계의 건물에서는 스틱 시스템이 더 적합할 수 있다. 반면, 단열성, 방수성, 기밀성을 보장해야 하는 고층 건물이나 대규모 프로젝트에서는 유니트 시스템이 선호될 수 있다.
프로젝트마다 현장의 조건과 예산, 그리고 설계의 복잡성 등을 종합적으로 고려하여 적절한 커튼월 시스템을 선택하는 것이 중요하다.

2. CURTAIN-WALL의 외부 MOVEMENT에 대한 대응설계

커튼월 설계에서는 구조적 하중, 특히 풍하중과 자중을 해결하는 것이 안정성과 유연성을 모두 유지하는 데 중요하다. 점 지지 설계는 풍하중(외관에 수직)과 열팽창, 슬래브 처짐, 지진 활동 등 외벽과 평면 내에서 작용하는 기타 변위 요인을 모두 신중하게 수용해야 한다. 풍하중에 저항하려면 커튼월의 상단과 하단 모두 벽면에 수직인 방향으로 고정된 지지대가 있어야 한다.

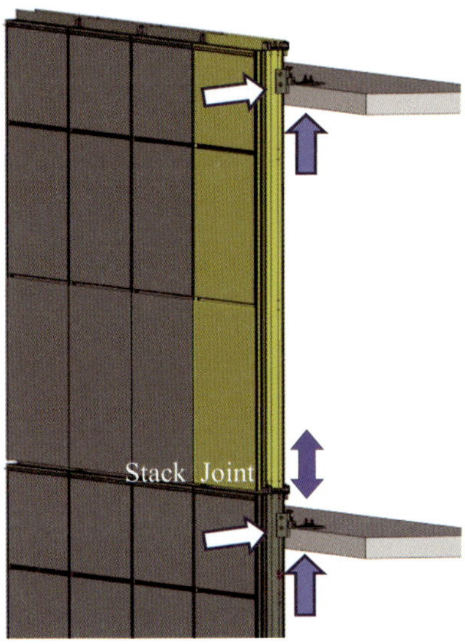

[그림 4-3] 유니트 시스템의 거동

풍압과 자중은 과도한 편향을 방지하기 위해 상부와 하부 모두를 효과적으로 제어해야 하는 구조를 가져야 한다. 예를 들어, 유니트 시스템에서 각 유니트의 상단 부분은 단단히 고정되고 하단 부분은 수직을 허용하면서도 바람 하중에 저항하는 유연한 지지 시스템(종종 핀 또는 힌지 연결을 통해)을 사용한다.
열팽창이나 구조적 변형과 같은 다른 요인으로 인한 움직임 또는 자중 방향(면 내 방향)에서 커튼월은 슬래브 처짐, 열팽창, 심지어 지진에 의한 움직임과 같은 수직 변위를 수용하기 위해 하단에서는 자유롭게 움직일 수 있어야 한다. 여기서 달아매는(Hanging) 시스템은 매우 중요하다.
커튼월 유니트의 상단은 고정되어 있지만 하단은 이러한 변위를 고려하여 수직으로 이동할 수 있어야 한다. 이 시스템은 온도 변화나 건물 움직임으로 인한 수직 변형으로 인해 커튼월이 갈라지거나 휘어지는 것을 방지하며, 유니트화된 커튼월 시스템은 공장에서 사전 조립되어 있으며, 각 유니트는 외력을 견딜 수 있도록 설계돼야 한다.

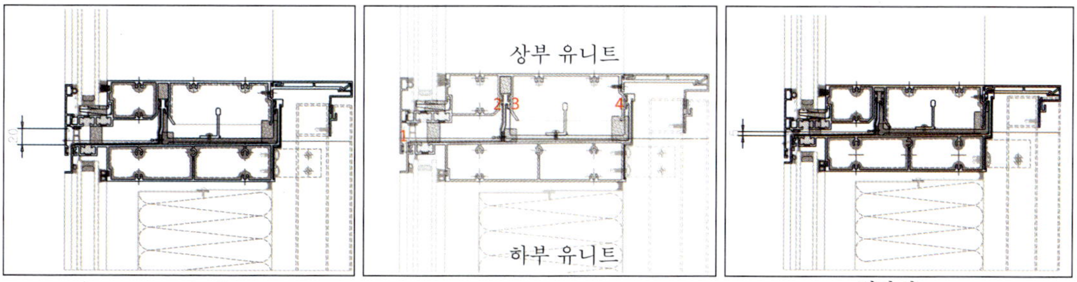

[그림 4-4] 유니트간 수축팽창 움직임(stack joint)

유니트의 상단 끝은 건물 구조에 고정되고 하단 끝은 수직 변위(온도 변화, 슬래브 처짐, 지진력)를 수용할 수 있도록 이동하도록 설계되며, 설계에는 일반적으로 하단에 핀 지지구조 역할을 하는 연속 빔 유형인 겔버 빔이 포함된다. 고정 노드에서 풍하중을 저항하고 상하 이동을 허용하여 관절에 응력이 축적되는 것을 방지한다.

스택 조인트(Stack Joint) 상세는 유니트 시스템의 중요한 특징으로 기밀성과 수밀성을 모두 제공한다. 스택 조인트를 사용하면 건물 외벽의 안정성을 유지하면서 상부 유니트와 하부 유니트가 독립적으로 움직일 수 있게 하며, 유니트 사이의 틈을 밀봉하여 움직임이 발생할 때도 물이나 공기의 침투를 방지하는 개스킷([그림 4-4]의 1, 2, 3, 4로 표시)을 사용하여 달성된다.

스틱 시스템에서는 앞서 설명한 대로 커튼월이 현장에서 하나씩 조립되어, 유니트 시스템과 마찬가지로 상부 고정단과 하부 자유단으로 하부를 자유롭게 풀어주어 수직 방향으로의 이동이 가능하게 한다. 이는 프레임의 하단에 있는 확장 조인트(Expansion Joint)을 사용하여 수행되며, 슬롯을 사용하면 멀리언이나 기타 구조 부재가 수평 방향으로 단단히 고정되어 바람 하중에 저항하면서 위아래로 미끄러질 수 있게 된다. 스틱 시스템의 또 다른 연결 방법은 수직 움직임을 흡수하는 확장 조인트(Expansion Joint) 역할을 하는 하부 멀리언에 슬리브를 연결하는 것이다([그림 4-5] 참조).

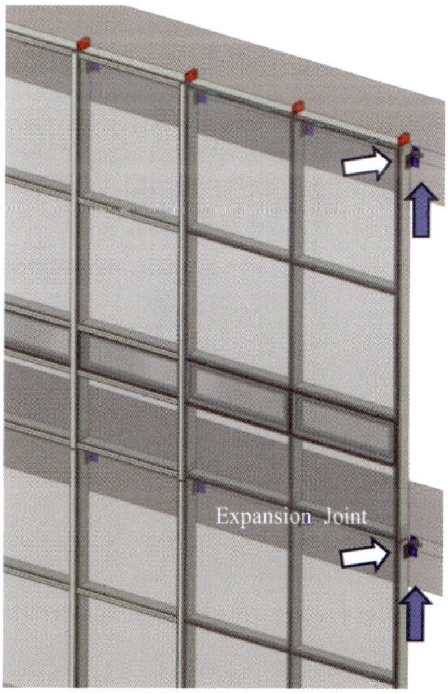

[그림 4-5] 스틱시스템의 거동

설치하는 동안 커튼월 프레임이 제대로 고정되었는지 확인하는 것이 중요하다. 상부 또는 하부가 고정되어 수직 하중(커튼월의 자중)을 지탱한다.

설치된 상부 끝단이 고정되면 다른 쪽 끝은 자유롭게 움직여야 하니, 이 자유단은 일반적으로 앵커 슬롯이나 확장 조인트로 설계되어 열 또는 구조적 움직임으로 인해 벽을 손상시킬 수 있는 응력 집중이 발생하지 않도록 한다. 또한 풍하중에 저항하기 위해 구성 요소를 설치한 후 용접 또는 볼트 체결과 같은 기계적 연결을 사용한다. 이러한 연결을 통해 벽 구조는 과도한 편향이나 파손 없이 풍압과 흡입력을 견딜 수 있게 된다.

수직 이동을 위한 유연한 조인트와 풍하중 저항을 위한 고정 조인트의 조합은 구조적 힘과 환경적 힘을 모두 처리할 수 있는 균형 잡힌 시스템으로 유지된다.

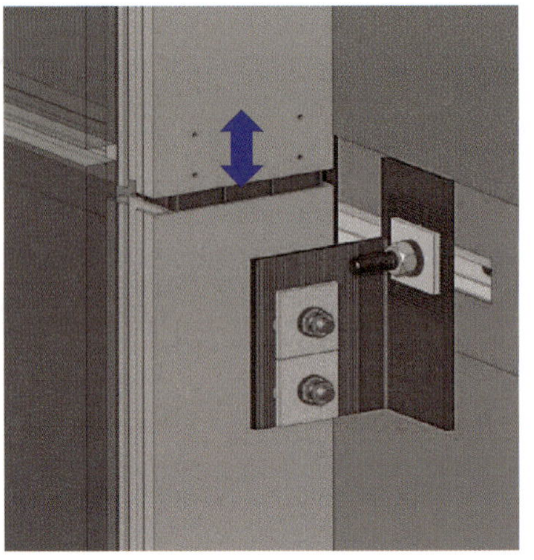
[그림 4-6] Expansion Joint

[그림 4-7]과 [그림 4-8]은 스틱 시스템의 하부에서 수직 방향의 구속을 풀어 부재의 길이 방향으로 수축 팽창이 가능하게 한 상세들이다.

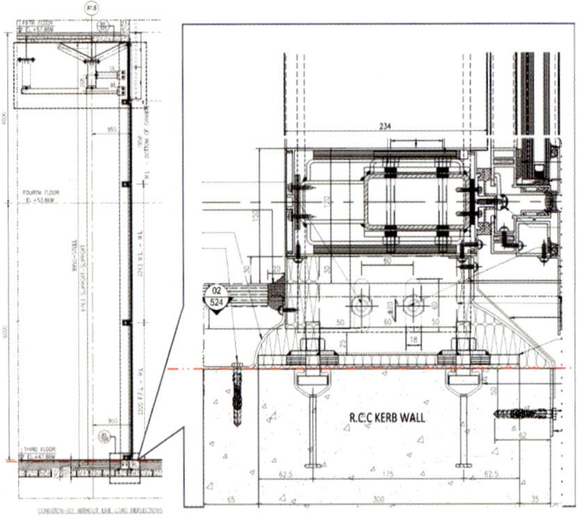

[그림 4-7] 최하부의 거동 구간

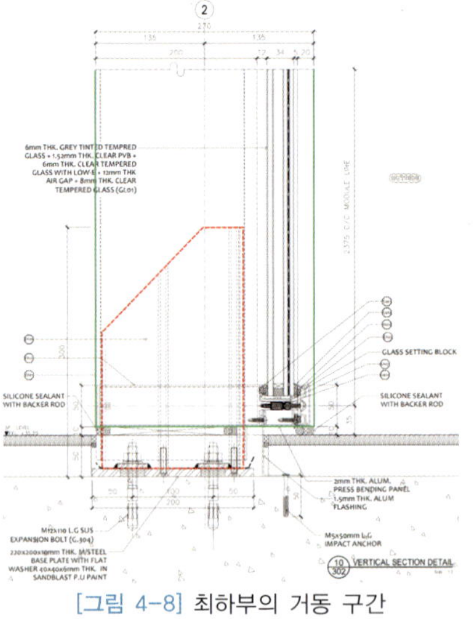

[그림 4-8] 최하부의 거동 구간

[그림 4-9]와 [그림 4-10]은 도면의 볼트 체결과 현장 시공의 체결 방법이 다를 뿐만 아니라 수축 팽창에 대한 고려도 이루어지지 않은 사례들이다.

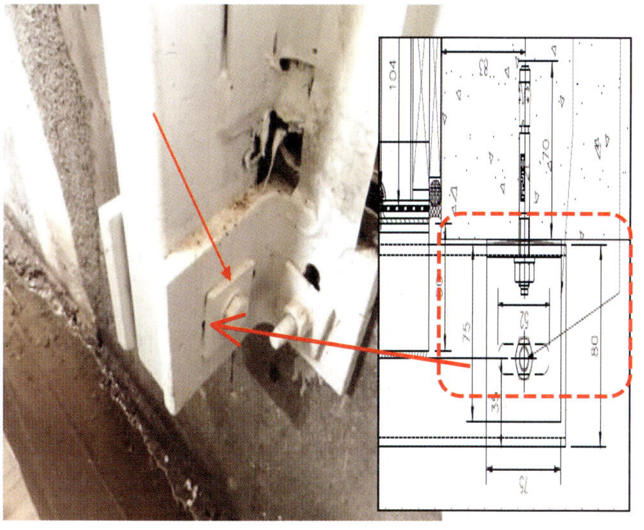

[그림 4-9] 하부 고정 BRACKET 설치 상태 및 도면

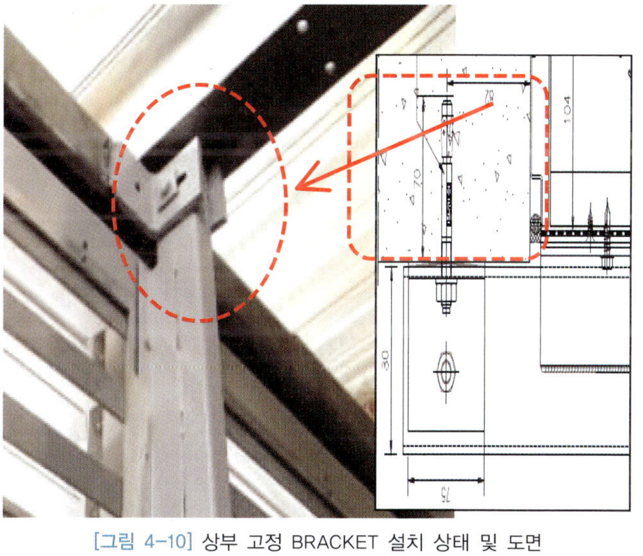

[그림 4-10] 상부 고정 BRACKET 설치 상태 및 도면

2절. 커튼월을 위한 다른 마감과의 간섭 검토

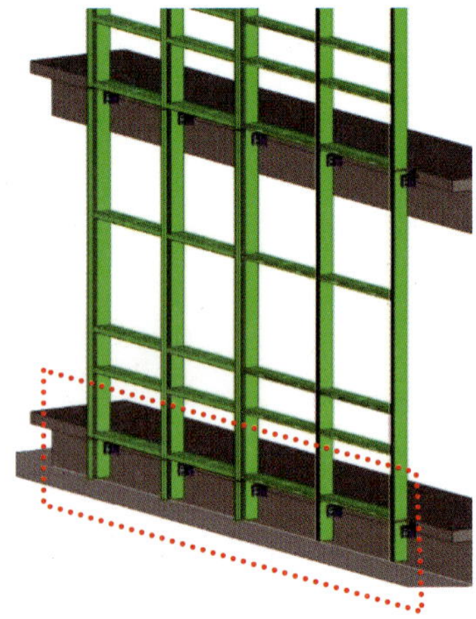

[그림 4-11] 커튼월 시작 위치 모델링

건물 외벽 방수는 안전성과 구조적 안정성을 보장하는 핵심 요소이다. 물이 건물 내부로 침투하면 철근이 부식되거나 콘크리트가 약해질 수 있어, 건물의 안전을 위협하며 심각한 문제를 초래할 수 있다. 또한 외벽 방수는 건물의 건강을 지키는 역할도 있다. 습기로 인한 곰팡이는 실내 공기 질을 저하시키고 호흡기 질환을 유발할 수 있다. 방수 처리가 제대로 되어 있으면 건물 내부가 건조하고 건강한 상태로 유지된다. 외벽 방수는 단열성능을 유지하는 데에도 중요하다. 습기가 단열재에 침투하면 단열성능이 저하되어 난방 및 냉방 비용이 증가할 수 있다. 또한 외벽 방수는 건물의 미관을 유지하는 데에도 기여한다. 물이 침투하면 페인트가 벗겨지거나 벽이 부풀어 오르는 등 건물 외관을 손상시킬 수 있다. 유지 보수 비용 절감 측면에서도 외벽 방수는 중요하다. 방수 처리가 제대로 되어 있으면 장기적으로 유지 보수 비용을 줄일 수 있다. 마지막으로, 홍수와 같은 자연재해에 대비하여 환경을 보호하는 측면에서도 외벽 방수는 매우 중요하다.

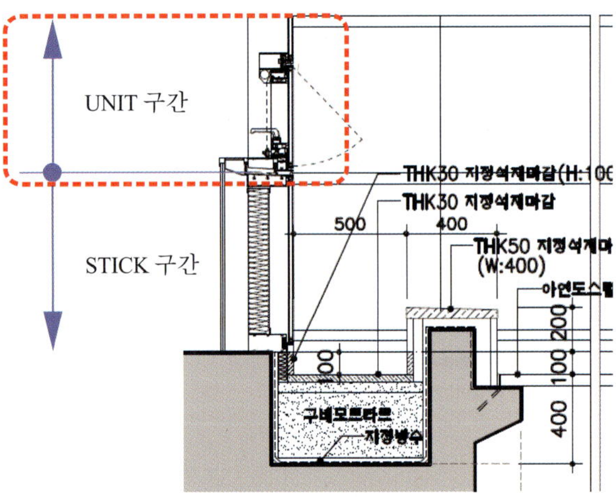

[그림 4-12] 건축도면

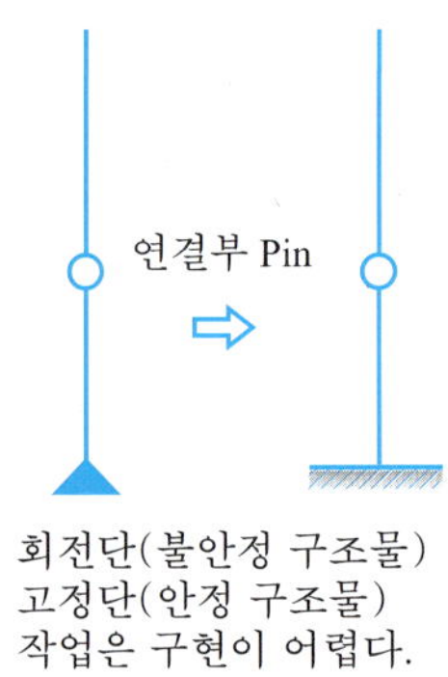

[그림 4-13] 구조모델

1. 커튼월 최하단의 구조 및 차수를 위한 검토

상기의 언급내용과 같이 여러 가지 이유로 특히 커튼월의 최하부 건물의 마감과 연결되는 구간의 바닥 차수가 주요한 부위이다. 많은 엔지니어가 구조적 개념의 이해 없이 UNIT 구간과 STICK 구간을 분리하여 만나는 부위를 PIN으로 연결되어 설계하는 사례가 있다. 이런 경우를 구조 모델로 검토할 때 하부에서는 회전단이 아닌 고정단 설계를 하여야 하는데 커튼월 부재는 철골구조나 콘크리트 구조처럼 고정단을 형성하기가 현실적으로 매우 어려워 안정 구조물이면서 커튼월 차수막이나 건축 마감에서 방수 작업을 진행해야 한다.

유니트 시스템으로 바닥까지 구성하면 하부의 Stack Joint 상세에서 물이 역류하는 현상이 발생할 수 있기 때문에 외부의 바닥마감 라인을 커튼월보다 낮게 설계하거나, 외벽 하부에 배수구를 두어 커튼월의 마감 라인보다 물 높이를 낮게 하여 레벨 차이가 나게 하여야 한다. 반면, 건축 골조에서 방수턱을 두어 외부의 방수 작업을 하면 방수턱의 Stick 구간만큼 높이 올려 1차 골조에서 방수 처리하고 STICK 구간의 구조적인 문제도 해결할 수 있다. UNIT의 구간은 일정 높이 이상에 위치하므로 누수의 염려도 없게 된다.

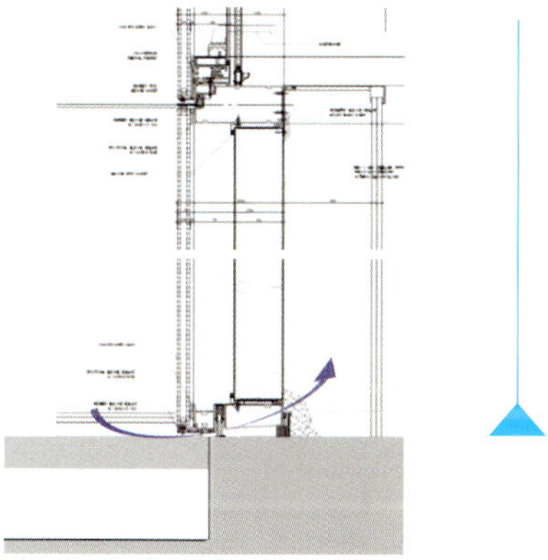

[그림 4-14] 외부의 마감라인과 커튼월 차수레벨이 같은 위치 (차수작업이 어려움)

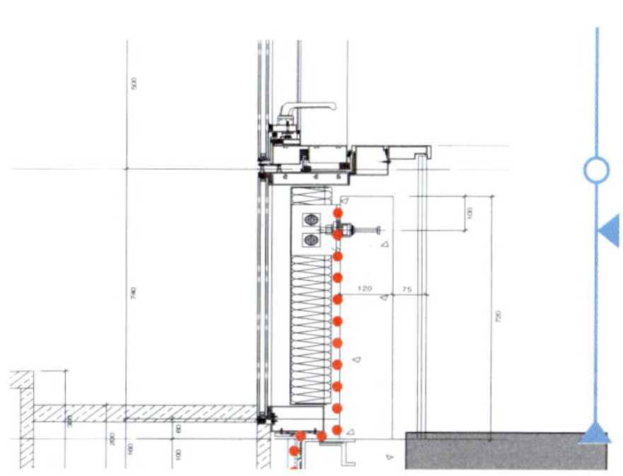

[그림 4-15] 외부의 마감라인보다 커튼월 차수레벨이 높음(방수턱 작업)

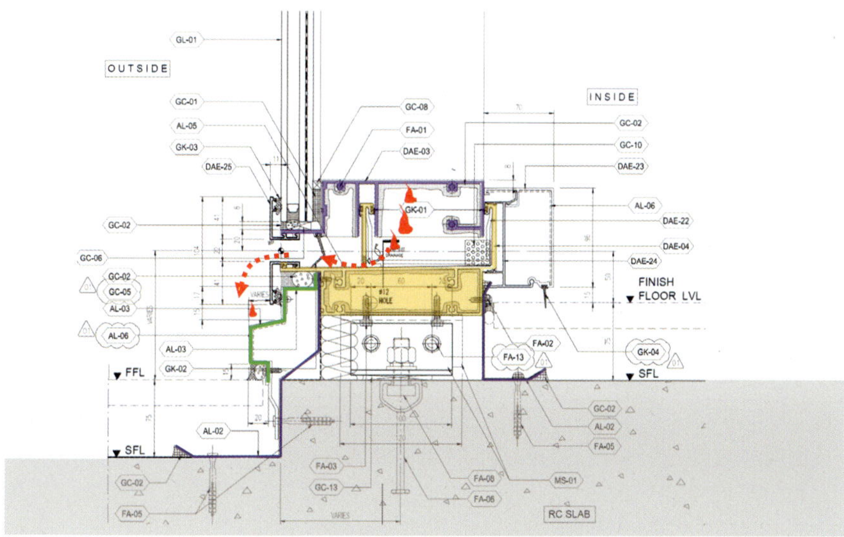

[그림 4-16] 유니트 시스템의 하부 배수

2. 석재 또는 테라코트와의 마감 부위 검토

커튼월의 차수를 위한 방법은 커튼월 내부에 등압공간을 형성하는 방법이며, 이는 기압차로 인한 누수를 방지하는 핵심 단계이다. 한계 압력차 조정으로 등압공간 내부의 누수 한계 압력차를 일정압력 이내로 유지하면 누수 현상을 방지할 수 있다, 또한 외기 도입구나 배수구를 두어 공기를 내부로 배출시킴으로써 물의 유입을 차단할 수 있다. 이것은 내부 측 마감 면에 기밀재를 사용하여 조인트 내부의 압력을 외기와 동등하게 유지하는 원리이다. 이로써 물의 이동을 차단할 수 있다. 그러기 위해서는 외벽의 차수 라인이 끊김 없이 연속되어야 하며 특히 커튼월(창호)과 다른 부재(석재,테라코트, 금속패널 등)와의 연결 구간은 현장에서뿐만 아니라 설계 단계에서도 정확하게 표현하여 공종간에 업무영역을 확실하게 하여야 한다. 일반적으로 마무리 공사 시점에 이런 부분들을 소홀히 하여 치명적인 품질 문제를 일으키는 경우가 실제로 많이 발생한다.

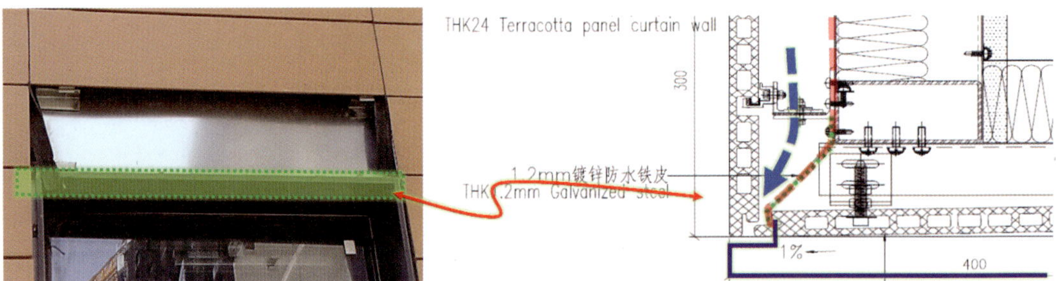

[그림 4-17] 석재 마감 사이에 창을 넣은 경우의 배수

특히 하부 바닥의 고정 부위의 수축 팽창을 고려한 상세에서는 상·하의 움직임을 고려하면서 차수까지 기능을 갖추어야 하는 기술적 검토가 필요하나 국내 대부분의 현장에서는 실란트로 의존하면서 조인트를 마감 처리해 버리는 경우들이 대부분이다. 물론 수축 팽창의 정도가 미비한 경우에는 굳이 검토의 대상이 아니지만, 10M가 넘는 부재에 있어서 외부 환경에 의한 부재의 움직임은 실란트의 수축 팽창(조인트 폭의 25%~50%)만으로 대응한다는 것은 어려운 사실이다. [그림 4-18] 상세는 스틱시스템으로 오픈 조인트를 두는 동시에 내부 차수판으로 움직임과 차수를 해결하는 상세이다.

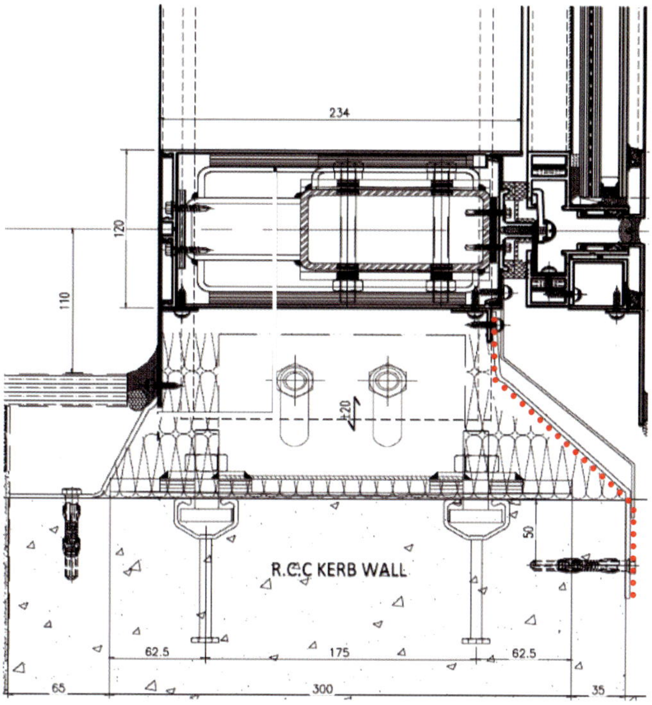

[그림 4-18] 차수와 상하 움직임을 해결

3. STORE FRONT WINDOW(저층부 창호) 상부 마감 백패널(단열)검토

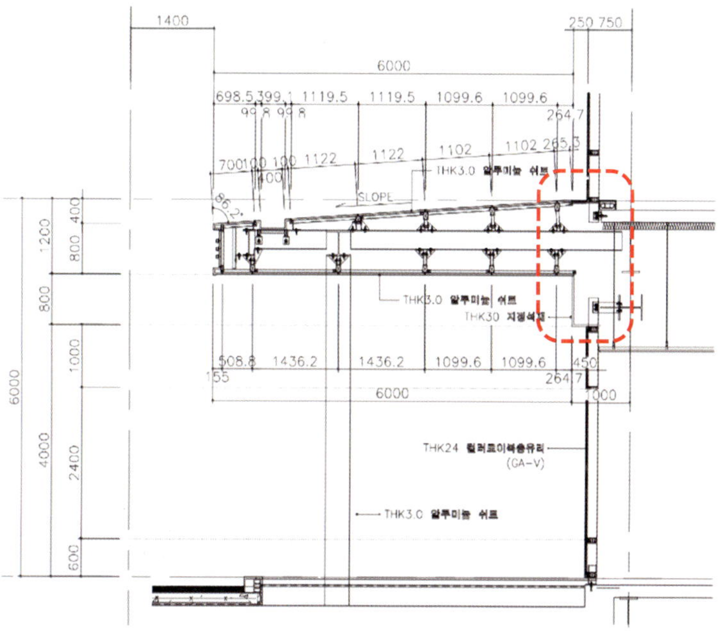

[그림 4-19] 캐노피 단면

건물 외부에 연속적인 커튼월을 설치하는 경우, 건물 외관 전체에 걸쳐 물 차단 및 단열의 연속성을 유지하는 것은 일반적으로 어렵지는 않다. 설계를 통해 습기 및 열전달에 대한 일관된 장벽을 유지하는 재료와 시스템의 원활한 통합이 가능하기 때문이다. 그러나 복잡한 건축 설계로 인해 발생하는 불규칙한 외벽은 심각한 문제를 초래하기도 한다. 커튼월이 여러 층에 걸쳐 방해받거나 캐노피와 같은 다양한 디자인 요소로 인해 차수층과 단열층의 연속성이 손상될 수 있다. 이러한 시나리오에서는 분리 지점을 적절하게 밀봉하고 절연하는 것이 중요하지만 현장에서는 이러한 세부 사항을 간과하는 경우가 많다.

[그림 4-20] 커튼월에 연결된 캐노피

예를 들어, 1층의 커튼월이 캐노피 등의 요소에 의해 상층의 커튼월과 구조적으로 분리된 경우, 차수 및 단열을 재구축해야 하는 지점이 늘어나게 된다. 이러한 부분은 적절하게 해결되지 않으면 누수 또는 열교가 발생할 수 있는 약한 지점을 만든다. 현장에서 흔히 저지르는 실수는 명확한 지침이나 감독이 부족하여 이러한 연결 끊김 지점을 무시하여 건물 외피에 심각한 성능 문제를 일으키는 것이다.

이러한 문제들이 시공 범위를 명확하게 정의하는데 주요 과제 중 하나가 된다. 커튼월 설치는 유리창의 입면에 보이는 높이를 기준으로 하는 경우가 많으며, 커튼월이 캐노피와 만나는 부분과 같이 창 주변 외부 영역은 시공 범위 산출에서 제외되는 경우가 많다. 이러한 주변 단면은 건물 외피의 디자인을 유지하는 데 중요할 수 있지만 특히 다양한 공종이 관련된 구간에서는 전체 작업 계획에서 쉽게 생략될 수 있다.

숨겨진 부분이나 복잡한 부분을 적절하게 밀봉하고 단열하려면 여러 계약자 간의 책임을 명확하게 정의하는 것이 중요하다. 그러나 실제로는 이러한 설명이 모호한 경우가 많다. 작업 범위를 명확하게 정의하지 않으면 독립적인 커튼월 시스템의 숨겨진 조인트나 천장 공간과 같은 특정 중요 부분에 대해 어느 당사자도 책임을 지지 않을 경우들이 발생한다. 예를 들어, 지붕 시스템, 파사드 및 캐노피가 교차하는 경우 이러한 간섭구간의 누수 차단 및 단열에 대한 명확한 책임이 없는 경우가 많다. 이러한 모호함은 건물의 단열 및 습기 제어에 심각한 결함을 초래할 수 있으며 이는 구조체가 완료된 후에야 분명해질 수 있다.

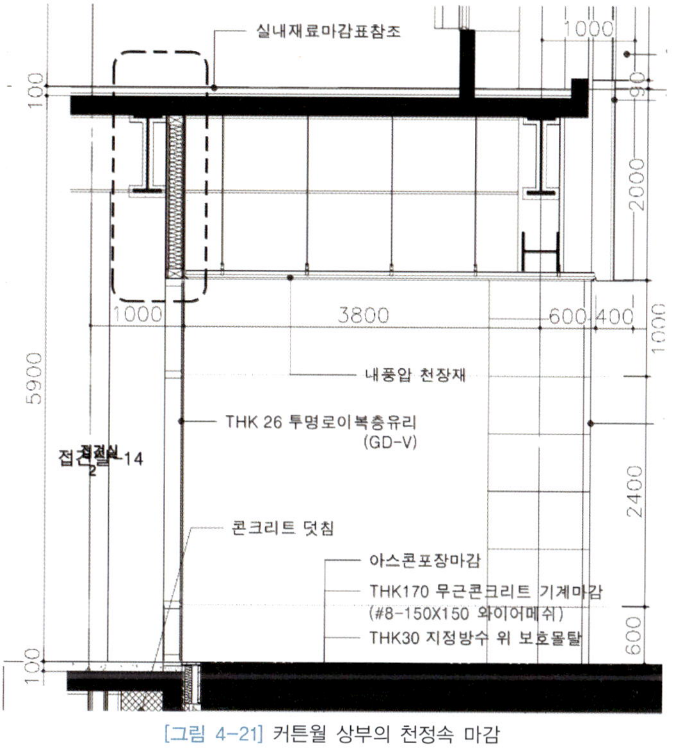

[그림 4-21] 커튼월 상부의 천정속 마감

[그림 4-22] 커튼월 상부의 시공 사례1

[그림 4-23] 커튼월 상부의 시공 사례2

다음 사례와 같이 완벽히 독립된 창호의 천장 구간에 숨겨지는 구간의 단열 작업도 놓치기 쉬운 작업 범위이다. 해외 시공 사례에서는 외벽 공사의 일체를 포함하는 일괄 발주(Turn-key base) 외부 계약의 경우 일반적으로 계약자는 이러한 까다로운 부분을 포함하여 전체 외벽에 대해 전적인 책임을 진다. 이 포괄적인 접근 방식은 건물 외피의 어떤 부분도 보호되지 않은 채 남아 있지 않도록 보장한다. 그러나 국내 건설의 경우 다수의 전문 하도급업체가 책임을 분담하는 물량 계약 중심의 계약방식을 취하는 경우가 많다. 이러한 단편화는 책임과 실행의 공백으로 이어질 수 있으며, 여기서 누수 차단 및 단열의 중요한 영역이 제대로 처리되지 않거나 완전히 누락될 수 있다. 이러한 시스템적 문제는 가시성이나 복잡성에 관계없이 커튼월의 모든 부문에서 적절하게 구성되게 하려고 다양한 계약자 간에 더 나은 통합과 더욱 명확한 의사소통의 필요성을 강조한다.

4. 루버 개구율 검토

AMCA(The Air Movement and Control Association International, Inc.)는 팬, 댐퍼, 루버 등 공기 이동과 관련된 다양한 제품에 대한 표준을 개발하고 인증을 제공하는 국제기관이다. 루버에 대한 개구율 인증은 제조업체가 제품의 성능 특성을 정확하게 표현하고 효율성, 안전성 및 신뢰성을 보장하도록 뒷받침해 주는 AMCA 인증제도이다.

다음은 AMCA(The Air Movement and Control Association International, Inc)의 공기시스템의 루버 인증프로그램의 개폐율(Free Area)계산 예제와 외관의 입면 형태를 비교해서 보여준다.

루버는 일반적으로 환기시스템에 사용되어 비, 눈 또는 기타 요소가 건물로 유입되는 것을 방지하면서 공기 흐름을 제공한다. “개구율(Free Area)”은 블레이드와 프레임으로 인한 방해를 고려하여 공기가 통과할 수 있는 효과적인 개방 영역이다. 이 자유 공간은 적절한 환기율을 보장하고 HVAC(난방, 환기 및 공조) 시스템의 공기 흐름에 대한 저항을 방지하는 데 중요 역할을 한다.

자유 영역 인증프로그램은 루버의 실제 개방 영역을 확인하여 설계자와 엔지니어가 특정 응용 분야, 특히 공기 흐름의 정밀한 제어가 필요한 시스템에 적합한 루버를 선택할 수 있도록 돕는다.

AMCA는 확립된 표준에 따라 독립적인 테스트를 통해 계산된 자유 면적을 검증한다. 이 테스트에는 루버가 실제로 직면하게 되는 공기 흐름 조건을 시뮬레이션하는 작업이 포함된다. 인증받으려면 결과가 제조업체가 보고한 값의 허용 가능한 범위 내에 있어야 한다.

성공적인 테스트 후 AMCA는 루버를 인증하여 제조업체가 AMCA 인증 등급 프로그램 라벨을 사용할 수 있도록 하여 제품이 엄격한 테스트와 검증을 거쳤음을 고객에게 보장한다.

이러한 인증프로그램은 HVAC 설계자와 엔지니어가 루버의 개구율에 대한 정확하고 신뢰할 수 있는 데이터를 받을 수 있도록 보장하고, 특정 공기 흐름 요구 사항에 필요한 루버의 크기와 유형을 결정하고 과압, 소음 또는 시스템 비효율의 위험을 최소화하는 데 중요하다.

AMCA의 개구율 인증프로그램은 루버 선택에 대한 투명성, 신뢰성 및 업계 표준 성능 지표를 제공하여 공기시스템의 전반적인 성능과 에너지 효율성을 향상하게 시킨다.

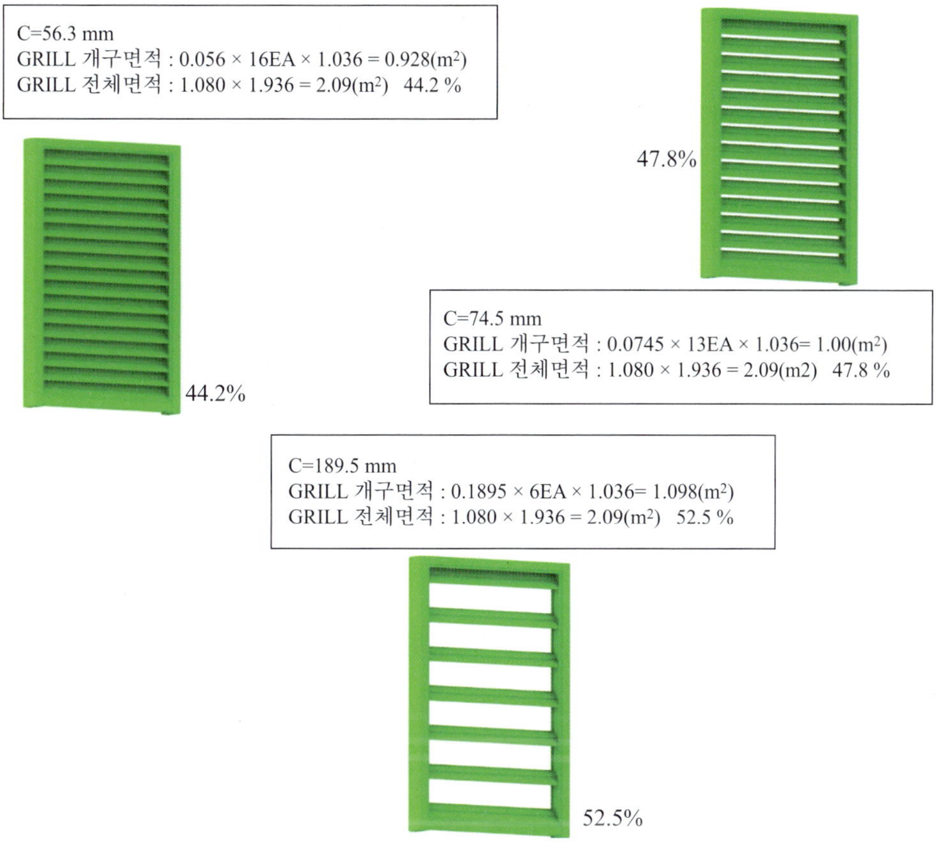

[그림 4-24] 루버의 개구율 검토 사례

[그림 4-25]는 AMCA(The Air Movement and Control Association International, Inc)의 공기시스템의 루버 인승프로그램의 개폐율(Free Area)계산 방법이나

Consult AMCA Standard 500 for complete information on free area, static pressure loss, water penetration and cfm ratings.

Free area is the minimum area through which air can pass and is determined by multiplying the sum of the minimum distances between intermediate blades, top blade and head and bottom blade and sill, by the minimum distance between jambs. The percent free area is the free area thus calculated, divided by the face area of the louver x 100. See cross sections of louvers and frames.

Free Area (sq. ft. or mm) = L[A+B+ (N x C)]

$$\text{Percent Free Area} = \frac{L[A+B+(N \times C)]\ 100}{W \times H}$$

Where:

A = Minimum distance, in inches (mm), between the head and top blade.
B = Minimum distance, in inches (mm), between the sill and bottom blade.
C = Minimum distance, in inches (mm), between adjacent blades.
Note that in louver Type 2, C_1, may not be equal to C, and the minimum C should be used.
N = Number of "C" openings in the louver.
L = Minimum distance, in inches (mm), between louver jambs.
W = Actual louver width, in inches (mm).
H = Actual louver height, in inches (mm).

Size listing: conventional practice is to list width by height.

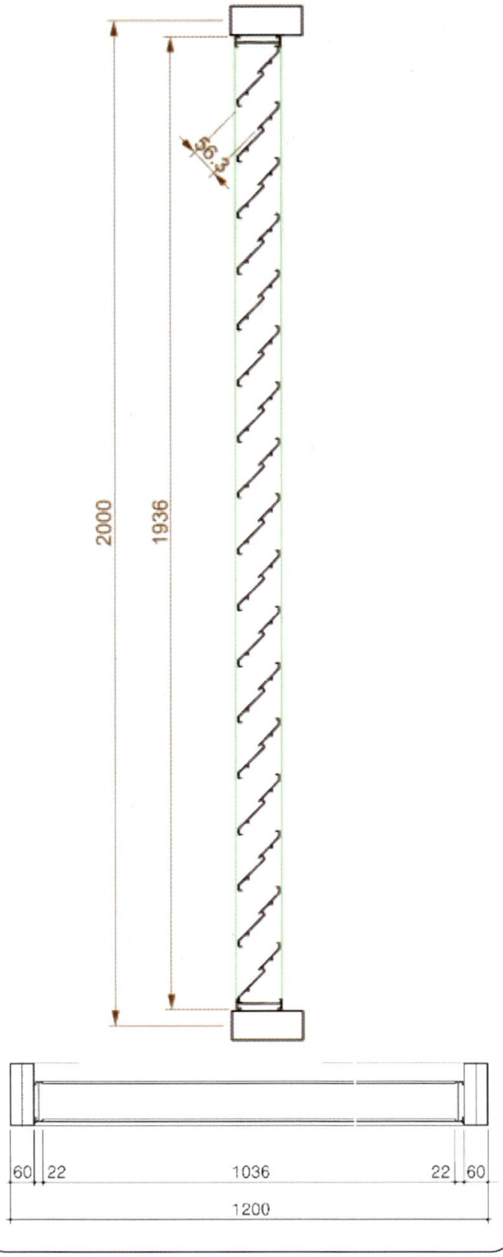

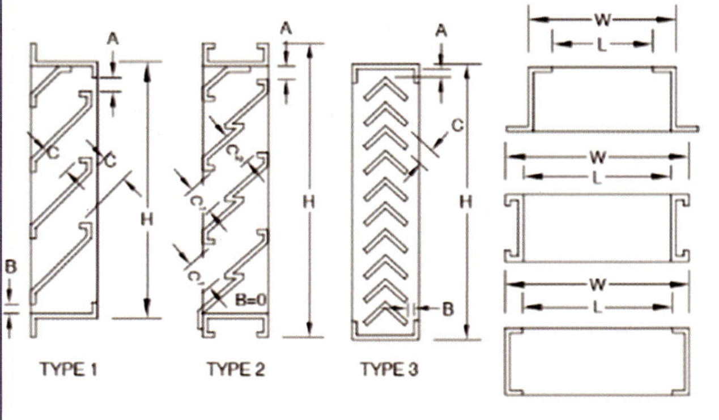

TYPICAL LOUVER AND FRAME CROSS SECTIONS
SHOWING MINIMUM DISTANCES IN FORMULA

[그림 4-25] 개폐율 계산 방법

3절. 외장 패널의 안정성 및 현장 품질관리를 위한 설계

1. 외장 패널의 탈락과 지퍼효과(Zipper Effect - Crack Climbing)

암벽 등반에서 안전은 앵커 시스템(밧줄이 벽에 부착되는 지점)에 많이 의존한. 이러한 앵커를 설치하는 방법과 추락 중에 하중을 받는 방법이 중요하다. 등반가가 넘어지면 줄이 빠르게 조여지고 힘이 앵커를 통해 분산된다.

[그림 4-26] 확보물(패널 고정시 screw와 같은 역할

이상적으로는 그 힘이 통제된 방식으로 곧바로 내려져야 하는데 때때로 상황이 잘못될 수 있다. 특히 빌레이어(밧줄을 잡는 사람)가 등반가 바로 아래가 아닌 옆으로 너무 멀리 떨어져 서 있는 경우 더욱 그러하다.

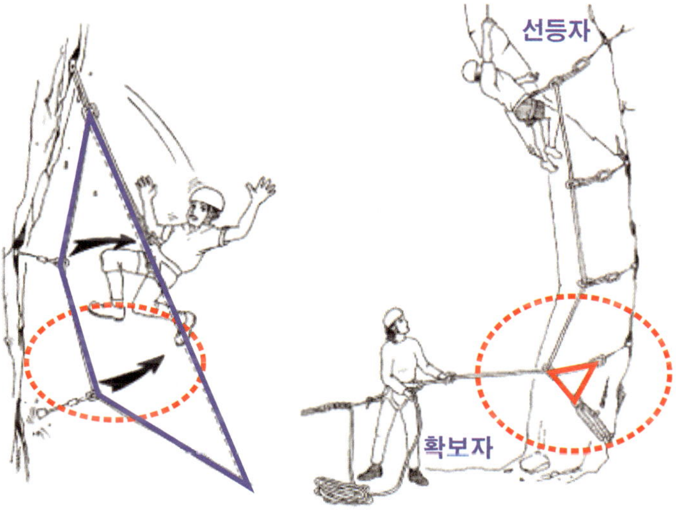

[그림 4-27] 확보자의 역할

이로 인해 등반가가 넘어질 때 밧줄이 이상한 각도로 당겨지는 경우 확보자가 벽에서 멀리 떨어진 옆에 서 있다고 상상해 보자. 등반가가 넘어지면 첫 번째 앵커(핸들링하도록 설계된 것)를 아래로 당기는 대신 줄이 옆으로 당겨진다. 이 옆으로 당기는 것은 큰 문제가 되는데, 앵커는 그런 힘을 견딜 수 있도록 제작되지 않았기 때문에 벽에서 튀어나올 수도 있다.

그리고 첫 번째 앵커가 실패하면 그 위에 있는 다른 모든 앵커도 실패하기 시작하는 연쇄 반응을 유발할 수 있다. 이것이 "지퍼 효과"로 알려져 있다.

지퍼처럼 첫 번째 치아(또는 이 경우 앵커)가 무너지면 나머지 치아도 빠르게 따라올 수 있기 때문에 그렇게 불린다. 이제 이를 외벽 패널 공사에서 발생하는 유사한 현상과 비교해 보겠다.

건물에 커다란 금속이나 유리 패널이 볼트로 고정되어 있다고 상상해 보자. 이 패널은 일반적으로 여러 개의 나사로 고정된다.

바람이나 진동과 같이 패널에 작용하는 힘이 균등하게 분산되면 나사가 이를 감당할 수 있으며 모든 것이 제자리에 유지된다. 하지만 나사 하나, 특히 모서리에 있는 나사 하나가 제대로 고정되지 않으면 체인의 약한 고리와 같다. 강한 돌풍이 패널에 부딪혔다고 가정해보면, 첫 번째 나사가 풀리면 다른 나사의 무게와 응력이 갑자기 증가한다. 그리고 등반할 때와 마찬가지로 각 나사가 하나씩 빠지기 시작하여 결국 전체 패널이 떨어지는 도미노 효과가 발생할 수 있다. 이번에도 일종의 "지퍼효과"가 나타난다. 하나의 약한 연결 지점으로 인해 일련의 오류가 발생할 수 있다는 것이다.

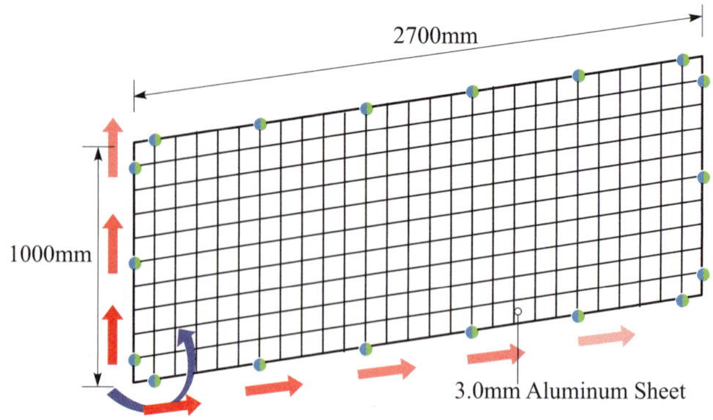

[그림 4-28] 패널의 지퍼효과의 현상

따라서 암벽 등반과 건설현장의 모두에서 가장 중요한 것은 첫 번째 접촉 지점(앵커 또는 나사)이 당기는 힘을 견딜 수 있는지 확인하는 것이다. 그 지점이 실패하면 시스템이 빠르게 풀리고 훨씬 더 큰 문제로 이어질 수 있다. 암벽에서 떨어지는 것을 방지하거나 건물에서 패널이 떨어지는 것을 방지하려는 경우 처음부터 모든 것이 제대로 고정되어 있는지 확인하는 것이 필수적이라는 것이다. 이렇게 팽팽해진 힘은 첫 번째 확보물에 대해서 바깥쪽으로 압력을 가하면서 확보물을 뽑아버리고 계속해서 그 위에 설치된 확보물들이 하나씩 제거(뽑히는)되는데 이것을 지퍼효과(Zipper Effect)라고 한다.

외벽에 사용되는 외장 패널에서 이와 같은 현상은 동일하게 일어난다. 구조계산에서 고르게 힘을 분산시키면 고정된 SCREW(확보물)의 힘은 충분한 하중을 견디지만, 만약에 잘못 고정된 첫 번째 1개의 SCREW가 바깥쪽으로 뽑히게 되면 나머지 SCREW들이 연속해서 뽑혀 패널이 탈락하게 되는 경우가 발생하는 것을 말한다.

[그림 4-29] 스크류 탈락의 사례

이처럼 패널을 고정하는 경우 SCREW의 역할이 중요하며 패널의 코너 부위에서는 고정 부위가 취약하면 먼저 탈락하면서 이웃하고 있는 나사에 영향을 주어 연속적으로 빠져 결국에는 패널이 이탈되는 것이다.

2. ALUMINUM PANEL 고정 방법의 변화

외장 업체의 작업자이거나, 제조업체 담당자가 누구인지에 따라 외부 패널을 고정하는 방법에 대한 설계안은 방법이 시대에 따라 여러 가지 달라져 왔다. 불행히도 많은 경우 안전과 품질보다는 작업의 용이성과 비용 절감에 중점을 두고 결정이 내려지며, 이는 나중에 문제를 일으키는 실수로 이어지는 경우가 많았다.

〈표 4-1〉 외반 패널의 고정 방법의 여러 가지 변화

① 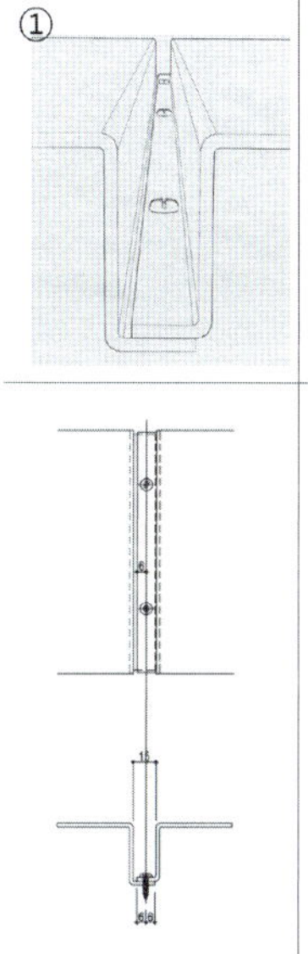	② 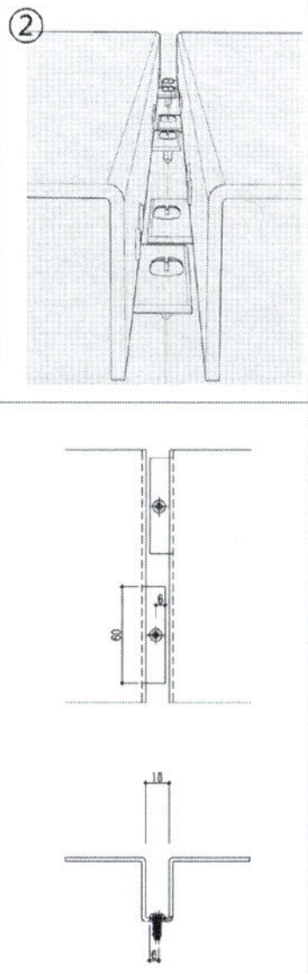	③ 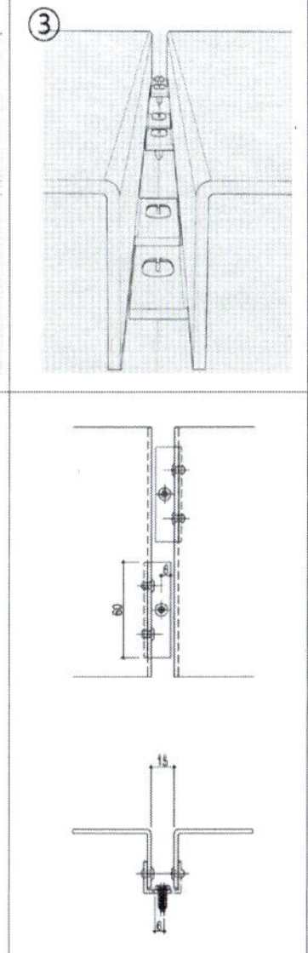	④ 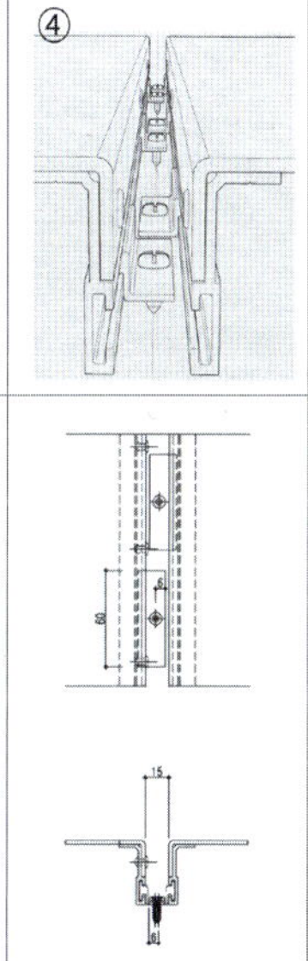	⑤ 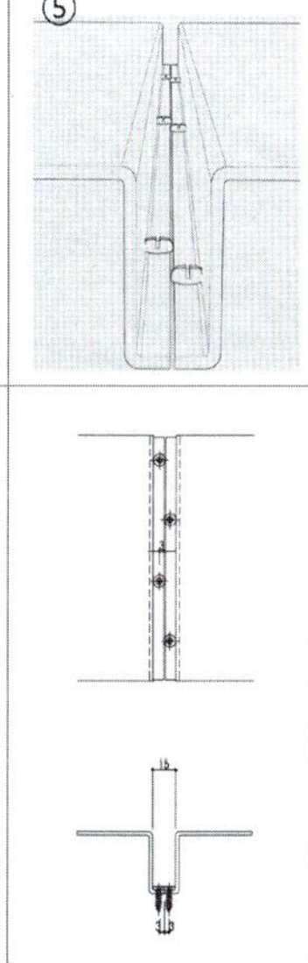	⑥ 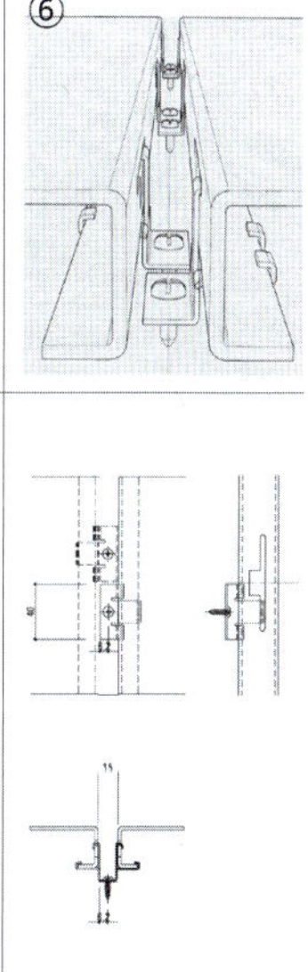
1980년대 후반	1990년대 초반	1990년대 중반	1990년대 후반	2010년대 초반	2020년대 이후
패널이 겹쳐 시공되어 작업 순서에 따라 어려움이 있음.	겹치지 않게 좌우 번갈아 가공하여 순서 없이 시공할 수 있음.	패널을 가공하는 대신 Angle을 사용하여 좌우 번갈아서 고정하여 생산성과 작업성이 좋아 가장 많이 사용하는 방법.	3번의 경우에서 Angle이 고정되어 있지 않고 레일을 따라 이동하여 설치하여 좌우 번갈아 공정이 되며 외부의 환경에 의한 변형에 대한 대응이 쉽다.	맞닿는 면을 7 mm로 좁혀 겹치지 않도록 시공하는 방법이 생산성 시공이 쉽다고 하여 많이 사용하고 있지만 패널의 찢어지는 등 탈락의 염려가 있음.	스테인리스 클립을 사용하여 미리 가공한 홀에 끼워 좌우 번갈아 고정하는 방식으로 미리 만들어진 클립과 가공 금형이 만들어 지면 대량 물량 시공할 수 있으며 설치 및 변위 대응이 쉽다.

예를 들어 "처리 방법 5번"을 살펴보자면. 이 접근 방식은 구현하기 쉽고 작업 속도가 빨라지기 때문에 현재 특히 한국에서 매우 인기가 있었다. 이 방법이 본질적으로 나쁜 것은 아니지만 문제는 구조적 건전성에 대한 충분한 고려나 적절한 검증 없이 사용되는 경우가 많다는 점이다. 결과적으로 시간과 비용을 절약하기 때문에 많은 사람이 선호하는 솔루션일 수 있지만 최근 패널이 느슨해지거나 건물에서 떨어져 나가는 많은 사고 와도 관련이 있다.
이러한 사고는 더 큰 문제를 부각하는데 엔지니어나 계약자는 구조 분석이나 검증과 같은 중요한 단계를 건너뛰고 지름길을 택할 수 있다. 모범 사례를 따르는 대신 편리하거나 "적당히 좋은" 것에 너무 많이 의존하는 경우일 수 있다.
따라서 처리 방법 5번이 이 패널이 실패하는 유일한 이유는 아닐 수도 있지만 사람들이 무책임하게 사용하는 경우가 많다는 것을 보여준다.
결국 이는 현장에서 더 나은 감독과 책임의 필요성을 강조하게 된다. 미적 측면과 안전 측면 모두에 필수적인 패널은 올바르게 설치되어야 한다. 작업자나 엔지니어가 사용 중인 방법의 구조적 건전성을 확인하지 않으면 더 많은 사고가 발생할 가능성이 커진다. 이는 편의성이나 비용 절감 조치보다 안전이 결코 뒤처져서는 안 된다는 점을 상기시켜 준다.

3. 살아 숨 쉬는 외벽 커튼월 시스템

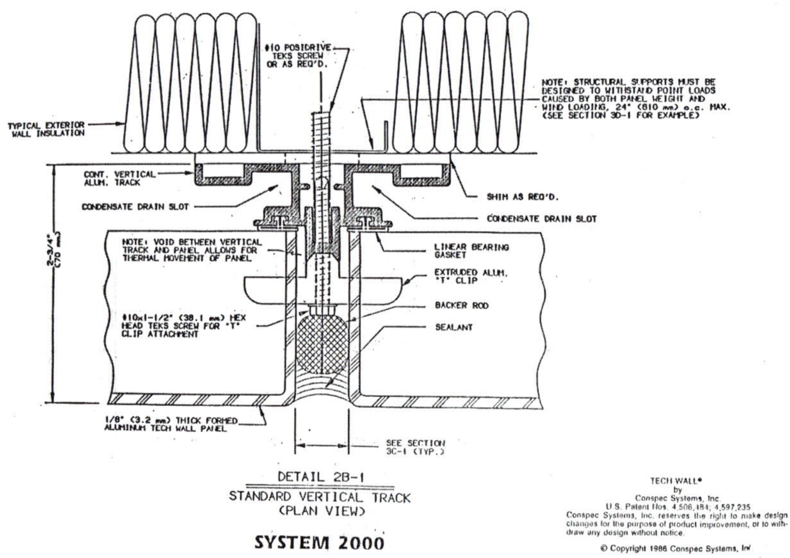

[그림 4-30] 평면상세

이 시스템은 패널 평탄도, 온도 팽창 관리, 내부 결로 또는 누수 방지와 같은 영역에서 상당한 개선을 제공한 것으로 필자가 설계를 배우는 단계에서 좋은 영향을 보여주었다. 이러한 영역은 장기적 성능에 중요하지만, 비용 절감 때문에 종종 간과되는 영역이다.

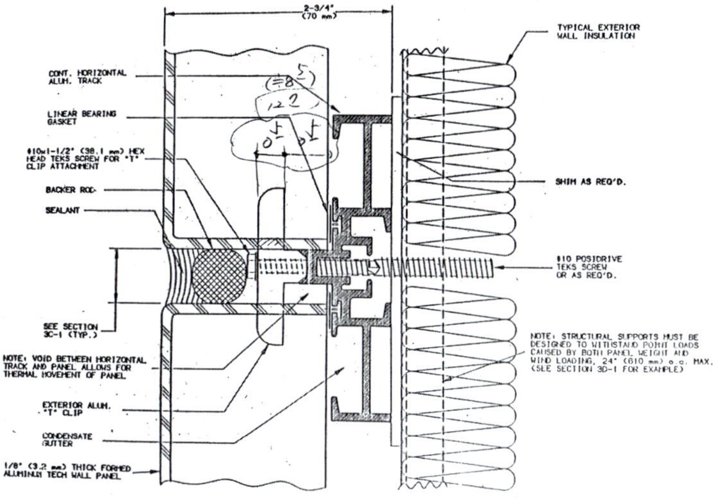

[그림 4-31] 단면상세

비용 장벽으로 인해 이러한 고급 시스템이 널리 채택되지 못하는 경우가 많다는 점은 불행한 일이다. 특히 품질과 안전성이 저하되더라도 저렴한 방법을 우선시하는 경향을 직접 경험한 국내에서는 더욱 그러하며, 지금은 거의 자취를 감춘 미국의 Conspec System사의 TECH WALL®시스템은 기술적으로 우수하지만, 업계의 많은 사람이 경제적인 이유로 실행 가능하다고 생각하지 않는 솔루션의 아쉬운 사례이다.

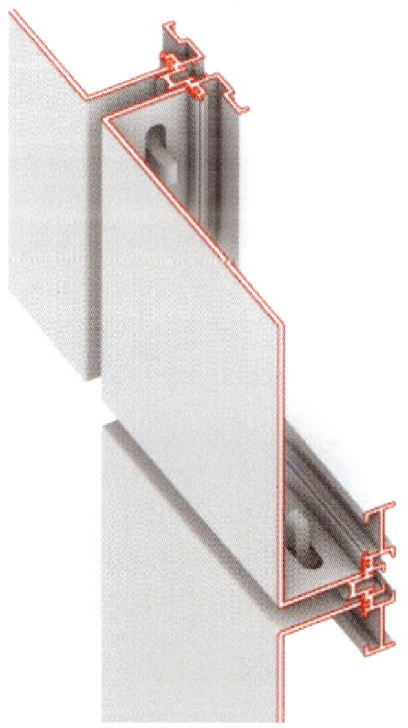

[그림 4-32] 3D모델

이 예는 즉각적인 비용과 장기적인 이점의 균형을 맞추는 건설 분야의 더 포괄적인 문제를 보여주는 사례이다. TechWall과 같은 고급 시스템을 사용하면 초기 비용이 더 많이 들 수 있지만 시간이 지남에 따라 패널 변형, 확장 관련 손상 또는 습기 침투와 같은 문제를 최소화하여 보상받을 가능성이 커진다. 이는 시공 중에 해결되지 않으면 비용이 매우 많이 들 수 있는 문제를 제시고 있으며 학습 및 개발에 더 많은 투자가 필요한 국내 커튼월 엔지니어에 대한 바람이 포함되어 있다.

[그림 4-33] 3D 모델

TechWall과 같은 고급 시스템과 기술을 접함으로써 국내 기술의 경계를 넓히고 건축 품질을 높일 수 있음은 물론, 온도 변화 관리 개선, 적절한 배수 보장, 결로 형성 방지 등 기술적 측면에 더 집중함으로써 엔지니어는 커튼월 시스템의 내구성과 성능을 향상시킬 수 있어야 한다.
결국 시공업체는 초기 비용이 조금 더 높더라도 품질, 안전, 장기적인 성능에 더 큰 비중을 두는 사고방식으로 전환하여야 한다.

4. 패널 가공/고정방식 비교

〈표 4-2〉는 시간이 지남에 따라 사용되어 온 가장 일반적인 패널 처리 방법 중 몇 가지를 자세히 비교한 것이다. 국내에서의 다양한 분야에서 널리 적용되고 있는 첫 번째 방식은 바로 맞댐 방식(더블버트법)이다. 그러나 이 방법은 특히 외부 패널 응용 분야에 사용할 때 심각한 단점이 있다. 가장 큰 문제는 나사의 고정 부분이 본질적으로 약해서 현장에서 자주 "파열"이 발생한다는 것이다.

〈표 4-2〉 패널 가공/고정방식 비교

구 분	1) 패널 맞댐 방식	2) 고정 클립 방식	3) 클립 방식
패널 가공 및 설치	플랜지를 바깥쪽으로 '┌┘' 절곡하고 하지 철물에 닿는 면에 홀 가공 후 SCREW 고정	플랜지를 안쪽으로 '┌' 절곡하고 측면에 ALUMINUM ANGLE로 고정 패널 설치 시 엇갈리게 취부/시공함.	플랜지를 안쪽으로 'ㄷ'절곡하고 측면에 T자형 홈을 펀칭하여 STS 클립을 체결, 패널을 하지에 결합
표준 단면 상세	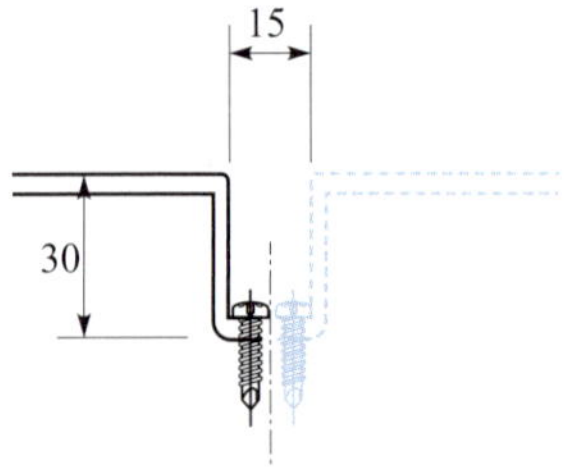	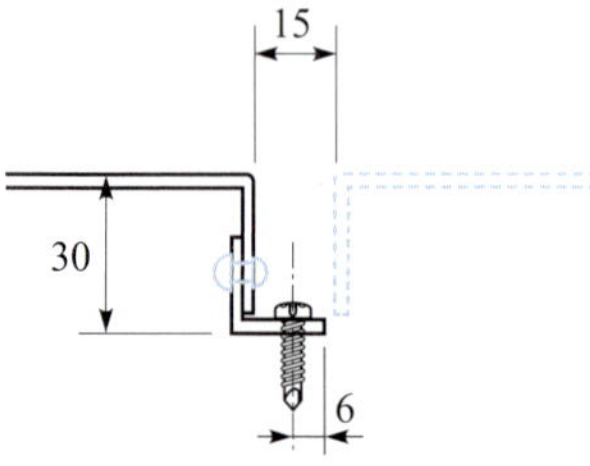	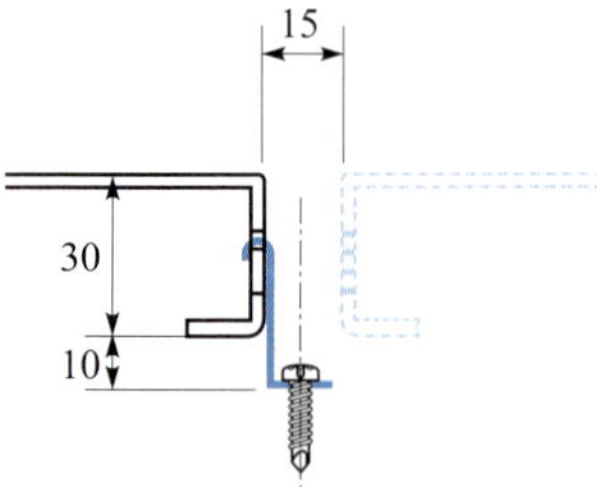

<table>
<tr><td rowspan="2">특징</td><td>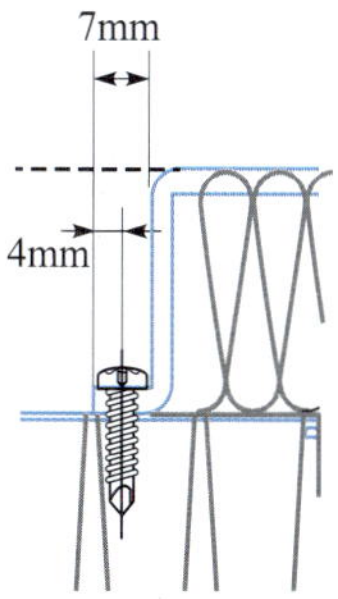</td><td>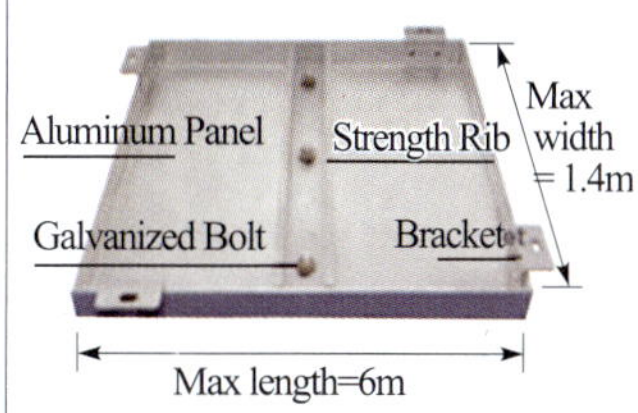</td><td>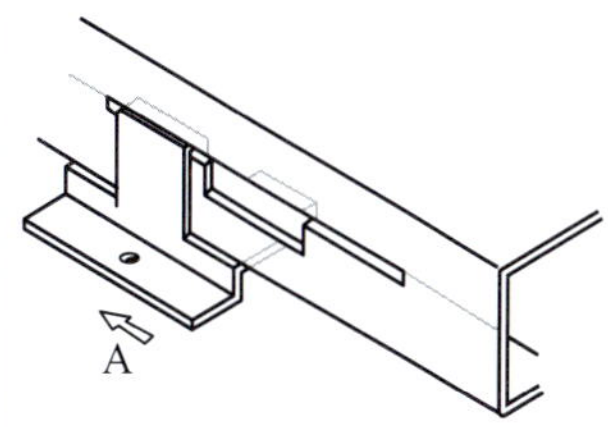</td></tr>
<tr><td>패널이 직접 하지에 고정 접촉되어 있어 단열성능이 취약함.
15 mm 간격 이내에서 이음이 맞닿아 있어 간격 오차를 조절하기가 어려움.</td><td>하지와의 이격으로 단열성능 향상 및 이종 금속 간의 부식을 억제하나 알루미늄 ANGLE로 인한 일부 손실 발생 인접 패널 간 클립의 간섭현상 없어 홈 위치가 일원화됨.</td><td>무빙클립으로 열팽창 대응 및 결합 응력을 흡수함. STS 클립 –강도를 강화하고 후크 형상을 가져 고정 토크에 의한 이탈을 방지함. 5 mm 하지와의 이격으로 단열성능 향상 및 이종 금속 간의 부식을 억제함. 인접 패널 간 클립의 간섭현상 없어 홈 위치가 일원화됨.</td></tr>
<tr><td>구조
성능</td><td>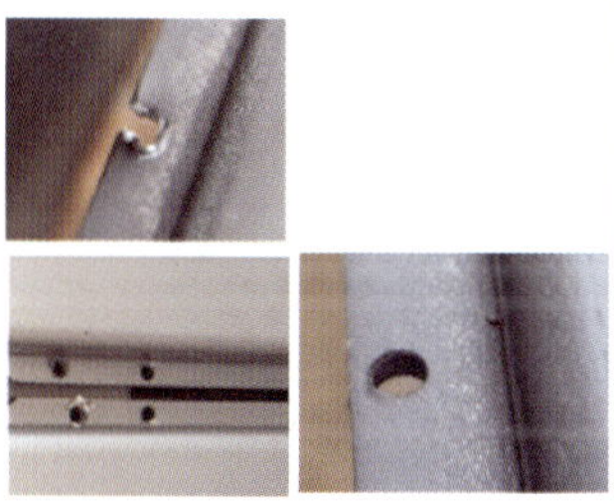</td><td></td><td>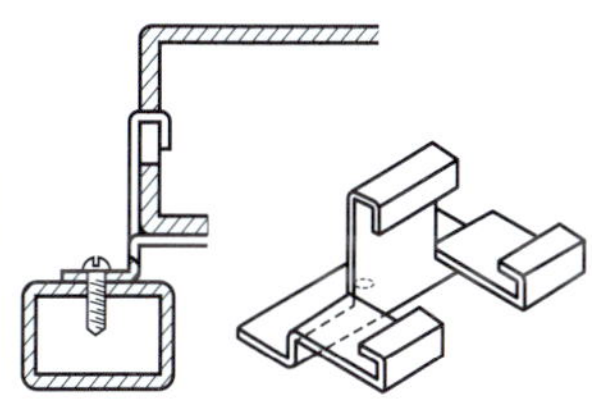</td></tr>
</table>

이 방법은 구조적 결함이 발생하기 쉬우므로 외부 사용에는 피해야 한다. 이는 하중이 약하거나 구조적 성능이 덜 중요한 가전제품 및 인테리어 디자인과 같은 응용 분야에서 유래되었다. 그러나 풍하중 및 온도 변화와 같은 외부 사용의 구조적 요구 사항에 대해 철저히 검증되지 않았다. 많은 엔지니어는 외장재를 설계할 때 풍하중, 동적 응력, 장기 내구성과 같은 중요한 요소를 고려하여 철저한 구조검토 및 검증 프로세스를 수행하는 것이 필수적이라는 것을 이미 이해하고 있으며. 이러한 검증이 없으면 이중 맞댐 방식은 외부 응용 분야에서 신뢰할 수 없다.

두 번째 방식은 고정 클립 방식으로, 1990년대 국내에 널리 보급되어 오늘날에도 해외 시장에서 널리 사용되고 있다. 이 방법의 과제 중 하나는 제조 과정에서 신중한 계획과 주의가 필요하다는 것이다. 특히, 패널 설치 시 고정 클립의 위치를 주의 깊게 조정하여 인접한 패널과 간섭이 발생하지 않도록 해야 한다. 이에 따라 복잡성이 추가되고 제조 및 설치 시 더 높은 정밀도가 요구되지만, 이 방법은 구조적으로 안정적인 솔루션을 제공한다. 특히, 온도 변화에 따른 팽창과 수축을 수용하는 기능을 갖추고 있다. 예를 들어, 시스템에는 일반적으로 패널 고정 지점에 슬롯 구멍이 포함되어 있어 고정 장치나 패널 자체에 과도한 압력을 전달하지 않아 패널 재료가 스스로 팽창하거나 수축할 수 있도록 한다. 이러한 설계조정은 특히 온도 변화가 심한 환경에서 시간이 지남에 따라 변형이나 고장의 위험을 크게 줄여준다.

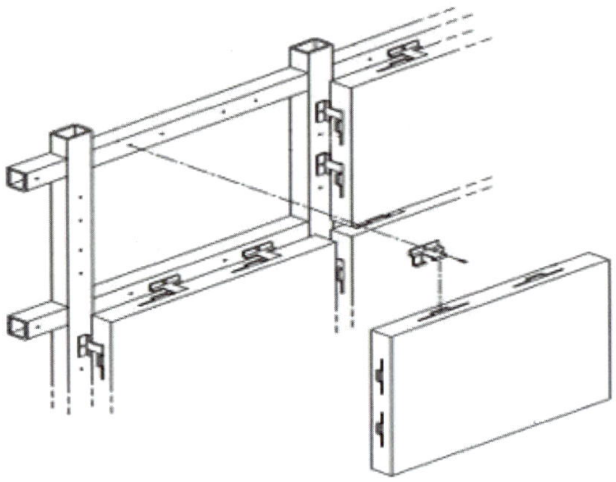

[그림 4-34] 무빙클립방식을 이용한 설치 도해

세 번째 처리 방법은 앞서 설명한 TechWall 시스템과 매우 유사하다. 이러한 접근 방식은 유연성을 염두에 두고 설계되었으며, 패널 고정 위치를 좌우로 조정할 수 있을 뿐만 아니라 온도 변화로 인해 발생하는 선형 팽창도 수용할 수 있다. 이 방법의 가장 중요한 장점 중 하나는 열팽창과 수축을 모두 고려하여 패널 왜곡을 최소화할 수 있다는 것이다. 이 시스템에서 고정 클립은 일반적으로 사용하는 알루미늄이나 강철보다 열전도율이 낮은 소재인 스테인리스 스틸로 만들어진다. 이는 필요한 구조적 강도를 제공할 뿐만 아니라 향상된 단열 효과를 제공한다. 스테인리스강 클립은 열교를 완화하여 구조물 내부와 외부 사이의 열전달을 줄여 건물의 전반적인 에너지 효율성을 향상시켜준다. 시스템 설계는 안정성과 내구성을 강조하여 온도가 극심하거나 변동이 심하고 팽창과 수축이 심각한 환경에서 매우 효과적이다.

요약하면, 비교를 통해 적절한 구조 검증의 중요성과 외부 패널 설계에 있어 유연하고 내구성이 뛰어난 솔루션의 필요성이 강조되며, 구조적으로 외부 사용에 적합하지 않은 이중 맞댐 방식의 접근 방식과 같은 방법은 잘못 적용하면 심각한 품질 및 안전 문제를 초래할 수 있다. 반면, 열팽창 및 패널 조정과 같은 요소를 고려하는 고정 클립 및 TechWall에서 영감을 얻은 방법과 같은 시스템은 외부 패널 설치를 위한 보다 안정적이고 오래 지속되는 솔루션을 제공한다. 엔지니어와 계약자는 설계에서 이러한 구조적 고려사항의 우선순위를 지정하여 선택한 방법이 실제로 작동할 뿐만 아니라 장기적인 성능 및 안전 요구 사항도 충족하는지 확인해야 한다.

5. 외장 패널 탈락 원인- Edge Distance

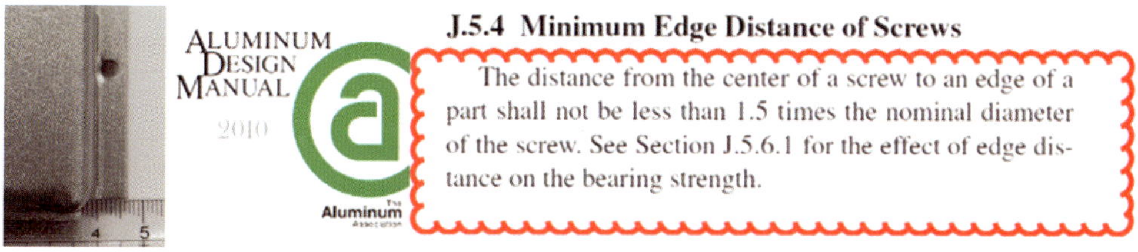

[그림 4-35] 스크류 홀의 가장자리 거리 규정

건축 및 자재 체결 시 가장자리 거리는 체결 구멍(나사, 볼트 또는 앵커가 배치되는 위치)의 중심과 자재(예: 알루미늄 패널)의 가장자리 사이의 거리를 나타낸다. 이 거리는 연결의 강도와 안정성에 직접적인 영향을 미치기 때문에 매우 중요하다.

가) 불충분한 가장자리 거리의 영향

가장자리 거리가 너무 작으면 몇 가지 문제가 발생할 수 있다. 첫째는 하중 지지력 감소: 구멍 주변의 재료(금속, 콘크리트 또는 기타 기본 재료)는 나사나 볼트에 의해 가해지는 힘에 저항할 수 있는 주재의 응력이 적어진다. 이는 특히 바람이나 지진 하중과 같은 동적 힘 하에서 인발 강도와 전단 저항을 감소시킨다. 두 번째는 재료 파손 또는 찢어짐 위험: 알루미늄과 같이 얇고 스틸보다 강성이 상대적으로 부족한 재료의 경우 가장자리 거리가 충분하지 않으면 가장자리에 균열이나 찢어짐이 형성될 가능성이 커지며 이웃하고 있는 고정 스크루에 전파되어 결국 패널은 불안정해져서 구조물에서 느슨해지거나 심지어 아주 이탈될 수도 있다.

나) 알루미늄 설계 매뉴얼(ADM) 권장 사항

[그림 4-36] 현장에서의 사례

'알루미늄 설계 매뉴얼(Aluminum Design Manual)'은 건축에서 알루미늄의 구조적 사용에 대한 지침을 제공한다. ADM은 일반적으로 나사 구멍 중심에서 가장자리까지의 거리가 구멍 지름의

1.5배 이상이어야 한다고 권장하며, 이 권장 사항을 따르면 힘을 적절하게 분산하고 구조적 안정성을 유지할 수 있을 만큼 구멍 주변에 충분한 부재가 지탱해 준다.
예를 들어, 나사 구멍 지름이 4 mm인 경우 최소 가장자리 거리는 6 mm여야 한다. 이 규칙은 패널이 가장자리의 재료가 찢어지거나 변형되지 않고 나사에 가해지는 힘을 견딜 수 있을 만큼 충분한 강도를 갖도록 하는 데 도움이 된다. 실제로 설치 편의성, 비용 절감 등의 이유로 ADM의 지침을 벗어나는 시공업체가 많다. 나사의 중심에서 패널 가장자리에서 4 mm 가깝게 배치되는 패널 설치를 보는 것은 드문 일이 아니며, 이는 권장되는 지름의 1.5배 가장자리 거리보다 훨씬 작다. 특히 미적 고려사항과 기밀, 수밀성능이 우선시되는 클래딩 시스템이나 건축 외관의 조립에서 흔히 발생한다.

다) 구조적 계산 및 교정

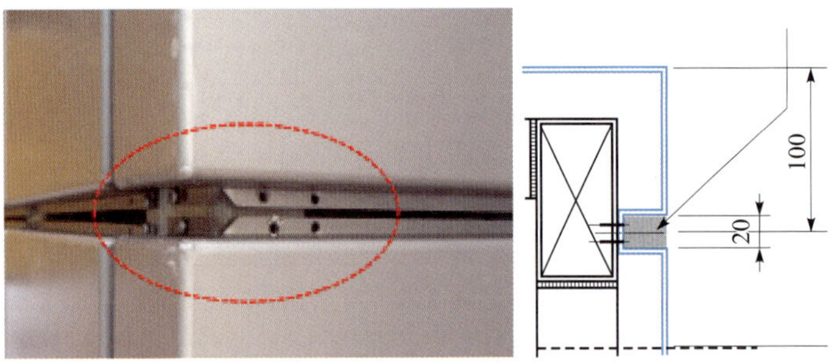

[그림 4-37] 시공사례 및 도면

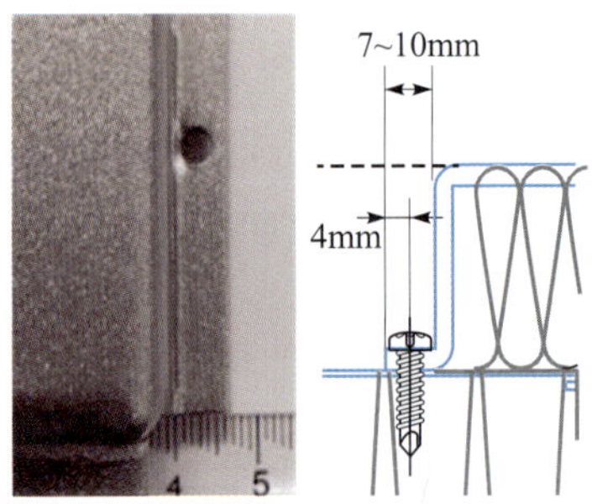

[그림 4-38] 사례 및 도면

설계상에서 가장자리 거리를 권장값보다 작게 줄이기로 선택하였으면 설치의 안전성과 효율성을 정당화하기 위해 구조적 계산을 반드시 수행해야 한다. 이러한 계산에는 다음 요소가 고려된다. 풍하중: 현지 풍속 및 노출 범주(KSC 2022(건축구조 설계기준 2022년))를 기준으로 패널에 가해지는 하중을 계산한다.

- **재료 강도**: 알루미늄과 나사의 인장 강도와 전단 강도를 결정하여 가장자리 거리 감소로 인해 구조적 안정성이 손상되지 않도록 한다.
- **응력 분포**: 나사 구멍 주변의 응력 집중을 분석하고 재료가 파손이나 변형 없이 하중을 견딜 수 있는지 확인해야 한다.

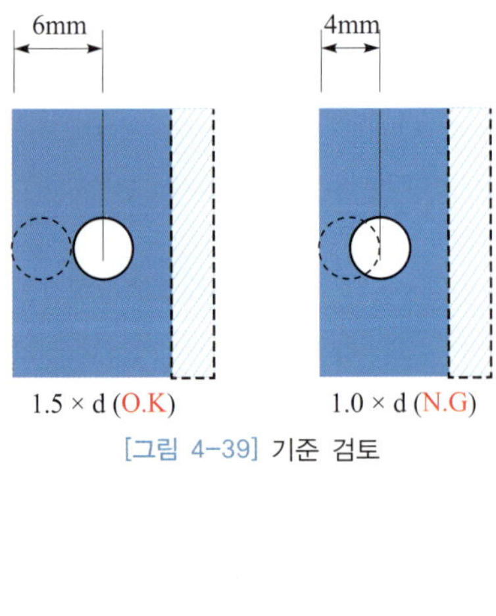

[그림 4-39] 기준 검토

5. 복합 패널 고정 방법의 일반적 사례의 문제점

모서리나 가장자리를 위한 알루미늄 복합패널(ACP)의 굽힘에는 종종 후면(내부 알루미늄 시트)과 코어 재료의 일부를 절단하거나 홈을 파는 작업이 포함되어 얇은 0.5 mm 외부 알루미늄 표피만 남는다. 이를 통해 날카롭고 깔끔한 굽힘이 가능하지만, 구부러진 부분에서 패널의 유효 두께와 강성이 감소한다. 4 mm 패널 두께의 연속성이 중단되면 구조적 거동이 변경되어 이러한 중요한 지점에서 잠재적인 약점이 발생한다.

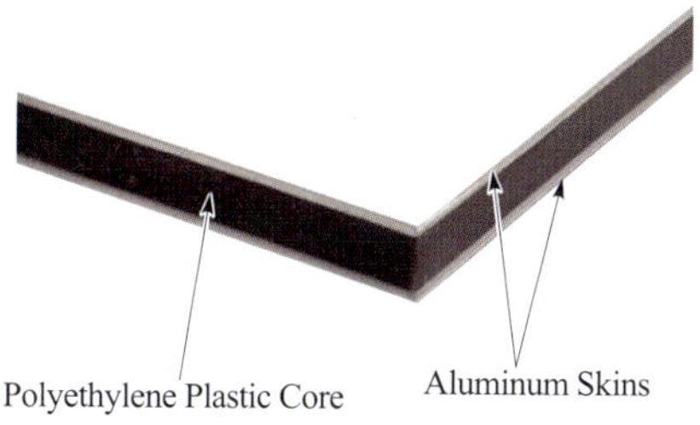

[그림 4-40] 복합패널의 구성

가) 구부러진 가장자리의 두께 감소 효과:

- **하중 저항 감소**: 구부린 가장자리에서 0.5 mm의 알루미늄만 남게 되면, 재료의 풍하중과 같은 힘을 저항하는 능력이 매우 감소한다. 이는 특히 부압 풍하중을 다룰 때 문제가 되며, 패널을 당기는 흡입력을 발생시켜 약화된 가장자리에서 패널 변형이나 찢어짐을 초래할 수 있다.
- **패널 안정성 손실**: 구부린 부분에서 재료 두께가 감소하면 패널 전체적인 강성이 손상되어 풍하중이 집중되는 모서리나 가장자리에서 손상에 더 취약한 약점이 생긴다.
- **찢어짐 위험**: 패널 모서리가 보강 프레임으로 제대로 지지가 되지 않으면 얇은 알루미늄 부분이 하중을 받으면 찢어질 수 있다. 이는 모서리에서의 응력 집중과 얇은 알루미늄이 바람에 의해 반복적으로 가해지는 하중의 사이클을 견딜 수 없는 능력의 결합으로 인해 발생한다.
- **모서리 및 가장자리 영역의 보강 역할**: 잘 설계된 ACP 설치에서는 일반적으로 보강 프레임 또는 프로파일을 구부러진 모서리나 가장자리에 추가하여 추가적인 지지력을 제공하고 구조적 안정성을 회복해준다. 이러한 프레임은 힘, 특히 풍하중을 패널의 더 넓은 영역에 재분배하여 단일 지점에 응력이 집중될 가능성을 줄이는 데 도움이 된다.

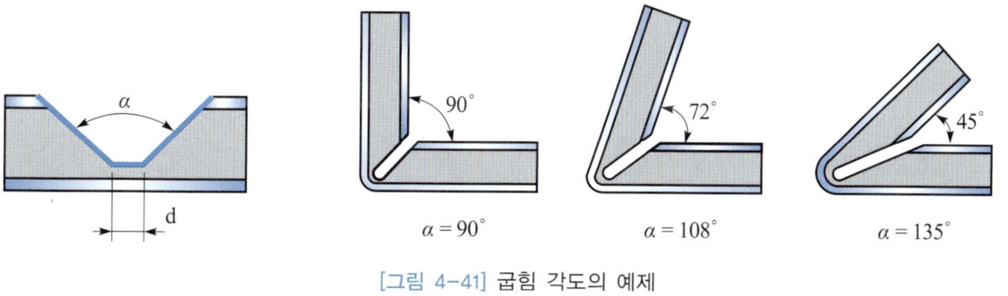

[그림 4-41] 굽힘 각도의 예제

나) 적절한 보강 기술:

- **프레임 시스템:** 코너 프레임 또는 강화 프로파일은 구부러진 패널을 완벽히 지지하여 약해진 0.5 mm 알루미늄 단면에서도 프레임이 충분한 강성을 제공하도록 보장해야 한다. 이 시스템은 정압과 부압 모두에 저항할 수 있는 연속적인 하중 경로를 생성한다.
- **접착 및 고정:** 프레임의 부착 방법(나사, 리벳, 접착제)은 바람에 의한 힘과 패널 자체 무게를 모두 견딜 수 있을 만큼 적당히 강해야 한다. 프레임과 패널 전체에 걸쳐 균일한 접착을 보장하려면 접착제(구조용 실란트)를 적절하게 발라야 한다.
- **지지 간격:** 처짐이나 과도한 움직임을 방지하기 위해 모든 구부러진 가장자리가 일정한 간격으로 적절하게 지지가 되도록 설계에서는 지지대 사이의 간격을 고려해야 한다.

[그림 4-42] 굽힘가공

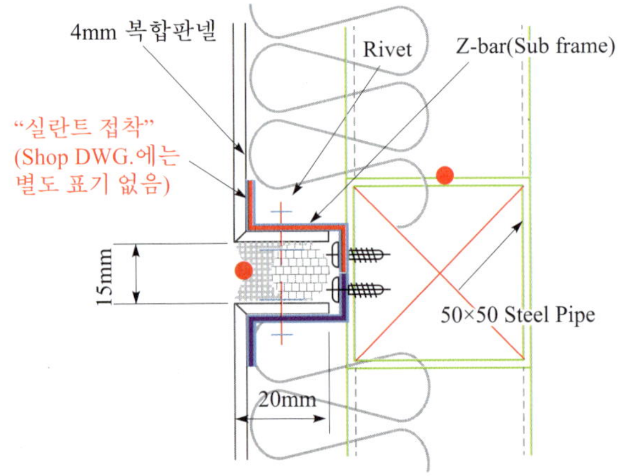

[그림 4-43] 복합패널의 상세도면

알루미늄 복합 패널은 알루미늄 시트(Aluminum sheet)의 가공 방식과 완전히 다르다.

국내에서 많이 사용되는 복합 패널의 구성은 외피와 내피가 0.5 mm인 알루미늄 코일 시트(Aluminum Coil Sheet)이며 그사이 Polyethylene의 플라스틱 코어이다. [그림 4-44]는 복합 패널의 절곡을 위한 가공 방식이며, 이런 방법으로 절곡되는 코너는 0.5 mm만 남게 되어 패널 두께인 4 mm의 연속성을 잃게 된다. [그림 4-43]은 같이 설계상에 프레임을 감싸게 코너 부위를 받쳐 주기는 하지만 붙어 있지 않으면 풍하중의 부압(Negative Pressure)에 의한 찢어짐의 문제가 발생할 수 있다.

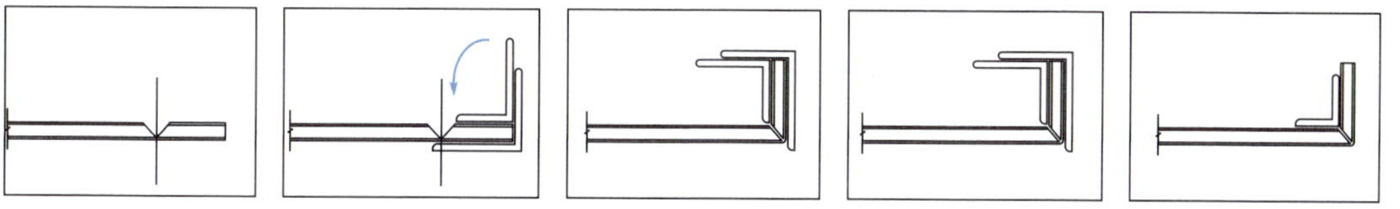

[그림 4-44] 복합패널의 굽힙 가공 및 보강순서

[그림 4-45]는 절곡된 코너에 보강 프레임이 빠져 있으며 가공 부위가 찢어지는 현상이 발생한 것이다. 단순한 가공업체의 작업성이 편리성보다 현장에서 실질적인 구조검토를 포함한 기술적 검토가 필요한 사례이다.

[그림 4-45] 코너 보강이 없음

복합 패널 가공 방법 절곡 부분의 취약성을 ANGLE 등을 이용한 보강이 필요하다. 복합 패널의 절곡 부위에 보강재를 두지 않거나 보강재를 사용하더라도 구조용 실란트 등으로 고정하지 않은 채 패널을 제작한 경우 모서리 절곡 부위가 찢어지고 탈락하는 사례가 발생한다. 복합 패널의 'V' cutting과 절곡 과정, 이 과정에서 복합 패널의 두께 4 mm, 6 mm의 두께에서 0.5 mm 외판의 두께만 남아 있게 되어 패널 고정 시 구조 성능이 저하되며 탈락이 원인 되는 경우가 발생한다.

[그림 4-46] 굽힘 부위의 가공 및 보강 불량사례

또 다른 내용으로 화재 확산 방지 성능에 대한 복합 패널은 국내에서 화재에 민감하여 한동안 코아의 재료에 대한 화재 확산에 대한 검토가 법적인 해결 과제였다. 국내에서는 건축자재에 대하여 불연, 준불연, 난연으로 구분하여 관리를 하고 있으나, 일본은 국내와 다르게 준불연이라는 기준이 없으며 일정 기준 이상이 되면 불연제품으로 인정하고 있다. 국내AL복합패널은 KS F 4737 기준에 의거 준불연등급으로 인증 및 관리중이며 일본의 대표적인 복합 패널인 ALPOLIC 제품도 국내 기준으로 준불연등급에 해당된다.

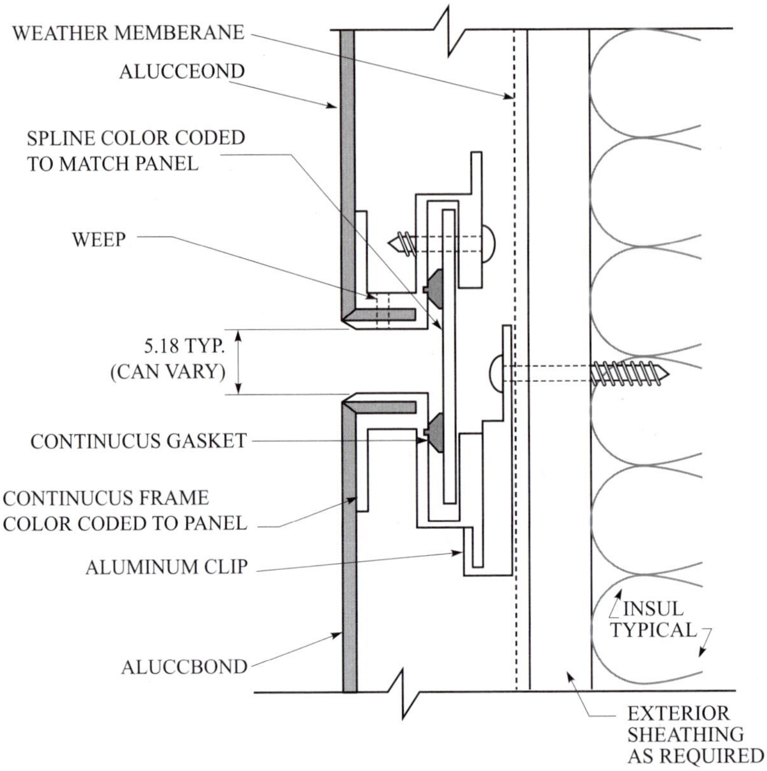

[그림 4-47] 복합패널 시공도(해외사례)

무기질 심재로 사용되는 재료는 수산화알루미늄(Al- Hydroxide 90 %외), 수산화마그네슘(Mg-Hydroxide 70 %외)등을 사용하고 있으나, 시험성적을 통해 두 제품 모두 준불연등급(국토교통부고시제2022-84호 - 2022. 2. 11 이전 기준) 해당하므로 불연성능에 대해 동등한 수준으로 판단할 수 있다. 따라서 수산화알루미늄, 수산화마그네슘 모두 불연성능을 지니는 요소로써 국내에서는 자재수급등의 측면에서 수산화마그네슘을 주로 사용하고 있다.

6. 경량 STEEL SUB FRAME의 조립을 간단하게 - 나사산용 버링(Burring)홀 사용

모재가 두꺼운 판이나 각파이프로 작업할 때 일반적으로 용접이나 나사 체결에 있어서 큰 어려움은 없다. 더 두꺼운 모재는 충분한 강도와 안정성을 제공하여 적절한 용접 침투와 내구성 있는 나사산 생성을 가능하게 하기 때문이다. 그러나 얇은 모재를 다룰 때는 상황이 더욱 복잡 해진다. 얇은 재료는 용접 중에 모재가 녹거나 필요한 용접 두께를 달성하지 못할 수 있으므로 문제를 일으킬 수 있으며, 얇은 재료에 나사 작업을 할 경우 재료가 제대로 된 나사산을 생성하지 못해 나사가 벗겨지거나 완전히 빠지는 경우가 발생할 수 있다.

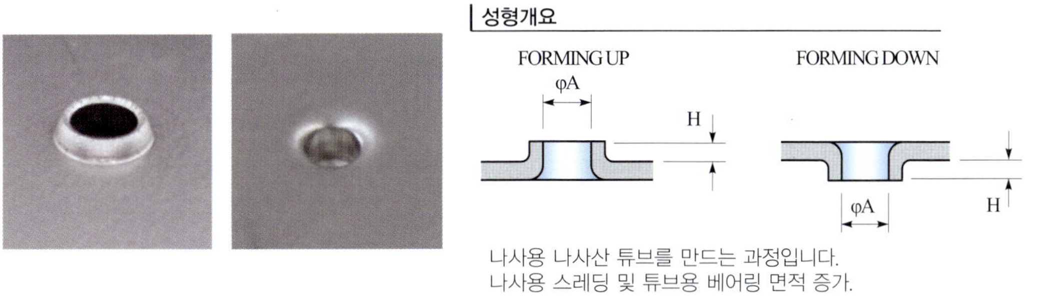

[그림 4-48] 버링 홀 가공 사례

얇은 기본 재료가 구조적으로 충분하더라도 이러한 문제로 인해 엔지니어나 작업자는 체결과 관련된 문제를 피하기 위해 두꺼운 재료의 각파이프를 사용해야 하기 때문에 이는 경제적인 손실이 생길 수 있다. 이럴 경우 얇은 모재를 써서라도 Forming Tool을 사용하여 나사산의 Pitch수를 늘려주는 방법이 Burring작업이다.

버링(Burring)은 나사 구멍 주위에 융기되거나 돌출된 가장자리를 형성하여 나사산의 피치를 늘리는 데 사용되는 방법이다. 이 기술을 사용하면 얇은 모재를 사용하여 효과적으로 고정하기 어렵거나 불가능했던 나사 결합 및 나사 고정력을 향상시킬 수 있다.

〈표4-3〉 버링(Burring) 치수

Screw size	Diameter(A)	Prhole Pre-hole	Material thickness					
			0.8	1.0	1.2	1.6	2.0	2.3
M2 5	φ 21	φ 1.2	○	○	○	○		
M3	φ 2.6	φ 1.5	○	○	○	○		
M4	φ 3.4	φ 2.0		○	○	○	○	○
M5	φ 4.3	φ 2.4		○	○	○	○	○
M6	φ 5.1	φ 2.8			○	○	○	○

높이(H)는 재료의 두께와 거의 동일하며, 툴링에는 두 가지 유형이 있다. 하나는 사전 피어싱(Pre-piercing)과 동시에 성형하는 방식과 그리고 다른 하나는 사전 피어싱(Pre-piercing)후에 성형하는 방식이 있다. 제작 시 나사 크기 또는 직경을 정해야 하며 표준 크기는 〈표4-2〉에 나와 있다.

나사 홀 가공 시 한 번의 펀칭으로 버링이 생성되는 타공법으로 홀에 입체면이 생성되어 나사 체결 시 나사산 역할을 함으로써 강력한 고정력과 안정성을 부여한다. 공장에서 필요한 위치에 사전 홀 가공으로 현장 생산력을 높일 수 있다.

제조 공정에서 버링를 구현할 때 나사의 크기와 직경은 버링의 크기에 직접적인 영향을 미치기 때문에 미리 결정해야 한다. 나사 구멍과 버링의 표준 크기는 쉽게 참조할 수 있도록 기술 표에 나열되어 있는 경우가 많다.

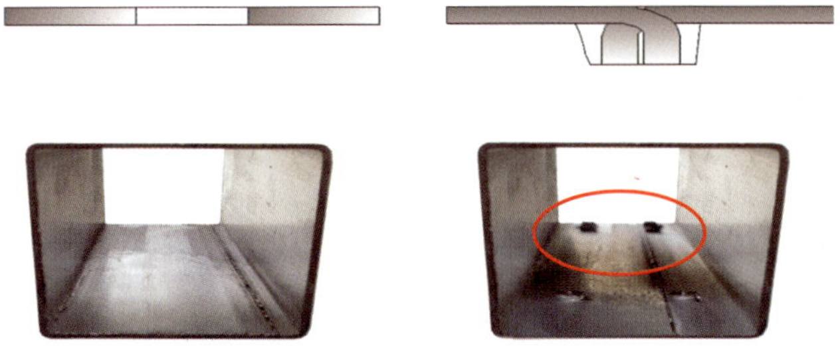

[그림 4-49] 버링 홀로 가공된 프레임

버링 공정 중에 나사 구멍은 구멍 주위에 3차원 표면을 형성하는 단일 펀치를 사용하여 생성된다. 이 3차원 구조는 천연 나사산처럼 작용하여 훨씬 더 강력하고 안정적인 나사 부착 지점을 제공한다. 버링은 나사 지점의 재료 두께를 효과적으로 증가시켜 더 두꺼운 기본 재료 없이도 나사 고정력과 안정성을 향상시킨다.

이 방법은 특히 공장에서 필요한 나사 구멍과 버링을 전처리할 때 현장 생산성을 크게 향상시킨다. 이를 통해 현장 설치 프로세스가 더 빠르고 안정적으로 이루어지며 설치 오류나 실패 가능성이 줄어든다. Burring을 사용하면 엔지니어는 더 얇은 기본 재료를 사용하면서도 강력한 기계적 연결을 보장할 수 있으므로 재료 두께가 제한되는 응용 분야에서 매우 효과적인 솔루션이 될 수 있을 것이다.

버링 가공 시스템은 한 번의 펀칭 가공으로 입체면을 생성하여 충분한 나사와의 접촉면으로 고정력을 향상시킬 수 있다.

가장 큰 장점은 공사현장에서 절단, 조립 방식이 아닌 공장에서 모듈 형태의 제품으로 조립, 생산하여 현장으로 출하하여, 안전성과 편리한 현장관리가 이루어질 수 있다.

이공법을 적용 함으로써 공사 현장에서의 화재 대비 및 관리 비용 절감 효과는 여러 가지 측면에서 나타난다. 기존 용접 시공 방식에 비해 인력을 약 1/3 줄일 수 있으며, 이는 인건비 절감뿐만 아니라 작업 효율성도 높이며, 공사 시간이 크게 단축되어 동일한 물량을 처리하는 데 필요한 시간과 작업자 수를 줄일 수 있을 뿐만이 아니라 화재 감시 인원을 배치할 필요가 없어 추가 인건비를 절감할 수 있고, 탄화포나 석면포와 같은 화재 방지 장비를 사용할 필요가 없어 비용을 절감할 수 있다. 또한, 단순화된 작업 방식 덕분에 현장 작업자의 피로감이 감소된다.

예를 들어, 파이프 절단 후 나사 체결 방식은 작업자들에게 팔과 팔목의 피로를 유발할 수 있지만, 이를 개선한 방식은 작업 능률을 높인다. 특히, 용접 기능공 인력 수급의 어려움을 해결할 수 있으며, 일반 인력으로도 설치가 가능하여 인력 수급 문제를 완화할 수 있다.

공장에서 숙련된 작업자가 부품을 순차적으로 생산하여 현장에 모듈 형식으로 출하하면, 현장에서의 작업이 더욱 간편해지며, 이는 사용자의 일정에 맞춰 계획된 생산을 가능하게 하여 효율성을 높인다.

마지막으로, 현장에서 유니트를 지정된 벽체에 고정하고 수평, 수직으로 체결하는 방식은 현재로서는 가장 합리적인 공법으로 평가받고 있어 공사 현장에서의 효율성과 안전성을 동시에 확보할 수 있는 방법이다.

[그림 4-50] 버링 홀로 조립된 프레임

4절. 커튼월 백패널 구간(Spandrel Part)의 설계 검토

1. 백패널 유리 열 깨짐의 이해

[그림 4-51]과 같이 유리는 압축 응력과 인장응력으로 구성되어 열처리 과정을 거치게 되면 아래 표와 같이 압축 응력이 강화된다.

〈표 4-4〉 유리 종류별 압축응력

열처리 구분	일반 유리(Annealed)	반강화 유리(Heat Strengthened)	완전 강화(Fully Tempered)
압축 응력(ASTM)	1,600~2,400 psi	3,500~7,500 psi	10,000 psi이상

판유리 고유의 열팽창 계수에 의하여 화씨온도(1 ° F) 의 온도 차이는 약 50 psi의 응력을 발생시키게 된다. 섭씨온도(℃)와 화씨온도(° F) 사이의 변환 공식은 ° F=(9/5×℃)+32 또는 ℃ = 5/9*(F−32)중앙 부분의 온도가 120 ° F(48 ℃)이며 모서리 부분의 온도가 50 ° F(10 ℃)일 때

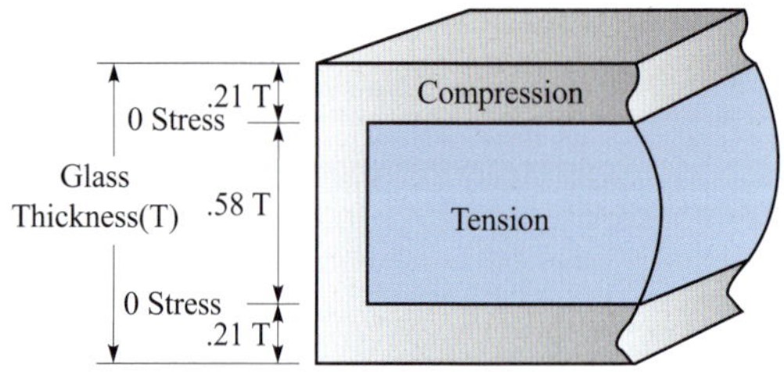

[그림 4-51] 유리의 강화

두 부분의 온도 차이는 70 ° F(39 ℃)이상 발생하며 결과적으로 70 ° F × 50 psi응력 = 3,500 psi의 응력을 발생하여 일반 유리는 깨질 수 있다. 배강도(반강화) 유리의 경우 최소 3,500 psi 이상의 응력을 보유하고 있기 때문에 70 ° F (40 ℃)의 온도 차이를 견딜 수 있다. 국내에서는 통상 6000 psi정도의 배강도를 사용하므로 140 ° F (60 ℃)의 온도차를 견딜 수 있다.

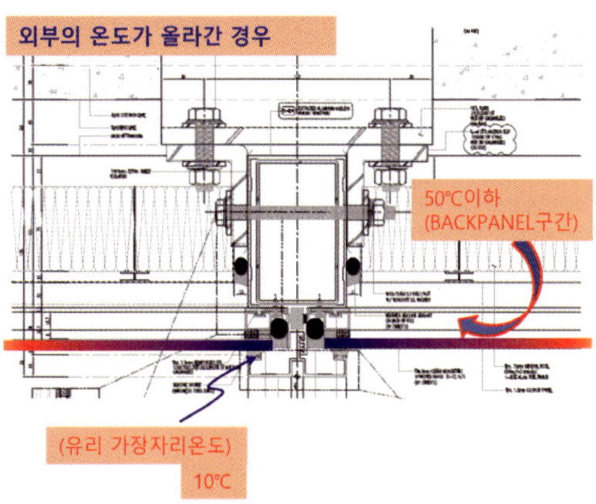

[그림 4-52] 단면

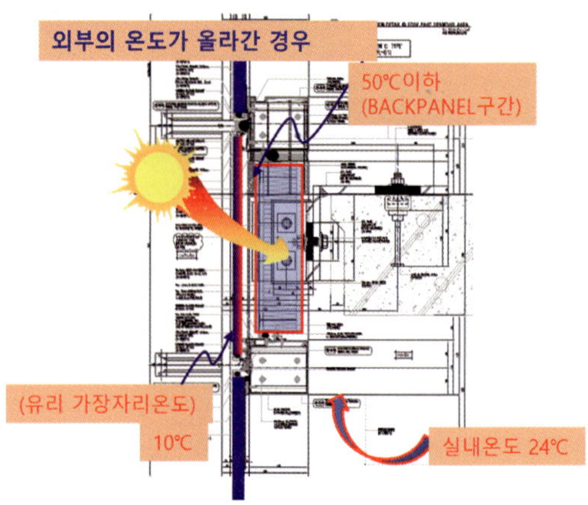

[그림 4-53] BACK PANEL구간(수직단면)

※ 참고 : 완전 강화유리의 경우 섭씨 140 ℃의 온도 차이, 반강화 유리는 섭씨 40 ℃~80 ℃ 온도차이, 일반유리는 섭씨 30 ℃ 이하를 견딜 수 있다.

SPANDREL구간의 유리 온도차이가 40 ℃ 미만이라면 반강화 이상의 배강도 유리를 사용하면 열응력에 의한 열파손 염려가 없다.

2. 백패널 열변형

고층 건물의 백 패널 왜곡 현상은 열팽창, 구조적 움직임, 잘못된 설치, 또는 부적절한 설계와 같은 다양한 요인으로 인해 발생하는 문제일 것이다. 이러한 왜곡은 건물의 안정성을 유지하기 위해 해결해야 할 기능적 및 미적 문제를 초래할 수 있다. 그중에 열팽창에 의한 변형이 가장 일반적이라 볼 수 있다.

[그림 4-54] 백패널 찌그러짐 현상 I

열팽창과 수축은 고층 건물의 백 패널 왜곡의 주요 원인 중 하나이다. 온도 변화로 인해 패널, 특히 금속패널은 팽창하고 수축하게 된다. 설계 및 설치 과정에서 이러한 움직임이 적절히 고려되지 않으면 시간이 지남에 따라 비틀림, 꺾임 또는 볼록해짐이 발생할 수 있다. 이러한 왜곡은 백 패널의 미적, 기능적 측면 모두에 영향을 미치며, 틈새, 잘못된 정렬을 초래하고 건물의 방수 성능을 손상시킬 수 있다.

[그림 4-55] 백패널 찌그러짐 현상 I

열팽창 및 수축의 영향을 줄이기 위해 설계에서는 패널이 왜곡되지 않고 움직일 수 있도록 확장 조인트와 유연한 연결을 포함해야 한다. 또한 낮은 열팽창 계수를 가진 금속 또는 복합 재료와 같은 자재 선택이 중요하다. 패널은 충분한 간격이나 유연한 실란트를 사용하여 열적 움직임을 수용할 수 있도록 설치되어야 하며, 패널이 자유롭게 팽창하고 수축할 수 있도록 슬롯(Slot hole)등을 이용한 슬라이딩 또는 플로팅 연결 방식을 사용하는 것이 좋다.

[그림 4-56] 백패널 찌그럼러짐 현상 III

(백패널 설치 방안에 대한 내용은 9번항에서 다시 설명함)

3. 구조용 코킹에 대한 고려사항

가) 여름철 습도에 의한 구조용 코킹의 실란트 접착성 취약 관리

구조용 코킹은 커튼월 시스템의 구조적 안정성, 내후성 및 수명을 보장하는 데 중요한 요소이다. 일반적으로 고성능 실리콘 또는 엘라스토머(elastomer) 밀봉재인 코킹 재료는 접착제와 유연한 장벽 역할을 하여 패널 사이의 움직임을 수용하고 물 침투를 방지한다. 그러나 실란트의 효과는 적용 조건에 따라 크게 달라진다.

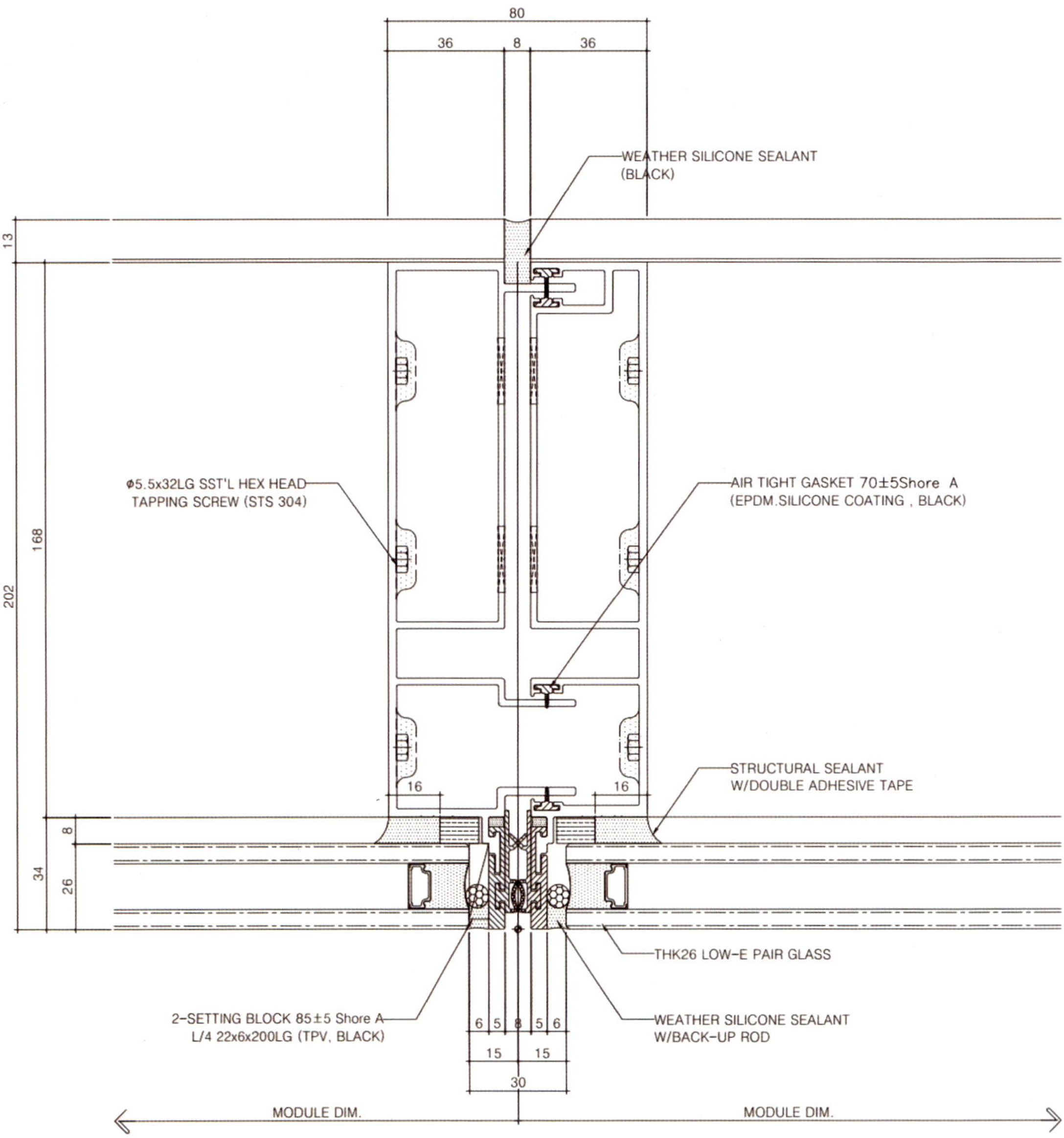

[그림 4-57] 구조용 실란트 적용 상세도

여름철에는 높은 온도와 습도가 구조용 실란트의 특성과 성능에 큰 영향을 미칠 수 있으나, 국내의 많은 커튼월 유니트 제조 시설은 온도 및 습도 제어가 부적절하거나 심지어 온습도를 제어하는 장치가 존재하지 않는 환경에서 운영된다. 이러한 조건에서 실란트는 권장 작업환경 범위를 벗어나 적용될 수 있으며, 이로 인해 접착력과 전반적인 성능이 저하될 수 있다.
실란트 제조업체는 일반적으로 제품 적용에 최적의 온도 및 습도 범위를 지정한다. 덥고 습한 여름에 흔히 발생하는 것처럼 이러한 범위를 초과하면 실란트가 제대로 경화되지 않거나 프레임면에 효과적으로 접착되지 않을 수 있다. 접착력을 강화하기 위한 프라이머를 적절하게 도포하더라도 높은 습도로 인해 접착 과정이 방해를 받아 시간이 지남에 따라 커튼월 시스템에 오류가 발생할 수 있다.

나) 구조적 코킹 실패

국내 여름 환경에서 가장 흔히 발생하는 문제는 커튼월 패널에 실란트가 잘 접착되지 않는 것이다. 이는 커튼월이 상당한 풍하중, 열팽창 및 수축을 받는 고층 건물에서 특히 문제가 된다. 실란트가 제대로 접착되지 않으면 물 침투, 구조적 안정성 손실 및 잠재적인 안전 위험이 발생할 수 있다.
프라이머를 도포하고 표면을 청소하는 표준 절차를 따랐음에도 불구하고 높은 온도와 습도 조건은 예측할 수 없는 결과를 초래할 수 있다.

[그림 4-58] 구조용 실란트의 디글레이징 테스트 사례

예를 들어, 실란트는 처음에는 접착되는 것처럼 보일 수 있지만 시간이 지남에 따라, 특히 UV 방사선이나 비와 같은 환경적 스트레스 요인에 노출되면 접착 실패가 명백해질 수 있다. 이는 시공 과정에서 엄격한 품질관리 조치의 중요성을 강조한다.

다) 품질관리 조치

이러한 위험을 완화하기 위해 업계 모범 사례에서는 시공 프로세스 중에 무작위 현장 테스트를 수행할 것을 권장한다. 디글레이징 테스트는 밀봉재가 경화된 후 접착력을 평가하는 데 사용되는 방법 중 하나이다. 이 테스트에는 실란트와 프레임면 사이에 적절한 접착이 이루어졌는지 검사하기 위해 실란트의 일부를 제거하는 작업이 포함된다. 디글레이징 테스트는 접착 문제를 조기에 식별하는 데 도움이 되므로 프로젝트가 완료되기 전에 시정 조치를 취할 수 있다.

국내 건설에서는 일반적으로 생산된 100개 단위마다 하나의 샘플을 검사하는 무작위로 품질관리 테스트를 수행하는 것이 표준 관행이다. 이 빈도를 통해 실란트 성능과 관련된 모든 문제가 즉시 감지되고 해결된다. 또한 이러한 품질검사 결과는 문서화되어 프로젝트가 끝날 때까지 보관되어야 하며, 완료되면 최종 인수 과정의 일부로 이러한 기록을 건설 회사에 제출하여 책임을 보장하고 커튼월 시스템이 필수 표준을 충족하는지 확인해야 한다.

라) 기술적 추천사항

여름철의 덥고 습한 조건과 관련된 문제를 고려할 때 시공업체는 구조적 코킹 품질을 보호하기 위한 사전 조치를 취하는 것이 필수적이다. 이러한 조치에는 다음이 포함된다.

- **기후 제어 제조 시설** : 가능하다면 커튼월 장치의 제조는 온도와 습도가 제어될 수 있는 시설에서 이루어져야 한다. 이는 실란트 제조업체의 권장 적용 조건에 맞는 환경을 조성하여 최적의 성능을 보장한다.
- **제조업체 지침의 엄격한 준수** : 실란트 도포는 특히 환경 조건과 관련하여 제조업체가 제공한 지침을 엄격히 따라야 한다. 통제되지 않은 환경에서 작업하는 것이 불가피한 경우, 고온 다습한 조건에 더 적합한 제품으로 실란트 선택을 조정해야 할 수도 있다.
- **테스트 빈도 증가** : 극단적인 기상 조건에서는 실란트 제거 테스트를 포함한 현장 테스트 빈도를 100개 유니트당 시료 1개라는 표준 속도 이상으로 늘려야 한다. 이 추가 테스트를 통해 실란트가 모든 유니트에서 예상대로 안정적인지에 대한 더 큰 확신을 얻을 수 있다.
- **문서화 및 추적성**: 적용 당시의 환경 조건을 포함하여 모든 품질관리 테스트에 대한 자세한 기록을 유지해야 한다. 이러한 기록은 추적성을 보장할 뿐만 아니라 설치 후 문제가 발생할 경우 귀중한 참고 자료가 된다.
- **현장 검사 및 조정**: 공장 기반 품질관리 외에도 현장 검사를 수행하여 실란트가 실제 현장 조건에서 적절하게 경화되는지 확인해야 한다. 문제가 확인되면 추가 경화 시간을 허용하거나 습기에 대한 보호 조치를 적용하는 등 설치 프로세스를 조정해야 할 수 있다.

구조용 실란트(STRUCTURAL SEALANT GLAZING)의 접착성 문제
여름철 다습한 기온에서의 작업환경 때문에 접착 성능 저하
DEGLAZING TEST시(온도 29.2도, 습도 78 %) 다수의 물량에서 불량 발생

4. 백패널 내부 공간의 유리 후면 결로 발생

계절 환경에 대한 또 다른 문제는 백패널과 유리 사이인 내부 공간의 과포화 습도의 문제이다. 내부 결로수의 발생억제 또는 내부 공간의 온도가 과하게 상승되는 것을 방지하기 위하여 환기 구멍을 뚫어 놓기는 하지만, 그렇다 하더라도 커튼월 설치 후 첫해 겨울을 넘길 때면 내부 공간의 절대습도가 잔존해 있어서 겨울철 아침에 백패널이 있는 부분의 유리에 뿌옇게 결로가 발생하는 사례들이 자주 발생할 수 있기 때문에 공장에서 유니트 작업 시 작업환경의 관리는 중요하다고 볼 수 있는데 국내의 공장 중 그러한 조건을 갖춘 공장이 몇몇 안 되는 실정이다.

커튼월 시스템의 후면 패널과 유리 사이의 내부 공간은 미기후(微氣候)역할을 할 수 있다. 겨울에는 외부의 차가운 공기와 따뜻한 내부 공간의 차이로 인해 온도 구배가 발생할 수 있다. 건물 내부나 외부 환경에서 따뜻하고 습기가 많은 공기가 이 공간으로 유입되면 빠르게 냉각되어 이슬점에 도달하여 유리 표면에 결로 현상이 발생할 수 있다.

환기구를 포함하는 것은 내부 기후를 조절하고 과도한 온도 상승을 방지하기 위한 표준 관행이지만, 습도를 완전히 제어하는 데 항상 효과적인 것은 아니다. 실제로 이러한 환기시스템은 내부 공간에서 습한 공기를 충분히 배출하지 못해 특히 추운 날씨에 습도가 과포화될 수 있다.

[그림 4-59] 과포화 상태의 백패널 공간의 공기는 겨울철 오전 남측면인 경우-온도가 급격히 올라가서 결로가 발생

가) 습도 및 결로의 원인

몇 가지 요인이 습도의 과포화와 그에 따른 커튼월 유니트 내부의 응결에 영향을 미친다.

- **부적절한 환기**: 통풍구(Air Hole)는 공기 순환을 허용하여 장치 내부의 온도 및 습도 수준을 안정화하는 데 도움이 된다. 그러나 실제로 이러한 구멍은 최적으로 배치되지 않거나 적절한 공기 교환을 허용할 만큼 충분히 크지 않을 경우, 특히 온도 차이가 더 심한 추운 날에는 더욱 그렇다. 통풍구가 단열재, 먼지 또는 잔해로 막히면 내부 공간이 제대로 "호흡"할 수 없어 구멍 내부에 습기가 갇히게 되며, 환기시스템이 작동하더라도 지역 기후를 고려하지 않으면 추운 계절에 습기가 쌓이는 것을 방지하는 데 충분하지 않을 수 있다.
- **콜드 브리징**: 알루미늄 프레임과 같은 전도성 재료가 차가운 공기가 건물 외부에서 내부 공간

으로 이동하는 경로를 만들 때 콜드 브리징이 발생한다. 이러한 현상은 내부 공간의 온도를 낮추고, 특히 후면 패널이 위치한 부분에서 결로 현상을 가속화할 수 있다.

금속 커튼월이 있는 고층 건물의 경우 금속 프레임이 차가운 공기를 유리에 직접 전달하여 건물 내부의 일반적인 주변 공기가 따뜻하더라도 표면에 응결이 발생할 수 있다.

- **높은 내부 습도**: 겨울철에는 난방 시스템과 거주자의 존재로 인해 건물 내부 습도 수준이 높아지는 경향이 있다. 이 습하고 따뜻한 공기는 후면 패널과 유리 사이의 공간으로 스며들어 냉각되고 응결될 수 있으며, 특히 온도가 크게 떨어지는 밤에는 더욱 그렇다.

  중앙난방 장치가 있는 건물에서는 건물 내부의 따뜻하고 습한 공기가 커튼월 공간으로 이동할 수 있으며, 통풍구가 부족하거나 막히면 습기가 쌓여 유리에 김서림이 생길 수 있다.

- **공장 환경 조건**: 커튼월 유니트를 제조하고 조립하는 환경은 향후 결로 문제를 방지하는 데 중요한 역할을 한다. 습도가 높은 공장에서 유니트를 조립할 경우, 조립 중에 습기가 유니트 내부에 갇혀 시공 현장으로 운반될 수 있다. 불행하게도 많은 국내 공장에는 생산 과정에서 습도 수준을 효과적으로 관리할 수 있는 적절한 온도 조절 장치가 부족하다.

  제습 시스템이나 에어컨이 없는 공장에서는 생산 중에 커튼월 유니트 내부에 습기가 쌓일 수 있기 때문이다. 이러한 잠재 수분(절대습도)은 설치 후 차가운 외부 환경에 노출되는 특히 준공 후 첫 번째 맞이하는 겨울 동안 유리에 응결될 수 있다.

나) 기술적 대책

후면 패널과 유리 사이의 과포화 습도 및 응결 문제를 완화하기 위해 아래의 몇 가지 기술 솔루션을 구현할 수 있다.

- **향상된 환기 설계**: 환기시스템 설계는 캐비티내 습도 정도를 낮추기 위해 충분한 공기 교환을 보장해야 한다. 여기에는 환기구 위치를 변경하거나, 크기를 늘리거나, 환기 지점을 추가하여 보다 효과적인 공기 흐름을 만드는 것이 포함될 수 있다.
- **기술적 세부사항**: 최적의 성능을 위해서는 교차 환기가 설계에 통합되어야 한다.

[그림 4-60] 백패널 캐비티에 발생된 결로

  여기에는 커튼월 유니트 후면 패넬 공간의 하단에서 상단까지 공기 흐름 경로를 만들어 습기가 많은 공기가 빠져나갈 수 있도록 하는 것이 포함된다.

- **향상된 열 차단**: 냉교를 방지하기 위해 커튼월 조립체 내에 효과적인 열 차단 장치(단열바)를 설치하면 차가운 온도가 내부 공간으로 전달되는 것을 줄일 수 있다. 열차단 장치는 전도성 물질(

예: 금속 프레임) 사이에 배치되어 차가운 공기의 흐름을 차단하는 절연 장벽이다. 폴리우레탄, 폴리아미드 또는 기타 단열재와 같은 소재를 프레임 설계에 통합하여 열 전도성을 최소화할 수 있다. 이는 내부 표면과 외부 표면 사이의 온도 차이를 줄여 결로를 방지하는 역할을 한다.

[그림 4-61] 건물의 준공시점에 겨울철 발생되는 결로현상

- **제조 시 습도 조절**: 커튼월 유니트를 생산하는 공장은 특히 주변 습도가 높은 여름철에 환경 제어 장치를 갖추어야 한다. 제습기 및 에어컨 시스템을 포함한 기후 제어 환경은 조립 과정에서 낮은 습도 수준을 유지하는 데 필수적이다. 공장의 상대습도를 권장 범위(일반적으로 40~60 %) 내로 유지하면 커튼월 유니트로의 습기 침투를 최소화할 수 있으며, 출하 전에 완성된 제품을 외부공간에 노출을 최소화한 보관 공간에서 양생함으로써 변동하는 습도 수준에 노출되는 것을 방지할 수 있다.
- **건조제 사용**: 커튼월 유니트의 공간 내부에 건조제를 두어 설치 후 축적되는 잔류 수분을 흡수하는 데 도움이 될 수 있다. 건조제는 습기를 가두는 데 매우 효과적이며 응축을 방지하기 위해 내부 공간 내에 전략적으로 배치할 수 있다. 건조제 스트립 또는 비드 타입은 커튼월 프레임 작업에 통합되거나 유리와 후면 패널 사이의 공간에 배치될 수 있다. 이 재료는 습기를 흡수하여 유리 표면에 응결되는 것을 방지하도록 설계되었다.
- **현장 테스트 및 검사**: 적외선 열화상 및 수분 수준 테스트를 포함한 설치 후 검사를 수행하면 문제가 발생하기 전에 잠재적인 문제를 감지하는 데 도움이 될 수 있다. 이러한 테스트는 다양한 기후 조건을 설명하기 위해 다양한 계절에 수행되어야 한다. 적외선 열화상 카메라는 커튼월 시스템의 차가운 지점을 식별할 수 있으며, 이는 결로가 형성될 가능성이 있는 영역을 나타낼 수 있다. 수분계를 사용하여 캐비티 내부의 습도 수준을 측정할 수도 있으므로 필요한 경우 적시에 개입할 수 있다.

5. 커튼월 백 패널의 고정 가이드를 이용한 설치 방법의 개선

가) 가이드 브라켓 디자인:

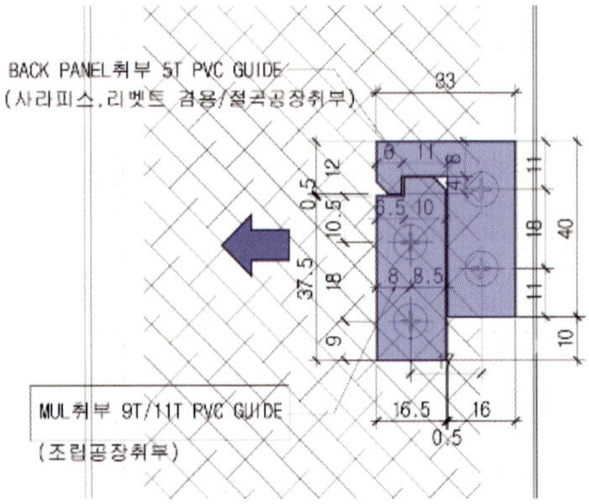

[그림 4-62] 백 패널 설치 방향과 CIP 치수

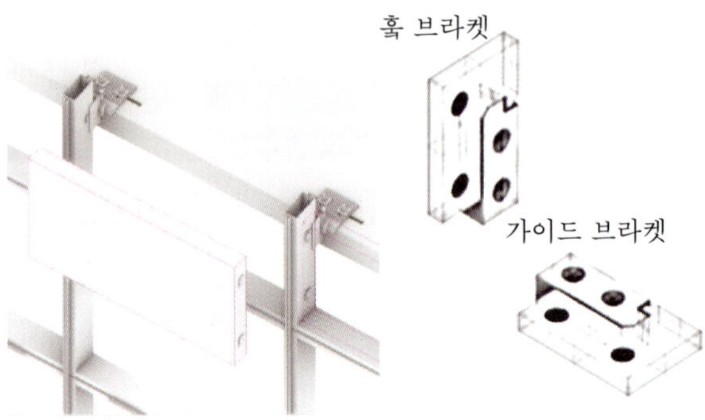

[그림 4-63] 가이드 브라켓 사례

브라켓은 백 패널을 멀리언에 장착되는 것으로 고정용 구멍과 패널을 제자리에 고정하거나 밀어 넣을 수 있는 오목하거나 홈이 있는 프로파일이 포함되어 있다. 가이드의 홈은 패널을 정확한 자리에 고정하는 패널 또는 보조 클립의 위치 지점 역할을 한다. 이렇게 하면 패널이 평면 내에서 정렬된 상태를 유지하면서 간단한 설치가 가능해진다.

패널의 브라켓 가이드에 의해 밀어 넣어지면 브라켓의 정밀하게 제작된 훅(Hook) 형태의 결합은 최소한의 측면 움직임으로 패널이 정확하게 정렬되도록 보장한다. 이 방법을 사용하면 열 변화나 풍하중으로 인한 팽창이나 수축으로 인한 제어된 움직임도 가능하다. 커튼월과 클래딩은 종종 상당한 온도 변화에 노출되기 때문에 이것은 시스템의 주요 특징이다. 가이드 브라켓에는 브라켓을 커튼월 프레임에 고정하는 볼트 또는 나사를 사용하는 화스너를 위한 여러 연결 지점이 있다.

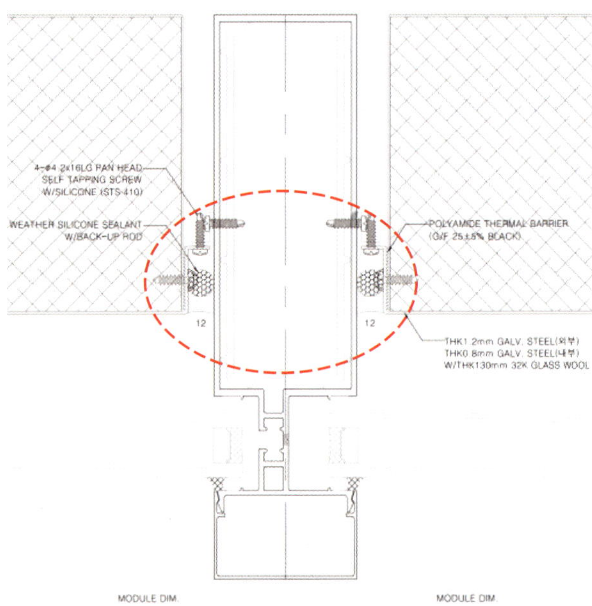

[그림 4-64] 기존 백패널 고정방법

다중 구멍 설계는 부착 유연성을 제공하여 구성 공차를 고려하고 브라켓 위치를 조정하며 구조물 전체에 하중을 고르게 분산시킬 수 있는 역할을 한다.

- 세팅 블록 설치가 필요 없다.
- 백 패널의 훅 브라켓은 백 패널 절곡 공장에서 설치.
- 멀리언의 가이드 브라켓은 유니트 조립공장에서 설치.
- 가이드를 이용한 스틱시스템인 경우 현장에서 설치가 단순해져 작업 비용이 절감된다.
- 재료가 플라스틱이어서 단열 효과가 있다.

나) 구조적 고려 사항

브라켓과 가이드 시스템의 설계는 환경적 힘(온도의 변화, 지진 활동)으로 인한 전단 및 인장 하중이 패널에서 구조 지지대로 전달되도록 보장한다. 가이드는 패널의 과도한 변형을 방지하여 파손이나 이탈을 방지하며, 외관에서 보여지는 패널면의 평탄도를 좋게 한다.

이처럼 잘 설계된 가이드 시스템에는 브라켓이 다양한 방향으로 가해지는 하중을 견딜 수 있는지 확인하기 위한 3D 분석이 포함되는 경우가 많다. 이는 열변형과 동적 힘이 패널 시스템에 큰 영향을 미칠 수 있는 환경에서 필수적이다.

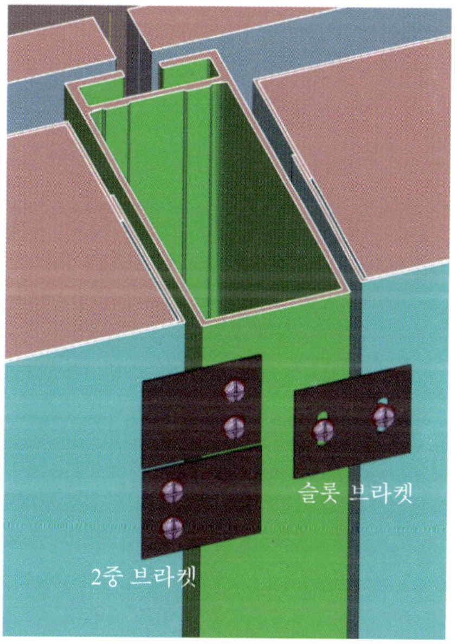

[그림 4-65] 2중 브라켓과 슬롯 브라켓 비교

다) 다양성 및 적용

가이드 시스템은 설치 용이성과 설치 중 패널 위치 조정 기능을 제공하므로 커튼월 시스템에서 효율적인 솔루션이 된다.

결론적으로 가이드 브라켓을 사용하여 패널을 고정하는 이 방법은 정확한 정렬, 구조적 지지 및 이동 유연성을 제공하므로 커튼월 및 클래딩 시스템에 이상적이다.

이 설계에는 하중 분산 및 안정성을 위한 핵심 요소가 통합되어 있으며, 이는 파사드 시스템과 관련된 대규모 프로젝트에서 매우 중요한 설치 용이성을 유지한다.

백 패널의 변형을 방지하는 또 다른 방법으로는 앞에서 언급한 대로 백 패널 스크루나 화스너로 완전 고정을 하는 것이 아니라 [그림 4-65]와 같이 멀리언에 고정하는 브라켓과 백 패널에 고정하는 브라켓을 2중으로 엇갈려 설치하면 면에 직각 방향으로는 고정하고 면내 방향으로는 움직임을 허용하게 되어 외부의 힘(열변형)에 의한 변형을 예방할 수 있다.

이것은 브라켓에 슬롯(SLOT)을 두어 움직임을 허용하는 [그림 4-65]의 우측 브라켓과 같은 역할을 가지고 있으면서 수직과 수평의 슬롯 방향이 같은 패널 내부에 동시에 존재하는 것에 대한 약점을 보완할 수 있다.

6. 커튼월의 화재 확산 방지구조

가) 건축자재 등 품질인정 및 관리 기준

[시행 2023. 1. 9.] [국토교통부 고시 제2023-24호, 2023. 1. 9., 일부개정]

> 제31조(화재 확산 방지구조) ① 규칙 제24조 제6항에서 "국토교통부 장관이 정하여 고시하는 화재 확산 방지구조"는 수직 화재 확산 방지를 위하여 외벽마감재와 외벽마감재 지지구조 사이의 공간(별표 9에서 "화재 확산 방지 재료" 부분)을 다음 각호 중 하나에 해당하는 재료로 매 층마다 최소 높이 400 mm 이상 밀실하게 채운 것을 말한다.
>
> 1. 한국산업표준 KS F 3504(석고 보드 제품)에서 정하는 12.5 mm 이상의 방화 석고 보드
> 2. 한국산업표준 KS L 5509(석고 시멘트판)에서 정하는 석고 시멘트판 6 mm 이상인 것 또는 KS L 5114(섬유강화 시멘트판)에서 정하는 6 mm 이상의 평형 시멘트판인 것
> 3. 한국산업표준 KS L 9102(인조 광물섬유 단열재)에서 정하는 미네랄울 보온판 2호 이상인 것
> 4. 한국산업표준 KS F 2257-8(건축 부재의 내화 시험방법-수직 비내력 구획 부재의 성능 조건)에 따라 내화성능 시험한 결과 15분의 차염성능 및 이면 온도가 120 K 이상 상승하지 않는 재료
>
> ② 제1항에도 불구하고 영 제61조제2항제1호 및 제3호에 해당하는 건축물로서 5층 이하이면서 높이 22미터 미만인 건축물의 경우에는 화재확산방지구조를 매 두 개 층마다 설치할 수 있다.

화재 확산 방지 재료는 KS F 2257-8 (건축 부재의 내화 시험방법)과 같은 표준화된 화재 저항 시험을 거친다. 이 시험에서는 재료가 화재 조건에서 불길이 통과하지 못하도록 막고 열전달을 제한하는 능력을 평가하며 주요 성능 지표는 15분 이상의 화염 차단 능력이며, 이 동안 비화재 면의 온도가 120 K 이상 상승하지 않아야 한다. 품질 인증을 받기 위해 화재 확산 방지구조의 설

계와 설치는 관련 건축법 및 화재 안전 규정에서 정한 사양을 준수해야 한다.

국토교통부 제31조(화재 확산 방지구조)는 수직 화재 확산 위험을 완화하는 것을 목표로 한다. 이 법안은 외벽 시스템을 통해 화재가 급속히 확산되기 쉬운 고층 건물과 기타 구조물에 초점을 맞춰 층간 특정 화재 예방 구조물에 대한 요구 사항을 간략하게 설명한다.

특히 고층 건물에서 가장 큰 위험 중 하나는 층간, 특히 외부 클래딩이나 커튼월 시스템을 통한 빠른 화재 확산이다. 낮은 층에서 시작된 화재는 쉽게 수직으로 확산되어 높은 층에 거주하는 사람들의 안전을 위협할 수 있다. 전 세계적으로 고층 화재와 관련된 비극적인 사건은 효과적인 화재 예방 메커니즘의 필요성을 보여주었다.

따라서 커튼월은 외벽으로서 층간 화재 예방 재료에 대한 최소 높이 400 mm를 만족하는 구조로 화재 확산 방지구조를 갖추어야 하며, '건축법 제52조의 5'에 의해 커튼월의 내화 충전구조인 층간 방화, 즉 '바닥-커튼월 선형조인트'는 건축자재 등 품질인정 및 관리 세부 운영 지침(2023.10.24 개정) 에 따라 품질인정을 받아야 하는 품목이며 아래 도표에 따라 절차를 진행하여야 한다.

건축법 제52조의5(건축자재 등의 품질인정) ① 방화문, 복합자재 등 대통령령으로 정하는 건축자재와 내화구조(이하 "건축자재 등"이라 한다) 는 방화성능, 품질관리 등 국토교통부령으로 정하는 기준에 따라 품질이 적합하다고 인정받아야 한다. ② 건축관계자등은 제1항에 따라 품질인정을 받은 건축자재 등만 사용하고, 인정받은 내용대로 제조·유통·시공하여야 한다.

** 품질 인증 자문 전문기업 바른 인증 홈페이지 발췌

[그림 4-66] 인정서 취득 순서

진행 절차

(a) 품질인정 신청

(b) 공장 검수(자재 생산능력, 원재료관리)

(c) 품질시험(내화 채움 구조 테스트)

(d) 인정 심사

(e) 인정서 발급

〈표 4-5〉 건축자재 등 품질인정 및 관리 세부 운영 지침 (국토교통부 승인(건축안전과-1262, 2022.04.01.))

	내화 충전구조 세부 운영 지침(2016)	건축자재 등 품질인정 및 관리 세부 운영 지침(2023)
시공 현장	품질시험(내화채움구조 시험)	제조사의 제품 능력 확인 품질시험(내화채움구조 시험)
관리 절차	제조사의 시험 신청 시험기관 시험 진행 시험기관 시험성적서(유효기한 3년)	제조사의 인정 시험 신청 건설기술연구원 공장검수 시험기관 품질시험(내화시험) 인정검토 및 인정서 발급
제품 사후 관리	국토교통부 품질 안전 모니터링 (시공 현장의 시험성적소 및 현장검수)	인정서 정보 라벨 부착(제품 표기) 국토교통부 품질 모니터링 (시공 현장 자재인정서 확인 및 현장검수) 판내이력 보고관리(건설기술연구원)

나) 건축자재 등의 인정번호 부여방법

국토교통부 승인(건축안전과-9743, 2023.10.24.)

유형 1
(프레임 : Steel, Aluminum)

열전대
1,2,3 : 채움재 중심지점(1,000mm 간격 마다 설치)
4,5 : 상부 채움재 이음지점(모든 이음지점 중앙에 설치)
6,7 : 지지구조 접합지점
8,9 : 커튼월 접합지점
10,11 : 프레임 안쪽 면
12 : 기둥(바닥면으로 부터 25mm)
13,14 : 마감재 상부 중간지점(마감재가 포함되지 않는 구조는 제외하고 신청 가능)
15 : Z클립 위(※ Z클립 포함되지 않는 구조는 제외하고 신청가능)
4,5,13,14,15 : 해당부재(마감재,채움재,Z클립)가 포함되지 않는 구조의 경우에는 제외

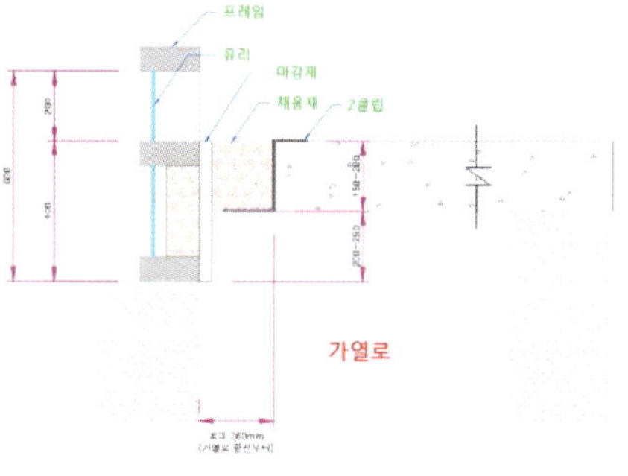

[그림 4-68] 단면도

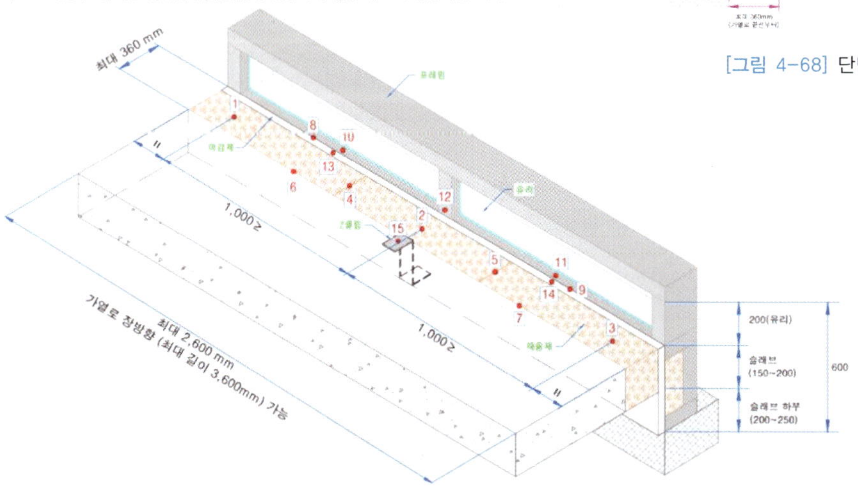

[그림 4-67] 투시도

〈표 4-6〉 건축자재 등의 인정번호 부여방법

내화채움구조 : FS								
FS-	FC-	22	-	01	01	-	1	
㉮	㉯	㉰		㉱	㉲		㉳	

㉮ : 내화채움구조를 표시하는 영문 2자리를 명시한다. (FS : FireStop)
㉯ : 인정품목별 구분표시 2자리를 영문대문자로 명시하며, [별표 2]에 따른다.
㉰ : 내화채움구조로 인정받은 년도를 명시한다. (예 : 2022년 → 22)
㉱ : 내화채움구조로 인정받은 월을 명시한다. (예 : 1월 → 01)
㉲ : 내화채움구조로 인정받은 일자를 명시한다. (예 : 1일 → 01)
㉳ : 원장이 해당일자에 내화채움구조 인정서를 발급하는 순번을 명시한다.

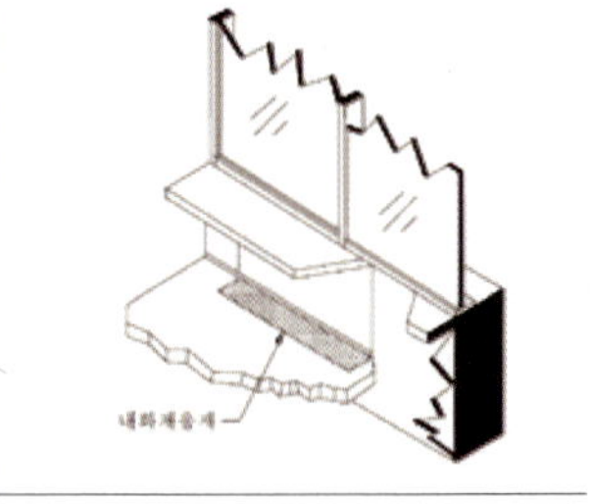

바닥-커튼월 선형조인트

FC : Floor to Curtain wall - 바닥 - 커튼월 선형조인트

다) 바닥-커튼월 선형조인트 구조의 사례 및 품질 인정서 샘플

G4B(www.g4b.go.kr)진위확인코드 : vRUkF9knusg=

건축자재등 품질 인정서

[내화채움구조]

1. 인정번호 : FS-FC23-0410-4
2. 상 품 명 : CW/FS-120
3. 구조명 또는 제품명 : Siderise 커튼월 선형조인트 층간방화(120T) - 그라스울 판넬
4. 사용부위 : 바닥-커튼월 선형조인트
5. 인정내용

내화성능	지지구조	재구부폭	구 조
차열 2시간	바닥(콘크리트) - 커튼월(알루미늄 프레임)	240㎜ 이하	【커튼월 부위 그라스울 판넬 (도장용융아연도금강판 0.45㎜ + 그라스울 두께 49.1㎜ 이상, 밀도 48㎏/㎥ 이상 + 도장용융아연도금강판 0.45㎜)】 + 【내화채움 부위 CW/FS-120(두께 120㎜ 이상, 밀도 75㎏/㎥ 이상, 압축비 110%이상) + 세라믹 섬유 블랭킷(두께 25㎜ 이상, 밀도 96㎏/㎥ 이상) + CRC 보드(두께 6㎜ 이상) + 방화석고보드(두께 12.5㎜ 이상)】 +

6. 인정업체 : Siderise Insulation Limited 대표자 : Sreenivas Narayanan
7. 공장소재지 : Forge Industrial Estate Maesteg Bridgend CF34 0AH United Kingdom
8. 첨부서류 : 세부인정내용
9. 유효기간 : 2028년 04월 09일 까지

「건축법」 제52조의5에 의하여 위와 같이 품질인정자재등으로 인정합니다.

2023년 04월 10일

한국건설기술연구원

[그림 4-69] 인정서 견본

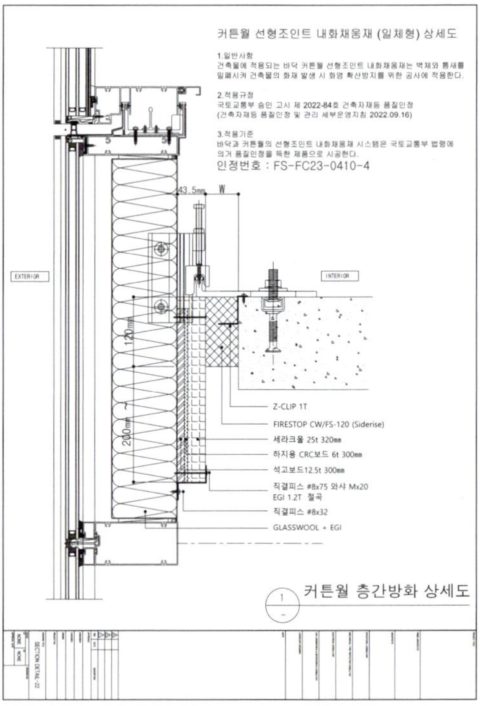

[그림 4-70] 인정서 견본

5절. Main Connection System

1. 현장에서는 무용접 Connection을 원한다 - 톱니(Serration)를 포함한 Main Bracket

스틸을 사용한 메인커넥션(Main Connection)의 1세대는 앙카와 앙카를 직접 용접하는 세대에서 현재는 4세대인 무용접 타입으로 진화하여 그 사용성과 작업성이 정확하고 편리해졌다.

가) 1세대 방식

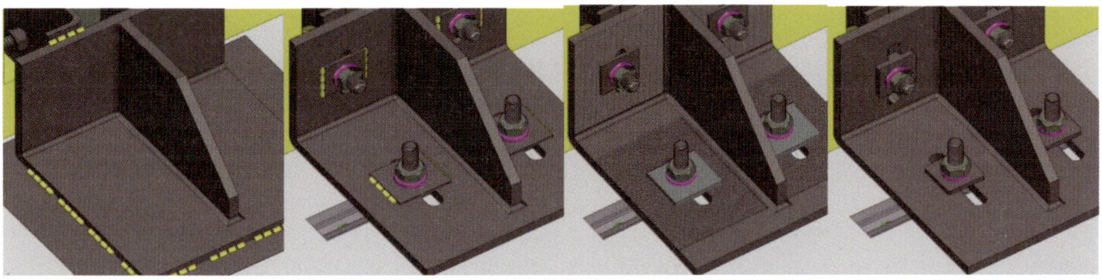

1세대 – 용접방식   2세대 – 슬롯방식   3세대 – 표면톱니방식   4세대 – 슬롯톱니방식

[그림 4-71] 세대별 방식

앙카와 앙카를 아무런 가공 없이 용접하는 일차원적인 방식의 용접 형태이며, 안전보다는 현장에서 모든 작업이 이루어지는 형태를 갖추며 어떤 표면처리를 하느냐에 따라 용접의 품질이 달라지고 언제나 화재의 위험을 안고 작업을 해야 하는 방식이었다.

나) 2세대 방식

1980년대의 앙카는 슬롯 타입으로 길게 홀을 가공하여 와샤로 고정하여 용접하는 형태의 방식으로 설치와 검측이 끝난 이후에 용접하는 고정 방식을 택하였다. 1세대에 비하여 슬롯 홀 이내에서만 고정하는 방식이라 와샤 면적만 용접하므로 용접량은 줄었으나 화재의 위험성을 여전히 가지고 있는 방식이다.

다) 3세대 방식

1990년대를 지나면서 앙카 표면에 밀링으로 가공하여 나사산인 V 홈을 가공하고 와샤에도 나사산 V 홈을 가공하여 조립하는 형태의 고정 방식으로 가공은 유압으로 찍어서 만드는 방식이다. 기존의 방식이 와샤 용접하는 방식이었다면 3세대는 기계적 고정하는 방식으로 바뀌었다.

[그림 4-72] 결합이 불안정한 상태

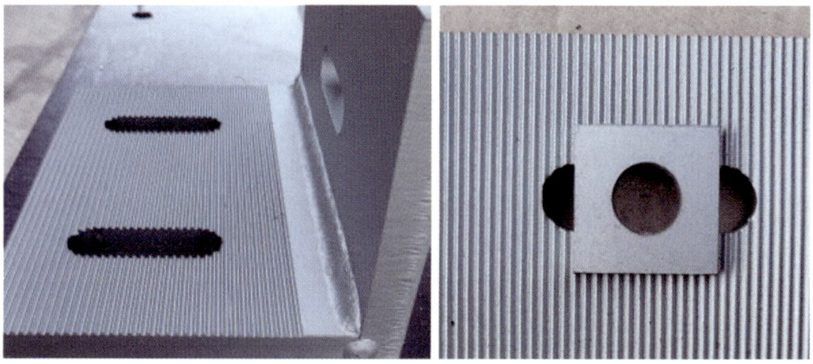

[그림 4-73] V홈 가공후 양호한 마감상태

기계 가공 방식은 2가지 방식으로 나뉘게 된다. 하나는 밀링으로 가공하는 방식으로 피치가 일정하여 와샤와 함께 가공하여 앙카를 조립하는 방식이고, 다른 하나는 유압으로 압력을 가하여 피치를 형성하는 방법으로 피치의 간격이 일정하지 않아 조립 시 문제점이 발생하여 커튼월에서 잘 사용하지 않는 방식이다.

밀링 하는 방식으로 많은 현장에 적용하였으나 피치의 금형의 빠른 마모로 인해 피치 깊이가 일정하지 않고 또한 추가 비용으로 인해 피치의 나사산이 바르게 가공되지 않아 현장에서 조립이 되지 않는 문제점으로 품질관리의 어려움과 앙카의 나사산과 와샤의 나사산이 잘 맞물리지 않은 경우가 많으며 이로 인한 고정에 불안정 원인으로 커튼월의 변형으로 안 좋은 영향을 가져온다.

앙카의 표면 마감을 용융 아연 방식으로 처리할 경우는 나사산이 매몰되어 제 기능을 하지 못하는 경우가 많다 전기 아연도금은 전기 정전방식으로 부착량이 적어 내식에 취약하여 녹 발생으로 인해 많은 문제점과 어려움이 발생하고 있다.

라) 4세대 방식

2020년을 넘어오면서 슬롯 홀 내부에 나사산 V 홈인 기어 가공하고 와샤에도 돌출형 기어 가공하여 끼워 조립하는 완전한 무용접 타입의 앙카 고정 방식이다. 4세대의 앙카는 기존의 방식이 앙카에 얹어지는 방식이라면 지금의 앙카는 슬롯 홀에 기어식 피치를 가공하고 와샤에는 돌출형 기어 피치를 만들어 삽입 타입으로 암 숫을 만들어 끼워 넣는 방식으로 깊이가 있어 슬롯 홀 안에만 잘 맞춰지면 절대 밀리거나 돌아갈 일이 없는 방식이다. 어떠한 제품보다 진동 지진에도 강하며 기존의 제품은 전기아연도금, 징크프라이머, 용융아연도금으로만 처리하던 방식에서 문제점을 해결하기 위해 기존의 표면처리방식을 벗어나 항공이나 자동차 산업에 사용하는 표면처리 방식인 아연분말(Zinc Flake)코팅 지오메트(GEOMET)를 사용하여 외장앙카의 새로운 방식으로 기존 용·용도금의 이상의 내식성을 가지고 있으면서도 도막의 두께는 6-10μ 으로 채결성이 우수한 방법이다.

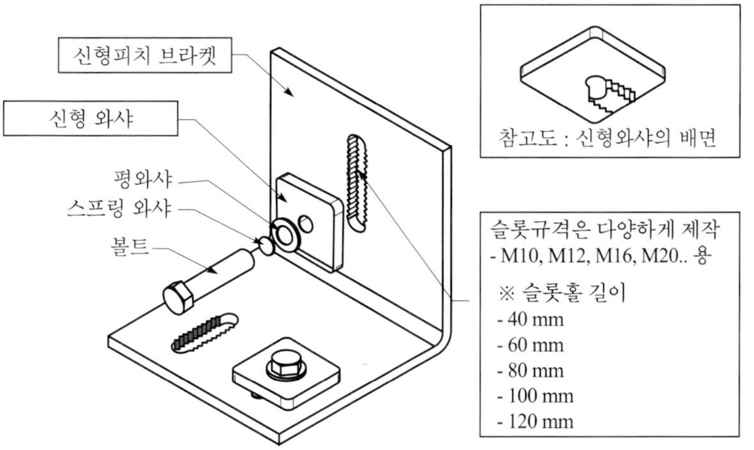

[그림 4-74] 신형피치 브라켓 및 와샤 조립도

3세대까지는 나사산 불량으로 인한 조립이 되지 않는 문제가 발생되다가 4세대를 거치면서 완전하게 조립이 되도록 하였으며 또한 현장에서 기존에 3세대까지는 간혹 용접하던 제품을 지금은 용접을 하지 않아도 된다.

마) 무용접 타입의 스틸브라켓의 주의사항

무용접 타입의 앙카(Anchor)의 사례를 보면 가공하는 방식의 차이가 변화하였으며 초창기 90년대 후반에는 스틸판재(Steel Plate)를 절단 후 나사산 가공을 위한 금형을 제작하여 밀링을 가공하는 형태가 대부분이었으며 많은 현장에서 작업한 사례가 있었으나 금형의 마모가 빨라 교체 시기를 늦추어 원가를 절감시키는 이유 때문에 나사산이 무뎌지게 가공되는 사례가 많이 발생되며 이는 현장의 품질관리의 문제로 부각되었다. 나사산이 마모됨에 따라 와샤(Washer)의 나사산과 맞물리지 않는 경우가 발생되면 이는 고정에 불안정으로 남아 있기 때문에 커튼월의 변형으로 건물에 안 좋은 영향을 가져온다.

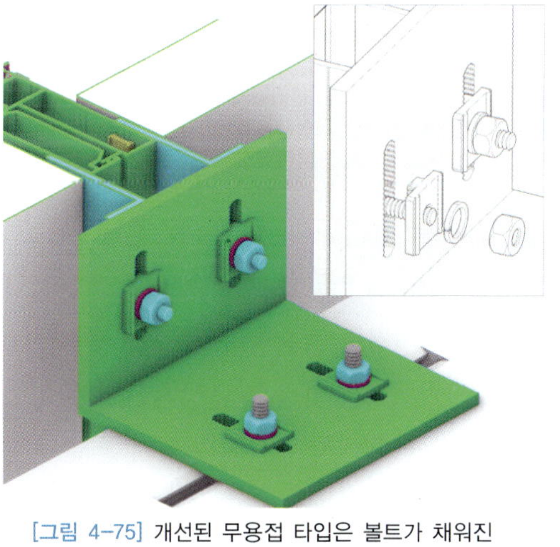

[그림 4-75] 개선된 무용접 타입은 볼트가 채워진 상태면 검사가 완료된 상태로 평가된다

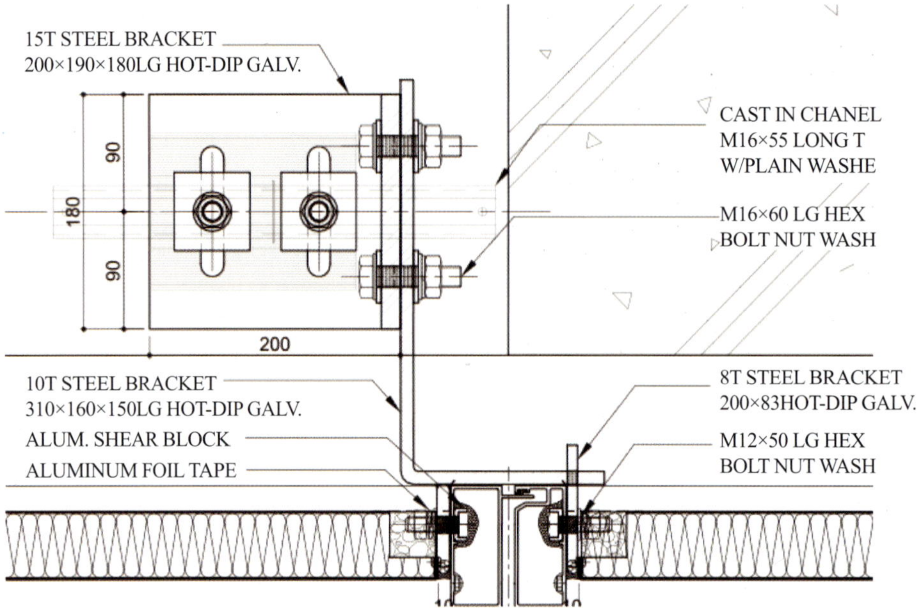

[그림 4-76] 기존 HOT- DIP GALV로 진행된 설계도면

[그림 4-77] GEOMET로 제안 변경 진행한 시공상태

특히 스틸 표면의 마감이 용융아연도금인 경우는 나사산이 채워지지 않거나 전기아연도금인 경우는 표면의 스크레치가 심한 경우 때문에 현장관리에 어려움이 발생하여 재발주하는 사례가 많은 게 현실이다.

그 후 일부 공장에서는 현장의 품질 문제를 해결하기 위하여 마감 방식을 지오메트(Geomet) 사용하고 나사산 가공 금형의 교체주기를 적정하게 유지하는 등의 제품의 안정성을 가져오는 제품도 등장하기 시작하였다. 그러나 현장에서 나사산의 와샤를 골을 맞춰 제자리에 결합해야 하는 작업은 여전히 어려워 현장 품질관리의 지적은 끊이지 않고 있다.

브라켓의 나사산은 풍항중과 자중에 대해 미끄럼방지 목적이 있으나 STEEL BRACKET은 나사산 가공이 불완전하며 특히 용융아연도금(HOT DIP GALV.)마감인 경우는 용액이 나사산을 채우는 품질문제가 많이 발생되어 사용 시 주의가 필요하다.

2. 커튼월 MAIN CONNECTION의 진화

기존에는 커튼월의 메인 브라켓에 백패널을 부착할 경우([그림 4-78] 참조) 메인 브라켓을 고정할 때 볼트나 브라켓의 간섭으로 인해 백패널을 가공해야 하는 문제는 반복적으로 발생했다. 일반 유니트 시스템을 작업하는 상황에서는 늘 반복되는 고민일 것이다.

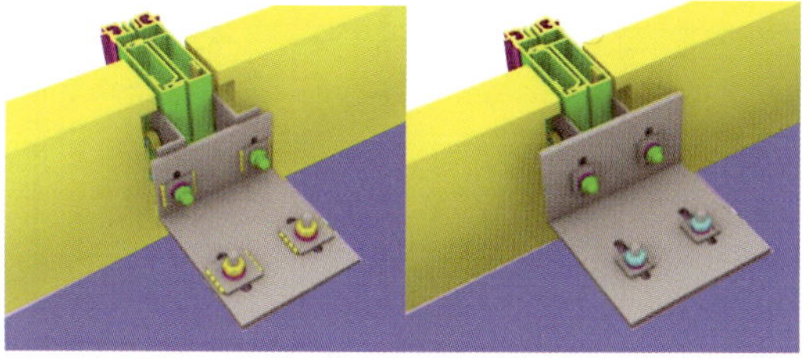

[그림 4-78] 스틸 브라켓

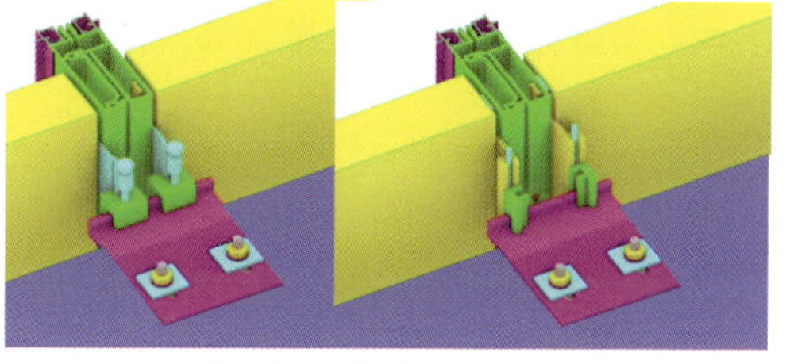

[그림 4-79] 알루미늄 브라켓

복잡한 후면 패널 가공의 필요성을 완화하고 현장 설치 중 추가 작업을 최소화하려면 후면 패널과 멀리언 사이 10~15 mm 간격 내에 브라켓을 고정하는 설계 솔루션을 고려하는 것이 좋다([그림 4-79] 참조).

이 접근 방식은 과도한 후면 패널 처리를 방지하고 설치 프로세스를 간소화하는 데 도움이 된다. 위 [그림 4-78, 79]는 과거로부터의 주 고정부(Main Connection)의 발전 형태를 정리해 본 것이다. 물론 아직도 스틸을 용접으로 작업하는 경우도 많지만, 최근 많은 현장의 현장 화재 안전을 고려해 용접 작업이 어려운 경우가 많아 무용접 타입의 앙카(Anchor-Main Bracket) 작업을 선호하는 편이다.

현재 압출 및 소립 시설을 갖춘 국내 몇몇 업체에서는 메인 앵커에 알루미늄 합금(예: A6063-T6 또는 A6061-T5)을 사용하고 있으며, 이러한 소재를 사용하면 압출 성형을 통해 다양한 후크 형태(Hook Type)와 톱니 모양(Serratiln)의 생산이 가능해 아래 [그림 4-80, 81]과 같은 비용접 설계가 가능하다. 비용접 솔루션은 설치 용이성과 향상된 안전성으로 인해 널리 채택되고 있다. 그러나 알루미늄 재료의 가격이 높아서 주로 아웃소싱 조립에 중점을 두는 일부 공장에서는 여전히 보다 경제적인 비용접 스틸 브라켓 형태를 사용한다.

다음은 알루미늄을 압출재를 이용한 메인앙카(Main Connection)의 설계의 예를 보여준다.

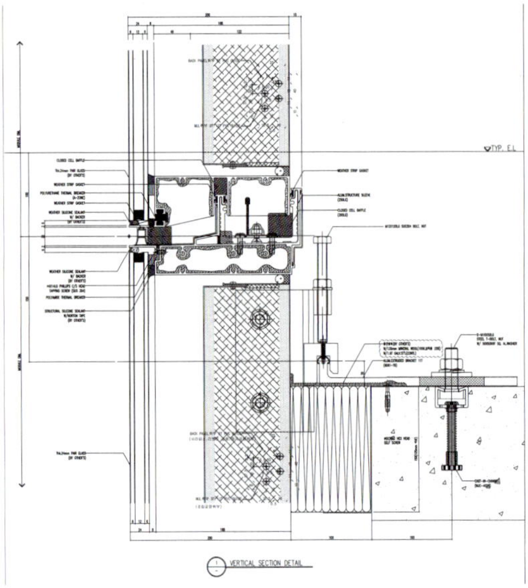

[그림 4-80] 도면 및 시공사례 I

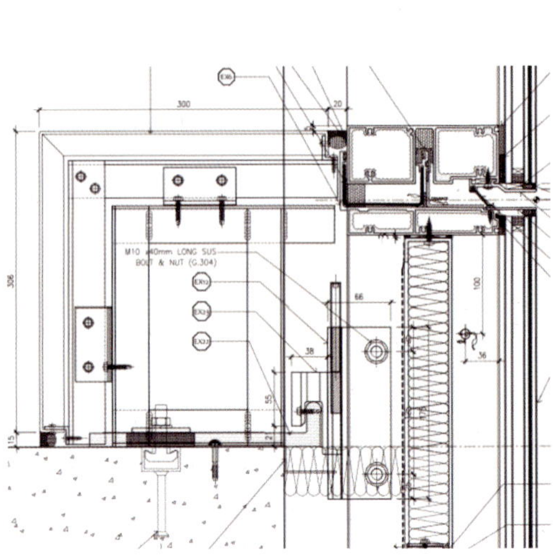

[그림 4-81] 도면 및 시공사례 II

3. 실란트를 사용하지 않는 유니트 공법(미국식과 일본식의 차이)

등압 원리를 이용한 유니트 방식은 국내 대부분의 생산공장에서는 미국식을 따르고 있으며 일부 L사와 그의 대리점에서는 일본식 유니트 방식을 국내에 들여와 선보이고 있다.

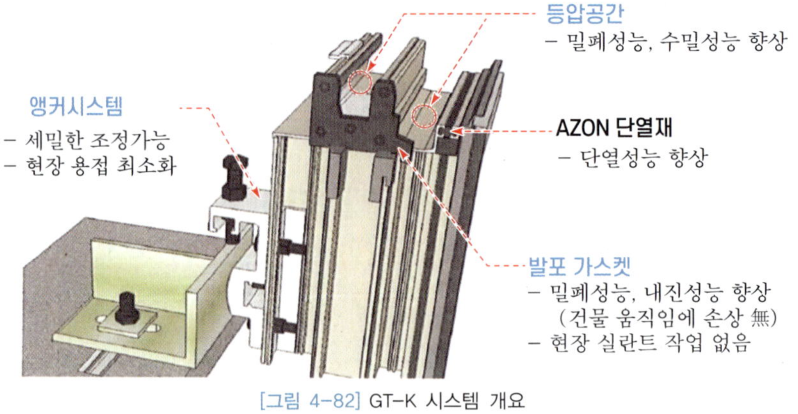

[그림 4-82] GT-K 시스템 개요

일본 기술인 국내 L사의 GT-K 파사드 디자인은 코어의 표준화로 인한 각 프로젝트의 다양한 설계에 적용하며, 신뢰할 수 있는 품질, 그리고 우수한 시공을 반영하여 건식 생산을 확보할 수 있다. 이렇게 온전한 '건식 알루미늄 커튼월 유니트 시스템'을 적용할 수 있다.

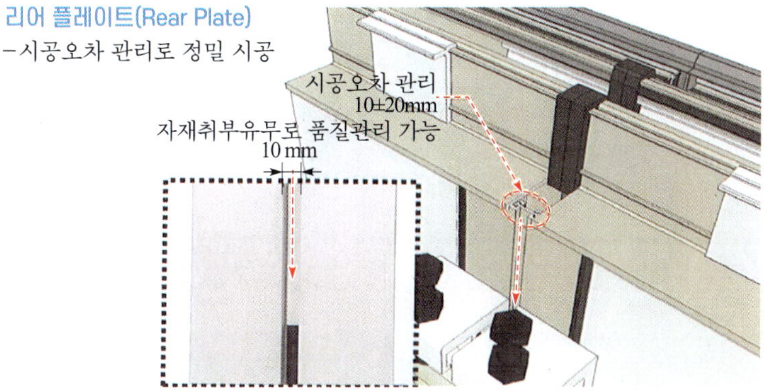

[그림 4-83] GT-K 시스템 편차 조절

국내에서 유니트 방식으로 생산하는 공장에서 조립, 생산 방법은 거의 유사하나 프레임을 조립하는 단면이나 유니트가 연결되는 구간에 액상 실리콘을 사용하는 것과 실리콘 패드 또는 스펀지를 사용하는 점이 차이일 것이며, 그 외의 차이는 부품 중에서 다양한 국내 생산 가스켓을 사용하는 반면 일본식은 직수입한 실리콘 스펀지를 사용한 사출 성형 가스켓을 적용한다는 것이다. 이 때문에 액상 실리콘을 사용할 때는 날씨의 영향을 받을 수 있으므로 특히 겨울철 영하의 온도에서는 실리콘 사용이 제한적일 수밖에 없는 반면 패드를 사용하는 경우는 날씨와 상관없이 사용하는 점이 우수한 장점이라 할 수 있다.

어떤 방식을 사용하든 오랜 경험에 기술이 집적된 각 회사마다의 제품을 브랜드화하여 품질관리에 의한 재료의 일관성과 설계의 표준화가 마련되어야 할 것이다.

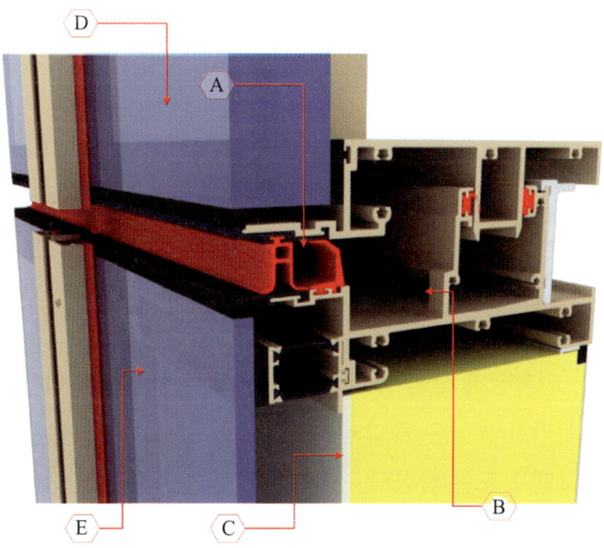

[그림 4-84] GT-K 시스템 조인트

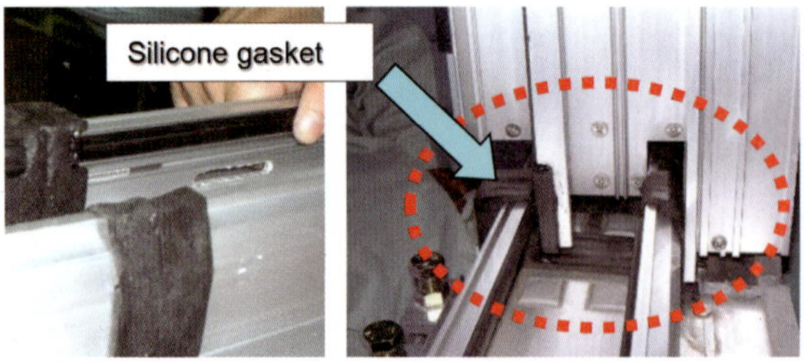

[그림 4-85] 일본식 유니트 공법

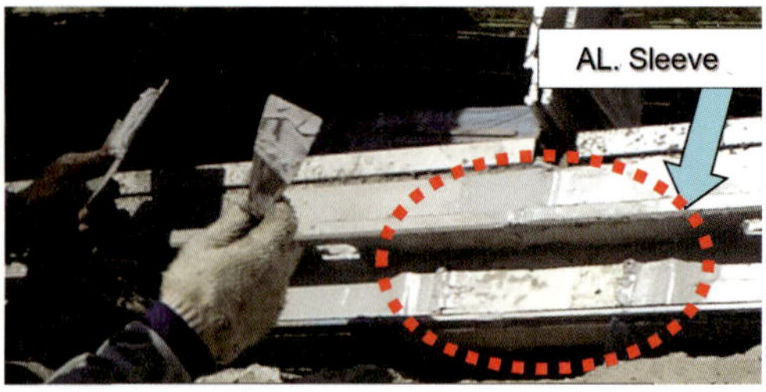

[그림 4-86] 미국식 유니트 공법

4. 알루미늄 후크 클립(HOOK CLIP)의 구조적 취약 단면을 피하는 설계

후크 클립의 설계는 현장의 조건과 설계자의 경험에 의해서 기성 제품을 사용하기보다 알루미늄 압출 제품을 가공하여 적합한 형태를 구상하여 적용한다.

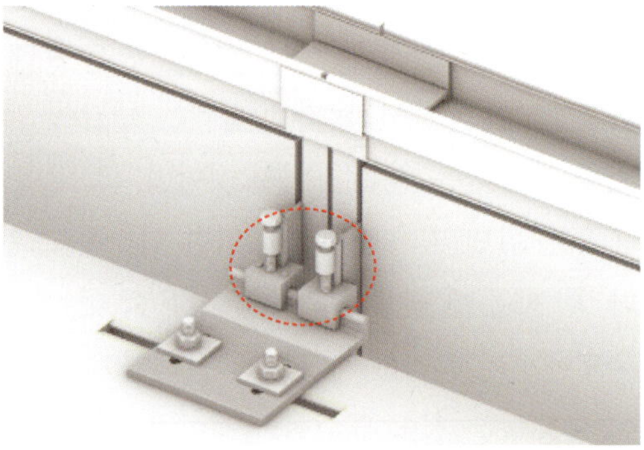

[그림 4-87] 후크 클립 설치 상태

그때 설계자 및 구조 엔지니어링 관점에서 커튼월용 후크 클립을 설계할 때 2차원 단면에만 의존하기보다는 알루미늄 클립의 3차원(3D) 단면을 분석하는 것이 필수적이다. 그 이유는 실제 하중의 전달 메커니즘이 본질적으로 복잡하고 다방향이라는 사실에 있다.

가) 하중 전달 메커니즘 이해

- **3D 응력 분포**: 실제로 후크 클립에 하중이 가해지면 힘이 여러 평면과 방향에 걸쳐 전달된다. 클립 재료 내의 응력 분포는 2D 도면에 표시되는 것처럼 단일 축으로 제한되지 않는다. 대신 응력은 굽힘, 전단 및 비틀림 응력을 포함한 3차원으로 발생한다. 이를 위해서는 하중이 전달되는 클립의 동작을 완전히 이해하기 위한 상세한 3D분석이 필요하다.
- **약한 단면**: 후크 클립의 가장 약한 단면은 간단한 2D 도면에서는 명확하지 않을 수 있다. 예를 들어 2축방향의 가공 연결점과 같이 응력 집중이 발생하기 쉬운 영역은 심각한 취약성을 나타낼 수 있다. 3D에서 이러한 영역은 클립의 실제 실패 지점을 이해하는 데 중요한 결합된 응력(예: 측면 하중, 회전 모멘트 또는 굽힘)을 경험할 수 있다.

나) 알루미늄 후크 클립의 구조적 안정성

- **알루미늄의 재료 특성**: A6063-T6 및 A6061-T5와 같은 알루미늄 합금은 유리한 중량 대비 강도 비율, 내식성 및 압출 용이성으로 인해 일반적으로 사용된다. 그러나 알루미늄은 국부적인 좌굴이나 응력 집중 시 항복과 같은 특정 파손 모드에 더 취약하다. 따라서 오류 없이 하중을 전달할 수 있는 클립의 용량을 보장하려면 3D 차원의 모든 방향에서 형상 및 두께를 신중하게 고려해야 한다.
- **안전계수**(FOS): 후크 클립을 설계할 때 바람, 지진과 같은 동적 하중을 포함한 최악의 하중 조건을 기반으로 적절한 "안전계수(FOS)"를 고려하는 것이 중요하다.

다) 시공 공차 고려

- **공차 관리**: 후크 클립의 설계는 현장 고유의 시공 공차도 수용해야 한다. 여기에는 설치 중 이상적인 조건에서 약간의 정렬 불량이나 편차가 포함된다. 후크 클립을 3D로 분석함으로써 설계자는 위치나 연결에 작은 변화가 발생하더라도 클립이 올바르게 작동하는지 확인할 수 있어야 한다. 슬롯 구멍, 유연한 클립 또는 조정 가능한 브라켓과 같은 기능은 이러한 공차를 관리하는 데 도움이 될 수 있다.
- **열 및 하중에 의한 움직임**: 클립은 하중에 의한 움직임뿐만 아니라 커튼월 재료의 열팽창 및 수축도 수용해야 한다. 3D 설계에서 이러한 고려 사항은 클립 설계의 유연성을 허용하여 구조적 안정성을 손상시키지 않고 건물 수명이 유지하는 동안 예상대로 작동할 수 있도록 보장한다.

라) 후크 클립 설계의 유한 요소 분석(FEA)

후크 클립의 응력과 변형을 포괄적으로 이해하기 위해 "FEA(유한 요소 분석)"는 구조 엔지니어링에 사용되는 강력한 도구이다. FEA를 통해 엔지니어는 클립을 3차원으로 모델링하고 다음과 같은 다양한 하중의 효과를 시뮬레이션할 수 있다.

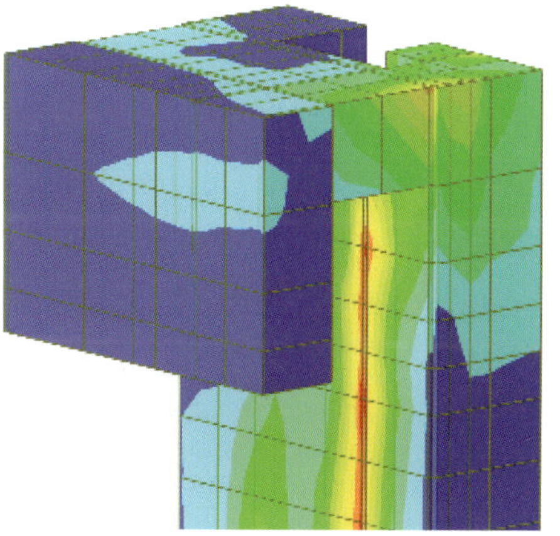

[그림 4-88] 후크 클립 구조해석

중력에 의한 수직 하중 / 바람이나 지진 활동으로 인한 측면 하중/ 팽창/수축으로 인한 열부하 등 FEA를 적용함으로써 엔지니어는 중요한 응력 지점, 잠재적인 변형 영역 및 고장 모드를 식별하여 실제 조건을 처리할 수 있을 만큼 견고한 설계를 보장할 수 있으며 이는 또한 재료 사용을 최적화하여 구조적 성능을 유지하면서 초과 중량과 비용을 줄이는 데 도움이 된다.

상기 서술에서 언급된 Main Bracket의 형태는 최근 현장의 용접을 없애고 설치 시 시공공차를 조절하기 위한 여러 가지 디자인으로서 커튼월 설계자마다 또는 현장마다 다양하게 사용되는 실정이다. 이 경우 후크 클립(Hook Clip-걸어 고정하는 방식) 설계 시 주의해야 하는 요소 중에 하나가 알루미늄 클립(Aluminum Clip)의 하중 전달 과정에서의 실제 취약 단면이 2D 도면상 에서만이 아닌 입체 형태의 단면을 고려해야 한다는 것이다.

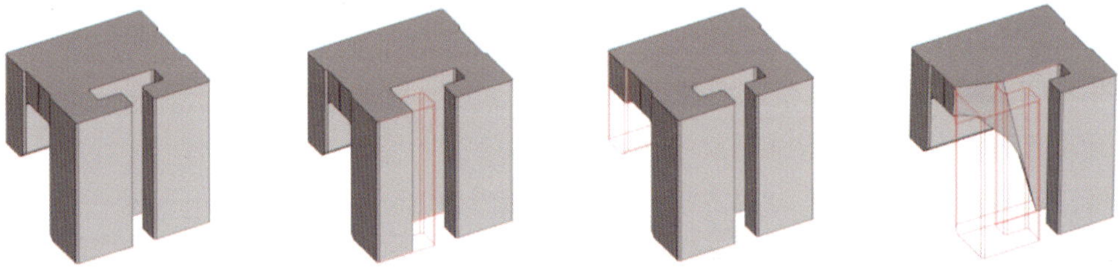

[그림 4-89] 후크 클립 구조해석시 취약 단면

예를 들어 위 [그림 4-89]와 같이 알루미늄 재료를 이용하여 주고정부를 디자인하였다면 하중이 작용되어 그 하중 방향에 따라 클립 브라켓의 취약 단면을 검토해야 하는데 일반적으로 '검토1'과 '검토2'는 2D 상태에서 쉽게 파악되는 부분이기 때문에 검토를 쉽게 할 수 있지만 '검토 3'과 같은 경우는 2D상태에서는 파악하기가 어렵기 때문에 반드시 유한요소분석을 통해 취약한 단면 검토를 하여야 한다.

예를들어 위그림과 같이 알루미늄 재료를 이용하여 주고정부를 디자인하였다면 하중이 작용되어 그 하중 방향에 따라 클립 브라켓의 취약 단면을 검토해야 하는데 일반적으로 '검토1'과 '검토2'는 2D 상태에서 쉽게 파악되는 부분이기 때문에 검토를 쉽게 할 수 있지만 '검토 3'과 같은 경우는 2D상태에서는 파악하기가 어렵기 때문에 반드시 유한요소 분석을 통해 취약한 단면 검토를 하여야 한다.

6절. 커튼월 제작/설계 및 공정관리(생산/현장)의 자동화

이 절에서는 건설 시장에 불어오는 인공지능형 업무 자동화에 대한 방법 중 커튼월에 실제 적용되는 설계 자동화, 공장 자동화, 자동화 업무 플로어의 사례를 중심으로 언급하고 나아가서는 커튼월 엔지니어의 이에 대한 대응 방향을 언급하도록 한다.

1. 건축 커튼월 3D 모델링을 이용한 제작도면 자동화

가) 커튼월 설계 자동화의 필요성

커튼월(Curtain Wall) 시스템은 현대 건축에서 중요한 외장재 요소로, 건물의 미적 가치와 기능성을 동시에 충족시킨다. 그러나 전통적인 커튼월 설계 과정은 복잡하고 시간이 많이 소요되며, 다양한 설계 요소와 재료 선택, 구조 분석을 포함하여 고도의 정밀성이 요구된다. 이런 복잡성으로 인해 설계 오류나 시간 낭비가 발생할 수 있으며, 프로젝트 일정과 예산에 부정적인 영향을 미칠 수 있다. 이러한 문제를 해결하기 위해 커튼월 설계의 자동화는 필수적이다. 설계 자동화 기술은 설계 과정을 효율적으로 관리하고, 반복적인 작업을 줄이며, 설계 변경에 대한 신속한 대응을 가능하게 한다. 또한 인공지능(AI)과 빅데이터 분석을 활용한 자동화 시스템은 최적화된 설계 솔루션을 제공하여, 구조적 안정성과 에너지 효율성을 극대화할 수 있다.
설계 자동화를 통해 얻을 수 있는 또 다른 이점은 협업의 효율성 증대이다. 클라우드 기반 설계 소프트웨어는 여러 설계자와 엔지니어가 실시간으로 협업할 수 있게 하여, 설계 변경 사항을 즉각적으로 반영하고 프로젝트 전반의 품질을 향상시킨다. 이는 결과적으로 비용 절감과 함께 빠른 프로젝트 완수를 가능하게 하며, 경쟁력 있는 건설 산업 환경에서 차별화된 가치를 제공한다.

나) 3D 모델링을 통한 커튼월 설계

(1) BIM(Building Information Modeling)의 활용

3D 모델링 기술은 건축 설계 분야에서 혁신적인 변화를 가져왔으며, 특히 커튼월(Curtain Wall) 설계에 큰 영향을 미치고 있다. 커튼월은 건물의 외관을 형성하는 동시에 구조적 역할을 수행하는 중요한 요소로, 설계 시 높은 수준의 정확성과 세부적인 분석이 필요하다. 3D 모델링을 활용한 설계는 기존 2D 도면 기반의 설계 방식에 비해 다양한 측면에서 장점을 제공하여, 현대 건축에서 필수적인 기술로 자리잡고 있다. 우선, 3D 모델링을 통한 시각화는 설계자와 이해관계자 모두에게 명확한 정보를 제공하여, 커튼월 시스템의 구조적 요소, 재료 배치, 그리고 디자인의 세부 사항을 한눈에 파악할 수 있게 한다. 이를 통해 설계 초기 단계에서부터 잠재적인 문제를

식별하고 수정할 수 있어, 설계 오류를 줄이고 프로젝트가 원활하게 진행되도록 돕는다.
또한, 3D 모델링 소프트웨어는 다양한 분석과 시뮬레이션을 가능하게 한다. 커튼월의 구조적 안정성, 에너지 효율성, 풍하중에 대한 저항력을 테스트할 수 있으며, 설계 변경 사항이 전체 시스템에 미치는 영향을 즉각적으로 평가할 수 있다. 이러한 시뮬레이션은 기존 2D 방식으로는 불가능했던 복잡한 계산을 자동화하여, 설계의 품질과 안전성을 높여준다.
커스터마이징 측면에서도 3D 모델링은 뛰어난 유연성을 제공한다. 각 프로젝트의 요구사항에 맞춘 커튼월 시스템을 설계할 때, 재료, 색상, 형태 등을 다양한 방식으로 조합해 가면서 최적의 디자인을 도출할 수 있다. 이 과정에서 실시간으로 변경 사항을 반영하고, 결과를 즉시 확인할 수 있어 설계 과정이 효율적으로 이루어진다.
마지막으로, 협업의 효율성 또한 3D 모델링을 통해 극대화된다. 설계자, 엔지니어, 시공자가 같은 3D 모델을 기반으로 소통할 수 있어, 설계 의도를 정확히 전달하고, 시공 중 발생할 수 있는 오류를 최소화할 수 있습니다. 또한 BIM(Building Information Modeling)과의 연동을 통해, 커튼월 설계뿐만 아니라 건물 전체의 설계 및 시공 과정에서 통합적인 관리가 가능해진다.

(2) 자동화 도면 생성의 장점

- **시간 절약과 작업 효율성** : 3D 모델링 소프트웨어는 한 번 생성된 모델을 바탕으로 다양한 도면을 자동으로 생성할 수 있다. 예를 들어, 평면도, 입면도, 단면도 같은 다양한 시각적 자료가 3D 모델에서 자동으로 추출되어, 수작업으로 개별 도면을 그릴 필요가 없다. 이는 설계 작업의 중복성을 없애고, 설계 변경 시 각 도면을 일일이 수정할 필요 없이 자동으로 업데이트되므로 설계 시간이 크게 단축된다.
- **정확성** : 3D 모델은 건물 또는 구조물의 물리적 형태를 완벽하게 표현하며, 각 요소의 위치와 크기가 정밀하게 설정된다. 이로 인해 2D 도면에서 발생할 수 있는 비례 오류나 오차가 제거되며, 설계 과정에서 발생할 수 있는 실수를 최소화할 수 있다. 도면 자동화는 각 부품 간의 간섭을 실시간으로 감지하고, 오류를 즉시 수정할 수 있도록 하여 전체 설계 품질을 향상시킨다.
- **커뮤니케이션과 협업의 개선**: 3D 모델을 기반으로 자동화된 도면은 설계자, 엔지니어, 시공자 등 여러 팀 간의 소통을 원활하게 만든다. 각기 다른 도면을 수동으로 작성하는 과정에서 정보가 누락되거나 잘못 전달될 위험이 줄어들며, 모든 팀이 동일한 3D 모델을 바탕으로 실시간 협업을 할 수 있다. 특히 건설 현장에서 BIM(Building Information Modeling)과 결합하면, 설계 변경 사항이 즉시 반영되고 공유되어 시공 오류를 줄이고 프로젝트 전반의 효율을 높일 수 있다.
- **비용 절감**: 3D 모델링을 통한 도면 자동화는 설계 오류를 줄이고, 수정 작업에 소요되는 비용을 감소시키며, 설계와 시공 간의 불일치를 미연에 방지한다. 이로 인해 건설 과정에서 발생할

수 있는 재작업 비용과 자재 낭비를 줄여 전반적인 프로젝트 비용을 절감할 수 있다.

- **설계 최적화와 혁신성**: 3D 모델링 소프트웨어는 다양한 설계 옵션을 신속하게 테스트하고 비교할 수 있는 기능을 제공한다. 자동화된 도면 생성 덕분에 설계자는 여러 대안을 빠르게 탐색하고, 최적의 솔루션을 선택할 수 있다. 이러한 설계 자유도는 건축물의 미적, 기능적 가치 향상에도 기여할 수 있다.

다) 커튼월 제작 자동화의 각국 현황

(1) 유럽: 정밀성과 지속 가능성 중심의 자동화

유럽은 커튼월 제작도면의 자동화에서 높은 기술 수준을 자랑하며, 특히 정밀성과 지속 가능성에 중점을 둔다. 유럽 건설 시장은 BIM(Building Information Modeling)을 적극적으로 채택하고, CAD(Computer Aided Design)시스템과 통합하여 커튼월 설계를 자동화하고 있다. 독일, 스위스, 네덜란드와 같은 국가들은 매개변수적 디자인(2D database)과 3D 모델링을 활용해 설계부터 제작까지 일관된 자동화 프로세스를 구축하고 있다. 또한 유럽은 에너지 효율과 환경친화적 건축물에 대한 규제가 엄격하기 때문에, 이러한 요소를 고려한 자동화 도면 시스템이 필수적이다. 이를 통해 유럽의 건설사들은 커튼월 설계 시 발생할 수 있는 오차를 최소화하고, 생산성과 품질을 동시에 향상시키고 있다.

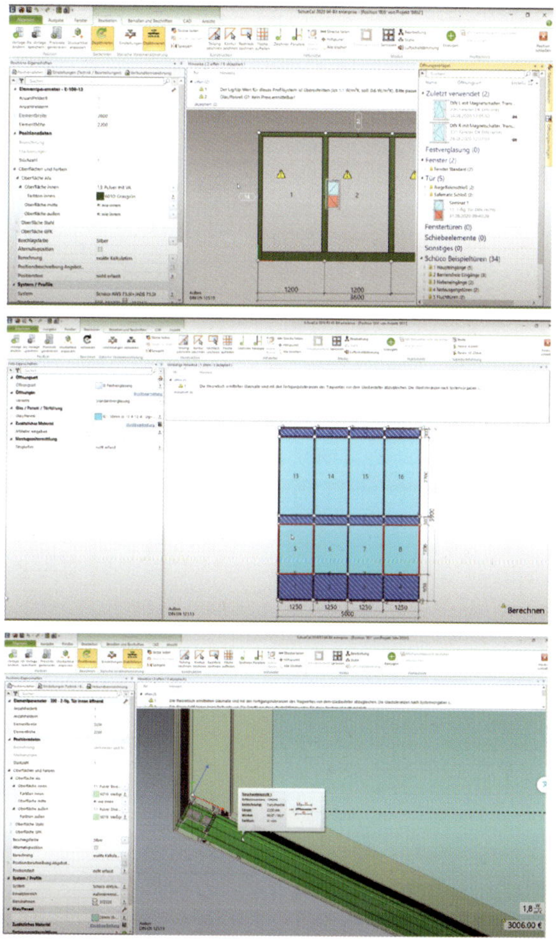

[그림 4-90] 독일: LogiKal By ORGADATA

(2) 아시아: 급속한 성장과 기술 수용

아시아는 급격한 도시화와 대규모 인프라 개발로 커튼월 제작도면 자동화의 수요가 급증하고 있다. 중국, 한국, 일본과 같은 국가들은 BIM과 3D 모델링 기술을 빠르게 수용하고 있으며, 이를 통해 대규모 프로젝트에서 효율성을 극대화하고 있다. 특히 중국은 스마트 건설 기술과 로봇 공학을 결합하여 커튼월 설계와 제작을 자동화하는 시스템을 발전시키고 있으며, 대형 초고층 건물 프로젝트에서 이러한 기술이 널리 적용되고 있다. 한국 및 중국은 유럽과 달리 custom Design 방식의 커튼월이 보편적이어서, 자유도가 더 높은 설계와 자동화된 도면 생성 시스템을 도입하여, 복잡한 커튼월 디자인을 효율적으로 처리하고 있다. 아시아는 건축 속도와 비용 효율성을 중시하며, 자동화 기술을 통해 이를 실현하려고 많은 노력을 하고 있다.

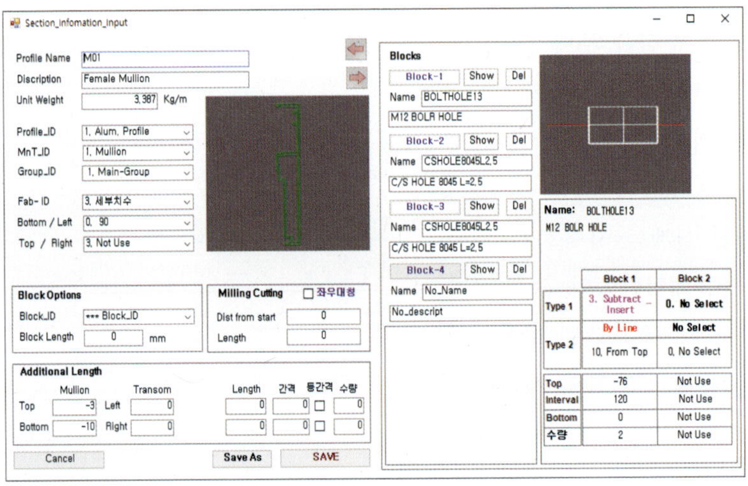

[그림 4-91] 한국: RCW By Beimptech

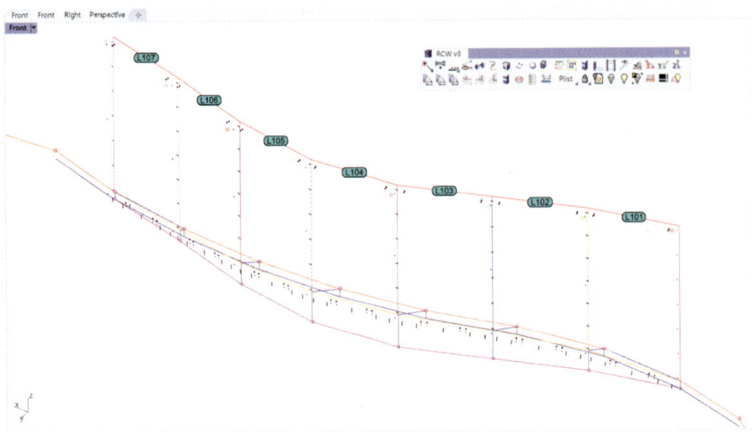

[그림 4-92] 모델링 준비단계-와이어프레임

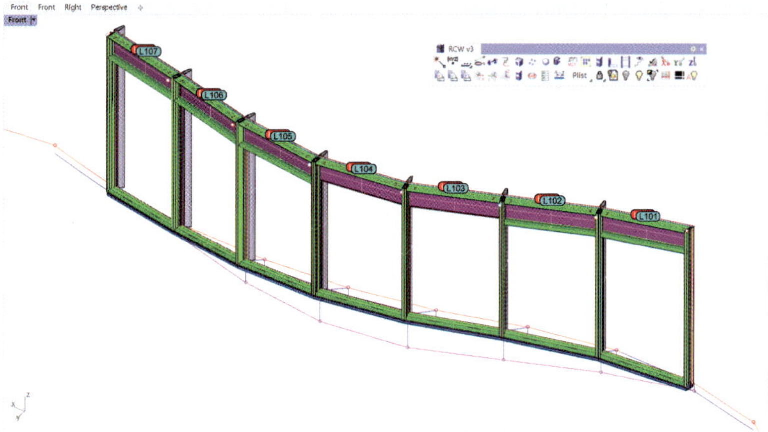

[그림 4-93] 모델링 완성단계

(3) 북미: 혁신적 기술의 선두주자

북미, 특히 미국과 캐나다는 커튼월 제작도면 자동화 분야에서 혁신적 기술의 선두주자이다. 미국은 BIM과 CAD 기술을 넘어, AI(인공지능), 머신러닝, 클라우드 기반 협업 도구를 활용한 커튼월 설계 자동화에 집중하고 있다. 실리콘밸리와 같은 첨단 기술 중심지에서는 AI를 활용해 커튼월 설계를 최적화하고, 도면 자동화를 통해 설계 단계부터 생산성 향상을 도모하고 있다. 북미는 대형 상업 건물과 고층 건물의 프로젝트에서 커튼월 설계를 자동화하는 시스템을 상용화하고 있으며, 이를 통해 설계 정확도와 비용 절감 효과를 동시에 얻고 있다. 캐나다 역시 지속 가능성에 중점을 둔 자동화 기술 도입에 박차를 가하고 있으며, 이를 통해 에너지 절감형 건물 설계를 실현하고 있다.

라) 통합형 AI의 등장 가능성

커튼월 설계 자동화와 관련하여 통합형 AI의 등장은 매우 명백하다. 통합형 AI는 여러 설계 과정, 데이터 분석, 시뮬레이션을 하나의 시스템에서 처리하여 설계의 효율성을 극대화하는 기술이다. 특히 커튼월은 복잡한 구조적 및 미적 요소를 동시에 고려해야 하는 설계이기 때문에, AI 기술이 매우 유용할 수 있다.

- **BIM (Building Information Modeling)와의 통합**: 현재 BIM은 건축 설계 및 시공에서 중요한 역할을 하고 있다. 통합형 AI는 BIM 데이터를 활용하여 설계 자동화를 가속화할 수 있다. 3D 모델링 데이터를 분석하고, 설계 최적화를 위해 AI가 구조적 안정성, 에너지 효율성, 비용 효율성을 동시에 고려할 수 있다.
- **기계 학습과 최적화**: 과거의 설계 데이터를 학습하여 새로운 설계에 반영하는 AI는 이미 여러

분야에서 사용되고 있다. AI는 커튼월의 형상, 재질, 비용 등을 분석하여 가장 적합한 설계를 추천할 수 있다.

- **실시간 시뮬레이션**: AI는 실시간으로 바람, 기후, 하중과 같은 외부 요인에 대한 시뮬레이션을 수행하여 커튼월의 성능을 평가하고, 이에 맞는 설계 수정을 자동으로 제안할 수 있다.
- **파라메트릭 설계** (Parametric Design): 파라메트릭 설계는 변수 기반의 설계를 통해 설계 변경 시 유연하게 대응할 수 있는 방식이다. 통합형 AI는 파라메트릭 설계를 기반으로 여러 변수를 자동으로 조정하여 최적의 커튼월 설계를 생성할 수 있다.
- **제네러티브 디자인** (Generative Design): AI가 다양한 설계 옵션을 생성하고, 그중에서 성능이 가장 뛰어난 설계를 선택할 수 있다. 특히 커튼월의 형상이나 패턴, 소재 선택에 유리하며, 기존 설계자가 생각하지 못한 혁신적인 디자인을 도출할 수 있다.
- **설계-제조 연계** (Design-to-Manufacturing Integration): AI는 커튼월 설계를 제조 공정과 직접 연계하여 생산성을 높일 수 있다. 예를 들어, 3D 모델을 기반으로 제조에 필요한 재료와 공정 데이터를 자동 생성하고, 실제 시공에 바로 적용할 수 있는 설계를 제공한다.

이미 많은 건축 분야에서 인공지능이 결합된 프로그램이 나오고 있는 상황이다. 특히 자재의 종류와 형상이 많지 않은 분야가 빠르게 이루어지고 있습니다. 커튼월 분야도 앞으로 등장할 AI 기반 프로그램은 입면에 따라, 적절한 설계 디자인부터 모델링이 한 번에 이루어지며, 모델링에 기반한 자동 물량 산출부터 가공도까지 모두 일괄로 이루어질 것으로 예상된다.

통합형 AI는 매우 중요한 플랫폼이 될 것이다. 각국은 소프트웨어 플랫폼을 빼앗기지 않기 위해 빠르게 이에 대비하고 있지만, 절대적 요소인 투자와 Data, 시장이 필수적인 상황에서 북미와 중국이 많이 유리한 상황이며, 투자와 시장이 상대적으로 적은 한국과 일본 등은 중국과 미국의 플랫폼에 종속될 가능성이 높을 것으로 예상된다.

2. 컨베이어 시스템 방식의 커튼월 제작공장의 운영

커튼월 유니트(Unit System) 제작공장에서 사용되는 컨베이어 시스템은 생산 공정의 효율성을 극대화하고 작업 흐름을 최적화하는 역할을 한다. 커튼월 유니트는 고층 건물의 외장재로 사용되며, 각 유니트는 개별적으로 제작되어 현장에서 조립되는 방식이다. 이러한 제작 과정에서 컨베이어 시스템은 여러 단계를 거쳐 유니트가 제작되는 동안 유니트를 이동시키고 적재하는 데 중요한 역할을 한다.

2.1 컨베이어 시스템의 주요 운영 방식

가) 연속적 공정 흐름

컨베이어 시스템은 다양한 제작 단계(예: 조립, 유리설치, 백패널 설치, 검사, 마감, 양생) 간의 원활한 흐름을 제공한다. 커튼월 유니트의 제작 공정은 정밀도가 매우 중요하기 때문에, 각 공정 간의 시간과 위치 조정을 자동화하여 일관된 품질을 유지한다.

나) 유연한 작업 공간

컨베이어 시스템은 제작 유니트의 크기와 형태에 맞게 조정할 수 있으며, 다양한 유니트를 동시에 처리할 수 있도록 설계된다. 시스템은 각 유니트의 크기에 따라 유연하게 작동하여 생산 효율성을 높인다.

다) 자동화된 재료 공급 및 적재

컨베이어 시스템은 재료 공급과 완성된 유니트의 적재 및 이동을 자동화하여 인력을 최소화하고 작업 속도를 높인다. 자동화된 공급 시스템은 필요한 자재가 정확한 시점에 공정에 투입되도록 관리한다.

1. 프레임조립

2. 유리부착

3. 외부 글레이징

4. 내부 글레이징
→ 리프트이용 유니트 상승

5. 백판넬 설치
→ 리프트 및 간이지게차 사용

6. 양생챔버로 분류배치
→ 리프트이용

7. 원치이용
→ 양생된 유니트 세워서 대차에 야적 및 포장

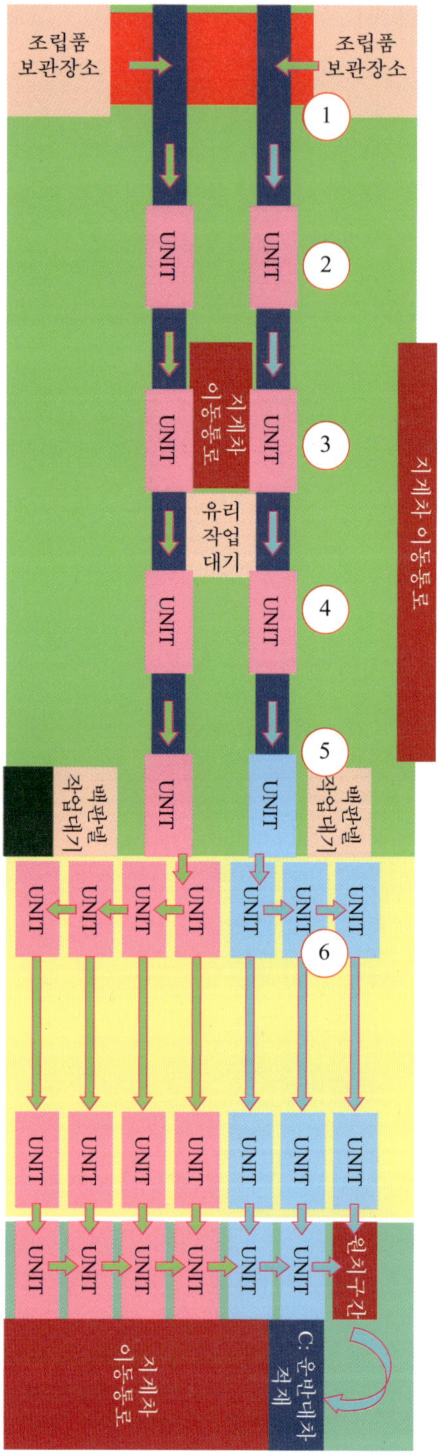

해외사례

국내사례

[그림 4-94] 국내외 컨베이어 시스템 사례

라) 품질 관리 및 검사

컨베이어 시스템의 특정 구간에서는 품질검사를 수행하는 구간이 설정되어, 각 유니트가 규격에 맞게 제작되었는지 실시간으로 확인할 수 있다. 이 단계에서 불량품이 감지되면 별도의 라인으로 이동시키는 기능도 포함될 수 있다.

이러한 제작공정의 흐름 방향대로 이동하는 컨베이어 방식의 제작 시스템은 해외는 물론 국내에서도 일부 사용되는 사례가 있지만 여전히 국내에서는 30~40 유니트를 동시에 펼쳐 놓고 작업하는 방식을 유지하고 있다 물론 그럴만한 이유가 있다 커튼월 형태의 다양성, 유리와 백패널의 설치 방법, 작업 순서 등의 여러문제가 있으며, 그러한 공장의 여러 특수성 때문에 작업속도가 떨어지는 문제가 가장 큰 거 같다. 그 결과로 일관적인 품질관리의 문제와 제작 물량에 대한 기록관리는 여전히 자동화라기보다는 수작업으로 발품 팔아 유지하는 게 현실이다. 그러기 때문에 다음 장에서 기술하는 생산 및 설치 현황의 업무 자동화에 대한 개선 또한 국내 제작공장에서 풀어 나갈 숙제일 것이다.

3. 해외사례의 현장 설치의 자동화 개념과 발전 과정

가) 사전 제작 및 계획

패널은 통제된 환경에서 현장 외부(공장)에서 제조되므로 품질과 일관성이 보장되며 단열재, 클래딩 및 기타 기능 부품이 사전 장착되어 현장으로 반입된다. 엔지니어는 디자인, 풍하중 및 건물의 기하학적 구조를 분석하여 현장을 평가하고 설치 준비를 한다. 정확한 계획 및 시각화를 위해 BIM(Building Information Modeling)과 같은 디지털 도구를 사용할 수 있다.

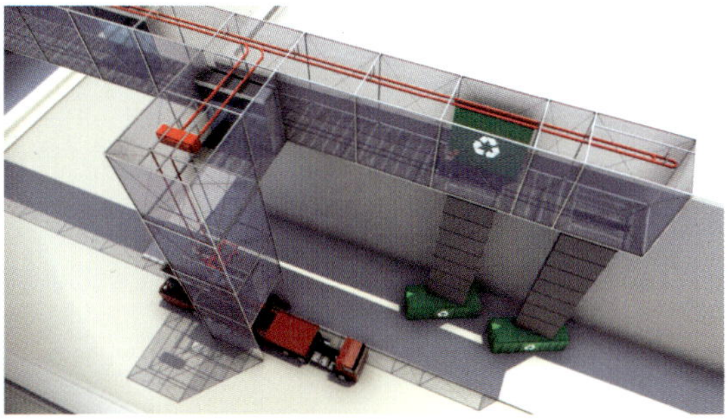

[그림 4-95] 현장 도착 및 하역

나) 양중 - 레일 기반 수직 설치 시스템

이 시스템은 건물 골조에 장착되는 수직 레일 구조를 사용하여 외관 패널을 들어 올리고 고정하기 위한 가이드 역할을 하는 시스템으로, 이런 로봇 호이스트 시스템은 레일을 따라 패널을 수직으로 들어 올리며, 크레인이나 비계의 필요성을 최소화하여 위험을 줄이고 속도를 향상시킨다.

[그림 4-96] 양중 장치

다) 설치 - 위치 지정 및 정렬

리프팅 시스템에 통합된 센서는 각 패널이 밀리미터 수준의 정확도로 배치되도록 보장하고, 조정이 자동화되어 휴먼에러(인적오류)가능성이 줄어든다. 패널은 건물에 미리 설계된 부착 지점의 브라킷을 사용하여 기계적으로 제자리에 고정되며, 외관의 구조적 무결성을 유지하면서 안전한 장착을 보장한다.

[그림 4-97] 수평양중

[그림 4-98] 수직양중

라) 안전관리

시스템은 원격으로 제어되어 작업자가 고위험 지역에서 안전한 거리를 유지하고, 자동화된 프로세스를 통해 바람이나 비로 인한 위험을 완화하므로 기존 방법에 비해 더 넓은 범위의 기상 조건에서도 작업을 계속할 수 있다.

마) 통합 및 마무리

설치 후 시스템은 휴먼 에러를 최소화하므로 패널 사이의 밀봉을 보장하여 열 성능을 향상시키고 공기 또는 물 누출을 방지하며, 품질검사는 고급 이미징 및 테스트 도구를 사용하여 수행된다. 패널은 쉽게 교체하거나 조정할 수 있어 유지 관리 또는 향후 업그레이드 시 유연성을 제공한다.

바) 자동화 양중 및 설치 시스템 방법의 장점

- **효율성**: 기존 방법에 비해 설치 시간이 최대 50% 단축된다.
- **안전**: 위험한 상황에서 육체노동을 제한하여 사고를 줄인다.
- **정밀도**: 패널의 완벽한 정렬 및 통합을 보장한다.
- **지속 가능성**: 사전 제작 및 최적화된 물류를 통해 자재 낭비를 줄인다.

이 방법은 자동화 및 정밀 엔지니어링을 활용하여 외관 설치에 혁명을 일으키고 현대 건축 관행에 새로운 기준을 설정할 것이다.

사) 현장 양중과 설치를 위한 자동화 발전과정

〈표 4-7〉 자동화 발전과정

Traditional system	Beeche System	Integrated system
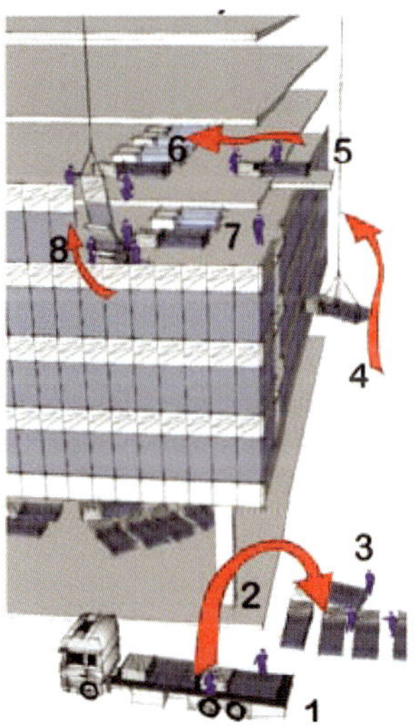	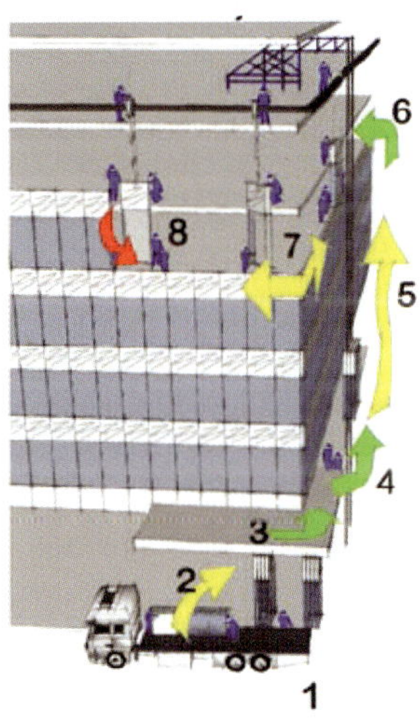	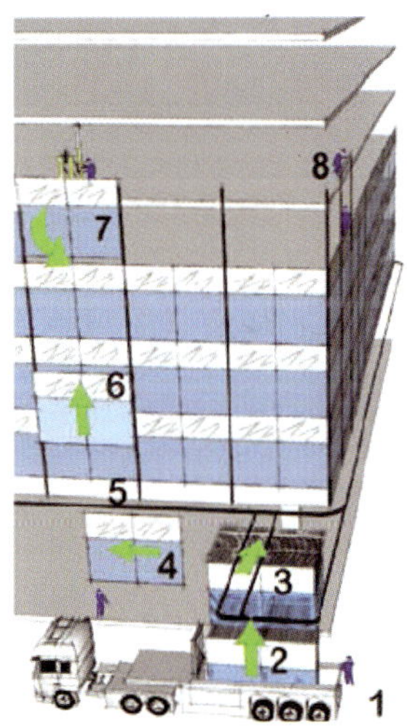
1. Transport to site 2. Off-loading to ground 3. Intermediate staging 4. Vertical transport to floor 5. Transport to floor staging 6. Staging on floor 7. Transport to installation 8. Installation	1. Transport to site 2. Off-loading to storage 3. Conveyor transport to hoist 4. Reloading to cable hoist 5. Vertical transport to floor 6. Reloading to monorail 7. Lateral transport 8. Installation	1. Transport to site 2. Off-loading to storage 3. Input to conveyor 4. Lateral transport 5. Transfer to hoist 6. Vertical transport 7. Installation 8. Installation of vertical profiles

** DEVELOPMENT OF AN INTEGRATED FACADE SYSTEM TO IMPROVE THE HIGH-RISE BUILDING PROCESS
Fredrik Friblick1, Iris D. Tommelein2, Edith Mueller3 and Jon Henrik Falk

4. 워크플로우(Workflow) 플랫폼을 이용한 생산 및 설치 현황 관리

주기적으로 변동되는 현장의 생산성은 제작공장뿐만이 아니라 자재 입고 현황 및 설치 현황 등 다양한 요소에 의해 연향을 받는다. 매주 수집하여 원하는 포맷에 맞추어 작성하는 작업은 반복적이고 번거로울 수 있다,

일반적으로 데이터 분석 작업은 MS Excel을 통해 이루어지지만, 실시간 현황 관리나 공동작업이 어렵고 결과물을 메일로 주고받는 과정이 번거롭다. 이러한 불편함을 해소하기 위한 여러 종류의 워크플로우 온라인 제품이 있으며, 그중 Smartsheet는 Excel과 유사하면서도 공동작업을 위한 도구로 매우 유용한 프로젝트 관리 도구이다.

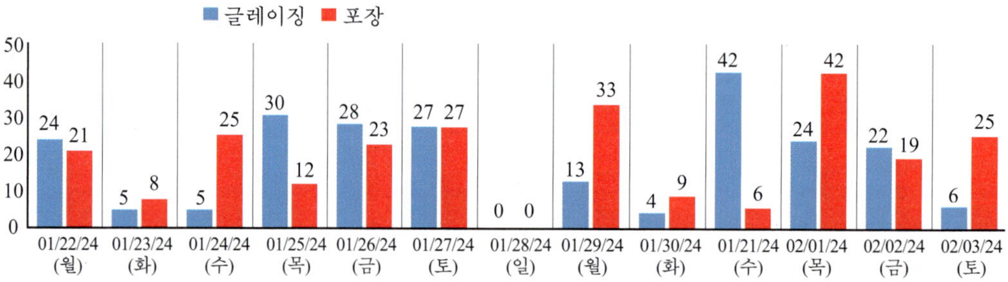

[그림 4-99] 프로젝트별 생산 실적 관리 - 대시보드

Smartsheet는 실시간 공동작업, 자동화, 프로젝트 추적이 워크플로에 필수적인 경우 선택하는 도구이다. 이는 팀 조정을 단순화하고 지속적인 수동 조작 없이 작업이 효율적으로 완료되도록 도와준다. 반면 Excel은 상세한 데이터 분석, 유연성 및 강력한 계산이 중요한 시나리오에서 탁월한 성능을 발휘한다. 데이터에 대한 제어가 필요하고 독립적으로 작업하거나 소규모 팀을 관리하는 것이 편한 사용자에게 이상적이다.

Smartsheet는 실시간 공동작업, 자동화, 프로젝트 추적이 필요한 워크플로우에 적합한 도구이다. 이는 팀 조정을 단순화하고 지속적인 수동 조작 없이 작업이 효율적으로 완료되도록 도와준다. 반면, Excel은 상세한 데이터 분석, 유연성 및 강력한 계산이 중요한 시나리오에서 탁월한 성능을 발휘한다. 데이터에 대한 제어가 필요하고 독립적으로 작업하거나 소규모 팀을 관리하는 사용자에게 이상적이다. 궁극적으로 Smartsheet와 Excel 사이의 선택은 공동작업, 프로젝트 지향 환경 관리에 중점을 두는지 아니면 사용자 지정 도구를 사용하여 심층적인 데이터 분석에 중점을 두는지에 따라 달라질 수 있다.

스마트시트의 기본 기능 중 하나인 간트 차트(공정 관리)는 기존의 MS Project와 매우 유사하며, 담당자마다 업무 내용을 분리하거나 통합하여 관리하는 작업이 뛰어나다. 공장 또는 현장에

서 담당자가 해당 작업의 UNIT No. 현황을 입력하면 그 날짜가 자동으로 등록되어 현황 관리가 쉬워진다.

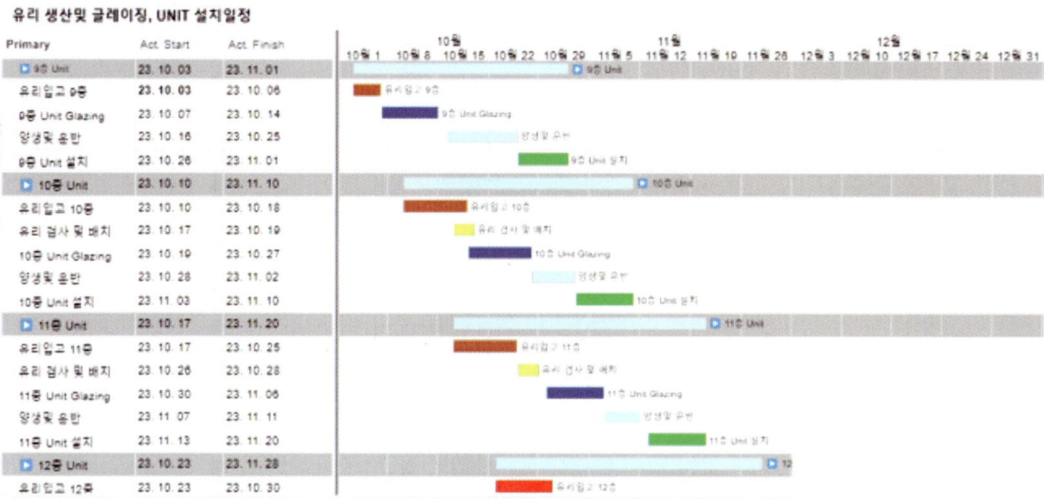

[그림 4-100] 칸트차트 방식의 일정관리

가) 협업 및 실시간 업데이트

Smartsheet는 실시간 공동작업을 위해 설계되었다. 예를 들어, 커튼월에서 유니트 프레임 조립, 유리 작업, 포장, 출하, 입고, 현장 설치 등을 실시간으로 추적 관리할 수 있다. 공장의 생산 관리 담당자는 기존에 사용하던 생산 ERP 데이터를 Smartsheet에 자동으로 전송하여 지속적으로 업데이트하거나, 기본 층별 유니트 넘버만 테이블로 입력해 둔 후 적당한 포맷을 사용하여 조립, 유리, 포장, 출하, 실치 단세별 진행 현황을 일정한 심벌로 표시하면, 그 옆 셀에 입력된 날짜가 자동으로 기록된다. 이를 통해 현황이 실시간으로 관리되며, 현장에 있는 사람은 생산 현황을 모니터로만 확인할 수 있다. 여러 사용자가 동일한 프로젝트 시트에서 동시에 작업할 수 있으며, 한 사용자가 변경한 내용은 다른 모든 사용자에게 즉시 표시되어 동기화를 유지하고 정보를 자주 업데이트해야 하는 팀에 특히 유용하다.

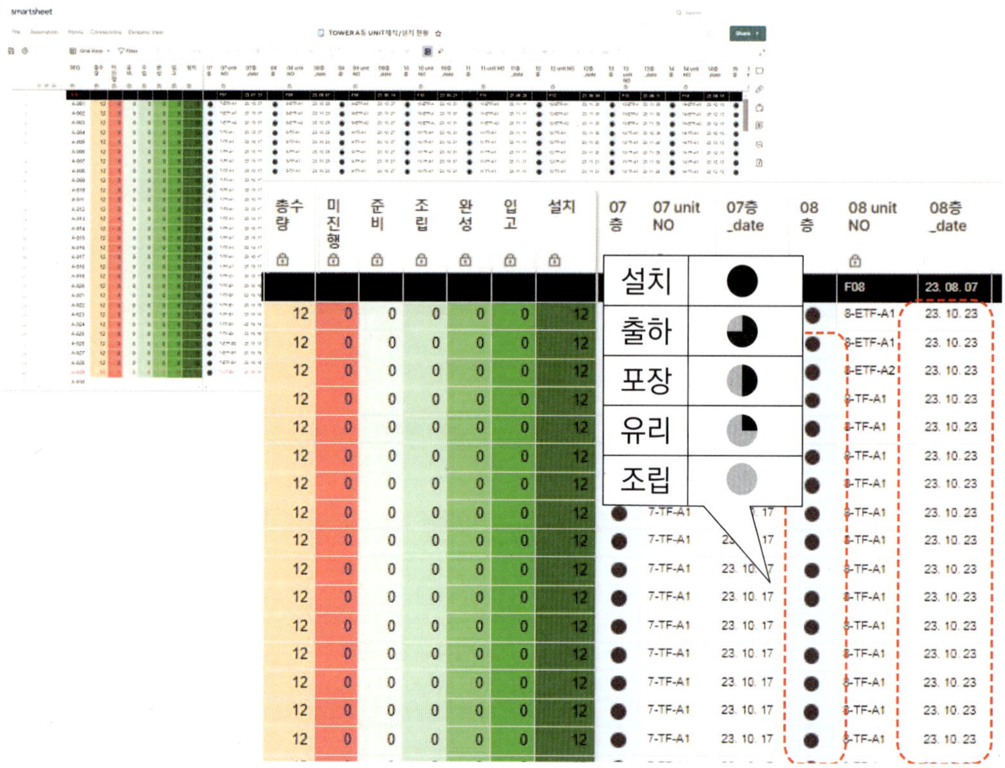

[그림 4-101] 현장관리용 유닛 생산 및 설치 현황

나) 자동화 및 작업 흐름 효율성

Smartsheet는 자동화 기능이 내장되어 있어 사용자가 알림 보내기, 작업 할당, 상태 업데이트 등 반복적인 작업에 대한 워크플로를 설정할 수 있다. 이를 통해 효율성이 향상되고 수작업이 줄어든다. Excel은 매크로 및 VBA를 통해 자동화할 수 있지만 프로그래밍 기술이 필요하므로 작업을 자동화하는 것이 더 복잡하고 시간이 많이 걸린다.

다) 보고 및 대시보드

Smartsheet는 프로젝트 상태 및 성과 지표에 대한 명확한 개요를 제공하는 대화형 사용자 정의 가능한 대시보드를 제공한다. 반면, Excel은 대시보드를 지원하지만, 대시보드를 만들고 유지하려면 더 많은 수동 작업이 필요하고 차트 및 수식 도구를 확실히 이해해야 한다. 또한, Smartsheet는 Slack, Google Workspace, Microsoft Teams 및 다양한 CRM/ERP 시스템과 원활하게 통합되어 플랫폼 간 원활한 데이터 교환을 보장하기도 하며, 클라우드 기반이므로 인터넷 연결이 가능한 곳이라면 어디에서나 데이터에 실시간으로 액세스할 수 있다. Excel도 Office 365를 통해 OneDrive 또는 SharePoint를 통해 클라우드 저장소를 제공하지만, 실시간 공동작업 기능은 Smartsheet에 비해 부족한 것이 사실이다.

이러한 업무의 자동화와 간결화는 커튼월 엔지니어에게 보다 기술적이고 전문적인 업무에 집중할 수 있도록 하며, 휴먼 에러에 의한 스트레스를 해소할 수 있는 방법이 될 수 있다.

[그림 4-102] 프로젝트 실적현황 – 대시보드

4. 기술 변화에 따른 엔지니어의 역할 변화

전통적으로 엔지니어는 도면 작성과 시공 관리에 중점을 두었지만, 3D 모델링과 자동화 도입으로 엔지니어의 역할이 점차 변화하고 있다. 이제 엔지니어는 설계부터 시공, 유지보수까지 전 과정을 관리하는 통합적인 역할을 맡게 되며, 디지털 도구와 데이터를 효율적으로 활용할 수 있어야 한다.

앞으로의 엔지니어는 3D 모델링, BIM, 자동화 기술 등을 이해하고 활용하는 능력을 갖추어야 한다. 이는 단순히 건축 설계를 넘어 데이터 분석, 시뮬레이션, 프로그래밍 등 폭넓은 기술적 역량을 요구한다. 미래의 엔지니어는 이러한 기술의 발전을 빠르게 수용하고, 디지털 도구를 활용하여 더 정밀하고 빠른 설계를 수행해야 할 것이다.

교육 시스템 또한 변화해야 한다. 디지털 기술과 자동화가 중요한 시대에, 미래의 엔지니어들은 단순한 설계 기술을 넘어 디지털 트윈, 인공지능, 머신러닝 등의 신기술을 학습하고 적용하는 능력을 배워야 할 것이다.

CHAPTER

05 구조

1절 외피 시스템 하중

2절 커튼월의 요구 구조성능

제5장 | 구조

1절. 외피시스템 하중

1. 개요

최근 이상기후로 인해 태풍 또는 강풍에 의한 외장재 탈락 사고가 빈번히 발생하고 있으며, 도심지 또는 해안가의 고층 건축물 주변에서 발생하는 빌딩풍에 의한 유리창 파손 사고도 다수 보고되고 있다.

또한 최근 들어 우리나라에서 지진의 다수 발생하고 있으며, 경주와 포항에서 발생한 규모 5.8 및 5.4의 두 차례 지진에서 구조체가 심각한 피해를 입은 건축물도 다수 있었으나 비구조요소의 지진피해는 더욱 광범위하게 발생하는 사례가 보고되고 있다.

이 장에서는 이러한 외피시스템에 적용되는 다양한 하중들을 다룰 예정이며, 이를 통해 외피시스템의 구조설계 시 적절한 하중을 적용할 수 있도록 하고자 한다.

국내 건축물의 외피시스템에 관련된 하중기준은 『건축물 설계하중(KDS 41 12 00 - 2022)』를 적용하고 있으며, 기존에 국내 기준상에서 제정되어 있지 않거나 모호하게 표현되어 있는 경우 미국의 하중기준인 『ASCE 7-16』를 참고하여 적용하고 있다.

본 장에서는 사용자들에게 외피시스템에 적용되는 다양한 하중들의 값과 산정 방법을 제공하고자 하며, 이는 외피시스템의 설계 시 기초적인 정보를 제공하는 용도로 활용될 수 있다.

다만, 하중을 산정하고 이에 따라 실제 외피시스템에 구체적인 구조설계를 수행하는 것은 관계 전문기술자와의 협력하에 이루어져야 한다.

2. 고정하중

외피시스템 재료별 고정하중

〈표 5-1〉 외피시스템 재료별 고정하중

	단위중량 (kN/m³, kgf/m³)	두께		무게 (kN/m²)	
		품목	구성	실제값	적용 값
유리	24.53 kN/m³ 2500 kgf/m³	24 mm	6 + 12A + 6	0.2943	0.30
		24 mm	5 + 12A + 5	0.2453	0.25
		8 mm	단판유리	0.1962	0.20
접합유리	접합 필름 10.49 kN/m³ 1070 kgf/m³	10.76 mm	5 + 0.76pvb + 5	0.2532	0.30
		13.52 mm	6 + 1.52pvb + 6	0.3102	0.35
		17.52 mm	8 + 1.52pvb + 8	0.4083	0.45
		21.52 mm	10 + 1.52pvb + 10	0.5064	0.55
알루미늄	26.48 kN/m³ 2700 kgf/m³	2 mm		0.0530	0.10
		3 mm		0.0794	0.10
		4 mm		0.1059	0.15
		5 mm		0.1324	0.15
		6 mm		0.1589	0.20
		7 mm		0.1853	0.20
스틸	76.98 kN/m³ 7850 kgf/m³	2 mm		0.1540	0.20
		3 mm		0.2309	0.25
		4 mm		0.3079	0.35
		5 mm		0.3849	0.40
		6 mm		0.4619	0.50
		7 mm		0.5389	0.55
알루미늄 복합패널	18.63 kN/m³ 1900 kgf/m³	3 mm	0.5 + 2 + 0.5	0.0559	0.10
		4 mm	0.5 + 3 + 0.5	0.0745	0.15
글라스울 패널	외피, 내피 76.98 kN/m³ 7,850 kgf/m 글라스울 0.63 kN/m³ 64 kgf/m³	50 mm	0.5 + 49 + 0.5	0.1077	0.15
		75 mm	0.5 + 74 + 0.5	0.1234	0.15
		100 mm	0.5 + 99 + 0.5	0.1391	0.20
		125 mm	0.5 + 124 + 0.5	0.1548	0.20
		150 mm	0.5 + 149 + 0.5	0.1705	0.25
석재	화성암(화강암, 안산암) 25.50 kN/m³ 2,600 kgf/m³	30 mm		0.7649	0.80
		60 mm		1.5298	1.55
		90 mm		2.2947	2.30
대리석	변성암(대리석-백운석) 25.50kN/m³ 2900kgf/m³	10 mm		0.2844	0.30
		15 mm		0.4266	0.45
		20 mm		0.5688	0.60

내수합판	6.86 kN/m³ 500~700 kgf/m³	12 mm		0.0824	0.10
		15 mm		0.1030	0.15
		18 mm		0.1236	0.15
GFRC	23.54 kN/m³ 1,800~2400 kgf/m³	–			
테라코타	21.57 kN/m³ 1,800~2,200 kgf/m³	–			
메탈라스	–	XG21		0.1344	0.15
		XG22		0.1795	0.20
		XG23		0.2314	0.25
		XG11		0.1422	0.15
		XG12		0.1905	0.20
		XG13		0.2442	0.25
그레이팅	–	I–25×5×3	30 mm	0.3079	0.35
			35.3 mm	0.2687	0.30
			40 mm	0.2462	0.25
		I–32×5×3	30 mm	0.3785	0.40
			35.3 mm	0.3315	0.35
			40 mm	0.2971	0.30
		I–38×5×3	30 mm	0.4344	0.45
			35.3 mm	0.3785	0.40
			40 mm	0.3452	0.35
		I–44×5×3	30 mm	0.4962	0.50
			35.3 mm	0.4315	0.45
			40 mm	0.3933	0.40

2. 풍하중(외장재 풍하중, 풍동실험 등)

가. 외장재 설계용 풍하중 산정 프로세스 (KDS 41 12 00 : 2022)

▷ 적용범위 및 기본방침

건축구조물의 외장재 등을 설계하는 경우의 풍하중을 산정할 때 적용하며, 다음의 모든 조건을 만족하여야 한다. 조건 미충족 시 특수한 영향들을 고려, 풍동실험에 따라 특별풍하중을 산정하여야 한다.

(1) 건축물의 형상은 정형적이어야 한다.

(2) 건축물은 와류방출, 공기력불안정진동 등을 유발하는 응답 특성을 나타내지 않아야 한다.

(3) 건축물은 풍상측의 장애물에 의해 발생하는 골바람 효과나 후류버펫팅을 받는 곳에 위치하지 않아야 한다.

외장재 설계용 풍하중 W_c는 기준높이 H에 따라 산정한다. 단, 외장재 설계용 풍압에 해당하는 W_c/A_c는 675 N/m^{2}보다 작지 않아야 한다.

▷ 풍하중 산정 프로세스

• 기준높이 20m 이상 건축구조물

(1) 외장재 설계용 풍하중 W_C는 아래 두 종류로 구분하여 산정한다.

① 정압인 외벽

지상높이 z에서의 외장재 설계용 풍하중 $W_C(z)$ 는 식(5−1)에 따라 산정한다.

$$W_C(z) = q_H\,(k_z\,\hat{C}_{pe} - \hat{C}_{pi})\,A_C \text{ N)} \quad \cdots \text{식 (5−1)}$$

② 부압인 외벽 및 지붕면 외장 재설계용 풍하중 W_C는 식(5−2)에 따라 산정한다.

$$W_C = q_H\,(\hat{C}_{pe} - \hat{C}_{pi})\,A_C \text{ N)} \quad \cdots \text{식 (5−2)}$$

여기서, k_z : 높이 방향 압력분포 계수

q_H : 기준높이 H에 대한 설계속도압 (N/m^2)

$\hat{C}_{pe}$: 외장재 설계용 피크외압계수

$\hat{C}_{pi}$: 외장재 설계용 피크내압계수

A_C : 외장재 등의 유효수압면적 (m^2)

• 기준높이 20 m 미만 건축구조물

(1) 외장재 설계용 풍하중W_C는 벽, 지붕을 구분하지 않고 식(5−3)에 따라 산정한다. 단, 여기서 건설 지점의 지표면조도구분이 A, B, C에 해당하는 경우에는 지표면조도구분 C에서의 설계속도압 q_H를 적용하고, 건설 지점이 지표면조도구분 D인 경우에는 해당 지표면조도구분의 설계속도압 q_H를 적용한다.

$$W_C = q_H\,(\hat{C}_{pe} - \hat{C}_{pi})\,A_C \text{ (N)} \quad \cdots \text{식 (5−3)}$$

여기서, q_H : 기준높이 H에 대한 설계속도압 (N/m^2)

$\hat{C}_{pe}$: 외장재 설계용 피크외압계수

$\hat{C}_{pi}$: 외장재 설계용 피크내압계수

A_C : 외장재 등의 유효수압면적 (m^2)

풍하중 산정 프로세스

Step.1　지역 기본풍속 분석 (V_o)

Step.2　기준높이 산정(h)

Step.3　지표면 조도 판단

Step.4　지형계수, 중요도 계수 적용

Step.5　설계풍속(V_H) 산정

$$V_H = V_0 K_D K_{zr} K_{zt} I_W \quad \text{식 (5-4)}$$

설계풍속(V_H) = 기본풍속×풍향계수×풍속고도분포계수×지형계수×중요도계수

Step.6 설계속도압(q_H) 산정

$$q_H = 1/2 \rho V^2_H$$

Step.7　높이방향 압력분포계수(k_z) 산정

Step.8　외장재 설계용 풍압계수 – 피크내압계수, 피크내압계수 산정

Step.9　단위면적당 설계풍압 결과 도출

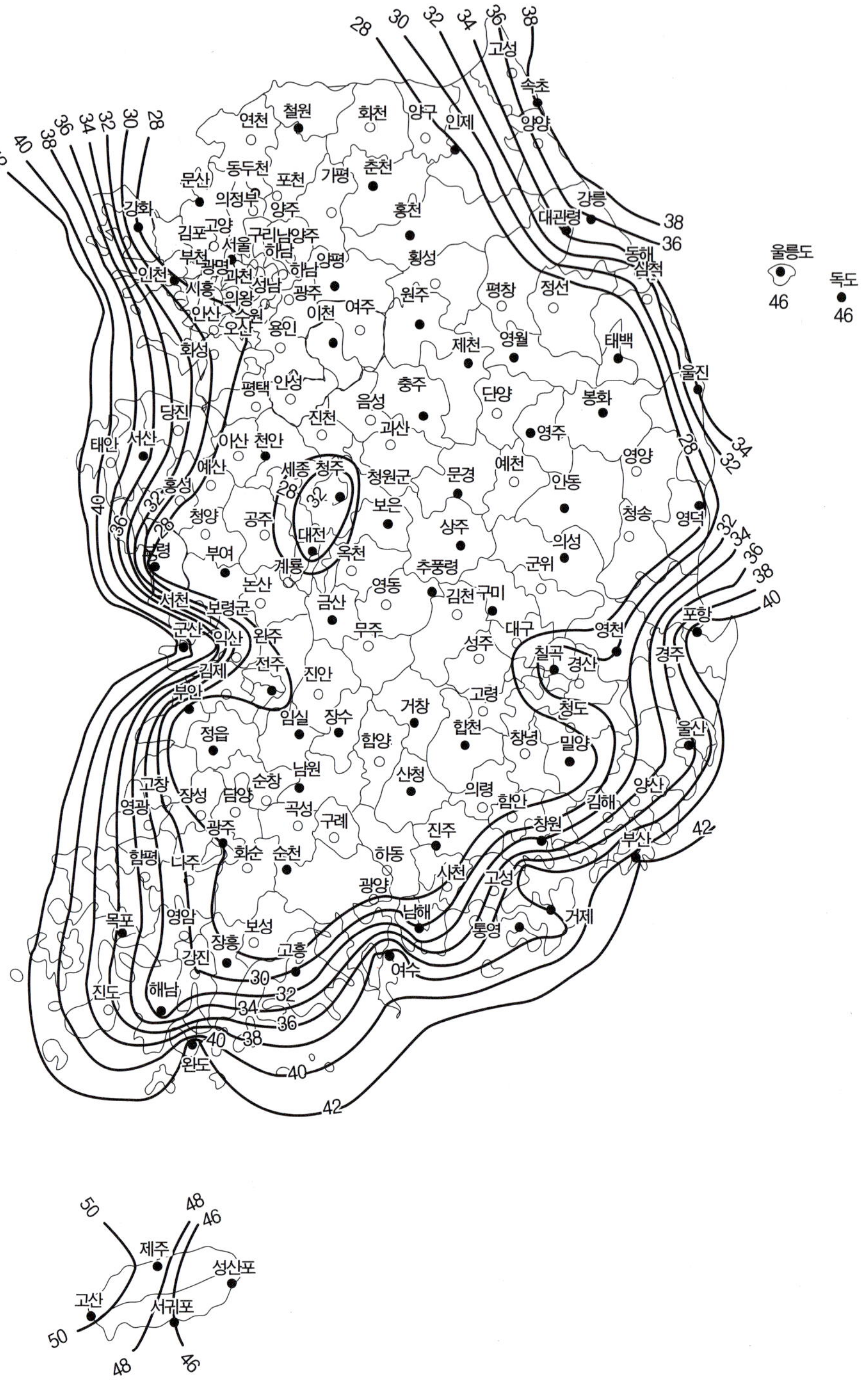

주] 1) 지도의 지역 명칭 중 ●는 기상관청이 설치된 지역으로 기상관청이 위치한 곳을 나타내고, ○는 기상관청이 없는 지역으로 시청 및 군청 소재지가 위치한 곳이다.
2) 건설 지점이 등풍속선 사이에 위치할 때는 인근 등풍속선 중 큰 값을 사용한다.

[그림 5-1] 기본풍속 V_0 (재현기간 500년 풍속) (m/s)

나. 기본풍속과 지표면조도에 따른 풍하중 차이

▷ 기준높이 20 m 미만의 건축물 외장재 벽면 풍하중 표

기준높이 20 m 미만의 건축물이며, 유효수압면적 1.0 m^2으로 가정하였으며, 중요도계수 1.0 기준임.

〈표 5-2〉 기본풍속별 건축물 외장재 벽면 풍하중 표 (20m 미만)

20 m 미만 건축물 외장재 벽면 풍하중 표										
기본 풍속 (V_0) (m/s)	기준 높이 (H) (m)	지표면조도								
		A, B			C			D		
		정압④ ⑤	부압④	부압⑤	정압④⑤	부압④	부압⑤	정압④⑤	부압④	부압⑤
	3				1.35	−1.06	−1.35	1.72	−1.35	−1.72
	6				1.35	−1.06	−1.35	1.85	−1.45	−1.85
	9				1.35	−1.06	−1.35	2.01	−1.58	−2.00
28	12	지표면조도 C와 동일 적용			1.43	−1.12	−1.43	2.13	−1.67	−2.12
	15				1.53	−1.20	−1.53	2.22	−1.74	−2.22
	18				1.62	−1.27	−1.61	2.31	−1.81	−2.30
	20				1.67	−1.31	−1.66	2.35	−1.85	−2.35
	3				1.55	−1.21	−1.54	1.98	−1.55	−1.97
	6				1.55	−1.21	−1.54	2.13	−1.67	−2.12
	9				1.55	−1.21	−1.54	2.31	−1.81	−2.30
30	12	지표면조도 C와 동일 적용			1.64	−1.29	−1.64	2.44	−1.92	−2.44
	15				1.76	−1.38	−1.75	2.55	−2.00	−2.55
	18				1.86	−1.46	−1.85	2.65	−2.08	−2.64
	20				1.91	−1.50	−1.91	2.70	−2.12	−2.70
	3				1.76	−1.38	−1.76	2.25	−1.76	−2.24
	6				1.76	−1.38	−1.76	2.42	−1.90	−2.41
	9				1.76	−1.38	−1.76	2.62	−2.06	−2.62
32	12	지표면조도 C와 동일 적용			1.87	−1.47	−1.87	2.78	−2.18	−2.77
	15				2.00	−1.57	−2.00	2.90	−2.28	−2.90
	18				2.11	−1.66	−2.11	3.01	−2.36	−3.01
	20				2.18	−1.71	−2.17	3.07	−2.41	−3.07
	3				1.99	−1.56	−1.98	2.54	−1.99	−2.53
	6				1.99	−1.56	−1.98	2.73	−2.14	−2.73
	9				1.99	−1.56	−1.98	2.96	−2.32	−2.96
34	12	지표면조도 C와 동일 적용			2.11	−1.66	−2.11	3.13	−2.46	−3.13
	15				2.26	−1.77	−2.25	3.28	−2.57	−3.27
	18				2.38	−1.87	−2.38	3.40	−2.67	−3.40
	20				2.46	−1.93	−2.45	3.47	−2.72	−3.46

36	3	지표면조도 C와 동일 적용	2.37	−1.86	−2.36	2.84	−2.23	−2.84
	6		2.37	−1.86	−2.36	3.06	−2.40	−3.06
	9		2.37	−1.86	−2.36	3.32	−2.60	−3.31
	12		2.37	−1.86	−2.36	3.51	−2.76	−3.51
	15		2.53	−1.98	−2.53	3.67	−2.88	−3.67
	18		2.67	−2.10	−2.67	3.81	−2.99	−3.81
	20		2.75	−2.16	−2.75	3.89	−3.05	−3.88
38	3	지표면조도 C와 동일 적용	2.48	−1.95	−2.48	3.17	−2.49	−3.16
	6		2.48	−1.95	−2.48	3.41	−2.68	−3.40
	9		2.48	−1.95	−2.48	3.70	−2.90	−3.69
	12		2.64	−2.07	−2.63	3.91	−3.07	−3.91
	15		2.82	−2.21	−2.81	4.09	−3.21	−4.09
	18		2.98	−2.34	−2.97	4.24	−3.33	−4.24
	20		3.07	−2.41	−3.06	4.33	−3.40	−4.33
40	3	지표면조도 C와 동일 적용	2.75	−2.16	−2.74	3.78	−2.96	−3.77
	6		2.75	−2.16	−2.74	3.78	−2.96	−3.77
	9		2.75	−2.16	−2.74	4.09	−3.21	−4.09
	12		2.92	−2.29	−2.92	4.34	−3.40	−4.33
	15		3.12	−2.45	−3.12	4.53	−3.56	−4.53
	18		3.30	−2.59	−3.29	4.70	−3.69	−4.70
	20		3.40	−2.67	−3.39	4.80	−3.77	−4.79

〈표 5-3〉 기본풍속별 건축물 외장재 벽면 풍하중 표 (20m 미만)

20 m 미만 건축물 외장재 벽면 풍하중 표										
기본 풍속 (V_0) (m/s)	기준 높이 (H) (m)	지표면조도								
		A, B			C			D		
		정압④⑤	부압④	부압⑤	정압④⑤	부압④	부압⑤	정압④⑤	부압④	부압⑤
	3				3.03	-2.38	-3.03	]3.87	-3.04	-3.86
	6				3.03	-2.38	-3.03	4.16	-3.27	-4.16
	9				3.03	-2.38	-3.03	4.51	-3.54	-4.51
42	12	지표면조도 C와 동일 적용			3.22	-2.53	-3.21	4.78	-3.75	-4.78
	15				3.44	-2.70	-3.44	5.00	-3.92	-4.99
	18				3.63	-2.85	-3.63	5.18	-4.07	-5.18
	20				3.75	-2.94	-3.74	5.29	-4.15	-5.29
	3				3.33	-2.61	-3.32	4.24	-3.33	-4.24
	6				3.33	-2.61	-3.32	4.57	-3.59	-4.56
	9				3.33	-2.61	-3.32	4.95	-3.89	-4.95
44	12	지표면조도 C와 동일 적용			3.53	-2.77	-3.53	5.25	-4.12	-5.24
	15				3.78	-2.96	-3.77	5.49	-4.31	-5.48
	18				3.99	-3.13	-3.98	5.69	-4.47	-5.69
	20				4.11	-3.23	-4.11	5.80	-4.56	-5.80
	3				3.63	-2.85	-3.63	4.64	-3.64	-4.63
	6				3.63	-2.85	-3.63	4.99	-3.92	-4.99
	9				3.63	-2.85	-3.63	5.41	-4.25	-5.41
46	12	지표면조도 C와 동일 적용			3.86	-3.03	-3.86	5.73	-4.50	-5.73
	15				4.13	-3.24	-4.12	6.00	-4.71	-5.99
	18				4.36	-3.42	-4.35	6.22	-4.88	-6.21
	20				4.49	-3.53	-4.49	6.34	-4.98	-6.34
	3				3.96	-3.11	-3.95	5.05	-3.97	-5.89
	6				3.96	-3.11	-3.95	5.44	-4.27	-5.89
	9				3.96	-3.11	-3.95	5.89	-4.63	-5.89
48	12	지표면조도 C와 동일 적용			4.20	-3.30	-4.20	6.24	-4.90	-6.24
	15				4.49	-3.53	-4.49	6.53	-5.13	-6.52
	18				4.75	-3.73	-4.74	6.77	-5.32	-6.77
	20				4.89	-3.84	-4.89	6.91	-5.42	-6.90
	3				4.29	-3.37	-4.29	5.48	-4.30	-5.48
	6				4.29	-3.37	-4.29	5.90	-4.63	-5.89
	9				4.29	-3.37	-4.29	6.40	-5.02	-6.39
50	12	지표면조도 C와 동일 적용			4.56	-3.58	-4.56	6.77	-5.32	-6.77
	15				4.88	-3.83	-4.87	7.08	-5.56	-7.08
	18				5.15	-4.04	-5.15	7.35	-5.77	-7.34
	20				5.31	-4.17	-5.30	7.49	-5.89	-7.49

▷ 기준높이 20 m 이상의 건축물 외장재 벽면 풍하중 표

기준높이 20 m 미만의 건축물이며, 유효수압면적 1.0 m²으로 가정하였으며, 중요도계수 1.0 기준임.

〈표 5-4〉 기본풍속별 건축물 외장재 벽면 풍하중 표 (20m 이상)

20 m 이상 건축물 외장재 벽면 풍하중 표										
기본풍속 (V_0) (m/s)	기준높이 (H) (m)	지표면조도								
		B			C			D		
		정압④⑤	부압④	부압⑤	정압④⑤	부압④	부압⑤	정압④⑤	부압④	부압⑤
	20	0.89	-0.65	-1.31	1.48	-1.07	-2.14	2.12	-1.51	-3.02
	30	1.06	-0.78	-1.56	1.67	-1.21	-2.42	2.30	-1.64	-3.28
	40	1.20	-0.89	-1.78	1.82	-1.32	-2.64	2.44	-1.74	-3.47
28	50	1.33	-0.98	-1.96	1.95	-1.41	-2.82	2.55	-1.82	-3.63
	60	1.44	-1.06	-2.12	2.06	-1.49	-2.98	2.64	-1.88	-3.77
	80	1.63	-1.20	-2.41	2.24	-1.62	-3.25	2.80	-2.00	-3.99
	100	1.80	-1.33	-2.66	2.40	-1.74	-3.47	2.93	-2.09	-4.17
	20	1.02	-0.75	-1.50	1.70	-1.23	-2.46	2.44	-1.74	-3.47
	30	1.22	-0.90	-3.28	1.92	-1.39	-2.78	2.64	-1.88	-3.76
	40	1.38	-1.02	-2.04	2.09	-1.51	-3.03	2.09	-1.51	-3.03
30	50	1.52	-1.12	-2.25	2.24	-1.62	-3.24	2.92	-2.08	-4.17
	60	1.65	-1.22	-2.44	2.36	-1.71	-3.42	3.03	-2.16	-4.32
	80	1.87	-1.38	-2.76	2.57	-1.86	-3.73	3.21	-2.29	-4.58
	100	2.06	-1.53	-3.05	2.75	-1.99	-3.98	3.36	-2.39	-4.79
	20	1.16	-0.86	-1.71	1.93	-1.40	-2.80	2.77	-1.97	-3.95
	30	1.38	-1.02	-2.04	2.18	-1.58	-3.16	3.00	-2.14	-4.28
	40	1.57	-1.16	-2.32	2.38	-1.72	-3.44	3.18	-2.27	-4.54
32	50	1.73	-1.28	-2.56	2.54	-1.84	-3.68	2.77	-1.97	-3.95
	60	1.88	-1.39	-2.77	2.69	-1.94	-3.89	3.45	-2.46	-4.92
	80	2.13	-1.57	-3.15	2.93	-2.12	-4.24	3.65	-2.61	-5.21
	100	2.35	-1.74	-3.47	3.13	-2.27	-4.53	3.82	-2.72	-5.45
	20	1.31	-0.97	-1.93	2.18	-1.58	-3.16	3.13	-2.23	-4.46
	30	1.56	-1.15	-2.31	2.46	-1.78	-3.57	3.39	-2.42	-4.83
	40	1.77	-1.31	-2.62	2.69	-1.94	-2.62	3.59	-2.56	-5.12
34	50	1.95	-1.44	-2.89	2.87	-2.08	-4.16	3.75	-2.68	-5.35
	60	2.12	-1.56	-3.13	3.03	-2.20	-4.39	3.89	-2.78	-5.55
	80	2.40	-1.78	-3.55	3.31	-2.39	-4.79	4.12	-2.94	-5.88
	100	2.65	-1.96	-3.92	3.53	-2.56	-5.12	4.31	-3.08	-6.15

36	20	1.47	−1.08	−2.16	2.45	−1.77	−3.54	3.50	−2.50	−5.00
	30	1.75	−1.29	−2.59	2.76	−2.00	−4.00	3.80	−2.71	−5.42
	40	1.99	−1.47	−2.93	3.01	−2.18	−4.36	4.02	−2.87	−5.74
	50	2.19	−1.62	−3.24	3.22	−2.33	−4.66	4.21	−3.00	−6.00
	60	2.37	−1.75	−3.51	3.40	−2.46	−4.92	4.36	−3.11	−6.23
	80	2.69	−1.99	−3.98	3.71	−2.68	−5.36	4.62	−3.30	−6.59
	100	2.97	−2.20	−4.39	3.96	−2.87	−5.74	4.83	−3.45	−6.89
38	20	1.63	−1.21	−2.41	2.72	−1.97	−3.94	3.90	−2.78	−5.57
	30	1.95	−1.44	−2.88	3.08	−2.23	−4.45	4.23	−3.02	−6.04
	40	2.21	−1.64	−3.27	3.35	−2.43	−4.86	4.48	−3.20	−6.40
	50	2.44	−1.80	−3.61	3.59	−2.60	−5.19	4.69	−3.34	−6.69
	60	2.64	−1.95	−3.91	3.79	−2.74	−5.48	4.86	−3.47	−6.94
	80	3.00	−2.22	−4.43	4.13	−2.99	−5.98	5.15	−3.67	−7.35
	100	3.31	−2.45	−4.89	4.41	−3.20	−6.39	5.38	−3.84	−7.68
40	20	1.81	−1.34	−2.67	3.02	−2.19	−4.37	4.33	−3.09	−6.17
	30	2.16	−1.60	−3.19	3.41	−2.47	−4.93	4.69	−3.35	−6.69
	40	2.45	−1.81	−3.62	3.72	−2.69	−5.38	4.97	−3.54	−7.09
	50	2.70	−2.00	−4.00	3.97	−2.88	−5.75	5.19	−3.71	−7.41
	60	2.93	−2.17	−4.33	4.20	−3.04	−6.08	5.39	−3.84	−7.69
	80	3.32	−2.46	−4.91	4.57	−3.31	−6.62	5.71	−4.07	−8.14
	100	3.67	−2.71	−5.42	4.89	−3.54	−7.08	5.97	−4.26	−8.51

〈표 5-5〉 기본풍속별 건축물 외장재 벽면 풍하중 표 (20m 이상)

20 m 이상 건축물 외장재 벽면 풍하중 표										
기본풍속 (V_0) (m/s)	기준높이 (H) (m)	지표면조도								
		B			C			D		
		정압④⑤	부압④	부압⑤	정압④⑤	부압④	부압⑤	정압④⑤	부압④	부압⑤
42	20	1.99	−1.47	−2.94	3.33	−2.41	−4.82	4.77	−3.40	−6.80
	30	2.38	−1.76	−3.52	3.76	−2.72	−5.44	5.17	−3.69	−7.38
	40	2.70	−2.00	−3.99	4.10	−2.97	−5.93	5.48	−3.91	−7.81
	50	2.98	−2.20	−4.41	4.38	−3.17	−6.34	5.73	−4.09	−8.17
	60	3.23	−2.39	−4.77	4.62	−3.35	−6.70	5.94	−4.24	−8.47
	80	3.66	−2.71	−5.42	5.04	−3.65	−7.30	6.29	−4.49	−8.97
	100	4.04	−2.99	−5.98	5.39	−3.90	−7.81	6.58	−4.69	−9.38
44	20	2.19	−1.62	−3.23	3.65	−2.64	−5.29	5.23	−3.73	−7.47
	30	2.61	−1.93	−3.86	4.12	−2.99	−5.97	5.67	−4.05	−8.10
	40	2.96	−2.19	−4.38	4.49	−3.26	−6.51	6.01	−4.29	−8.57
	50	3.27	−2.42	−4.83	4.81	−3.48	−6.96	6.28	−4.48	−8.97
	60	3.54	−2.62	−5.24	5.08	−3.68	−7.35	6.52	−4.65	−9.30
	80	4.02	−2.97	−5.95	5.53	−4.01	−8.01	6.90	−4.93	−9.85
	100	4.43	−3.28	−6.56	5.91	−4.28	−8.57	7.22	−5.15	−10.30
46	20	2.39	−1.77	−3.53	3.99	−2.89	−5.78	5.72	−4.08	−8.16
	30	2.86	−2.11	−4.22	4.51	−3.26	−6.53	6.20	−4.42	−8.85
	40	3.24	−2.40	−4.79	4.91	−3.56	−7.11	6.57	−4.69	−9.37
	50	3.57	−2.64	−5.28	5.25	−3.80	−7.61	6.87	−4.90	−9.80
	60	3.87	−2.86	−5.73	5.55	−4.02	−8.03	7.12	−5.08	−10.16
	80	4.39	−3.25	−6.50	6.05	−4.38	−8.76	7.54	−5.38	−10.77
	100	4.85	−3.58	−7.17	6.46	−4.68	−9.36	7.89	−5.63	−11.26
48	20	2.60	−1.92	−3.84	4.34	−3.15	−6.29	6.23	−4.44	−8.88
	30	3.11	−2.30	−4.60	4.91	−3.55	−7.11	6.75	−4.82	−9.63
	40	3.53	−2.61	−5.22	5.35	−3.87	−7.75	7.15	−5.10	−10.20
	50	3.89	−2.88	−5.75	5.72	−4.14	−8.28	7.48	−5.34	−10.67
	60	4.22	−3.12	−6.23	6.04	−4.37	−8.75	7.76	−5.53	−11.07
	80	4.78	−3.54	−7.08	6.58	−4.77	−9.54	8.21	−5.86	−11.72
	100	5.28	−3.90	−7.80	7.04	−5.10	−10.20	8.59	−6.13	−12.26
50	20	2.82	−2.09	−4.17	4.71	−3.41	−6.83	6.76	−4.82	−9.64
	30	3.37	−2.49	−4.99	5.32	−3.86	−7.71	7.33	−5.23	−10.45
	40	3.83	−2.83	−5.66	5.80	−4.20	−8.40	7.76	−5.54	−11.07
	50	4.22	−3.12	−6.24	6.20	−4.49	−8.99	8.11	−5.79	−11.58
	60	4.57	−3.38	−6.76	6.55	−4.75	−9.49	8.41	−6.00	−12.01
	80	5.19	−3.84	−7.68	7.14	−5.17	−10.35	8.91	−6.36	−12.72
	100	5.72	−4.23	−8.47	7.64	−5.53	−11.06	9.32	−6.65	−13.30

다. 풍동실험

▷ 풍동실험의 적용 대상 건축구조물

다음 중 하나의 조건에 해당하는 경우에는 바람으로 인하여 건축구조물에 발생하는 특수한 영향들을 고려하기 위해 풍동실험에 따라 외장재 설계용 풍하중을 산정하여야 한다.

1) 특수한 지붕골조

장경간의 현수, 사장, 막 지붕 등 경량이며 면외강성이 낮아 공기력불안정진동이 우려되는 지붕골조의 경우에는 5.17(풍동실험) 중 풍압실험을 실시하여 주골조설계용 지붕풍하중 및 외장재 설계용 풍하중을 산정하여야 한다.

2) 골바람효과가 발생하는 건설지점

국지적인 지형 및 지물의 영향으로 골바람효과가 발생하는 곳에 건축구조물이 위치하는 경우에는 풍동실험에 의해 풍속할증의 정도를 평가하여 주골조설계용 및 외장재 설계용 풍하중을 산정할 때 반영하여야 한다.

3) 인접효과가 우려되는 신축건축구조물

아래의 조건에 모두 해당하는 신축건축구조물은 5.17(풍동실험) 중 풍압실험을 실시하여 풍상측 장애물(모든 규모의 건축구조물)의 골바람효과, 후류버펫팅 및 와류방출로 인한 인접효과가 반영된 외장재 설계용 풍하중을 산정하여야 한다.

(가) 신축건축구조물들이 나란하게 또는 집단으로 배치된 경우

(나) 형상비 $H/\sqrt{BD}$가 3이상인 경우

(다) 신축건축구조물이 풍상측 장애물 폭의 10배 이내의 거리에 위치하는 경우

(라) 신축건축구조물이 평면적으로 풍상측에 위치한 두 장애물 측면에서 박리하여 골바람효과가 발생하는 곳에 위치하는 경우 또는 입면적으로 풍상측 장애물의 후류버펫팅의 영향을 받는 곳에 위치하는 경우

4) 외장재의 파손에 주의해야 할 건축구조물

아래의 각 조건에 해당하는 건축구조물은 풍압실험을 실시하여 외장재 설계용 풍하중을 산정하여야 한다.

(가) 기본풍속이 34 m/s를 초과하는 지역 또는 해안가로부터 3 km 이내에 위치하는 지역에 위치한 건축구조물 가운데 중요도(특), 중요도(1)의 건축구조물로 외장재 설계용 피

크외압계수를 적용할 수 없는 경우.

(나) 형상비 $H/\sqrt{BD}$가 3이상이고 외장재가 설치된 건축구조물로 외장재 설계용 피크외압계수를 적용할 수 없는 경우

5) 특수한 형상의 건축구조물

풍력계수를 추정하기 어려운 특수한 형상의 건축구조물, 국부풍압이 커질 것으로 예측되는 복잡한 형상을 가진 건축구조물, 특수한 외장재를 설치한 건축구조물 등으로 이 기준을 적용할 수 없는 경우에는 5.17(풍동실험)에 따라 풍동실험을 실시하여 주골조설계용 풍하중 및 외장재 설계용 풍하중을 산정하여야 한다.

풍동실험에 의한 값이 풍동실험에 의하여 규정하고 있는 기준에 의하여 평가한 값의 80% 이하가 되지 않도록 하여야 한다.

▷ 풍동실험

• 시험의 목적

신축하고자 하는 건물과 주변 조건을 동일하게 축소 모형을 제작하여 시험함으로써 건물 서로 간의 영향을 고려하여 보다 정확한 풍력계수 및 풍하중을 구체적으로 유추하고자 함.

• 풍동실험의 종류

1) 풍압실험 : 구조물 표면에 작용하는 국부적인 풍압력 판단.(외장재 구조설계에 적용)
2) 풍력실험 : 구조물 전체 / 일부에 작용하는 풍력의 크기 판단.(건물 MAIN 구조체 구조설계에 적용)
3) 공력진동실험 : 건축물의 진동특성을 모형화한 탄성모형을 이용해 와류와 같이 구조물과 바람의 상호작용에 의해 구조물에 부가되는 하중을 판단.
4) 풍환경실험 : 새롭게 건설되는 건축물 주변의 지표부근에서 발생하는 풍환경이나 거주자가 이용하는 공간에 발생하는 강풍의 판단.

• 외장재용 풍하중의 적용 범위

외장재 판넬 및 커튼월을 지지하는 중도리/띠장/스터드 등의 2차 부재(ALUM. & STEEL FRAME) 및 외장재 고정용 화스너(앵커클립 및 앵커부) 등을 대상으로 함.

• 시험방법

1) 반경 500 m 내의 건물 주변의 상황을 1/200~1/800 등으로 축소 MODEL을 제작하여 회전 TABLE 에 설치한다.
2) 건물의 RIGID MODEL 을 제작하여 주변 모델의 중앙부에 설치한다.
3) RIGID MODEL 에는 필요 부위에 Sensor (압력 TAP) 를 설치한다.
4) 제작된 모형이 실제 건물 주변 여건과 상이한 점이 없는지 검토한다.
5) 건물을 10도씩 360도 회전 시키며 FAN 을 가동한다.
6) 풍동 모델 표면에 설치된 Sensor로부터 측정한 외장재용 풍압계수 DATA를 COMPUTER PROGRAM 을 이용해 분석한다.
7) 분석된 데이터를 산정된 설계속도압과 곱하여 설계풍압을 산정, 건물의 입면에 Zoning한다.

• 풍동실험 모형(풍압 테스트)

[그림 5-2] 풍동실험 모형

[그림 5-3] 풍동실험 모형

1) 모형 외부 타공 된 홀에 튜브를 연결하고, 튜브로 들어오는 풍압을 Sensor를 통해 측정.
2) 모형의 축적과 크기에 따라 다르지만 건물내부에 모든 측정공에 연결된 튜브가 건물 내부에 삽입되어야 하므로 측정공의 개수가 제한적이다.(측정공 : 4~6층 간격, 약 200~300개)

▷ 풍동실험 결과 풍압 ZONING도 예

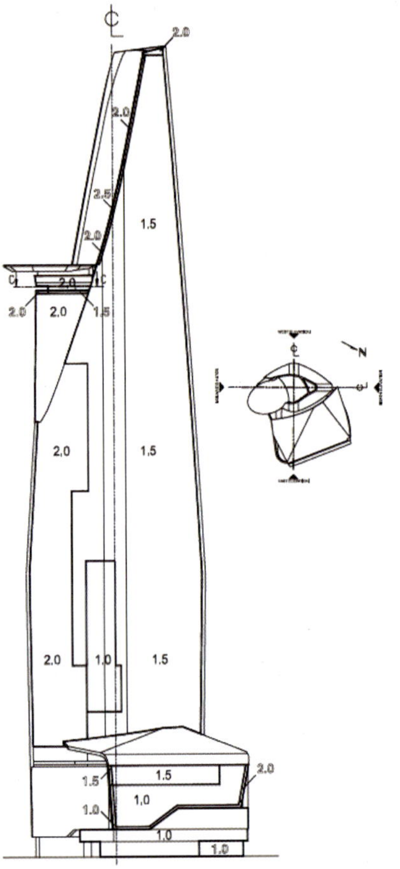

[그림 5-4] 풍압 조닝

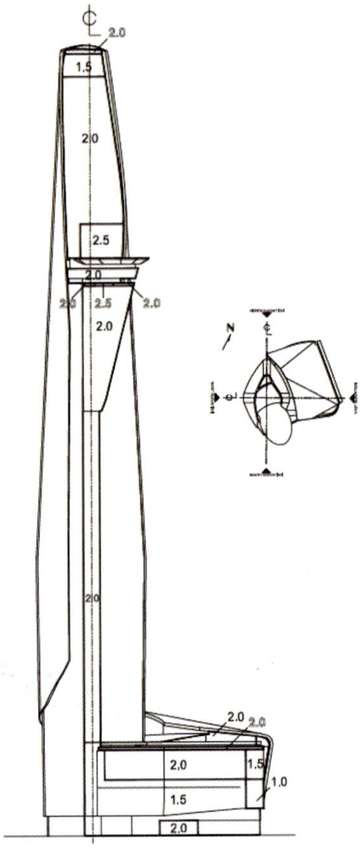

[그림 5-5] 풍압 조닝

1) 측정된 풍압 데이터 중 각 측정공에 기록된 풍압계수의 최댓값을 기준으로 엔지니어의 경험에 의한 구획을 계획한다.
2) 최대 풍압계수를 기준으로 특정 구간을 일정 풍압으로 구획하기 때문에 특정 풍압이 넓게 분포됐을 경우는 실제 측정공에 분포되어 있는 풍압 데이터를 확인할 필요가 있다.

• 풍동실험 보고서에 따른 설계풍압 선정 시 유의점

1) 건축구조기준에 비교해 다양한 풍압 ZONING의 결과가 나오기 때문에 MAIN 물량을 차지하는 대표 풍압을 산정하고, 국부적으로 발생하는 일부 높은 NON-TYPICAL 풍압에 대해서는 따로 구분 한다.
2) 풍동실험 자료는 모형의 제약 때문에 Sensor의 간격이 제한적이다.(약 4~6개 층마다 Sensor 설치) 그러므로 풍하중 데이터 중 일부 구간에 발생하는 높은 풍압 데이터에

대해서는 풍동실험을 한 실험소 엔지니어의 의견을 반영해 Zoning도의 수정 여부를 확인할 필요가 있다.

• 국내 시험소

금오공과대학교 풍동실험실, TE-Solution, 현대건설기술 연구소, 대우건설기술 연구소, C.K.P 풍공학연구소 등

3. 비구조 지진하중

〈표 5-6〉 비구조요소에 대한 용어

용어	정의	근거
비구조요소	건축비구조요소와 기계 전기비구조요소를 총칭	KDS 41 17 00 “건축물 내진설계 기준“
비구조부재	차양 장식탑 비내력벽 기타 이와 유사한 것으로서 구조해석에서 제외되는 건축물의 구성부재	
건축비구조요소	건축구조물을 구성하는 부재중에서 구조내력을 부담하지 않는 구성요소배기구, 부가물·장식물, 부착물, 비구조벽체, 악세스플로어(이중바닥), 유리·외주벽, 천장, 칸막이, 캐비닛, 파라펫, 표면마감재, 표지판·광고판 등을 포함한다.	KDS 41 10 05 “건축구조기준 총칙”
기계·전기 비구조요소	건축구조물에 부착된 기계 및 전기 시스템 비구조요소와 이를 지지하는 부착물 및 장비	

가. 적용대상

• 중요도계수 Ip가 1.5인 비구조요소

비구조요소의 중요도계수 Ip는 1.0으로 한다, 단, 다음에 해당할 경우 Ip를 1.5로 한다.

① 소화배관과 스프링클러 시스템, 소화수조 등 인명안전을 위해 지진 후에도 반드시 기능하여야 하는 비구조요소, 또한 피난 경로상의 계단, 캐노피, 비상 유도등, 칸막이벽 등 손상 시 피난 경로 확보에 지장을 주는 비구조요소와 대형 창고형 매장 등에 설치되어 일반대중에게 개방된 적재 장치

② 규정된 저장용량 이상의 독성, 맹독성, 폭발 위험 물질을 저장하거나 지지하는 비구조요소

③ 내진특등급에 해당하는 구조물에서 시설물의 지속적인 기능수행을 위해 필요하거나 손상 시 시설물의 지속적인 거동에 지장을 줄 수 있는 비구조요소

• 파라펫, 건물 외부의 치장 벽돌 및 외부치장마감석재

• 건축물 중요도에 따른 비구조요소 대상

〈표 5-7〉 중요도에 따른 내진등급

건축물 중요도	건축물 내진등급	비구조요소 내진설계	요구 내진성능
중요도 특	내진 특 등급	모두	"기능수행" 지진 중, 이후에도 기능이 유지
중요도 1	내진 I 등급	일부	"인명 안전" 지진 시 구조적으로 안전
중요도 2, 3	내진 II 등급		

〈표 5-8〉 내진등급에 따른 건축비구조요소 적용대상

대상 요소		내진등급(특)	내진등급 (I) 또는 (II)
건축 비구조 요소	파라펫	✓	✓
	외부치장벽돌	✓	✓
	외부석재마감	✓	✓
	피난경로상 계단	✓	✓
	피난경로상 캐노피	✓	✓
	피난경로상 칸막이벽	✓	✓
	대항창고매장 개방적재장치	✓	✓
	피난경로가 아닌 칸막이벽	✓	
	커튼월	✓	
	상점 앞면 유리	✓	
	칸막이벽 유리	✓	
	메달린 천장	✓	△
	이중바닥	✓	
	캐비닛, 장식물, 간판, 기타	✓	

※ 표시되어 있지 않은 비구조요소의 내진설계 여부는 건축주와 협의에 따른다.

나. 비구조요소 설계용 지진하중

18.2.1 등가정적하중

18.2.1.1 수평설계지진력

(1) 지진에 의한 수평방향 등가정적하중 F_p는 식 (5-5)에 의하여 산정한다. 지진하중이 아닌 다른 하중이 F_p를 초과하여 그에 따라 설계될 경우에도 이 절의 상세나 제한 규정은 적용되어야 한다.

$$F_p = \frac{0.4\,a_p\,S_{DS}\,W_p}{\left(\frac{R_p}{I_p}\right)}\left(1 + 2\frac{z}{h}\right) \quad \cdots\cdots \text{식 (5-5)}$$

F_p는 다음의 값을 초과할 필요는 없다.

$$F_p = 1.6\, S_{DS} I_p W_p \quad \cdots\cdots \quad \text{식 (5-6)}$$

그러나 F_p는 다음의 값 이상이 되어야 한다.

$$F_p = 0.3 S_{DS} I_p W_p \quad \cdots\cdots \quad \text{식 (5-7)}$$

여기서, F_p : 비구조요소 질량 중심에 작용하는 설계지진력

a_p : 비구조요소의 증폭계수(표 18.3-1 또는 표 18.4-1)

I_p : 비구조요소의 중요도계수

h : 구조물의 밑면으로부터 지붕 층의 평균 높이

R_p : 표 18.3-1 또는 표 18.4-1에 규정된 비구조요소의 반응수정계수

S_{DS} : 4.2에 따라 결정한 단주기에서의 설계스펙트럼가속도

W_p : 비구조요소의 작동상태를 고려한 중량

z : 구조물의 밑면으로부터 비구조요소가 부착된 높이

$z=0$: 구조물의 밑면 이하에 비구조요소가 부착된 경우

$z=h$: 구조물의 지붕 층 이상에 비구조요소가 부착된 경우

초과강도계수는 콘크리트나 조적조에 정착되는 앵커 설계 시 18.5에서 요구하는 경우에만 적용한다.

F_p는 최소한 두 직교축에 대해 독립적으로 산정되어야 하며 필요할 경우 그 요소의 사용하중 혹은 작동 시 하중과 적절히 소합되어야 한다. 하지만 수직 방향으로 캔틸레버 형식인 비구조요소의 경우 모든 수평방향으로 F_p가 작용하는 것으로 고려되어야 한다.

(1) 수직 방향 설계지진력은 $\pm 0.2 S_{DS} W_p$으로 산정하며 작용하는 수직하중과 동시에 고려한다. 다만, 비부착식 바닥패널이나 비부착식 천장패널에는 적용하지 않는다.

4. 설하중

① 기본 지상 설하중

구조물에 대한 지역별 100년 재현주기 지상 설하중의 기본값 Sg은 [그림 5-6]에 의한다. 이때 [그림 5-6]상의 지상 설하중이 $3.0 kN/m^2$ 이하인 지역의 고지대나 산간 지방 같은 특정한 지형 조건에서는 [그림 5-6]의 값을 1.5배 하여 기본 지상 설하중으로 한다.

눈의 평균 단위중량, *P*

〈표 5-9〉 눈의 평균 단위중량, *P* 참고 : KBC 2016 해표(0304.2)

수직 최심 적설 깊이 (m)	평균 단위중량 (P, 적설 깊이 1 mm당 N/m^2)
0.5 이하	1.0
1.0	1.5
1.5	2.0
2.0 이상	3.0

② 평지붕 설하중

평지붕 적설하중 S_f은 식(5-8)에 의하여 산정한다.

$$S_f = C_b \cdot C_e \cdot C_t \cdot I_s \cdot S_g \ (kN/m^2) \quad \cdots\cdots \text{식 (5-8)}$$

기본 지붕 설하중계수 C_b

기본 지붕 적설하중계수 C_b는 일반적으로 0.7로 한다.

노출 계수 C_e

노출 계수 C_e는 일반적으로 〈표 5-10〉에 의한다.

KDS 41 12 00 4.3.2 표 (4.3-1)

〈표 5-10〉 노출 계수 C_e

주변 환경	C_e
A. 모든 면의 주변이 바람막이가 없이 노출된 지붕이고, 거센 바람이 부는 지역	0.8
B. 약간의 바람막이가 있고 거센 바람이 부는 지역	0.9
C. 주변 환경에 의해 바람에 의한 설하중의 감소를 기대할 수 없는 위치	1.0
D. 바람의 영향이 많지 않은 지역 및 주변 환경에 의하여 지붕에 바람막이가 있는 지역	1.1
E. 바람의 영향이 거의 없는 조밀한 지역으로서 촘촘한 침엽수 사이에 위치한 지붕	1.2

주) (1) 주변 환경은 구조물의 수명 기간에 지속되는 높은 구조물, 나무 또는 지형 등을 말한다.
(2) 10 ho (ho는 지붕면에서 장애물까지의 높이) 거리 내에 있는 주변 환경은 바람막이가 된다.
(3) 겨울에 잎이 떨어지는 낙엽수에 의한 장애물인 경우 Ce는 0.1만큼 저감할 수 있다.

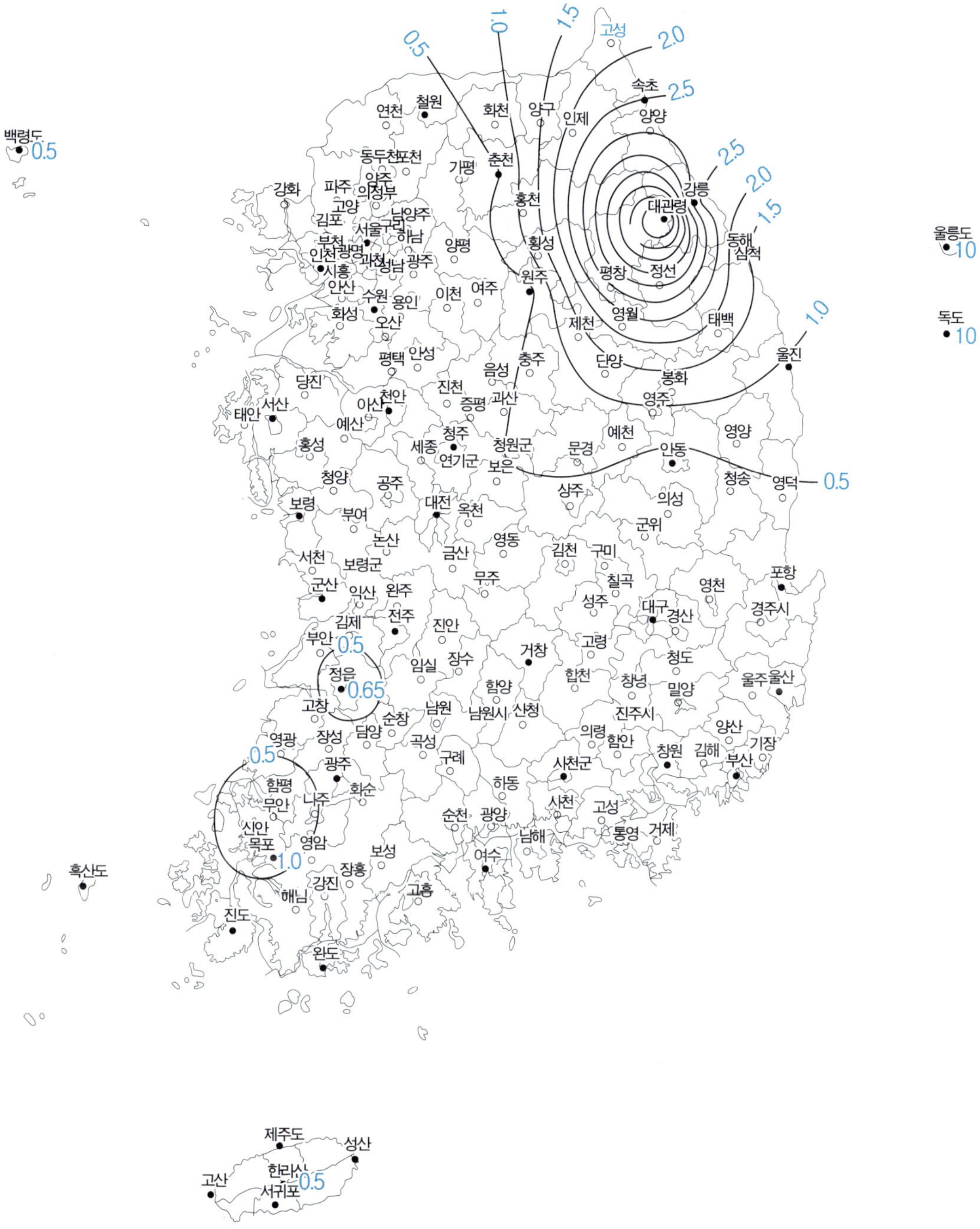

[그림 5-6] 100년 재현주기 기본 지상 설하중

주) 1) 지역 명칭은 통계청의 2012년 1월 25일 기준 "한국 행정구역 분류"에 따라 시, 군을 단위로 작성하였다.
2) ● : 최심 적설 깊이 자료가 있는 지역 ○ : 최심 적설 깊이 자료가 없는 지역이다.
3) [그림 5-6] 상의 지상 설하중이 3.0kN m2 이하인 지역의 고지대나 산간지방 같은 특정한 지형 조건에서는 [그림 5-6]의 값을 1.5배 하여 기본 지상 설하중으로 한다.

온도계수 C_t

온도계수 C_t는 일반적으로 〈표 5-11〉에 따른다.

〈표 5-11〉 온도계수 C_t

난방 상태	C_t
난방 구조물 (설하중 제어 구조)	1.0
비난방 구조물 (설하중 비제어 구조)	1.2

중요도계수 I_s

중요도계수 I_s는 〈KDS 41 10 05〉에서 정의한 중요도 등급별로 〈표 5-12〉에 따른다.

〈표 5-12〉 중요도계수 I_s

중요도	특	1	2	3
중요도계수 I_s	1.2	1.1	1.0	0.8

연속적인 절판형, 원통형 및 톱날형 지붕에서의 불균형 설하중

연속적인 절판형, 원통형 및 톱날형 지붕의 경우, 불균형 설하중은 [그림 5-7]과 같이 지붕마루의 $0.5S_f$에서 지붕골의 $2S_f/Ce$까지 증가한다.

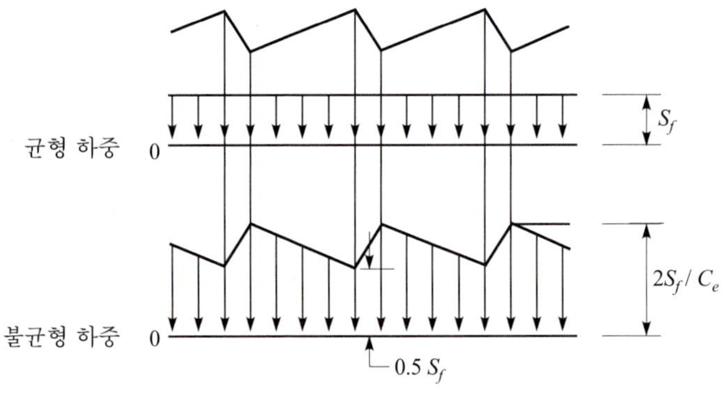

[그림 5-7] 톱날형 지붕의 균형 설하중 및 불균형 설하중

눈과 비의 혼합하중 (4.7)

비로 인한 추가 하중

지상설하중이 1.0 kN/m² 이하인 지역에서는 지붕의 경사각이 w/15 (w는 처마에서 용마루까지의 수평거리, m) 이하인 모든 지붕에 눈 위의 비로 인한 하중 0.25kN/m²을 추가하여야 한다.

이 추가 하중은 평지붕 설하중 또는 경사지붕 설하중에 적용하여야 하며 최소 설하중, 부분 재하, 국부 설하중에는 적용할 필요가 없다.

〈표 5-13〉 경사도에 따른 눈과비의 혼합하중

지붕 경사도	눈과 비의 혼합 하중에 따른 추가 하중
h/w ≦ w/15	0.25 kN/m^2
h/w > w/15	0

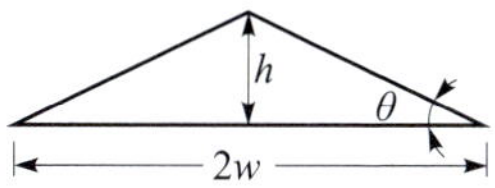

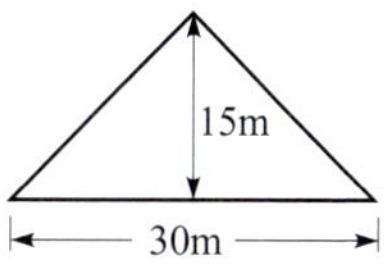

CASE 1

스판(2 w)이 30 m일 때, 처마에서 용마루까지 수직높이(h)가 15 m 이상이면 추가 하중을 고려하지 않는다.

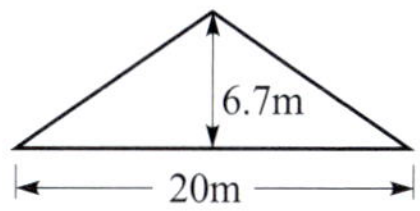

CASE 2

스판(2 w)이 20 m일 때, 처마에서 용마루까지 수직높이(h)가 6.7 m 이상이면 추가 하중을 고려하지 않는다.

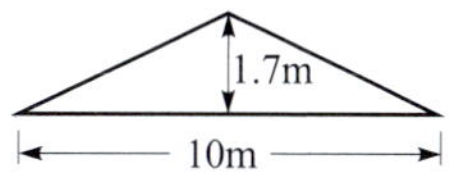

CASE 3

스판(2 w)이 10 m일 때, 처마에서 용마루까지 수직높이(h)가 1.7 m 이상이면 추가 하중을 고려하지 않는다.

5. 활하중

1. <건축구조기준〉 국토교통부고시

〈표 5-14〉 기본등분포활하중 (단위 : kN/m^2)

용도	구조물의 부분	활하중	참고
지붕 (13)	가. 점유, 사용하지 않는 지붕(지붕활하중)	1.0	유지관리 인력, 장비, 화분 적재 등 예상 시
	나. 산책로 용도	3.0	보도면에 설치(산책하는 사람의 하중만 예상되는 경우)
	다. 정원 및 집회 용도	5.0	보도면에 설치(사람의 진중, 물건 적치, 차량 진입 등 예상 시)
	라. 출입이 제한된 조경구역	1.0	
	마. 헬리콥터 이착륙장	5.0	

0303.1 일반사항

(4) 이 조항의 규정을 적용하지 않는 경우 또는 이 조항에 규정되지 않은 용도에 대해서는 합리적인 방법으로 활하중을 산정하여야 하며, 산정 근거를 명시하여야 한다.

바. 유사활하중

1) 손스침 하중

(1) 지붕, 발코니, 계단 등의 난간 손스침 부분에 대해서는 0.9 kN의 집중하중 또는 2세대 이하의

주거용 구조물일 때 0.4 kN/m, 기타의 구조물일 때 0.8 kN/m의 등분포하중을 임의의 방향으로 고려하여야 한다.

(2) 건축물 내부에 설치되는 높이 1.8 m 이상의 각종 내벽은 벽면에 직각방향으로 작용하는 0.25 kN/m^2 이상의 등분포하중에 대하여 안전하도록 설계한다. 다만, 이동성 경량칸막이벽 및 이와 유사한 것은 제외한다.

2절. 커튼월의 요구 구조성능

1. 외피시스템 적용 기준 및 제한값

일반적으로 외장재시스템의 구조적 허용치 및 적용 기준은, 현장별로 제시되어 있는 특기시방서에 따라가고 있으며 이는 국내외 기준 및 시방서 등을 혼용하여 명시되어 있음.

〈표 5-15〉 외피시스템 관련 국.내외 기준 및 시방서

<table>
<tr><th colspan="4">외피시스템 관련 국·내외 기준 및 시방서</th></tr>
<tr>
<td>
</td>
<td>
</td>
<td>
</td>
<td>
</td>
</tr>
<tr><td>(국내) 국토부 가이드라인</td><td>(국내) 유리구조 설계기준</td><td>(국내) 강구조연결설계기준</td><td>(국내) 강구조연결설계기준</td></tr>
<tr>
<td>
</td>
<td>
</td>
<td>
</td>
<td>
</td>
</tr>
<tr><td>(국내) 외벽공사 시방서</td><td>(국내) 커튼월 시방서</td><td>(국내) 유리공사 시방서</td><td>(국내) 패널 외벽공사 시방서</td></tr>
</table>

〈표 5-17〉 외장재 허용처짐

	허용 처짐		적용 기준
	조건	제한값	
외장재 프레임 (ex. 커튼월, 하지)	4110 mm 이하	L/175	KCS 41 54 02 AAMA TIR-A11-04
	4110 mm 초과	L/240 + 6.35 mm	
	캔틸레버	2L / 175	
커튼월(자중)	FIX TYPE	3.0 mm	KCS 41 54 02 AAMA MCWM-1-89
	OPEN TYPE	1.5 mm	
유리	4면 지지	L(단변) / 60	KDS 41 80 20 AS-1288 HONGKONG CODE
	3면 지지	min.[b/60, a/30]	
	2면 지지	L(지지점) / 60	
	캔틸레버	L(자유단) / 30	
	포인트지지	L(포인트 최대간격) / 60	
패널	4면 지지	L(단변) / 60	KCS 41 54 02 AAMA MCWM-1-89
	3면 지지	min.[b/60, a/30]	
	2면 지지	L(지지점) / 60	

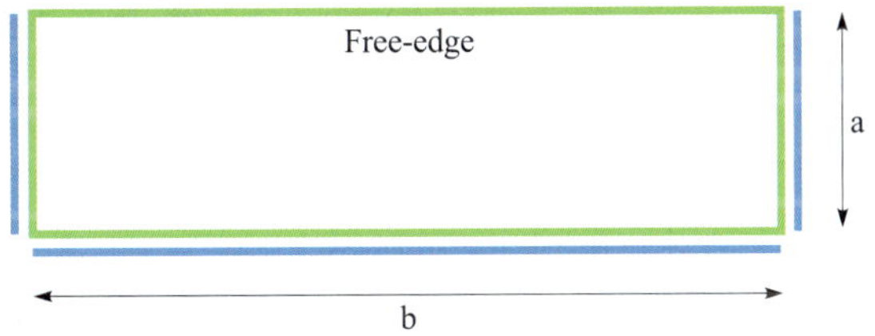

[그림 5-8] 3면지지 유리의 허용처짐

2. 커튼월 (알루미늄 프레임, 스틸 프레임)

가. 개요

① **커튼월이란?** : 건축물의 외벽을 구성하는 비구조적 요소로 주로 금속재, 유리, 석재 및 PANEL을 사용하여 비바람을 막고 소음과 열을 차단하는 역할을 하고, 외벽에 설치되는 규격화된 비내력 칸막이 벽체를 말한다.

② **온도변화에 대한 적응** : 온도변화에 따라서 팽창 및 수축할 수 있어 변형을 고려하여 설계 및 시공을 해야 한다.

③ **기후조건** : 강한 바람이나 폭설 등 기후 조건에 따라서 영향을 받을 수 있기 때문에 지역의 기후 특성을 잘 반영하여 설계나 시공이 이루어져야 한다. 내풍압, 내진, 단열, 기밀, 수밀, 결로 등의 성능이 요구된다.

나. 알루미늄 C/W 구조설계

1) 알루미늄 커튼월 SYSTEM별 소개 (STICK, UNIT)

① STICK SYSTEM 소개

a. Mullion, Transom, Glass, Panel을 현장에서 직접 설치하는 시스템, 경제적인 설계, 운반 용이, 품질관리 어려움, 신속한 현장 대응 가능

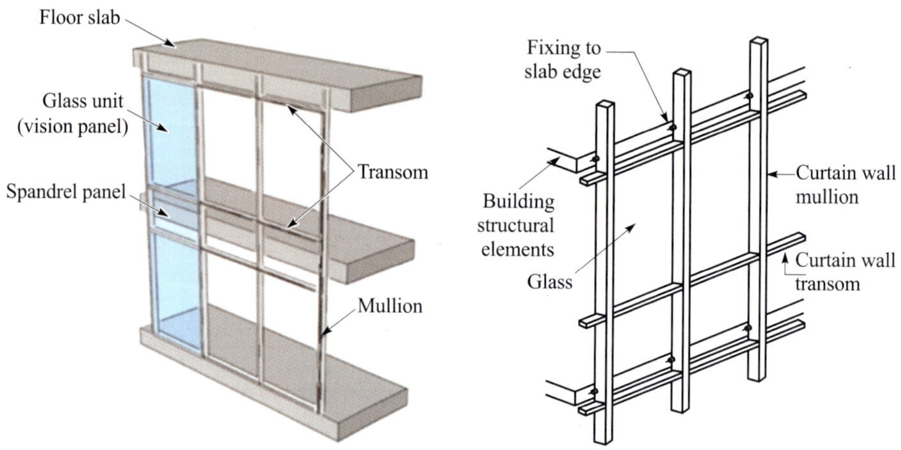

[그림 5-9] 커튼월의 용어

② UNIT SYSTEM 소개

b. 커튼월의 구성부재를 조립공장에서 하나의 UNIT로 제작하여 현장에서 운반, 설치하는 시스템. 고층건물에 유리, 품질확보, 시공성 확보, 공기단축

c. 커튼월의 경우 SYSTEM 종류에 상관없이 상부에서 풍하중과 자중을 구속하고 하부에서는 풍하중에 대해서만 구속하며, 구조체에 매달리는 SYSTEM이다.

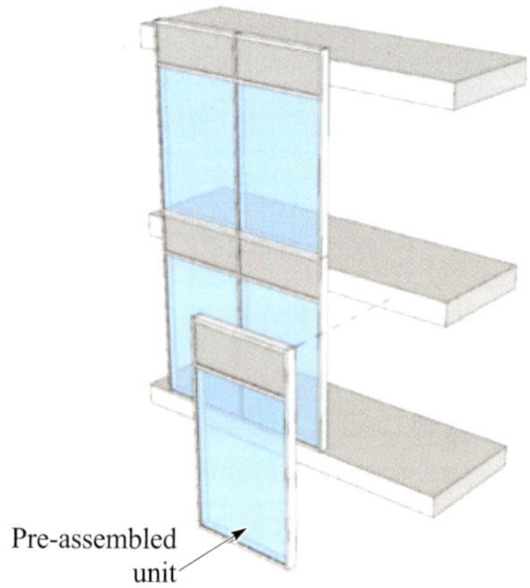

[그림 5-10] 커튼월 시공

2) 커튼월 부재 구조설계 프로세스

Step.1 도면파악 (입면도, 단면도, 창호도, 창호 평면도, 상세도, 금형 도면, 외벽평입단면 상세도)

Step.2 풍하중, 지진하중, 자중, 설하중 등 적용하중 산정

Step.3 금형(Mullion, Transom) Section Property 계산

Step.4 프로그램을 사용하여 해당 창호 모델링

Step.5 산정된 하중을 모델링에 적용 및 모델링 해석

Step.6 모델링과 엑셀을 활용하여 Mullion, Transom 응력 및 처짐 확인

Step.7 구조가 불안전할 경우 Step.6를 반복하여 최적의 구조값을 도출

Step.8 반력 확인 후 커튼월 접합부 설계 (Bolt, Screw, Welding, Bracket, Anchor 등)

Step.9 구조설계 완료 후 보고서 작성 및 제출

3) 허용응력 판단 (Aluminum Design Manual : ADM)

a. 커튼월의 경우 일반적으로 ALUM. 재질을 사용하며, ALUM.의 경우, 인장강도, 항복강도가 명확하지 않아 미국 기준인 ADM을 사용하여 구조설계를 진행한다.

b. ADM의 경우 금형의 형태와 하중방향 따라 Spec을 판단하도록 되어있음.

c. 일반적으로 3~4가지 Spec를 판단함. (#11, #14, #15, #16, #17, #18)

d. 3~4가지 Spec을 산정하여 그중 가장 작은 값이 최종 허용응력이 된다.

e. Spec의 허용응력은 ALUM.의 재질에 따라 변하므로 재질 확인은 선행되어야 한다.

f. ADM 2010에서 Spec의 번호가 변경되었음. (#11=F2.1, #14=F3.1, #15=B5.4.1, #16=B5.4.2, #17=B5.5.2, #18=B5.5.1)

4) 기본 접합부 시스템 설계

a. Steel Bolt, STS Bolt

- 허용응력설계는 KDS 14 30 25 기준을 사용하여 구조설계를 진행한다.
- 하중저항계수설계는 KDS 14 31 25 기준을 사용하여 구조설계를 진행한다.

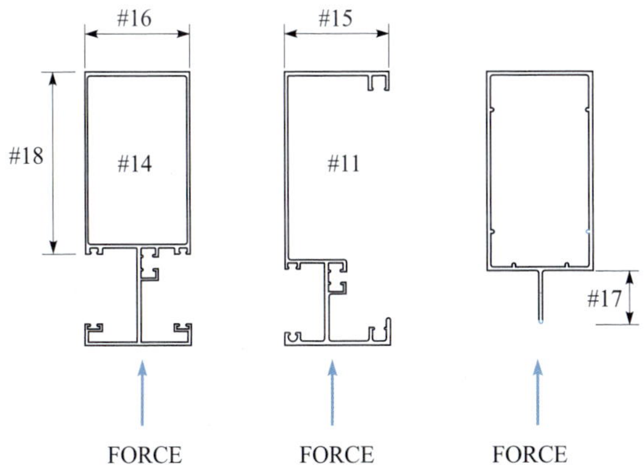

[그림 5-11] 하중방향에 따른 스펙 판단

- Bolt의 경우 Pitch, 연단거리, 측단거리 확보를 고려해야 한다.
- Pitch는 Bolt 중심간격을 나타내며, 일반적으로 3~4 d이며, 최소 Pitch는 2.5 d로 한다.
- 연단거리, 측단거리는 KDS 14 30 25 〈표 5-18〉을 참고하며 아래 표와 같다.

〈표 5-18〉 최소 연단거리

리벳 또는 볼트의 공칭직경	연단거리	측단거리[1]
16	28	22
20	34	26
22	38	28
24	44	32
27	50	38
30	54	40

주 1) 자동가스 절단 및 기계톱 절단시는 측단거리를 적용한다.

b. Screw

- Screw의 경우 Aluminum Structures 기준을 사용하여 구조설계를 진행한다.
- Screw의 경우 Spacing, 연단거리, 측단거리 확보를 고려해야 한다.
- Spacing은 Screw 중심간격을 나타내며, 일반적으로 4d 또는 10t를 초과해서는 안된다.
- 연단거리, 측단거리는 Aluminum Structures [그림 5-12]를 참고하며 아래 표와 같다.

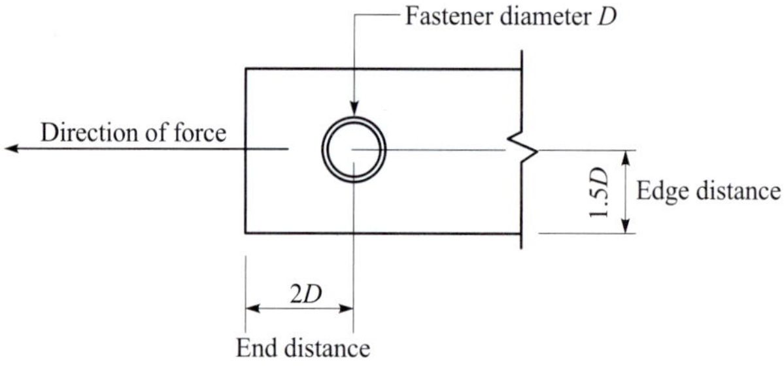

Figure 8.16 Bolt hole end distance and edge distance.

[그림 5-12] 볼트의 최소 연단거리

- 인발에 대해서는 자체인발, Pull-out, Pull-over에 대해서 검토하며, 가장 작은 값이 최종 허용값이 된다.
- 전단에 대해서는 자체전단, Bearing, Tilting에 대해서 검토하며, 가장 작은 값이 최종 허용값이 된다.

c. Steel&ALUM, Bracket

- 허용응력설계는 KDS 14 30 10 기준을 사용하여 구조설계를 진행한다.
- 하중저항계수설계는 KDS 14 31 10 기준을 사용하여 구조설계를 진행한다.
- ALUM. Bracket는 ADM 기준을 사용하여 구조설계를 진행한다.
- Steel Bracket의 경우 일반적으로 SS275 재질을 사용한다.
- ALUM. Bracket의 경우 일반적으로 6063-T6, 6061-T6, 6N01-T6 재질을 사용한다.
- Bracket는 커튼월과 구조체의 간격이 넓을수록 구조적으로 불리하며, 엔지니어의 판단에 따라서 일정 길이 이상이 될 경우 압축력에 대해서 추가적으로 구조를 검토해야 한다.
- Bracket의 경우 시공편차를 고려하기 위해 Slot Hole을 고려한다.
- 단, 설치가 완료된 후에 Slot Hole 방향으로의 움직임을 고정하기 위해 Washer에 용접을 반듯이 해야한다.
- 용접이 불가능한 현장의 경우 Serration Bracket를 사용한다

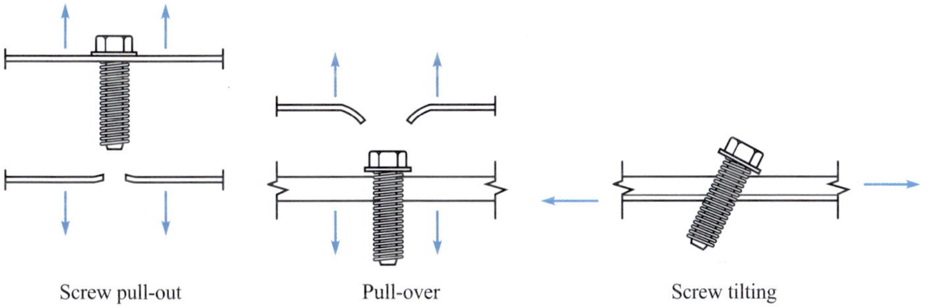

Figure 8.18 Failure modes of sheet metal screws.

[그림 5-13] 스크류의 파괴형상

d. Stud(=Wedge), Set Anchor

- Achor의 경우 일반적으로 제조사의 시험성적서 또는 Technical Manual을 참고하여 구조설계를 진행한다.
- Stud(=Wedge), Set Anchor는 전용 공구를 사용하여 시공하며, 슬리브를 확장시켜 천공 홀 표면과의 마찰력에 의해 하중을 모재에 전달하는 확장형 Anchor의 종류이다.
- 설치 시 설치 간격, 연단거리를 제조사에서 제공하는 Manual에 따라 시공해야 하며, 해당 내용이 지켜지지 않을 경우 추가 보강이 필요하다.

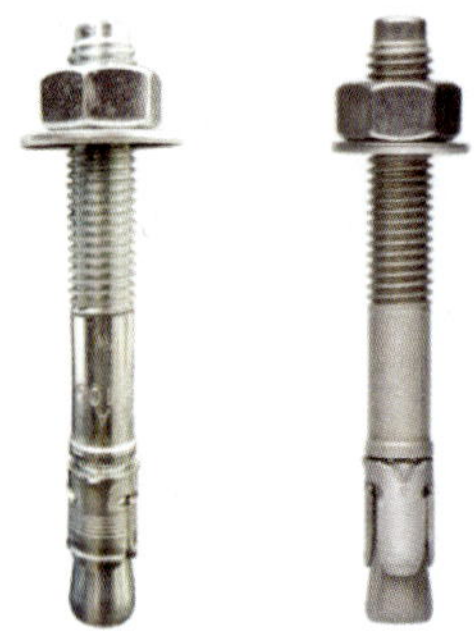

[그림 5-14] Stud(≒Wedge) Anchor

[그림 5-15] Set Anchor

- Stud(=Wedge) Anchor 설치 방법
  1. 규격에 맞는 드릴비트를 사용하여 천공한다.
  2. 내부의 먼지를 브러쉬 또는 펌프를 사용하여 깨끗하게 청소한다.
  3. 부착물을 위치시키고 Anchor를 천공 홀에 삽입한다.
  4. 토크렌치를 사용하여 적정 토크 값으로 너트를 체결한다.
  5. 적정 토크 값으로 시공하기 때문에 하중에 편차가 적다.

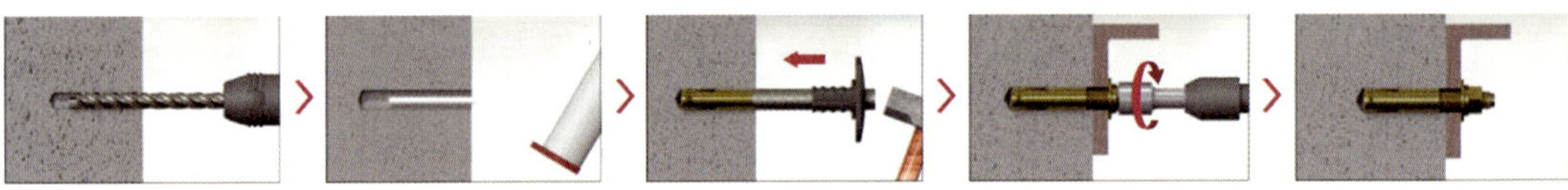

[그림 5-16] 앵커설치 예시

- Set Anchor 설치 방법
  1. 규격에 맞는 드릴비트를 사용하여 천공한다.
  2. 내부의 먼지를 브러쉬 또는 펌프를 사용하여 깨끗하게 청소한다.
  3. 와샤와 너트를 분리한 후, Anchor와 Sleeve를 천공 홀에 삽입한다.
  4. 전용 공구로 타격하여 Sleeve를 확장시켜 고정한다.
  5. 부착물을 위치시키고 공구를 사용하여 너트를 조여준다.
  6. 시공자의 타격 횟수, 타격 강도에 따라 Sleeve의 확장력이 달라지므로 하중의 편차가 크다.

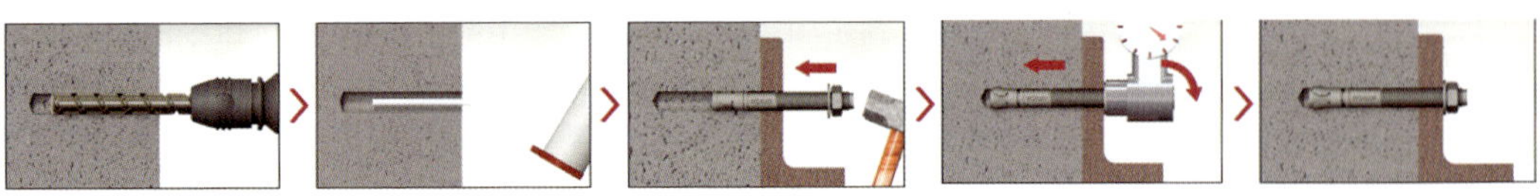

[그림 5-17] 앵커설치 예시

5) 알루미늄구조 설계기준 (KDS 41 80 10 : 2022)

- 2022년 이전에는 국내 기준에는 알루미늄에 대한 명확한 기준이 없어 미국 기준인 ADM을 기준으로 커튼월 구조설계를 진행
- 2022년 10월에 국내에 하중저항계수 설계법을 기반으로 신기준 공표
  (※ ADM에도 LRFD라는 하중저항계수 설계법이 있지만 국내 알루미늄의 정확한 인장강도와 항복강도가 없어 사용하지 않음.)
- KDS 기준은 부재의 인장강도와 항복강도를 활용하여 최대 휨모멘트를 산정한 후 모델링을 통하여 도출한 설계 휨 모멘트를 비교하여 부재의 구조적 안전성을 판단한다.
- 항복, 파단, 국부좌굴, 횡비틀림좌굴 총 4가지의 휨모멘트를 산정하여야 한다.
- ADM와 KDS 기준를 비교시 ADM기준에 비해서 KDS기준이 약 15~20 %유리하며, 결과값에 차이가 발생하는 이유는 각 기준의 설계법이 다르기 때문이다.
  ADM : 허용응력설계법 (Allowble Stress Design ; ASD)
  KDS 41 80 10 : 하중저항계수설계법 (Limit State Design : LSD)
- 단, KDS기준은 단순한 형태에 금형에 대해서만 구조설계가 가능하며 실제 현장에서 사용하는 알루미늄 금형은 복잡하기 때문에 KDS기준 사용에 무리가 있다.

다. Steel 커튼월 구조설계

① System 소개

a. BUILT-UP

- BUILT-UP System의 경우 층고 높은 저층 포디엄 구간에 주로 사용된다.
- 두께 10T 이상의 강판을 서로 용접하여 BOX 형태로 제작한다.
- 용접 시 강판의 두께가 얇으면 용접 시 발생하는 열에 의하여 휨이 발생할 수 있음.
- 강판 용접은 기본적으로 강판을 개선하여 완전용입용접을 실시한다.
- 강판의 재질은 용접 구조용 압연강재 SM강을 사용하도록 한다. (KS D 3515)
- 용접은 연속용접을 기본으로 하지만 구조적 안전성이 확인된다면 단속용접이 가능하다.
- 단, KDS 14 30 25와 KDS 14 31 25에서 명시하고 있는 최소 용접 길이와 두께는 필수적으로 지켜야 한다.
- 단속용접시 용접 중심간격(Pitch)은 300 mm를 초과해서는 안 된다. (AWS D1.1/D1.1M)

b. T-BAR

- 기본적인 내용은 BUILT-UP System과 동일하다.

- T-BAR System의 경우 Steel 커튼월의 경량화, 시야 확보에 유리하다.
- T-BAR는 형태에 의하여 강축에 대한 구조적 성능이 우수하다.
- 단, 다른 커튼월 System에 비하여 지진하중과 같이 약축에 대한 구조적 성능은 좋지 않다.
- T-BAR 부재 크기를 고려할 때 Frange와 Web의 두께를 다르게 적용할 수 있다.

c. ROLL-FORMING

- 형태는 일반적인 ALUM. 금형과 비슷하며, 재질은 SGMH400을 사용한다.
- SGMH400의 강도 (POSCO PosMAC 제품 브로슈어 참고)

  인장강도 : 400~560 MPa

  항복강도 : 295~490 MPa

  탄성계수 : 180,000 MPa
- 일반 구조용 압연강재 SS275와 SGMH400 강도 비교표

〈표 5-19〉 재료별 물성치 비교

번호	재질	인장강도	항복강도	탄성계수	비고
1	SS275	410	275	210,000	Steel
2	SGMH400	400	295	180,000	Steel
3	6063-T5	150	110	70,000	Alum.
Ratio-1	-	약 3 %감소	약 7 %증가	약 16 %감소	1/2
Ratio-2	-	약 267 %증가	약 270 %증가	약 260 %증가	2/3

- ALUM. 금형과 비교 시 구조적인 측면에서 경제적인 시공 가능하다.

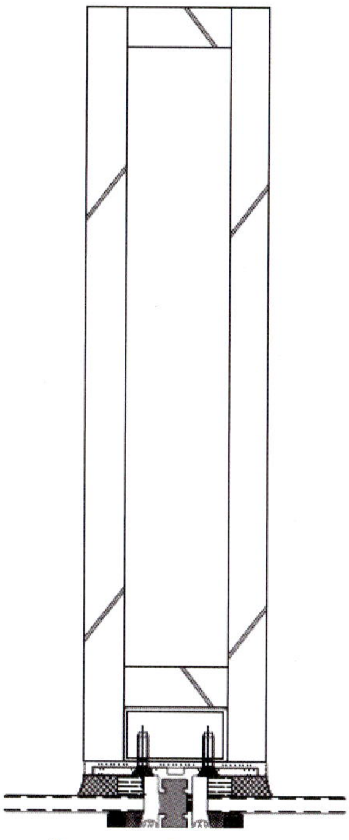

[그림 5-18] BUILT-UP

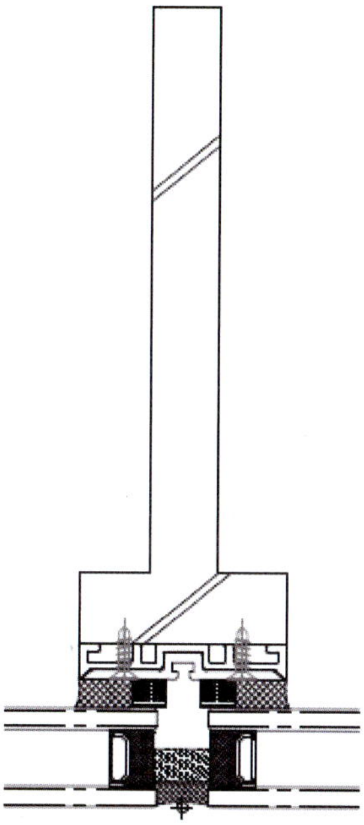

[그림 5-19] T-BAR

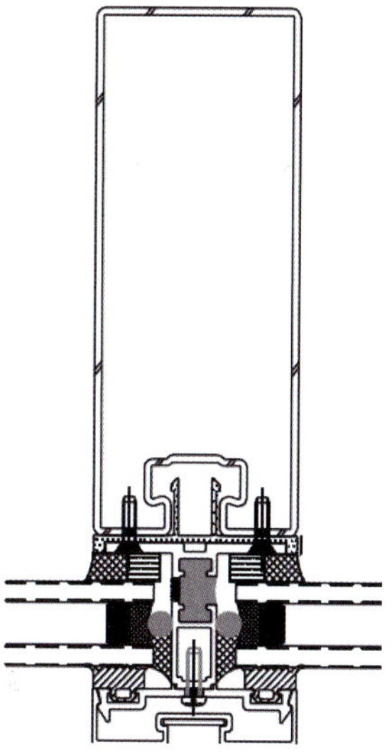

[그림 5-20] ROLL-FORMING

d. 스틸 커튼월 구조설계 프로세스

Step.1 도면파악 (입면도, 단면도, 창호도, 창호 평면도, 상세도, 금형 도면, 외벽평입단면 상세도)

Step.2 풍하중, 지진하중, 자중, 설하중 등 적용하중 산정

Step.3 ROLL-FORMING Section Property 계산 or BUILT-UP & T-BAR 부재 생성

Step.4 프로그램을 사용하여 해당 창호 모델링

Step.5 산정된 하중을 모델링에 적용 및 모델링 해석

Step.6 모델링과 엑셀을 활용하여 부재의 응력 및 처짐 확인

Step.7 구조가 불안전할 경우 Step.6를 반복하여 최적의 구조값을 도출

Step.8 반력 확인 후 커튼월 접합부 설계 (Bolt, Screw, Welding, Bracket, Anchor 등)

Step.9 구조설계 완료 후 보고서 작성 및 제출

e. Steel 커튼월 허용응력 판단

- Steel 커튼월의 경우 허용응력설계, 하중저항계수설계 모두 가능하다.
- 엔지니어의 판단 또는 현장 조건에 따라 유리하게 구조설계가 가능하다.

- 허용응력설계법 사용 시 KDS 14 30 10 기준을 사용한다.
- 하중저항계수설계법 사용 시 KDS 14 31 10 기준을 사용한다.
- 일반적으로 허용응력설계법에 비해서 하중저항계수설계법이 유리하다.
- Steel에 경우 두께에 따라 항복강도가 저감된다.

〈표 5-20〉 [표 3.3-1 주요 구조용 강재의 재료강도(MPa)]

강도	강재 기호 / 판 두께	SS235	SS275	SM275 SMA275[1]	SM355 SMA355	SM355 SMA355[1]	SS410	SM420	SS450	SM460[2] SMA460[3]	SS550
Fy	16 mm 이하	235	275	275	315	355	410	420	450	460	550
	16 mm 초과 40 mm 이하	225	265	265	305	345	400	410	440	450	540
	40 mm 초과 75 mm 이하	205	245	255	295	335	–	400	–	430	–
	75 mm 초과 100 mm 이하	205	245	245	295	325	–	390	–	420	–
	100 mm ~ 200 mm	195	235	235	275	305	–	380	–	–	–
Fu		330	410	410	490	490	540	520	590	570	690

예제 1.1 ALUM. 금형의 허용응력설계 (Aluminum Design Manual : ADM)

a. 계산조건

1) 검토부재 : $B-120\times60\times2.0T$
2) 너비 (W) : 1,000 mm
3) 높이 (H) : 3,200 mm
4) 고정간격 (L) : 3,200 mm
5) 풍하중 ($W.L$) : 1.00kPa (0.0010MPa)
6) 구조형태 : 단순보
7) 탄성계수 : 69600 MPa
8) 알루미늄 재질 : 6063-T5

b. 검토부재의 단면성능

1) 면적 (A) : 704 mm^2
2) 단면2차모멘트 (I_X) : 1355819 mm^4
3) 단면2차모멘트 (I_Y) : 462379 mm^4
4) X방향 경계 (X) : 30 mm (X방향 경계의 경우 부재 중심에서 가장 먼 거리를 사용한다.)
5) Y방향 경계 (Y) : 60 mm (Y방향 경계의 경우 부재 중심에서 가장 먼 거리를 사용한다.)
6) X 탄성단면계수 (S_X) : 22597 mm^3
7) Y 탄성단면계수 (S_Y) : 462379 mm^3
8) 비틀림 (J) : 1064553 mm^4

c. 설계값 풀이

1) 설계모멘트 (M_{MAX}) : $\{(W.L\times W)\times L^2\}/8$

$\{(0.0010\times1000)\times32002\}/8$

=1280.0k N.mm

=832.0k N.mm (0.65×1280.0k N.mm)

2) 설계처짐 (δ_{MAX}) : $\{5\times(W.L\times W)\}\times L^4/384\times E\times I$

$\{5\times(0.0010\times1000)\}\times32004/384\times69600\times1355819$

=14.5 mm

=9.4 mm (0.65×14.5 mm)

※ KDS 41 12 00 : 2022에 제시되어 있는 풍하중계수 0.65 적용하였음.

※ 설계처짐 계산에 사용되는 I값은 하중방향에 따라 I_X 또는 I_Y을 적용한다.

d. 허용값 풀이

1) 허용모멘트 (Fb)

– 검토가 진행되는 부재의 경우 Box부재 이므로 #14(F.3.1) Spec 사용

〈표 5-21〉 ADM – F.3.1

Closed Shapes Later-torsional Buckling #14(F.3.1)	Slenderness (S)	F/Ω for ($S<=S_1$)	S_1	F/Ω for ($S_1<S<S_2$)	S_2	F/Ω for ($S>=S_2$)
	$\dfrac{2\times L_b\times S_X}{C_b\times(I_Y\times J)^{1/2}}$	*	*	10.5–0.070 $S^{1/2}$	3823	23,599/5

L_b=3200 mm

S_X=22597 mm^3

C_b=1

I_Y=462379 mm^4

J=1064553 mm^4

S=206.1

F_{b1} =10.5−0.070×$\sqrt{206.1}$ ($S_1<S<S_2$)

=9.49ksi (≒65.5 N/mm^2)

– 평면상 하중 방향에 대해서 약축 검토는 #16(B5.4.2) Spec 사용

〈표 5-22〉 ADM – B.5.4.2

Flat Elements Suppores On Both Edges #16(B.5.4.2)	Slenderness (S)	F/Ω for ($S<=S_1$)	S_1	F/Ω for ($S_1<S<S_2$)	S_2	F/Ω for ($S>=S_2$)
	b/t	9.7	25.6	11.8–0.083S	50	382/S

b =60−(2.0×2)

=56 mm (금형의 내경)

t =2.0 mm

S =28

F_{b3} =11.8−0.083×28 ($S_1<S<S_2$)

=9.48 ksi (≒65.3 N/mm^2)

- 평면상 하중 방향에 대해서 강축 검토는 #18(B.5.5.1) Spec 사용

〈표 5-23〉 ADM – B.5.5.1

Flat Elements Suppores On Both Edges #18(B.5.5.1)	Slenderness (S)	F/Ω for ($S<=S_1$)	S_1	F/Ω for ($S_1<S<S_2$)	S_2	F/Ω for ($S>=S_2$)
	b/t	12.6	62.9	17.2–0.072S	119	1,017/S

b =120−(2.0×2)

=116 mm (금형의 내경)

t =2.0 mm

S =58

F_{b2}=12.6 ksi (≒86.9N/mm²)

- 위에서 구해진 F_{b1}, F_{b2}, F_{b3} 중 가장 작은 값이 최종 허용값이 된다.
  min(F_{b1}, F_{b2}, F_{b3}) = 9.48ksi (≒65.3 N/mm²)

e. 응력에 대한 최종 결과 값 풀이

- 설계 모멘트 (M_{MAX}) : 832.0k N.mm
- X 탄성단면계수 (S_X) : 22597 mm³
- 설계 응력 (f_b) : M_{MAX}/S_X

  = (832.0k N.mm / 22597 mm³)×1000

  = 36.8 N/mm²
- 허용응력 (F_b) : 65.3 N/mm²

∴ f_b/F_b=36.8/65.3=0.56>1.00(부재응력에 대해서 1.0을 초과하지 않기 때문에 안전하다.)

f. 처짐에 대한 최종 결과 값 풀이

- 설계처짐 (δ_{MAX}) : 9.4 mm
- 허용처짐 (δ_{Allow}) : L/175 (L≤4110 mm)

  =3200/175

  =18.3 mm

∴ $\delta_{MAX}/\delta_{Allow}$=9.4/18.3=0.51>1.00(부재처짐에 대해서 1.0을 초과하지 않기 때문에 안전하다.)

예제 1.2 ALUM. 금형의 하중저항계수설계 (KDS 41 80 10 알루미늄구조 설계기준)

a. 계산조건

1) 검토부재 : B−120×60×2.0T

2) 너비 (W) : 1,000 mm

3) 높이 (H) : 3,200 mm

4) 고정간격 (L) : 3,200 mm

5) 풍하중 ($W.L$) : 1.00kPa (0.0010MPa)

6) 구조형태 : 단순보

7) 탄성계수 : 70000 MPa

8) 알루미늄 재질 : 6063−T5

9) 알루미늄 재질 물성치 : 인장강도(F_u):150 MPa
항복강도(F_y):110 MPa
압축항복강도(F_{cy}):110 MPa

b. 검토부재의 단면성능

1) 면적 (A) : 704 mm^2

2) 단면2차모멘트 (I_X) : 1355819 mm^4

3) 단면2차모멘트 (I_Y) : 462379 mm^4

4) X방향 경계 (X) : 30 mm (X방향 경계의 경우 부재 중심에서 가장 먼 거리를 사용한다.)

5) Y방향 경계 (Y) : 60 mm (Y방향 경계의 경우 부재 중심에서 가장 먼 거리를 사용한다.)

6) X 탄성단면계수 (S_X) : 22597 mm^3

7) Y 탄성단면계수 (S_Y) : 462379 mm^3

8) X 소성단면계수 (Z_X) : 27616 mm^3

9) Y 소성단면계수 (Z_Y) : 17056 mm^3

8) 비틀림 (J) : 1064553 mm4

c. 설계값 풀이

1) 설계모멘트 (M_{MAX}) : $\{(W.L \times W) \times L^2\}/8$
{(0.0010×1000)×32002}/8
= 1280.0k N.mm

2) 설계처짐 (δ_{MAX}) : $\{5 \times (W.L \times W)\} \times L^4/384 \times E \times I$
{5×(0.0010×1000)}×32004/384×70000×1355819

$= 14.5\ \text{mm}$

$= 9.4\ \text{mm}\ (0.65\times14.5\ \text{mm})$

※ KDS 41 12 00 : 2022에 제시되어 있는 풍하중계수 1.00 적용하였음.

※ 처짐에 대해서는 탄성영역이므로 풍하중계수 0.65 적용하였음.

※ 설계처짐 계산에 사용되는 I값은 하중방향에 따라 I_X 또는 I_Y을 적용한다.

d. 허용값 풀이

1) 항복한계상태 (M_{n1})

- $M_1 = Z\times F_{cy}$

  $Z_X = 27{,}616\ \text{mm}^3$

  $F_{cy} = 110\ \text{MPa}$

  $= 27{,}616\times110 = 3{,}037{,}760\ \text{N.mm}$

- $M_2 = 1.5\times Z_X\times F_{ty}$

  $S_X = 22597\ \text{mm}^3$

  $F_{ty} = 110\ \text{MPa}$

  $= 1.5\times22597\times110 = 3728501\ \text{N.mm}$

- $M_3 = 1.5\times Z_X\times F_{cy}$

  $S_X = 22{,}597\ \text{mm}^3$

  $F_{cy} = 110\ \text{MPa}$

  $= 1.5\times22{,}597\times110 = 372{,}8501\ \text{N.mm}$

※ $M_{n1} = \min(M_1,\ M_2,\ M_3)$

$= 3{,}037{,}760\ \text{N.mm}\ (\fallingdotseq3037.8\ \text{kN.mm})$

2) 파단한계상태 (M_{n2})

- $M_{n2} = Z\times F_{tu}/k_t$

  $Z_X = 27616\ \text{mm}^3$

  $F_{tu} = 150\ \text{MPa}$

  k_t = 1 (KDS 41 80 10 : 2022, 표4.1-1참고)

  $M_{n2} = 27616\times150/1$

  $= 4{,}142{,}400\ \text{N.mm}\ (\fallingdotseq4{,}142.4\ \text{kN.mm})$

3) 국부좌굴 (M_{n3})

- $M_1 = \{(F_c\times I_f)/C_{cf}\}+\{(F_b\times I_w)/C_{cw}\}$

  $F_c = 75\ \text{MPa}$

  $I_f(I_X) = 1{,}355{,}819\ \text{mm}^4$

  $C_{cf}(X) = 30\ \text{mm}$

F_b =147.2 MPa

$I_w(I_x)$=1,355,819 mm^4

$C_{cw}(Y)$=60 mm

M_1 = {(75×1,355,819)/30}+{(147.2×1,355,819)/60}

= 67,150,06 N.mm

– M_2 = $\{(F_{cy}\times I_f)/C_{cs}\}+\{(F_b\times I_w)/C_{cw}\}$

F_{cy} = 110 MPa

$I_f(I_X)$ =1,355,819 mm^4

$C_{cs}(Y)$ =60 mm

F_b = 147.2 MPa

$I_w(I_x)$ = 1,355,819 mm^4

$C_{cw}(Y)$ = 60 mm

M_2 = {(110×1,355,819)/60}+{(147.2×1,355,819)/60}

= 5,811,306 N.mm

※ M_{n3} = min(M_1, M_2)

= 5,811,306 N.mm (≒5,811.3 kN.mm)

4) 횡비틀림좌굴강도 (M_{nmb})

– 비탄성좌굴 ($\lambda<C_c$)

$M_{np}\times\{1-(\lambda/C_c)\}+\{(\pi\times E\times\lambda\times S_{xc})/C_c^3\}$

$M_{np}=F_y\times Z_x$

λ=23.3 (폐쇄형 형상)

C_c=60 mm

π =3.14159265...

E=70,000 MPa

S_{xc}=22,597 mm^3

M_1 = $(F_y\times Z_x)\times\{1-(23.3/60)\}+\{(3.14159\times70{,}000\times23.3\times22{,}597)/60^3\}$

= 3,543,211 N.mm

– 탄성좌굴 ($\lambda\geq C_c$)

$(\pi^2\times E\times\lambda\times S_{xc})/\lambda^2$

λ = 23.3 (폐쇄형 형상)

π = 3.14159265...

E = 70,000 MPa

S_{xc} = 22,597 mm^3

M_2 = $(3.1415^2 \times 70{,}000 \times 23.3 \times 22{,}597)/23.3^2$

= 668,592,373 N.mm

※ M_{nmb} = $\min(M_1,\ M_2)$

= 3,543,211 N.mm (≒3543.2k N.mm)

- 위에서 구해진 ϕM_{n1}, ϕM_{n2}, ϕM_{n3}, ϕM_{nmb} 중 가장 작은 값이 최종 허용값이 된다.
  1) 강도저감계수 : ϕ=0.75(파단)or0.90(기타휨)
  2) ϕM_{n1} = 0.90×3037.8k N.mm = 2734.0k N.mm
  3) ϕM_{n2} = 0.75×4142.4k N.mm = 3106.8k N.mm
  4) ϕM_{n3} = 0.90×5811.3k N.mm = 5230.2k N.mm
  5) ϕM_{nmb} = 0.90×3543.2k N.mm = 3188.9k N.mm

  ※ ϕM_n= $\min(\phi M_{n1},\ \phi M_{n2},\ \phi M_{n3},\ \phi M_{nmb})$= 2734.0k N.mm

e. 응력에 대한 최종 결과값 풀이

- 설계모멘트 (M_{MAX}) : 1280.0k N.mm
- 허용모멘트 (ϕM_n) : 2734.0k N.mm

∴ $M_{MAX}/\phi M_n$ = 1280.0/2734.0=0.468>1.00(부재응력에 대해서 1.0을 초과하지 않기 때문에 안전하다.)

f. 처짐에 대한 최종 결과값 풀이

- 설계처짐 (δ_{MAX}) : 9.4 mm
- 허용처짐 (δ_{Allow}) : $L/175$ ($L \leq 4110$ mm)

  = 3200/175

  = 18.3 mm

∴ $\delta_{MAX}/\delta_{Allow}$ = 9.4/18.3=0.51>1.00(부재처짐에 대해서 1.0을 초과하지 않기 때문에 안전하다.)

3. 패널 시스템 (패널검토, 스틸 프레임)

가. 패널 구조설계

1) 패널 SYSTEM별 소개 (알루미늄 시트, 알루미늄 복합패널, 스틸시트, 글라스울 패널)

a. 알루미늄 시트 패널

- 알루미늄 시트 패널은 2 mm 또는 3 mm의 알루미늄 소재를 절곡하여 모서리를 용접하고 불소수지도료(PVDF)로 마감 처리한 패널.
- 타 소재에 비해 경량하며 부식에 강하고 가공성 및 시공성이 뛰어남. (절단, 절곡이 용이함)
- 100 % 재활용이 가능한 친환경적인 소재.
- 대형 고층 건물이나 소형건물에도 두루 사용되고 있어 높은 활용도를 가지고 있음.
- 알루미늄의 비중은 강판에 비해 1/3정도이며 건물 하중에 부담을 주지 않음.
- 알루미늄의 표면처리는 다양한 컬러처리가 가능.

[그림 5-21] 알루미늄 시트 설치예시

[그림 5-22] 알루미늄 시트 설치예시

b. 알루미늄 복합패널

- 알루미늄 복합패널은 0.5 mm~0.6 mm의 알루미늄 박판 사이에 Polystyrene Core를 접착한 복합판으로 구성되며, 불소수지 도료(PVDF)로 코팅마감 처리한 패널.
- 뛰어난 평활성과 작업성을 가지고 있어 건축물의 외장재로 널리 쓰임.
- 우수한 가공성, 경량성, 단열성, 방음성과 균일한 색상 표현 유지가 가능.
- 뒤틀림을 근본적으로 단하고 있으며, 제조공법이 Press공법이 아닌 Roll공법이므로 평활성이 용이함.

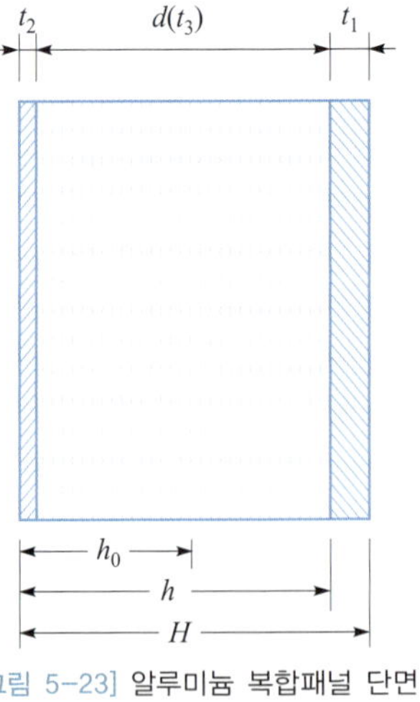

[그림 5-23] 알루미늄 복합패널 단면

- 두께 대비 타 자재의 1/2~1/3의 중량으로 건물 하중에 미치는 영향을 극소화 시키며 시공시간을 단축.
- 낮은 열전도율과 샌드위치 구조에 의한 높은 열관리율로 단열 효과가 뛰어남.
- 고온 열처리와 불소수지의 화학적 안전성으로 악천후, 자외선 등의 어떠한 기후도 견딜 수 있는 내후성 제품.

[그림 5-24] 알루미늄 복합패널

[그림 5-25] 알루미늄 복합패널 설치 예시

c. 스틸시트 (PosMAC)

- PosMAC은 Posco에서 개발·생산되고 있는 강판으로 동일한 도금 부착량의 일반 용융아연도금강판 (GI(HI)) 대비 5~10배 이상의 내식성을 보유한 제품.
- PosMAC은 아연, 마그네슘 알루미늄이 도금되어 있는데 이 도금층 중에서 마그네슘은 안정한 상태의 부식성생물의 형성을 촉진, 필름처럼 형성·유지되어 철판이 부식되는 것을 방지하는 역할을 함.
- 현재 태양광에 주로 사용되고 있으며 해안가 등과 같이 습도가 높은 곳과 자연환경이 비교적 열악한 곳에 사용되고 있습니다.
- 일반 아연도금강판 대비해서 가격대가 있지만 성능을 고려하면 가격이 합리적.

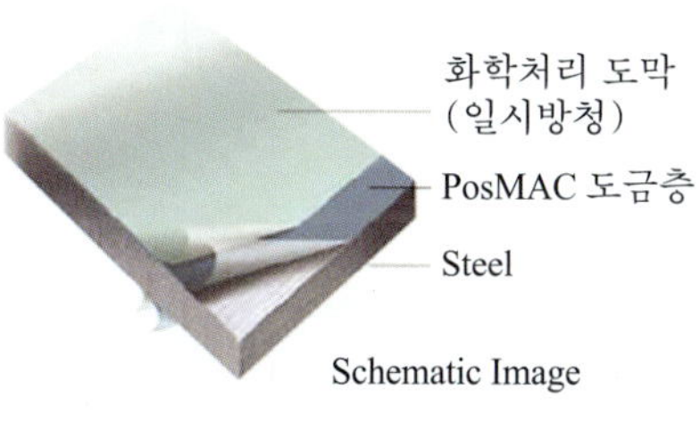

[그림 5-26] 스틸시트

[그림 5-27] 스틸시트

d. 글라스울 패널

- 글라스울 패널은 규사, 장석, 석회석등을 1,500~1,600 ℃에서 용융하여 원심분리공법에 의해 섬유화한 후 집면, 경화, 제품화한 글라스울을 단열재로 한 판넬로 350 ℃이상의 놀라운 불연성 및 양호한 단열성능이 뛰어난 단열재.
- 순수한 무기질의 1급 불연재로 불에 타지 않으며 인체에 해로운 유독가스를 발생하지 않음.
- 순수한 유리 원석을 원심분리공법으로 만든 균일한 굵기의 유리 섬유로 열전도율이 낮고 특수 발수 처리하여 단열 및 보온 효과가 뛰어나 건축물의 냉·난방비 절감효과가 뛰어남.
- 글라스울 섬유질 내부에 연속기포를 함유한 다공질로 형성되어 있어 뛰어난 흡음 효과로 시끄러운 소음 차단 효과가 뛰어남.
- 복원력과 인장력이 강해 충격, 압력, 진동에도 원형을 그대로 유지하며, 내구성과 압축강도, 구조력이 우수하여 오랜 기간이 경과한 후에도 형태 변화 및 부식이 거의 없음.

[그림 5-28] 글라스울패널 설치 예시

[그림 5-29] 글라스울 패널

2) 패널 구조설계 프로세스

Step.1 도면파악. (입면도, 단면도, 상세도, 외벽평입단면 상세도)

Step.2 풍하중, 자중, 지진하중, 설하중, 활하중 등 적용하중 산정.

Step.3 프로그램을 사용하여 해당 판넬 모델링.

Step.4 산정된 하중을 모델링에 적용 및 모델링 해석.

Step.5 모델링과 엑셀을 활용하여 판넬의 응력 및 처짐 확인.

Step.6 반력 확인 후 판넬 접합부 설계 (Screw).

Step.7 구조설계 완료후 보고서 작성 및 제출.

3) 패널별 허용응력 판단

a. 패널의 경우 ALUM. 재질을 사용하고, ALUM.의 경우 인장강도, 항복강도가 명확하지 않아 미국 기준인 ADM을 사용하고, STEEL 재질을 사용할 경우 패널은 약축으로 힘을 저항하기 때문에 0.75 × Fy로 허용응력을 판단.

b. ADM의 경우의 형태에 따라 Spec을 판단하도록 되어있음.

c. 일반적으로 3003-H14, 3003-H16 재질을 사용하고, (F.8.1.2, F.4.1) Spec을 판단함.

e. Spec의 허용응력은 ALUM.의 재질에 따라 변하므로 재질 확인은 선행되어야 함.

〈표 5-24〉 패널의 스크류 볼트 시공 예

	시공 예 1	시공 예 2	시공 예 3
시공사례	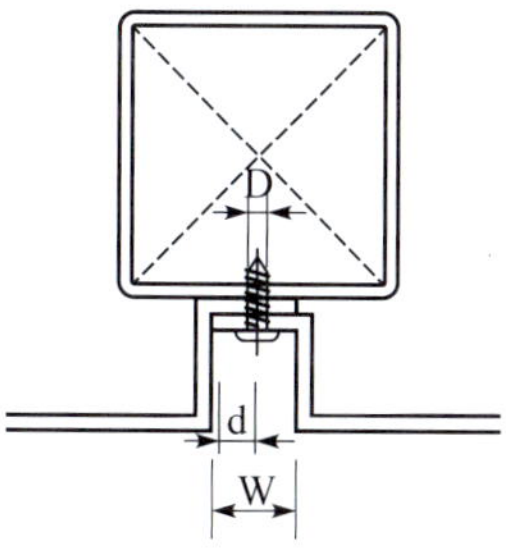	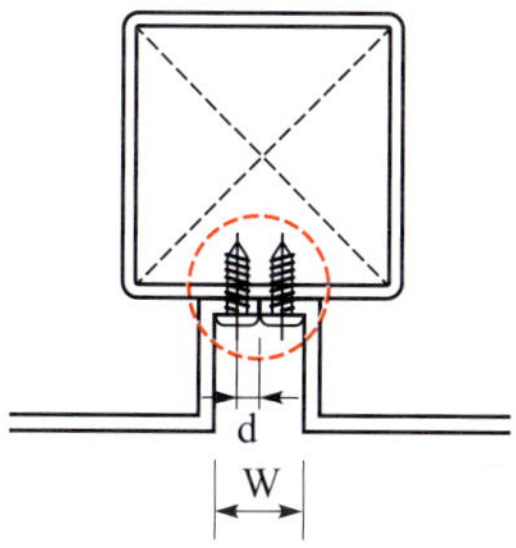	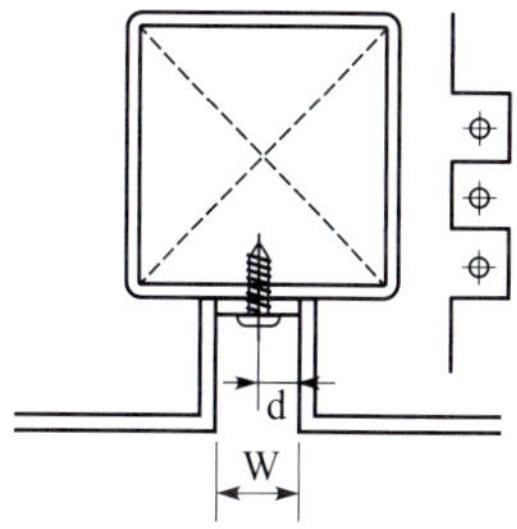
설명	- Screw 정상 적인 연단 거리 확보 - d/D=1.5~2.0이상 - W=15 mm(10 mm~20 mm적용)	- Screw 연단 거리 미확보 - 판넬의 가장 큰 탈락 요인 - 현실적으로 가장 많이 적용	- Screw 정상 적인 연단 거리 확보 - 현실적의로 적의 적용치 않음

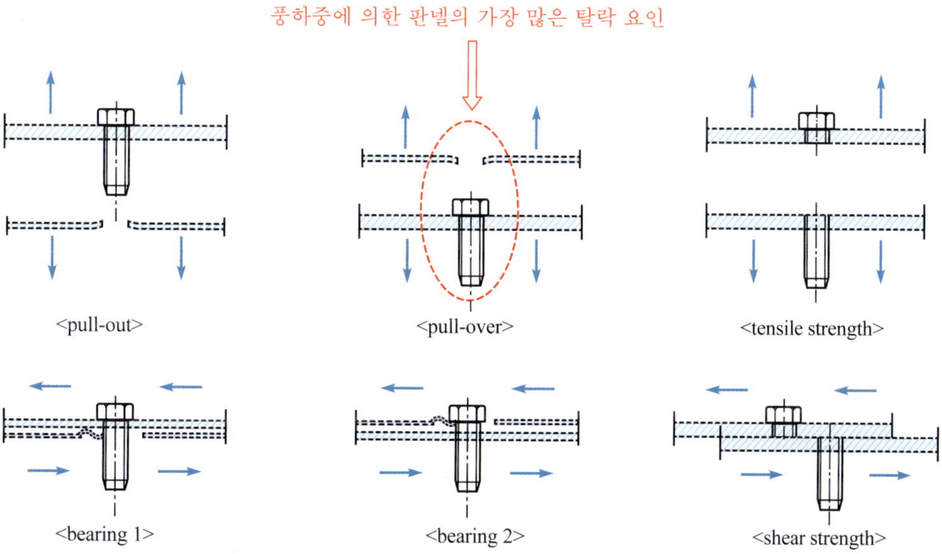

[그림 5-30] 스크류 볼트의 파괴 예시

4) 패널 프레임 구조설계

Step.1 도면파악. (입면도, 단면도, 상세도, 외벽평입단면 상세도)

- 어떤 종류의 패널인지 파악하고, 패널의 크기, 모양, 위치를 파악 후 가장 불리한 패널 선정.

Step.2 풍하중, 자중, 지진하중, 설하중, 활하중 등 적용하중 산정.

- 패널이 설치되는 지역을 파악해서 풍하중을 산정하고, 지진하중, 설하중, 활하중 같은 경우에는 모델링하는 패널에 적용해야 하는 설계하중인지 파악.

Step.3 프로그램을 사용하여 해당 판넬 모델링.

- 도면에서 파악한 제품의 설계도면을 바탕으로 가장 불리한 패널의 조건을 유한요소모델링.

Step.4 산정된 하중을 모델링에 적용 및 모델링 해석.

- 모델링에 산정된 하중을 적용하고 패널의 접합조건과 고정조건을 설정 후 하중조합.

Step.5 모델링과 엑셀을 활용하여 패널의 응력 및 처짐 확인.

- 가장 큰 응력이 발생된 곳을 바탕으로 어떤 하중조합에서 발생했는지 파악하고, 모델링 한 패널에서의 최대 응력이 허용응력 이하로 나타나는지 확인.

Step.6 반력 확인 후 판넬 접합부 설계 (Screw).

- 모델링 한 패널의 응력과 처짐이 모두 안전하다는 결과값을 확인한 후 고정지점의 반력을 확인해서 설계도면에 작성되어 있는 상세도를 바탕으로 접합부 검토.

Step.7 구조설계 완료후 보고서 작성 및 제출.

나. PVC 시스템

1) PVC시스템 구조설계

가) PVC SYSTEM 소개

(1) 미서기창 - 좌우로 움직여 개폐할 수 있는 창호

(2) 분할창 - 창호의 중간을 가로로 분할하여 하부는 고정창호, 상부는 미서기창호로 개폐가 가능한 창호

(3) 시스템창 - 다양한 개폐 방식을 가지는 하드웨어가 삽입된 창호 (Lift&Sliding, Parallel&Sliding, Tilt&Turn)

나) PVC 구조설계 프로세스

(1) 도면파악 (입면도, 단면도, 평면도, 창호일람표, 창호섹션도, 시공상세도 등)

(2) 풍하중, 자중 등 적용하중 산정

(3) 철물 보강심(Side Frame, Sliding Mullion, Transom) 단면의 성질 산정(단면적, 단면 2차 모멘트, 단면계수 등)

(4) 부재력 산정(Bending Moment, Deflection, Reaction)

(5) 접합부 설계(Screw, Bracket, Anchor)

(6) 보고서 작성

다) 기본 접합부 시스템 설계

PVC 구조설계 프로세스에 따라 산정된 고정지점당 반력값(PWL, PDL)으로 접합부 설계.

(1) Screw – Bracket과 창호를 연결해주는 긴결류로 창틀보강심에 체결되어야 하며 풍하중에 대해 저항하는 조건으로 설계.

(2) Bracket – 창호를 골조에 지지하기 위한 부자재로 자중은 하부 Bracket에서만 저항하는 조건으로 설계. 단, I형지지대를 설치한다면 자중에 대한 모멘트는 I형지지대가 버티는 조건으로 Bracket 설계 시 자중에 대한 모멘트는 고려 하지 않음.

(3) Anchor – Bracket을 콘크리트 골조에 고정해주기 위한 긴결류.
종류 – Stud Anchor, Kalblock, Screw Anchor

설계예시

설계조건

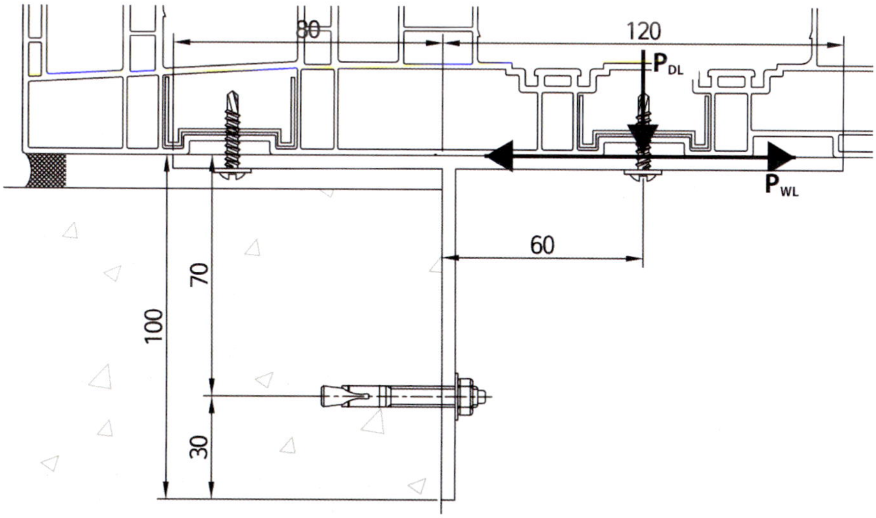

[그림 5-31] PVC 창호 앵커설계

풍하중 반력 P_{WL} = 500 N

자중 반력 P_{DL} = 100 N

Bracket의 항복강도 F_y = 270 N/m^2 (재질 SS275)

Bracket = T−120×100×80×4T−80LG

풍하중에 대한 편심거리 e1 = 70 mm

자중에 대한 편심거리 e2 = 60 mm

앵커지지 거리 d1 = 30 mm

• SCREW 설계 (안전율 = 3)

설계 전단력 = P_{WL} = 500 N

허용 전단력 = Shear Strength (강재의 전단 파괴), Bearing 1 (Screw 머리와 만나는 모재의 지압 파괴), Bearing 2 (Screw 나사산과 만나는 모재의 지압 파괴), Screw Tilting (Screw의 전단에 의한 경사 뽑힘) 중 최솟값. (REFERENCE − ALUMINUM STRUCTURES)

Pss (Shear Strength) = 1,985.7 N

Pbs1 (Bearing 1) = 20,184.6 N

Pbs2 (Bearing 2) = 5,046.2 N

Pts (Screw Tilting) = 3,444 N

허용 전단력 = MIN(Pss / 1.25, Pbs1, Pbs2, Pts) / 3 = 661.9 N

판별 → 설계 전단력 500 N < 허용 전단력 661.9 N ························ O.K

• Bracket 설계

위험단면의 단면적 A = 80 mm×4 mm = 320 mm^2

위험단면의 단면계수 S_x = 80 mm×4 mm×4 mm / 6 = 213.3 mm^3

설계모멘트 $M_x = P_{WL} \times$ e1 + $P_{DL} \times$ e2 = 500 N × 70 mm + 100 N × 60 mm = 41,000N · mm

설계휨응력 $f_b = M_x / S_x$ = 41,000 N · mm / 213.3 mm3 = 192.2 N/ mm^2

설계인장응력 $f_t = P_{WL}$ / A = 500 N / 320 mm^2 = 0.3 N/ mm^2

설계전단응력 $f_v = P_{DL}$ / A = 100 N / 320 mm^2 = 1.6 N/ mm^2

허용휨응력 $F_b = 0.75 \times F_y$ = 0.75 × 275 N/ mm^2 = 206.3 N/ mm^2

허용인장응력 $F_t = 0.60 \times F_y$ = 0.60 × 275 N/ mm^2 = 165.0 N/ mm^2

허용전단응력 $F_v = 0.40 \times F_y$ = 0.40 × 275 N/ mm^2 = 110.0 N/ mm^2

판별 → $f_b / F_b + f_t / F_t$ = 192.2 / 206.3 + 0.3 / 165 = 0.93 < 1 ················ O.K

f_v / F_v = 1.6 / 110 = 0.01 < 1 ································ O.K

• ANCHOR 설계

설계인발력 $P_t = P_{WL} + (P_{WL} \times e1 + P_{DL} \times e2) / (0.85 \times d1) = 500 + (500 \times 70 + 100 \times 60) / (0.85 \times 30)$

$= 2,107.8$ N

설계전단력 P_v = PDL = 100 N

허용인발력 P_T = 00 N (시험성적서의 허용인발력) / 3 (안전율)

허용전단력 P_V = 00 N (시험성적서의 허용전단력) / 3 (안전율)

판별 $\rightarrow P_t < P_T$ and $P_v < P_V$ and $\sqrt{(P_t 2 + P_v 2)} < P_T$(governed by P_t) ·········· O.K

라) CUBI Punched Window 프로그램

(1) 프로그램 개발배경

주상복합 및 아파트에 사용되는 일반적인 Punched Window(PVC Window)는 형태 및 크기가 다양하지만, 대부분 유사한 시스템을 가지고 있습니다. 이에 각 창호의 크기 및 현장 조건에 따라 정확한 구조 계산에 의한 물량 산출 및 엔지니어링을 위해서는 구조 비전문가도 손쉽게 사용할 수 있는 자동화 된 구조 계산 프로그램이 필요합니다.

(2) 프로그램 장점

- "One" Tool – "All" Solution

  하나의 프로그램으로 창호의 Frame 보강심부터 앵커 시스템까지 구조해석 및 구조 계산서 출력이 가능

- 편리한 사용성 및 시간 단축

  전문적인 구조 지식 없이 간단한 입력으로 구조계산서 작성 가능

  창호 구조 시스템에 대한 데이터베이스 기반으로 빠르고 정확한 구조적 안정성 판단

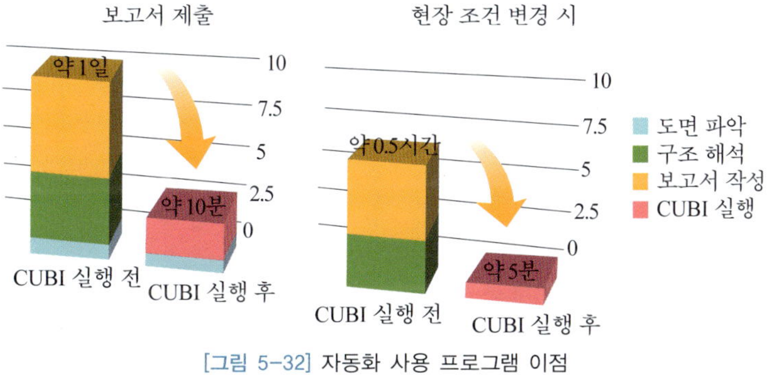

[그림 5-32] 자동화 사용 프로그램 이점

(3) 프로그램 주요 기능

- 건축구조기준 및 해설에 따른 풍하중 산정
- 2W, 3W Window의 Frame 보강심 구조 검토(여밈대, 창틀)
- 분할 2W, 분할 3W Window의 Frame 보강심 구조 검토(중간막이, 창틀)
- 각 앵커 시스템에 대한 구조 검토(Bracket, Stud Anchor, Kalblock)

(4) 프로그램의 사용 방법

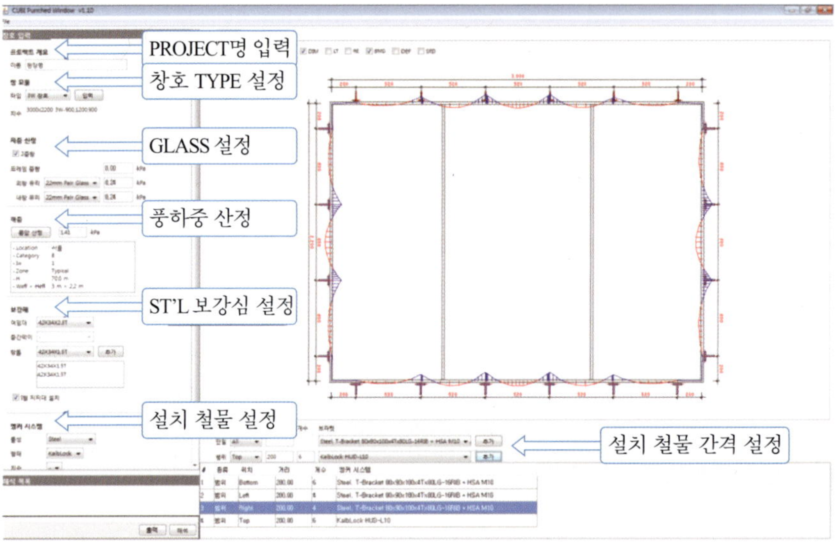

[그림 5-33] 프로그램 인터페이스

나. 접합부 시스템 (볼트, 화스너, 앵커)

1) 외장재 접합부 시스템 소개

가) SIDE OF SLAB ANCHOR TYPE – 슬래브 전면부에서 앵커를 설치하는 시스템

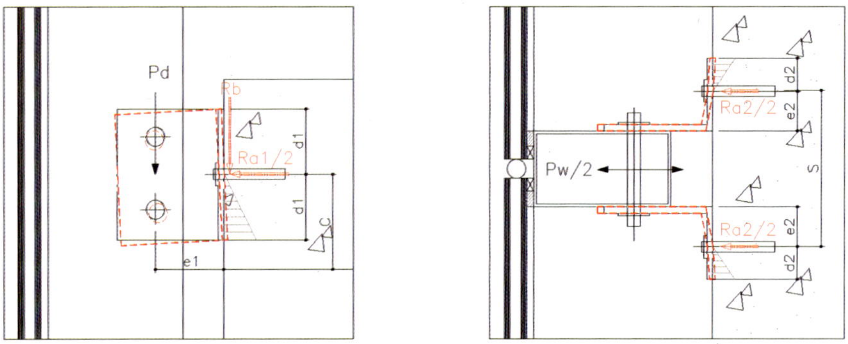

(단면) (평면)

[그림 5-34] 화스너 시스템 하중적용시 예상도

나) TOP OF SLAB ANCHOR TYPE – 슬래브 상단에서 앵커를 설치하는 시스템

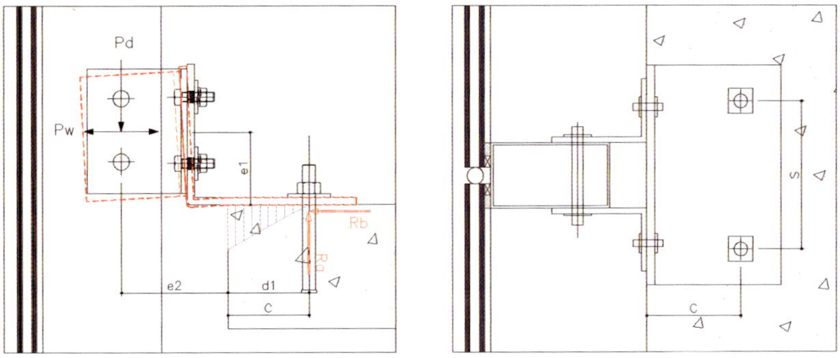

(단면) (평면)

[그림 5-35] 화스너 시스템 하중적용시 예상도

다) BOTTOM ANCHOR TYPE – 외장재의 최하단부 시작지점

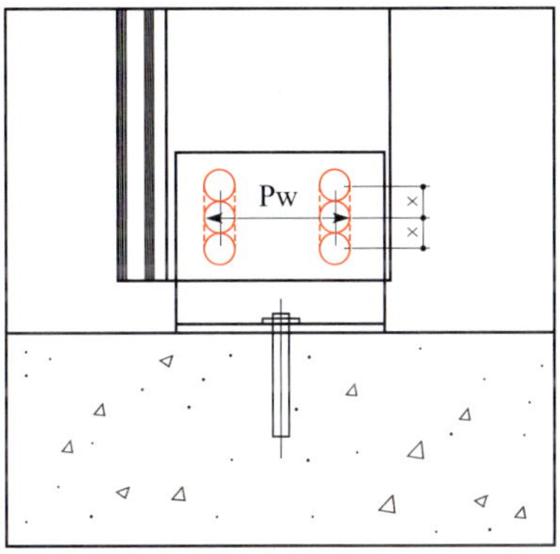

[그림 5-36] 화스너 시스템 하중적용시 예상도 (단면)

라) KICKER(WIND BRACER) ANCHOR TYPE

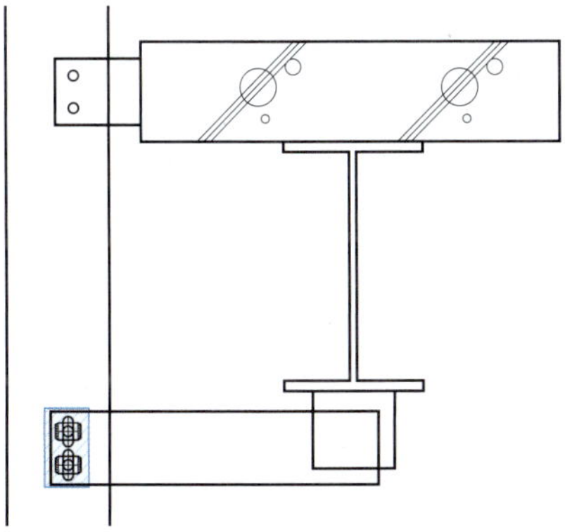

[그림 5-37] 키커설치 예시
(Washer 용접 불필요)

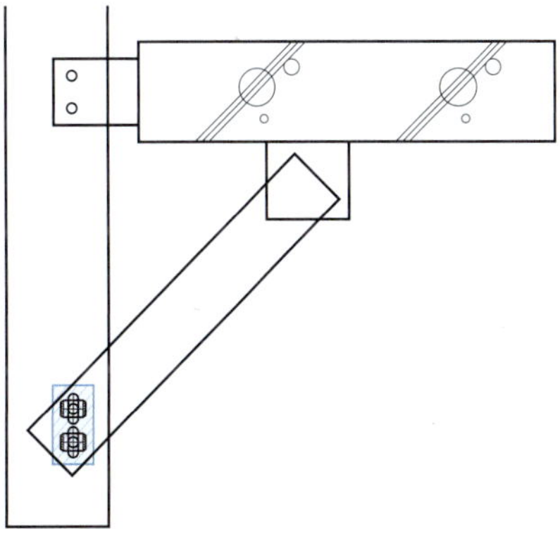

[그림 5-38] 키커설치 예시
(Washear 용접 필요)

① Wind Bracer의 각도는 45° 를 넘지 않게 설계한다. 이론적으로는 Wind Bracer의 각도가 45° 를 넘어도 해석 가능하지만 현실적으로 Wind Bracer지점에 변위가 발생할 우려가 있어 정확한 지점 역할을 할 수가 없게 된다. 또한 해외에서는 좀 더 강화된 조건으로 Wind Bracer의 각도를 30° 를 넘지 못하게 설계한다.

② Wind Bracer의 부재는 압축 및 인장력만 받는 부재이므로 부재의 단면형상의 크기보다는 부재의 단면적에 영향을 받는 부재이다. 또한 부재축력이 크게 발생하는 부재이므로 Mullion 부재와의 접합은 가능한 한 양쪽 대칭으로 설계한다.

③ Wind Bracer 설계 시 유의점 : Wind Bracer은 수직Mullion의 수평지지 조건이므로 Wind Bracer 각도가 0° 아닌 경우는 Mullion접합부에 부재 수축 팽창을 고려해 수직 Slot을 주어서는 안된다. 만약 시공편차를 고려해 Slot을 설계했을 경우 Washer에 반듯이 용접을 해야 한다.

2) 긴결류 시스템 설계

가) 스틸 및 스테인리스 스틸 볼트

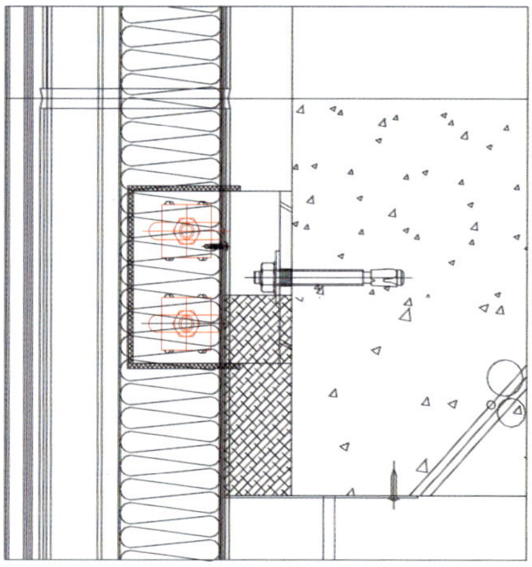

[그림 5-39] 볼트설치 예시

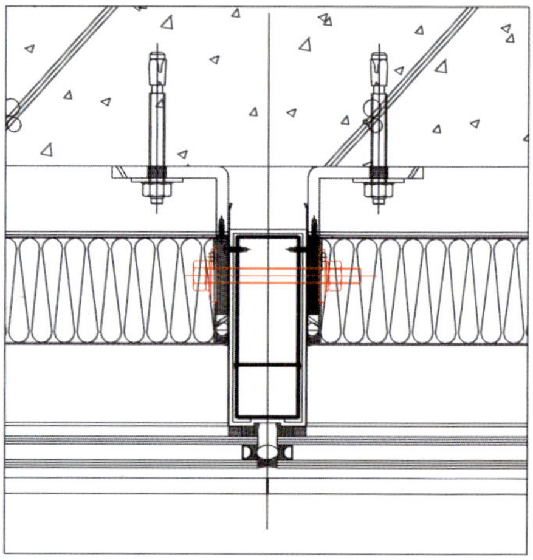

[그림 5-40] 볼트설치 예시

(1) Curtain Wall의 Frame과 Anchorage의 접합 볼트는 pin 접합조건으로 볼트의 전단력 및 Alum. 부재의 Bearing 검토가 필요하다.

(2) 스틸 Bolt(SS275)와의 접합 모재인 Alum. Frame(6063-T5)의 두께가 4.0 t 이하인 경우는 Bolt의 전단력 보다 Bearing의 허용 스트레스가 더 작으므로 Bearing에 대한 검토가 필요하다.

Alum. Frame(6063-T5)의 두께 4.0 t → 2.0 t 변경 될 경우 Bearing에 대한 허용응력 50 % 감소. (Bearing 허용응력 = $d \times t \times F_y$)

(3) 스틸 Bolt(SS275)의 허용전단력

$R_v = F_v * A$ (F_v = 볼트의 허용응력(KDS 14 30 25 표4.4-1), A = 볼트의 면적)

예) $W.L$= 1.68 kPa(기본풍속 28m/s, 지표면조도 C, 건물높이 80 m),

$D.L$= 0.40 kPa, H = 4,000, W = 1,500

$Pw = WL * H * W$ = 1.68 * 4.0(m) * 1.5(m) = 10.1 kN

$Pd = DL * H * W$ = 0.4 * 4.0(m) * 1.5(m) = 2.4 kN

$fv = \sqrt{(10.1^2+2.4^2)}$/2SIDE/2EA = 2.6 kN

Fv = Fv * A ≒ 90 * 3.14 * (12/2)2 ≒ 10.2 kN

판별 → f_v / F_v ≒ 2.6 / 10.2 ≒ 0.3 < 1.0 ···························· O.K

(4) BEARING PLATE 설계

Mullion부재의 측 부의 두께가 얇을 경우 볼트 접합부분의 bearing이 발생할 우려가 있으므로 이를 보강 키 위해 추가적으로 Beaing Plate를 삽입하여 체결한다. 유의할 점으로 외장재에 사용되는 접합볼트는 마찰볼트가 아니므로 Mullion과 Bearing Palte사이에 전/후로 미끌림을 방지키 위해 돌기나 후크가 반듯이 필요하다.

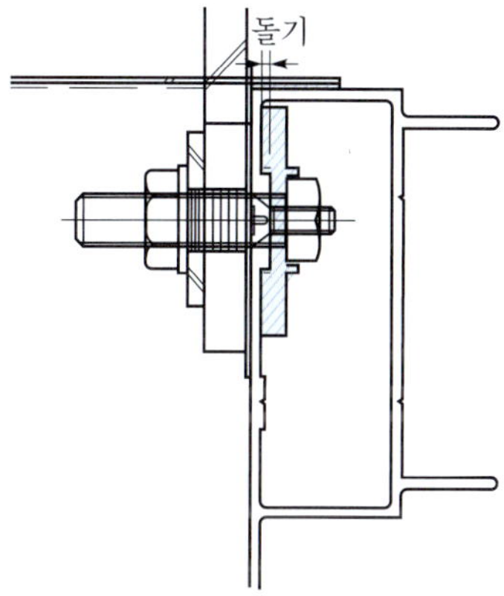

[그림 5-41] 베어링 플레이트 설치

나) 스터드 앵커

〈표 5-25〉 인발력에 의한 파괴현상

	A TYPE	B TYPE		C TYPE
단면 형상	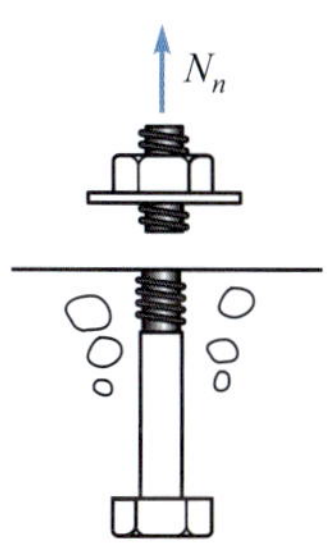	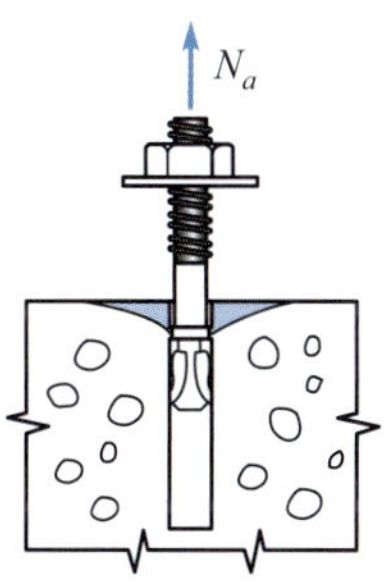	단면 형상	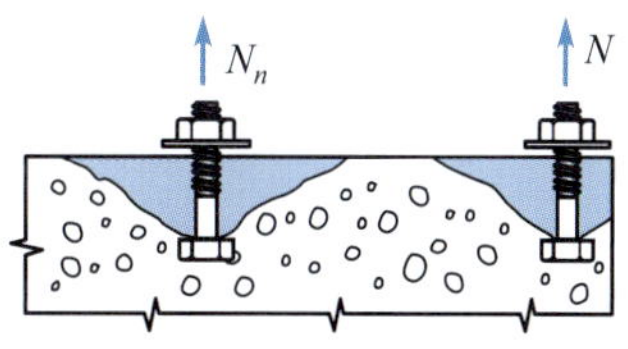
			설명	콘크리트 콘 / 모서리 파괴 (Concrete Cone & Edge Failure)
				D TYPE
			단면 형상	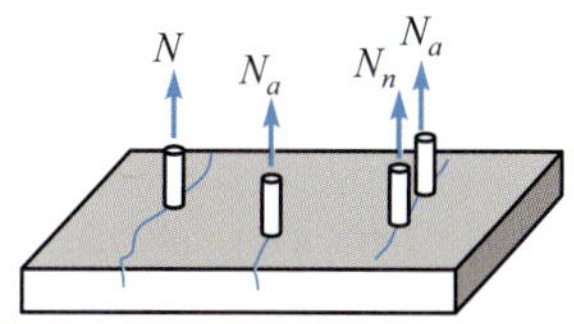
설명	강재 파괴(Steel Failure)	인발 파괴(Pull-out, Pull-through)	설명	콘크리트 쪼개짐(Splitting)

(1) SIDE OF SLAB ANCHOR TYPE

〈표 5-26〉 전단력에 의한 파괴현상

	A TYPE	B TYPE	C TYPE
단면 형상	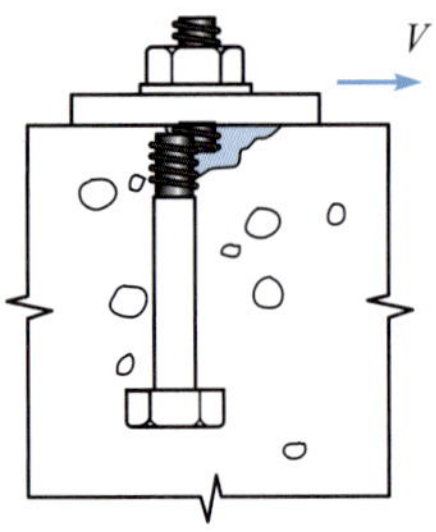	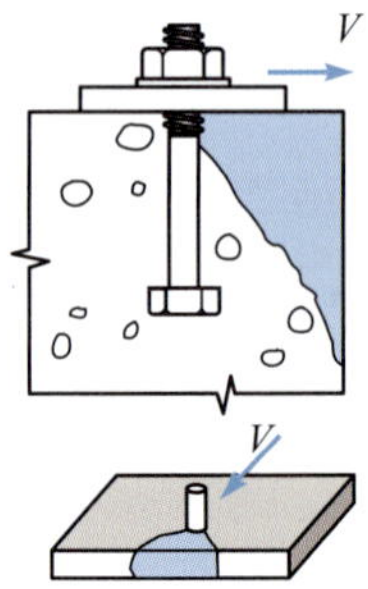	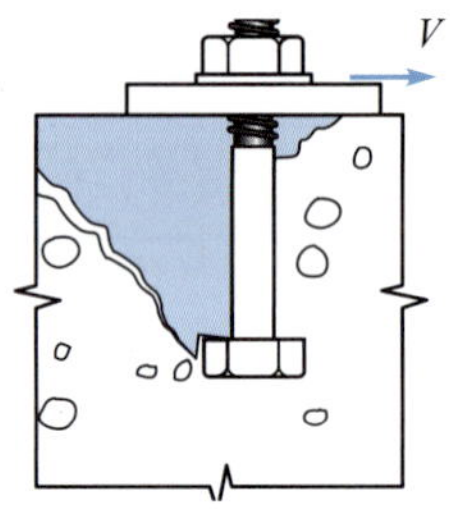
설명	강재 파괴(Steel Failure)	콘크리트 모서리 파괴(Concrete edge failure)	콘크리트 들림 파괴 (Pry-out)

① 풍하중 및 자중에 대한 반력을 계산하고 적용 가능한 Anchor 및 Bracket를 선정해야 한다.

② Anchor의 허용 인발/전단력은 최소 모서리 거리를 확보하지 못할 경우 그에 비례해 줄어든다.(최소 모서리거리 예 : M8=35 mm, M10=40 mm, M12=65 mm, M16=75 mm, M20=120 mm, 힐티 메뉴얼 기준)

③ 풍하중 및 자중에 의한 Anchor 반력의 산정

$P_w = P_w * H * W$, $P_d = P_D * H * W$(여기서, H = 층고, W = Mullion 간격)

$R_{Total} = \sqrt{((R_{a1}+R_{a2})^2+R_b^2)}/n$(여기서, $R_{a1} = P_d{*}e_1/d_1$, $R_{a2} = P_w{*}e_2/d_2$, $R_b = P_d$, n=anchor 개수)

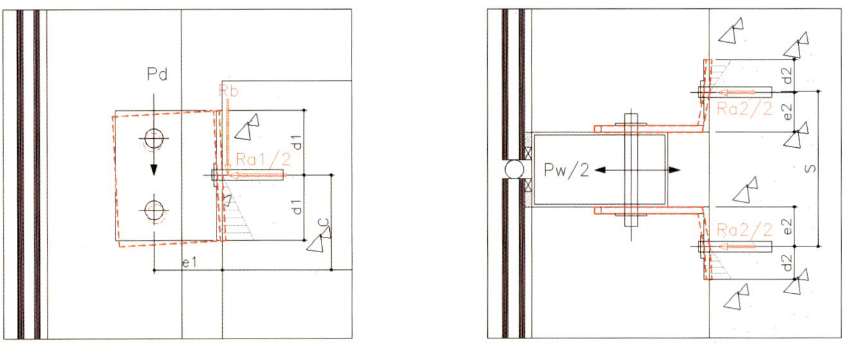

(단면) (평면)

[그림 5-42] 화스너 시스템 하중적용시 예상도

(예 : P_W=1.68 kPa, P_D=0.40 kPa, H=4,000, W=1,500, e_1=100, d_1=60, e_2=50, d_2=50)

$P_d = P_D * H * W = 0.4 * 4.0(m) * 1.5(m) = 2.4$ kN

$P_W = P_W * H * W = 1.68 * 4.0(m) * 1.5(m) = 10.1$ kN

$R_a = R_{a1}+R_{a2} = (P_d * e_1/d_1) + (P_w * e_2/d_2) = (2.4*100/60 + 10.1*50/50) = 14.1\ kN$

$R_b = P_d = 2.4\ kN$

$R_{Total} = \sqrt{(14.1^2+2.4^2)}/2EA = 7.2\ kN$

④ 모서리거리(C) / 앵커간격(S) 따른 Anchor 허용인발력 약식 산정

〈표 5-27〉 앵커의 모서리거리와 앵커간격에 따른 허용인발력

Anchor	C(모서리거리 : mm)	S(앵커간격 : mm)	허용인발력(kN)
M10	75	150	6.5
M10	100	150	8.0
M12	75	150	7.3
M12	100	150	8.7
M16	75	150	8.6
M16	100	150	10.1

(2) TOP OF SLAB ANCHOR TYPE.

① 풍하중 및 자중에 의한 Anchor 반력의 산정

$P_w = P_W * H * W,\ P_d = P_D * H * W$(여기서, H=층고, W=Mullion 간격)

$R_{Total} = \sqrt{(R_a^2+R_b^2)}/n$ (여기서, $R_a = (P_w * e_1 + P_d * e_2)/d_1$, $R_b = P_w$, n=anchor 개수)

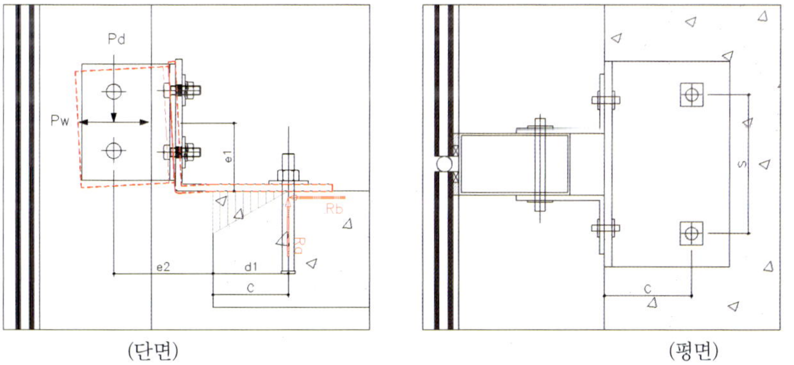

(단면) (평면)

[그림 5-43] 화스너 시스템 하중적용시 예상도

(예 : P_W=1.68 kPa, P_D=0.40 kPa, H=4000, W=1500, e_1=100, e_2=100, d_1=100)

$P_d = P_D * H * W = 0.4 * 4.0(m) * 1.5(m) = 2.4\ kN$

$P_w = P_W * H * W = 1.68 * 4.0(m) * 1.5(m) = 10.1\ kN$

$R_a = (P_w * e_1 + P_d * e_2)/d_1 = (10.1*100 + 2.4*100) / 100 = 12.5\ kN$

$R_b = P_w = 2.4\ kN$

$R_{Total} = \sqrt{(12.5^2+2.4^2)}/2EA = 6.4\ kN$

② 모서리거리(C) / 앵커간격(S) 따른 Anchor 허용인발력 약식 산정

〈표 5-28〉 앵 커의 모서리거 리와 앵커간격 에 따른 허용인 발력

Anchor	C(모서리거리 : mm)	S(앵커간격 : mm)	허용인발력(kN)
M10	75	150	6.5
M10	100	150	8.0
M12	75	150	7.3
M12	100	150	8.7
M16	75	150	8.6
M16	100	150	10.1

(3) BOTTOM ANCHOR TYPE.

① Curtain Wall의 하부 Start Anchor는 E.joint와 같이 상하부 수축 팽창에 대한 변위를 제어할 수 있는 Slot이 있어야 한다.

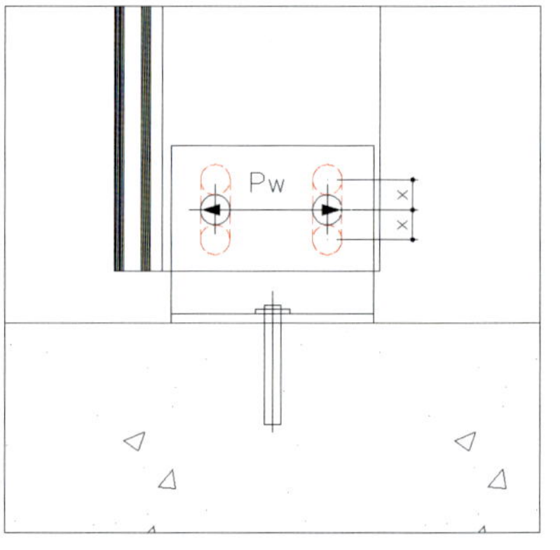

[그림 5-44] 화스너 시스템 하중적용시 예상도

다) 스크류

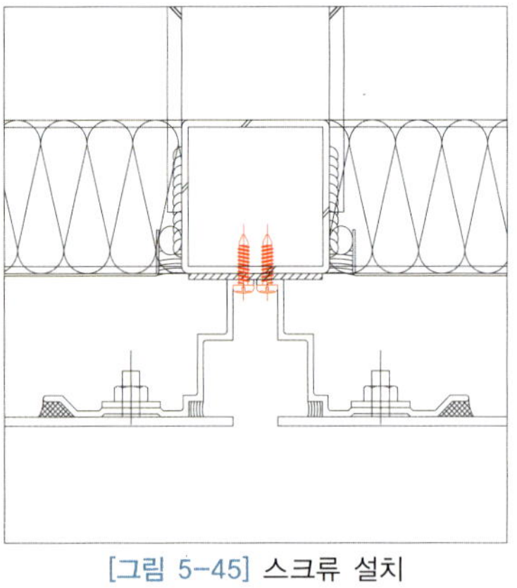

[그림 5-45] 스크류 설치

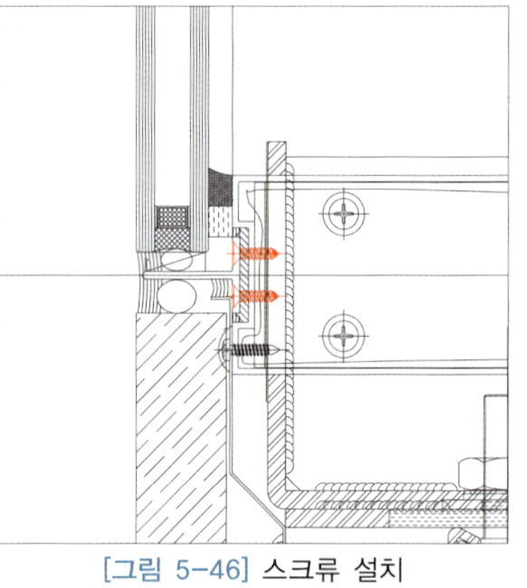

[그림 5-46] 스크류 설치

(1) Screw 파괴양상

(가) Tensile Strength (강재의 인장 파괴)

(나) Pull−Out (Screw 머리와 만나는 모재의 인장 파괴)

(다) Pull−Over (Screw 나사산과 만나는 모재의 인장 파괴)

(라) Shear Strength (강재의 전단 파괴)

(마) Bearing 1 (Screw 머리와 만나는 모재의 지압 파괴)

(바) Bearing 2 (Screw 나나산과 만나는 모재의 지압 파괴)

(사) Screw Tilting (Screw의 전단에 의한 경사뽑힘)

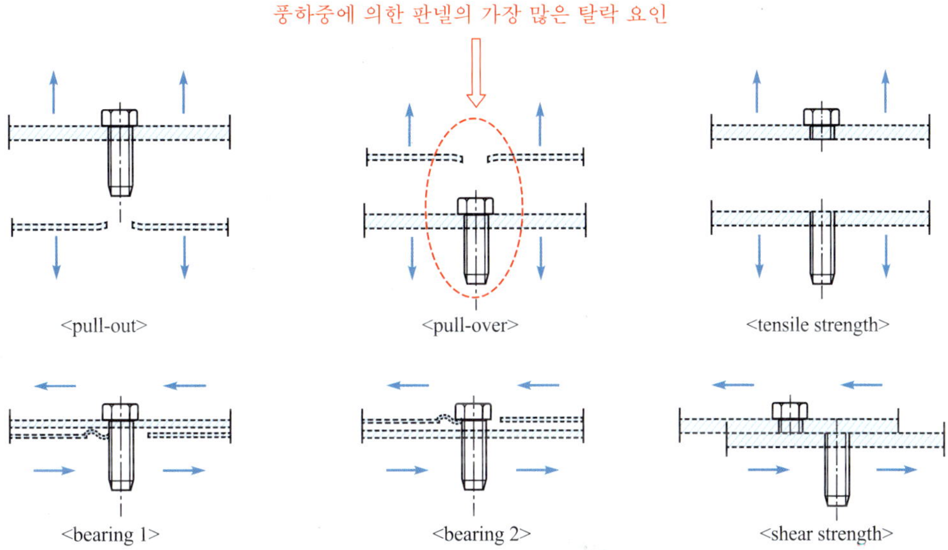

[그림 5-47] 스크류 볼트의 파괴 예시

(2) Screw의 설계는 스크류가 취부 되는 모재의 두께/강종에 대한 검토가 필요하다. 모재가 얇고 약한 부재일 경우 스크류의 인장/전단에 대한 파괴 보다는 모재의 bearing에 의한 파괴가 먼저 발생하게 된다.(예 : alum. − 2.5 t 이하, steel − 1.2 t 이하)

(3) Screw는 nut가 없이 나사선만으로 모재와 체결되어 있는 fastener로 3배의 안전율이 적용된다. 각 제품별 시험성적서에서 산출된 파단하중은 두꺼운 철판에 고정되어 있을 경우의 Screw의 인장/전단 파괴를 실험하였기에 구조계산에 적용되는 허용인발/전단 하중과는 많은 차이가 있다.

마) 칼블럭

(1) 일반적으로 부재를 콘크리트 골조에 직접 체결 시 사용된다. 이때, 부재와 골조사이에

심블럭 등으로 보강이 필요하다. 심블럭이 없을 경우, 풍하중에 대한 모멘트가 추가적으로 발생하여 구조적으로 취약해진다.

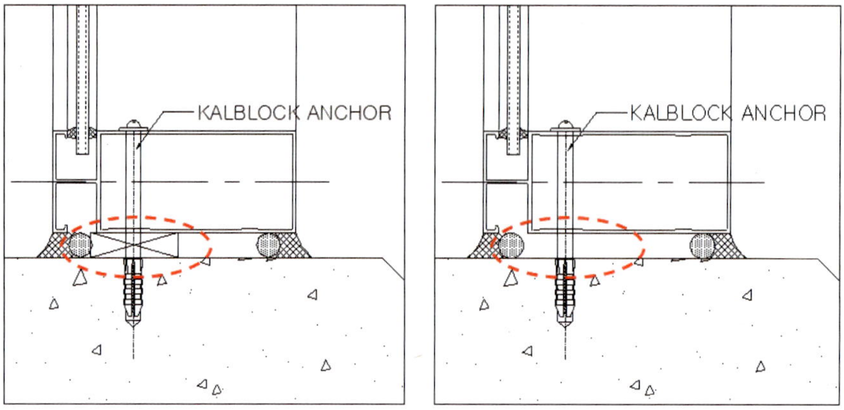

(Type 1) (Type 2)

[그림 5-48] 칼블럭의 설치 예시

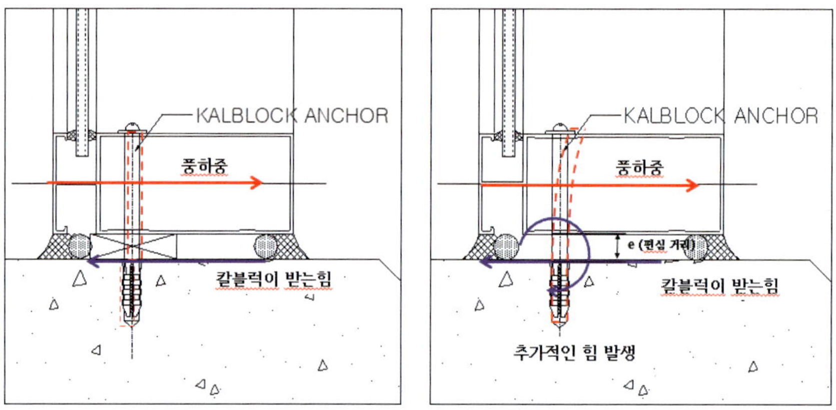

(Type 1) (Type 2)

[그림 5-49] 설치예시에 따른 하중예상도

바) SEALANT

(1) STRUCTURAL SEALANT 설계

- Structural Sealant는 부착력으로 풍압(부압)에 의해 구조부재에서 유리가 탈락하는 것을 방지하는 구조재이다.
- STRUCTURAL BITE SIZE(mm) = (0.5 * W * Pw) / 138 (Sealant의 설계 강도 = 138 kPa)
  (예 : W=1,500 mm, Pw=1.68 kPa 일 경우, Bite = 0.5*1500*1.68/138 ≒ 9.13 mm)

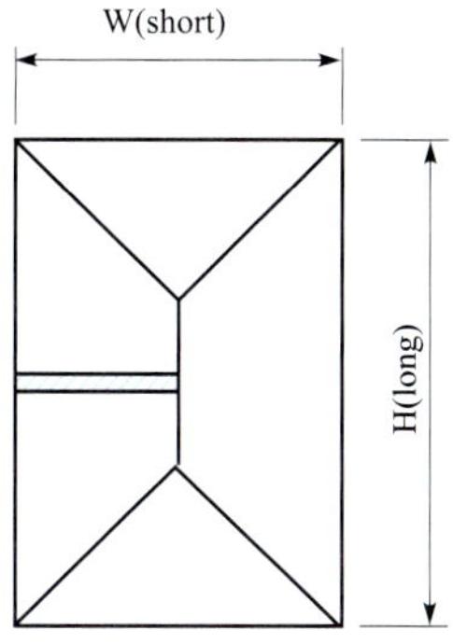

[그림 5-50] 하중 분담면적

여기서, ① Bite Dp ≥ 6 mm, ② 1/3 ≤ Dp/Bite ≤ 1, ③ D,W ≥ 6 mm, ④ 1/2 ≤ D/W ≤ 1

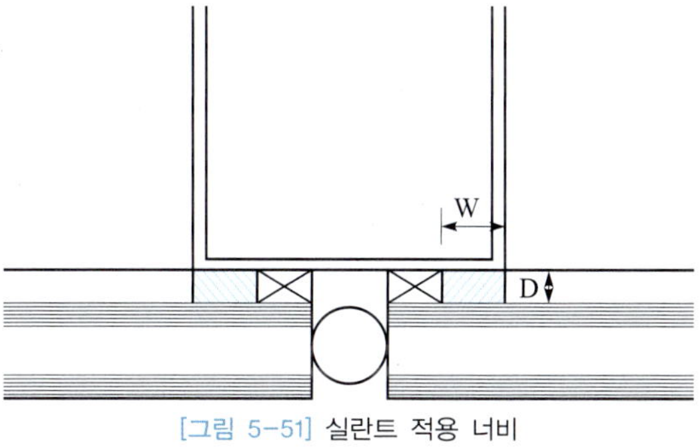

[그림 5-51] 실란트 적용 너비

사) 용접

(1) 외장재에서 용접 이음은 긴결류 및 Steel Bracket 등의 접합을 위한 필릿용접과 부재 연결을 위한 맞댐용접이 주로 사용된다.

(2) 필릿용접

(가) 최소 유효길이는 모살사이즈의 4배 이상은 되어야 한다.

(나) 필릿용접은 최소 2면 용접 이상해야 한다.

〈표 5-29〉 모살용접의 최소사이즈

접합부의 얇은 쪽 판두께, t(mm)	모살용접의 최소사이즈(mm)
$t \leq 6$	3
$6 < t \leq 13$	5
$13 < t \leq 19$	6
$19 < t \leq 38$	8

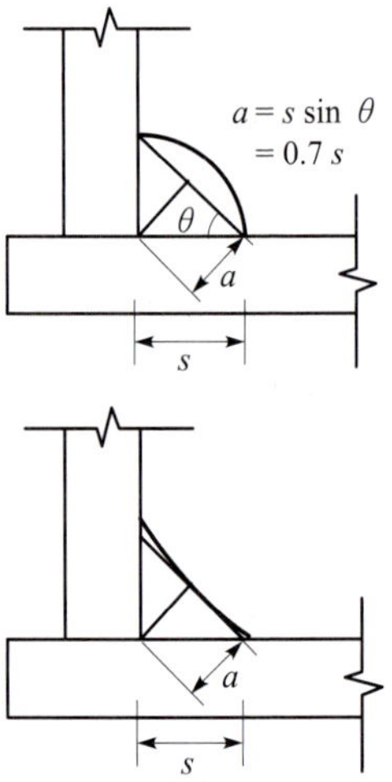

(모살용접 유효 목두께)

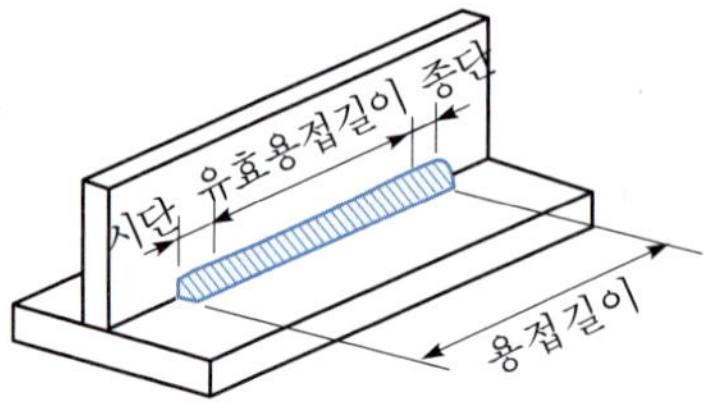

(모살용접 유효길이)

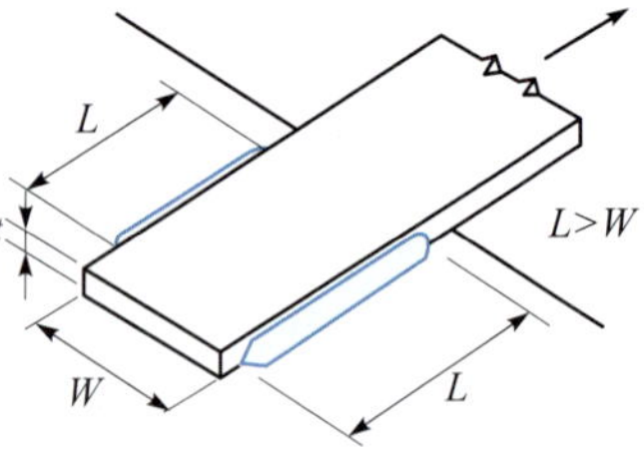

(길이방향 모살용접 길이 제한)

(3) 맞댐용접

(가) 완전용입용접 된 맞댐용접의 허용응력은 얇은 판 모재의 허용응력으로 한다.

(나) 부분용입용접의 유효 목두께는 $2\sqrt{t}$(mm) 이상으로 한다.(여기서 t는 두꺼운쪽 판두께)

아) E.J(Expansion Joint) 설계

(1) E.J Movement 설계

〈표 5-30〉 E.J 산정 예시

Mullion Length		4,400	mm	비고
Alum. Surface Temp.	MAX	70	℃	여름철 최고 표면온도
	MIN	-20	℃	겨울철 최저 표면온도
Alum. Fabric. Temp.	MAX	30	℃	조립공장 조립 시 온도
	MIN	10	℃	
Thermal Coefficient(a)	Alum.	2.31E-0.5	/℃	열팽창계수
Thermal Movement	Exp.	6.10	mm	= (70-10) * a * 4400
	Cont.	5.08	mm	= (-20-30) * a * 4400
Slab Deflection	+/-	5	mm	슬라브 수직변위
Fabrication Tolerance	+/-	0.5	mm	생산 오차
Installation Tolerance	+/-	1.5	mm	설치 오차
Total Movement		13.10	mm	

(2) E.J 물림 깊이 설계

E·J 물림 깊이는 상하 약 100 mm를 유지할 수 있도록 한다. Alum. Mullion의 두께 및 형상에 의해 각각의 경우가 다르겠지만, 물림 깊이가 작았을 경우 Mullion의 단부에서의 국부응력이 발생하여 Mullion의 항복될 우려가 있다.

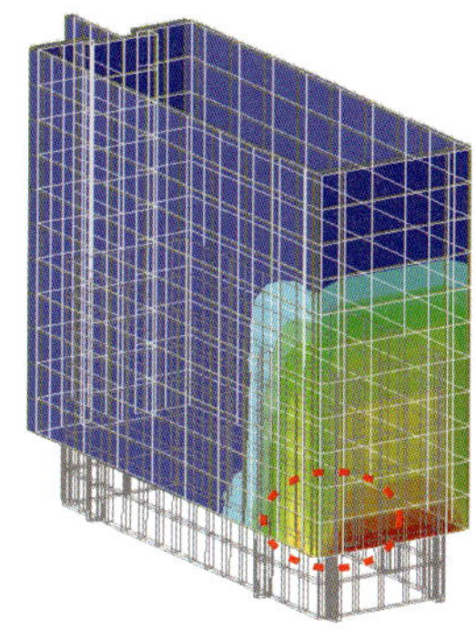

[그림 5-52] 하중에 따른 응력분포

(3) Sleeve 형상에 따른 구조적 차이

일반적으로 Mullion과 Sleeve와의 시공성을 높이기 위해 Sleeve에 돌기를 형성한다. 돌기의 위치(e1, e2)에 따라 슬리브에 작용되는 스트레스와 Mullion에 가해지는 스트레스가 달라지므로 가능한 돌기의 위치는 모서리에 가깝게 형성한다.

예) 돌기의 위치(e1) = type 1 : type 2 = 2 : 1

Sleeve Stress = type 1 : type 2 ≒ 1.7 : 1

Mullion Stress = type 1 : type 2 ≒ 1.7 : 1

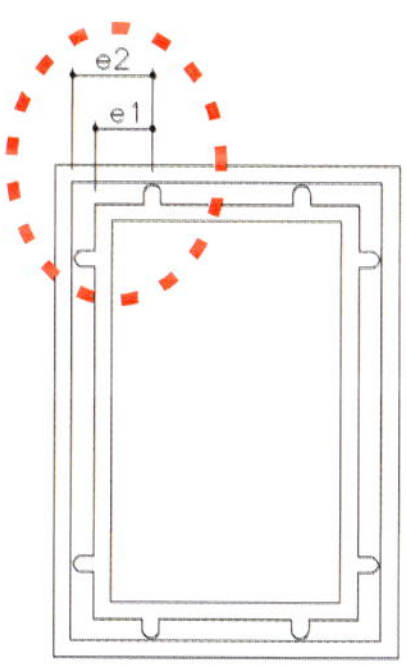

[그림 5-53] type1

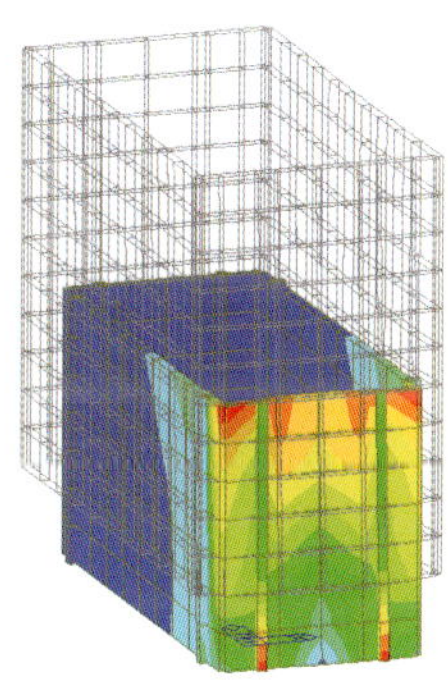

[그림 5-54] type1:Sleeve

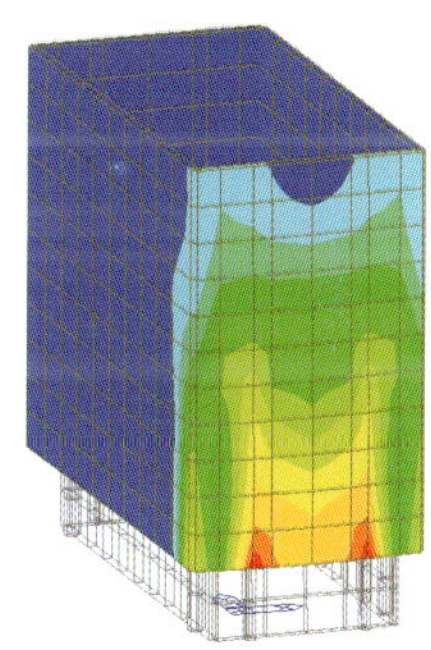

[그림 5-55] type1:Mullion

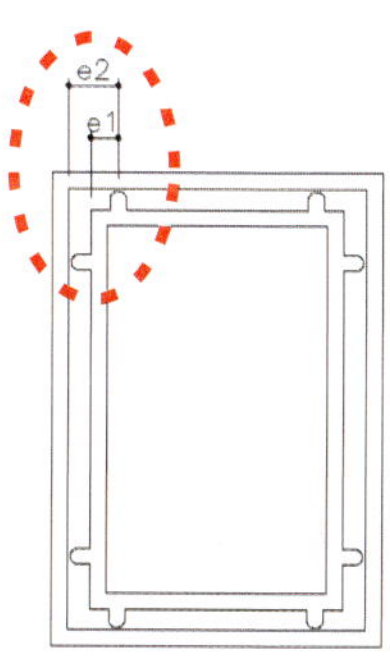

[그림 5-56] type2

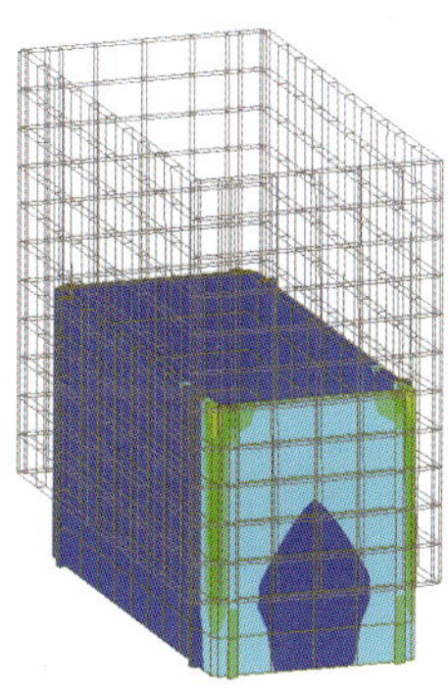

[그림 5-57] type2:Sleeve

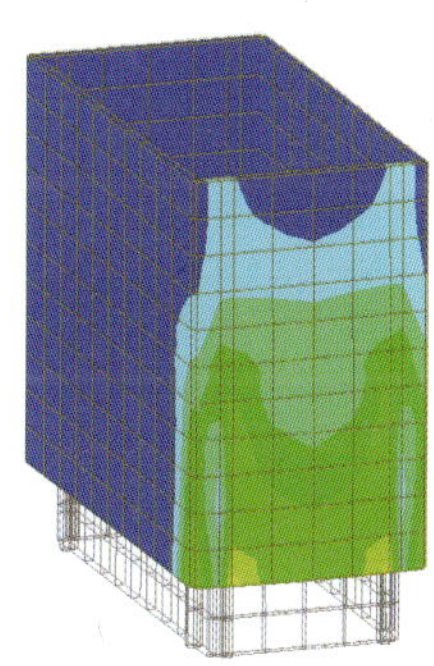

[그림 5-58] type2:Mullion

(4) E·J는 제작 및 시공의 편의성도 고려한 것이지만, 가장 큰 이유는 Alum. Mullion의 열에 의한 수축 팽창에 대해 부재 손상을 막기 위한 것이므로 부재축 방향으로 한쪽은 Sliding 조건이어야만 한다.

자) 석재앵글

(1) 건물외부의 치장 벽돌 및 외부치장마감석재(석재 판넬)의 경우 내진설계가 수행되어야 한다. (건축물 내진설계기준 KDS 41 17 00 : 2019, 18. 비구조요소)

(2) 기존에 사용하던 조정판 타입의 경우, 지진하중에 의해 발생하는 횡하중에 저항할 수 없는 시스템이다.

(3) 1차, 2차 BRACKET을 용접 또는 2개 이상의 볼트로 체결하거나 SERRATION BRACKET을 사용하여 횡하중에 저항하도록 해야 한다.

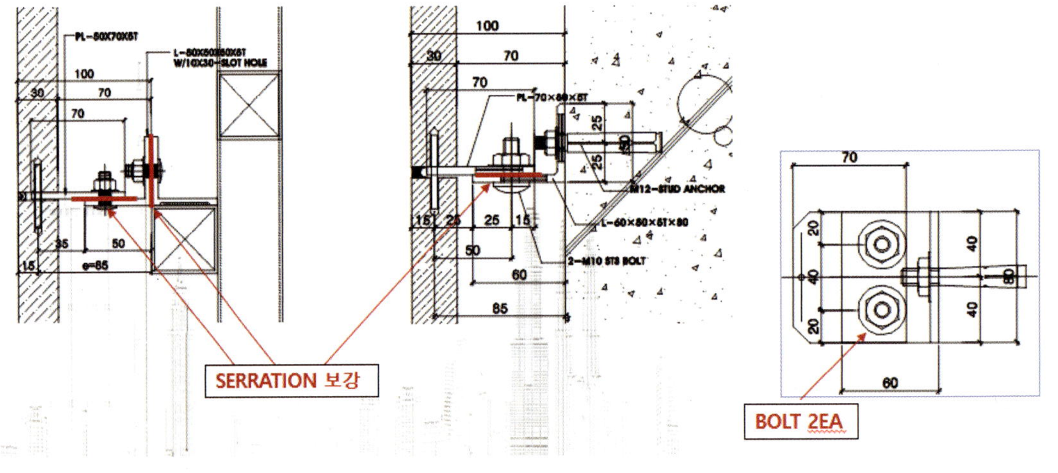

[그림 5-59] 지진하중에 저항하기 위한 보강예시

(4) 석재앵글 설계 시, 풍하중에 대해선 부압기준으로 검토한다. (정압은 압축, 부압은 인발하중으로 인발 하중이 지배적으로 작용한다.)

(5) CASE 1의 경우 자중에 대한 모멘트와 풍하중에 의한 모멘트에 의해 상쇄되는 조건으로 CASE 2와 같이 풍하중과 자중에 의한 모멘트가 더해지는 경우보다 유리하게 설계할 수 있다.

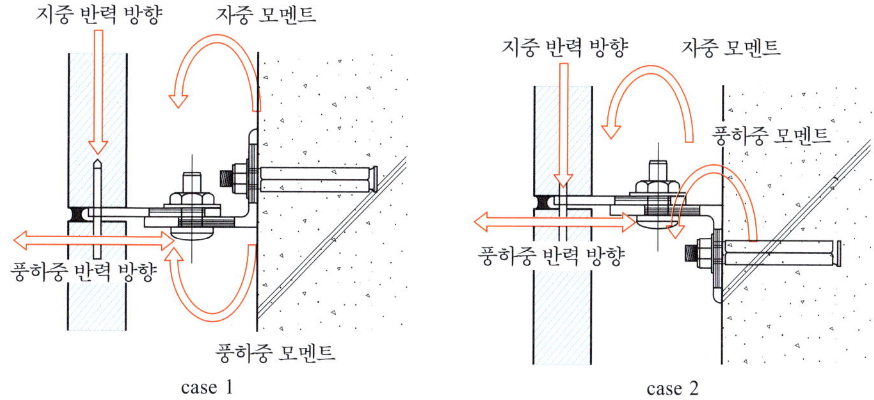

[그림 5-60] 하중에 따른 방향 예시

3) 화스너 설계 (허용응력설계법)

가) STEEL 화스너

(1) KDS 14 30 10 강구조 부재 설계기준 및 KDS 14 30 25 강구조 연결 설계기준에 의거하여 허용응력을 판단하여 검토.

- SS275의 허용응력

허용휨응력 F_b1(약축) = 0.75 * F_y = 206.3 N/mm^2

F_b2(강축) = 0.6 * F_y = 165.0 N/mm^2

허용인장응력 F_t = 0.6 * F_y = 165.0 N/mm^2

허용전단응력 F_v = 0.4 * F_y = 110.0 N/mm^2

나) ALUM. 화스너

(1) ALUMINUM DESIGN MANUAL에 의거하여 허용응력을 판단하여 검토.

- 6063-T5의 허용응력

허용휨응력 F_b = 12.6 ksi = 86.9 N/mm^2 (According to F.8.1.2, F.4.1)

허용인장응력 F_t = 9.7 ksi = 66.9 N/mm^2 (According to D.2b)

허용전단응력 F_v = 5.8 ksi = 40.0 N/mm^2 (According to G.2)

조합응력 판단 : $(f_b / F_b) + (f_t / F_t)^2 + (f_v / F_v)^2 < 1.0$ ………………… O.K

6. 유리구조시스템

가. 유리구조시스템 개요 및 절차

유리구조는 건축구조물의 구조체에 부착되어 바람과 눈 및 자중을 지지하는 유리와 유리고정물을 포함한 구조로서, 유리바닥, 유리벽, 유리지붕, 유리난간, 유리문 등을 포함한다. 건축 구조기준[KDS 41 80 20:유리구조 설계기준]은 이러한 유리구조 설계의 일반적인 요구사항과 설계방법에 따른 기술적 사항들을 규정함으로써 건축구조물에 적용되는 유리구조의 안전성과 사용성, 내구성을 확보하는 것을 그 목적으로 하며, 건축구조물 내부와 외부에 설치되어 건축 구조기준[KDS 41 80 20 : 유리구조 설계기준] 에서 규정한 건축구조물의 구조설계에 적용되는 설계하중이 작용하는 유리구조의 안전성 확보를 위하여 재료, 설계기준, 시공품질 및 시험방법을 규정하고 있다.

건축 구조기준[KDS 41 80 20:유리구조 설계기준]에 따른 유리구조의 기본적 설계 프로세스를 도식화하면 아래와 같다.

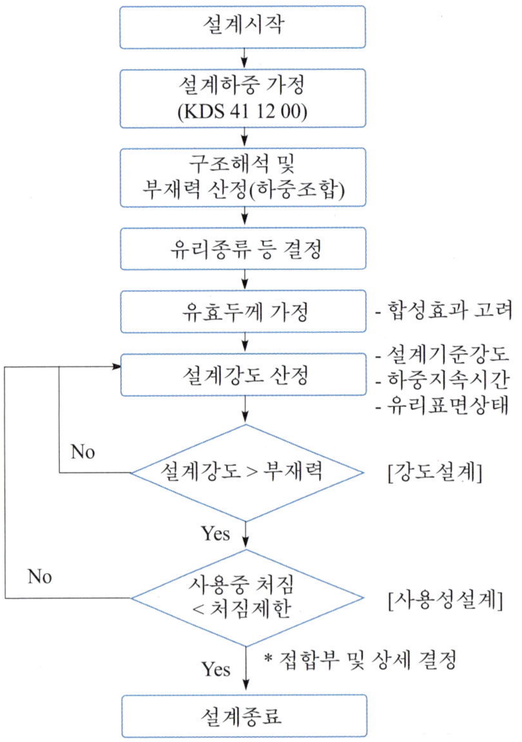

[그림 5-61] 유리구조설계 프로세스
[유리구조 설계 및 유지관리 가이드라인(국토교통부,2022) 참고]

나. 유리의 품질 및 규격

1) 유리시공 종류

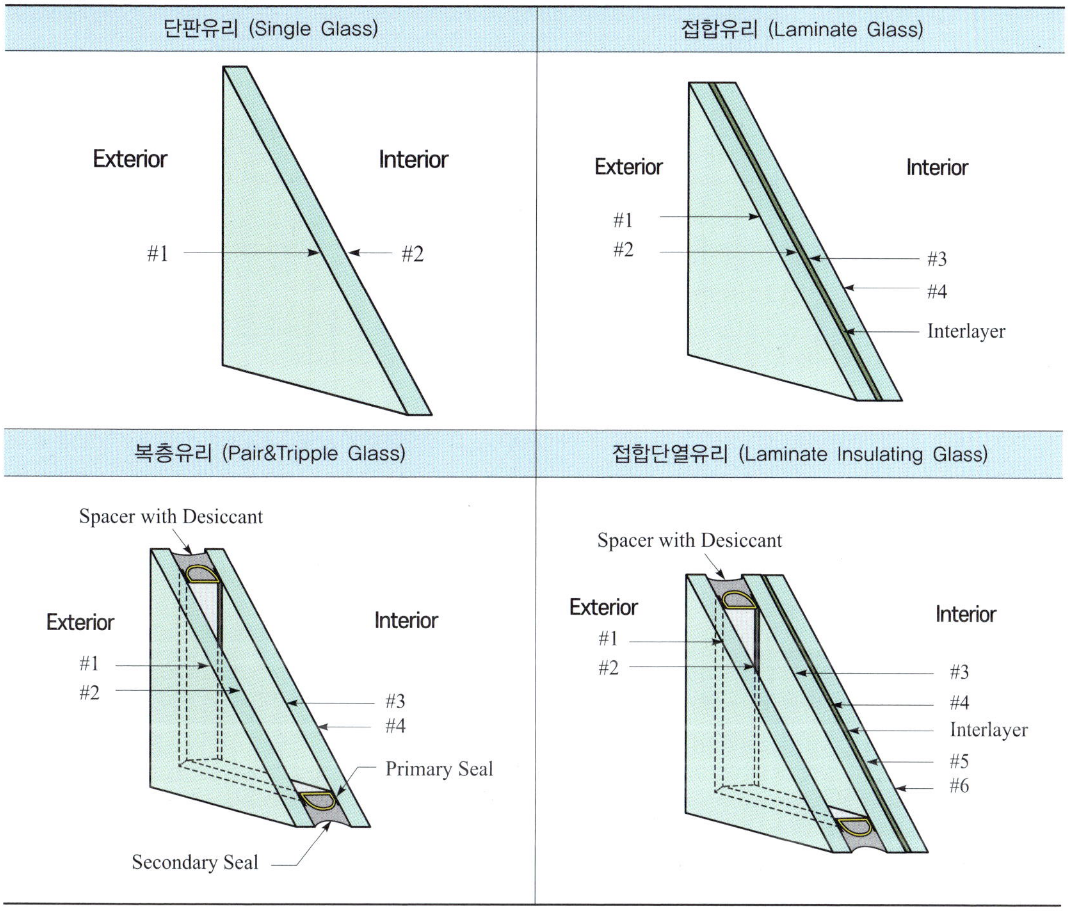

[그림 5-62] 유리의 구성별 예시

Note. 에너지단열유리 : 유리표면의 도포로 열적성능을 향상시킴, 구조적인 성능향상은 없음.

[GANA Glazing Manual – 50th Anniversary Edition 출처]

다. 유리의 재질 및 재료

1) 유리종류

- **비강화** (Annealed) : 열처리나 추가 보강하지 않은 유리
- **반강화** (Heat-strengthened) : 성형유리를 연화점 이하 온도로 가열한 후 찬 공기를 약하게 불어 냉각한 유리.
- **강화** (Tempered) : 일반성형유리를 연화점 이상으로 가열한 상태에서 원하는 형상으로 변형한 후 압축공기로 급랭처리하여 일반유리에 비해 내충격강도를 높인유리.

2) 비강화유리의 재료 최소물성 값

〈표 5-31〉 유리의 물성치

항목	물성값
압축강도	5000 ~ 8000 N/mm2
인장강도	45 N/mm2
탄성계수	7x104 N/mm2
푸아송비	0.22
모스경도	6
선팽창율	9 ~ 10 × 10-6 /℃
연화온도	650 ~ 700 ℃
열전도율	0.68 Kcal/mh℃
비중	2.5

[건축구조기준 유리구조 설계기준(KDS 41 80 20 - 2022 출처]

라. 유리구조시스템 구조설계

1) 유리 허용응력

〈표 5-32〉 유리의 종류별 허용응력

ASTM-E1300-09a 기준		유리구조 설계기준(KDS 41 80 20 : 2022)	
유리의 종류	허용응력 (MPa)	유리의 종류	허용응력 (MPa)
비강화 유리(Annealed)	18.5	비강화 유리(Annealed)	20
반강화 유리(Heat-strengthened)	36.5	반강화 유리(Heat-strengthened)	40
강화유리(Tempered)	73	강화유리(Tempered)	80

[건축구조기준 유리구조 설계기준(KDS 41 80 20 - 2022 출처]
[ASTM-E1300-09a]

2) 유리의 유효두께 (非접합유리)

〈표 5-33〉 유리의 유효두께

유리 공칭두께	5	6	8	10	12	15	19	22	25
유리 최소두께	4.7	5.7	7.4	9.4	11.2	14.2	17.8	20.8	23.8

[건축구조기준 유리구조 설계기준(KDS 41 80 20 - 2022 출처]

3) 유리의 유효두께 (접합유리)

$I_S = h_1 h_{s;2}^2 + h_2 h_{s;1}^2$

$h_{s;1} = (h_s h_s) / (h_1+h_2)$

$h_{s;2} = (h_s h_2) / (h_1+h_2)$

$h_s = 0.5\ (h_1+h_2) + h_v$

Γ = '$1/(1 + 9.6 \times (EI_s h_v)/(Gh_s^2 a^2))$

$\therefore\ h_{ef:w} = \sqrt{\ }(h_{ef:}w^3/\ (h_1 + 2\Gamma I_{S:2}))$

$\therefore\ h_{ef:\sigma} = \sqrt{\ }(h_{ef:}w^3\ /\ (h_1 + 2\Gamma I_{S:2}))$

h_1 = 유리 최소두께 (mm)

h_2 = 유리 최소두께 (mm)

E = 유리의 탄성계수 (N/mm^2)

h_v = 접합필름의 두께 (mm)

G = 접합필름의 전단탄성계수 (N/mm^2)

a = 고정지점부터 고정지점까지의 거리 (mm)
(4변지지의 유리는 단변의 고정길이)

[ASTM–E1300–09a 출처]

4) 처짐 제한

① 4변 단순지지의 경우 단변길이의 1/60

② 3변 단순지지의 경우, 자유단 길이의 1/60과 2개 지지변 길이의 1/30 중 작은값

③ 2변 단순지지의 경우, 유리판 지지점 간격의 1/60

④ 캔틸레버는 자유단까지 길이의 1/30

[유리구조 설계기준 (KDS 41 80 20 – 2022 – 4.2.3.1]

※ 하지만 GANA(GANA Glazing Manual – 50th Anniversary Edition)에 따른, 1"(25.4 mm) 제한 사항에 대한 부분은 구조설계자의 판단을 통한 적용.

5) 구조용 실란트 적용(Structure Sealant)

구조용 실란트의 폭과 깊이의 비는 1:1 이상이 되어야 하며 구조 실란트의 최소폭은 6 mm로 제한한다.

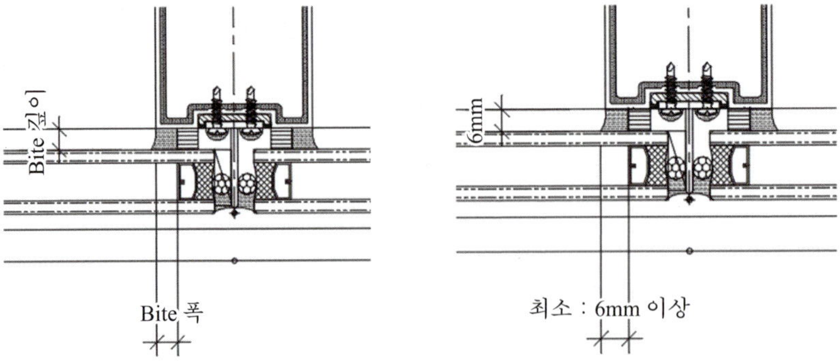

[그림 5-63] 실란트 최소기준
[Dow Corning Technical Manual(미국기준) 참고 출처]

---

① 인장강도 판단

- Bite(mm) = 0.5×단변의 길이(mm)×Wind Load(kg/m^2)
- 실란트 설계인장강도(14,000kg/m^2)

② 전단강도 판단

- Bite(mm) = 유리의 무게(kg)
- 실란트 접착길이(mm)×실란트 무게저항강도(7×10−4 kg/mm^2)

∴ 전단강도는 인장강도와 비교하여, 현저하게 강도가 낮게(대략 20배) 설계됨.

③ Structure Sealant의 폭과 깊이의 제한사항

- 폭과 깊이의 비율은 1:1~1:3사이를 유지하도록 해야 한다.

[Dow Corning Asia Structural Sealant Glazing Manual 출처]

6) 유리받힘 블록(Setting Block)

① 유리받힘블록의 길이(mm)

$L = A(ft^2) \times 0.1(\text{inch})$

A = 유리의 폭(mm) × 유리의 높이(mm) / (mm^2)

② 유리받힘블록의 위치 : 유리받힘 블록은 유리의 폭(L)을 기준하여 L/4 or L/8위치에 각각 적용. 총 2개소)

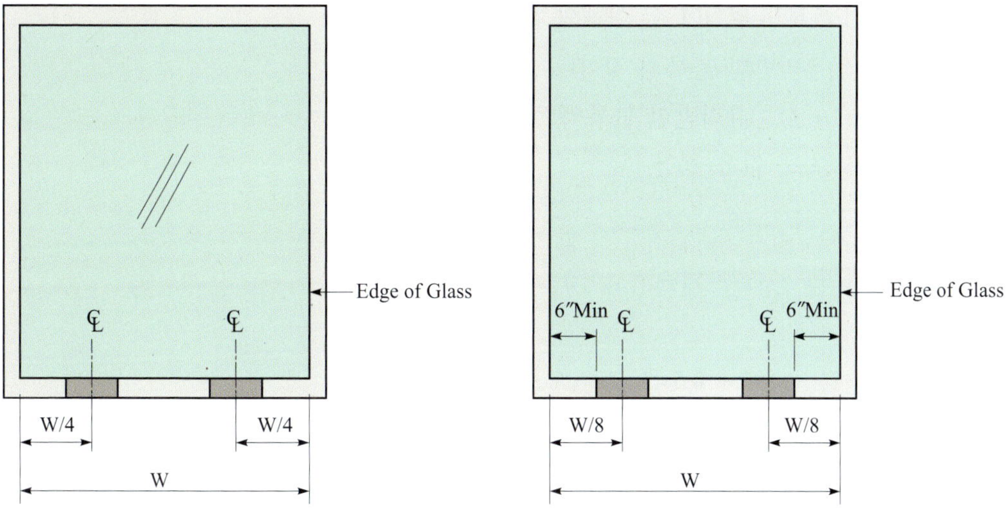

[그림 5-64] 유리받힘블록의 위치

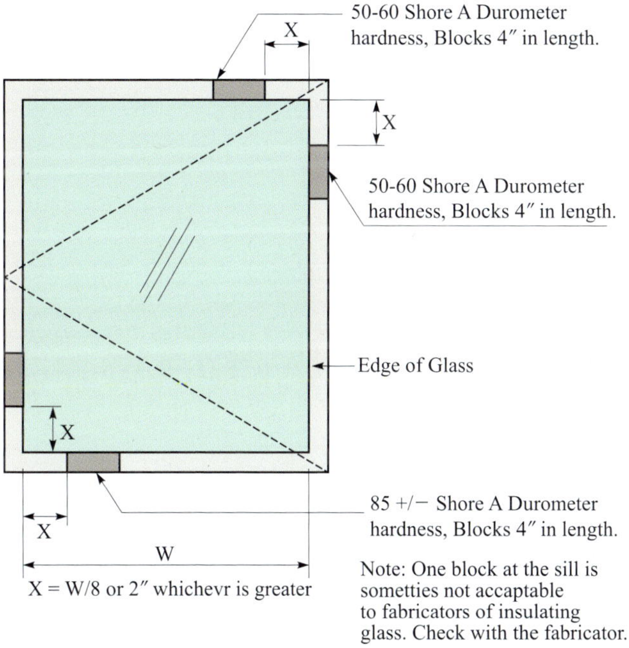

[그림 5-65] 케이스먼트의 유리받힘블럭의 위치
[GANA Glazing Manual - 50th Anniversary Edition 출처]

창호프레임부터 유리받힘 블록까지의 길이는 최소 6″(≒150 mm) 확보가 필요하며, 유리받힘 블록의 위치(X)는 W/8 또는 2″(≒50 mm) 보다는 커야 한다.

따라서, 유리받힘 블록의 위치(X)는 아래와 같이 적용한다.

1) W / 8 + L(①유리받힘 블록의 길이) / 2

2) 2″(≒50 mm) + L(①유리받힘 블록의 길이) / 2

∴ X = 1),2) 중 큰 값을 적용.

7) 설계하중

- 강도설계법 or 한계상태설계법 (LRFD)

$1.4\ (D + F)$

$12(D + F + T) + 16L + 0.5\ (L_r$ 또는 S 또는 $R)$

$1.2\ D + 1.6\ (L_r$ 또는 S 또는 $R) + (1.0L$ 또는 $0.5W)$

$1.2\ D + 1.0\ W + W + L + L + (L_x$ 또는 S 또는 $R)$

$12\ D + 1.0\ E + 1.0\ L + 0.2S$

$0.9\ D + 1.0\ W$

$0.9\ D + 1.0\ E$

- 허용응력설계법(ASD)

$D + F$

$D + F + L + T$

$D + F + (L_r$ 또는 S 또는 $R)$

$D + F + 0.75\ (L + T) + 0.75\ (L_r$ 또는 S 또는 $R)$

$D + F\ (0.65\ W$ 또는 $0.7\ E)$

$D + F + 0.75\ (0.65\ W$ 또는 $0.7\ E) + 0.75\ L + 0.75\ (L_r$ 또는 S 또는 $R)$

$0.6\ D + 0.65\ W$

$0.6\ D + 0.7\ E$

8) 휨 응력 검토

$\sigma_{max} \leq f_{gd}$

σ_{max} = 작용응력(MPa) ············ 상세해석에 따른 실제 응력 적용

f_{gd} = 허용응력(MPa) ············ 〈표 5-32〉

9) 사용성 검토

$W_{max} \leq W_d$

W_{max} = 실제 처짐(mm) ············ 상세해석에 따른 실제 처짐 적용

W_a = 허용처짐(mm) ············ (라.(저침제한)에 따른 제한치 이내 적용)

10) 유리 제한사항

1) 유리 물림 깊이 및 Clearance

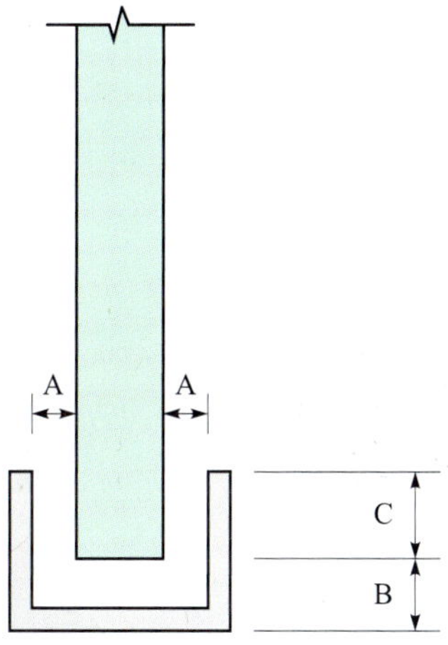

[그림 5-66] 유리시공시 최소 요구치
[GANA Glazing Manual – 50th Anniversary Edition 출처]

〈표 5-34〉 유리시공시 최소 요구치

Recommended Minimum Face & Edge Clearance & Glazing Bite							
Thickness		Recommended Minimum					
		A=Face		B=Edge		C=Bite	
Monolithic Glass							
inches	mm	inches	mm	inches	mm	inches	mm
S.S.	2.5	1/16	1.6	1/8	3.2	1/4	6.4
1/8-D.S. [1]	3	1/8	3.2	1/8	3.2	1/4	6.4
1/8-D.S. [2]	3	1/8	3.2	1/4	6.4	3/8	9.5
3/161	5	1/8	3.2	3/16	4.8	5/16	7.9
3/162	5	1/8	3.2	1/4	6.4	3/8	9.5
1/4	6	1/8	3.2	1/4	6.4	3/8	9.5
5/16	8	3/16	4.8	5/16	7.9	7/16	11.1
3/8	10	3/16	4.8	5/16	7.9	7/16	11.1
1/2	12	1/4	6.4	3/8	9.5	7/16	11.1
5/8	15	1/4	6.4	3/8	9.5	4/2	12.7
3/4	19	1/4	6.4	1/2	12.7	5/8	15.9
7/8	22	1/4	6.4	1/2	12.7	3/4	19.0
Insulating Glass							
1/2	12	1/8	3.2	1/8	3.2	1/2	12.7
5/8	15	1/8	3.2	1/8	3.2	1/2	12.7
3/4	19	3/16	4.8	1/4	6.4	1/2	12.7
1	25	3/16	4.8	1/4	6.4	1/2	12.7

[1] Anncaled Glass Only [2] Fully Tempered Glass Only

[GANA Glazing Manual – 50th Anniversary Edition 출처]

2) 유리시스템 종류에 따른 제한사항

(a) SPG SYSTEM (b) MPG SYSTEM

[그림 5-67] SPG & DPG 시스템 시공예시

- SPG SYSTEM : 판유리에 특수 홀가공을 한 후 볼트로 판유리와 판유리를 연결하여 별도 프레임(Alum. mullion&transom 및 Steel frame등) 및 구조용실란트 없이 고정해주는 시스템.
- MPG SYSTEM : 판유리에 홀 타공을 하지 않고 금속연결재를 이용하여 프레임(Alum.mullion&transom 및 Steel frame등)및 구조용실란트 없이 고정해주는 시스템.

[그림 5-68] RIB 글라스 시스템 예시

- RIB GLASS SYSTEM(유리기둥) : 유리고정용 프레임을 별도의 Alum.Frame or ST'L Frame이 아니라, 동일재료인 Glass를 수직구조부재를 사용하는 시스템.

- RIB GLASS의 볼트 연단거리 제한사항

1) 유리판 접합부 구멍은 6.4 mm 이상 또는 유리판 두께보다 커야 한다. 원형이 아닌 구멍의 모서리는 완곡하게 마감하여야 하며, 내부반경은 최소 유리두께 이상이어야 한다.

2) 유리판 단부와 구멍의 최소 간격은 6 mm이상 또는 유리판 두께 2배 이상을 확보하여야 한다.

3) 구멍의 순 간격은 10 mm 이상 또는 유리두께 2배 이상 유지하여야 한다.

4) 유리판 구석에 위치한 접합부 구멍의 대각선 단부 간격은 유리 두께의 6.5배 이상 확보하여야 한다.

[유리구조 설계기준 (KDS 41 80 20 - 2022 - 4.4.3]

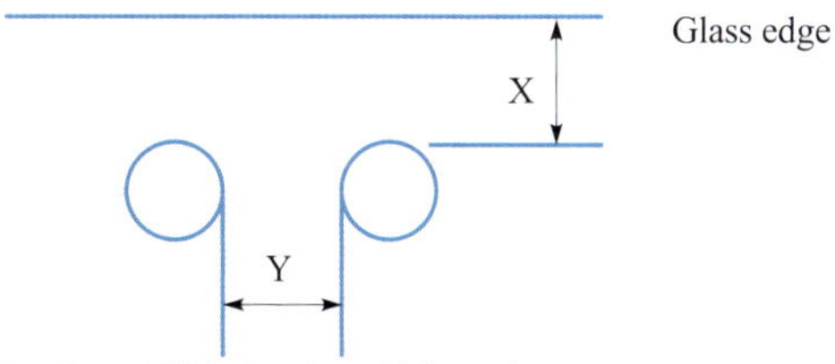

X = 6mm (1/4 in.) or 2t, whichever is greater
Y = 10mm (2/10 in.) or 2t, whichever is greater
Where: X = Minimum distance between glass edge and rim of nearest hole
Y = Minimum distance between rims of adjoining holes
t = glass thickness

FIG. 1 Placement of Holes

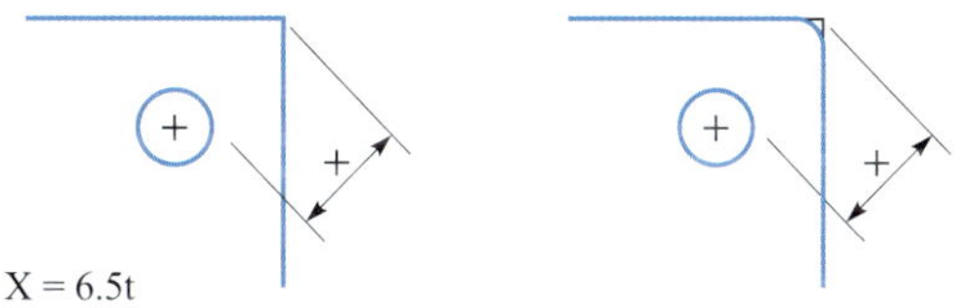

X = 6.5t
Where: X = Minimum distance between glass comer and rim of nearest hole
t = glass thickness

FIG. 2 Location of Holes Near Corners

7.9.3 *Minimum Dimension of Holes-Circular holes* must have a minimum diameter of 6.4 mm (1/4 in.) or the thickness of the glass, whichever is greater. In other than circular holes, any corners must have fillets, the radius of which must be equal to or greater than the thickness of the glass (see Fig. 3).
7.9.4 *Dimensional Tolerances of Holes*:
7.9.4.1 Tolerance of hole diameter shall be ±1.6 mm (1/16 in.).

[그림 5-69] 유리 홀에 따른 최소 연단거리
[ASTM-C1048 출처]

• 유리바닥 : 유리를 바닥마감재로 사용하여 하부 Vision을 형성하는 시스템.
  - 바닥 유리판과 테두리구조의 접합부 경계조건은 단순지지로 다룬다.
  - 최대 집중하중의 효과는 5 cm × 5 cm면적에 1.3 kN의 하중이 작용하는 것으로 검토한다.

[KDS 41 80 20 유리설계기준 4.3.5장 참고]

• 유리난간 : 유리를 사용하여 난간 프레임을 형성하는 시스템.
  - 난간 손잡이 구조는 유리판 상부 또는 바닥에 연속 부재를 통해 고정되어야 한다.
  - 유리판 하부에 클램프 형의 접합부 폭은 100 mm 이상, 두께는 12 mm 이상 확보하여야 한다. 볼트형 클램프의 최대간격은 500 mm를 초과할 수 없다.
  - 볼트를 사용하지 않는 클램프는 삽입 깊이가 90 mm 이상 확보해야 한다.

[KDS 41 80 20 유리설계기준 4.3.4장 참고]

가) 유리 구조설계

1) 유리구조설계 방법

WGD(Window Glass Design) program 및 PLATE STRESS ANALYSIS(판해석)을 이용하여 응력 및 처짐을 해석하여 아),자)에서와 같이 허용응력 및 허용처짐을 설계하여 구조적인 안전성을 확보한다.

나) 유리 구조설계 기본예시 (4면지지 벽면)

방법 1) WGD(Window Glass Design)을 이용한 설계
풍압 2.0 kPa(KDS기준) 조건

(*WGDprogram의 경우는, 풍하중 적용이 KDS기준(10분간 평균풍속)이 아니라 3초간 평균풍속에 따른 풍압을 적용하여 검토하는 것이기 때문에, 풍압을 변환하여 사용해야 한다.)

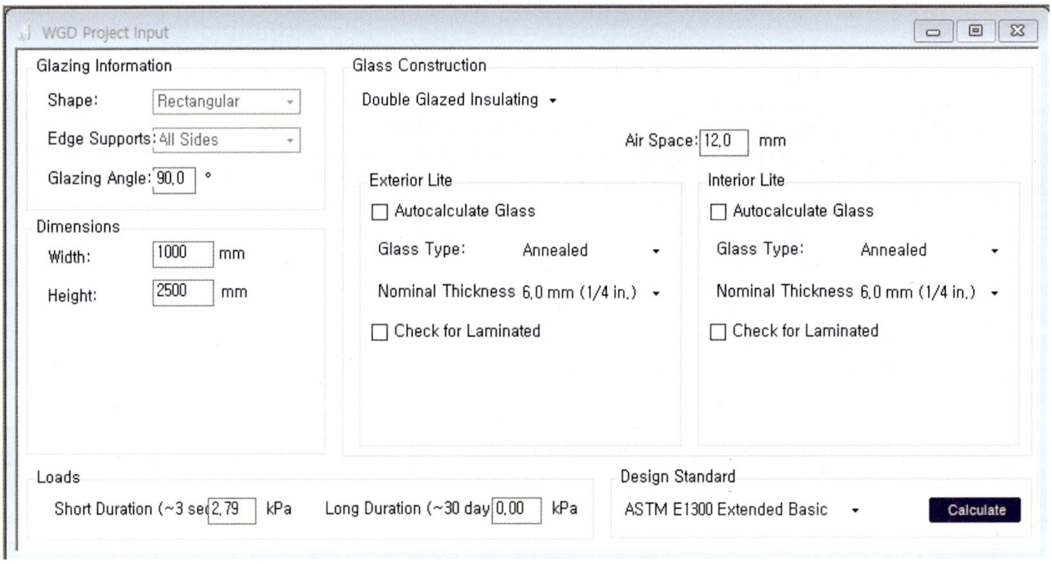

[그림 5-70] WGD 프로그램 인터페이스

ASTM E1300 Extended Basic

Load Resistance Report

10□ 08, 2024

Glazing Construction (Double Glazed Insulating Unit)

Exterior Lite Properties (6.0 mm Monolithic)

Construction: 6.0 mm (AN)

Airspace Properties

Thickness: 12.0 mm

Interior Lite Properties (6.0 mm Monolithic)

Construction: 6.0 mm (AN)

Load Resistance

Short Duration (3 Sec)

Description	NFL	GTF	LSF	LR
Exterior Lite	1.46 kPa	0.900	1/0.500	2.62 kPa
Interior Lite	1.46 kPa	0.900	1/0.500	2.62 kPa

Long Duration (30 Days)

Description	NFL	GTF	LSF	LR
Exterior Lite	1.46 kPa	0.390	1/0.500	1.14 kPa
Interior Lite	1.46 kPa	0.390	1/0.500	1.14 kPa

Comparisons

Short Duration

2.79 kPa 3.00 sec > 2.62 kPa — Load exceeds LR

Approximate center of glass deflection

Exterior Lite 12.6 mm

Interior Lite 12.6 mm

Notes

Load resistance values are computed in accordance with ASTM E1300-16 Section 6.2 and are based on non-factored load values calculated in a manner consistent with those presented in ASTM E1300-16.

[그림 5-71] 하중에 따른 유리의 결과값

- 소요강도와 설계강도 비교를 통한 유리강도 안전성 판단

ASTM E1300 Extended Basic

Load Resistance Details

10□ 08, 2024

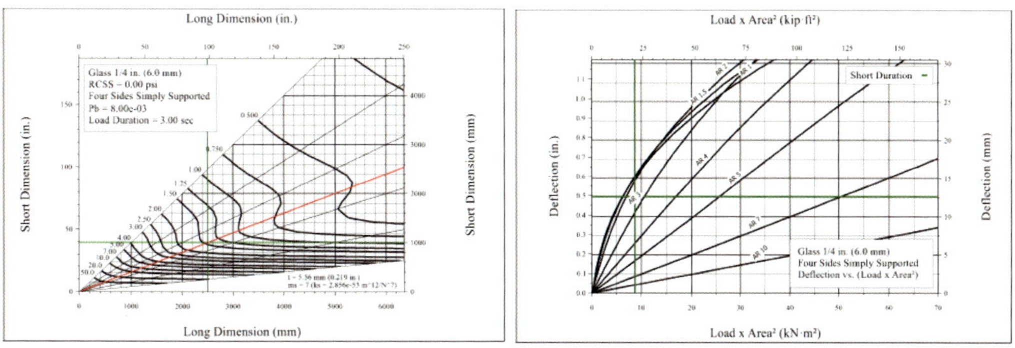

[그림 5-72] 하중에 따른 유리의 결과값

- 하중과 유리 면적에 따른 처짐제한 판단

[ASTM E1300-16 Section 6.2 출처]

현재 적용된 하중은 건축물 설계하중 (KDS 41 12 00 - 2022)에 따라 하중조합에 적용되는 하중저감계수가 적용되지 않은 것임.

방법 2) 판 해석을 통한 유리 설계

(1) 설계 조건

폭(W) = 1,000 mm / 높이(H) = 2,500 mm

24 mm 복층 유리 기준 (6CL + 12AIR + 6CL)

6 mm 유리의 순 유리두께 = 5.7 mm ·················· 〈표 5-33〉

W.L = 2.0 kPa

하중조합 (응력 및 처짐 판단)

$0.65W.L + D.L$

[건축물 설계하중 (KDS 41 12 00 - 2022)]

(3) 설계를 위한 상수

재료물성 ·················· 〈표 5-31〉

유리 탄성계수(E) = 7×10^4 MPa

유리 푸아송비(ν) = 0.22

유리 밀도(ρ) = 2.5×10^{-6} N/mm^2

(4) 판 해석(Midas Program 사용)

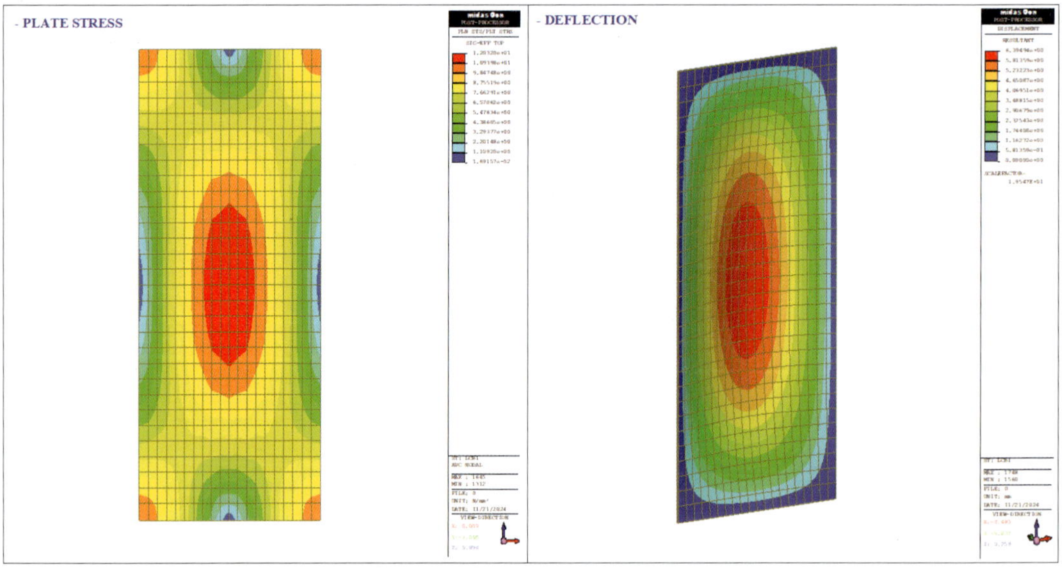

[그림 5-73] 판해석의 응력 및 처짐

(5) STRESS CHECK

Acture Stress(δ_T) = 12.03 MPa

Allowable Stress(δ_A) = 20 MPa ·················· 〈표 5-32〉

δ_T / δ_A = 60.15% ···································· (O.K)

(6) DEFLECTION CHECK

Acture Deflection(Δ_T) = 6.394 mm

Allowable Deflection(Δ_A) = 1,000 mm / 60 ·················· [라-4) 처짐제한]

= 16.66 mm

Δ_T / Δ_A = 38.36 % ···································· (O.K)

※ WGD PROGRAM과 PLATE ANALYSIS비교 시, 동일한 조건의 유리를 적용하여 확인할 경우, 결과값에 따른 차이를 보임 (하중조합 적용의 여부)

〈표 5-35〉 외피시스템 기준 및 시방서

외피시스템 관련 국·내외 기준 및 시방서			

(국내) 강구조 부재 설계기준 (허용응력설계법)	(국내) 강구조 부재 설계기준 (하중저항계수설계법)	(국내) 강구조 연결 설계기준 (허용응력설계법)	(국내) 강구조 연결 설계기준 (하중저항계수설계법)
		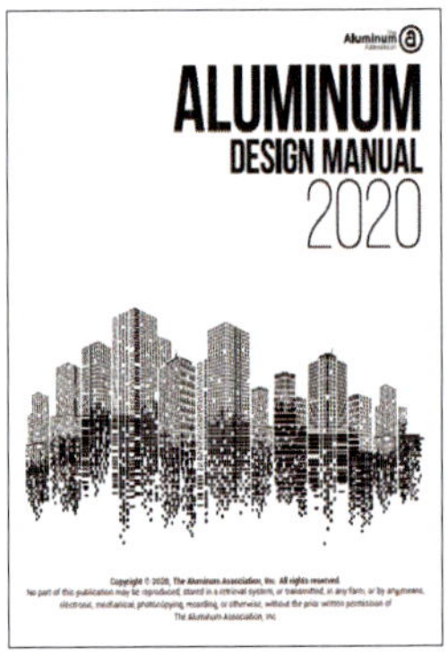	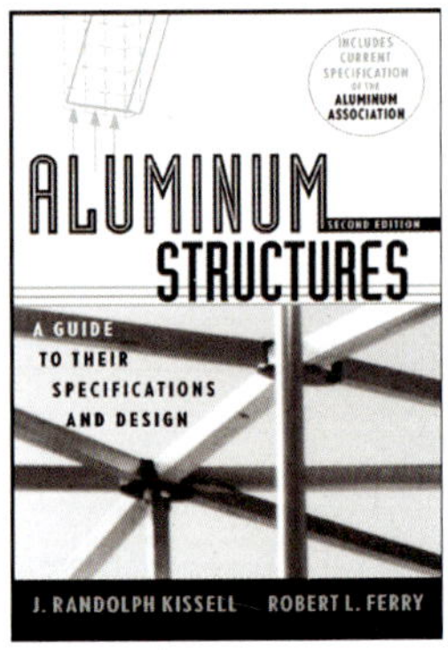
(국내) 알루미늄구조설계기준	(국내) 건축물 설계하중	(해외) 접합부 설계기준, 미국	(해외) 접합부 설계기준, 미국

(국내) SGMH 규격 기준	(해외) 용접기준, 미국		

CHAPTER 06

창호와 커튼월의 시험방법 및 요구 성능

제6장 | 창호와 커튼월의 시험방법 및 요구 성능

1절. 개요

창호와 커튼월은 현대 건축물에서 매우 중요한 요소로, 이들의 성능은 건물의 에너지 효율, 안전성, 내구성 등에 직접적인 영향을 준다. 6장에서는 창호와 커튼월의 다양한 요구성능과 이를 평가하는 시험방법에 대해 상세히 다룰 예정이다. 이를 통해 건축관련 종사자들이 창호와 커튼월의 성능을 정확히 이해하고, 적절한 제품을 설계하고 적용할 수 있도록 돕고자 한다.

국내의 창호 관련 시험 규격은 KS 인증 규격인 KS F3117 Ⓚ창세트가 있다. 이 규격은 치수, 기밀성, 수밀성, 내풍압 성능, 내구성 등 창의 종합적인 성능에 대한 내용을 포함하고 있다. 그러나 국내의 경우, 커튼월에 대한 별도의 시험 규격은 제정되어 있지 않아 AAMA, ASTM을 따르고 있으나, 최근 KDS(Korean Design Standard)에서 커튼월과 관련된 내용을 기술하면서 조금 변화의 움직임이 보이고 있다.

미국의 경우 여러 가지 단체의 규격(ASTM, NAFS, CAS등)으로 운영되나 주로, AAMA 501과 AAMA 101에서 시험방법과 성능기준을 따르고 있다. AAMA 501은 커튼월에 대한 시험방법과 요구성능을 보여주고 있으며, AAMA 101은 창호시험규격으로 캐나다 규격도 같이 표기되어 함께 사용하고 있다. 이러한 AAMA 표준은 전 세계적으로 널리 적용되며, 창호와 커튼월의 품질을 보장하는 중요한 지표로 사용된다.

또한 창과 커튼월은 건물의 외피로서 건물의 에너지 효율에도 밀접하게 연관되어 있다. 국내의 경우는 건축물의 에너지 절약 설계 기준(국토교통부 고시)의해 창과 커튼월의 기밀, 단열에 대한 성능을 확보하도록 하고 있다. 이에 따라 지역 및 용도에 맞는 단열성능과 기밀성능을 확보해야 한다. 창의 경우는 에너지효율등급제도-창세트에 적용되어 에너지효율등급을 명시해야 하며, 커튼월의 경우는 고효율 기자재-금속커튼월에 등록하여 사용할 수도 있다. 고효율 기자재의 경우는 의무사항은 아니다.

이와 유사한 제도로 미국은 NFRC(National Fenestration Rating Council) 에너지효율등급을 제공하여 소비자들이 에너지 절약을 실현할 수 있도록 돕고 있다. NFRC의 등급 제도는 창호의 단열성능과 태양광 투과율, 태양열 등을 종합적으로 평가하여 공정하고 정확한 정보를 제공한다. 이번 Chapter에서는 KS F3117, AAMA 501, AAMA 101과 같은 주요 표준에서 언급하고 있는 시험방법은 창호와 커튼월의 성능을 평가하는 것이다. 또한 국내 법규에 의해 필요한 다른성능(범죄예방 성능, 방화성능)에 대해서도 설명할 것이다. 이를 통해 건축 전문가들이 창호와 커튼월의 성능을 정확히 평가하고, 적절한 제품을 선택하여 건축물의 품질을 향상 시킬수 있는다.

[그림 6-1] 고효율기자재 마크

[그림 6-2] 에너지효율등급 - 창세트

2절. 기밀성능시험

기밀성능은 창호와 커튼월의 중요한 성능 요소 중 하나로, 내부와 외부 사이의 공기 이동을 감소시켜 에너지 손실을 최소화하고 실내 환경의 쾌적성을 유지하는 역할을 한다. 기밀성능이 우수한 창호와 커튼월은 난방 및 냉방 에너지 절감에 기여하며, 외부 소음과 오염 물질의 침입을 막아주는 기능도 한다. 따라서 건축물의 에너지 성능에 대한 평가를 진행할 때 반드시, 창과 커튼월의 기밀성능을 평가내용에 포함된다.

국내의 경우는 건축물의 에너지 절약 설계기준에 따라 에너지 절약 계획서 작성 시 [그림 6-3]과 같이 창과 문의 기밀성능을 표기하게 되어 있다. 또한 “에너지 절약형 친환경주택의 건설기준”에도 창과 문의 기밀성 요구 등급이 있으므로, 이점을 주의해야 한다.

커튼월의 경우 Mock-up Test Report에 ASTM E 283 기밀성 시험을 한 결과가 있지만, 에너지 절약 계획서 작성 시 기밀성은 반드시 KS F 2292에 의한 시험방법으로 시험한 시험성적서가 있어야 한다. 과거 시험성적서의 정의가 없어서 KOLAS 시험성적서가 있어야 한다는 문구가 있었는데 2022년에 개정되면서 KOLAS라는 문구가 삭제되었지만, 금번에 적합성 평가에 관한 법률이 제정되면서, “시험성적서”의 정의가 「적합성 평가 관리 등에 관한 법률」제2조제10호 다목에 해당하는 성적서로 동법에 따라 발급·관리되는 것이라는 정의가 생기었기 때문이므로, 실제로는 KOLAS 성적서가 여전히 유효하다.

그러면, 국내에서 진행되는 기밀성에 대한 시험 KS F 2292와 ASTM E283 시험방법에 대해 알아보도록 하자. KS, ASTM 등 모든 기밀성능 시험은 내외부 공기의 압력 차(차압)에 의해 창호로 지나가는 공기의 양을 측정하는 시험방법을 사용하고 있으며, 기본적인 시험 장치의 개요도는 [그림 6-4]와 같다.

2. 에너지성능지표[주1)]

구분	항목	기본배점 (a) 비주거 대형(3,000㎡ 이상)	비주거 소형(500-3,000㎡ 미만)	주거 주택 1	주거 주택 2	지역	배점 (b) 1점	0.9점	0.8점	0.7점	0.6점	평점 (a*b)	근거
건축부문	1. 외벽의 평균 열관류율 Ue (W/㎡·K)[주2) 주3)] (창 및 문을 포함)	21	34			중부1	0.380미만	0.380-0.430미만	0.430-0.480미만	0.480-0.530미만	0.530-0.580미만		
						중부2	0.490미만	0.490-0.560미만	0.560-0.620미만	0.620-0.680미만	0.680-0.740미만		
						남부	0.620미만	0.620-0.690미만	0.690-0.760미만	0.760-0.840미만	0.840-0.910미만		
						제주	0.770미만	0.770-0.860미만	0.860-0.950미만	0.950-1.040미만	1.040-1.130미만		
				31	28	중부1	0.300미만	0.300-0.340미만	0.340-0.380미만	0.380-0.410미만	0.410-0.450미만		
						중부2	0.340미만	0.340-0.380미만	0.380-0.420미만	0.420-0.460미만	0.460-0.500미만		
						남부	0.420미만	0.420-0.470미만	0.470-0.510미만	0.510-0.560미만	0.560-0.610미만		
						제주	0.550미만	0.550-0.620미만	0.620-0.680미만	0.680-0.750미만	0.750-0.810미만		
	2. 지붕의 평균 열관류율 Ur (W/㎡·K)[주2) 주3)] (천창 등 투명 외피부분을 제외한 부위의 평균 열관류율)	7	8	10	10	중부1	0.090미만	0.090-0.100미만	0.100-0.110미만	0.110-0.130미만	0.130-0.150미만		
						중부2	0.090미만	0.090-0.100미만	0.100-0.110미만	0.110-0.130미만	0.130-0.150미만		
						남부	0.110미만	0.110-0.120미만	0.120-0.140미만	0.140-0.150미만	0.150-0.180미만		
						제주	0.150미만	0.150-0.170미만	0.170-0.190미만	0.190-0.210미만	0.210-0.250미만		
	3. 최하층 거실바닥의 평균 열관류율 Uf (W/㎡·K)[주2) 주3)]	5	6	6	6	중부1	0.100미만	0.100-0.110미만	0.110-0.130미만	0.130-0.150미만	0.150-0.180미만		
						중부2	0.120미만	0.120-0.130미만	0.130-0.150미만	0.150-0.170미만	0.170-0.210미만		
						남부	0.150미만	0.150-0.170미만	0.170-0.190미만	0.190-0.210미만	0.210-0.260미만		
						제주	0.200미만	0.200-0.220미만	0.220-0.250미만	0.250-0.280미만	0.280-0.340미만		
	4. 외피 열교부위의 단열 성능 (W/m·K) (단, 창 및 문 면적비가 50%미만일 경우에 한함)	4	6	6	6		0.400미만	0.400~0.440미만	0.440~0.475미만	0.475~0.515미만	0.515~0.550미만		
	5. 기밀성 창 및 문의 설치(KS F2292에 의한 기밀성 등급 및 통기량(㎥/h㎡))[주4)]	5	6	6	6		1등급 (1 ㎥/h㎡미만)	2등급 (1~2 ㎥/h㎡미만)	3등급 (2~3 ㎥/h㎡미만)	4등급 (3~4 ㎥/h㎡미만)	5등급 (4~5 ㎥/h㎡미만)		
	6. 창 및 문의 접합부에 기밀테이프 등 기밀성능 강화 조치	1	2	2	2		외기 직접 면한 창 및 문 면적의 60% 이상에 적용						
	7. 냉방부하저감을 위한 거실 외피 면적당 평균 태양열취득[주6)]	7	5	3	3		19W/㎡ 미만	19~24W/㎡ 미만	24~29W/㎡ 미만	29~34W/㎡ 미만	34~39W/㎡ 미만		
	공동주택 8. 외기에 면한 주동 출입구 또는 공동주택 각 세대의 현관에 방풍구조를 설치	-	-	1	1		적용 여부						
	공동주택 9. 대향동의 높이에 대한 인동 간격비[주7)]	-	-	1	1		1.20이상	1.15이상~1.20미만	1.10이상~1.15미만	1.05이상~1.10미만	1.00이상~1.05미만		
	공동주택 10. 지하주차장 설치되지 않는 경우의 기계부문 14번에 대한 보상점수	-	-	1	1		-						
	건축부문 소계												

백상지(80g/㎡)또는 중질지(80g/㎡)

[그림 6-3] 에너지 절약 계획서의 기밀성(건축부문 5번)

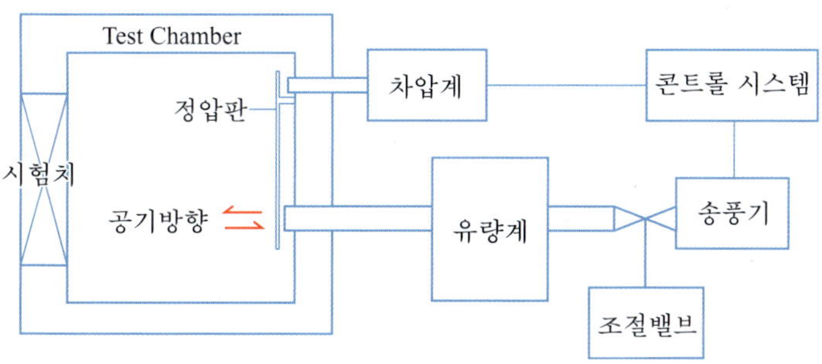

[그림 6-4] 기밀성능 시험장비 개요도

[그림 6-5] 기밀성능시험 장비 (KS F 2292)
출처) ㈜건축자재시험연구원

[그림 6-6] 기밀성능시험(커튼월)
출처) 에이티에이㈜

시험에 사용되는 공기압력(차압)은 일반적으로 건물이 많이 경험할 수 있는 바람(4 m/s~22 m/s)을 기준으로 측정하고 있다. KS와 ASTM 시험방법의 가장 큰 차이는 차압의 크기와 가압 방식이다. KS의 경우는 차압을 10 Pa-30 Pa-50 Pa-100 Pa로 점진적으로 100 Pa 가압한 후, 단계적으로 감압한다. 각 단계에서의 측정된 누기량을 측정하여 압력별 최대 누기량을 그래프에 넣어 등급을 매기는 방식이다([그림 6-7], [그림 6-8] 참조).
국내의 건축물의 에너지 절약 설계기준을 맞추려면 1등급의 기밀성능을 요구하는 경우가 많다.

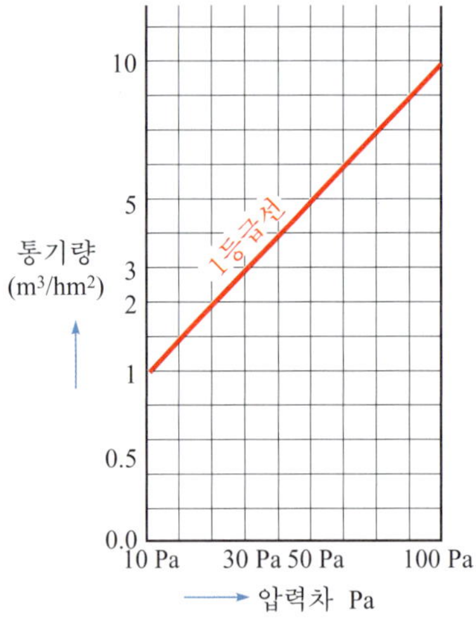

[그림 6-7] 기밀성 등급(1등급선)

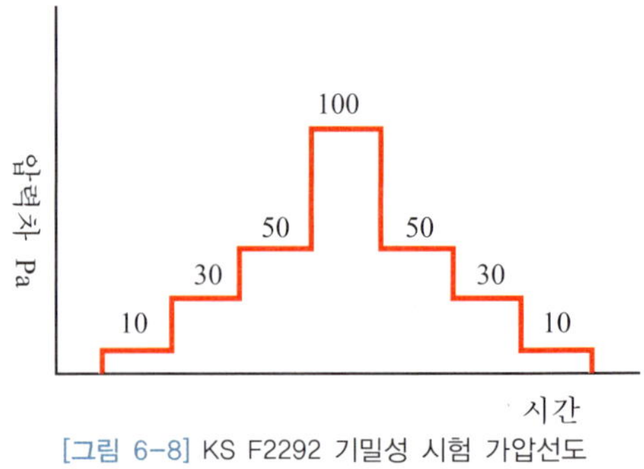

[그림 6-8] KS F2292 기밀성 시험 가압선도

ASTM E 283/E283M Standard Test Method forDetermining Rate of Air Leakage Through Exterior Windows, Skylights, Curtain Walls, and Doors Under Specified Pressure Differences Across the Specimen의 시험방법은 지정된 하나의 압력에서 시험체의 누기량을 측정하는 시험이다.

KS와는 다르게 제품별로 해당 압력과 허용된 누기량을 지정하여 사용한다. 창호는 R-LC-HC-AW로 등급을 나누어 해당 등급마다 다른 압력을 사용한다. 일반적으로 R(Resident), LC(Light Commercial), CW(Commercial Window)등급에서는 75 ㎩ (11 m/s)의 압력, AW(Archtectual Window)에서는 300 ㎩(22 m/s)의 압력을 기준으로 하여 각기 허용치를 산정한다. (〈표 6-1〉 참조)

단, 캐나다의 경우는 Infiltration / Exfiltration (유입/배출) 되는 양방향에 대해 시험을 실시한다. 이는 추운 지방을 고려한 실내측 에너지 손실을 평가하기 위한 방법으로 판단된다.

〈표 6-1〉 Maximum allowable air leakage (AAMA_WDMA_CSA 101 발췌)

Preformance class	Test Pressure(㎩)	Allowable Leakage, L/s · m² (cfm[1]/ft²)
R (jalousie window[2] only)	75	6.0 (1.2)
R, LC, CW	75	1.5 (0.3)
AW(Sliding seal products)	300	1.5 (0.3)
AW(compression seal and fixed product)	300	0.5 (1.0)

커튼월의 경우 AAMA 501에 의해 시험압력은 75 ㎩ 또는 300 ㎩으로 시험하며, 허용누기량은 0.3 L/s · m² (0.06 cfm/ft²)으로 전체 면적당 누기량으로 규정하고 있으나, 실제 Mock-up 시험 시에는 Vent와 Fix 창을 구별하여 허용누기량을 산정하여 개별로 시험하고 있다. 이 경우 Fix는 0.06 cfm/ft² 인 면적당 누기량을 허용치로 하고 있으며, Vent는 crack length(열리는 구간의 길이)를 기준으로 0.25 cfm/ft를 허용누기량으로 사용하고 있다. 커튼월의 기밀성능 시험 압력은 고층건물인 경우 300 ㎩의 압력으로 시험할 것을 추천하고 있으나, 높은 기밀성능을 요구하는 박물관, 미술관, 병원등의 경우에도 300 ㎩의 압력으로 시험할 수 있다. 또한 허용 누기량도 필요에 따라 0.01~0.03 cfm/ft²으로 좀 더 높은 성능을 요구할 수도 있으며, 이는 공사비와도 밀접한 영향이 있으니 잘 고려해야 할 사항이다.

기밀성능시험 중요한 장비인 Flow meter(유량계)의 확인은 ASTM E 283에서는 NIST 인증 받은 Orifice Plates로 점검하도록 하고 있다. 허용 유량 0.944 L/s보다 작은 유량에서는 ±5%이내의 오차가, 0.944 L/s보다 큰 유량에서는 ±10 % 이내(최대 0.236 L/s)의 오차 이내에 들어오는지 확인한다.

1) cfm - cubic feet per minute의 약자. 분당 새는 공기의 부피
2) jalousie window - 국내의 실외기실 루버 형태의 창호.

〈표 6-2〉 Orifice Plates Data

Hole Size mm	허용 유량 3) L/s (ft4) /min)	차압 ㎩
6.35	0.22 (0.47)	75
12.7	0.88 (1.86)	75
25.4	3.47 (7.36)	75
38.1	7.66 (16.24)	75
50.8	13.64 (28.90)	75
63.5	21.33 (45.20)	75

[그림 6-9] 오피리스 모습

또한, 모든 기밀성능시험에서 그 결과값은 공기의 누기량으로 표기되어 그날의 기압, 온도 등에 영향을 받아 표준상태로 환산하여 결과값을 표기하고 있으니, 결과값을 볼 때 유념하기를 바란다.

ex. KS F 2292의 표준상태 환산 $q = \frac{Q}{A} \times \frac{P_1 \times T_0}{P_0 \times T_1}$ (ASTM E283도 유사함)

q : 기준 상태로 환산한 통기량($m^3/h \cdot m^2$)

Q : 측정된 유량(m^3/h)

A : 시험체 면적(m^2)

P_0 : 1013 h㎩

P_1 : 시험실의 기압(h㎩)

T_0 : 273+20=293(K)

T_1 : 측정 공기 온도(K)

그 외 해외규격으로 EN(유럽 규격)과 AS/NZ(호주 및 뉴질랜드 규격), 일본의 JIS, 중국 GB등이 있는데 일본과 중국의 경우는 국내 KS와 유사한 시험방법으로 시험하며, 유럽의 경우는 창호와 커튼월을 국내처럼 구분하여 창호는 등급제로 커튼월은 허용누기량으로 시험하고 있으며, 호주/뉴질랜드는 AAMA의 시험방법과 유사한 시험방법을 사용하고 있다.

창호와 커튼월의 기밀성능은 해당 건축물의 에너지 효율에 크게 작용하는 주요한 요인이며, 국내의 경우, 건축물의 에너지 절약 설계기준에 기입될 성능은 모두 KS F 2292 로 시험 된 결과를 사용하며, Mock-up Test(실물모형시험)의 경우 창은 KS, 커튼월은 AAMA을 따르고 있으므로 주의하여야 한다.

3) 해당 유량은 베르누이 법칙을 적용하여 계산할 수 있다.(감도계수 및 Contraction Coefficient을 적용해서 계산)
4) cfm – cubic feet per minute의 약자. 분당 새는 공기의 부피

3절. 수밀성능시험

수밀 성능은 창호와 커튼월 시스템이 외부의 우수 침투를 얼마나 효과적으로 차단하는지를 평가하는 중요한 성능 지표다. 비바람이 심한 날씨 조건에서도 내부 공간을 보호하는 것은 건물의 구조적 안전성과 내부 환경의 쾌적성을 보장하는 데 필수적이다.

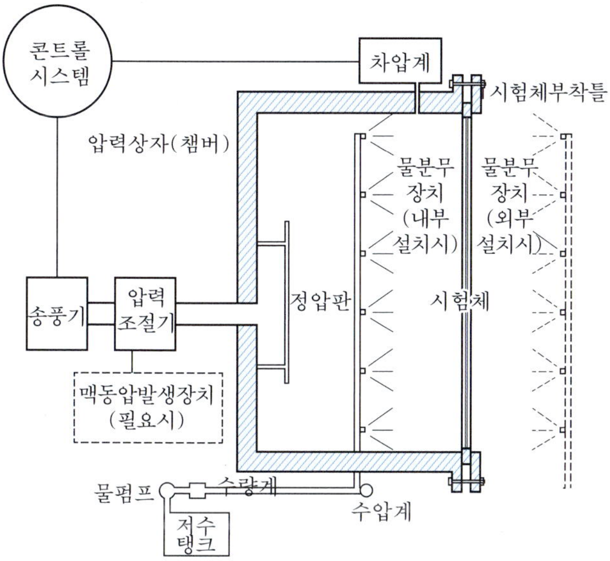

[그림 6-10] 수밀 시험 장비 개요도

[그림 6-11] 수밀성 시험 KS F 2293
출처) ㈜건축자재시험연구원

수밀성을 평가하는 시험방법도 기밀성과 마찬가지로 내외측 압력차(차압)으로 시험([그림 6-11] 참조)을 진행하는데, 국내에서는 창호의 경우 KS F 2293을 사용하고 커튼월의 경우 AAMA 501에 따라서 ASTM E331, AAMA501.1 시험방법으로 진행하고 있다.

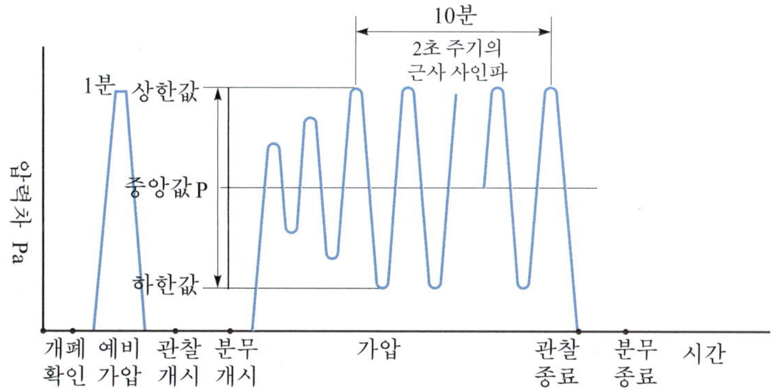

[그림 6-12] 수밀성 시험 그래프

KS F 2292의 경우 외부의 바람을 재현하기 위해 2초 단위로 상한값과 하한값을 오르내리는 맥동압([그림 6-12] 참조)으로 시험을 진행한다. 상한값과 하한값의 중간값 압력차(차압)를 기준으로 등급을 표시하며, 시험 전에 해당하는 등급(〈표 6-3〉 참조)을 결정하여 시험하여야 한다.

〈표 6-3〉 수밀성능시험에 사용되는 압력차 단위 : Pa

맥동압 \ 구분	10	15	25	35	50
중앙치	100	150	250	350	500
상한치	150	230	380	530	750
하한치	50	70	120	170	250
주기 (s)	2				

국내의 경우, 단열성능이나 기밀성능의 경우는 허용치가 있다. 수밀성의 경우, 허용 등급이 없기 때문에 제조사의 자체적인 성능기준으로 등급을 산정하고 있다. 일반적으로 국내에서 1군 건설사 아파트의 거실 창 Mock-up Test의 경우 대부분 50등급을 기준으로 시험하고 있다.

50등급은 바람으로 환산하면 최소 20 m/s (250 Pa)~최대 35 m/s (750 Pa)의 바람으로 태풍에 해당하는 바람이며 이때 살수되는 수량은 4.0 L/(m² · min)으로 시간당 약 240 mm의 강우량이 되겠다. 우리나라의 역대 최대 강우량은 〈표 6-4〉와 같으며, 시험 시 살수되는 양은 훨씬 많은 강우량을 기준으로 시험을 진행한다. 시험결과의 적부 판정은 일반적으로 내부로의 누수를 목측으로 판단한다.

〈표 6-4〉 우리나라의 역대 1시간 최대 강수량(최근 1975년 이후)

순위	지역명	발생일	1시간 최다강수량(mm)	비고
1	순천	1998-07-31	145.0	
2	강화	1998-08-06	123.5	
3	서귀포	2018-09-01	120.7	
4	양산시	2016-10-05	119.5	
5	서귀포	2016-10-05	116.7	

커튼월의 경우는 앞서 설명했듯이 국내의 커튼월 관련 시험방법이 없어 미국의 AAMA 501에 따라 두 가지 시험방법으로 진행한다. 하나는 일정한 압력차을 두어 시험하는 정압하에서 수밀성능시험 (ASTM E 331)이며 다른 하나는 실제 바람을 일으켜 시험하는 동압하에서 수밀성능시험 (AAMA 501.1)이다.

AAMA에서 추천하는 정압하에서 수밀성능시험 시 압력

300 Pa(22 m/s) ≤ 20% of Design Wind Load ≤ 720 Pa (34 m/s)

[그림 6-13] 커튼월의 수밀성능시험압력

일반적으로 커튼월 시험의 경우 두 가지 방법 모두 다 실시하며 시험 시 실시되는 차압(풍속)은 설계풍하중의 20 %를 기준으로 하나, 최소/최댓값이 있으며, 시방서에 정해진 경우도 있다.

살수되는 수량은 3.4 L/(m^2 · min)이며 시간당 약 204 mm의 강우량이며, 일반적인 15층 건물에서 제일 하부에 흐르는 물의 양이라고 한다. 또한 설계 풍하중의 20%로 시험하는 것은 실제 바람이 불었을 때 풍하중의 10% 정도가 수밀에 영향을 끼치고 22 m/s와 34 m/s에서 가장 누수가 많이 발생하여 20 %로 정했다고 AAMA TIR-A13-09에서 설명하고 있다.

[그림 6-14] 정압수밀 성능시험
출처) 에이티에이(주)

[그림 6-15] 동압수밀 성능시험
출처) 에이티에이(주)

시험의 적격 여부는 AAMA 501에서는 제어가능한 누수(No Uncontrolled Water)로 정의하고 있으나, 국내의 경우는 누수가 발생하지 않아야 합격인 경우가 많다. 정압수밀 성능시험의 경우 시험체 전면적 똑같은 압력을 가하고 시험을 진행하여 1번에 진행할 수 있으나, 동압수밀 성능시험의 경우 풍력기가 시험체 전면적에 영향을 줄 수 없기 때문에 시료의 크기가 클 경우에는 시험 부위를 나누어서 시험하는 것이 좋다. 미국의 창호 수밀 성능 시험의 경우, 기밀성능 시험과 마찬가지로 Class와 PG등급(Performance Grade)에 따라 시험을 진행하며, 동압수밀성능시험이 필수 사항은 아니다(〈표 6-5〉 참조).

〈표 6-5〉 Minimum Water Test Pressure (AAMA_WDMA_CSA 101 발췌)

Preformance class (Window & doors)	Minimum Performance Grade, (㎩)	Minimum water resistance test pressure, ㎩
R	15 (720)	140
LC	25 (1200)	180
CW	30 (1440)	220
AW	40 (1920)	390

그 외에 해외 시험규격은 JIS(일본)와 GB(중국)의 시험방법은 한국과 유사하며, 유럽의 경우 창호의 경우EN 12155로 시험하고 커튼월의 경우 CWCT 시험방법으로 시험한다.
단, EN 12155 경우 유럽의 기후조건을 반영하여 살수량이 2.0 L/min · m^2 이므로 유럽 창호의 국내 수입후 수밀성능시험에서는 이점을 참조하여야 한다. 정압 및 동압 수밀성능시험의 경우, ASTM E 331에 따른 Catch Box([그림 6-16] 참조)로 살수량에 대해 점검하도록 하고 있다. 점검 시 Catch Box 4분면 전체 1.25 L/min 이상의 물이, 각 4분면에는 0.25~0.45 L/min의 물이 담겨야 하며, 그리고 점검 라인에서 시험 시 ± 50 mm에 살수 설비가 설치되어야 한다. 해당 사항은 시험소의 점검자료를 통해 확인할 수 있다. KS F 2293에서는 별도의 점검 방법이 없으나, 유량계를 통해 면적당 살수되는 유량을 확인할 수 있다.([그림 6-17] 수밀 유량계 참조)

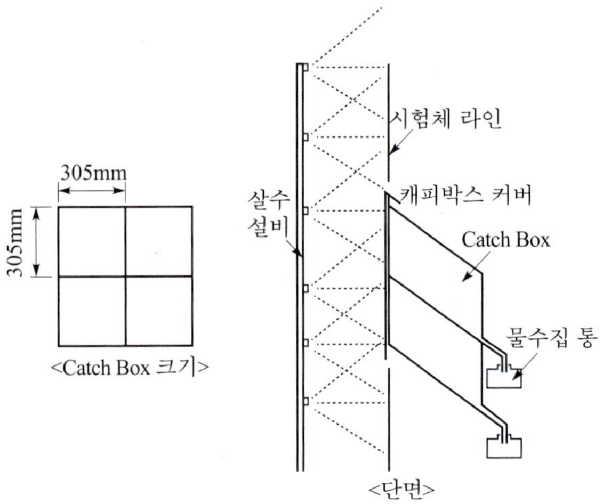

[그림 6-16] ASTM E331의 살수량 Catch box

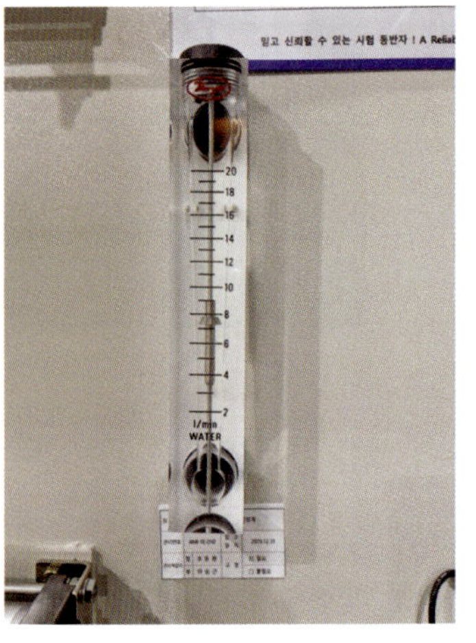

[그림 6-17] 수밀 유량계

국내 창호 수밀 시험의 경우, Mock-up Test (실물모형시험)의 경우 실제 크기와 다양한 형태로 시험이 가능하나, 일반적인 창호시험기관에 수밀 시험을 의뢰할 경우에는 크기와 형태의 제한이 있을 수 있으므로 주의해야 한다. 창호, 커튼월을 설계하거나, 수밀 성능 시험의 등급을 고려할 때는 베르누이 법칙[5]에 따른 수두의 높이와 물턱의 높이를 비교하여 결정하는 것이 도움이 되며, 등압 이론 등을 적용하여 물턱의 높이를 낮추는 경제적인 설계도 필요하다. 또한 커튼월 Mock-up Test에서 기밀성능 시험(ASTM E283)과 수밀성능시험(ASTM E331)은 반복 시험 되는 경우가 많으므로, 기밀과 수밀 성능의 확보는 매우 중요한 요소이니 잘 검토해야 한다.

5) 수두(Water Head) 1 mm = 약 10 Pa 이며, 압력 300 Pa일 경우 물턱의 높이 30 mm가 필요하다.

4절. 내풍압 / 구조성능 시험

내풍압 및 구조성능 시험은 창호, 커튼월과 외장재등이 태풍과 같은 풍하중에 대해 얼마나 견고하게 설계되었는지를 평가하는 중요한 성능 지표이다. 이러한 외장재는 시공 전에 구조계산을 통해서 검토하고 있으며, 시험은 이를 뒷받침하는 중요한 자료가 된다.

우리나라의 외장재 설계 풍하중은 KDS(Korean Design Standard) 또는 풍동실험에 의해서 계산되어 지며 내풍압 / 구조성능시험은 이렇게 얻어진 외장재 설계 풍하중을 바탕으로 수행되어진다. 앞선 기밀, 수밀 시험과 마찬가지로 창호는 KS로 커튼월은 ASTM 시험방법으로 수행하며 기본적인 원리는 내외부 압력차(차압)에 의해서 수행된다([그림 6-18] 참조).

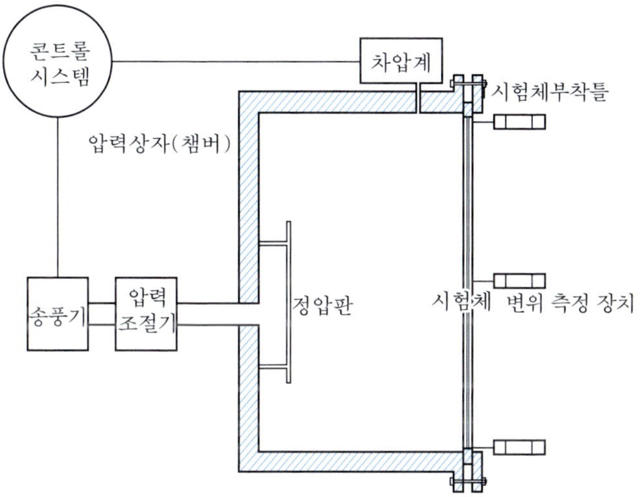

[그림 6-18] 내풍압/구조성능시험 장비 개요도

[그림 6-19] 창호의 내풍압시험
출처) ㈜건축자재시험연구원

창호의 내풍압 시험은 KS F 2296에 의해 시험하며, 규격에는 변형시험, 반복 시험, 안전성시험을 구성되어 있다. 변형시험은 시험등급 또는 설계풍하중을 바탕으로 시험하나, 반복시험과 안전성시험은 의뢰자의 시험압력 제시가 있는 경우에 수행되어지나, KS F 3117 창세트에서 변형 시험에 따르도록 하고 있어 실제로 반복 시험 및 안정성 시험이 진행되는 경우는 극히 드물다.

KS F 2296에 의한 변형시험의 순서는 다음과 같다.

a) 변형 시험 시험은 다음의 1)~7)의 시험 순서로 실시한다([그림 6-20] 참조).

1) 예비 가압 - 압력 P0(500 Pa 이상)를 3초 이상 유지하여 3회 가한다. 그리고 압력을 변화시키는 시간은 1초 이상으로 한다.
2) 개폐 확인 - 문의 개폐 반복을 5회 실시하고 그 후 잠근다.

3) 변위 측정 장치의 부착 - 변위 측정 장치의 부착은 각 개개의 제품 규격에서 규정된 곳에 부착하도록 한다.
4) 가압 - 가압은 최고 압력 P1까지 단계적으로 실시하고, 각 단계에서의 유지 시간은 10초 이상으로 한다. 그리고 압력 단계는 100, 200, 300, 400, 500 Pa로 하고, 500 Pa 이상의 압력이 요구되는 경우는 250 Pa를 넘지 않는 범위에서 압력을 증가시킨다. 다만 최고 압력이 설계 단계에서 정해진 제품에 대한 압력 단계는, 최고 압력을 4등분한 압력에서 순차적으로 가압하여도 좋다.
5) 변위 측정 - 각 압력 단계에서 소정의 면외 변위를 측정한다.
6) 개폐 확인 문의 개폐 반복을 5회 실시한다.
7) 잔류 변형의 확인 잔류 변형 및 기능상의 지장의 유무를 조사한다.

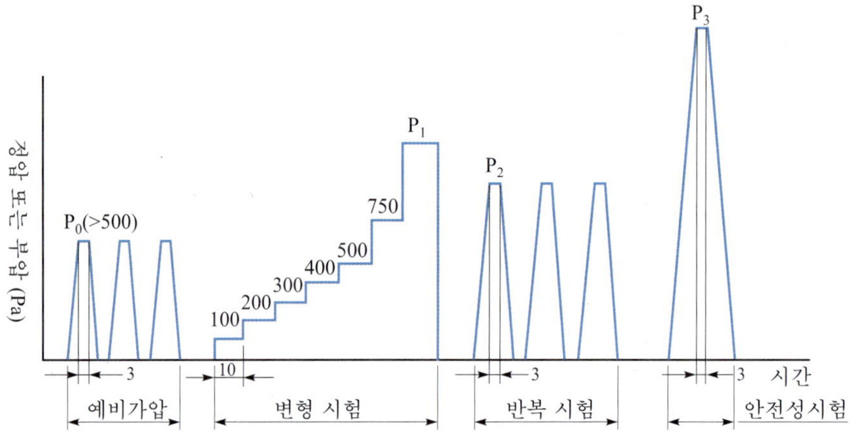

[그림 6-20] 내풍압시험 가압선 그림(정압)

8) 시험이 종료 후, KS F 3117 창세트에 의해 다음의 사항을 조사하여 결과를 표기한다.
- 가압 중 파괴되지 않을 것. - 유리가 파손된 경우 교체하여 재시험하여도 좋다.
- 슬라이딩은 여밈대, 마중대, 선틀의 최대 변위가 각각의 부재에 평행한 방향에서 안쪽 치수의 1/70 이하일 것.
- 스윙은 창틀, 중간 막이틀, 중간 선대 등 창 주변에 접하는 부재에서 최대 상대 변위가 15 mm 이하일 것.
- 또한 쌍여닫이 등의 여밈대는 최대 변위가 그 부재에 평행한 방향에서 안쪽 치수가 1/70 이하일 것.
- 중간 막이틀과 중간 선대가 있는 경우는 그 휨률이 1/100 이하일 것.
- 6.8 mm 이상의 유리를 사용할 경우는 각 부재의 휨률이 다음 표의 규정에 적합할 것.

〈표 6-6〉 부재별 휨률

부재명		휨률
중간 막이 및 중간 선틀		1/150 이하
여밈대, 마중대, 선틀	중간 막이, 중간 선틀 있음.	1/85 이하
	중간 막이, 중간 선틀 없음.	1/100 이하

• 압력 제거 후 창틀재, 창 부재, 철물, 그 밖의 기능상 지장이 없을 것.
다만, 금번에 KDS 41 80 20 유리구조 설계기준이 신설되면서 유리에 대한 처짐 규정이 생겼는데 아직 창세트에는 적용되지 않았다.
유리판 지지조건에 따라 처짐제한은 다음과 같다. (KDS 41 80 20 유리구조 설계기준에서 발췌)
(1) 4변 단순지지의 경우 단변길이의 1/60을 초과할 수 없다.
(2) 3변 단순지지의 경우 자유단 길이의 1/60과 2개 지지변 길이의 1/30 중 작은값을 초과할 수 없다.
(3) 2변 단순지지의 경우 유리판 지지점 간격의 1/60을 초과할 수 없다.
(4) 캔틸레버는 자유단까지 길이의 1/30을 초과할 수 없다.
커튼월의 경우, ASTM E330으로 시험하며, 최대변위량을 측정하는 시험과 잔류변형량을 측정하는 시험으로 구성된 Procedure A와 단계별로 압력을 상승시켜 시험하는 Procedure B로 구성되어 있다.

주로 이 Procedure로 시험하며, 시험 순서는 다음과 같다.

1. 시험체의 상태를 점검한다. Open 가능한 시험체는 5회 열고 닫음을 반복한다.
2. 시험체에 처짐 측정을 위한 장비를 설치한다.
3. 시험체에 규정된 압력의 정압 50 %에 해당하는 압력을 가하고 10초간 유지한다. 시험 체의 압력이 제거된 후, 완전한 복원을 위하여 1분에서 5분 정도의 시간을 갖는다.
4. 설치된 게이지의 영점을 잡고 시험체에 규정된 압력의 정압 100 %의 압력을 가한 후 10초간 유지하면서 최대 처짐 값을 측정한다.
5. 마찬가지로 완전한 복원을 위하여 1분에 5분 정도의 회복시간을 갖는다.
6. 상기에 가한 압력의 반대 방향(부압)으로 위와 같은 순서로 시험한다.
7. 다시 6번의 압력과 반대 방향(정압)으로 규정된 압력의 75%의 압력을 가합니다. 압력이 제거된 후 복원 시간을 갖는다.

8. 설치된 게이지의 영점을 잡고 시험체에 규정된 압력의 정압 150 %를 가하고 10초간 유지한다. 복원된 시간을 가진 후, 시험체 발생한 잔류 변위량을 측정한다.
9. 상기에 가한 압력의 반대 방향으로 위와 같은 순서로 시험한다.
10. 만약 유리의 파손이 발생한다면, 유리의 파손 원인을 보고서에 기술하고, 원인을 모를 때는 정확한 원인 파악을 위해 유리 교체 후 재시험한다.

구조 시험의 결과 판정을 위해 미리 구조계산서를 준비하여 비교하여 보는 것이 좋다.
커튼월의 경우, 국내에서는 AAMA 상의 처짐량과 허용치를 비교하는데 AAMA에서는 규정하는 처짐 제한치는 다음과 같다.

- AAMA 표준상의 허용치

1. 유리를 지지하고 있는 모든 Frame
   L < 4110 mm 이하 : L/175 이하
   L ≥ 4110 mm 이하 : L/240 + 6.35 mm 이하
2. 캔틸레버 : 2L/175 이하
3. Plastered한 표면을 가진 자재를 지지하는 Frame : L/360 이하
4. Metal Panel : L/60이하
   앞서 말한 KDS 41 80 20 유리구조 설계기준이 신설되면서 테두리 구조(유리판을 지지하는 강재 및 알루미늄 테두리 프레임 구조)에 대한 처짐 제한치가 생겼다.

- 테두리 지지구조의 처짐

1. 7.2m 이하 경간의 지지부재는 경간의 1/180 또는 2 mm를 초과하지 않아야 하며, 7.2 m 이상 경간의 지지구조는 경간의 1/360을 초과할 수 없다.
2. 캔틸레버식 지지구조는 경간의 1/90 또는 20 mm를 초과할 수 없다.

현재 두 제한치가 상이하기 때문에 커튼월 설계 시 혼란이 발생할 수 있으므로, 빠른 통일이 필요할 것으로 판단된다.

[그림 6-21] 구조성능시험
출처) 에이티에이㈜

[그림 6-22] 구조성능시험
출처) 에이티에이㈜

5절. 단열성능시험

창호, 커튼월의 단열성능은 열관류율, 온도차이비율(TDR), 열관류저항, CRF등 여러 가지 지표로 나타낼 수 있으며, 관련 법규는 앞서 다룬 바와 같다.

창호 및 커튼월의 단열성능은 주로 KS F 2278에 의한 물리적 시험으로 수행되고 있으며, 열관류율을 측정하는 시험이다.

열관류율이란 특정 두께를 가진 재료의 열전도 특성이며 U값이라고 표현한다.

단위는 W/(K·m^2) 이다. 열전도율 ÷ 두께로 표현한다. → 예를 들어 미네랄울의 50 mm 두께를 갖고 있다면, 열전도율이 0.034 W/(K·m) ÷ 0.05 = 0.680 W/(K·m^2) 요렇게 구해진다.

또한 열저항(R)이 용어도 알아야 하는데 다음과 같다.

열저항은 열관류율의 역수(1/열관류율)이다. 즉, 열관류율의 역수.단위는 (m^2·K)/W 이다.

복합재료의 열관류율은 열저항의 합계를 구한 후에 역수를 구한다.

또한 표면 열전달 저항이랑 용어도 알아야 하는데 특정 두께를 가진 재료의 열이 전달되는 처음과 끝에 있는 공기의 열저항력이다. KS는 실내측 0.11 (m^2·K)/W / 실외측 0.05 (m^2·K)/W으로 구해진다.

KS F 2278의 단열성 시험은 그 열관류율을 알고 있는 표준물질(RM)을 통해 교정열량 및 교정선도, 표면열전달저항을 산출하여 그 중심점을 잡고 시료를 설치한 후, 보호열상자(가열상자)에 공급되는 히터의 열량과 팬의 열량을 합산하여 저온실과의 온도차 및 시료의 면적으로 나누어 시료의 열관류율을 산출하는 방식이며, 그 시험 측정 프로세스는 아래와 같다.

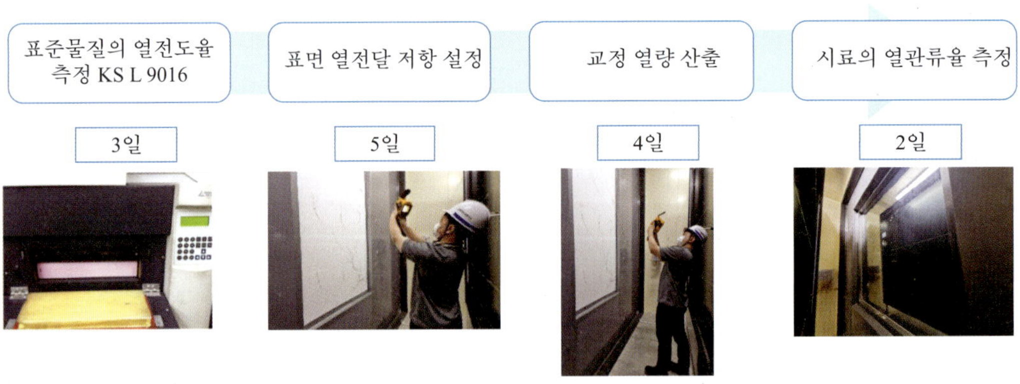

[그림 6-23] 열관류율 측정 프로세스

표면 열전달 저항 설정은 건축물 에너지 절약 기준에 있는 표면 열전달 저항 설정과 유사하게 시료의 표면 공기의 열전달저항 성능을 설정하기 위하여 진행하는 Process로서 보호 열상자 쪽 표면에서 (0.11± 0.02) m² · K/W, 저온실측 표면에서 (0.05 ± 0.02) m² · K/W가 되도록 기류를 조정하며 결과 산정 시에는 표면 열전달 저항의 보정값 (ΔR)(m² · K/W)=0.16−(R_i+R_o)로 반영한다.

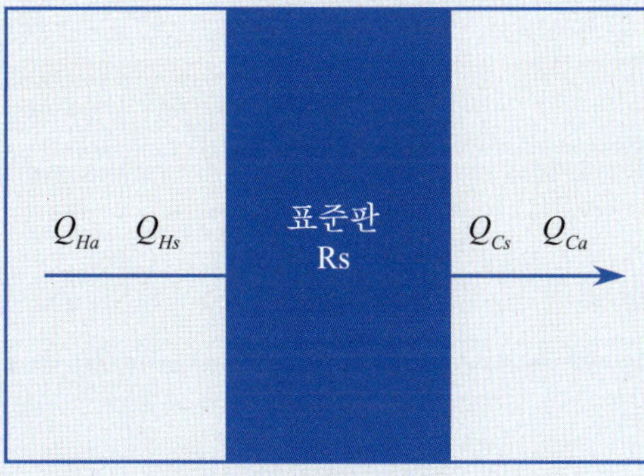

보호 열상자 쪽 표면 열 전달 저항(R_1) (m² · K/W)$=R_s\dfrac{Q_{Ha}-Q_{Hs}}{Q_{Hs}-Q_{Cs}}$ ……………………(1)

저온실측 표면 열 전달 저항(R_0) (m² · K/W)$=R_s\dfrac{Q_{Cs}-Q_{Ca}}{Q_{Hs}-Q_{Cs}}$ ………………………… (2)

다만 $R_s=d/\lambda$

여기에서 R_s : 표준판의 열저항(m² · K/W)

Q_{Ha} : 보호 열상자 내 공기 온도(K)

Q_{Hs} : 표준판 보호 열상자 쪽 표면 온도(K)

Q_{Cs} : 표준판 저온실측 표면 온도(K)

Q_{Ca} : 저온실 내 공기 온도(K)

d : 표준판의 평균 두께(m)

λ : 표준판 소재의 열전도도(W/m·K)

R_s 또는 λ의 값은 KS L 9016에 의해 별도로 측정한다.

[그림 6-24] 표면 열전달 저항 산정식

보호열상자 둘레벽과 시험체 부착틀의 교정 열량 산출 프로세스는 저온실 공기 온도의 평균값을 일정하게 하여 항온실 공기 온도의 평균값을 보호 열상자 공기 온도의 평균값에 대하여 −2℃부터 +2℃까지 임의로 3점 이상을 변화시켜 발생되는 열량(히터+팬)의 차이로 교정 열량을 산출함. 20 ℃ → 18 ℃ → 22 ℃ 단계로 진행하여 산출한다.

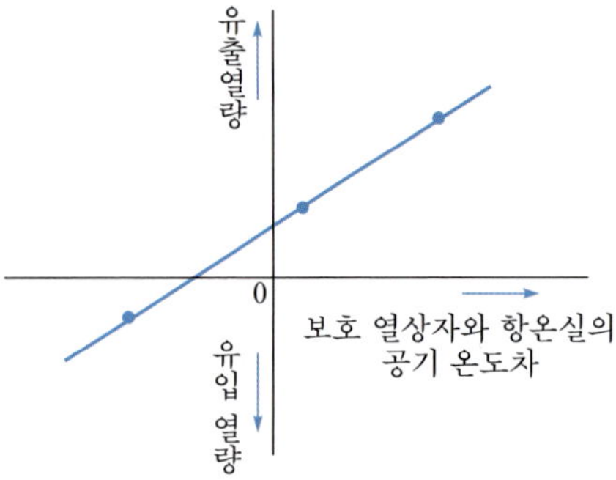

[그림 6-25] 교정열량 산출 방식

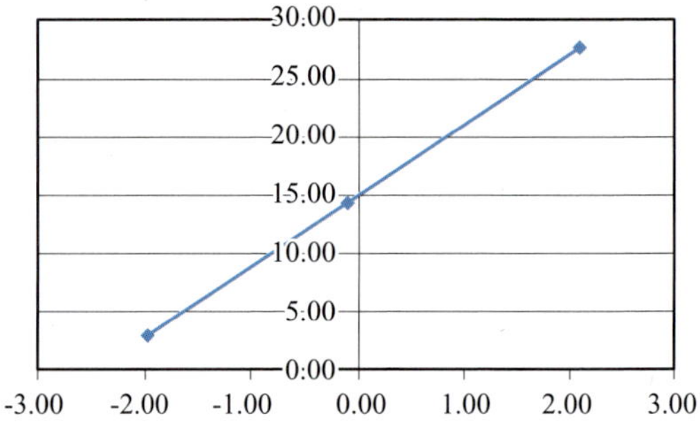

[그림 6-26] 교정열량 산출결과

시료의 열관류율 측정은 교정 열량 및 표면열저항을 산출할때와 같은 위치에 설치하고 기류조건도 동일한 상태에서 시험한다. 항온실과 보호 열상자의 온도는 20 ± 1 ℃ 이며, 저온실은 0 ± 1 ℃로 시험한다([그림 6-27] 참조).

보호열상자의 내부온도를 20 ℃로 맞추기 위해 사용된 히터 및 팬의 전력량으로 열관류율을 산정한다. 열은 온도가 높은 곳에 낮은 곳으로 흐르기 때문에 시험체의 단열성능이 나쁘면 히터 및 팬의 전력량을 상승하고 단열성능이 좋은 경우에는 전력량이 줄어들게 된다.

시험을 통해 열관류 저항을 측정하고 그역수 열관류율도 결과를 명기한다.

열관류저항의 산정식은 다음과 같다.

$$열관류저항(R)\ (m^2 \cdot K/W) = \frac{(Q_{Ha}-Q_{Ca}) \cdot A}{Q_H+Q_F-Q_I} + \Delta R$$

A : 전열 개구 면적(m^2)

Q_{Ha}: 보호 열상자 내 평균 공기 온도(K)

Q_{Ca}: 저온실 내 평균 공기 온도(K)

Q_H : 가열 장치 공급 열량(W)

Q_F : 기류 교반 장치 공급 열량(W)

Q_I: 보호 열상자 공기 온도의 평균값과 항온실 공기 온도 평균값의 차로부터 구한 교정 열량 (W)

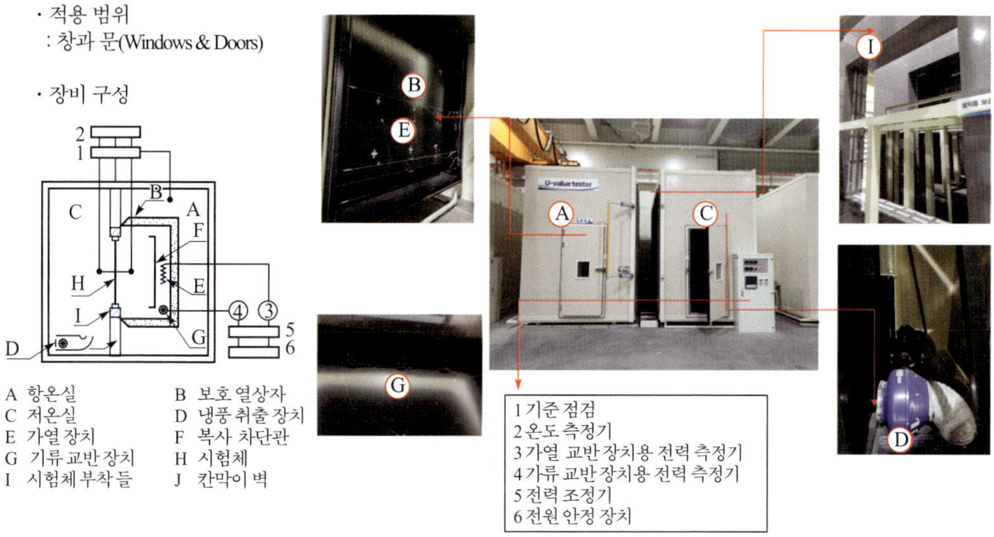

[그림 6-27] 단열성 시험 장비 구성 모습.

KS F 2278의 시험방법의 경우, 보호열상자 및 저온실의 온도조절이 시험체에서 100 mm 떨어진 공기 온도를 기준으로 하기 때문에 시험체 전체의 열적 성능을 통합하여 표시한다. 다른 시험방법인 ISO 12567, ASTM C1199 와 NFRC 시험의 경우 열관류율을 Frame과 Glass를 나누어 측정하고 면적 가중 계수에 의해 합산하는 방법을 사용하고 있어 국내 시험방법인 KS F 2278에 의한 열관류율 결과값과 다소 다를 수 있다(〈표 6-7〉 참조).

〈표 6-7〉 각규격별 단열성 시험 비교

	KS F 2278	ISO 12567-1	ASTM C 1199
교정 물질	• 발포 폴리스티렌단열재 • 비드법단열판1종 1호 또는 2호 이상두께 규정없음	• Core: 폴리스티렌 • Skin: 3~6 mm 강화유리 또는 폴리카보네이트 • 20 mm, 60 mm 2회 측정함. 1, 4면에 대한 표면온도 측정	• Core: 폴리스티렌 • Skin: 3~6 mm강화유리 또는 폴리카보네이트 설치틀과같은 재질로 개구부를 막고 1회, CTS 1회 총 2회 교정.
내외부 조건	• 내부: 20 ℃ • 외부: 0 ℃	• 내부: 20 ℃ • 외부: 0 ℃	• 내부: 21 ℃ • 외부: -17 ℃ (NFRC 102 조건)
표면온도 측정여부	• 측정하지만 열관류율에 적용되지 않음.	• 측정함	• CTS: 지정위치 없으나 측정함. • Area Weighting: 지정위치 측정.
기준 온도	• 공기온도	• 환경온도	• CTS: 환경온도로 평가함. • Area Weighting: 환경온도, 표면온도
시료 크기	• 약 2.0 m × 2.0 m 정도로 특별한 사이즈를 규정하지 않음.(에너지효율및고효율기자재 제외)	• 0.6 m×1.22 m~1.83 m×2.03 m	0.6 m×1.5 m~2.4 m×2.4 m

단열 시험의 경우 시험체틀의 사전 교정과 에너지효율등급 또는 고효율 기자재 인증 제도에 의해 시험체의 크기가 한정되어 있기 때문에 시험 전에 시험기관과 상의하는 것이 좋다. 창, 커튼월의 경우는 일반적으로 2 m × 2 m로 시험하고 있다. 외국의 경우는 그 창호의 개폐방식 및 종류에 따라 시험체의 크기 및 구성을 제한하고 있으나, 국내는 특별한 시험체의 구성에 대한 내용은 고효율 기자재 인증제도 금속 커튼월의 경우에 벤트창의 면적에 대한 규정을 두고 있으며, 에너지효율등급의 창세트의 경우는 개폐창이 반드시 포함되거나 개폐창이어야 한다.

「주택법」 제15조에 따른 사업계획승인을 받아 건설하는 500세대 이상의 공동주택의 창과 문의 경우 「주택건설기준 등에 관한 규정」 제14조의3에 따라 공동주택 결로 방지를 위한 성능기준등에 관하여 위임된 사항과 그 시행에 필요한 세부적인 사항을 정하여 공동주택 세대 내의 결로 저감을 유도하고 쾌적한 주거환경을 확보하기 위한 성능 TDR(온도차이비율)을 만족해야 한다(〈표 6-8〉 참조).

"온도차이비율(TDR : Temperature Difference Ratio)"이란 '실내와 외기의 온도차이에 대한 실내와 적용 대상부위의 실내표면의 온도차이'를 표현하는 상대적인 비율을 말하는 것으로, 다음의 "실내외 온습도 기준" 하에서 창과 문 등에 따른 해당부위의 "결로 방지 성능"을 평가하기 위한 단위가 없는 지표로써 아래의 계산식에 따라 그 범위는 0에서 1사이의 값으로 산정된다.

$$\text{온도차이비율}(TDR) = \frac{\text{실내온도} - \text{적용 대상부위의 실내표면온도}}{\text{실내온도} - \text{외기온도}}$$

"실내외 온습도 기준"이란 공동주택 설계 시 결로 방지 성능을 판단하기 위해 사용하는 표준적인 실내외 환경조건으로, 온도 25℃, 상대습도 50%의 실내조건과 〈표 6-9〉의 구분에 따른 외기온도(최한월인 1월의 월평균 일 최저외기온도 기준으로 지역Ⅰ은 -20℃, 지역Ⅱ는 -15℃, 지역Ⅲ는 -10℃로 한다.) 조건을 기준으로 한다.

〈표 6-8〉 각 대상부위 모두 만족해야 하며, 창의 경우 괄호안은 알루미늄(AL)창의 적용기준임.

<table>
<tr><th colspan="3" rowspan="2">대상부위</th><th colspan="3">TDR 값</th></tr>
<tr><th>지역 Ⅰ</th><th>지역 Ⅱ</th><th>지역 Ⅲ</th></tr>
<tr><td rowspan="2">출입문</td><td rowspan="2">현관문
대피공간
방화문</td><td>문짝</td><td>0.30</td><td>0.33</td><td>0.38</td></tr>
<tr><td>문틀</td><td>0.22</td><td>0.24</td><td>0.27</td></tr>
<tr><td colspan="2" rowspan="3">외기에 직접
면하는 창</td><td>유리 중앙부위</td><td>0.16 (0.16)</td><td>0.18 (0.18)</td><td>0.20 (0.20)</td></tr>
<tr><td>유리 모서리부위</td><td>0.22 (0.26)</td><td>0.24 (0.29)</td><td>0.27 (0.32)</td></tr>
<tr><td>창틀 및 창짝</td><td>0.25 (0.30)</td><td>0.28 (0.33)</td><td>0.32 (0.38)</td></tr>
</table>

〈표 6-9〉 지역에 따른 외기온도 구분

지역	지역구분
지역 Ⅰ (-20 ℃)	강화, 동두천, 이천, 양평, 춘천, 홍천, 원주, 영월, 인제, 평창, 철원, 태백
지역 Ⅱ (-15 ℃)	서울특별시, 인천광역시(강화 제외), 대전광역시, 세종특별자치시, 경기도(동두천, 이천, 양평 제외), 강원도(춘천, 홍천, 원주, 영월, 인제, 평창, 철원, 태백, 속초, 강릉 제외), 충청북도(영동 제외), 충청남도 (서산, 보령 제외), 전라북도(임실, 장수), 경상북도(문경, 안동, 의성, 영주), 경상남도(거창)
지역 Ⅲ (-10 ℃)	부산광역시, 대구광역시, 광주광역시, 울산광역시, 강원도(속초, 강릉), 충청북도(영동), 충청남도(서산, 보령), 전라북도(임실, 장수 제외), 전라남도, 경상북도(문경, 안동, 의성, 영주 제외), 경상남도(거창 제외), 제주특별자치도

결로 방지 성능을 평가하기 위한 온도차이비율 값은 규정된 실내외 온습도 기준 하에서 KS F 2295 창호의 결로 방지 성능 시험방법으로 국가공인기관(KOLAS)에서 측정을 하거나, ISO 15099에 적합한 컴퓨터 프로그램을 활용한 시뮬레이션을 통해 산정한다.

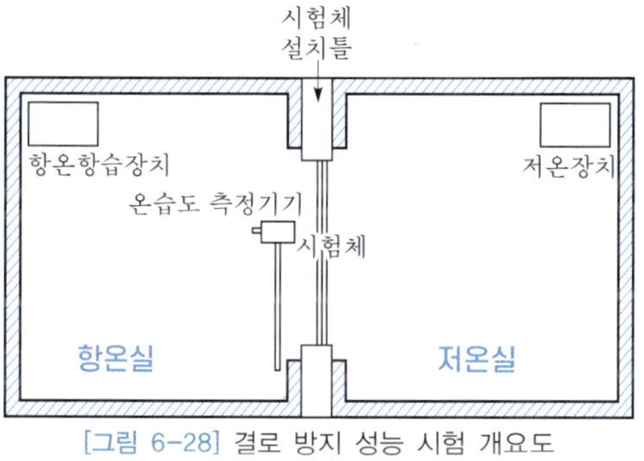

[그림 6-28] 결로 방지 성능 시험 개요도

[그림 6-29] 결로방지시험(항온실 모습)
출처) ㈜건축자재시험연구원

주요 부위별 결로방지 성능평가 방법은 아래와 같다.

1. 출입문

가. 상대적으로 단열성능의 차이가 발생하는 문틀과 문짝은 각각 구분하여 적용한다.

나. 문짝은 개폐를 위해 문틀에 다는 방식에 따라 다음 부위 중 가장 낮은 온도를 최종 온도차이비율 값으로 적용한다. (환기구 등이 문짝에 설치되어 있는 경우 해당부위를 추가한다)

1) 힌지 방식 : 각 모서리 4부위, 문짝 중앙부위

2) 경첩 방식 : 각 모서리 4부위, 경첩이 설치되는 부위(경첩이 2개 이상일 경우 상단과 하단에 설치된 경첩에서 측정), 문짝 중앙부위

다. 문틀은 4개 모서리 부위 중 가장 낮은 온도를 최종 온도차이비율 값으로 적용한다.

라. KS F 2292에 따른 기밀성능 2등급 이상을 확보하여야 한다.

마. 출입문의 온도차이비율 값 산정위치는 다음과 같다.

〈표 6-10〉 온도차이비율 값 산정위치

대상부위			산정위치
출입문	문틀	문틀 모서리	상부 좌우, 하부 좌우 4개 모서리의 대각선 중앙점
	문짝	문짝 중앙점	마주 보는 문짝 모서리 간 연결선의 교차점
		문짝 모서리	• 힌지방식 : 문짝 모서리로부터 수직 및 수평으로 각각 3cm 이격된 지점 (상부 좌우 및 하부 좌우의 4개 모서리 각각 산정) • 경첩방식 : 힌지방식 위치 + 경첩 크기의 중앙에서 경첩 위치로부터 수평으로 3cm 이격된 지점(경첩이 2개 이상일 경우, 상단과 하단에 설치된 경첩에서 측정)

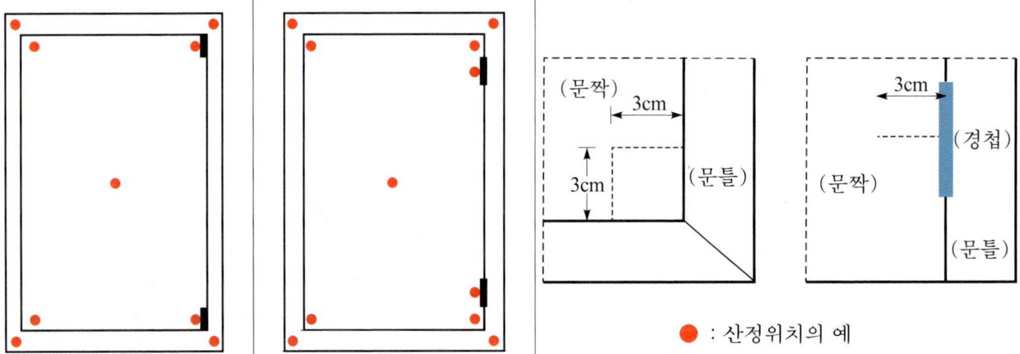

힌지형 / 경첩형

2. 창

가. 유리(중앙부 및 모서리 4개소 중 가장 낮은 온도), 창짝(상하 프레임의 중앙부 4개소 및 프레임의 모서리 4개소 중 가장 낮은 온도), 창틀(상하 프레임의 중앙부 4개소 및 모서리 4개소 중 가장 낮은 온도)에 대한 온도차이비율 값을 제시하고 이를 모두 만족하여야 한다. 2개 이상의 창짝을 갖는 경우, 각 창짝에서 산정한 온도차이비율 값을 비교하여 최댓값을 적용하는 것을 원칙으로 한다.

나. 창의 온도차이비율 값 산정위치는 'KS F 2295 창호의 결로 방지성능 시험방법' 을 준용하여 다음 표와 같이 정한다. 단, 표면온도가 상대적으로 낮은 부위가 있을 경우에는 이를 추가하여 산정하는 것을 원칙으로 한다.

다. 온도차이비율 값의 산정위치는 PVC창과 알루미늄(AL)창 등 창의 소재와 상관없이 동일하게 적용한다.

〈표 6-11〉 창의 온도차이비율 값 산정위치

대상부위			산정위치
창	유리	유리 중앙부	마주보는 창유리 모서리 간 연결선의 교차점
		유리 모서리	문짝 모서리로부터 수직 및 수평으로 각각 2 cm 이격된 지점(상부 좌우 및 하부 좌우의 4개 모서리 각각 산정)
	창틀	창틀 프레임	상부, 하부 및 좌우부 4개 창짝 프레임의 중앙점
		창틀프레임 모서리	상부 좌우, 하부 좌우 4개 모서리의 대각선 중앙점
	창짝	창짝 프레임	상부, 하부 및 좌우부 4개 창짝 프레임의 중앙점
		창짝프레임 모서리	상부 좌우, 하부 좌우 4개 모서리의 대각선 중앙점

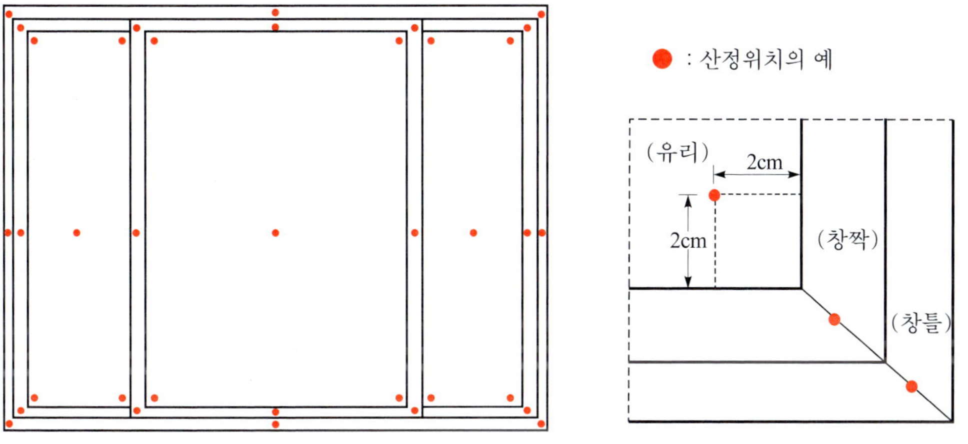

커튼월의 경우에는 Mock-up Test 시험 시 AAMA 501에서 추천하고 있는 열순환 시험과 결로 시험을 진행한다. 국내에서는 실제로 AAMA에 매뉴얼에 규정되어 있는 열순환 시험(AAMA 501.5)보다 결로 시험을 많이 진행하고 있는 추세다. 이는 우리나라의 거주자 조건이 다른 나라보다 습한 환경 탓이기 때문이다. 두 시험 다 외부에 별도의 챔버를 부착하여 시험한다는 점은 동일하며, 과거에는 결로시험이 해당하는 규격이 없어 열순환 시험의 Cold Cycle의 시험방법을 빌려 사용했으나, 최근 AAMA 501.9에 결로시험에 대한 규격이 추가되어 있으니 국내 시험에도 반영이 필요할 듯하다.

열순환 시험은 아래 그림 30과 같은 그래프와 같은 온도조건을 기준으로(온도조건은 시방서에 의해 바뀔 수도 있다.) 3Cycle(24시간)을 하는 것을 원칙으로 하고 있으며, 때론 6 Cycle을 진행하는 현장도 있다. 열순환 시험 종료 후, 기밀성능 및 정압 수밀 성능 시험이 허용치를 만족하면, 열순환시험을 만족하는 것으로 간주한다. 열순환 시험은 고열과 저온이 반복되기 때문에 유리 사양이 일반 유리의 경우, 열파손이 발생할 확률이 높으므로, 일반유리 사양의 경우는 시험을 지양해야 한다.

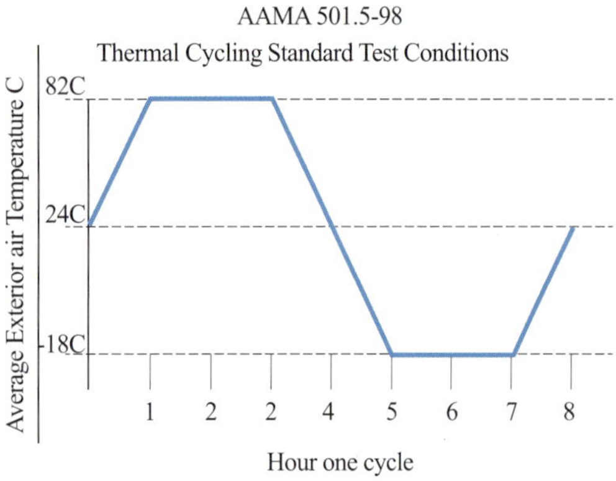

[그림 6-30] 열순환시험 온도 사이클

[그림 6-31] 열순환시험
출처) 한국건설생활환경시험원-서산

결로 시험은 현장마다 그 정해진 시험 조건이 상이하며, 공동주택의 결로방지 또한 그 합격여부 또한 정해진 시방서가 없으므로, 현장에서 그 합격유무를 결정한다. 일반적으로 외부는 -5℃ ~ -18 ℃을 기준으로 하며, 내부는 22 ℃~24 ℃ 습도는 오피스의 경우는 30 %내외, 주거의 경우는 50 % 내외를 합격치로 정하고 있다. 일반적으로 3 Step을 기준으로 6시간 시험을 기본으로 하는 현장이 많으나, 시간상 최근에는 2시간만 진행하는 현장들도 많이 있다.

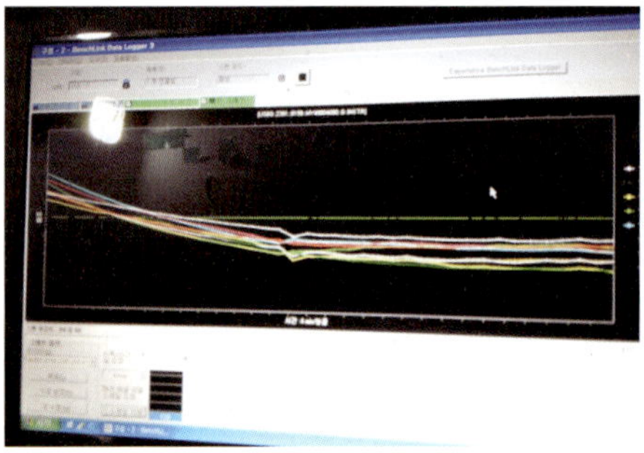

[그림 6-32] 온도기록 장치 모습
출처) 에이티에이(주)

[그림 6-33] 결로발생 모습
출처) 에이티에이(주)

단열성능 앞서 말했듯이 건축물의 에너지 절약의 필수요소이다. 국내의 ZEB(Zero Energy Building)제도에 의해 외장재 및 창호의 단열성능이 더욱 향상될 필요가 있으며, 국내의 건축 전문가들은 성적서에 맞는 유리와 프레임, 단열재 등이 설계, 시공할 수 있는 여건 조성도 필요하다. 아울러 단열성능이 향상과 탄소가스가 절감되는 단열재의 개발도 아울러 이루어져야 한다.

6절. 침입 방어 성능시험

침입 방어 성능은 창호와 커튼월이 외부 침입자에 대한 거실자의 보호를 위해 꼭 필요한 성능이다. 국내의 경우 범죄예방 건축기준고시 (국토교통부 고시 [제2021-930호])에 건물의 용도에 따라 창호의 성능이 침입 방어에 대한 성능을 확보하도록 규정하고 있다.

해당 고시에 따른 창호의 침입저항 성능을 확보해야 하는 건축물은 다음과 같다.

① 공동주택 (다세대주택, 연립주택, 아파트)

② 문화 및 집회시설(동·식물원을 제외한다)

③ 교육연구시설(연구소, 도서관을 제외한다.)

④ 노유자시설

⑤ 수련시설

⑥ 업무시설(오피스텔)

⑦ 숙박시설(다중생활시설)

⑧ 다가구주택

⑨ 단독주택 - 해당성능을 갖춘 창호를 쓸 것을 권장.

「국가표준기본법」 제23조에 따른 시험·검사기관의 시험성적서, 「산업표준화법」제15조에 따라 한국산업표준에 적합함을 인증받거나 같은 법 제27조에 따라 단체표준인증을 받은 제품의 인증서를 갖고 창호를 사용하도록 하고 있다.

[그림 6-34] KS F 2637 - 연성체 시험
출처) ㈜건축자재시험연구원

[그림 6-35] 침입 방어 시험 기기
출처) ㈜건축자재시험연구원

해당 고시에 의해 창호가 갖추어야 하는 성능은 아래와 같다.

1. 창문의 침입 방어 성능기준은 다음과 같다.
   가. KS F 2637(문, 창, 셔터의 침입저항 시험방법 –동하중 재하시험)에 따라 연질체 충격원을 300 mm 높이에서 낙하하여, 시험체가 완전히 열리거나, 10 mm 이상의 공간이 발생하지 않아야 하고, 시험체의 부품 또는 잠금장치가 분리되지 않도록 하여야 한다.
   나. KS F 2638(문, 창, 셔터의 침입저항 시험방법 –정하중 재하시험)에 따라 하중점 F1(1kN으로 재하)는 변형량 10 mm 이하, 하중점 F2(1.5kN으로 재하)는 변형량 20 mm 이하, 하중점 F3(1.5kN으로 재하)는 변형량 15 mm 이하여야 한다.
2. 출입문의 침입 방어 성능기준은 다음과 같다.
   가. KS F 2637(문, 창, 셔터의 침입저항 시험방법 –동하중 재하시험)에 따라 강성체 충격원을 165 mm, 연질체 충격원을 800 mm 높이에서 낙하하여, 시험체가 완전히 열리거나, 10 mm 이상의 공간이 발생하지 않아야 하고, 시험체의 부품 또는 잠금장치가 분리되지 않도록 하여야 한다.
   나. KS F 2638(문, 창, 셔터의 침입저항 시험방법 –정하중 재하시험)에 따라 하중점 F1(3kN으로 재하)는 변형량 10 mm 이하, 하중점 F2(3kN으로 재하) 변형량 20 mm 이하, 하중점 F3(3kN으로 재하)는 변형량 10 mm 이하여야 한다.
3. 셔터의 침입 방어 성능기준은 다음과 같다.
   가. KS F 2637(문, 창, 셔터의 침입저항 시험방법 –동하중 재하시험)에 따라 강성체 충격원을 165 mm 이, 연질체 충격원을 800 mm 높이에서 낙하하여, 시험체가 완전히 열리거나 시험체에 10 mm 이상의 공간이 발생하지 않아야 하며, 시험체의 부품 또는 잠금장치가 분리되지 않도록 하여야 한다.

해당 고시의 시험방법은 KS F 2638 문, 창, 셔터의 침입 저항 시험방법–정하중재하시험과 KS F 2637(문, 창, 셔터의 침입저항 시험방법 – 동하중 재하시험)으로 구성되어 있다. 그 외에 방범창 단체표준에는 침입원(사람)에 의한 시험방법이 추가되어 있다.

KS F 2637(문, 창, 셔터의 침입저항 시험방법 –동하중 재하시험)은 강성체 또는 연성체를 규정된 높이에서 낙하시켜 창호의 변형 유무를 살펴보는 시험이다.

연질체 충격원은 모래주머니를 사용하며 지름 약 350 mm의 구 모양의 가죽 주머니를 사용하여 그 안에 건조 모래를 채우고, 그 정점 및 밑면의 중앙을 관통하는 링 볼트로 조인 것으로 총 질량은 (30 ± 1) kg으로 한다. 강성체 충격원은 원기둥형 형태로 이루어지며 질량은 (50 ± 0.05) kg으로 하고, 직경 (50 ± 0.5) mm, 길이 (175 ± 35) mm의 돌출부를 가진 총길이(820 ± 10) mm의 강철제로 이루어진다([그림 6–36] 참조).

충격원은 연질체 충격원과 강성체 충격원으로 구분하였으며 연질체 충격원은 침입자가 몸체 충격을 사용한 침입 시도에 대응하는 충격원이고 강성체 충격원은 발로 차거나 주먹으로 치는 침입 시도에 대응하는 충격원이다.

동하중 시험에서의 충격은 공격면에서 실시한다. 충격원을 조정기에 의해 시험체의 소정의 위치에 접하도록 매단다. 다음에 충격원 달아 올림 장치에 의해 시험 당사자 간 합의된 낙하 높이가 될 때까지 로프가 휘지 않도록 매단다. 그리고 충격원을 분리하고, 충격원의 자중에 의한 진자 운동에 의해 시험체의 소정의 위치에 충격을 가한다. 이때, 충격원이 튀어 올라서 2회째 충격이 가해지지 않도록 한다.

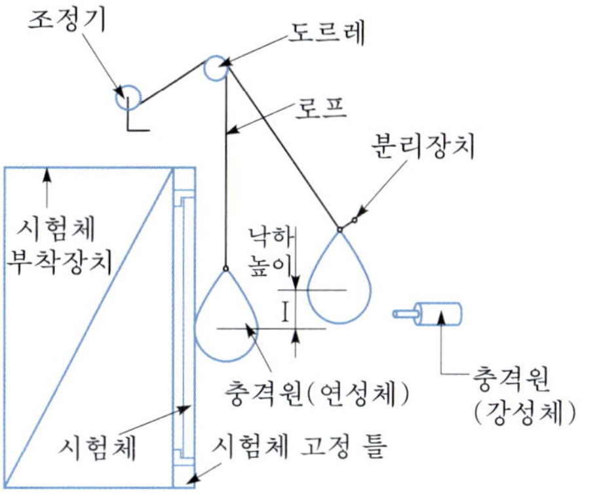

[그림 6-36] KS F 2637 동하중 시험장비 개요도

문과 창의 타격 지점은 다음 그림과 같다.

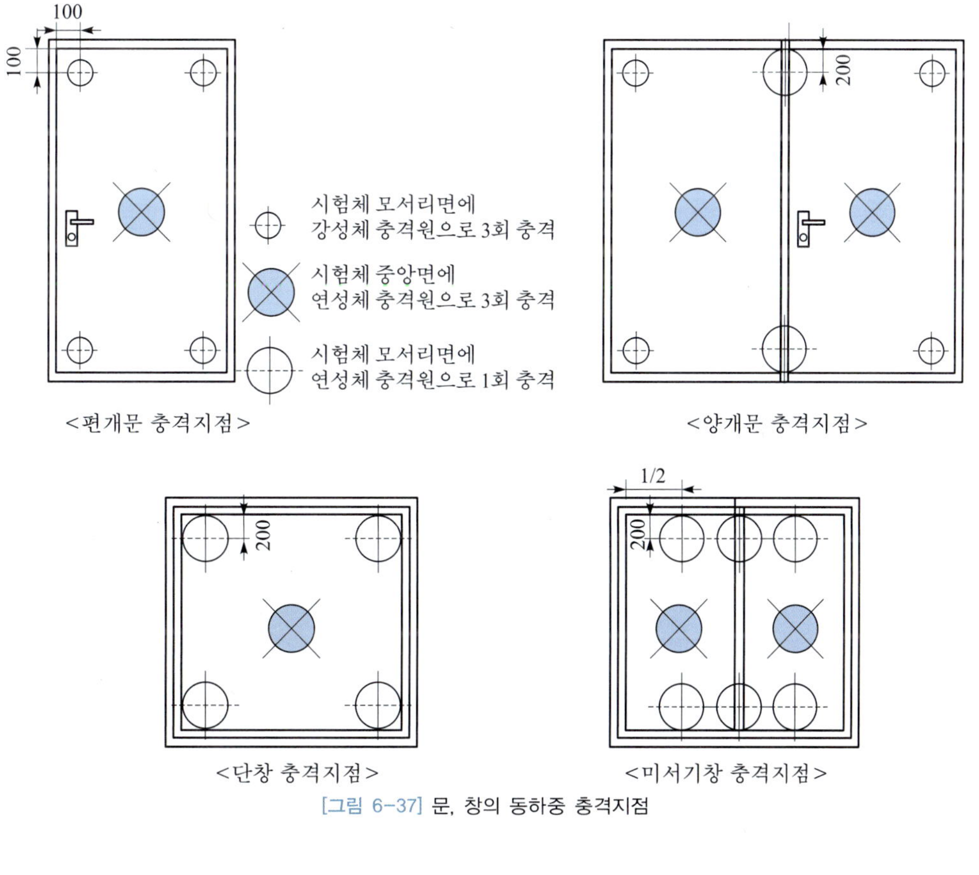

[그림 6-37] 문, 창의 동하중 충격지점

시험체는 동일한 재질과 구성을 갖추더라도 크기에 따라 그 성능이 달라질 수 있으므로 실제 사용하는 제품과 같은 크기로 시험을 실시하는 것을 추천하고 있다.

[그림 6-38] 동하중 침입성능시험(문)
출처) ㈜건축자재시험연구원

[그림 6-39] 동하중 침입성능시험(창)
출처) ㈜건축자재시험연구원

KS F 2638(문, 창, 셔터의 침입저항 시험방법 -정하중 재하시험)은 규정된 재하장치와 압력패드([그림 6-40] 참조)를 사용하여 각 하중점에 규정된 힘으로 재하하고, 필요한 경우 변형 측정 장치를 이용하여 변형을 측정하고 기록하는 시험이다. 시험체는 창, 문, 셔터 등이 제 기능을 할 수 있도록 프레임과 하드웨어, 가이드 레일 등의 부속물들을 적절하게 갖춰야 한다. 필요한 경우 신청인에 의해 별도의 프레임, 부속품 등을 고정 틀에 포함할 수 있다. KS F 2637에 따라 시험하였던 시험체가 별다른 손상을 입지 않았다면 이 시험에 다시 사용할 수 있다.

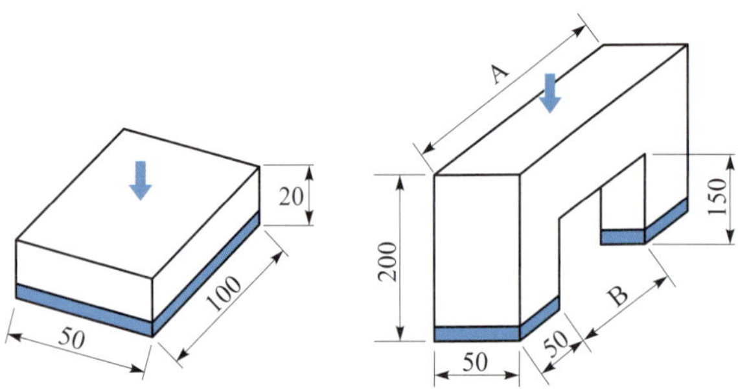

<압력패드 Type 1> <압력패드 Type 2>

[그림 6-40] 재하장치〈압력패드〉

[그림 6-41] 정하중시험
출처) ㈜건축자재시험연구원

하중은 시험체의 가장 약한 부분에 적용한다. 하중점 F1, F2, F3은 문과 창의 정하중이 일반적으로 적용되는 지점이다. 각 하중점은 다음과 같다.

a) F1 끼움재 모서리 – 끼움재가 유리일 경우 유리의 파손을 피하기 위해 최대 300 mm× 300 mm의 목재 판재를 사용하여 재하할 수 있다.

b) F2 로킹 지점 사이 – 인접한 두 로킹 지점의 거리가 400 mm를 초과할 경우 두 지점의 가운데 부분을 재하한다. 슬라이딩 창의 경우 창짝의 네 모서리 지점을 재하한다.

c) F3 로킹 지점
   - 주 잠금장치가 설치된 지점
   - 보조 잠금장치 또는 멀티 잠금장치가 설치된 지점
   - 힌지, 경첩 등이 있는 지점
   - 기타 고정 장치가 부착된 지점
   - 미닫이에서는 호차나 베어링이 있는 지점

힘은 0에서부터 요구되는 힘까지 (60±5)초 동안 일정하게 가한다. 변형 측정 장치의 영점을 보정하기 위해 0.3 kN의 힘으로 예비가압을 한다. 그다음 최대 시험 하중까지 도달하도록 힘을 가하고 (60±5)초 동안 유지한다. 이때 정하중의 변형 값을 읽고 기록한다. 하중을 제거할 때도 같은 속도로 한다.

변형 측정 장치는 고정된 상태로 설치하고, 0.3 kN의 예비하중을 준 다음 영점을 보정한다. 여러 개의 문짝, 창짝 등으로 이루어진 시험체를 위한 특별한 재하의 경우 변형 측정은 하지 않는다. 하지만 재하 상태에서의 문 열림 여부는 기록하고, 재하가 끝난 후 그 기능이 제대로 작동하는지 여부는 확인하고 기록한다.

범죄에 대한 중대성이 높아지면서 범죄예방에 대한 설계도 중요시되고 창호의 성능도 점점 강화되고 있다. 그러나 아쉽게도 KS F3109 문세트 요구성능에는 방범성능 항목이 들어가 있으나 KS F3117 창세트에는 방범성능 빠져있어 법률상의 요구성능과 부합이 필요하다 할 수 있다.

7절. 내화 성능시험

창호 및 커튼월 시스템은 건축물의 벽체에 적용되어 단순 채광과 환기 외에도 외부환경으로부터 건축물의 보호하기 위하여 기밀, 수밀, 내풍압, 방범 성능에 대한 기능이 필요하며 해당 성능을 측정하는 시험방법을 살펴보았다. 이번 장에는 창호와 커튼월의 요구되는 법적 내화성능 및 관련 시험방법에 대해 살펴보도록 한다.

〈표 6-12〉는 창호 및 커튼월에 관련된 요구 내화성능의 법적 근거 및 관련된 품목을 보여준다.

〈표 6-12〉 창호(커튼월)의 주요 내화시험 관련 법적 근거

<table>
<tr><th>법률</th><td colspan="2">건축법</td></tr>
<tr><th>시행령</th><td colspan="2">건축법 시행령</td></tr>
<tr><th>시행 규칙</th><td colspan="2">건축물의 피난·방화구조 등의 기준에 관한 규칙</td></tr>
<tr><th>고시</th><td colspan="2">건축자재 등 품질인정 관리기준</td></tr>
<tr><th>지침</th><td>건축자재 등 품질인정 및 관리 세부운영지침</td><td>건축 화재안전 모니터링, 아파트 대피공간 대체시설 및 그 밖에 건축자재 등의 세부운영지침</td></tr>
<tr><th>[부록1]</th><td>내화구조 품질시험방법 : ①</td><td>방화댐퍼의 성능시험방법</td></tr>
<tr><th>[부록2]</th><td>복합자재의 품질시험방법</td><td>하향식 피난구의 성능시험방법</td></tr>
<tr><th>[부록3]</th><td>방화문 및 자동방화셔터의 품질시험방법</td><td>방화유리창의 품질시험방법 : ②</td></tr>
<tr><th>[부록4]</th><td>내화채움구조의 품질시험방법 : ③</td><td></td></tr>
</table>

(음영) : 품질인정 건축자재

① : 유리벽체 ② : 방화유리창 ③ : 커튼월 선형조인트

〈표 6-12〉에서 보듯이 창호 내화성능시험의 법적 근거는 법률 → 시행령 → 시행규칙 → 고시 → 지침순으로 확인이 가능하다. 과거에는 창호에 대한 시험방법이 고시레벨에서 명기되었으나 현재 고시 하위 개념인 세부운영지침[6]에서 시험방법이 명기가 되어 있다. 창호라는 건축자재는 내화성능 시험이라는 도메인(Domain)에서는 ① 유리벽체, ② 방화유리창, ③ 커튼월 선형조인트라는 명칭으로 구분되며 공통적으로 방화구획에 적용되는 시험방법임을 알 수 있다. 특히 ① 유리벽체, ③ 커튼월 선형조인트는 품질인정에 편입된 건축자재이므로 품질시험 시 한국건설기술연구원으로부터 의뢰를 받아 진행된다.

6) 한국건설기술연구원 홈페이지 참고 (kict.re.kr)

방화구획

화염의 확산을 방지하기 위해 건축물의 벽 또는 지붕 등을 내화구조로 또는 품질인정을 획득한 60분 방화문 또는 60+방화문 등으로 구획해 놓은 이며 대부분 방화구획에 적용되는 건축자재의 내화시험의 경우 표준가열곡선의 온도조건으로 수직, 수평 가열로에서 시험이 진행된다.

> 참고법령
>
> **건축법 시행령** [시행 2024. 5. 17.]
>
> 제46조(방화구획 등의 설치) ① 법 제49조 제2항 본문에 따라 주요구조부가 내화구조 또는 불연재료로 된 건축물로서 연면적이 1천 제곱미터를 넘는 것은 국토교통부령으로 정하는 기준에 따라 다음 각 호의 구조물로 구획(이하 "방화구획"이라 한다)을 해야 한다. 다만, 「원자력안전법」 제2조 제8호 및 제10호에 따른 원자로 및 관계시설은 같은 법에서 정하는 바에 따른다.
>
> 1. 내화구조로 된 바닥 및 벽
> 2. 제64조 제1항 제1호·제2호에 따른 방화문 또는 자동방화셔터(국토교통부령으로 정하는 기준에 적합한 것을 말한다. 이하 같다)

방화구획에 적용되는 건축자재의 시험의 특징이 구획된 특정 공간에서 다른 공간으로 화재가 확산되는 것을 방지하는 시험이라고 한다면, 〈표 6-14〉에서 보여주는 건축자재는 상층부로 화재가 확산하는 것을 방지하는 성능이 필요하다. 하지만, ④ 외벽 복합 마감재료만 KS F 8414(건축물의 외부 마감 시스템의 화재안전 성능 시험방법)에 따라 상층부로 화재의 확산성능평가를 수행할 뿐 ⑤ 화재 확산 방지구조와 ⑥ 방화판 또는 방화유리는 〈표 6-15〉에서 명기한 건축자재와 같이 가열로를 이용한 방화구획 기준으로 시험하여 성능을 확인하는 것이 특징이다. 특히 ⑤ 화재 확산 방지구조는 창호를 대상이 아닌 커튼월에 적용되는 백패널(Back Panel)을 대상으로 한다.

〈표 6-13〉 창호(커튼월)의 기타 내화시험 관련 법적 근거

법률	건축법	
시행령	건축법 시행령	
규칙	건축물의 피난•방화구조 등의 기준에 관한 규칙	행정규칙: 발코니 등의 구조변경절차 및 설치기준 : ⑥
고시	건축자재등 품질인정 관리기준 : ④, ⑤	하향식 피난구의 성능시험방법

④ : 외벽 복합 마감재료 ⑤ : 화재 확산 방지구조 ⑥ : 방화판 또는 방화유리

지금까지 살펴봤던 ① ~ ⑥ 까지 건축자재들의 시험규격은 아래표와 같다. ④ 외벽 복합 마감재료를 제외하고 가열로를 이용한 시험이며 ③ 커튼월 선형조인트만 수평가열로에서 시험이 진행되고 나머지는 수직가열로에서 시험이 수행된다는 것을 확인 할 수 있다. 또한 내화성능 확인 대상에 따라 적용되는 내화시험규격도 상이함을 확인 할 수 있다.

〈표 6-14〉 창호 관련 건축자재별 내화시험방법

번호	품목	규격번호	규격명	성능	내화성능 확인대상	장비
①	유리벽체	KS F 2845	유리구획 부분의 내화 시험방법	차열, 비차열	창호	수직가열로
②	방화유리창	KS F 2845	유리구획 부분의 내화 시험방법	비차열	창호	수직가열로
③	커튼월 선형조인트	KS F 2257-1	건축부재의 내화 시험방법 일반요구사항	차열, 비차열	층간 방화 채움재	수평가열로
		KS F ISO 10295-1	건축 부재의 내화 시험방법-충전시스템-제1부: 설비관통부 충전시스템			
④	외벽 복합 마감재료	KS F 8414	건축물 외부 마감 시스템의 화재 성능 시험방법	확산 성능평가	커튼월 시스템	주벽 및 측벽으로 구성된 구조물
⑤	화재 확산 방지구조	KS F 2257-8	건축부재의 내화 시험방법- 비내력 수직 구획 부재의 성능조건	차열, 비차열	커튼월 백판넬	수직가열로
⑥	방화판 또는 방화유리	KS F 2845	유리구획 부분의 내화 시험방법	비차열	방화 유리	수직가열로

차열, 비차열

비차열(Integrity)

한쪽면이 표준가열곡선을 이용한 내화시험으로 가열되었을 때 비가열면으로 정해진 시간 동안 화염과 고온 가스가 통과하지 않으며 화염이 발생하지 않는 능력을 의미한다. 확인방법으로는 6 mm,25 mm 갭게이지를 이용한 관통여부를 확인한다.

차열(Insulation)

한쪽면이 표준가열곡선을 이용한 내화시험으로 가열되었을 때 비가열면으로 정해진 시간 동안 열의 전달을 제한하는 능력을 의미한다. 평균 및 최고 상승온도가 각각 140 K, 180 K를 넘지 않아야 한다.

외벽 복합마감재료

건축법 [시행 2024.05.17.]

제 52조(건축물의 마감재료 등) ② 대통령령으로 정하는 건축물의 외벽에 사용하는 마감재료(두 가지 이상의 재료로 제작된 자재의 경우 각 재료를 포함한다)는 방화에 지장이 없는 재료로 하여야 한다. 이 경우 마감재료의 기준은 국토교통부령으로 정한다.

↓

건축물의 피난·방화구조 등의 기준에 관한 규칙 [시행 2023.08.31.]

⑧ 제6항 및 제7항에 따른 마감재료가 둘 이상의 재료로 제작된 것인 경우 해당 마감재료는 다음 각 호의 요건을 모두 갖춘 것이어야 한다.

1. 마감재료를 구성하는 재료 전체를 하나로 보아 국토교통부장관이 정하여 고시하는 기준에 따라 실물모형시험(실제 시공될 건축물의 구조와 유사한 모형으로 시험하는 것을 말한다. 이하 같다)을 한 결과가 국토교통부장관이 정하여 고시하는 기준을 충족할 것

↓

건축자재등 품질인정 및 관리기준 [시행 2023.01.09.]

제 27조(외벽 복합 마감재료의 실물모형시험) 외벽 마감재료 또는 단열재가 둘 이상의 재료로 제작된 경우 마감재료와 단열재 등을 포함한 전체 구성을 하나로 보아 한국산업표준 KS F 8414(건축물 외부 마감 시스템의 화재 안전 성능 시험방법)에 따라 시험한 결과, 다음의 각 호에 적합하여야 한다. 다만, 외벽 마감재료 또는 단열재를 구성하는 재료가 모두 규칙 제6조에 해당하는 불연재료인 경우에는 실물모형시험을 제외한다.

앞서 설명하였듯이 커튼월 시스템은 ④ 외벽 복합마감재료이다. 외벽 복합마감재료의 정의와 마감재료의 내화시험 규격 및 성능기준은 상부 설명 박스와 같다. 외벽 복합마감재료는 KS F 8414라는 실물모형시험을 통해 상층부로 화재확산을 방지성능을 확인하여야 한다. 하지만 KS F 8414 규격 12페이지에 아래와 같은 문구가 있다. 해당 규격은 커튼월 시스템 또는 유리 패널을 포함하는 시스템에 적용되지 않기 때문에 현재 건축법체계에서는 커튼월 시스템에 대한 상층부 화재확산에 대한 실물화재시험(KS F 8414) 적용은 해당 되지 않는다.

– 아래 –

KS F 8414:2019 건축물 외부 마감 시스템의 화재 성능 시험방법 P.12
"외부 마감 시스템에 유리를 끼운 창 또는 개구부의 세부 장식에 대한 화재 성능은 포함하지 않으며 커튼월 시스템 또는 유리 패널을 포함하는 시스템에는 적용되지 않는다."

유리 구획 부분의 내화 시험방법 (KS F 2845)에 따른 내화시험을 수행하는 건축자재에 대한 요구성능 및 결과 보고서 형식은 다음과 같다.

〈표 6-15〉 창호 관련 건축자재별 내화시험방법

번호	품목	요구성능	성능기준		결과보고서	유효기간
			비차열	차열		
①	유리벽체	비차열, 차열	의뢰자 제시[7]		KICT 인정서	5년
②	방화유리창	비차열	20분 이상	-	고시 성적서	3년
⑥	방화판 또는 방화유리	비차열	30분 이상	-	KS 성적서	-

해당 표준은 건축물에 설치되는 유리구획 부분의 한 면이 화재에 노출될 때의 내화성능을 측정하기 위한 시험방법을 설명해 주고 있다.

1. 시험체는 기본 2개를 준비한다. ⑥ 방화판 또는 방화유리 같은 경우 대칭임이 확인될 때 시험체는 1개를 준비하여도 된다.
2. 시험체의 크기는 실제 크기로 준비한다. 다만, 시험체 틀의 크기(3 m × 3 m) 보다 클 경우 최대 크기를 3 m × 3 m로 한다.
3. 시험체의 용도에 따라 시험체의 3면 구속, 4면 구속을 결정한다. 이때 상하부 구속은 확정이며 좌,우측에 따라 자유단을 지정할 수 있다. ISO 3009에 따르면 3면 구속일 경우 현장에서 폭 3 m 이상 구획에도 적용이 가능한다.[8]
4. 시험체 틀의 설치 후 시멘트 벽돌 또는 ALC 블록으로 나머지 공간을 구획한다, 설치 시 시방서를 제출하여야 하며 시방서에 따라 고정되는 간격이 결정된다.
5. 유리벽체(차열시험체)의 경우 각 유리에 대각방향으로 2개씩, 멀리언과 트랜섬 중간 지점 그리고 교차지점에 표면열전대를 부착한다[그림 6-42] 참고.
6. 시험체 구획부재의 양생 후(구조적 강도 발현 후) 수직가열로에 시험체 틀을 설치하고 KS F 2257-1에 따른 표준 가열곡선에 의거하여 가열로 내부 온도를 조정하여 시험한다[그림 6-43] 참고.

7) 건축물의 용도 및 규모에 따라 상이함. 구체적인 내용은 "건축물의 피난 · 방화구조 등의 기준에 관한 규칙 [별표 1] 내화구조의 성능기준"을 참고.
8) 24p. Extension of width of vertical element

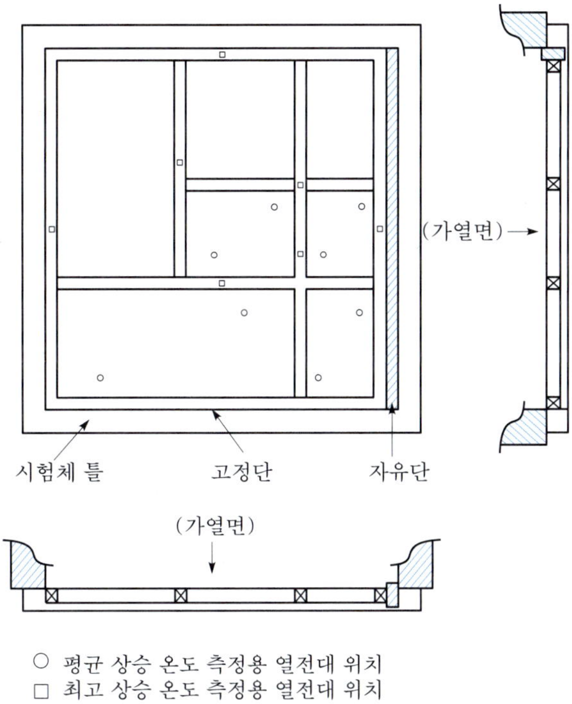

[그림 6-42] KS F 2845 유리벽체 비가열면 열전대 부착 위치 (예시)

위 그림은 KS F 2845에서 있는 그림으로 차열 시험체의 설치 및 열전대 부착 위치를 보여주고 있다. 시험체의 크기는 3 m × 3 m로 되어 있으며 상하부 및 좌측 구속되어 있고 우측은 자유단으로 구속이 되어 있지 않음을 확인 할 수 있다. 실제 시험사진를 참고하길 바란다. 유리벽체는 특정 건축물의 외벽 마감으로 커튼월 시스템을 적용하였으며 방화지구 내 위치하였다면 해당 커튼월은 유리벽체로 한국건설 기술연구원으로부터 내화구조인정을 획득하여야 한다.

방화지구

국토의 계획 및 이용에 관한 법률 제37조(용도지구의 지정) ①항 3번
방화지구 : 화재의 위험을 예방하기 위하여 필요한 지구

건축법 제51조(방화지구 안의 건축물) ①항
「국토의 계획 및 이용에 관한 법률」 제37조제1항제3호에 따른 방화지구(이하 "방화지구"라 한다) 안에서는 건축물의 주요구조부와 지붕·외벽을 내화구조로 하여야 한다. 다만, 대통령령으로 정하는 경우에는 그러하지 아니하다.

내화구조

건축법 시행령 제2조(정의) 7번

“내화구조(**耐火構造**)”란 화재에 견딜 수 있는 성능을 가진 구조로서 국토교통부령으로 정하는 기준에 적합한 구조를 말한다.

건축물의 피난·방화구조 등의 기준에 관한 규칙 제3조(내화구조)

1. 벽의 경우에는 다음 각 목의 어느 하나에 해당하는 것
2. 외벽 중 비내력벽인 경우에는 제1호에도 불구하고 다음 각 목의 어느 하나에 해당하는 것
3. 기둥의 경우에는 그 작은 지름이 25센티미터 이상인 것으로서 다음 각 목의 어느 하나에 해당하는 것.
4. 바닥의 경우에는 다음 각 목의 어느 하나에 해당하는 것
5. 보(지붕틀을 포함한다)의 경우에는 다음 각 목의 어느 하나에 해당하는 것.
6. 지붕의 경우에는 다음 각 목의 어느 하나에 해당하는 것
7. 계단의 경우에는 다음 각 목의 어느 하나에 해당하는 것
8. 「과학기술분야 정부출연연구기관 등의 설립·운영 및 육성에 관한 법률」 제8조에 따라 설립된 한국건설기술연구원의 장(이하 “한국건설기술연구원장”이라 한다)이 국토교통부장관이 정하여 고시하는 방법에 따라 품질을 시험한 결과 별표 1에 따른 성능기준에 적합할 것
9. 다음 각 목의 어느 하나에 해당하는 것으로서 한국건설기술연구원장이 국토교통부장관으로부터 승인받은 기준에 적합한 것으로 인정하는 것
10. **한국건설기술연구원장이 제27조 제1항에 따라 정한 인정기준에 따라 인정하는 것**

* 여기서, **진하게** 표시된 10번 항목에 유리벽체 해당

[그림 6-43] 유리벽체 - 시험 전

출처) 건축자재시험연구원㈜

[그림 6-44] 유리벽체- 시험 후

출처) 건축자재시험연구원㈜

[그림 6-45] 유리벽체 시험 후 내 충격 시험

출처) 건축자재시험연구원㈜

[그림 6-45]는 유리벽체의 내화시험 종료 후 내충격 시험을 수행하는 장면이다. 3 kg의 모래주머니를 높이 50 cm 높이에서 낙하시켜 가장 큰 유리패널 중앙부를 타격하는 시험이다. ② 방화창과 ⑥ 방화판 및 방화유리 두 시험체 모두 유리벽체와 시험방법은 동일하며 차열성능을 측정하지 않는 것을 [그림 6-46]에서 보듯이 확인 할 수 있으며 크기에 따라 동시 시험도 가능하다.

[그림 6-46] 방화커튼월 시험

출처) 건축자재시험연구원㈜

[그림 6-47] 방화창 시험

출처) 건축자재시험연구원㈜

바닥-커튼월 선형조인트 내화채움구조 시험방법은 건축자재등 품질인정 및 관리 세부운영지침에 따르며 다음과 같다.

바닥-커튼월 선형조인트 내화채움구조

〈표 6-16〉 바닥-커튼월 선형조인트 내화채움구조

번호	품목	요구성능	성능기준		결과보고서	유효기간
			비차열	차열		
③	바닥-커튼월 선형조인트	비차열, 차열	120 분[9]		KICT 인정서	5년

해당 지침은 건축물에 설치되는 커튼월(수직부재)와 바닥슬라브(수평부재)사이 내화채움재를 대상으로 하부면(가열면)에서 가열하였을 때 상부면(비가열면)에서의 차열 및 비차열성능을 확인하는 지침이다.

1. 시험체는 설치하기 전 우선 구획부재와 설치 지그를 제작하여 확보 한다([그림 6-48] 참고).
2. 이미 확보된 설치지그를 통하여 커튼월 설치 한다. 고정은 설치지그의 철물을 이용하여 커튼월과 고정시킨다. 시험체는 총 2개를 준비하여 동시에 2회 시험이 가능하도록 한다. 선형조인트의 최대 길이는 3,600 mm까지 가능하며 폭은 360 mm이다. 커튼월 시스템의 길이는 선형조인트 길이와 일치시켜야 하며 높이는 600 mm이다.
3. 고정된 커튼월과 구획부재 사이 시방서에 따라 채움재를 시공한다. 이때 구획부재에서 가장자리(길이방향)는 200만큼 이격하여 시공한다.
4. 실란트의 제조업체 기술자료에 따라 양생시간을 거친 후 세부운영지침에 따라 커튼월과 채움재 표면에 표면 열전대를 부착한다.
5. 이후 커튼월의 내부면과 가열로의 벽라인을 일치시켜 실제 시공상태를 가능한 재현 가능하도록 수평가열로에 설치한다. 이때 커튼월 시스템에 하부에 세라크울을 적층시켜 열팽창을 흡수할 수 있도록 한다.

9) 일반적인 성능기준을 표기함. 의뢰인이 선택에 따라 달라질 수 있음.

[그림 6-48] 커튼월 선형조인트 설치 지그

출처)건축자재시험연구원㈜

시험체 양중 시험체 면 일치 시험체 틈새 세라크울 마감

[그림 6-49] 커튼월 선형조인트 설치 순서

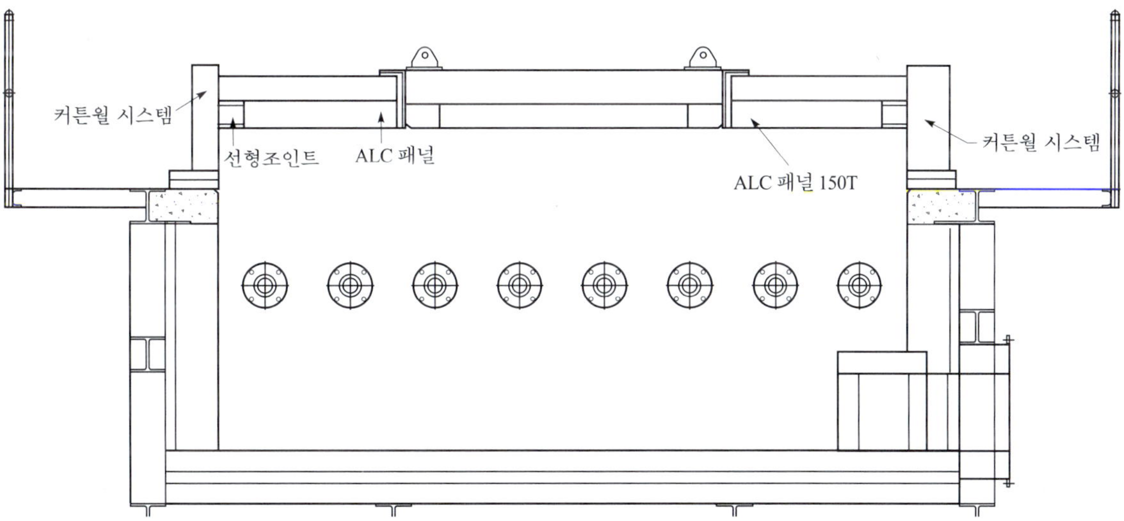

[그림 6-50] 커튼월 선형조인트 설치 모식도

[그림 6-49]는 커튼월-바닥 선형조인트 시험체 설치 순서도이다. 그리고 [그림 6-50]은 가열로에 설치 시 시험 모식도이다. 수평가열로에 덮개(방화구획)를 만들어서 덮는다는 이미지를 가지면 된다. 해당 덮개에서 가장자리 부분은 커튼월 시스템이며 선형조인트는 커튼월 시스템과 접

해 길이방향으로 방화구획을 구성한다고 생각하면 이해가 쉽다. 최종적으로 설치되어 시험을 준비 중인 시험체는 [그림 6-51]과 같다.

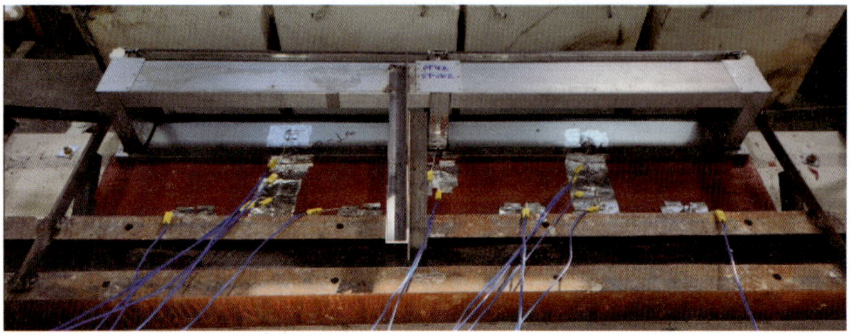

[그림 6-51] 커튼월 선형조인트 내화시험

건축 부재의 내화 시험방법-비내력 수직 구획 부재의 성능조건 (KS F 2257-8)은 아래와 같다.

화재 확산 방지구조

〈표 6-17〉 바닥-커튼월 선형조인트 내화채움구조

번호	품목	요구성능	성능기준		결과보고서	유효기간
			비차열	차열		
⑤	화재 확산 방지 구조	비차열, 차열	15 분		KS 성적서	-

해당 규격은 비내력 수직 구획부재를 한쪽 면에서 가열할 때의 내화 성능의 측정 방법에 대하여 규정 한다. 커튼월이나 문 또는 유리를 포함하고 있는 벽의 내화 시험에는 적용하지 않는다. 본 규격을 인용하여 ⑤ 화재확산 방지구조에서 비차열 및 차열 성능을 확인하는 내화시험을 수행한다.

1. 시험체의 크기를 제외하고 내화구조를 통하여 구획부재 설치한다. 설치 시 가열로 센터보다 높이 설치하여 압력조건을 실제 현장처럼 재현하도록 한다.
2. 최소 폭 400 mm 이상, 폭 3000 mm 화재확산방지구조 시험체를 설치한다. 시험체 개수는 2개이며 양쪽면에 대해 가열이 되었을 때 시험을 진행한다. 만약 대칭구조라고 한다면 1번의 시험도 가능하다.

3. 시험체가 강판과 심재로 이루어진 복합자재가 아닌지 확인이 필요하다. 강판과 심재로 이뤄졌다면 해당 제품은 복합자재로써 품질인정제도에 편입된 건축자재로 해당 제도에 따라 규정된 지침에 의해 시험이 진행되어야 한다.
4. 확인 후 이상이 없다면 설치 시 상하부는 고정하고 좌, 우측은 고정단과 자유단을 각각 적용하여 시험이 성공적으로 마무리되면 현장에서 해당 제품 사용 시 폭에 대한 제한이 없도록 한다.
5. 열전대 배치는 평균 상승온도 측정을 위해 중앙부 3개를 적용하고, 최고 상승온도 확인을 위해 상부 2개, 좌·우측 각 1개씩 총 8개의 열전대를 부착하여 차열성능을 측정한다[10]. 최고온도상승을 위해 부착하는 열전대의 위치는 가장자리에서 100 mm 이격하여 설치한다.([그림 6-53] 참조)

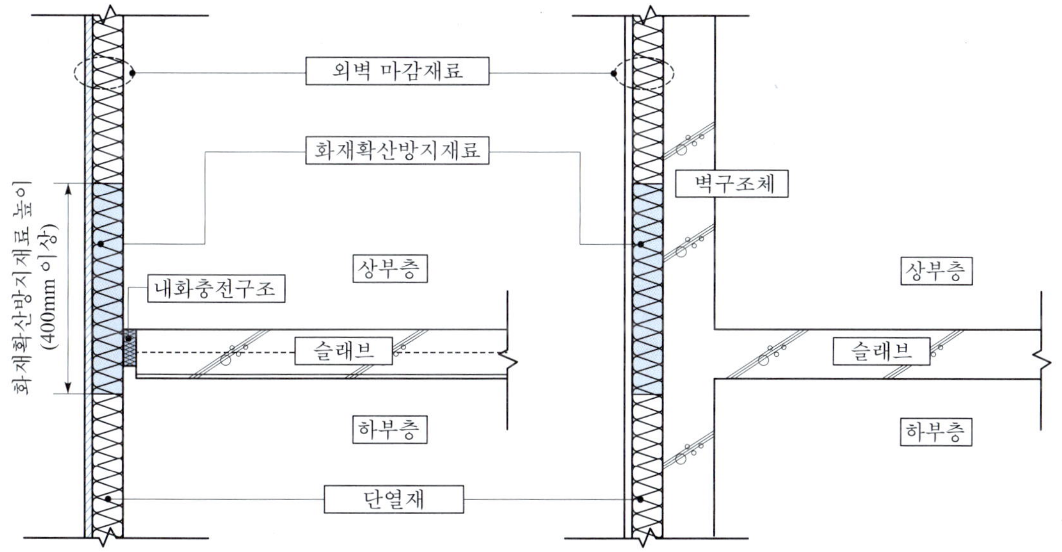

[그림 6-52] 화재 확산 방지구조의 예 (건축자재등 품질인정 및 관리기준 제31조 관련, 별표 9)

[그림 6-52]는 ⑤ 화재확산 방지구조의 예시를 보여주고 있다. 해당 그림을 통해 층마다 해당 구조의 최소높이(400 mm) 이상을 적용하여 화재가 상층부로 빠르게 확산하는 것을 방지하고자 하는 목적을 확인 할 수 있다.

10) 해당 열전대 배치는 시험체의 크기 및 형상 그리고 시험기관별로 차이가 있을 수 있다.

해당 재료는 불연재료 또는 준불연 재료가 되어야 하지만 KS F 2257-8규격에 의해 15분 이상의 내화성능 발휘가 확인된다면 난연재료로도 화재 확산 방지구조로 사용이 가능하다. 이때 화재확산 방지구조는 강판과 심재로 이루어진 복합자재가 아닌 것으로 한정한다. [그림 6-53]에서는 시험기관에서 수행한 화재 확산 방지구조 시험체를 보여준다.

[그림 6-53] 화재확산방지 구조 시험

과거, 창과 커튼월은 건축법에 불연재료로 되어 있어서 내화시험과 거리가 멀었으나, 최근 발생되는 대형 화재로 점점 내화 관련 법률과 관련 시험이 증가되는 추세이다. 또한 창호, 커튼월 연관 부속자재들도 내화 성능이 강화되고 있으므로 개정되는 화재 관련 법률에 창호, 커튼월 관련 종사자들은 지속적인 관심을 가져야 한다.

8절. 연소 성능시험

건축자재의 연소성능은 건축물의 안전성 확보에 있어서 매우 중요한 요소 중 하나다. 건축자재가 불에 어떻게 반응하는지는 화재 발생 시 건물 내외부의 구조적 안전성과 인명 안전에 큰 영향을 미친다. 따라서, 전 세계적으로 다양한 건축법과 시험방법을 통해 건축자재의 연소성능을 평가하고 규제하고 있다.

우리나라에서는 '건축법'을 통해 건축자재의 연소성 능을 규제하고 있다. 특히, 건축자재등 품질인정 및 관리기준에서 건축물의 외벽에 사용되는 마감재와 단열재의 성능기준을 정하고 있다. 이에 따르면, 건축물의 층수나 용도에 따라 사용할 수 있는 자재의 종류와 그 자재의 성능기준이 명확히 규정되어 있다. 예를 들어, 고층 건물의 외벽에는 불연성 또는 준불연성 자재를 사용하도록 규정하고 있다.

미국에서는 국제건축법(International Building Code, IBC)이 건축물의 화재 안전 기준을 제공하고 있다. IBC는 건축자재의 연소성능을 Class A, B, C로 분류하며, 각 클래스는 자재가 연소하는 속도와 그에 따른 화재 확산 가능성에 따라 결정된다. 또한, 특정 건축물의 용도와 높이에 따라 사용 가능한 자재의 연소 성능 등급을 규제한다. 유럽에서는 유럽연합 건축규정(EN 13501-1)을 통해 건축자재의 연소성능을 평가하고 있다. 이 규정은 자재를 A1, A2, B, C, D, E, F의 7가지 등급으로 나누며, A1이 가장 높은 불연성 등급을 의미한다. 유럽연합 내 각 국가는 이 기준을 바탕으로 자국의 건축법을 제정하여 운영하고 있다.

미국과 유럽에서의 연소 성능은 국내의 연소성능과 의미가 달래 혼란을 초래하는 경우가 많으므로 주의해야 한다. 가령, 유럽에서 난연성능을 인증받은 제품을 수입해도 국내의 난연성능과 그 의미차가 매우 다르고 국내 법령 건축자재등 품질인정 및 관리기준에 따라 요구성능을 갖추어야 난연제품으로 인정된다.

해당 법령에 따른 단일재료에서 불연, 준불연, 난연재료의 요구성능은 다음과 같다.

1. 불연재료의 성능기준 불연재료는 다음의 성능시험 결과를 만족하여야 한다.
   (1) KS F ISO 1182(화재연소 시험방법-불연성시험) 시험 결과, 다음 모두 만족하여야 한다.
      가. 가열시험 개시 후 20분간 가열로 내의 최고온도가 최종평형온도를 20 K 초과 상승하지 않을 것 (단, 20분 동안 평형에 도달하지 않으면 최종 1분간 평균온도를 최종평형온도로 한다)
      나. 가열종료 후 시험체의 질량 감소율이 30 % 이하일 것
   (2) KS F 2271(건축물 마감재료의 가스유해성 시험방법) 중 가스유해성 시험 결과, 실험용 쥐의 평균행동정지 시간이 9분 이상이어야 한다.

2. 준불연재료의 성능기준 – 준불연재료는 다음의 성능시험 결과를 만족하여야 한다.

(1) KS F ISO 5660-1[연소성능시험-열 방출, 연기 발생, 질량 감소율-제1부 : 열 방출률(콘 칼로리미터법)]에 따른 가열시험 결과, 모든 시험에 있어 다음을 모두 만족하여야 한다.

가. 가열 개시 후 10분간 총 방출열량이 8 MJ/m^2 이하일 것

나. 10분간 최대 열방출률이 10초 이상 연속으로 200 kW/m^2를 초과하지 않을 것

다. 10분간 가열 후 시험체를 관통하는 방화상 유해한 균열(시험체가 갈라져 바닥면이 보이는 변형을 말한다), 구멍(시험체 표면으로부터 바닥면이 보이는 변형을 말한다) 및 용융(시험체가 녹아서 바닥면이 보이는 경우를 말한다) 등이 없어야 하며, 시험체 두께의 20 %를 초과하는 일부 용융 및 수축이 없어야 한다.

(2) KS F 2271(건축물 마감재료의 가스유해성 시험방법) 중 가스유해성 시험 결과, 실험용 쥐의 평균행동정지 시간이 9분 이상이어야 한다.

3. 난연재료의 성능기준 – 난연재료는 다음의 성능시험 결과를 만족하여야 한다.

(1) KS F ISO 5660-1[연소성능시험-열 방출, 연기 발생, 질량 감소율-제1부 : 열 방출률(콘 칼로리미터법)]에 따른 가열시험 결과, 모든 시험에 있어 다음을 모두 만족하여야 한다.

가. 가열 개시 후 5분간 총방출열량이 8 MJ/m^2 이하일 것

나. 5분간 최대 열방출률이 10초 이상 연속으로 200 kW/m^2를 초과하지 않을 것

다. 5분간 가열 후 시험체를 관통하는 방화상 유해한 균열(시험체가 갈라져 바닥면이 보이는 변형을 말한다), 구멍(시험체 표면으로부터 바닥면이 보이는 변형을 말한다) 및 용융(시험체가 녹아서 바닥면이 보이는 경우를 말한다) 등이 없어야 하며, 시험체 두께의 20 %를 초과하는 일부 용융 및 수축이 없어야 한다.

(2) KS F 2271(건축물의 내장 재료 및 구조의 난연성 시험방법) 중 가스유해성 시험 결과, 실험용 쥐의 평균행동정지 시간이 9분 이상이어야 한다.

4. 시험체 및 시험 횟수 등

(1) KS F ISO 1182에 따라 시험을 하는 경우에 다음 각 호에 따른다.

가. 시험체는 총 3개이며, 각각의 시험체에 대하여 1회씩 총 3회의 시험을 실시하여야 한다.

나. 복합자재의 경우, 강판을 제거한 심재를 대상으로 시험하여야 하며, 심재가 둘 이상의 재료로 구성된 경우에는 각 재료에 대해서 시험하여야 한다.

다. 액상 재료(도료, 접착제 등)인 경우에는 지름 45 mm, 두께 1 mm 이하의 강판에 사용두께만큼 도장 후 적층하여 높이 (50±3)mm가 되도록 시험체를 제작하여야 하며, 상세 사항을 제품명에 포함하도록 한다.

(2) KS F ISO 5660-1의 시험을 하는 경우에는 다음에 따라야 한다.

가. 시험은 시험체가 내부 마감재료의 경우에는 실내에 접하는 면에 대하여 3회 실시하며, 외벽 마감재료의 경우에는 앞면, 뒷면, 측면 1면에 대하여 각 3회 실시한다. 다만, 다음에 해당하는 외벽 마감재료는 다음을 따라야 한다.

① 단일재료로 이루어진 경우 : 한 면에 대해서만 실시

② 각 측면의 재질 등이 달라 성능이 다른 경우 : 앞면, 뒷면, 각 측면에 대하여 각 3회씩 실시

나. 복합자재의 경우, 강판을 제거한 심재를 대상으로 시험하여야 하며, 심재가 둘 이상의 재료로 구성된 경우에는 각 재료에 대해서 시험하여야 한다.

다. 가열강도는 50 kW/m^2로 한다.

(3) KS F 2271 중 가스유해성 시험을 하는 경우에는 다음 각 호에 따라야 한다.

가. 시험은 시험체가 내부마감재료인 경우에는 실내에 접하는 면에 대하여 2회 실시하며, 외벽 마감재료인 경우에는 외기(外氣)에 접하는 면에 대하여 2회 실시한다.

나. 시험은 시험체가 실내에 접하는 면에 대하여 2회 실시한다.

다. 복합자재의 경우, 강판을 제거한 심재를 대상으로 시험하여야 하며, 심재가 둘 이상의 재료로 구성된 경우에는 각 재료에 대해서 시험하여야 한다.

각각의 시험방법에 대해 살펴보면,

KS F ISO 1182(화재연소 시험방법-불연성시험)는 튜브 모양의 노(爐)에 지름 45^{+0}_{-2} mm 높이 50^{+0}_{-3} mm의 크기를 가진 원기둥 모양의 시료를 삽입하여 750 ℃ 로 가열했을 때의 최고온도와 질량감소율을 측정하는 시험이다. KS 규격으로 시험할 경우는 시료 5개, 고시의 경우는 3개의 시료로 시험한다. ([그림 6-54~56] 참조)

[그림 6-54] 불연성 시료 (시험 전)

[그림 6-55] 불연성 시료 (시험 후)
출처) ㈜건축자재시험연구원

[그림 6-56] 불연성 시험 홀더
출처) ㈜건축자재시험연구원

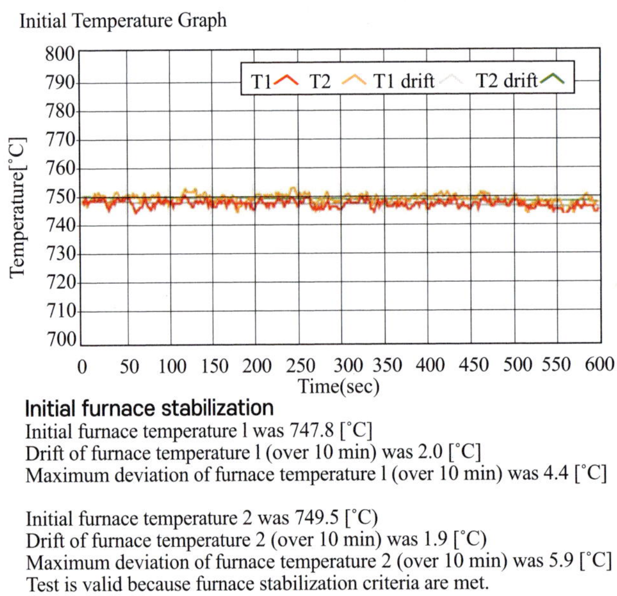

[그림 6-57] 불연성 시험 시험결과 그래프
출처) ㈜건축자재시험연구원

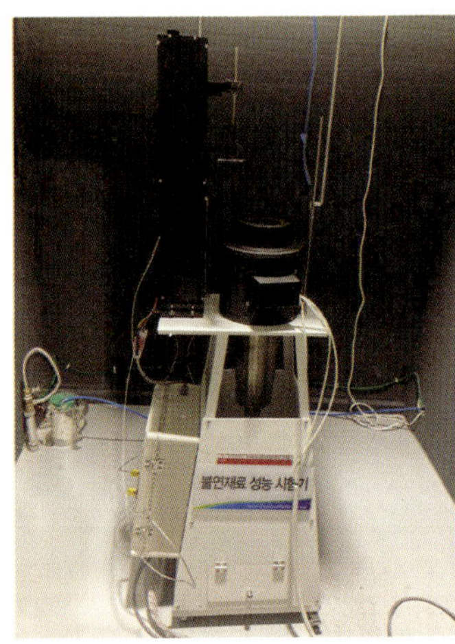

[그림 6-58] 불연성 시험장비
출처) ㈜건축자재시험연구원

KS F 2271(건축물 마감재료의 가스유해성 시험방법)은 동물실험으로써 부열원인 LPG와 주열원 할로겐 램프로 시험체를 가열하여 발생한 연기가 유해한지를 살펴보는 시험이다.

시료는 220 mm×220 mm 크기에 지름 25 mm인 구멍을 3개 뚫어 제작하며 시험체의 두께는 실제의 제품과 같은 것으로 한다. 다만 두께가 150 mm를 넘을 때에는 시험체의 방화상 성능을 증대시키지 않고, 또한 연기 발생 정도를 감소시키지 않는 방법으로 그 두께를 150 mm까지 감소시킬 수 있다. 시험용 흰쥐는 8마리로 DD계 또는 ICR계 암놈 주령 5주 체중 18 g~22 g를 사용한다. 시험결과는 실험용 흰 쥐의 평균 행동 정지 시간으로 8마리의 행동정지평균시간에서 표준편차를 빼준 값을 기준으로 한다.

[그림 6-59] 가스유해성 시험기
출처) ㈜건축자재시험연구원

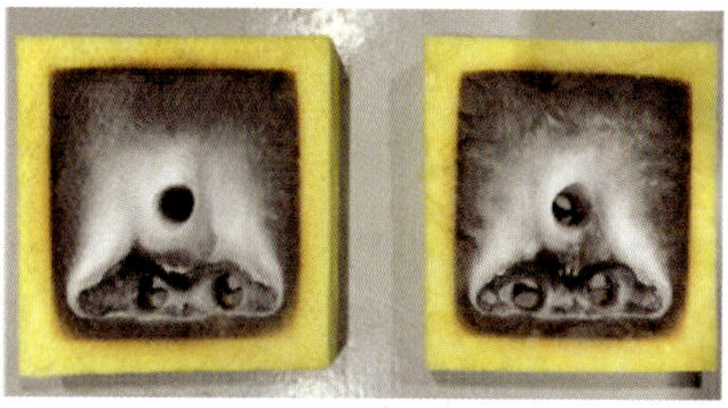

[그림 6-60] 가스유해성 시료 – 시험 후

[그림 6-61] 가스유해성 시료 – 시험 전
출처) ㈜건축자재시험연구원

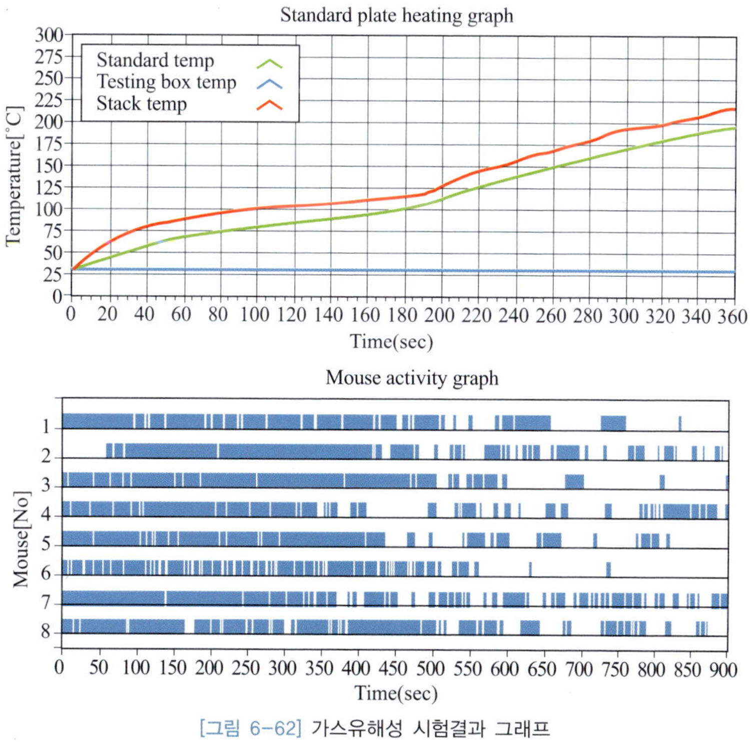

[그림 6-62] 가스유해성 시험결과 그래프
출처) ㈜건축자재시험연구원

Test Result	
The deed stopping time of M1	: 13min 55sec
The deed stopping time of M2	: 14min 53sec
The deed stopping time of M3	: 15min 01sec
The deed stopping time of M4	: 15min 01sec
The deed stopping time of M5	: 13min 39sec
The deed stopping time of M6	: 12min 20sec
The deed stopping time of M7	: 15min 01sec
The deed stopping time of M8	: 14min 34sec
An average value of the deed stopping time	: 14min 18sec
The standard deviation of the deed stopping time	: 00min 57sec
The average deed stopping time	: 13min 21sec

[그림 6-63] 쥐의 평균행동정지시간
출처) ㈜건축자재시험연구원

KS F ISO 5660-1[연소성능시험-열 방출, 연기 발생, 질량 감소율-제1부 : 열 방출률(콘칼로리미터법)]은 시료가 복사열에 의해 연소될 때 사라지는 산소의 질량 변화(연소에서 공기 흐름으로부터 소비된 산소 1 kg은 (13.1 × 103) kJ과 동일한 열을 방출한다)로 열방출률을 계산하는 시험방법이다.

이 시험방법은 물론, 건축재료의 준불연, 난연을 결정하는 시험방법이지만, 이와는 별도로 화재 위험성을 결정하는 데 있어 가장 중요한 변수 중의 하나인 열방출률을 측정하는 시험이다. 전형적인 화재에 있어서 다양한 표면을 구성하는 많은 물질들이 화재의 발생에 기여하므로 상당히 복잡하다. 먼저 각각 별도의 표면에 점화될 때에 대하여 측정한다. 이미 연소 중인 어떤 물질은 근처에 있는 물품들에 외부 복사열로 작용하므로 연소 중인 물질로부터 화재의 크기를 알고 있어야 하고 각 표면상에서의 화염전파 또한 평가되어야 한다. 이러한 시험을 통해 얻어진 열 방출률은 화재 시뮬레이션 시험의 중요한 Data로 사용된다.

열 방출량 시험체는 특별히 규정되어 있지 않은 경우, 선정된 복사열 크기에서 각각의 노출면에 대하여 3회 시험을 실시하여야 한다. 시험체는 제품을 대표하는 것이어야 하고, 가로, 세로 각각 100^{+0}_{-2} mm 인 정사각형의 것이어야 하며 두께가 50 mm 이하인 제품은 그 제품의 두께대로 시험을 실시한다. 두께가 50 mm를 초과하는 제품은 비노출면을 절단하여 두께를 50 mm로 감소시켜 시험체를 준비한다. 두께가 6 mm 미만인 제품은 실제 사용 조건에서 사용되는 기재를 사용하여 전체 시험체의 두께를 6 mm 이상이 되도록 하여 시험을 실시한다. 그러나 두께가 6 mm보다 얇은 일부 제품은 내화 섬유 바로 위에 놓고 시험할 수 있다. 이는 시험 보고서에 언급되어야 한다. 또한 불연재료 사이에 다른 재료(두께가 5밀리미터 이하인 경우만 해당한다)를 부착하여 제작한 재료의 경우(알루미늄 복합패널)에는 해당 재료 전체를 하나의 재료로 보고 난연성능을 시험할 수 있다.

준불연, 난연 재료에 대한 열 방출률 시험은 콘칼로리미터라는 시험장비로 시험하며, 복사열 강도는 50 ㎾로 시험하며, 준불연시험의 경우는 10분, 난연 시험의 경우는 5분간 시험한다.
건축물 마감재료의 연소시험은 화재 안전성을 확보하고, 법적 규제를 준수하며, 안전한 재료를 선택하고, 경제적 손실을 방지하며, 효율적인 화재 안전 계획을 수립하는 데 필수적인 과정이다. 이를 통해 건축물의 전반적인 안전성을 높이고, 화재로 인한 피해를 최소화할 수 있다.

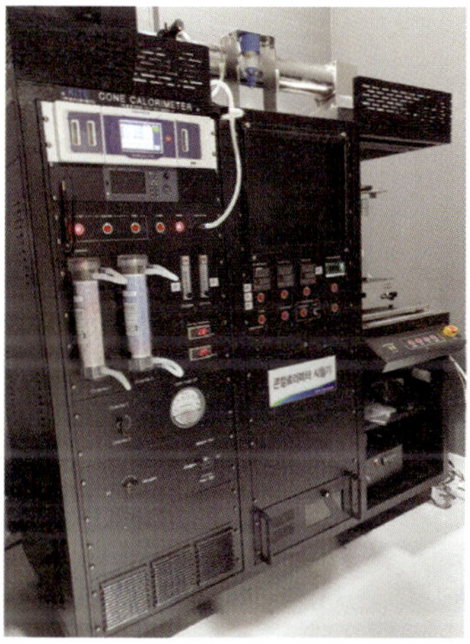

[그림 6-66] 콘칼로리미터 시험기
출처) ㈜건축자재시험연구원

[그림 6-64] 열방출률 시료 - 시험 전
출처) ㈜건축자재시험연구원

[그림 6-65] 열방출률 시료 - 시험 후
출처) ㈜건축자재시험연구원

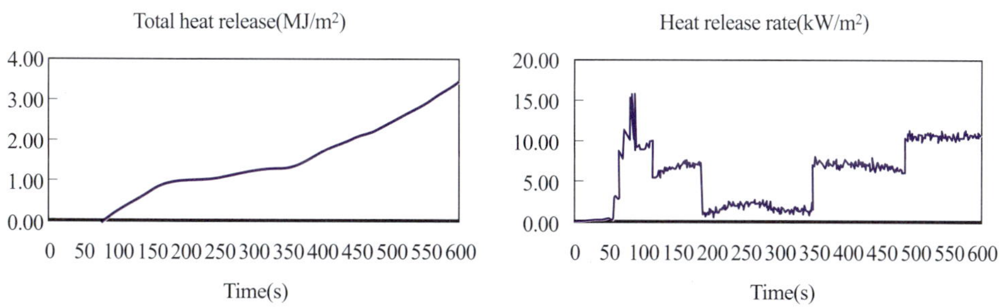

[그림 6-67] 열방출량 시험 결과 그래프
출처) ㈜건축자재시험연구원

9절. 기타시험 - 층간 변위 시험, 동적 변위 시험, 차음시험

최근 국내에도 지진발생이 증가되며, 지진에 대한 관심도가 높아졌다. 현재 국내에서 외장재에 주로 시험되는 지진에 관한 시험은 AAMA의 시험방법이다. 이 AAMA는 정적인 시험방법인 수평변위시험과 수직변위시험, 동적인 시험(AAMA 501.6)으로 구성되어 있다. 수평변위시험은 지진과 바람에 의해 발생하는 건물의 횡변위에 대한 정적인 시험이며, 수직간변위시험은 수직하중에 의한 슬래브의 처짐과 지진에 대한 시험이다. 동적 지진시험인 AAMA 501.6 시험은 시험체 좌우방향으로 진도와 진폭을 증가시킨면서 실제 변위를 발생시켜 외장재의 이상 유무를 점검하는 시험방법이다.

이중 정적인 시험방법인 수직/수평변위 시험방법은 두 개층 이상으로 구성된 시료의 중앙부 슬래브를 좌우로 움직이면 수평변위시험(AAMA 501.4)이며 상하로 움직일 경우는 수직변위시험(AAMA 501.7)이 된다.

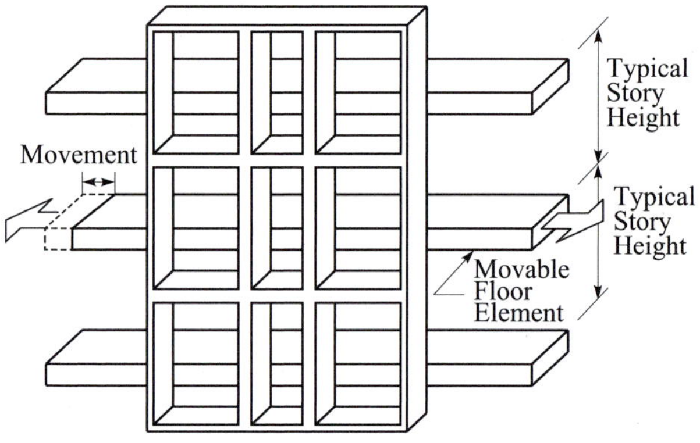

[그림 6-68] AAMA 501.4 층간변위 시험

[그림 6-69] 층간 변위 시험 장비
출처) 에이티에이㈜

[그림 6-68]과 같은 시료의 중간층 슬래브를 좌우 또는 상하로 3회 또는 시방서에 명기된 만큼 움직여 주면 시험이 종료된다. 시험 시 움직이는 변위량을 구조계산 또는 시방서, 전문가에 의해 정해져야 한다.

시험 후, 외관상 및 사용상의 문제가 없고 시험 후 진행한 기밀, 수밀 성능이 문제가 없으면 합격으로 종료한다. 건물의 수직변위가 많이 발생하거나 고층 건물인 경우 수직변위 시험도 실시하나, 대부분의 현장은 층간변위시험을 진행한다. 수직 변위 시험의 경우, 옵션에 따라 수직변위를 발생해 놓은 상태에서 기밀, 수밀성능을 진행하기도 한다. 수직 수평 변위 시험 후 기밀, 수밀 성능 시험을 추가하여 커튼월의 성능을 추가점검해야 한다.

동적 내진 시험 (AAMA 501.6)은 창호와 커튼월의 동적 내진성능을 평가하는 시험방법이다. 이 시험은 지진 발생 시 창호와 커튼월이 구조적 안전성을 유지할 수 있는지를 평가하는 시험방법으로 국내에 도입된 지 10년이 되지 않았다. [그림 6-70]과 진도 발생 크기와 주기로 횡적인 변위를 발생하여 외장재의 탈락, 유리의 파손 크기 등을 점검하여 기록하는 시험이다.

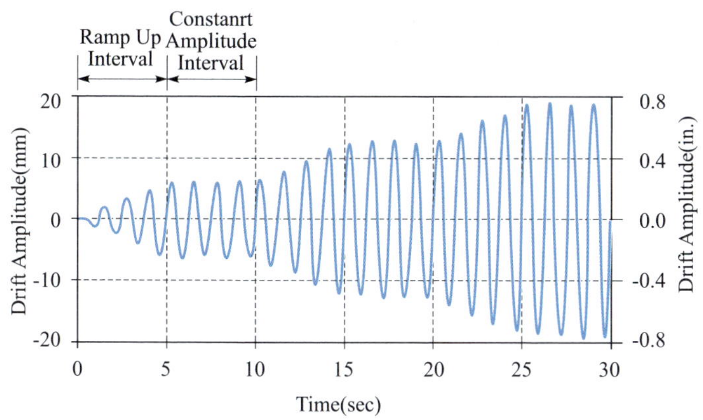

[그림 6-70] AAMA 501.6 동적 내진 시험

[그림 6-71] 동적내진시험장비
출처) 한국건설생활환경시험연구원-서산

차음 시험의 시험방법은 국내 창호나 커튼월에서 많이 진행되는 시험은 아니나, 방음창이나 커튼월의 경우 현장 시방서에 정해져 있을 경우 진행되어 진다.

마찬가지로 창호의 경우는 국내 표준인 KS F 14140-2로, 커튼월의 경우는 ASTM E 90으로 주로 시험이 진행되어 진다. 차음시험은 그 강도 측정 단위인 데시벨(dB)에 대해 알아야 한다. 데시벨은 상대적이고 비율적인 측정 단위로, 주어진 소음의 강도가 기준 소음에 비해 얼마나 큰지를 나타낸다. 데시벨 스케일은 로그 스케일이기 때문에, 소음이 10 dB 증가하면 실제로 소음의 강도가 10배 증가한다.

차음 시험은 두 규격 모두 리시빙 룸과 음원을 발생하는 룸으로 구성이 되며, 각 Hz별 발생하는 소음을 반대편에서 측정하는 시험방법으로 결과는 시험체를 통과할 때 사라지는 음향 투과 손실(Sound Transmission Loss, STL)를 구하여 등급을 산정한다. ASTM E90의 경우는 STC(Sound Transmission Class)또는 OITC(Outdoor Indoor Transmission Class로 표기한다. ASTM은 80 Hz ~ 5000 Hz의 음원 대로 시험하며, KS F 2808은 125 Hz ~ 400 Hz의 음원대로 시험하며 모든 시험에서 결과는 등급으로 표기한다. 국내 커튼월 시방서에 간혹 ASTM E90으로 시험하고 30 dB 이하의 성능을 가질것이란 문구를 볼 경우가 많은데, 이런 경우는 정확한 성능 표현이 아니기 때문에 [그림 6-74] 를 참조하여 성능을 조절하는 것이 좋다.

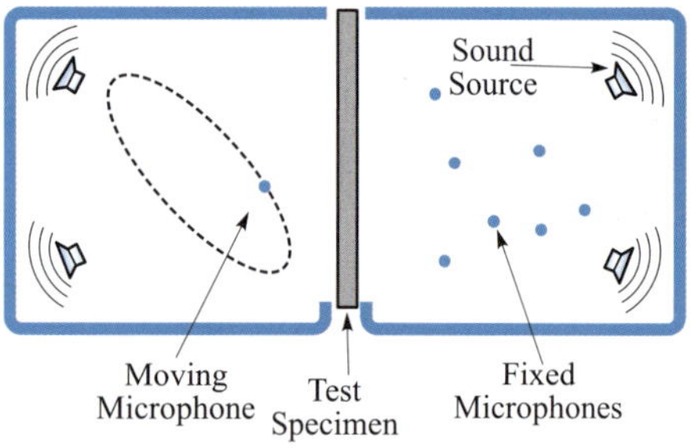

[그림 6-72] 차음시험 개요도

[그림 6-73] 차음 시험 리시빙룸 모습

Prime Window IG Glazing	Prime Window IG Glazing	Prime to Secondary Air Space	OITC Rating	STC Rating
1/8" anneal, 1/2" air, 1/8" anneal	N/A	None	23-24	27-28
1/4" anneal, 1/2" air, 1/4" anneal	N/A	None	25-26	31-32
1/4" anneal, 1/2" air, 1/4" anneal	N/A	None	27-28	34-35
*1/4" lami, 1/2" air, *1/4" lami	NIA	None	28-29	37-38
1/8 anneal, 1/2" air, 1/8* anneal	2"	1/8" anneal	28-30	39-41
1/4" anneal, 1/2 air, 1/8" anneal	2"	1/4" anneal	32-35	42-44
*1/4" lami, 1/2" air, 1/8" anneal	2"	1/4" anneal	34-36	43-45
*1/4" lami, 1/2" air, 1/8" anneal	2"	1/4" anneal	35-37	44-46

1/4" Lami consists of two layers of 0.12" thick glass with a 0.030 interlayer material.

[그림 6-74] 유리에 따른 STC 및 OITC 등급

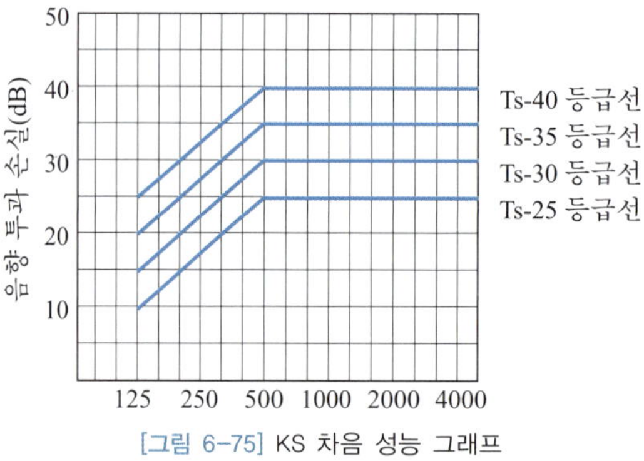

[그림 6-75] KS 차음 성능 그래프

10절. Mock-up Test

최근 대규모 건축물이나 기념비적인 건축물 및 고층 건물의 수가 증가하고 이들 건축물의 외장재를 벽돌이나 타일 등 재래의 재료가 아닌, 유리나 금속 등과 같이 건식화 되고 Unit화된 System으로 이루어진 재료로 건축물의 외장을 단장하려는 건축주, 건축설계자의 요구가 증대함에 따라 여러 가지 유형의 외장재가 개발, 설계, 제작되어 많은 건축물에 적용되어 왔고 앞으로도 적용될 것이다. 이러한 유리와 금속 또는 여러 가지 외장 재료로 Unit화된 건축물의 외장재는 각종 유해한 자연 및 주변 환경 또는 오염된 대기로부터 인간이 거주하는 건축물의 내부 공간을 재래의 건축재료보다 훨씬 더 효율적으로 보호할 수 있는 성능을 가지고 있고 또한 경제적이며, 건축물 외관을 다양하게 표현할 수 있다는 점이 인식되면서 활발하게 설계되어 건축 현장에 적용되고 있다. 이렇게 시도된 건축물의 외장재는 주변의 지형 조건 및 건축물의 용도에 따라 1차적으로는 해로운 자연환경으로부터 건축물의 내부 공간을 보호할 수 있어야 되고, 나아가 내부사용자 및 건축주의 경제적 이득이나 미적 아름다움을 추구하는 계기가 되어야 하기 때문에 최근에 모든 현장에 Mock-up Test가 적용되고 있다.

그러나, 이러한 건축물 외장재의 성능평가는 단순히 어느 개인의 주관적인 판단으로는 그 성능을 입증할 수 있는 충분한 필요조건이 되지 못하며 객관적으로 다수의 사람이 인정할 만한 근거가 있어야 한다. 이에 전 세계 선진국에서는 그 나라 기후에 맞는 규준(Code)을 정하여 여러 사람이 공감할 수 있도록 해당 재료를 시험(성능평가)하는 방법을 채택하고 있다. 국내의 경우는 KS규준, 미국은 ASTM(AAMA), 일본은 JIS, 중국은 GB로 이러한 평가를 진행하고 있다. 특히 국내의 KS 규준은 창호(Window & Door) 시험에 관하여서는 해당 규준이 있으나, 앞서 말했듯이 커튼월(외장재)의 경우는 KS규준이 마련되지 않아 국내에서도 미국규준인 ASTM 이나 AAMA으로 시험하고 있었으나, 금번 KDS 41 80 20 유리구조 설계기준에 Mock up Test에 대한 시험 근거가 생기면서 점차 늘어날 전망이다.

Mock-up Test은 크게 실물모형의 시료를 별도로 제작하여 인증된 시험소에서 실시하는 시험소 시험(Laboratory Test)과 이미 시공된 외장재를 시험하는 현장시험(Field Test)로 구분되어 진다.

외장재의 시험소 시험은 외장재를 본공사에 투입시킬 목적으로 본격적으로 생산하기 이전에 인위적으로 조성한 조건하에서 실시하게 된다. 이렇게 실시하게 되는 시험소 시험은 건축물 외장재의 성능을 확인하는 목적 이외에 아래와 같이 부수적으로 얻게 되는 이점이 있다.

- 생산, 가공, 조립 등의 공정을 검토
- 건축현장의 조건과는 다소 다르지만 시공상의 문제점을 미리 점검할 수 있는 기회를 제공
- 이런 일련의 과정이 진행되면서 나타나는 제작, 설치상 문제점을 해결하면서 설계능력, 작업 능력 그리고 궁극적으로 외피의 성능향상
- 성능시험의 결과로써 나타나는 기술적 자료는 외피 설계 및 제조업체에게 그들의 외피

설계에 대한 능력의 확인 및 향상
- 감리 또는 건축주에게 외피의 성능이 기본적 요구사항에 부합한다는 것을 직접 확인시켜주어이들에게 외피에 대한 신뢰성을 인식시켜 줌

그러나, 시험소 시험에서 확인된 외장재의 성능이 시공 조건이 다른 실제 건축물에 설치되었을 때 나타나는 성능과 일치하지 않을 수도 있다는 점을 인식해야 한다. 건축구조물의 품질, 현장 작업조건, 시공 작업자의 숙련도, 시험소 시험에서 나타나지 않는 예상치 못한 문제에 대한 해결능력, 작업 감독자의 외피에 대한 이해와 지식의 정도에 따라 시험소 시험에서 확인된 외피의 성능이 실 시공된 건축물에서는 다르게 나타날 수도 있다는 것을 인지하여야 한다. 시험 항목은 시방서에 의해 정해지거나 AAMA 501 또는 ASTM E2099의 시험 순서를 따라 한다. 이러한 Mock-up Test는 많은 시간과 돈이 투입되며, 각 공정과의 상관관계도 중요하기 때문에 철저히 준비해야 한다. 우선 목업 시험을 하려면, 첫 번째, 시험항목이 무엇이 시방서에 명기되어 있는지를 살펴보아야 한다.

첫 번째, 시험항목이 무엇이 시방서에 명기되어 있는지를 살펴보아야 한다.

그리고, 현장시험인지 아니면 시험소 시험인지도 확인해야 한다. 국내 관공서 현장의 경우는 대부분 기밀, 수밀, 구조 시험에 대하여 언급이 되어 있다. 시험코드는 ASTM의 방법으로 써 있다. 그런데 문제가 발생하는 경우가 있는데 시방서에 단열성, 내지진성 이런 말들이 언급되어 있기 때문에 시험을 해야하는지 말아야 하는지 고민하게 되는데 이러한 시험은 감리 혹은 건설사와 협의하에 시험 여부를 파악하도록 한다.

두 번째, 목업시험의 부위 선정에 관심을 가져야 한다.

근래에 들어서는 입찰과정에서 목업 부위를 지정해주는 경우가 많으므로 현설 자료를 살펴봐야 하며, 주로 목업시험의 부위는 물량이 가장 많이 들어가는 곳을 선정한다.

일반적으로 2개층 3span을 기준으로 하는데 그 크기가 7m이상일 경우는 2span하는 것을 추천하며, 주로 컨설팅과의 협의하에 결정되는 경우가 많다. 주로 물량이 가장 많이 들어가는 곳 다음으로 선정되는 곳은 부압의 압력이 높은 코너부위, 그리고 이질재와의 접합부위가 선정된다. (석재와 창호, 판넬과 창호 등)

세 번째, 목업 Drawing를 작성해야 한다.

목업 드로잉은 시험소에 작성하는 것이 아니라 외장재 회사에서 샵드로잉을 그려서 현장에 승인을 받아야 한다. 이때, 기존의 슬래브는 H-beam으로 대체하여 그려야 하며, H-Beam 규격에 맞게 그려야 한다. 또한 중요한 것은 될 수 있으면, Expantion Joint는 하나만 넣으셔야 구조적으로 안전하며, 만약 두 개이상이 들어간다면 반드시 상부 또는 하부는 고정단이 2군데 이상이 되어야 부정정 구조를 피할 수 있다. 물론, 드로잉 후에 구조 계산을 통하여 꼼꼼히 점검하여야 한다.

네 번째, 부자재의 준비 및 일정을 꼼꼼히 체크해야 한다.

많이 빠뜨리는 부자재 리스트

① Cast-In Channel (Embed Anchor)

② 사각 와셔, 화스너 부자재

③ 스크류

④ 유닛 조립용 스펀지

⑤ Screw bolt

⑥ 용접봉 등

⑦ 유리 업체와의 조율도 신경써야 한다.

유리랑 일정이 안 맞으면 괜히 일찍 설치하고도 시험일정이 빠듯해지는 경우가 종종 발생하며, 유리 시공 시에도 Mock-up Test 시험소에서 입회해여야 문제가 발생할 확률이 적어진다.

다섯 번째, 시험소 선정 및 시험 날짜를 결정해야 한다.

그려진 드로잉과 시험 순서를 시험소에 보내고 관계자들과의 협의에 따라 시험날짜를 결정해야 하는데, 시험은 시험체 설치 예정일로부터 최소 7일을 잡아야 하며, 시험체가 크거나 형상이 이형일 경우는 10일 정도를 두어야 시험 일정이 무난히 진행될 수 있다.

[그림 6-76] 시료 시공 모습
출처) 에이티에이이㈜

[그림 6-77] 시험소 시험 모습
출처) 에이티에이이㈜

여섯 번째, 시험소에 시험체 설치를 위한 챔버를 구성한다.

설치용 챔버는 도면에 준해서 시험소에서 준비되므로, 만약에 드로잉상에서 입면과 단면이 상의한 부분이 있거나, 중요한 부위는 시험소 담당자에게 사전에 상의해서 준비될 수 있도록 해야 설치에 문제가 없다. 챔버 준비 완료후 설치전 사전 체크도 추천한다.

Mock-up Test의 주요한 시험 순서와 요구조건은 AAMA 501에 기술되어 있다. AAMA는 미국

건축물제조자협회(American Architectural Manufacture Association)의 약자로 과거표준은 AAMA에서 관리하였으나 미국의 유리협회와 창호협회가 통합되면서 FGIA(Fenestration and Glazing Industry Alliance)라는 단체에서 현재 개정관리를 하고 있다.

이메뉴얼은 현재 2024년에 개정되어 Mock-up Test의 최소 시험 순서와 추가시험 시 순서를 추천해주고 있다.

AAMA 501의 최소 시험 순서는 다음과 같다. 각 시험방법은 앞 장의 각 시험방법을 참조하면 된다.

① 기밀성능시험 / ASTM E283/283M

② 정압하에서 수밀성능시험 / ASTM E331

③ 구조성능시험 / ASTM E330/E330M

그리고 추가적으로 실시하는 시험은 다음과 같다.

① 동압하에서 수밀성능시험 / AAMA 501.1

② 수평층간변위시험 / AAMA 501.4

③ 열순환시험 / AAMA 501.5

④ 수직 변위시험 / AAMA 501.7

⑤ 결로 시험 / AAMA 501.9

※BMU Test / Anchor 인발시험은 시험 표준은 없으나 Mock-up Test에 포함할 수 있다.
아울러 현장시험에서 추가적으로 실시할 수 있는 시험은 다음과 같다.

1. 동압하에서 수밀성능시험 / AAMA 501.1

2. Hose Test / AAMA 501.2

AAMA 501에서는 기밀성능시험의 시험압력은 75 ㎩ 또는 300 ㎩ 중 선택하여 진행하도록 하고 있으며, 수밀성능시험에서의 압력은 설계풍하중의 20 %로 하되 720 ㎩를 넘지 않도록 하고 있다.

시험소 시험의 추천순서는 ASTM E2099-23, Standard Practice for the Specification and Evaluation of Pre-Construction Laboratory Mockups of Exterior Wall Systems 이 표준에서 다루고 있다. 추천순서는 다음과 같다.

① 작동창 개폐 5회 시험.

② Pre-Load Test / ASTM E330/E330M - 설계 풍하중의 정부압 50 % 압력을 가하는 시험.

③ 기밀성능시험 / ASTM E283/283M

④ 정압하에서 수밀성능시험 / ASTM E331

⑤ (Optional Test) 동압하에서 수밀성능시험 / AAMA 501.1

⑥ (Optional Test) 수평층간변위시험 / AAMA 501.4 - 시험후 기밀, 정압하에서 수밀성능 시험 수행.

⑦ (Optional Test) 열순환시험 / AAMa 501.5 – 시험후 기밀, 정압하에서 수밀성능시험 수행
⑧ 구조성능시험 / ASTM E330/E330M – 설계풍하중의 100 %
⑨ 정압하에서 수밀성능시험 / ASTM E331
⑩ 구조성능시험 / ASTM E330/E330M – 설계풍하중의 150 %
⑪ (Optional Test) 수평층간변위시험 / AAMA 501.4 5번 시험의 변위량의 1.5배

기타 추가시험은 시방서에 따르면 된다. 해외 시방서의 Mock-up Test는 항목은 더욱 많고 더욱 복잡할수 있으므로, 입찰이나 시험 전 시방서를 잘 파악해야 한다.

AAMA 501에서 추천하는 시험체는 2story-3Bay 이상을 추천하고 있으며, 시험의 목적에 맞게 해당 부위를 선택하여 진행하여야 한다.

시험체 부위로 선정되는 곳은 다음과 같다.

① 가장 물량이 많은 부위
② 가장 풍압이 높은 구간
③ 이질재들의 접합 구간.
④ 층고가 높은구간
⑤ 설계상 검증이 필요하다고 판단되는 구간

Mock-up Test는 단순히 시험의 통과가 목적이 아니라, 설치상 조립상 등의 문제가 아울러 점검하는 시험이므로, 담당자는 설치 및 조립 시 문제가 발생한 점을 꼼꼼히 기록하여 현장 반입시 문제가 발생하지 않도록 해야 한다.

[그림 6-78] 현장시험 - 내부모습
출처) 에이티에이㈜

[그림 6-79] 현장시험 - 외부모습
출처) 에이티에이㈜

이렇게 시험소 시험이 끝나고 본격적으로 공사가 시작되면 시방서에 따라 현장시험(Field Test)가 진행된다. 현장시험은 건물의 외벽이 설치된 후, 설치된 외벽이 시방서에 명시된 성능 요구 조건

을 충족시키는지 확인하기 위해 현장시험이 필요하다. 또한 이 시험은 건물의 사용 시 발생할 수 있는 문제점을 조기에 발견하기 위한 검사 프로그램의 일부로서 수행되고 있다.

이런 현장시험은 설계와 시공이 만족스러운지를 증명하고 이전 시험소 시험에서 발견되지 않은 취약점을 수정할 기회를 갖기 위해서 시행되고 있다. 따라서 이들 현장시험은 시공 초기 과정 중에 실시되어야 한다. 왜냐하면 어떤 결점이 발견되면 건물이 완성되기 전에 고쳐져야 하며, 이것은 건물이 완성된 후에 보수하는 것보다 비용과 시간을 줄일 수 있기 때문이다. 현장시험에서는 주로 기밀성능시험 (ASTM E783)과 수밀성능시험 (ASTM E1105) 또는 AAMA 501.2(노즐에 의한 수압 누수 시험)이 진행된다. 현장시험의 시험방법은 시험소 시험방법과 유사하며, 그 허용치만을 현장에 맞게 고려하여 시험을 진행한다. 기밀성능시험의 경우는 누기량 허용치를 1.5배 크게, 수밀성능시험의 경우 시험소 시험 수밀 압력의 $\frac{2}{3}$ 압력으로 하는 것을 추천하고 있다.

현장시험은 현장에서 이루어지기 때문에 건설사와 외장재의 협의뿐만 아니라 조경, 토목, 전기 등 모든 공정과 협의하에 이루어져야 한다. 특히 다음과 같은 점을 주의해야 한다.

① **시험부위외의 유리 취부 현황** : 특히 Stick System의 경우는 시험부위 상층 하층 좌측 우측에 모두 유리가 끼워져 있어야 시험이 가능하다.

② **내부 인테리어 마감 현황** : 내부 인테리어가 많이 진행되어진 경우, 시험이 불가능한 부위가 선택될 수도 있다.

③ 시험날 하층부 작업, 도로 및 인도 인접구간인 경우 살수에 의한 물이 날리기 때문에 민원에 주의해야 한다.

④ **시험 부위에 비에 의한 우수가 차 있는지 여부** : 간혹 부재에 물이 차있는 경우가 있으므로, 두드려 점검하거나 조립코킹을 일부 절단하여 점검

⑤ 시험 차량의 진입 / 시험소 직원의 안전교육 여부

⑥ Spray Rack의 조립 및 곤도라, 스카이 접근이 가능한 부위 선정

현장시험 부위는 컨설팅, 감리단, 시험소와의 협의하에 결정하는 것이 문제없이 진행할 수 있다.

Mock-up Test는 시험의 통과가 목적이 아닌 설계 시공상의 문제점을 찾는데 그 주안점을 두어야 하며, 건설 전문가들도 이러한 점을 꼭 인지하여야 한다.

지금까지 국내외에서 창호 및 커튼월, 외장재에 대한 다양한 시험방법 및 법령등을 살펴보았다. 각 지역과 국가마다 적용되는 기준과 규격은 상이하지만, 그 목적은 동일하다. 건축물이 장기간 안전하고 효율적으로 기능할 수 있도록 보장하는 것이다. 이를 위해 국내외에서는 엄격한 시험 규격과 방법을 마련하고 있으며, 이러한 규격들은 지속적으로 개정되고 발전하고 있다. 이는 건축 기술의 발전과 새로운 재료의 등장에 따라 시험방법도 진화하고 있음을 의미한다. 앞으로도 건축물의 안전성과 효율성을 높이기 위한 다양한 연구와 시험이 계속될 것이며, 이는 우리의 생활환경을 더욱 안전하고 쾌적하게 만들 것이다.

CHAPTER

07

콘크리트용 앵커 설계법 및 평가 기준

제7장 | 콘크리트용 앵커 설계법 및 평가 기준

1절. 콘크리트용 앵커 설계법 및 평가 기준

1. 머리말

콘크리트용 앵커는 구조물의 초고층화, 대형화, 장수명화 및 복합화에 따라 콘크리트와 강재의 연결, 설비 기기 및 마감재의 부착, 현장에 사용되는 가설 장비의 고정, 리모델링 등 다양한 분야에서 널리 활용되고 있다. 이러한 변화에 따라 2007년에는 「콘크리트구조설계기준」에 "콘크리트용 앵커 설계법"이 수록되어 앵커 설계의 개념과 배경을 설명하였다. 이후, 앵커의 사용성과 범용성이 점차 증가하면서 국내에서는 국가건설기준센터(Korea Construction Standards Center, KCSC)의 콘크리트용 앵커 설계기준(KDS 14 20 54 : 2021)이 제정되어 사용되고 있다. 또한, 국내 KCI 학회에서는 KDS 14 20 54 기준 및 ACI 318 기준을 기반으로 하며 ACI 355.2 기준과 동등한 앵커의 설계방법과 성능평가 지침을 다룬 "콘크리트용 앵커 설계법 및 예제집(제3판-2024)"을 발간하여 연구자 및 실무자에게 제공하고 있다.

콘크리트용 앵커는 국가건설기준인 KDS 코드에 따라 법적으로 규제된 기준에 의해 관리되어야 한다. 그러나, 현장에서는 설계기준과 평가지침을 준수하지 않고 성능이 검증되지 않은 앵커를 사용하는 경우가 많아, 앵커의 탈락과 붕괴로 인한 인명 및 재산피해가 발생하고 있다. 특히 후설치 앵커는 시공성이 용이하여 다양한 건설 분야에서 활용되지만, 대부분의 현장에서 신뢰성 평가로 검증되지 않은 제품이 사용되고 있다. 국가설계기준에 따르면, 콘크리트용 앵커는 반드시 "콘크리트용 앵커 설계법 및 예제집"에 제시된 시험 평가방법에 따라 신뢰성 평가를 통해 검증된 제품만 사용하도록 명기되어 있다. 그러나 아직 많은 건축 현장에서는 앵커의 신뢰성 평가가 아닌 극한하중에 대한 기준시험성적서로만 앵커의 사용성 여부를 평가하는 것이 현실이다. 이는 건축물의 안전성 및 내구성에 매우 심각하고 위험한 결과를 초래할 수 있다. 그리고 현재 사용되고 있는 후설치 앵커의 대부분이 비균열 콘크리트 및 정적하중용으로 설계되어 균열 콘크리트나 지진하중과 같은 불리한 조건에서 저항성능이 매우 취약하다. 따라서, 후설치 앵커를 사용할 때는 반드시 비균열 및 균열 콘크리트의 기준과 평가지침을 통해 성능을 검증하여 구조적 안전성과 신뢰성을 확보하는 것이 매우 중요하다. '본 서적에서는 건설기준을 기반으로 콘크리트용 앵커의 구조성능과 내진성능을 확보하기 위한 기준과 규정의 중요성을 기술하였다. 연구자와 엔지니어가 콘크리트용 앵커를 쉽게 이해하고 실무에 적용할 수 있도록 설계법과 평가지침에 대해서도 상세히 다루었다. 이 서적을 통해 독자들이 콘크리트용 앵커에 대한 기술과 지식을 습득하기를 기대하며, 나아가 앵커의 구조적 안전성과 신뢰성을 확보하는 것이 안전한 사회를 구축하는데 반드시 필요함을 강조하고자 한다.

2. 앵커의 정의 및 분류

콘크리트용 앵커는 콘크리트 구조물에 구조재 및 비구조재와 같은 부착물을 고정하기 위한 사용되는 구조용 강재요소이며, 견고한 고정력을 통해 부착물에 작용하는 외부하중을 콘크리트 모재로 효과적으로 전달하여 구조물의 안전성을 향상시키고 안전한 거동을 확보한다.

가. 선설치 앵커 (Cast-in anchor)

선설치 앵커는 콘크리트 타설 전에 설치되어, 콘크리트와 함께 경화되면서 일체화된다. 이러한 앵커는 정착성능과 하중전달성능이 매우 우수하지만, 콘크리트가 경화된 후에는 설치 위치를 조정하기 어렵다는 단점이 있다.

1) 헤드 볼트 (Headed Bolt)

헤드 볼트는 앵커에 작용하는 인장력을 헤드의 지압을 통해 콘크리트에 전 달하며, 전단력은 볼트의 강재 저항을 통해 전달하는 앵커이다. 헤드 볼트는 철근이 많이 배근된 부재에서 후설치 앵커의 설치가 어려운 경우에 사용된다.

2) 갈고리 볼트 (Hooked Bolt)

갈고리 볼트는 앵커볼 볼트 단부에 형성된 갈고리가 90° (L형 볼트)와 180° (J형 볼트)로 형성된 앵커이다. 갈고리와 콘크리트 사이의 기계적 맞물림을 통해 정착성능을 발휘한다.

3) 헤드 스터드 (Headed Stud)

헤드 스터드는 단부에 원판 모양의 헤드를 가진 스터드와 강판을 용접한 앵커이다. 콘크리트와 강판이 평행하도록 설치하며, 콘크리트에 묻힌 헤드 스터드는 인장력과 전단마찰로 발생하는 전단력에 저항하는 역할을 한다.

4) 나사형 강봉 (Threaded Rod)

나사형 강봉은 강봉의 끝단에 헤드를 용접하는 대신 너트를 사용한 앵커이다. 외부하중을 콘크리트에 전달하는 하중전달체계는 헤드 볼트와 동일하다.

5) 매립형 앵커 채널 (Cast in Channel or Embed Anchor)

매립형 앵커 채널은 C형 채널, 헤드 앵커 및 T형 볼트로 구성되며, 콘크리트에 매입 후 정착성능을 발휘하여 건축물의 외장재와 석재 고정, 엘리베이터 레일 고정, 커튼월 멀리언 고정 등에 주로 사용된다. 특히, C형 채널부는 길이 방향으로 부착물의 고정 위치를 조정할 수 있어 부착물을 고정할 때 효율적인 유연성을 제공한다.

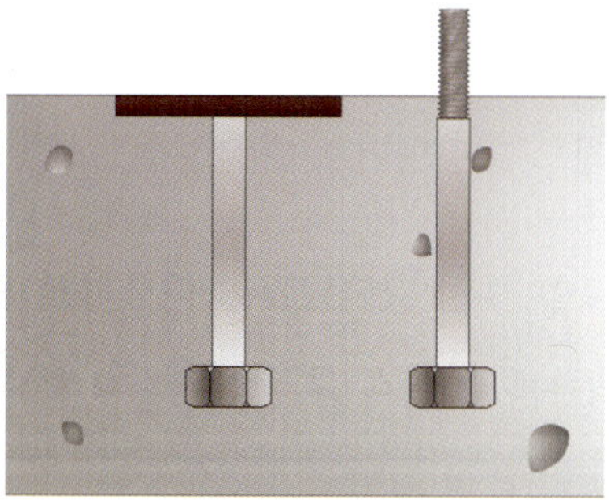

(a) 헤드 볼트

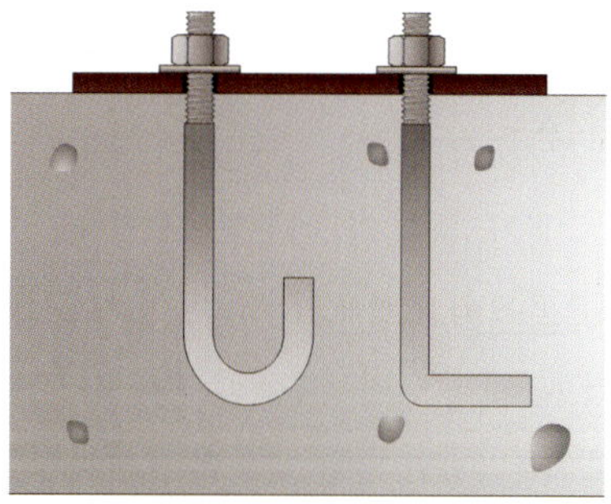

(b) 갈고리볼트(J형, L형)

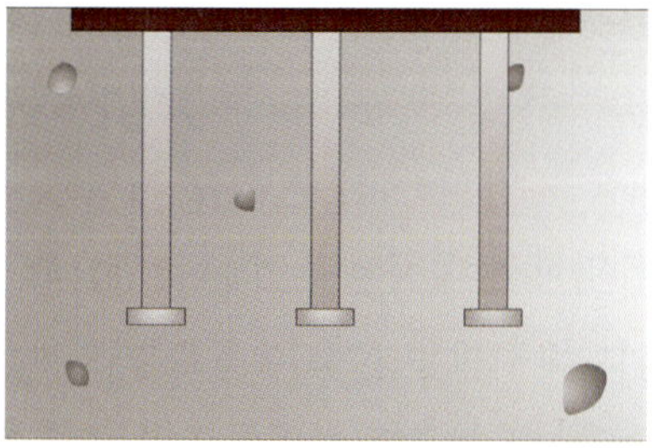

(c) 헤드 스터드

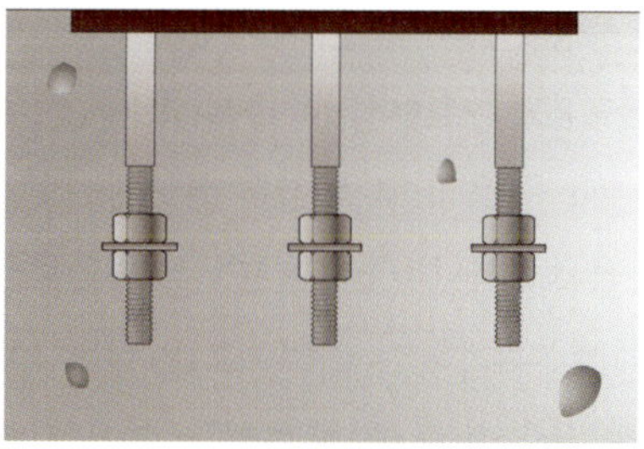

(d) 나사형 강봉

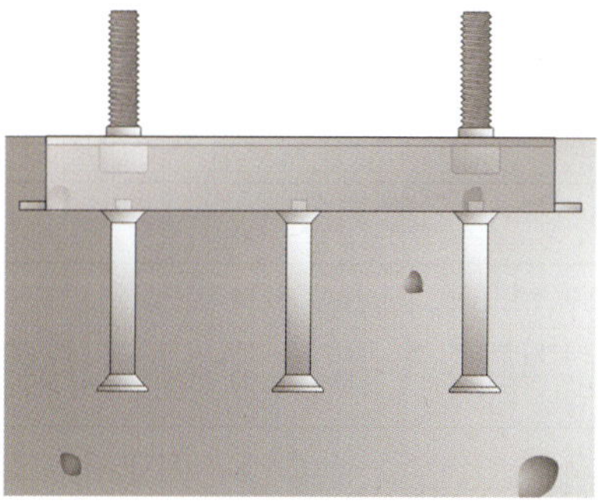

(e) 매립형 앵커 채널

[그림 7-1] 선설치 앵커(Cast-in Anchor) 종류

나. 후설치 앵커 (Post-installed anchor)

후설치 앵커는 경화된 콘크리트에 해머 드릴이나 코어 천공기로 구멍을 뚫은 후 설치하는 앵커이다. 이 앵커는 선설치 앵커보다 정착성능과 하중전달성능이 다소 부족하지만, 설치 위치를 자유롭게 선택할 수 있는 장점이 있다. 후설치 앵커는 마찰력과 걸림력을 이용해 지지력을 발휘하는 기계식 후설치 앵커와 에폭시와 같은 화합물의 부착력으로 지지력을 발휘하는 부착식 후설치 앵커로 구분된다.

1) 기계식 후설치 앵커 (Mechanical post-installed anchor)

가) 비틀림 제어 확장앵커 (Torque-controlled Expansion Anchor – Wedge anchor, Sleeve expansion anchor, Stud anchor 등)

비틀림 제어 확장앵커는 콘크리트 내에 앵커를 삽입한 후 너트를 조여 쐐기나 슬리브를 확장시켜 지지력을 발휘하며, 쐐기 확장앵커와 슬리브 확장앵커로 구분된다. 쐐기 확장앵커는 앵커 두부의 너트를 조일 때 앵커볼트가 상부로 이동하며 하단부의 콘이 쐐기를 확장해 콘크리트에 정착되는 앵커로, 주로 중간하중부터 고하중용으로 다양하게 사용된다. 슬리브 확장앵커는 간격 슬리브가 이동하여 슬리브를 확장시키는 방식으로 콘크리트에 정착되는 앵커이다. 이 과정에서 마찰력과 걸림력이 함께 발휘되며, 주로 고하중용으로 많이 사용된다.

나) 언더컷 앵커 (Undercut Anchor)

언더컷 앵커는 콘크리트 면에 직접 고정되어 지지력을 발휘하며, 특수한 장비를 사용하여 콘크리트 내부를 원추형으로 깎은 후 앵커를 삽입하여 설치한다. 이후, 너트를 조이면 원추형으로 깎인 콘크리트 구멍의 경사진 면으로 앵커의 하단부 관이 확장되면서 콘크리트에 직접 맞물려 고정된다.

다) 변위 제어 확장앵커 (Displacement-controlled Expansion Anchor – Set Anchor, Drop in Anchor, Out cone Anchor 등)

변위 제어 확장앵커는 슬리브의 확장력을 이용해 콘크리트에 지지력을 발휘한다. 먼저 콘크리트 천공 홀에 확장 슬리브를 삽입하고, 앵커볼트를 조여 슬리브를 확장시킴으로서 콘크리트에 정착된다. 주로 저하중과 고정하중용으로 사용되며, 고하중과 동적하중에는 구조적으로 적합하지 않다.

라) 관통 볼트 (Through Bolt)

관통 볼트는 콘크리트나 콘크리트 블록에 부착물을 고정할 때 사용된다. 슬래브나 벽체에 구멍을 뚫어 볼트를 관통시킨 후, 와셔나 지압판을 끼우고 너트로 고정하는 방식이다. 너트와 지압판은 콘크리트나 콘크리트 블록 표면에서 지지력을 제공하여 외부하중을 안정적으로 전달한다.

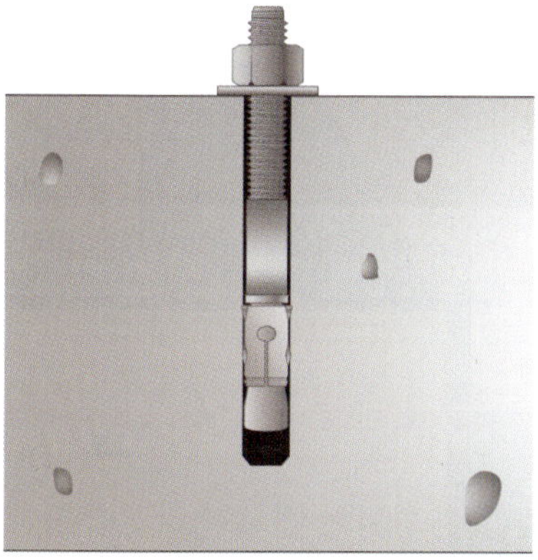

(a) 비틀림 제어 확장앵커

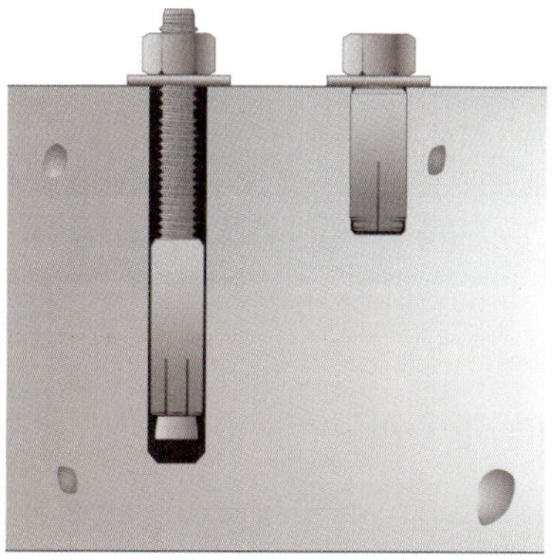

(b) 변위 제어 확장앵커

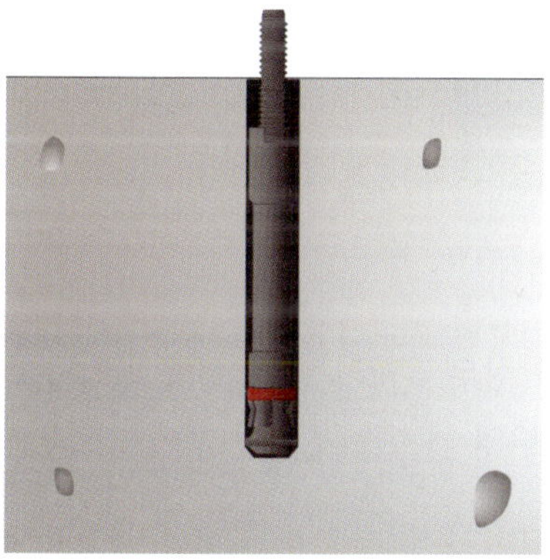

(c) 언더컷 앵커

(d) 관통 볼트

[그림 7-2] 기계식 후설치 앵커(Mechanical post-installed Anchor) 종류

2) 부착식 후설치 앵커 (Adhesive post-installed anchor)

가) 케미컬 앵커 (Chemical Anchor)

부착식 후설치 앵커는 경화된 콘크리트에 구멍을 뚫고 접착제를 주입한 후, 강재 고정요소를 삽입해 콘크리트와 일체화되며 지지력을 발휘한다. 강재 고정요소와 콘크리트 사이의 부착력을 통해 인장력과 전단력을 전달하며, 설치 시 천공 홀 내부의 이물질을 반드시 제거해야 견고한 고정력을 확보할 수 있다.

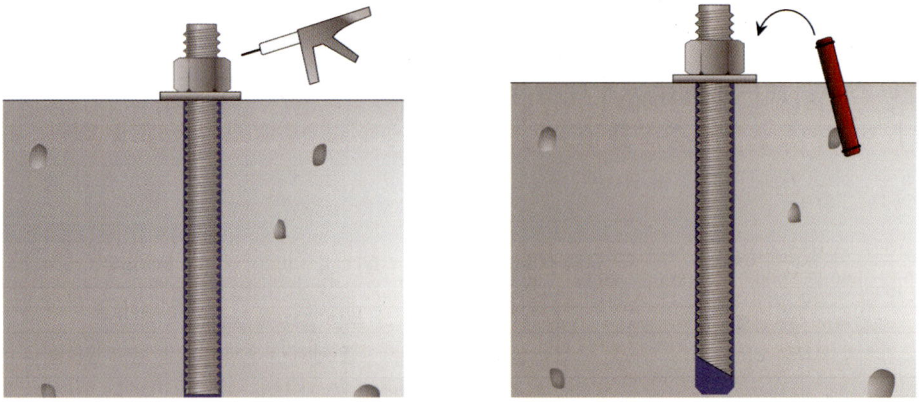

(e) 주입형 부착식 앵커　　　　(f) 캡슐형 부착식 앵커

[그림 7-3] 부착식 후설치 앵커(Adhesive post-installed Anchor) 종류

3. 앵커의 기능과 원리

선설치 앵커는 콘크리트가 경화되면서 앵커의 전면과 일체화되어 견고한 고정력을 제공한다. 반면, 후설치 앵커는 앵커의 형상과 기능적 원리에 따라 3가지 주요 하중저항능력을 발휘한다. 기계식 후설치 앵커는 강재와 콘크리트의 기계적 특성을 이용하여 마찰력과 걸림력을 발휘하며, 하나 또는 두 가지 힘의 조합으로 콘크리트에 정착된다. 반면, 부착식 후설치 앵커는 특수 약액이나 에폭시 같은 접착제를 통해 부착력을 발휘하여 콘크리트에 정착된다.

가. 마찰력 (Friction)

마찰력은 주로 비틀림 제어 확장앵커와 변위 제어 확장앵커에서 발생하며, 쐐기나 슬리브가 확장될 때 작용하는 수평력에 의해 형성된다. 앵커 두부의 너트를 조이면 앵커볼트가 상부로 이동하고, 이때 헤드가 천공 홀 내벽을 향해 슬리브를 밀어내어 확장시킨다. 이 과정에서 슬리브의 확장력과 콘크리트의 마찰저항이 조합되어 마찰력이 작용한다. 변위 제어 확장앵커의 마찰력은 천공 홀에 삽입된 슬리브에 앵커볼트를 체결할 때, 슬리브가 천공 홀 내벽으로 확장되면서 발생한다.

나. 걸림력 (Keying)

걸림력은 주로 언더컷 앵커에서 발생하며, 앵커 하단부의 관이 확장되면서 콘크리트 면과 직접 맞물려 형성된다. 콘크리트에 구멍을 뚫고 홀 내부를 언더커팅하여 원추형으로 깎은 후, 앵커를 삽입하고 단부의 관을 확장하면 확장된 관이 원추형 홀과 맞물려 걸림력이 발생한다.

다. 부착력 (Bonding)

부착력은 접착성분을 함유한 화합물이 앵커와 콘크리트 사이에서 경화되면서 일체화될 때 발생한다. 천공된 홀에 특수 약액이나 에폭시와 같은 접착제를 주입한 후, 앵커 롯드나 철근을 삽입한다. 시간이 지나면 접착제가 경화되어 앵커와 콘크리트가 일체화되면서 부착력이 발생한다. 다만, 부착력은 온도와 습도, 경화 시간에 따라 내력에 큰 영향을 미치므로 주의하여야 한다.

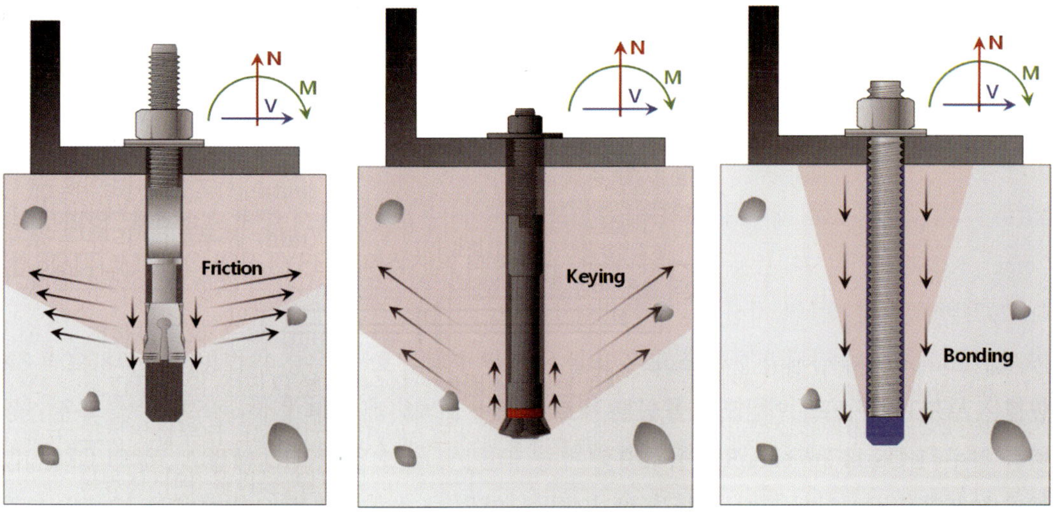

(a) 마찰력 (Friction) (b) 걸림력 (Keying) (c) 부착력(Bonding)

[그림 7-4] 후설치 앵커의 지지 메커니즘

2절. 콘크리트용 앵커 설계 기준

1. 콘크리트용 앵커 설계 기준 개요

미국과 유럽에서는 콘크리트용 앵커 시스템에 대한 많은 연구를 진행해왔으며, 이를 기반으로 콘크리트용 앵커 설계기준과 설계법을 제정하였다. 국내에서도 콘크리트용 앵커의 사용성과 범용성이 점차 증가함에 따라, (사)한국콘크리트학회는 2007년 「콘크리트구조설계기준」을 개정하여 미국 ACI를 기반으로 한 「콘크리트용 앵커설계법」을 부록 Ⅳ에 수록하였다. 2010년에는 ACI 318-08 및 ACI 355.2에 새로 도입된 앵커 설계법, 성능평가방법 및 앵커 설계 예제를 포함한 「콘크리트용 앵커 설계법 및 예제집(2판)」을 개정판으로 발간하여 실무 적용을 위한 편의를 제공하였다.

2016년, 건설기준 코드체계가 전환되면서 국가건설기준센터(Korea Construction Standards Center, KCSC)에 「콘크리트용 앵커 설계기준(KDS 14 20 54)」이 공인된 설계 기준으로 제정되었다. 2021년에는 시설물별 지진하중 및 내진설계기준과 부착식 앵커에 대한 기준이 새로 개정되어 앵커 설계기준과 설계법을 제공하고 있다.

현재는 ACI 355.2-19를 기반으로 도입된 새로운 앵커 설계법과 성능평가를 위한 시험 및 평가지침을 다룬 「KDS 14 20 54 & KCS 14 20 11에 근거한 콘크리트용 앵커 설계법 및 예제집(3판)」이 개정되어 앵커 설계법에 관한 기술과 평가지침을 더욱 상세히 제공하고 있다(〈표 7-1〉 및 [그림 7-5] 참조).

〈표 7-1〉 국내·외 콘크리트용 앵커 설계기준 및 지침

구분	국내	미국	유럽
설계기준	KDS 14 20 54	ACI 318	EN 1992-4
평가지침	KCI-M-24-018	ACI 355.2, or ACI 355.4 ASTM E488	EAD 330232-01-0601 or EAD 330499-01-0601
내용	• 구조재 및 비구조재에 사용되는 콘크리트용 앵커의 설계기준 및 설계법 제시 • 콘크리트용 앵커의 성능검증 및 평가를 위한 시험 프로그램 제시 • 콘크리트용 앵커의 실무 적용을 위한 예제 수록(구조 계산)		

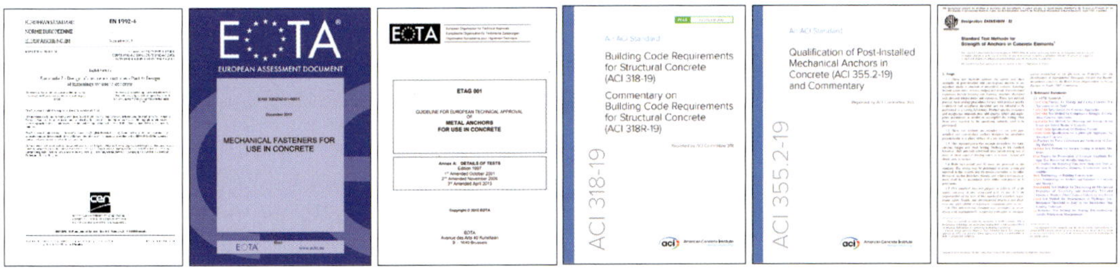

(a) 유럽 (EOTA 및 EAD)　　　　(b) 미국 (ACI 및 ASTM)

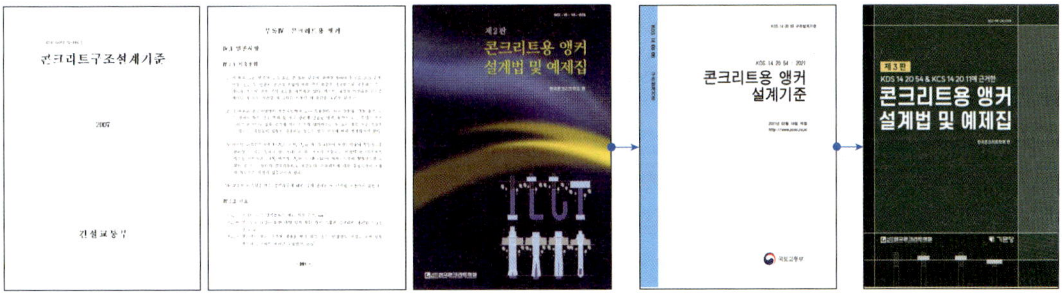

(c) 국내 콘크리트용 앵커 설계기준 및 평가지침 변천(현재)

[그림 7-5] 국내·외 콘크리트용 앵커 설계기준 및 지침

2. 콘크리트용 앵커 설계법 개요

콘크리트용 앵커 설계법은 1970년대 중반 ACI 349-85 부록 B와 PCI 설계 핸드북 5판에 기술된 "45° 원추방법(45-degree cone method)"을 기반으로 개발되었다. 1980년대에는 독일의 슈투트가르트 대학에서 앵커의 묻힘 깊이, 연단거리 및 앵커 그룹의 영향을 변수로 한 연구가 집중적으로 이루어졌으며, 이를 통해 비균열 및 균열 콘크리트에서 다양한 상세를 가진 앵커의 성능이 검증되었다.

1980년대 후반, ACI 349와 ACI 355에 도입된 카파(κ)방법(Kappa method)이 슈투트가르트 대학의 연구를 기반으로 개발되었다. 1990년대 초반, 텍사스 오스틴 대학에서는 사용자의 편의성을 고려하여 카파방법을 개선하였고, 이는 현재 앵커 설계법의 근간이 되는 CCD(Concrete Capacity Design method)방법으로 발전되었다. 1990년대 중반, ACI 349와 ACI 355 위원회는 두 가지 설계 방법 중 계산과정이 용이한 CCD방법을 설계법으로 채택하였으며, 이를 기반으로 앵커의 설계기준과 평가지침을 제공하고 있다.

가. 45° 원추 방법 (45-degree cone method)

앵커의 설계강도를 산정할 때, 콘크리트 파괴면을 원추형으로 가정하는 방법으로 우리나라에서도 가장 많이 사용된 설계법이다. 하지만, 이 방법은 원형 파괴면을 기본으로 하기 때문에 다수의 앵커가 사용될 때 계산이 복잡해질 수 있다. 또한, 앵커의 묻힘 깊이가 얕으면 강도가 과소평가되고, 묻힘 깊이가 깊으면 강도가 과대평가되는 문제가 있어 강도설계에 대한 신뢰성이 부족하다.

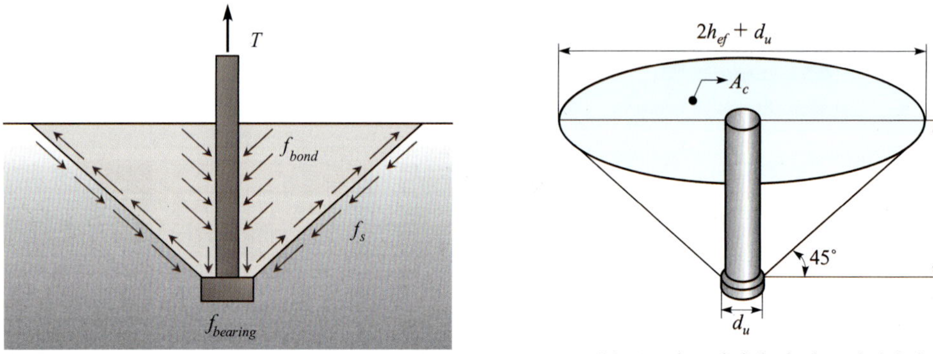

(a) 콘크리트 브레이크아웃파괴 시 응력상태 (b) 콘크리트 파괴체 및 강도 산정방법

[그림 7-6] 45° 원추방법에 따른 강도 산정방법

나. CCD(Concrete Capacity Design method) 방법

CCD방법은 앵커 단부에서 35°의 파괴면을 가정하며, 파괴체를 사각뿔 형태로 가정한다. 즉, 강도 계산의 기본이 되는 수평 투영면적은 앵커를 중심으로 묻힘깊이(h_{ef})의 1.5배 떨어진 정사각형으로 산정한다. CCD방법은 연단거리와 그룹 효과를 고려하여 단일 앵커와 앵커 그룹에서 정확한 값을 제공한다. 또한, 45° 원추 방법에서 사용하는 중첩된 원형 영역 대신 개별 앵커나 자유단으로부터 $1.5h_{ef}$로 제한된 사각형 영역을 사용하므로, 앵커 그룹이나 앵커가 가장자리에 위치한 경우에 계산이 간단해져 강도설계에 대한 용이성이 우수하다.

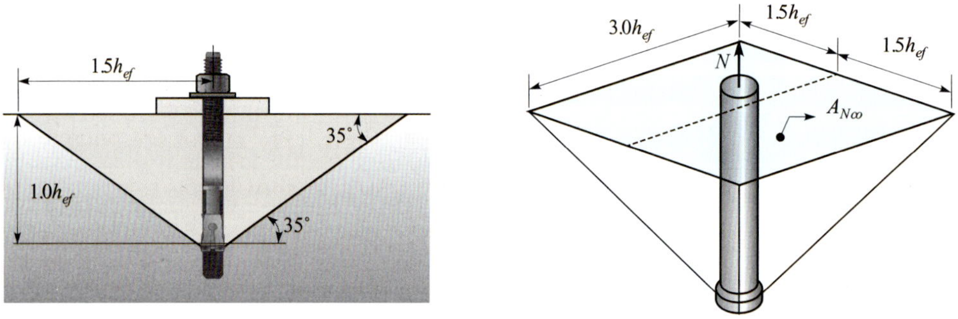

(a) 파괴 단면도 (b) 가정된 콘크리트 파괴체

[그림 7-7] 45° 원추방법에 따른 강도 산정방법

3. 파괴모드에 따른 앵커의 강도설계법

가. 일반사항

작용하중에 따른 앵커의 설계강도는 인장과 전단하중에 의한 강재파괴 및 콘크리트 파괴로 구분할 수 있으며, 산정과정은 다음과 같다(〈표 7-2〉 참조).

(1) 작용하중에 따른 각 파괴모드별 앵커의 공칭강도 산정

(2) 산정된 공칭강도 중 가장 작은 값을 선택 - 구조적 안전성 확보

(3) 앵커의 적용 환경에 적합한 강도감소계수 선택 및 공칭강도에 반영

(4) 작용하중에 따른 앵커의 최종 설계강도 결정

앞서 설명한 산정 과정을 통해 결정된 설계강도는 다음 식을 사용하여 작용하중과 비교함으로써 앵커의 구조적 안전성을 검토해야 한다. 또한, N_{ua}와 V_{ua}가 동시에 작용하는 경우에는 이들 하중 간의 상관관계에 따른 영향을 고려하여 추가적으로 안전성을 평가해야 한다.

$$\phi N_n \geq N_{ua} \quad \cdots\cdots \text{식 (7-1)}$$

$$\phi V_n \geq V_{ua} \quad \cdots\cdots \text{식 (7-2)}$$

여기서, ϕ은 강도감소계수, N_n 및 N_{ua}는 단일 앵커 또는 그룹 앵커의 공칭인장강도 및 계수 인장하중, V_n 및 V_{ua}는 단일 앵커 또는 그룹 앵커의 공칭전단강도 및 계수 전단하중이다.

〈표 7-2〉 앵커의 평가하중 - KDS 14 20 54 : 2021 참조

파괴 유형		단일 앵커	앵커 그룹	
			개별 앵커	그룹 앵커
인장	강재강도	$\phi N_{sa} \geq N_{ua}$	$\phi N_{sa} \geq N_{ua,i}$	-
	콘크리트 브레이크아웃강도	$\phi N_{cb} \geq N_{ua}$	-	$\phi N_{cbg} \geq N_{ua,g}$
	뽑힘강도	$\phi N_{pn} \geq N_{ua}$	$\phi N_{sa} \geq N_{ua,i}$	-
	콘크리트 측면파열강도	$\phi N_{sb} \geq N_{ua}$	-	$\phi N_{sbg} \geq N_{ua,g}$
	부착강도	$\phi N_{a} \geq N_{ua}$	-	$\phi N_{ag} \geq N_{ua,g}$
전단	강재강도	$\phi V_{sa} \geq V_{ua}$	$\phi V_{sa} \geq V_{ua,i}$	-
	콘크리트 브레이크아웃강도	$\phi V_{cb} \geq V_{ua}$	-	$\phi V_{cbg} \geq V_{ua,g}$
	콘크리트 프라이아웃강도	$\phi V_{cp} \geq V_{ua}$	-	$\phi V_{cpg} \geq V_{ua,g}$

나. 인장하중을 받는 앵커의 파괴강도

인장하중을 받는 앵커의 파괴모드에는 강재파괴, 콘크리트 브레이크아웃파괴, 뽑힘파괴, 콘크리트 측면파열파괴 및 쪼개짐 파괴가 있다. 이 중 쪼개짐파괴는 콘크리트의 비균질성과 취성적인 재료특성으로 인해 비선형적인 특징을 가지므로, 설계값과 실험값으로 정확히 결정할 수 없어 강도 설계에 포함되지 않는다. 인장하중을 받는 앵커의 공칭강도는 다음과 같이 정리할 수 있다.

- N_{sa} : 강재강도 [Steel failure strength]
- N_{cb} : 콘크리트 브레이크아웃강도 [Concrete breakout strength]
- N_{pn} : 뽑힘강도 [Pull−out strength]
- N_{sb} : 콘크리트 측면파열강도 [Concrete side−face blowout strength]

1) 인장하중을 받는 앵커의 강재파괴강도 (N_{sa})

$$N_{sa}=nA_{se,N}f_{uta} \qquad \text{식 (7–3)}$$

여기서, n : 앵커 그룹에서 앵커의 수

$A_{se,N}$: 인장을 받는 단일 앵커의 유효 단면적 [mm²]

f_{uta} : 단일 앵커의 극한인장강도 [MPa]

(1.9f_{ya} 또는 860 MPa 중 작은 값 이하이어야 함)

2) 인장하중을 받는 앵커의 콘크리트 브레이크아웃강도 (N_{cb} or N_{cbg})

$$N_{cb} = \frac{A_{Nc}}{A_{Nco}}\psi_{ed,N}\,\psi_{c,N}\,\psi_{cp,N}\,N_b \qquad \text{식 (7–4)}$$

$$N_{cbg} = \frac{A_{Nc}}{A_{Nco}}\psi_{ec,N}\,\psi_{ed,N}\,\psi_{c,N}\,\psi_{cp,N}\,N_b \qquad \text{식 (7–5)}$$

여기서, A_{Nc} : 인장을 받는 앵커의 콘크리트 파괴체에 대한 투영면적

(단, $A_{Nco} < nA_{Nco}$) [mm²]

A_{Nco} : 연단거리가 1.5h_{ef} 이상인 단일 앵커 파괴면의 투영면적 [mm²]

$\psi_{ec,N}$: 인장을 받는 앵커 그룹에서 편심의 영향을 고려한 수정계수

$\psi_{ed,N}$: 인장을 받는 앵커의 연단거리에 대한 수정계수

$\psi_{c,N}$: 인장을 받는 앵커의 콘크리트 균열에 대한 수정계수

$\psi_{cp,N}$: 인장을 받는 앵커의 콘크리트 쪼개짐에 대한 수정계수

N_b : 인장을 받는 앵커의 기본 콘크리트 브레이크아웃강도 [kN]

여기서, 인장을 받는 앵커의 기본 콘크리트 브레이크아웃 강도 N_b는 식 (7-6)과 식 (7-7)을 통해 계산할 수 있다. 이때, 후설치 앵커의 k_c값은 "콘크리트용 앵커 설계법 및 예제집" 또는 ACI 355.2"에 따른 제품의 특성시험에 근거하여 7.0 이상의 값을 사용할 수 있으나 10.0을 초과할 수는 없다.

$$N_b = k_c \sqrt{f_{ck}}\, h_{ef}^{1.5} \quad \cdots\cdots \text{식 (7-6)}$$

$$N_b = 3.9\sqrt{f_{ck}}\, h_{ef}^{5/3} \quad \cdots\cdots \text{식 (7-7)}$$

여기서, k_c : 인장에 의한 기본 콘크리트 브레이크아웃강도계수
(선설치 앵커의 경우 k_c = 10, 후설치 확장앵커의 경우 k_c = 7)
f_{ck} : 콘크리트 설계기준 압축강도 [MPa]
h_{ef} : 앵커의 유효묻힘깊이 [mm]

3) 인장하중을 받는 앵커의 뽑힘 파괴강도 (N_{pn})

$N_{pn} = \psi_{c,P} N_p$ (인장하중을 받는 단일 앵커의 공칭뽑힘강도) ………… 식 (7-8)

$N_p = 8A_{brg} f_{ck}$ (헤드볼트 및 헤드 스터드) ………… 식 (7-9)

$N_p = 0.9 f_{c,k} e_h d_a$ (갈고리 볼트) ………… 식 (7-10)

여기서, N_p : 단일 앵커에 대한 뽑힘강도
(단, 기계식 후설치 앵커는 계산값을 허용하지 않음)
$\psi_{c,P}$: 부재가 사용하중을 받을 때 균열이 없는 것으로 해석될 경우
(해석결과, 균열일 경우 1.0, 비균열일 경우 1.4를 적용함)
e_h : J 또는 L볼트 샤프트의 안쪽 면으로부터 바깥쪽 끝까지 거리
d_a : 앵커의 외경 혹은 헤드 스터드, 헤드 볼트, 갈고리형 볼트의 샤프트 지름

4) 인장하중을 받는 앵커의 콘크리트 측면파열강도 (N_{sb} or N_{sbg})

$$N_{sb} = 13 c_{a1} \sqrt{A_{brg}}\, \sqrt{f_{ck}} \quad \cdots\cdots \text{식 (7-11)}$$

$$N_{sbg} = \left(1 + \frac{s}{6c_{a1}}\right) N_{sb} \quad \cdots\cdots \text{식 (7-12)}$$

여기서, A_{brg} : 스터드 또는 앵커볼트의 헤드 지압면적 [mm²]

c_{a1} : 앵커 샤프트 중심으로부터 콘크리트 단부까지 거리 [mm]

(단, 앵커에 인장력이 작용하는 경우 c_{a1}은 최소 연단거리이다)

s : 앵커 중심 간격 [mm]

다. 전단하중을 받는 앵커의 파괴강도

전단하중을 받는 앵커의 파괴모드에는 강재파괴, 콘크리트 브레이크아웃파괴, 프라이아웃파괴가 있다. 전단하중을 받는 앵커의 강도는 앵커의 직경이 50mm를 초과하지 않고, 묻힘깊이가 635mm를 넘지 않아야 한다. 또한, 계산에 사용하는 콘크리트 설계기준압축강도(f_{ck})는 선설치 앵커의 경우 70MPa, 후설치 앵커의 경우 55MPa를 초과할 수 없다. 전단하중을 받는 앵커의 공칭강도는 다음과 같이 정리할 수 있다.

- V_{sa} : 강재강도 [Steel failure strength]
- V_{cb} : 콘크리트 브레이크아웃강도 [Concrete breakout strength]
- V_{cp} : 콘크리트 프라이아웃강도 [Concrete pry-out strength]

1) 전단하중을 받는 앵커의 강재파괴강도 (V_{sa})

$V_{sa} = nA_{se,V}f_{uta}$ (선설치 헤드 스터드) ······································ 식 (7-13)

$V_{sa} = n0.6A_{se,V}f_{uta}$ (선설치 헤드볼트, 갈고리볼트 또는 후설치 앵커) ··· 식 (7-14)

여기서, n : 앵커 그룹에서 앵커의 수

$A_{se,V}$: 인장을 받는 단일 앵커의 유효 단면적 [mm²]

f_{uta} : 단일 앵커의 극한인장강도 [MPa]

(1.9f_{ya} 또는 860 MPa 중 작은 값 이하이어야 함)

2) 전단하중을 받는 앵커의 콘크리트 브레이크아웃강도 (V_{cb} or V_{cbg})

$$V_{cb} = \frac{A_{Vc}}{A_{Vco}}\psi_{ed,V}\,\psi_{c,V}\,\psi_{h,V}\,V_b \quad \cdots\cdots \quad \text{식 (7-15)}$$

$$V_{cbg} = \frac{A_{Vc}}{A_{Vco}}\psi_{ec,V}\,\psi_{ed,V}\,\psi_{c,V}\,\psi_{h,V}\,V_b \quad \cdots\cdots \quad \text{식 (7-16)}$$

여기서, A_{Vc} : 전단을 받는 앵커에서 콘크리트 파괴체의 투영면적

(단, $A_{Vc} < nA_{Vco}$) [mm²]

A_{Vco} : 연단거리가 $1.5h_{ef}$ 이상인 전단을 받는 단일 앵커 파괴면의 투영면적($4.5c_{a1}^{1.5}$)[mm²]

$\psi_{ec,V}$: 전단을 받는 앵커 그룹에서 편심의 영향을 고려한 수정계수

$\psi_{ed,V}$: 전단을 받는 앵커의 연단거리에 대한 수정계수

$\psi_{c,V}$: 전단을 받는 앵커의 콘크리트 균열 및 보조철근 유무에 대한 수정계수

$\psi_{h,v}$: 전단을 받는 앵커의 부재두께에 대한 수정계수 ($h_a < 1.5c_{a1}$)

V_b : 전단을 받는 앵커의 기본 콘크리트 파괴강도 [kN]

여기서, 전단을 받는 앵커의 기본 콘크리트 파괴강도 V_b는 식 (2-17)과 같이 계산할 수 있다. l_e는 전단에 대해 앵커가 지압을 받는 길이로서 다음과 같고, $8d_a$를 초과할 수 없다.

$$V_{cd} = 0.6\left(\frac{l_e}{d_a}\right)^{0.2}\sqrt{d_a}\,\sqrt{f_{ck}}\,(c_{a1})^{1.5} \qquad \text{식 (7–17)}$$

여기서, $l_e = h_{ef}$: 묻힌 단면의 전체 길이에 걸쳐 일정한 강성을 갖는 앵커로서 헤드 스터드 및 전체 묻힘깊이에 걸쳐 단일관을 가지는 후설치 확장앵커

$l_e = 2d_a$: 간격슬리브가 확장슬리브와 분리된 비틀림 제어 확장앵커(어떠한 경우에도 l_e가 $8d_a$를 초과할 수 없다.)

d_a : 앵커 외경 혹은 헤드 스터드, 헤드볼트, 갈고리형 볼트의 샤프트 지름

c_{a1} : 앵커 샤프트 중심으로부터 콘크리트 단부까지 거리
(단, 앵커에 전단력이 작용하는 경우 c_{a1}은 전단력 방향의 거리이다)

3) 전단하중을 받는 앵커의 콘크리트 프라이아웃강도 (V_{cp} or V_{cpg})

$$V_{cp} = k_{cp}N_{cb} \qquad \text{식 (7–18)}$$

$$V_{cpg} = k_{cp}N_{cbg} \qquad \text{식 (7–19)}$$

여기서, k_{cp} : 프라이아웃강도 계수
(h_{ef}<65mm인 경우 k_{cp}=1.0, $h_{ef} \geq$65mm인 경우 k_{cp}=2.0을 적용

N_{cb} : 인장을 받는 단일 앵커의 공칭콘크리트 파괴강도 [kN]

N_{cbg} : 인장을 받는 앵커 그룹의 공칭콘크리트 파괴강도 [kN]

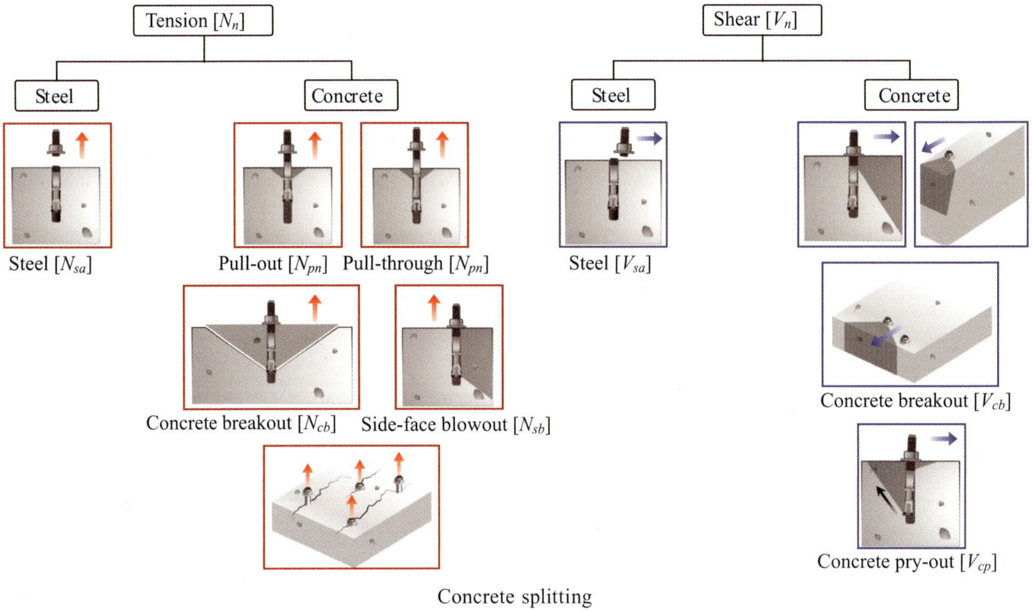

[그림 7-8] 작용하중에 의한 앵커의 파괴모드

라. 인장과 전단의 상관작용 (N-V interaction)

앵커 설계 시 강도에 관한 규정을 따르지 않을 경우, 인장과 전단을 동시에 받는 단일 앵커나 앵커 그룹은 다음 조건을 만족해야 한다. 이때, 앵커의 설계강도 ϕN_n과 ϕV_n은 모든 파괴모드(인장 및 전단)에서 계산된 값 중 가장 작은 값을 설계강도로 사용한다.

① $V_{ua} / \phi V_n \leq 0.2$인 경우, 전체 인장강도를 사용할 수 있고 $\phi N_n \geq N_{ua}$를 적용하여야 한다.

② $N_{ua} / \phi N_n \leq 0.2$인 경우, 전체 전단강도를 사용할 수 있고 $\phi V_n \geq V_{ua}$를 적용하여야 한다.

③ $V_{ua} / \phi V_n > 0.2$이고, $N_{ua} / \phi N_n > 0.2$인 경우, 다음 식을 적용하여야 한다.

$$\frac{N_{ua}}{\phi N_n} + \frac{V_{ua}}{\phi V_n} \leq 0.2 \qquad \text{식 (7-20)}$$

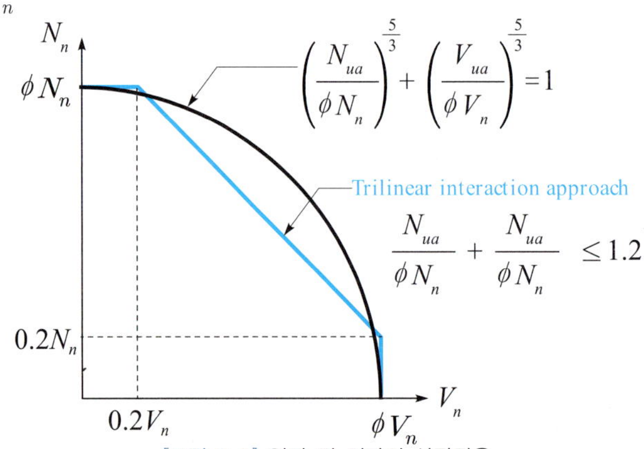

[그림 7-9] 인장 및 전단의 상관작용

4. 내진설계를 위한 콘크리트용 앵커의 강도 설계

콘크리트용 앵커를 내진설계에 적용하려면, 반드시 콘크리트용 앵커 설계기준(KDS 14 20 54)에 명시된 기준과 지침을 따라야 한다. 이 기준과 지침에 따라 내진성능이 검증되지 않은 앵커는 사용해서는 안되며, 내진설계에 사용하기 위한 콘크리트용 앵커의 필수 요구 사항은 다음과 같다(〈표 7-3〉 참조).

〈표 7-3〉 내진설계를 위한 콘크리트용 앵커의 강도설계 – KDS 14 20 54 일부 발췌

a) 일반사항

설계 일반	◆ 지진구역II의 내진특등급과 지진구역I의 내진I등급 및 내진특등급 구조물에 사용하는 앵커는 다음의 추가 요구사항을 만족하여야 한다. ◆ KDS 14 20 54의 규정은 지진력에 대한 콘크리트 구조물의 소성힌지영역의 앵커 설계에는 적용하지 않는다. ◆ 후설치 앵커를 지진하중에 대해 사용하기 위해서는 해당 시험방법에 따라 검증하여야 한다. 확장 및 언더컷 앵커의 뽑힘강도 N_p와 강재의 전단강도 V_{sa}는 해당 시험방법의 모의 지진 실험결과에 근거하여야 한다. 부착식 앵커의 경우에는 강재의 전단강도 V_{sa}와 특성부착강도 τ_{uncr}와 τ_{cr}은 해당 시험방법 모의 지진 실험결과에 근거하여야 한다.

(b) 지진하중에 대한 앵커의 설계인장강도 (콘크리트 균열 증가 및 피복 탈락 반영)

기준	해설
◆ ϕN_{sa} : 단일 앵커 또는 앵커 그룹에서 가장 큰 응력을 받는 개별 앵커	
◆ $0.75\phi N_{cb}$ 또는 $0.75\phi N_{cbg}$: 앵커 철근이 4.3.2(9)를 만족하여 N_{cb} 또는 N_{cbg}를 계산할 필요가 없는 경우는 제외	◆ KDS 14 20 54의 4.3.2(9) – 인장력을 받는 앵커의 콘크리트 브레이크아웃강도 ◆ 앵커 철근이 콘크리트 브레이크아웃 파괴면을 기준으로 양쪽으로 KDS 14 20 52에 따라 정착되어 있으면, 앵커 철근의 설계강도는 콘크리트 브레이크아웃강도를 대신하여 ϕN_n 계산에 사용될 수 있다. 앵커 철근 설계에 강도감소계수는 0.75를 사용한다.
◆ $0.75\phi N_{pn}$: 단일 앵커 또는 앵커 그룹에서 가장 큰 응력을 받는 개별 앵커	
◆ $0.75\phi N_{sb}$ 또는 $0.75\phi N_{sbg}$	
◆ $0.75\phi N_{a}$ 또는 $0.75\phi N_{ag}$	

(c) 지진하중에 대한 앵커의 설계전단강도

기준	해설
◆ 4.4.2(9)에 따라 앵커 철근이 사용된 경우, 4.4.2(9)에 제시된 것 이상으로 설계전단강도를 감소시키지 않아도 된다.	◆ KDS 14 20 54의 4.4.2(9) – 전단력을 받는 앵커의 콘크리트 브레이크아웃강도 ◆ 앵커 철근이 콘크리트 브레이크아웃 파괴면을 기준으로 양쪽으로 KDS 14 20 52에 따라 정착되어 있거나 혹은 앵커를 감싸고 브레이크아웃 파괴면을 지나서 KDS 14 20 52에 따라 정착되어 있으면, 앵커 철근의 설계강도는 콘크리트 브레이크아웃강도를 대신하여 ϕV_n 계산에 사용될 수 있다. 앵커 철근 설계에 강도감소계수는 0.75를 사용하여야 한다.

3절. KCI-M-24-018 및 ACI 355.2의 기계식 후설치 앵커 평가 지침

1. 일반사항

건축 및 토목 분야에서 널리 사용되는 기계식 후설치 앵커는 반드시 콘크리트용 앵커 설계기준과 설계방법에 따라 성능이 검증되어야 한다. 그러나, 현재 건설 현장에서 사용되고 있는 많은 앵커는 이러한 기준과 지침에 맞춰 성능이 제대로 검증되지 않은 경우가 많다.

대부분의 현장에서는 KOLAS(Korea Laboratory Accreditation Scheme)에서 인정한 공인기관을 통해 앵커의 적합성을 평가하기 위한 시험을 실시하고, 공인시험성적서를 발급 받아 앵커를 현장에 보급하고 있다. 그러나, 현장에서 주로 요구하는 공인시험성적서에는 앵커의 기본적인 구조성능(단순인발 및 전단)만 기재되어 있어, 앵커의 전반적인 성능을 충분히 평가하기에는 부족한 실정이다.

따라서, 후설치 앵커는 다양한 모재 조건과 설치 환경에 따라 성능이 결정되므로, 앵커의 성능이 저하될 가능성에 대한 안전성과 신뢰성을 반드시 검증해야 한다. 또한, 예상되는 사용조건에 대해 앵커 설치에 관한 구체적인 정보를 제공해야 하며, 특히 지진하중과 같은 극한 상황에서도 앵커가 충분한 지지력을 발휘하는지를 평가하기 위한 내진성능검증도 필수적이다.

콘크리트용 앵커 설계기준(KDS 14 20 54) 및 평가지침(KCI-M-24-018)에 따르면, 후설치 앵커를 사용하기 위해서는 구조성능과 내진성능을 해당 시험 항목을 통해 반드시 검증해야 한다. 그러나, 현재 현장에서 배포되는 공인시험성적서는 앵커의 구조적 안전성이나 내진성능과 같은 전반적인 정보를 충분히 제공하지 못하고 있다. 따라서, 검증되지 않은 앵커를 사용할 경우 탈락으로 인해 구조재 및 비구조재의 붕괴가 발생할 수 있으며, 이는 심각한 인명 및 재산피해를 초래할 수 있다. 그러므로 반드시 기준과 규정에 적합한 앵커만을 사용해야 한다.

본 장에서는 후설치 앵커의 사고사례를 통해 기준과 평가지침에 적합한 앵커 사용의 중요성을 강조하고자 한다. 또한, 앵커의 성능검증을 위한 시험 프로그램을 설명함으로써 앵커의 구조적 안전성과 내진성능 확보의 중요성에 대해 강조하고자 한다.

2. 후설치 앵커 사고사례

후설치 앵커의 정착성능은 앵커와 콘크리트 사이의 기계적 특성에 의해 결정된다. 정착성능이 부족한 앵커는 콘크리트에 대한 저항력이 감소하여 뽑히거나 탈락될 수 있으며, 이는 부착물의 붕괴로 이어져 인명 피해와 재산 피해를 초래할 수 있다. 이러한 안전사고를 방지하기 위해 건설 현장에서는 앵커의 성능이 기재된 공인시험성적서를 확보한 경우에만 앵커를 사용할 수 있도록 관리하고 있다. 그러나, 3.1절에서 설명한 바와 같이 단순인발 및 전단성능에 대한 공인시험성적서만으로는 앵커의 전반적인 구조성능을 충분히 검증할 수 없다. 그 결과, 성능이 보장되지 않은 앵커를 무분별하게 사용할 경우 안전사고가 발생할 수 있으므로, 반드시 기준과 규정에 따라 성능이 검증된 앵커만을 사용해야 한다.

가. 구조성능 부족

후설치 앵커의 탈락 원인은 주로 앵커의 기계적 성능 부족에서 발생한다. 대표적인 원인으로는 묻힘깊이 부족, 앵커의 성능을 초과한 과도한 하중, 그리고 시방서를 따르지 않은 설치 오류 등이 있다. 이러한 탈락 원인은 공인시험성적서에 기재된 앵커의 기본적인 성능만으로는 정확히 파악하기 어려우므로, 반드시 기준과 규정에 따른 성능검증시험을 수행해야 한다.

〈표 7-4〉 후설치 앵커의 사고사례 - 구조성능 부족

(a) 고속도로 교량 발판 탈락으로 인한 근로자 추락 사고

사고사례	사고내용
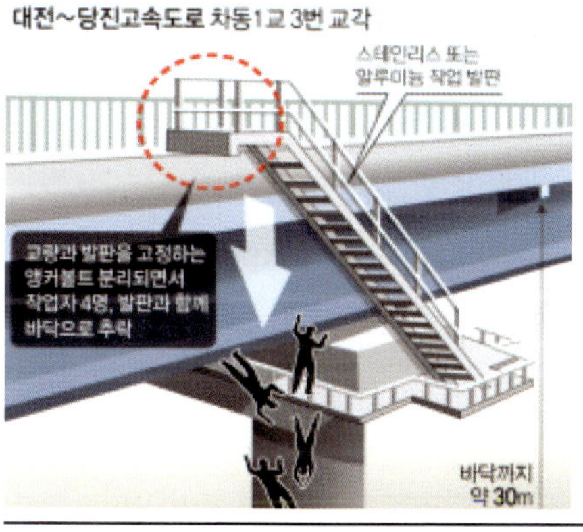	[1] 일시 : 2018. XX. XX [2] 개요 : 교량 점검을 위해 설치된 경사형 계단이 붕괴하여 근로자가 추락한 사고 [3] 원인 ◆ 경사형 계단 브라켓의 앵커 설치 불량으로 인한 인발저항력 부족 ◆ 앵커의 묻힘깊이 및 설치 위치 불량 ◆ 연결 불량에 인한 콘크리트 저항력 부족

(b) 고층 외벽 안전작업발판 구조물의 붕괴로 인한 근로자 추락 사고

사고사례	사고내용
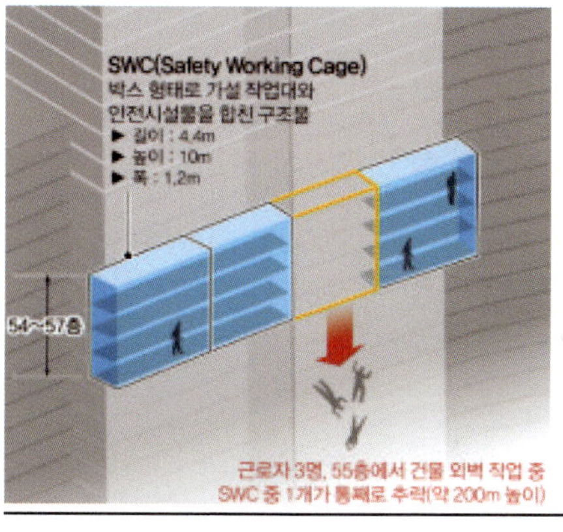	[1] 일시 : 2018. XX. XX [2] 개요 : 박스 형태인 안전작업발판 구조물이 떨어지면서 근로자가 추락한 사고 [3] 원인 ◆ 구조물을 연결한 앵커의 부실 시공으로 인한 탈락 발생 ◆ 앵커의 기계적 결함과 과하중으로 인해 앵커 성능이 부족하여 탈락 발생

(c) 천장 판넬 붕괴로 인한 근로자 추락 사고

사고사례	사고내용
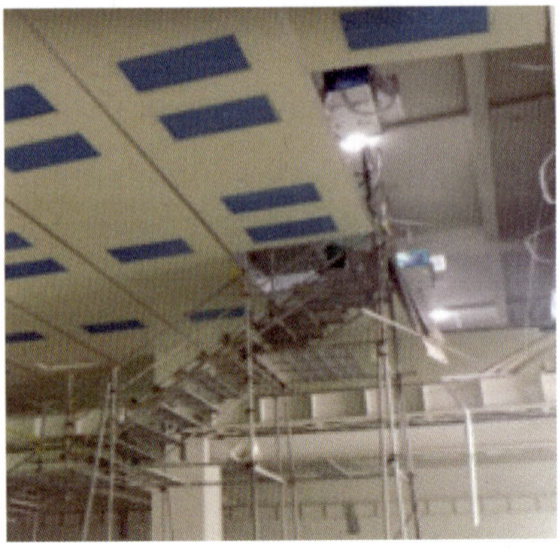	[1] 일시 : 2019. XX. XX [2] 개요 : 건물 내·외부 마감공사 중, 과도한 하중을 견디지 못한 앵커가 풀려 천장마감용 패널이 붕괴하여 근로자가 추락한 사고 [3] 원인 ◆ 앵커 설치를 위한 시공 상세도 미작성 ◆ 앵커의 유효묻힘깊이 부족으로 인한 정착성능 미확보

나. 내진성능 부족

우리나라는 지진대에 위치하지 않아 중국과 일본에 비해 상대적으로 안전하다고 여겨져 왔다. 그러나 경주지진(2016) 및 포항지진(2017) 이후, 우리나라가 지진 안전지대가 아님을 확인하게 되었다. 이후 지진 발생 추이는 감소세를 보였으나, 기상청의 "날씨누리 통계자료"에 따르면 2020년을 기준으로 국내 지진 발생 추이가 점차 증가하는 것으로 보고되고 있다([그림 7-10] 참조). 최근에는 전북 부안군에서 규모 4.8의 지진(2024년 6월)이 발생하였으며, 이에 다시 한번 우리나라가 지진 안전지대가 아님을 일깨우는 계기가 되었다.

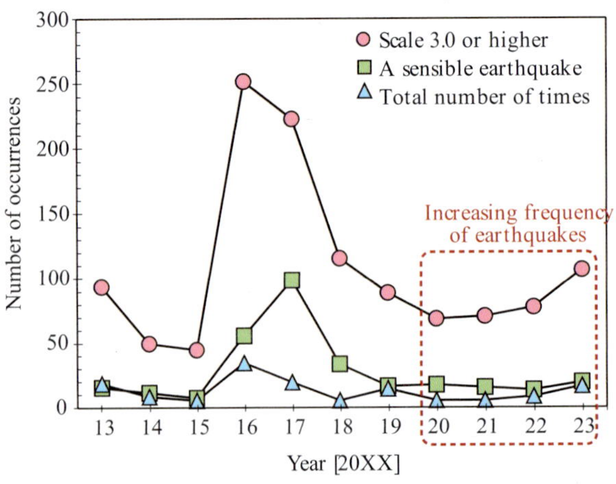

[그림 7-10] 국내 지진 발생 추이 – 기상청 날씨누리 일부 발췌 및 재구성

[그림 7-11]은 국내에서 발생한 경주지진(2016) 및 포항지진(2017)의 피해사례를 보여주며, 구조물에 연결된 내·외부 부착물이 붕괴되면서 많은 인명 및 재산피해가 발생하였다. 또한, [그림 7-12]에서 볼 수 있듯이, 전 세계적으로 지진이 잇따르고 있으며 규모가 큰 지진으로 인해 심각한 피해를 발생시키고 있다.

즉, 지진은 구조물의 반복적인 거동을 유발하여 부착물의 붕괴를 초래한다. 따라서, 지진 발생 시 건축물의 붕괴, 화재 및 폭발 등으로 인한 2차 사고는 재난 안전사고로 이어지므로, 이를 예방하기 위한 지진 안전대책이 시급한 실정이다.

(a) 2016년 경주지진 (규모 5.8)   (b) 2017년 포항지진 (규모 5.4)

[그림 7-11] 국내 지진 피해 사례

(a) 2023년 튀르키예/시리아 대지진 (규모 7.8)   (b) 2023년 모로코 마라케시사피 강진 (규모 6.8)

(c) 2024년 1월 일본 노토반도 강진 (규모 7.6)   (d) 2024년 8월 일본 미야자키현 강진 발생 (규모 7.1)

[그림 7-12] 국외 지진 피해 사례

지진이 발생하면 콘크리트 구조물에 설치된 내·외부 부착물은 반복적으로 거동하게 된다. 이는 부착물을 고정하는 후설치 앵커에도 영향을 미쳐 콘크리트 균열을 유발할 수 있다. 이때, 앵커를 관통하는 균열이 발생하면, 앵커가 설치된 홀이 확장되면서 앵커와 콘크리트 사이의 유격이 발생하여 앵커의 반복적인 거동이 더욱 증가하게 된다. 결국 앵커의 삽입부에 응력이 반복적으로 집중되면서 콘크리트의 균열이 더욱 커지거나 확대되고, 피로 손상을 입은 앵커는 취성적인 거동을 보여 부착물과 함께 탈락하거나 붕괴될 수 있다.

이러한 피해를 방지하기 위해 국내에서는 2017년 건축법(국토교통부 「건축물의 구조기준 등에 관한 규칙」 등)을 개정하여 건축물의 내진성능을 확보하기 위한 기준을 강화하였다. 특히, 시설물별 지진하중 및 내진설계기준이 강화됨에 따라 2021년에는 콘크리트용 앵커 설계기준(KDS 14 20 54)이 개정되었으며, 균열 콘크리트와 지진하중에서 사용하기 위한 후설치 앵커의 성능검증 및 평가지침이 명시되었다.

3. 기계식 후설치 앵커의 성능검증

가. 일반사항

콘크리트용 앵커는 콘크리트용 앵커 설계법 및 예제집(KCI-M-24-018) 또는 이와 동등한 ACI 355.2의 평가지침을 통해 성능을 검증해야 한다. 특히, 기계식 후설치 앵커는 콘크리트와의 기계적인 맞물림 작용에 의해 고정되므로, 앵커의 기계적 특성, 다양한 설치 환경 및 조건에 따라 성능이 달라질 수 있다. 따라서, 실제 조건에서 앵커의 성능을 확인하고 검증하는 것이 매우 중요하며, 이를 통해 외부 하중에 대한 저항능력, 설치과정에서의 변동성 및 설치 후의 안전성을 평가할 수 있다.

후설치 앵커는 총 3단계의 시험을 통해 성능을 검증할 수 있다.

첫째, 기준시험을 통해 단일 앵커의 기본적인 구조성능과 후속시험을 위한 기준을 정립한다.

둘째, 신뢰성시험에서는 앵커의 변동성과 성능저하정도에 따른 범주 및 강도감소계수를 결정한다.

셋째, 사용조건시험에서는 앵커 설치를 위한 정보를 결정하고, 균열 콘크리트 및 지진하중에 대한 내진성능을 평가하기 위한 시험을 수행한다. 이러한 과정은 설계 및 시공단계에서 필수적으로 고려되는 사항이며, 이를 통해 후설치 앵커의 성능을 종합적으로 검증함으로써 실제 사용 시의 안전성과 신뢰성을 확보할 수 있다.

나. 기계식 후설치 앵커의 평가지침에 대한 근거

기계식 후설치 앵커의 평가지침은 콘크리트구조설계기준에서 다루는 인장, 전단, 인장과 전단의 조합 등 정적하중과 동적하중을 받는 후설치 앵커의 구조적 적용에 대해 규정하고 있다. 이러한 기술기준 및 평가지침에 명시된 요구 성능을 만족한 앵커는 충분한 강성과 설계하중에 대한 내력을 확보하고 있다고 판단할 수 있다. 기계식 후설치 앵커의 평가지침은 "콘크리트용 앵커 설계기준(KDS 14 20 54)" 및 "콘크리트용 앵커 설계법 및 예제집(KCI-M-24-018)"을 기반으로 하고 있다.

〈표 7-5〉 후설치 앵커의 평가지침에 대한 규정 - 일부 발췌

기준 및 규정	기준	해설	비고
KDS 14 20 54 (MOLIT 2021)	1.2.(2) • 이 기준은 선설치 앵커(헤드볼트, 헤드 스터드, 갈고리 볼트)와 후설치 앵커(비틀림 제어 확장앵커, 변위제어 확장앵커, 언더컷 앵커, 부착식 앵커)에 모두 적용된다. …	1.2.(2) • 후설치 확장앵커와 언더컷 앵커는 「콘크리트용 앵커 설계법 및 예제집」의 시험 또는 이와 공학적으로 동등한 ACI 355.2 또는 EAD 330232-00-0601(EOTA, 2016)에 따른 시험으로 성능을 검증하여야 하며, …	p54-1
	4.1.(3) • 후설치 앵커를 지진하중에 대해 사용하기 위해서는 해당 시험방법에 따라 검증하여야 한다. 확장 및 언더컷 앵커의 뽑힘강도 Np와 강재의 전단강도 Vsa는 해당 시험방법의 모의 지진 실험결과에 근거하여야 한다. …	4.1.(3) • 균열 콘크리트에 사용하기 적합하지 않은 앵커는 지진하중에 대해 사용하지 않아야 한다. 후설치 앵커를 균열 콘크리트에 사용하기 위해서는 「콘크리트용 앵커 설계법 및 예제집」과 ACI 355.4의 지진하중에 대한 검증요건을 만족하여야 한다. …	p54-8
KCI-M-24-018	-	4.1.(3).③ • 후설치 앵커는 균열 콘크리트에 사용하기 위한 검증이 필요하며, 모의 지진 실험을 통과하여야 한다. 뽑힘강도 Np와 전단을 받는 앵커의 강재강도 Vsa는 모의 지진 실험에 근거하여 평가하여야 한다.	p18

다. 앵커시스템 평가를 위한 시험 프로그램(균열, 비균열 콘크리트)

기계식 후설치 앵커의 성능을 평가하기 위한 시험 프로그램의 상세 내용을 다음과 같이 요약하였다. 이 시험을 통해 규정된 기술기준 및 평가지침을 만족하는지 검토하여 앵커의 저항능력을 결정해야 한다.

〈표 7-6〉 앵커시스템 평가를 위한 시험 프로그램 요약 - KCI-M-24-018 일부 발췌

<table>
<tr><th>시험 번호</th><th>시험 목적</th><th>균열폭 [mm]</th><th>평가기준 및 결과 요약</th><th>비고</th></tr>
<tr><td>1</td><td>앵커의 인장성능
[비균열 + 저강도 콘크리트]</td><td>-</td><td rowspan="4">변동계수(15 %) 만족 및
시험으로부터 얻은
특성강도(F5 %)를 결정함.</td><td rowspan="4">[기준시험]
기초 데이터
수집 및 기준정립</td></tr>
<tr><td>2</td><td>앵커의 인장성능
[비균열 + 고강도 콘크리트]</td><td>-</td></tr>
<tr><td>3</td><td>균열 앵커의 인장성능
[균열 + 저강도 콘크리트]</td><td>0.3</td></tr>
<tr><td>4</td><td>균열 앵커의 인장성능
[균열 + 고강도 콘크리트]</td><td>0.3</td></tr>
<tr><td>5</td><td>표준 설치비틀림의 0.5배
비틀림을 가진 앵커의 기능</td><td>0.3</td><td rowspan="4">변동계수(20 %) 만족 및
앵커범주와 강도감소계수(ϕ)
결정함.</td><td rowspan="4">[신뢰성시험]
설치/사용 중 앵커의
시공 정밀도 및 민감도에
대한 성능저하정도 평가</td></tr>
<tr><td>6</td><td>설치 민감도 평가
[큰 구멍 + 저강도 콘크리트]</td><td>0.5</td></tr>
<tr><td>7</td><td>설치 민감도 평가
[작은 구멍 + 고강도 콘크리트]</td><td>0.5</td></tr>
<tr><td>8</td><td>폭이 변하는 균열에서의 기능</td><td>0.1~0.3</td></tr>
<tr><td>9</td><td>모서리에서 앵커 기능</td><td>-</td><td>h_{min} 및 c_{cr} 값을 제시함.</td><td rowspan="5">[사용조건시험]
예상되는 사용조건에서
앵커의 성능평가</td></tr>
<tr><td>10</td><td>최소 간격과 최소 연단거리</td><td>-</td><td>c_{min} 및 s_{min} 값을 제시함.</td></tr>
<tr><td>11</td><td>앵커의 전단성능</td><td>-</td><td>앵커의 전단강도를 제시함.</td></tr>
<tr><td>12</td><td>앵커의 지진인장성능
[지진인장 + 잔류인장강도]</td><td>0.5</td><td>N_{eq}의 160 % 이상 만족 및
잔류인장강도를 제시함.</td></tr>
<tr><td>13</td><td>앵커의 지진전단성능
[지진전단 + 잔류전단강도]</td><td>0.5</td><td>V_{eq}의 160 % 이상 만족 및
잔류전단강도를 제시함.</td></tr>
</table>

1) 기준시험 (Reference tests)

간격 및 연단거리의 영향을 받지 않는 단일 앵커에 대한 표준 인장시험을 수행한다. 이 시험은 콘크리트 강도와 균열 유무에 따라 앵커의 기본 성능을 평가하는데 중점을 둔다. 기준시험에서 얻은 앵커 강도의 변동계수는 15 % 이하로 제한되며, 이를 초과할 경우 해당 앵커는 부적격으로 평가된다.

기준시험을 통해 후속시험을 정립할 수 있으며, 이 과정에서 해당 앵커의 설계강도를 결정하기 위한 특성강도 $F_{5\%}$와 유효계수 k_c 값을 결정할 수 있다.

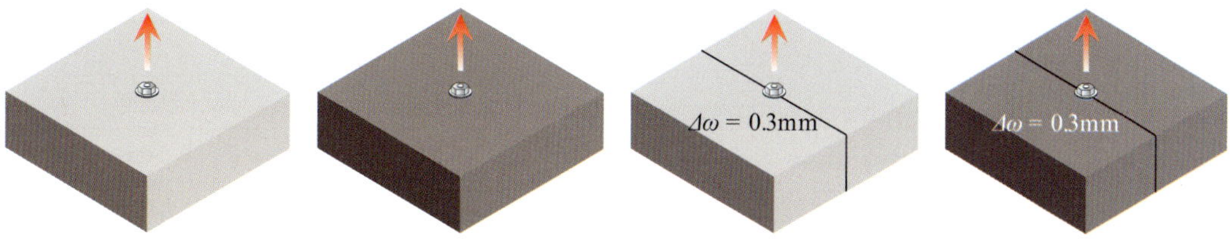

(a) 비균열 + 저강도 (b) 비균열 + 고강도 (c) 균열 + 저강도 (d) 균열 + 고강도

[그림 7-13] 기준시험 (4가지)

2) 신뢰성시험 (Reliability tests)

앵커를 설치하거나 사용 중에 정상적으로 작동하는지, 불리한 조건에서도 안전하고 유요한 거동을 확보할 수 있는지를 검증하기 위한 시험이다. 이 시험에서는 앵커의 시공 정밀도, 민감도 및 내구성 등을 평가한다. 신뢰성시험에서 얻은 앵커 강도의 변동계수는 20 % 이하로 제한되며, 이를 초과할 경우 해당 앵커는 부적격으로 평가된다.

기준시험과 신뢰성시험을 통해 얻은 특성강도의 비(신뢰성시험/기준시험)를 산정하고, 가장 낮은 비를 기준으로 앵커의 범주를 결정한다. 이 범주를 통해 설계기준에 제시된 앵커 범주의 적용 범위에 따라 강도감소계수를 결정하며, 이는 앵커의 설계강도를 산정할 때 안전율로 고려될 수 있다.

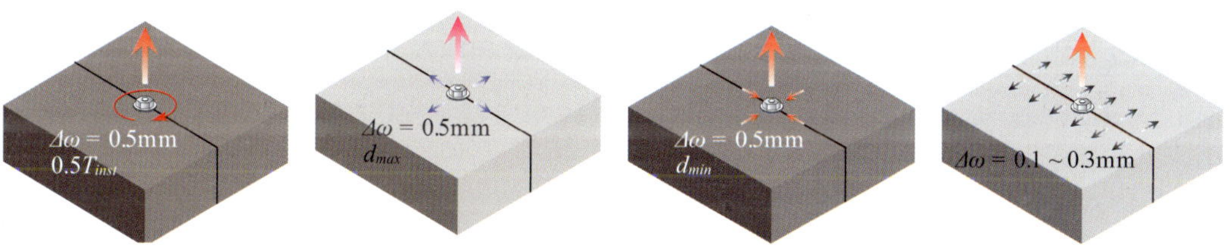

(a) 0.5Tinst + 균열 (b) 큰 구멍 + 저강도 (c) 작은 구멍 + 고강도 (d) 폭이 변하는 균열

[그림 7-14] 신뢰성시험 (4가지)

〈표 7-7〉 앵커 범주

특성강도의 최소비	앵커 범주	비고
$0.80 \le \frac{N_{b,r}}{N_{b,o}}$	1	• 각 시험 시리즈의 시험체 수의 차이는 5 이하이다. • 각각의 신뢰성시험 시리즈에서 시험결과의 변동계수는 해당 기준시험의 변동계수보다 작거나 같아야 하거나, 또는 10 % 이하이어야 한다. • $N_{b,o}$는 신뢰성시험에 의한 앵커의 특성강도, $N_{b,r}$은 기준시험에 의한 앵커의 특성강도이다.
$0.70 \le \frac{N_{b,r}}{N_{b,o}} < 0.80$	2	
$0.60 \le \frac{N_{b,r}}{N_{b,o}} < 0.70$	3	
$\frac{N_{b,r}}{N_{b,o}} < 0.60$	부적절한 앵커	

〈표 7-8〉 앵커의 강도감소계수 ϕ

<table>
<tr><th colspan="3" rowspan="2">구분</th><th colspan="4">강도감소계수 ϕ</th></tr>
<tr><th colspan="3">인장력</th><th>전단력</th></tr>
<tr><td rowspan="2">강재</td><td colspan="2">연성강재요소</td><td colspan="3">0.75</td><td>0.65</td></tr>
<tr><td colspan="2">취성강재요소</td><td colspan="3">0.65</td><td>0.60</td></tr>
<tr><td rowspan="8">콘크리트</td><td rowspan="2">선설치 헤드 스터드,
헤드볼트, 갈고리볼트</td><td>조건 A[1]</td><td colspan="3">0.75</td><td>0.75</td></tr>
<tr><td>조건 B[2]</td><td colspan="3">0.70</td><td>0.70</td></tr>
<tr><td rowspan="6">콘크리트 브레이크아웃,
측면파열, 부착, 뽑힘
또는 프라이아웃강도에
의해 지배되는 앵커</td><td rowspan="3">조건 A</td><td colspan="3">범주[3]</td><td rowspan="3">0.75</td></tr>
<tr><td>1</td><td>2</td><td>3</td></tr>
<tr><td>0.75</td><td>0.65</td><td>0.55</td></tr>
<tr><td rowspan="3">조건 B</td><td colspan="3">범주</td><td rowspan="3">0.70</td></tr>
<tr><td>1</td><td>2</td><td>3</td></tr>
<tr><td>0.65</td><td>0.55</td><td>0.45</td></tr>
</table>

1) 조건 A : 뽑힘강도와 프라이아웃강도를 제외하고 보조철근이 배근된 경우에 적용
2) 조건 B : 보조철근이 없거나 뽑힘강도 또는 프라이아웃강도가 지배적일 때 적용
3) 범주 1 : 낮은 설치 민감도와 높은 신뢰도
   범주 2 : 중간 설치 민감도와 중간 신뢰도
   범주 3 : 높은 설치 민감도와 낮은 신뢰도

3) 사용조건시험 (Service-condition tests)

사용조건시험은 특정 사용조건이나 특수한 설치 환경에서 앵커의 성능을 예상하기 위한 기초 정보를 결정하는 시험이다. 이 시험을 통해 앵커의 최소 연단거리, 최소 간격, 설치방법(최대 토크에 따른 쪼개짐 방지), 전단 성능 등의 설치 정보를 결정할 수 있다. 이러한 정보를 바탕으로 현장에 적용하기 위한 앵커 설치 가이드를 제공할 수 있다.

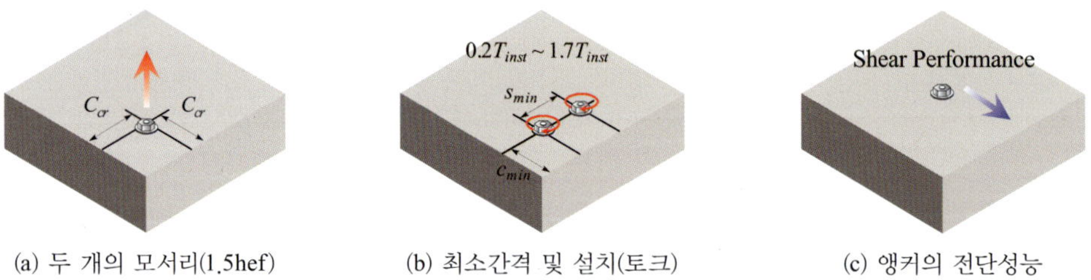

(a) 두 개의 모서리(1.5hef)　(b) 최소간격 및 설치(토크)　(c) 앵커의 전단성능

[그림 7-15] 사용조건시험 (3가지)

사용조건시험에서는 앵커의 내진성능을 평가하기 위한 시험이 마련되어 있다. 콘크리트용 앵커 설계기준(KDS 14 20 54)에 따르면, 지진하중에서 사용하기 위한 앵커는 반드시 모의 지진 인장 및 모의 지진 전단시험에 대한 평가지침을 만족해야 한다.

모의 지진시험을 통해 지진하중을 경험한 앵커의 내진성능을 평가하기 위해서는 반복가력시험

후 잔류강도시험을 수행하여 앵커의 잔류성능을 평가한다. 모의 지진인장 및 지진전단에 대한 시험 프로세스는 다음과 같다. 모의 지진시험에 대한 상세 및 시험 프로세스는 [그림 7-16]에 나타내었다.

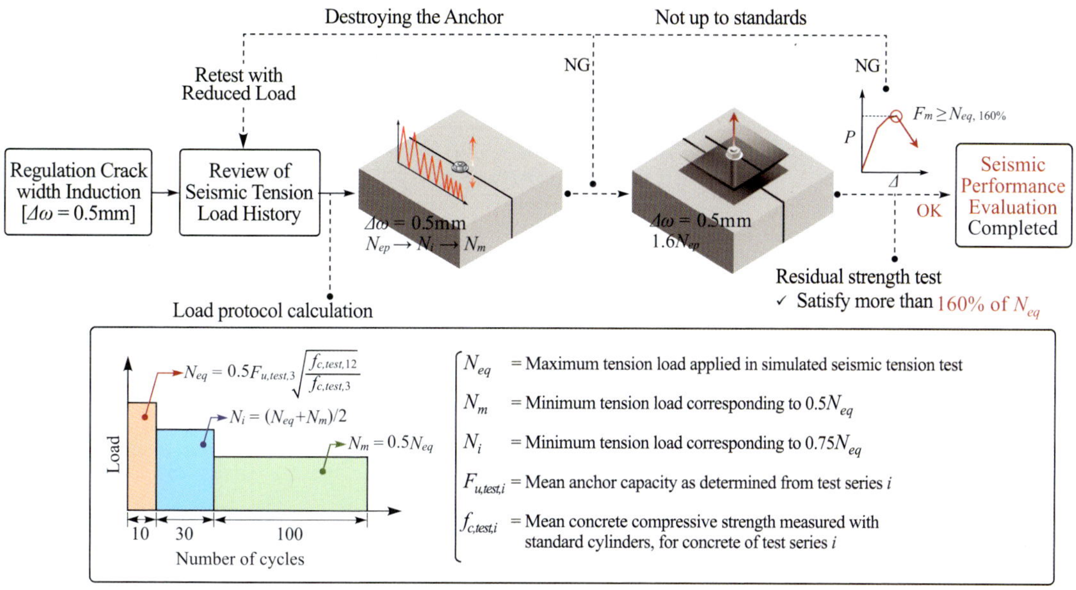

(a) 사용조건시험 (모의 지진인장)

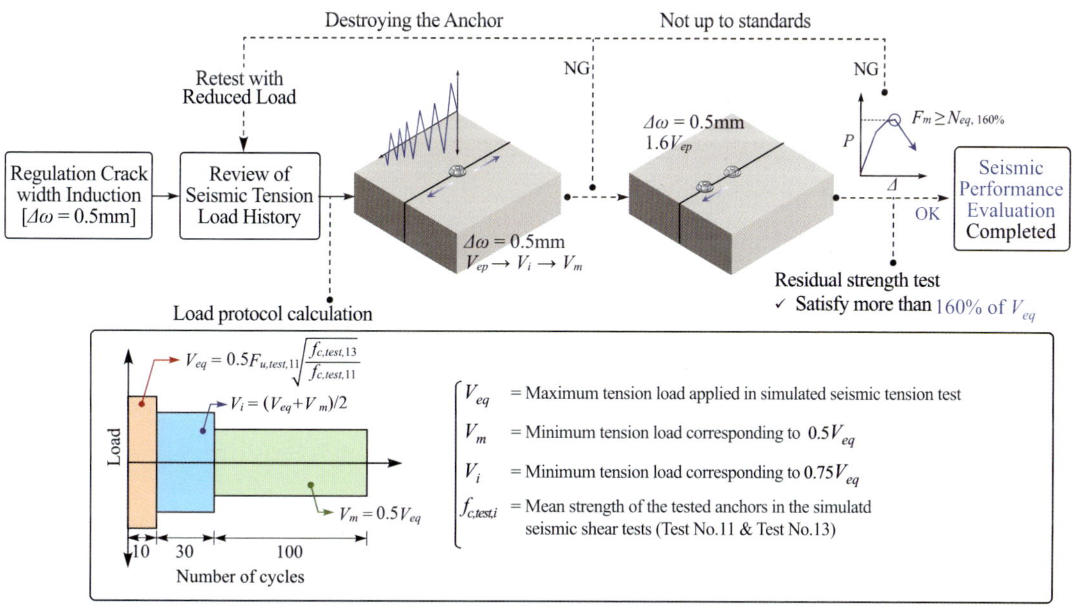

(b) 사용조건시험 (모의 지진전단)

[그림 7-16] 사용조건시험 (2가지)

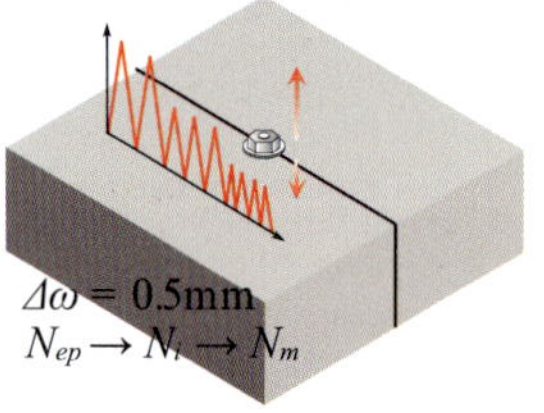

(a) 앵커의 지진인장성능

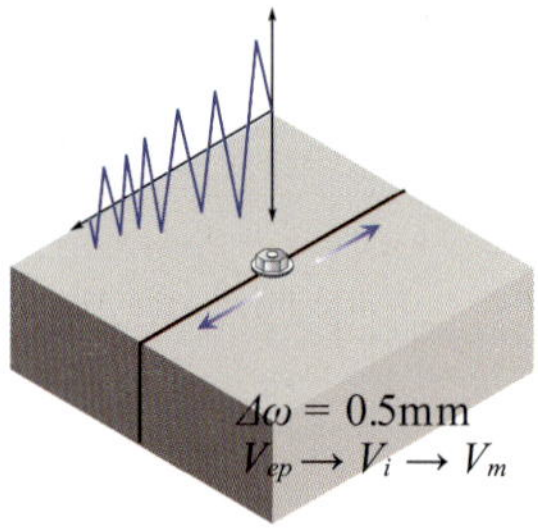

(b) 앵커의 지진전단성능

[그림 7-17] 사용조건시험 (2가지)

4. 앵커 시험결과의 표준화

성능검증시험 중 콘크리트 강도에 대한 규격화를 요구하는 시험에서는 앵커의 파괴 형태를 고려하여 앵커의 강도를 다음과 같이 표준화할 수 있다.

가. 콘크리트 브레이크아웃파괴 및 쪼갬파괴

콘크리트 압축강도는 설계기준압축강도보다 크거나 작을 수 있다. 따라서, 식 (7–21)에 따라 $\sqrt{f_c}$에 비례하여 강도를 표준화할 수 있다.

$$F_{m,i} = F_{u,test,i}\sqrt{\frac{f_{c,m,i}}{f_{c,test,i}}} \quad \text{식 (7–21)}$$

나. 뽑힘파괴

뽑힘파괴강도에 대한 콘크리트 강도의 영향은 시험으로부터 결정한다. 이는 콘크리트구조설계기준에 따라 특성치의 개념을 활용하며, 3.5의 "특성강도 결정"을 참조하여 기계식 후설치 앵커의 뽑힘강도를 계산할 수 있다.

다. 강재파괴

식 (7–22)를 사용하여 앵커 강재의 공칭강도를 표준화할 수 있다. 강재는 KS 기준을 따르며, 5 % 분위수의 강재성능은 앵커의 기준인장강도 f_{uta}의 최솟값에 앵커의 유효단면적을 곱하는 것으로 계산할 수 있다.

$$F_{ut} = F_{u,test,i}\frac{f_{ut}}{f_{c,test}} \quad \text{식 (7–22)}$$

5. 특성강도($F_{5\%}$) 결정

KDS 14 20 54 및 KCI-M-24-018에 따르면, 단일 앵커와 그룹 앵커의 공칭강도는 설계 모델에 대한 앵커의 실제 시험결과를 예측할 수 있어야 한다. 따라서, 현행 설계기준 및 설계법에서는 특성치 개념을 통해 앵커의 특성강도를 결정하고, 이를 기반으로 앵커의 실제 강도를 규정하고 있다.

특성강도는 시험으로부터 얻은 평균값에서 일정 비율을 공제한 값으로, 시험체 수와 콘크리트 구조설계기준에 의해 정해진 신뢰도 수준 및 변동계수를 고려하여 결정된다. 설계기준 및 설계법에 따르면, 특성치는 5 % 분위수(95 %를 초과하는 확률에 대한 90 % 신뢰도에 해당하는 값)로 규정되며, 식 (7-23)을 통해 앵커의 특성강도를 산정하여 실제 강도를 평가할 수 있다.

$$F_{5\%} = F_m(1-K\nu) \quad \cdots\cdots \text{식 (7-23)}$$

여기서, F_m : 앵커의 평균 파괴강도

K : 정규분포곡선에 대한 단측 정(One-sided) 허용한계와 90 %의 신뢰도에 대한 5 % 유의수준에 상응하는 계수

ν : 시험으로부터 결정된 앵커의 변동계수

〈표 7-9〉 90% 신뢰도 수준에서 5% 파괴 확률을 계산하기 위한 K 값

Number of tests	K	Number of tests	K
4	3.957	15	2.329
5	3.400	20	2.208
6	3.091	25	2.132
7	2.894	30	2.080
8	2.755	40	2.010
9	2.649	50	1.965
10	2.568	∞	1.645

여기서, 90 % 신뢰도에서 특성강도를 계산하기 위한 K값의 세분화된 범위는 KCI-M-24-018을 참조

4절. 선설치 매립형 앵커 채널 (Cast-in anchor channel)

1. 일반사항

매립형 앵커 채널은 선설치 앵커의 한 종류로, 콘크리트를 타설하기 전에 설치되어 콘크리트와 일체화된다. 이로 인해 견고한 고정력을 제공하며, 우수한 정착성능과 하중전달성능을 통해 외부하중을 콘크리트 모재로 효과적으로 전달할 수 있다. 후설치 앵커에 비해 고정력과 시공성이 우수한 매립형 앵커 채널은 커튼월, 다리, 엘리베이터 및 터널 등 높은 구조성능과 구조적 안전성이 요구되는 곳에 주로 사용된다. 이러한 특성으로 인해 매립형 앵커 채널은 다양한 건설현장에서 신뢰할 수 있는 솔루션으로 사용되고 있다.

2. 채널의 구성

매립형 앵커 채널은 채널 프로파일에 앵커를 결합하여 사용하며, 볼트(T-Head Bolt)를 채널 프로파일에 연결하여 브라켓 등의 부착물을 지지한다. 매립형 앵커 채의 개요와 구성에 대한 상세 및 설명은 다음과 같다.

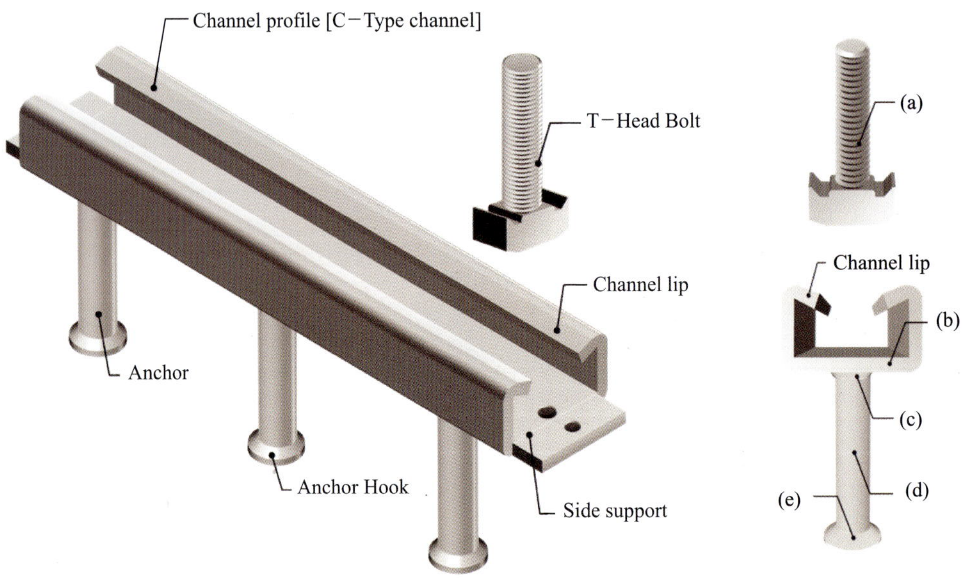

(a) 매립형 앵커 채널 개요　　　(b) 매립형 앵커 채널 단면

[그림 7-18] 매립형 앵커 채널의 구성

가. 채널 볼트 [T-Head bolt]

- C형 채널 내부의 형태에 맞추어 제작된 볼트는 채널과 부착물을 연결하는 고정요소이며, 일반적으로 탄소강으로 제작된다.
- 볼트 직경은 C형 채널의 파괴하중에 따라 선택할 수 있으나, 일반적으로 16mm 이상의 직경을 사용한다.

나. C형 채널 [C-Type channel]

- 레일 형태로 구성된 긴 부재로, T형 볼트를 걸어 부착물을 고정한다.
- C형 채널은 제조방법에 따라 구조성능에 차이가 있으며, 이에 대한 상세 내용은 〈표 7-10〉과 같다.

〈표 7-10〉 C형 채널 제조방법 구분

구분		내용
냉간 제조방식	개요	◆ 채널의 형상을 절곡하여 제작함.
	특징	◆ 판재를 절곡하여 제작하므로 형상가공 및 두께 증가에 한계가 있음. ◆ 채널 립 부분이 취약함.
열간 제조방식	개요	◆ 채널의 형상을 입열 후 연질의 상태에서 형틀로 압출하여 제작함.
	특징	◆ 특정 부위를 보강 설계할 수 있어 강도와 내구성이 우수하며, 형상을 자유롭게 구현할 수 있음.

다. 연결부 [Connection]

- 채널 프로파일과 앵커를 연결하는 부분은 볼트, 단조, 용접방식으로 구분된다.
- 볼트 및 단조 방식은 제조 공정이 간단하고 비용이 저렴하지만, C형 채널부의 강재변형을 유발하여 고하중 및 반복하중에 대해 구조적으로 취약하다. 따라서, 이 방식은 일반적으로 저하중 및 고정 하중용으로 적합하다.
- 용접방식은 볼트 및 단조방식에 비해 제조 공정이 복잡하고 비용이 높을 수 있지만, 접합력이 우수하여 고하중, 풍하중 및 지진하중과 같은 반복하중에 매우 효과적으로 대응할 수 있어 구조적으로 우수한 방식이다.

라. 앵커 [Anchor]

- 콘크리트에 삽입되는 깊이를 확보하기 위한 고정요소로, 채널 프로파일에 연결하여 채널의 성능에 따라 재료, 형태 및 직경을 다양하게 적용할 수 있다.

마. 앵커 후크 [Anchor Hook]

- 콘크리트가 경화되면서 밀착되는 부분으로, 앵커의 뽑힘을 방지하고 넓은 지압면적을 통해 인발력에 저항하는 구조요소이다.

3. 매립형 앵커 채널의 구분

앵커 채널은 성형 방식에 따라 열간(Hot-rolled)과 냉간(Cold-rolled)으로 구분된다. 열간 성형 방식은 형상을 자유롭게 구현할 수 있으며, 취약 부위를 보강할 수 있어 강도와 내구성이 냉간 제작 방식보다 우수하다. 채널 프로파일의 종류와 각 프로파일을 구성하는 요소의 연결 방법에 대한 상세 내용은 다음과 같다.

가. 접합방식의 구분

- Forged type : 채널 프로파일 내부에 앵커볼트 두부를 두드리거나 압착 성형하여 연결하는 방식
- Bolted type : 볼트로 연결하는 방식
- Welded type : 용접하여 연결하는 방식

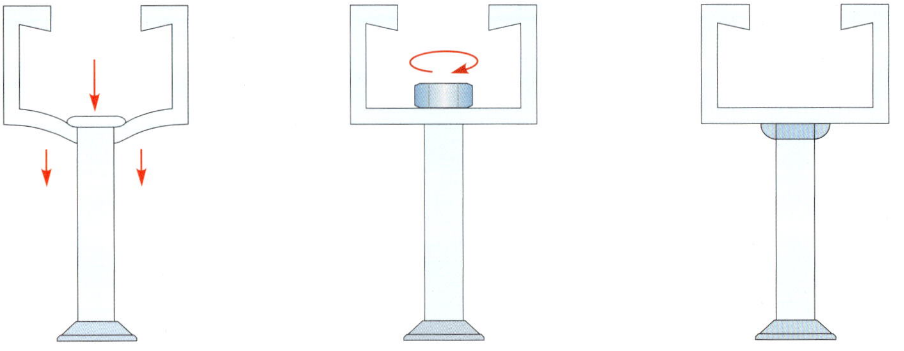

(a) Forged anchor connection (b) Bolted anchor connection (c) Welded anchor connection

[그림 7-19] 채널 프로파일 접합방식의 구분

나. C-채널 프로파일의 구분

- 냉간 가공 : 판재를 구부려서 형태를 가공함.
- 열간 가공 : 고온에서 형틀로 압출하여 가공함.

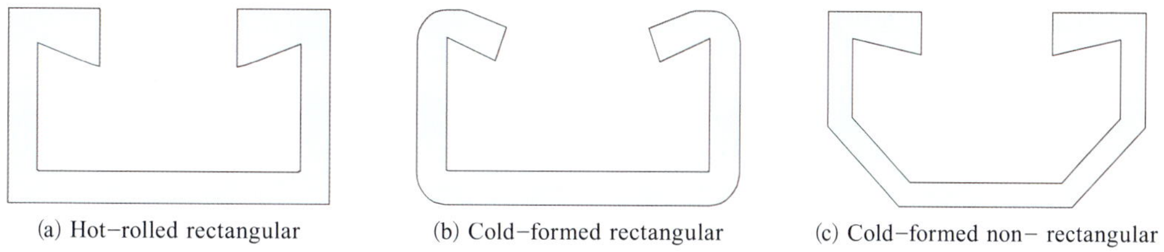

[그림 7-20] C-채널 프로파일 구분

다. 앵커 유형의 구분

- Round type : 원형 봉강 형태의 앵커
- I-profile type : 긴 판재 형태의 프로파일

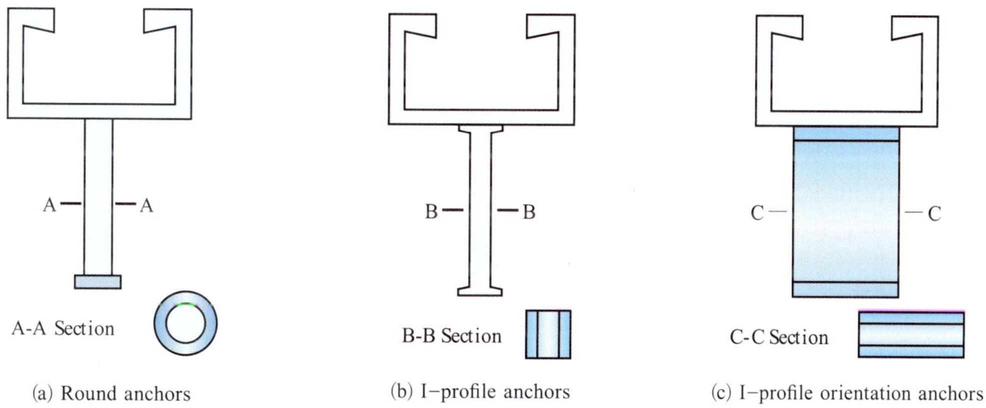

[그림 7-21] 앵커 구분

라. 톱니형 [Toothed]

- C형 채널부의 내부와 이에 맞물리는 T형 볼트부에 톱니 모양의 요철부를 가공하여, 채널의 길이 방향으로 Slip을 제어하고 횡하중에 저항할 수 있도록 설계된 형태이다.
- 열간 가공방법으로 제작되어 풍하중 및 지진하중 등 다중 방향의 하중을 받는 환경에 적합한 채널이다.

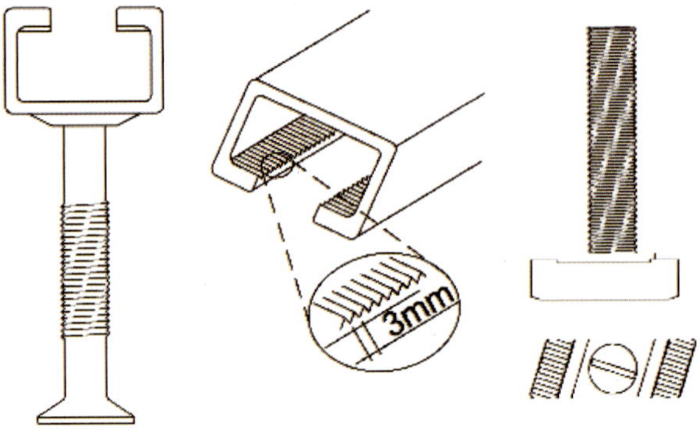

[그림 7-22] 나사산으로 구성된 채널 및 T-Head bolt

4. 매립형 앵커 채널의 구조기준

매립형 앵커 채널의 구조기준은 유럽의 EN Code를 기반으로 하며, 이와 관련된 설계기준으로는 "DD CEN/TS 1992-4-Design of Concrete Structures Series(Draft for Development, Technical specification)"를 따르고 있다. 이는 EN 1992에서 파생된 유럽 기술기준으로, 채널의 설계의 가이드로 활용되고 있다.

Draft 버전인 DD CEN/TS 1992-4 Series는 EOTA(European Organization for Technical Assessment)에서 발행하고 있다. 이 Series는 TR(Technical Report), ETAG(Guideline for European Technical Approval), EAD(European Assessment Document)를 통해 개정되어 매립형 앵커 채널과 관련된 기술자료를 지속적으로 제공하고 있다. 매립형 앵커 채널과 관련된 유럽 기술기준은 다음과 같다.

〈표 7-11〉 매립형 앵커 채널 구조설계기준

구분	관련 기준
Code	• EN 1992 Design of concrete structures
Design	• DD CEN/TS 1992-4 series • TR 047 Calculation method for the performance of anchor channel
Test	• TR 050 Anchor channel under fatigue loading • TR 020 Evaluation of anchorages in concrete concerning resistance to fire • EAD 330008-03-0601 Anchor channels • ETAG 001 Annex A: details of test • ETAG 001 Part-1 General – Metal Anchors for Use in Concrete

가. 매립형 앵커 채널의 설계 개념

EN Code에 따른 매립형 앵커 채널의 설계를 위한 일반사항, 콘크리트 및 하중 조건은 다음과 같다. 설계 시 매립형 앵커 채널은 균열 및 비균열 콘크리트에 모두 사용할 수 있으나, 원칙적으로 균열이 발생한 콘크리트에서의 사용을 가정하여 설계를 수행한다(〈표 7-12〉 참조).

〈표 7-12〉 매립형 앵커 채널의 설계기준

(a) EN Code에 따른 콘크리트 매립형 앵커 채널의 설계 조건

구분	주요 내용

일반 사항	• 극한한계상태(Ultimate limit states)의 개념에 기초함.
	• 사용한계상태(Serviceability limit states)는 허용 가능한 변형정도를 규정함.
	• CEN/TS에 사용하는 부분 계수는 EN 1990의 부속서를 사용하며, 신뢰도 등급 RC2와 관련된 사용 수명(Nominal working life)을 50년으로 가정함.
	• Fastenings를 포함한 채널은 다음의 경우에 파괴된 것으로 간주함.
	  - 구조의 부분적 붕괴 또는 파괴의 발생
	  - 인간의 생명에 위험을 초래하거나 심각한 경제 손실을 초래하는 경우
	• EN 1992-1-1에 따라 콘크리트에 사용하는 고정시스템의 설계와 실행은 적절한 경험과 기술을 가진 엔지니어에 의해 수행된다고 가정함.

콘크리트 적용조건	• EN 206-1 : 2002에 따른 콘크리트 강도는 C12/15 ~ C90/105를 따름. • 화재에 노출된 콘크리트의 등급은 C20/25 ~ C50/60까지를 포함함. • FPC 및 PC 콘크리트는 포함하지 않음.
하중 조건	• 매립형 앵커 채널의 하중조건은 1991 또는 EN 1998을 따름 • 채널 볼트에 가해지는 인장력과 채널의 길이 방향에 수직인 전단력에 대한 정적 및 준정적하중을 포함함.

(b) 매립형 앵커 채널의 설계 개념

구분	설계 개념
극한한계 상태	• 극한한계상태에서 설계하중은 설계 저항성 값과 같거나 초과할 수 없음. $E_d \leq R_d$ 여기서, E_d는 설계하중, R_d는 설계 저항성이다.
사용한계 상태	• 사용한계상태에서는 다음의 조건을 만족해야함. $E_d \leq C_d$ 여기서, E_d는 설계 하중, C_d는 설계 저항성이다.
설계 저항성	• 극한한계상태에서의 설계 저항성은 채널의 각 구성요소의 특성 저항성에 대한 구성 요소별 부분계수(Partial factor)를 적용하여 도출함. $R_d = R_k/\gamma_M$ 여기서, R_k는 채널의 각 구성요소별 특성 저항성(Characteristic resistance), γ_M는 설계 저항성(Partial factor)이다.

시험을 통해 얻은 매립형 앵커 채널의 특성 저항값은 설계강도를 결정하는데 필수적이다. ETAG 001 및 EAD 330008-03-0601의 설계기준과 평가지침에 따라 각 구성요소의 성능검증시험을 수행하고, 각 시험항목에 대한 특성 저항값을 결정하여 매립형 앵커 채널의 설계강도를 계산한다.

나. 인장하중을 받는 매립형 앵커 채널의 설계법

인장하중을 받는 앵커 채널의 파괴모드별 설계저항 및 인장력을 결정하는 세부 사항은 다음과 같다([그림 7-23] 및 〈표 7-13〉 참조).

〈표 7-13〉 인장하중을 받는 앵커 채널의 파괴모드별 설계 저항값

No	Failure mode		Channel	Most unfavorable anchor/ Channel bolt
1		Anchor	–	$N_{Ed}^{a} \le N_{Rd,s,a} = \frac{N_{Rk,s,a}}{\gamma_{Ms}}$
2		Connection between anchor & channel	–	$N_{Ed}^{a} \le N_{Rd,s,c} = \frac{N_{Rk,s,c}}{\gamma_{Ms,ca}}$
3	Steel failure	Local flexure of channel lip	$N_{Ed}^{cb} \le N_{Rd,s,l} = \frac{N_{Rk,s,l}}{\gamma_{Ms,l}}$	–
4		Channel bolt	–	$N_{Ed}^{cb} \le N_{Rd,s} = \frac{N_{Rk,s}}{\gamma_{Ms}}$
5		Flexure of channel	$M_{Ed}^{ch} \le M_{Rd,s,flex} = \frac{M_{Rk,s,flex}}{\gamma_{Ms,flex}}$	–
6	Pull-out failure		–	$N_{Ed}^{a} \le N_{Rd,p} = \frac{N_{Rk,p}}{\gamma_{Mp}}$
7	Concrete cone failure		–	$N_{Ed}^{a} \le N_{Rd,c} = \frac{N_{Rk,c}}{\gamma_{Mc}}$
8	Concrete splitting failure		–	$N_{Ed}^{a} \le N_{Rd,sp} = \frac{N_{Rk,sp}}{\gamma_{Msp}}$
9	Concrete blow-out failure		–	$N_{Ed}^{a} \le N_{Rd,cb} = \frac{N_{Rk,cb}}{\gamma_{Mcb}}$
10	Steel failure of supplementary reinforcement		–	$N_{Ed,re}^{a} \le N_{Rd,re} = \frac{N_{Rk,re}}{\gamma_{Ms,re}}$
11	Anchorage failure of supplementary reinforcement		–	$N_{Ed,re}^{a} \le N_{Rd,a}$

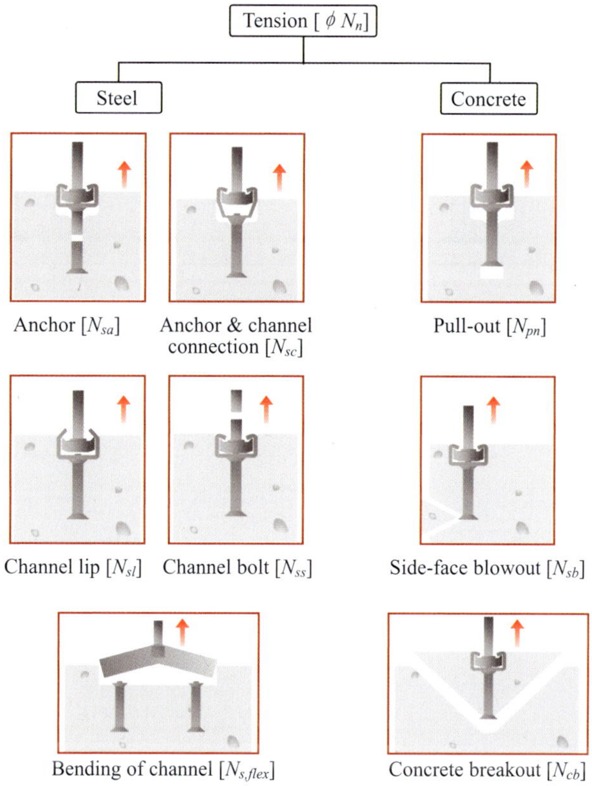

[그림 7-23] 인장하중에 따른 매립형 앵커 채널의 파괴모드

1) 각 앵커에 작용하는 인장력 결정

$$N_{Ed,i}^{a} = k \times A_i' \times N_{Ed}^{cb}$$

여기서, $N_{Ed,i}^{a}$: 앵커 I로부터의 인장 설계 값

$k = \dfrac{1}{\sum A'j}$

A'_i : 하중 N_{Ed}^{cb}지점에서 높이 1을 갖는 삼각형의 세로 좌표

N_{Ed}^{cb} : 앵커 채널에서 작용하는 인장하중

l_i : $13 \times l_y^{0.05} \times s^{0.5} \geq s[\mathrm{mm}^4]$

n : 적용된 하중의 두 개 면에 구속된 길이 l_i에서 채널 앵커의 수

l_y : 채널의 관성 모멘트

s : 앵커 간격

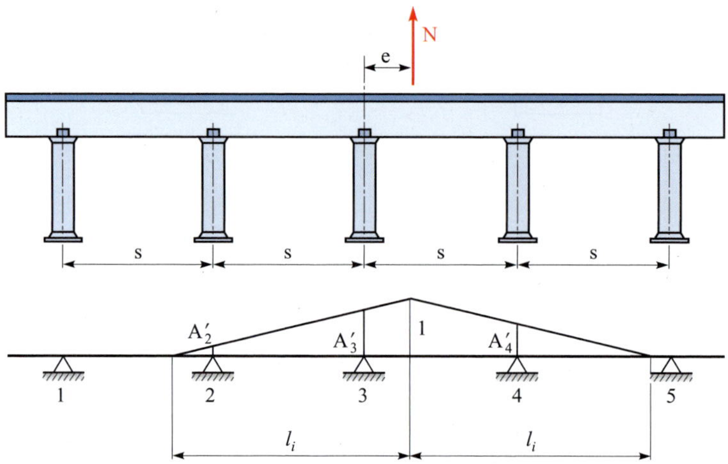

[그림 7-24]

- $A'_2 = \dfrac{l-e-s}{l_i}$
- $A'_3 = \dfrac{l-e}{l_i}$
- $A'_4 = \dfrac{l-s+e}{l_i}$
- $k = \dfrac{1}{A'_2 + A_3 + A_4}$

- $N^a_{Ed,1} = N^a_{Ed,5} = 0$
- $N^a_{Ed,2} = A'_2 \times k \times N^{cb}_{Ed}$
- $N^a_{Ed,3} = A'_3 \times k \times N^{cb}_{Ed}$
- $N^a_{Ed,4} = A'_4 \times k \times N^{cb}_{Ed}$

2) 인장하중에 의한 강재파괴 설계

$$N_{Rk,s,l} = N^0_{Rk,s,l} \times \psi_{l,N}$$

여기서, $\psi_{l,N}$: $\psi_{l,N}=0.5\times\left(1+\dfrac{s_{cbo}}{s_{l,N}}\right)\leq 1$

s_{cbo} : 채널 볼트의 간격

$s_{l,N}$: 인장력에 의한 채널 립 파괴의 특성 간격은 ETA를 따름.

3) 인장하중에 의한 뽑힘파괴 설계

$$N_{Rk,p} = k_2 \times A_h \times f_{ck}$$

여기서, k_2 : 균열 콘크리트의 경우 7.5, 비균열 콘크리트의 경우 10.5를 사용

A_h : 앵커 헤드의 지압면적 → $A_h = \dfrac{\pi}{4}\left(d_h^2 - d_a^2\right)$

4) 인장하중에 의한 콘크리트 브레이크아웃파괴 설계

$$N_{Rk,c} = N^0_{Rk,c} \times \psi_{ch,s,N} \times \psi_{ch,e,N} \times \psi_{ch,c,N} \times \psi_{re,N}$$

여기서, $N^0_{Rk,c}$: 기본 콘크리트 브레이크아웃강도 → $N^0_{Rk,c} = k_1 \times \sqrt{f_{ck}} \times h_{ef}^{1.5}$

$\psi_{ch,s,N}$: 인접한 앵커의 영향 → $\dfrac{1}{1+\sum_{i=1}^{n_{ch,s,N}}[(1-\dfrac{s_i}{s_{cr,N}})^{1.5}\dfrac{N_1}{N_0}]} \le 1.0$

$\psi_{ch,c,N}$: 연단거리의 영향 → $\left(\dfrac{c_1}{c_{cr,N}}\right)^{0.5} \le 1.0$

$\psi_{ch,c,N}$: 모서리의 영향 → $\left(\dfrac{c_2}{c_{cr,N}}\right)^{0.5} \le 1.0$

$\psi_{re,N}$: 콘크리트 표면 박리의 영향 → $0.5 + \dfrac{h_{ef}}{200} \le 1.0$

5) 인장하중에 의한 쪼개짐 파괴 설계

$$N_{Rk,sp} = N^0_{Rk,c} \times \psi_{ch,s,N} \times \psi_{ch,c,N} \times \psi_{ch,e,N} \times \psi_{re,N} \times \psi_{h,sp}$$

여기서, $N^0_{Rk,c}$: $N^0_{Rk,c} = \min[N_{Rk,p}, N^0_{Rk,c}]$

$\psi_{h,sp}$: $\left(\dfrac{h}{h_{\min}}\right)^{2/3} \le \max\left\{1;\left(\dfrac{h_{ef}+c_{cr,N}}{h_{\min}}\right)^{2/3}\right\} \le 2.0$

6) 인장하중에 의한 콘크리트 측면파열 설계

$$N_{Rk,cb} = N^0_{Rk,cb} \times \psi_{ch,s,Nb} \times \psi_{ch,c,Nb} \times \psi_{ch,h,Nb}$$

여기서, $N^0_{Rk,cb}$: 콘크리트 측면파열 강도 → $N^0_{Rk,cb} = k_5 \times c_1 \times \sqrt{A_h} \times \sqrt{f_{ck}}$

k_5는 균열 콘크리트의 경우 8.7, 비균열 콘크리트의 경우 12.2

$\psi_{ch,c,Nb}$: 모서리의 영향 → $\left(\dfrac{c_2}{c_{cr,Nb}}\right)^{0.5} \le 1.0$

$\psi_{ch,h,Nb}$: 콘크리트 두께의 영향 → $\dfrac{h_{ef}+f}{4c_1} \le \dfrac{2_{c1}+f}{4c_1} \le 1.0$

7) 보강 철근에 의한 파괴설계

• **강재파괴**

$$N_{Rk,re} = \sum_{i=1}^{n_{re}} A_{s,re,i} \times f_{yk,re}$$

여기서, $f_{yk,re}$: $f_{yk,re} \le 600\ \text{N/mm}^2$

n_{re} : 하나의 앵커에 영향을 미치는 보강 철근의 개수

• 부착파괴

$$N_{Rk,a} = \sum_{i=1}^{n_{re}} N^0_{Rd,\,a,\,i}$$

여기서, $N_{Rk,a}$: $\dfrac{l_1 \times \pi \times \phi \times f_{bd}}{\alpha_1 \times \alpha_2} \le A_{s,\,re} \times f_{yk,\,re} \times \dfrac{1}{\gamma_{Ms,\,re}}$

l_1 : 콘크리트 브레이크아웃 파괴체에서의 정착길이(이때, l_1은 단면에서의 최소 정착길이보다 커야 함.

f_{bd} : EN 1992-1-1 : 2004/AC : 2010에 따른 설계 부착강도

α_1, α_2 : EN 1992-1-1 : 2004/AC : 2010에 따른 영향계수

다. 전단하중을 받는 매립형 앵커 채널의 설계법

전단하중을 받는 앵커 채널의 파괴모드별 설계저항 및 전단력을 결정하는 세부 사항은 다음과 같다([그림 7-25] 및 〈표 7-14〉 참조).

〈표 7-14〉 전단하중을 받는 앵커 채널의 파괴모드별 설계 저항값

No	Failure mode			Channel	Most unfavorable anchor of channel bolt
1	Steel failure	Shear force without lever arm	Channel bolt	–	$V^{cb}_{Ed} \le V_{Rd,s} = \dfrac{V_{Rk,s}}{\gamma_{Ms}}$
2			Anchor	–	$V^{a}_{Ed} \le V_{Rd,s,a} = \dfrac{V_{Rk,s,a}}{\gamma_{Ms}}$
3			Connection between anchor & channel	–	$V^{a}_{Ed} \le V_{Rd,s,c} = \dfrac{V_{Rk,s,c}}{\gamma_{Ms,ca}}$
4			Local flexure of channel lip	$V^{cb}_{Ed} \le V_{Rd,s,l} = \dfrac{V_{Rk,s,l}}{\gamma_{Ms,l}}$	–
5		Shear force with lever arm	Channel bolt	–	$V^{cb}_{Ed} \le V_{Rd,s,M} = \dfrac{V_{Rk,s,M}}{\gamma_{Ms}}$
6	Pry-out failure			–	$V^{a}_{Ed} \le V_{Rd,cp} = \dfrac{V_{Rk,cp}}{\gamma_{Ms}}$
7	Concrete cone failure			–	$V^{a}_{Ed} \le V_{Rd,c} = \dfrac{V_{Rk,c}}{\gamma_{Ms}}$
8	Steel failure of supplementary reinforcement			–	$N^{a}_{Ed,re} \le N_{Rd,re} = \dfrac{N_{Rk,re}}{\gamma_{Ms,re}}$
9	Anchorage failure of supplementary reinforcement			–	$N^{a}_{Ed,re} \le N_{Rd,a}$

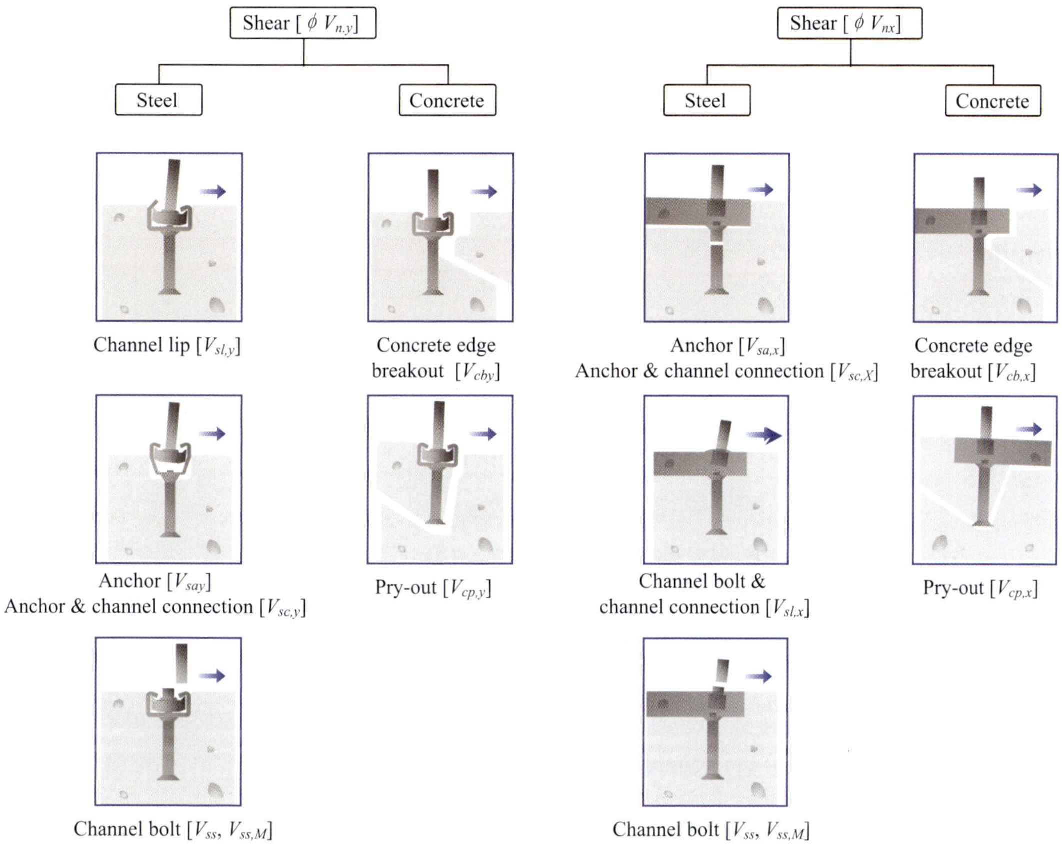

[그림 7-25] 전단하중에 따른 매립형 앵커 채널의 파괴모드

1) 전단하중에 의한 강재파괴 설계

$$V_{Rk,s,l} = V^{0}_{Rk,s,l} \times \psi_{l,V}$$

여기서, $\psi_{l,V}$: $\psi_{l,V} = 0.5 \times \left(1 + \frac{s_{cbo}}{s_{l,V}}\right) \leq 1$

s_{cbo} : 채널 볼트의 간격

$s_{l,V}$: 전단력에 의한 채널 립 파괴에 대한 특성 간격

2) 전단하중에 의한 콘크리트 프라이아웃파괴 설계

$$V_{Rk,cp} = k_8 \times N_{Rk,c}$$

여기서, k_8 : ETA에 명시된 묻힘깊이에 대한 영향계수

3) 전단하중에 의한 콘크리트 측면파열 설계

$$V_{Rk,c} = V^0_{Rk,c} \times \psi_{ch,s,V} \times \psi_{ch,c,V} \times \psi_{ch,h,V} \times \psi_{ch,90°,V} \times \psi_{re,V}$$

여기서, $V^0_{Rk,c}$: 기본 콘크리트 브레이크아웃강도 → $V^0_{Rk,c} = k_{12} \times \sqrt{f_{ck}} \times c_1^{4/3}$

$\psi_{ch,s,V}$: 인접한 앵커의 영향 → $\dfrac{1}{1+\sum_{i=1}^{n_{ch,V}}\left[(1-\dfrac{s_i}{s_{cr,V}})^{1.5} \times \dfrac{V_i}{V_0}\right]} \leq 1.0$

$\psi_{ch,c,V}$: 모서리의 영향 → $\left(\dfrac{c_2}{c_{cr,V}}\right)^{0.5} \leq 1.0$

$\psi_{ch,h,V}$: 콘크리트 두께의 영향 → $\left(\dfrac{h}{h_{cr,V}}\right)^{0.5} \leq 1.0$

$\psi_{ch,90°,V}$: 전단력 방향의 영향은 2.5를 사용함.

$\psi_{re,V}$: 가장자리에 위치한 철근의 영향을 고려한 계수

5. 매립형 앵커 채널 성능검증시험

EN Code에 따른 매립형 앵커 채널의 설계강도는 규정된 기술기준 및 평가지침을 따라야 한다. 앵커 채널의 적용 범위는 EAD 330008-03-0601에 명시된 시험 프로그램을 따라야 하며, 각 부품 및 구성 요소별 시험방법에 근거하여 특성 저항값 Rk을 도출할 수 있다.

시험을 통해 얻은 각 부품 및 구성요소의 특성 저항값을 도출한 후, 설치 환경과 제품의 특정 조건을 고려하여 적절한 강도감소계수를 적용하면 해당 설계 모델에 대한 설계강도를 산정할 수 있다. 앵커 채널의 설계강도 결정을 위한 시험 및 관련 세부 사항은 다음과 같다.

〈표 7-15〉 앵커 채널을 구성하는 요소의 특성저항을 결정하기 위한 평가방법 및 지침

No	Essential characteristic	Expression of product performance
Basic Works Requirement 1: Mechanical resistance and stability		
Characteristic resistance under static and quasi-static tension loading		
1	Resistance to steel failure of anchors	Level $N_{Rk,s,a}$
2	Resistance to steel failure of the connection between anchors and channel	Level $N_{Rk,s,c}$
3	Resistance to steel failure of the connection between anchors and channel	Level $N^0_{Rk,s,l}$; $s_{l,N}$
4	Resistance to steel failure of the connection between anchors and channel	Level $N_{Rk,s}$

5	Resistance to steel failure by exceeding the bending strength of the channel	Level	$M_{Rk,s,flex}$; $s_{\max}$
6	Maximum installation torque moment to avoid damage during installation	Level	$T_{\in st,g}$; $(T_{\in st,s})$
7	Resistance to pull-out failure of the anchor	Level	$N_{Rk,p}$
8	Resistance to concrete cone failure	Level	$k_{cr,N}$; $k_{ucr,N}$; h_{ef}
9	Minimum edge distances, spacing and member thickness to avoid concrete splitting during installation	Level	$s_{\min}$; $c_{\min}$; $h_{\min}$
10	Minimum edge distances, spacing and member thickness to avoid concrete splitting during installation	Level	$s_{cr,sp}$; $c_{cr,sp}$
11	Resistance to blowout failure (Bearing area of anchor head)	Level	A_h
Characteristic resistance under static and quasi-static shear loading			
12	Resistance to steel failure of channel bolt under shear loading without lever arm	Level	$V_{Rk,s}$
13	Resistance to steel failure by bending of the channel bolt under shear load with lever arm	Level	$M^0_{Rk,s}$
14	Resistance to steel failure of channel lips, steel failure of connection between anchor and channel or steel failure of anchor (Shear load in transverse direction)	Level	$V^0_{Rk,s,c,y}$; $V_{Rk,s,a,y}$ $V^0_{Rk,s,c,y}$; $V_{Rk,s,a,y}$
15	Resistance to steel failure of connection between channel lips and channel bolt(Shear load in longitudinal channel axis)	Level	$V_{Rk,s,l,x}$
16	Factor for sensitivity to installation	Level	$\gamma_{\in st}$
17	Resistance to steel failure of the anchor	Level	$V_{Rk,s,a,x}$
18	Resistance to steel failure of connection between anchor and channel	Level	$V_{Rk,s,c,x}$
19	Resistance to steel failure of connection between anchor and channel	Level	k_8
20	Resistance to concrete edge failure	Level	$k_{cr,V}$; $k_{ucr,V}$
Resistance to concrete edge failure			
21	Resistance to steel failure of the anchor channel	Level	k_{13} ; k_{14}
Characteristic resistance under fatigue tension loading			
22	Fatigue resistance to steel failure of the whole system (Continuous or trilinear function)	Level	$\Delta N_{Rk,s,0,n}$ (n=1 to n=∞)
23	Fatigue limit resistance to steel failure of the whole system	Level	$\Delta N_{Rk,s,0,\infty}$

24	Fatigue resistance to concrete related failure (Exponential function)	Level	$\Delta N_{Rk,c,0,n}$ $\Delta N_{Rk,p,0,n}$ (n=1 to n=∞)
25	Fatigue limit resistance to concrete related failure	Level	$\Delta N_{Rk,c,0,\infty}$ $\Delta N_{Rk,p,0,\infty}$
26	Displacements	Level	δ_{N0}, $\delta_{N\infty}$, $\delta_{V,y,0}$ $\delta_{V,y,\infty}$, $\delta_{V,x,0}$, $\delta_{V,x,\infty}$
Basic Works Requirement 2: Safety in case of fire			
27	Reaction to fire	Class	
28	Resistance to fire	Level	$N_{Rk,s,fi}$; $V_{Rk,s,fi}$
Aspects of durability			
29	Durability	Description	

〈표 7-16〉 정적 및 준정적 하중 하에서의 저항에 대한 앵커 채널 시험 프로그램

No	Test program for resistances under static and quasi-static load
Steel failure under tension load	
S1	Channel / anchor
S2	Failure of channel lips, pull-out channel bolt
S3	Channel bolt head
S4	Bending strength of channel
S5	Torque tests
Concrete failure under tension load	
C1	Concrete failure under tension load
Steel failure under shear load acting perpendicular to the longitudinal channel axis	
S6a	Bending or failure of channel lips, connection anchor/channel or anchor
S6b	
Concrete failure under shear load	
C2	Concrete edge failure
Steel failure under shear load acting in longitudinal channel axis	
S7	Connection between channel lips and channel bolt
S8	6Connection between channel lips and channel bolt (Influence of level of pre-stressing force)
S9	Connection between channel lips and channel bolt (Influence of channel below concrete surface)

〈표 7-17〉 추천 부분안전계수

Failure modes		Partial factor	
		Permanent and transient design situations	Accidental design situation
Steel failure – anchor channels			
Tension in anchors and channel bolts	γ_{MS}	$= 1.2 \times f_{uk} / f_{yk} \geq 1.4$	$= 1.05 \times f_{uk} / f_{yk} \geq 1.25$
Shear in anchors and shear with and without lever arm in channel bolts		$= 1.0 \times f_{uk} / f_{yk} \geq 1.25$ for $f_{uk} \leq$ 800N/mm^2 and $f_{yk}/f_{uk} \leq 0.8$	
		$= 1.5$ for f_{uk} >800N/mm^2 or f_{yk}/f_{uk} >0.8	$= 1.3$ for f_{uk} >800N/mm^2 or f_{yk}/f_{uk} >0.8
Connection between anchor and channel in tension and shear	$\gamma_{Ms,ca}$	= 1.8	= 1.6
Local failure of anchor channel by bending of lips in tension and shear	$\gamma_{Ms,l}$	= 1.8	= 1.6
Bending of channel	$\gamma_{Ms,flex}$	= 1.15	= 1.00
Steel failure – supplementary reinforcement			
Tension	$\gamma_{Ms,re}$	= 1.15	= 1.00
Concrete failure			
Cone breakout, Edge breakout, Blow-out, Pry-out	γ_{Mc}	$= \gamma_c \times \gamma_{inst}$	
	γ_c	= 1.5	= 1.2
	γ_{inst}	= 1.0 for anchor channels	
Splitting	γ_{Msp}	$= \gamma_{Mc}$	
Pull-out failure			
Pull-out	γ_{Mp}	$= \gamma_{Mc}$	

부 록 | 기호 정리

A_{Nc} : 인장강도 산정을 위한 단일 앵커 또는 앵커 그룹의 콘크리트 브레이크아웃파괴 면 투영면적

A_{Nco} : 연단거리 또는 간격에 제한을 받지 않는 경우, 인장강도 산정을 위한 단일 앵커의 콘크리트 브레이크아웃파괴면 투영면적

$A_{se,N}$: 인장력을 받는 앵커의 유효단면적

$A_{se,V}$: 전단력을 받는 앵커의 유효단면적

A_{Vc} : 전단강도 산정을 위한 단일 앵커 또는 앵커 그룹의 콘크리트 브레이크아웃파괴면 투영면적

A_{Vco} : 모서리의 영향, 간격 또는 부재 두께에 제한을 받지 않는 경우, 전단강도 산정을 위한 단일 앵커의 콘크리트 브레이크아웃파괴면 투영면적

c_{ac} : 콘크리트의 쪼개짐을 방지하기 위한 보조 철근이 없는 경우의 비균열 콘크리트에 설치된 후설치 앵커가 기본 콘크리트 브레이크아웃강도 또는 기본 부착강도를 발현할 수 있기 위해 요구되는 위험 연단거리

$c_{a,\max}$: 앵커 샤프트 중심부터 콘크리트 단부까지 최대 연단거리

$c_{a,\min}$: 앵커 샤프트 중심부터 콘크리트 단부까지 최소 연단거리

c_{a1} : 앵커 샤프트 중심부터 콘크리트 단부까지의 거리

c_{a2} : 앵커 샤프트 중심부터 c_{a1}과 직각방향에 있는 콘크리트 단부까지 거리

c_{ar} : 쪼갬을 방지하기 위한 보조 철근이 없는 경우, 후설치앵커가 콘크리트 파괴강도를 발현할 수 있기 위해 요구되는 기본 연단거리

c_{min} : 제조사의 시험으로부터 결정된 데이터에 의한 최소 연단거리

d_a : 앵커의 외경, 혹은 헤드 스터드, 헤드 볼트, 갈고리형 볼트의 샤프트 지름

d'_a : 대구경 앵커를 사용하는 경우의 d_a 대체 값

e_h : J 또는 L볼트 샤프트의 안쪽 면부터 J 또는 L볼트의 바깥쪽 끝까지 거리

e'_N : 앵커 그룹에 작용하는 축력의 편심. 인장하중을 받는 앵커 그룹에 작용하는 인장력의 합력과 앵커 그룹 도심 사이 거리

e'_V : 앵커 그룹에 작용하는 전단력의 편심. 전단력의 작용 위치부터 전단력에 저항하는 앵커 그룹 도심까지 거리

$F_{5\%}$: 5% 분위수에 기초한 앵커의 특성강도

F_m : 평균 파괴강도

f_{ck} : 콘크리트의 설계기준압축강도

$f_{c,m,i}$: i번째 시험계의 시험결과를 표준화할 때 사용하는 콘크리트 압축강도

$f_{c,test,i}$: i번째 시험계의 콘크리트에 대하여 표준 공시체를 이용하여 측정한 콘크리트 평균 압축강도

f_{ut} : 앵커 강재의 설계기준인장강도

f_y : 앵커 강재의 설계기준항복강도

h : 앵커가 정착되는 부재 두께(앵커 축과 평행한 방향)

h_{ef} : 앵커의 유효묻힘깊이

h_{min} : 앵커 제조사에 의해 명시된 최소 부재 두께

K : 90%의 신뢰도에 의하여 5% 분위수를 결정하기 위한 통계상수(단측 허용오차계수)로서 값은 시험의 수에 따라 결정됨

k_c : 인장에 의한 기본 콘크리트 브레이크아웃강도 계수

k_{cp} : 프라이아웃강도 계수

l_e : 앵커의 전단력에 대한 지압 저항 길이

n : 한 그룹의 앵커 수

N_b : 균열 콘크리트에서 인장을 받는 단일 앵커의 기본 콘크리트 브레이크아웃강도

N_{cb} : 인장을 받는 단일 앵커의 공칭콘크리트 브레이크아웃강도

N_{cbg} : 인장을 받는 앵커 그룹의 공칭콘크리트 브레이크아웃강도

N_{cp} : 전단을 받는 단일 앵커의 공칭콘크리트 프라이아웃강도

N_{cpg} : 전단을 받는 앵커 그룹의 공칭콘크리트 프라이아웃강도

N_n : 공칭인장강도

N_p : 균열 콘크리트에서 인장을 받는 단일 앵커의 뽑힘강도

N_{pn} : 인장을 받는 단일 앵커의 공칭뽑힘강도

N_{sa} : 인장을 받는 단일 앵커 또는 앵커 그룹에서 개별 앵커의 공칭강재강도

N_{sb} : 단일 앵커의 공칭측면파열강도

N_{sbg} : 앵커 그룹의 공칭측면파열강도

N_{ua} : 단일 앵커 또는 앵커 그룹에서 개별 앵커의 계수 인장하중

s : 앵커 중심 간격

s_{min} : 앵커의 최소 간격

V_b : 균열 콘크리트에서 전단을 받는 단일 앵커의 기본 콘크리트 브레이크아웃강도

V_{cb} : 전단을 받는 단일 앵커의 공칭콘크리트 브레이크아웃강도

V_{cbg} : 전단을 받는 앵커 그룹의 공칭콘크리트 브레이크아웃강도

V_{cp} : 단일 앵커의 공칭콘크리트 프라이아웃강도

V_{cpg} : 앵커 그룹의 공칭콘크리트 프라이아웃강도

V_n : 공칭전단강도

V_{sa} : 전단을 받는 단일 앵커 또는 앵커 그룹의 개별 앵커에서 강재강도가 지배하는 경우의 공칭전단강도

V_{ua} : 단일 앵커 또는 앵커 그룹에 작용하는 계수전단하중

λ : 보통 중량 콘크리트와 같은 압축강도를 갖는 경량 콘크리트의 저감된 물성을 고려한 수정계수

ϕ : 강도감소계수

$\psi_{c,N}$: 균열 유무에 따른 인장강도에 대한 수정계수

$\psi_{c,P}$: 균열 유무에 따른 앵커뽑힘강도에 대한 수정계수

$\psi_{c,V}$: 콘크리트 균열 및 보조철근의 유무에 따른 전단강도에 대한 수정계수

$\psi_{cp,N}$: 설치 시 쪼갬 인장응력을 고려하여, 후설치 앵커를 보조 철근 없이 비균열 콘크리트에 사용하기 위한 인장강도에 대한 수정계수

$\psi_{ec,N}$: 앵커가 편심하중을 받는 경우의 인장강도에 대한 수정계수

$\psi_{ec,V}$: 앵커 그룹이 편심하중을 받는 경우의 전단강도에 대한 수정계수

$\psi_{ed,N}$: 연단거리 영향에 따른 인장강도에 대한 수정계수

$\psi_{ed,V}$: 연단거리 영향에 따른 전단강도에 대한 수정계수

$\psi_{h,V}$: $h_a < 1.5c_{a1}$인 콘크리트 부재에 설치된 앵커의 전단강도에 대한 수정계수

부 록 II | 용어 정리

- **간격슬리브 (Distance sleeve)**

  언더컷 앵커, 비틀림 제어 확장앵커 및 변위 제어 확장앵커의 중심부를 둘러싸는 확장되지 않는 슬리브

- **갈고리 볼트 (Hooked bolt)**

  앵커 하단에 위치하고 e_h가 최소한 $3d_o$인 90° 갈고리(L볼트) 또는 180° 갈고리(J볼트)의 기계적 맞물림에 의하여 정착되는 선설치 앵커

- **보조 철근 (Supplementary reinforcement)**

  잠재적인 콘크리트의 파괴 프리즘을 구조부재에 연결시키기 위하여 설계 및 설치되는 철근으로 모든 설계하중을 앵커로부터 구조부재에 전달하도록 설계되지는 않은 철근

- **부속물 (Attachment)**

  콘크리트면의 외부에서 앵커에 하중을 전달하거나 또는 앵커로부터 하중을 전달받는 구조부재

- **뽑힘파괴 (Pull-out failure)**

  뽑힘파괴는 앵커의 콘크리트에 대한 기계적 작용이 충분하지 못하여 강재 파괴 또는 콘크리트 원추형 파괴를 발생시키지 못할 때 발생함. 콘크리트 원추형 파괴보다 더 낮은 하중에서 앵커가 천공 구멍으로부터 미끄러져 뽑혀 나옴. 간혹, 뽑힘파괴의 일부 형태로 콘크리트 원추형 파괴가 발생할 수도 있는데, 이는 충분한 원추형 파괴를 발생시키는 경우보다 작은 묻힘깊이에서 주로 발생함.

- **선설치 앵커 (Cast-in-place anchor)**

  콘크리트를 타설하기 이전에 설치되는 헤드 볼트, 헤드 스터드 또는 갈고리 볼트

- **앵커 (Anchor)**

  헤드 볼트, 갈고리 볼트(J 또는 L볼트), 헤드 스터드, 확장앵커 및 언더컷 앵커를 포함하는 강재 요소로서 콘크리트 타설하기 전 설치되거나 혹은 굳은 콘크리트 부재에 후 설치되어 작용 하중을 전달하는데 사용됨

- **앵커 그룹 (Anchor group)**

대체로 동등한 유효묻힘깊이를 갖고, 인접 앵커 간 간격이 인장을 받는 경우 $3h_{ef}$ 이하, 전단을 받는 경우 $3c_{a1}$이하인 다수의 앵커

- **앵커 철근** (Anchor reinforcement)
  앵커로부터 구조부재로 전체 설계하중을 전달하는데 사용되는 철근

- **앵커 뽑힘강도** (Anchor pullout strength)
  앵커 자체 또는 앵커의 주요부가 주변 콘크리트를 심각하게 파괴시키지 않은 상태로 미끄러져 뽑히는 경우의 강도

- **언더컷 앵커** (Undercut anchor)
  앵커의 묻힌 단부 부위 콘크리트를 도려내고(언더커팅) 기계적 맞물림으로 인장강도를 얻는 후설치 앵커. 언더커팅은 앵커 설치 이전에 특수 드릴을 사용할 수도 있고, 앵커 설치 중 앵커에 의하여 자체적으로 수행될 수도 있음

- **연단거리** (Edge distance)
  콘크리트 면의 가장자리로부터 가장 가까운 앵커 중심까지 거리

- **연성 강재요소** (Ductile steel element)
  인장시험 결과 연신율이 14퍼센트 이상이고 단면적 감소가 30퍼센트 이상인 요소. KS B ISO 898-1 : 2003의 요구사항을 만족하는 강재요소는 연성강재요소임

- **유효묻힘깊이** (Effective embedment depth)
  앵커가 힘을 주변 콘크리트에 전달하거나 또는 전달받는 전체 깊이. 인장 적용 시의 유효묻힘깊이는 보통 콘크리트 파괴면의 깊이. 선설치 헤드볼트 또는 헤드 스터드의 경우 유효 묻힘깊이는 헤드의 지압 접촉면으로부터 측정함

- **취성강재요소** (Brittle steel element)
  인장시험 결과 연신율이 14퍼센트 미만이거나 단면적 감소가 30퍼센트 미만인 경우 또는 두 가지에 모두 해당되는 요소

- **측면파열강도** (Side-face blowout strength)
  앵커의 묻힘깊이가 크고 측면 피복두께가 작은 경우 콘크리트 상부면에서는 파괴가 거의 발생하지 않으면서 묻힌 헤드 주변 콘크리트의 측면 파괴가 발생하는 강도

- **콘크리트 파괴** (Concrete breakout failure)
  콘크리트 파괴는 인장에 대한 콘크리트 원추형 파괴, 인장, 전단 및 인장과 전단의 조합에 의한 단부파괴를 포함함

- **콘크리트 파괴강도(Concrete breakout strength)**

  앵커 또는 앵커 그룹 주변의 콘크리트 일부가 모재로부터 분리되는 경우의 강도

- **콘크리트 프라이아웃강도 (Concrete pryout strength)**

  짧고 강성이 큰 앵커가 작용하는 전단력의 반대 방향으로 변위하면서 앵커의 후면 콘크리트를 탈락시키는 경우의 강도

- **투영면적 (Projected area)**

  콘크리트 부재면 상의 면적으로서 사각뿔로 가정한 파괴면의 밑면을 대표하기 위해 사용됨

- **특성치 (Characteristic value)**

  콘크리트구조설계기준 부록 IV의 설계에서 특성치 개념을 이용하고 있다. 특성치는 평균값으로부터 평균값의 일정 비율만큼 공제한 값이고, 시험 수, 콘크리트구조설계기준에서 정한 신뢰도 수준, 그리고 불합격률 등에 기초한다. 특성치로서 5% 분위수(95% 초과 확률에 대한 90% 신뢰도에 해당하는 값)를 선택함

- **특수 삽입물 (Special insert)**

  부속물의 볼팅 및 슬롯 연결을 위해 미리 설계되고 제작된 선설치 앵커. 특수 삽입물은 취급, 운반 및 시공 목적으로 자주 사용되고, 또한 구조 요소의 정착에도 사용됨. 특수 삽입물은 이 앵커설계법의 범위에 포함되지 않음

- **헤드 스터드 (Headed stud)**

  KS D 4106의 요구사항을 만족하고, 치기 이전의 아크 용접 과정에 의하여 스터드에 판 또는 유사한 강재 부속물을 고정시킨 강재앵커

- **확장 슬리브 (Expansion sleeve)**

  가해진 비틀림 또는 충격으로 중심부에 의하여 바깥쪽으로 밀려나는 확장앵커의 바깥 부분, 미리 천공된 구멍 측면에 지압을 가함

- **확장 앵커 (Expansion anchor)**

  굳은 콘크리트에 삽입되어 직접적인 지압 또는 마찰 혹은 지압과 마찰에 의하여 콘크리트에 힘을 전달하거나 전달받는 후설치 앵커. 확장앵커의 나사 또는 볼트에 비틀림을 가하여 확장시키는 경우 비틀림 제어 확장앵커임. 확장앵커의 슬리브 또는 플러그에 충격하중을 가하여 확장시키고 슬리브 또는 플러그의 이동 길이에 의하여 확장을 제어하는 경우 변위 제어 확장앵커임

- **후설치 앵커** (Post-installed anchor)

  굳은 콘크리트에 설치하는 앵커. 확장앵커 및 언더컷 앵커가 후설치 앵커의 종류임

- **5퍼센트 분위수** (Five percent fractile)

  실제 강도가 공칭강도를 초과할 확률 95퍼센트에 대한 90퍼센트의 신뢰도를 의미하는 통계 용어

부 록 Ⅲ | 성능검증시험

(a) 인장시험 (b) 전단시험 (c) 모의 지진인장시험 (d) 모의 지진전단시험

[그림 7-26] [후설치 앵커(Post-installed Anchor) 성능검증시험]

(a) 앵커 & 채널 연결부 (b) 채널 립 파괴 (c) 헤드볼트 파괴 (d) 앵커 채널 휨 강도

(e) 토크 시험 (f) 콘크리트 쪼개짐 (g) 앵커 채널 전단시험 (h) 피로하중시험

[그림 7-27] [매립형 앵커 채널(Cast-in Anchor Channel) 성능검증시험]

〈표 7-18〉 ○ 단일 기계식 후설치 앵커(비틀림 제어 확장앵커)의 강도설계

설계 조건 I						
	D	M12	c_{a1}	120.0 mm	c_{a1}'	120.0 mm
	h_{ef}	70.0 mm	c_{a2}	120.0 mm	c_{a2}'	120.0 mm
	f_{ck}	24.0 MPa	X1	60.0 mm	Y1	60.0 mm
	f_{ya}	345.0 MPa	X2	60.0 mm	Y2	60.0 mm
	f_{uta}	570.0 MPa	n	1 ea	h_{min}	225.0 mm

강도감소계수 [ø]				
	강재	인장	0.75	–
		전단	0.65	–
	콘크리트	인장	0.65	후설치 앵커 범주 1 및 조건 B 적용
		전단	0.70	

작용하중	인장하중 [N_{ua}]	7.0 kN	기타
	전단하중 [V_{ua}]	4.0 kN	• 사용하중 하에서 콘크리트 균열 발생 • 보조철근이 없거나 뽑힘강도 또는 프라이아웃강도가 지배적일 때 적용

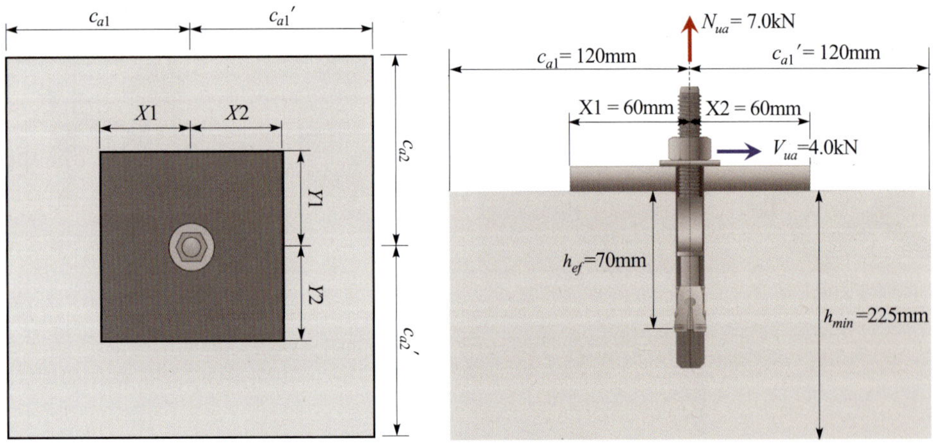

[그림 7-28] 설계 조건 검토

Project : Project1

Date : 2024-10-7

1. 기본설계조건

1.1 설계코드 : KDS 14 20 54 :2021

1.2 단위 : N, mm

1.3 콘크리트 압축강도 : 24.0 Mpa

1.4 경량 콘크리트 수정계수(λ) : 1.0

1.5 앵커의 공칭인장강도 : 570.0 Mpa

1.6 앵커의 항복강도 : 345.0 Mpa

1.7 균열콘크리트에서 인장을 받는 단일 앵커의 뽑힘강도(Np) : 35.2 kN

1.8 인장에 의한 기본 콘크리트 브레이크아웃강도 계수(kc) : 7.0

2. 강도감소계수

CONCRETE		STEEL	
Tension	Shear	Tension	Shear
0.650	0.700	0.750	0.650

3. 적용하중

Pu(kN)	Vux(kN)	Vuy(kN)	Anchor Ea	Tu(kN)	Vu1(kN)
7.000	4.000	0.000	1	7.000	5.657

4. 쪼갬파괴를 방지하기 위한 연단거리, 앵커 간격, 두께 검토

Ca1	Ca1'	Ca2	Ca2'	Ca,max	Ca,min	Ca,req	hef	hef,lim	Cac
120.0	120.0	120.0	120.0	120.0	120.0	96.0	70.0	150.0	280.0

4.1 최소 연단거리 검토 : $C_{a,min}$ = 120.0 > $C_{a,req}$ = 96.0 ---> O.K

4.2 앵커의 유효 묻힘깊이 검토 : h_{ef} = 70.0 < $h_{ef,lim}$ = 150.0 ---> O.K

5. 인장하중에 대한 설계

5.1 인장력을 받는 앵커의 강재 강도

- $\Phi = 0.750$
- $A_{se,N} = 84.300\ mm^2$
- $f_{ya} = 345.0$ Mpa
- $f_{uta} = \min(F_{uta}, 1.9f_{ua}, 860) = 570.0$ Mpa
- $N_{sa} = A_{se,N}\ F_{uta} = 48.051$ kN
- $N_{ua,i} / (\Phi N_{sa}) = 7.000 / 36.038 = 0.194 < 1.0$ ---> O.K

5.2 인장력을 받는 앵커의 콘크리트 브레이크아웃 강도

- $\Phi = 0.650$
- $A_{Nco} = 9h^2_{ef} = 44100.0\ mm^2$
- $A_{Nc} = 44100.0\ mm^2$
- $N_b = kc\ \lambda_a \sqrt{f_{ck}}\ (h_{ef})^{1.5} = 20.084$ kN
- $\Psi_{ed,N}$: 1.000
- $\Psi_{c,N}$: 1.000
- $\Psi_{cp,N}$: 1.000
- $N_{cb} = (A_{Nc} / A_{Nco}) \times \Psi_{ed,N} \times \Psi_{c,N} \times \Psi_{cp,N} \times N_b = 20.08$ kN
- $N_{ua} / (\Phi N_{cb}) = 7.000 / 13.055 = 0.536 < 1.0$ ---> O.K

5.3 인장력을 받는 앵커의 뽑힘강도

- $\Phi = 0.650$
- $\Psi_{c,P}$: 1.000
- N_p : 35.20 kN
- $N_{pn} = \Psi_{c,P} \times N_p = 35.20$ kN
- $N_{ua} / (\Phi N_{pn}) = 7.000 / 22.880 = 0.306 < 1.0$ ---> O.K

[그림 7-29] [M12 비틀림 제어 확장앵커 강도 설계-1 (단일 앵커)]

6. 전단하중에 대한 설계

6.1 전단력을 받는 앵커의 강재 강도

- $\Phi = 0.650$
- $A_{se,V} = 84.300\ mm^2$
- $f_{ya} = 345.0$ Mpa
- $f_{uta} = min(F_{uta}, 1.9f_{ua}, 860) = 570.0$ Mpa
- $V_{sa} = 0.6A_{se,V}F_{uta} = 28.831$ kN
- $V_{ua,i} / (\Phi V_{sa}) = 5.657 / 18.740 = 0.302 < 1.0$ ---> O.K

6.2 전단력을 받는 앵커의 콘크리트 브레이크아웃 강도

- $\Phi = 0.700$
- $d_a = 12.0$ mm
- $l_e = 2d_a = 24.0$ mm

* X방향 전단력 검토

* 전단력방향 브레이크 아웃강도

- $V_b = 0.6(l_e / d_a)^{0.2}\sqrt{d_a}\ )\ \lambda_a\sqrt{f_{ck}}\ (Ca1)^{1.5} = 15.375$ kN
- $A_{Vco} = 4.5(Ca1)^2 = 64800.0\ mm^2$
- $A_{Vc} = 43200.0\ mm^2$
- $\Psi_{ed,V} : 0.900$
- $\Psi_{c,V} : 1.000$
- $\Psi_{cp,V} : 1.000$
- $V_{cb} = (A_{Vc} / A_{Vco})\ X\ \Psi_{ed,V}\ X\ \Psi_{c,V}\ X\ \Psi_{cp,V}\ X\ V_b = 9.23$ kN
- $V_{ua} / (\Phi V_{cb}) = 4.000 / 6.458 = 0.619 < 1.0$ ---> O.K

* 전단력과 평행한 방향 브레이크 아웃강도

- $V_b = 0.6(l_e / d_a)^{0.2}\sqrt{d_a}\ )\ \lambda_a\sqrt{f_{ck}}\ (Ca1)^{1.5} = 15.375$ kN
- $A_{Vco} = 4.5(Ca1)^2 = 64800.0\ mm^2$
- $A_{Vc} = 43200.0\ mm^2$
- $\Psi_{ed,V} : 0.900$
- $\Psi_{c,V} : 1.000$
- $\Psi_{cp,V} : 1.000$
- $V_{cb} = 2\ X\ (A_{Vc} / A_{Vco})\ X\ \Psi_{ed,V}\ X\ \Psi_{c,V}\ X\ \Psi_{cp,V}\ X\ V_b = 18.45$ kN
- $V_{ua} / (\Phi V_{cb}) = 4.000 / 12.915 = 0.310 < 1.0$ ---> O.K

6.3 전단력을 받는 앵커의 콘크리트 프라이아웃 강도

- $\Phi = 0.700$
- $k_{cp} = 2.0$
- $V_{cp} = k_{cp}\ x\ N_{cb} = 40.17$ kN
  - $V_{ua} / (\Phi V_{cp}) = 5.657 / 28.118 = 0.201 < 1.0$ ---> O.K

6.4 인장력과 전단력의 동시 작용

* $V_{ua} / (\Phi V_n) \le 0.2$ 이고 $T_{ua} / (\Phi T_n) \le 0.2$ 이므로,

- $N_{ua} / (\Phi N_n) + V_{ua} / (\Phi V_n) = 0.619 < 1.2$ ---> O.K

[그림 7-30] [M12 비틀림 제어 확장앵커 강도 설계-2 (단일 앵커)]

〈표 7-19〉 ○ 그룹으로 설치된 기계식 후설치 앵커(비틀림 제어 확장앵커)의 강도설계

설계 조건 I	D	M16		c_{a1}	150.0	mm	c_{a1}'	150.0	mm
	h_{ef}	80.0	mm	c_{a2}	150.0	mm	c_{a2}'	150.0	mm
	f_{ck}	28.0	MPa	X1	100.0	mm	Y1	100.0	mm
	f_{ya}	345.0	MPa	X2	100.0	mm	Y2	100.0	mm
	f_{uta}	570.0	MPa	n	2	ea	h_{min}	250.0	mm

강도감소계수 [ø]	강재	인장	0.75	–
		전단	0.65	–
	콘크리트	인장	0.65	후설치 앵커 범주 1 및 조건 B 적용
		전단	0.70	

작용하중	인장하중 [N_{ua}]	12.0 kN	기타
	전단하중 [V_{ua}]	8.0 kN	• 사용하중 하에서 콘크리트 균열 발생 • 보조철근이 없거나 뽑힘강도 또는 프라이아웃강도가 지배적일 때 적용 • 앵커 최소 간격 smin = 1.5hef = 120mm

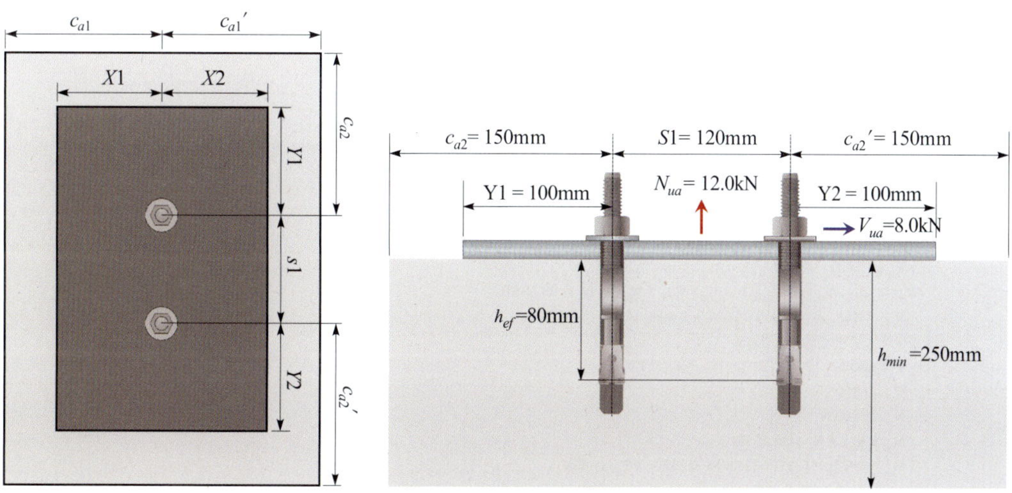

[그림 7-31] 설계 조건 검토

Post-Installed Anchor DESIGN V2021 / Copyright© WONJIN Co. (Ltd.)

Project : Project1

Date : 2024-10-7

WONJIN

1. 기본설계조건

1.1 설계코드 : KDS 14 20 54 :2021

1.2 단위 : N, mm

1.3 콘크리트 압축강도 : 28.0 Mpa

1.4 경량 콘크리트 수정계수(λ) : 1.0

1.5 앵커의 공칭인장강도 : 570.0 Mpa

1.6 앵커의 항복강도 : 345.0 Mpa

1.7 균열콘크리트에서 인장을 받는 단일 앵커의 뽑힘강도(Np) : 35.2 kN

1.8 인장에 의한 기본 콘크리트 브레이크아웃강도 계수(kc) : 7.0

2. 강도감소계수

CONCRETE		STEEL	
Tension	Shear	Tension	Shear
0.650	0.700	0.750	0.650

3. 적용하중

Pu(kN)	Vux(kN)	Vuy(kN)	Anchor Ea	Tu(kN)	Vu1(kN)
12.000	8.000	0.000	2	6.000	5.657

4. 쪼갬파괴를 방지하기 위한 연단거리, 앵커 간격, 두께 검토

Ca1	Ca1'	Ca2	Ca2'	Ca,max	Ca,min	Ca,req	hef	hef,lim	Cac
150.0	150.0	150.0	150.0	150.0	150.0	128.0	80.0	166.7	320.0

4.1 최소 연단거리 검토 : $C_{a,min}$ = 150.0 > $C_{a,req}$ = 128.0 ---> O.K

4.2 앵커의 유효 묻힘깊이 검토 : h_{ef} = 80.0 < $h_{ef,lim}$ = 166.7 ---> O.K

5. 인장하중에 대한 설계

5.1 인장력을 받는 앵커의 강재 강도

- Φ = 0.750
- $A_{se,N}$ = 157.000 mm^2
- f_{ya} = 345.0 Mpa
- $f_{uta} = \min(F_{uta}, 1.9f_{ua}, 860)$ = 570.0 Mpa
- $N_{sa} = A_{se,N} F_{uta}$ = 89.490 kN
- $N_{ua,i} / (\Phi N_{sa})$ = 6.000 / 67.117 = 0.089 < 1.0 ---> O.K

5.2 인장력을 받는 앵커의 콘크리트 브레이크아웃 강도

- Φ = 0.650
- $A_{Nco} = 9h^2_{ef}$ = 57600.0 mm^2
- A_{Nc} = 86400.0 mm^2
- $N_b = kc\ \lambda_a \sqrt{f_{ck}}\ (h_{ef})^{1.5}$ = 26.504 kN
- $\Psi_{ec,N}$: 1.000
- $\Psi_{ed,N}$: 1.000
- $\Psi_{c,N}$: 1.000
- $\Psi_{cp,N}$: 1.000

$N_{cbg} = (A_{Nc} / A_{Nco}) \times \Psi_{ec,N} \times \Psi_{ed,N} \times \Psi_{c,N} \times \Psi_{cp,N} \times N_b$ = 39.76 kN

- $N_{cbg} / (\Phi N_{cb})$ = 12.000 / 25.841 = 0.464 < 1.0 ---> O.K

5.3 인장력을 받는 앵커의 뽑힘강도

- Φ = 0.650
- $\Psi_{c,P}$: 1.000
- N_p : 35.20 kN
- $N_{pn} = \Psi_{c,P} \times N_p$ = 35.20 kN
- $N_{ua} / (\Phi N_{pn})$ = 6.000 / 22.880 = 0.262 < 1.0 ---> O.K

[그림 7-32] [M16 비틀림 제어 확장앵커 강도 설계-1 (그룹 앵커)]

6. 전단하중에 대한 설계

6.1 전단력을 받는 앵커의 강재 강도

- Φ = 0.650
- $A_{se,V}$ = 157.000 mm^2
- f_{ya} = 345.0 Mpa
- f_{uta} = min(F_{uta} , 1.9f_{ua} , 860) = 570.0 Mpa
- V_{sa} = 0.6$A_{se,V}$ F_{uta} = 53.694 kN
- $V_{ua,i}$ / (ΦV_{sa}) = 5.657 / 34.901 = 0.162 < 1.0 ---> O.K

6.2 전단력을 받는 앵커의 콘크리트 브레이크아웃 강도

- Φ = 0.700
- d_a = 16.0 mm
- l_e = 2d_a = 32.0 mm

* X방향 전단력 검토
  * 전단력방향 브레이크 아웃강도
    - $V_b = 0.6(l_e / d_a)^{0.2} \sqrt{d_a}\ )\ \lambda_a \sqrt{f_{ck}}\ (Ca1)^{1.5}$ = 26.800 kN
    - A_{Vco} = 4.5$(Ca1)^2$ = 101250.0 mm^2
    - A_{Vc} = 94500.0 mm^2
    - $\Psi_{ec,V}$: 1.000
    - $\Psi_{ed,V}$: 0.900
    - $\Psi_{c,V}$: 1.000
    - $\Psi_{cp,V}$: 1.000
    - $V_{cbg} = (A_{Vc} / A_{Vco}) \times \Psi_{ec,V} \times \Psi_{ed,V} \times \Psi_{c,V} \times \Psi_{cp,V} \times V_b$ = 22.51 kN
    - V_{uag} / (ΦV_{cbg}) = 8.000 / 15.758 = 0.508 < 1.0 ---> O.K
  * 전단력과 평행한 방향 브레이크 아웃강도
    - $V_b = 0.6(l_e / d_a)^{0.2} \sqrt{d_a}\ )\ \lambda_a \sqrt{f_{ck}}\ (Ca1)^{1.5}$ = 26.800 kN
    - A_{Vco} = 4.5$(Ca1)^2$ = 101250.0 mm^2
    - A_{Vc} = 67500.0 mm^2
    - $\Psi_{ec,V}$: 1.000
    - $\Psi_{ed,V}$: 0.900
    - $\Psi_{c,V}$: 1.000
    - $\Psi_{cp,V}$: 1.000
    - $V_{cbg} = 2 \times (A_{Vc} / A_{Vco}) \times \Psi_{ec,V} \times \Psi_{ed,V} \times \Psi_{c,V} \times \Psi_{cp,V} \times V_b$ = 32.16 kN
    - V_{uag} / (ΦV_{cbg}) = 8.000 / 22.512 = 0.355 < 1.0 ---> O.K

6.3 전단력을 받는 앵커의 콘크리트 프라이아웃 강도

- Φ = 0.700
- k_{cp} = 2.0
- $V_{cpg} = k_{cp} \times N_{cbg}$ = 79.51 kN
  - V_{cbg} / (ΦV_{cpg}) = 11.314 / 55.658 = 0.203 < 1.0 ---> O.K

6.4 인장력과 전단력의 동시 작용

* $V_{ua} / (\Phi V_n) \le 0.2$ 이고 $T_{ua} / (\Phi T_n) \le 0.2$ 이므로,
- $N_{ua} / (\Phi N_n) + V_{ua} / (\Phi V_n)$ = 0.508 < 1.2 ---> O.K

[그림 7-33] [M16 비틀림 제어 확장앵커 강도 설계-2 (그룹 앵커)]

부 록 V | 앵커 설치 및 현장 체크리스트

(a) 앵커를 설치하기 전에 철근 탐사기나 도면을 통해 철근의 위치를 파악하고, 이를 최대한 피해서 콘크리트에 홀을 천공한다. 이때, 앵커의 천공깊이와 묻힘깊이는 도면, 시방서, 그리고 제조사가 제공한 기술자료(카달로그, 매뉴얼 등)를 반드시 준수해야 한다. 또한, 콘크리트 천공 시 홀의 각도는 직각을 유지해야 한다.

(b) 홀을 천공한 후에는 에어브러시를 사용하여 홀 내부의 콘크리트 먼지를 제거한다.

(c) 천공한 홀 위에 부착물과 앵커를 위치시키고, 해머로 앵커 두부를 타격하여 콘크리트 홀 안으로 앵커를 삽입한다.

(d) 제조사가 제공한 기술자료에 따라 규정된 앵커의 토크 값을 적용하여 설치한다.

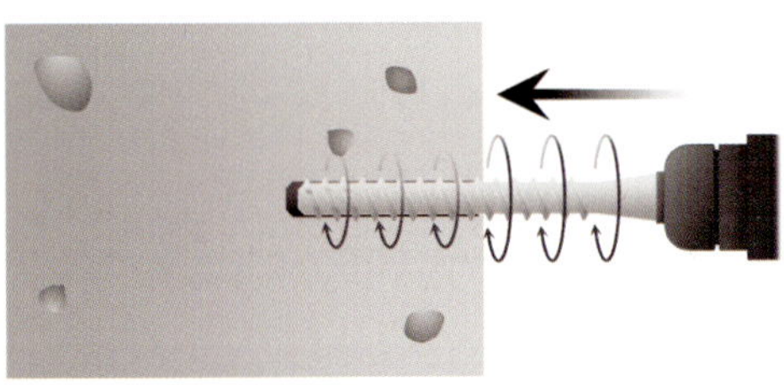

(a) 콘크리트 모재 드릴링

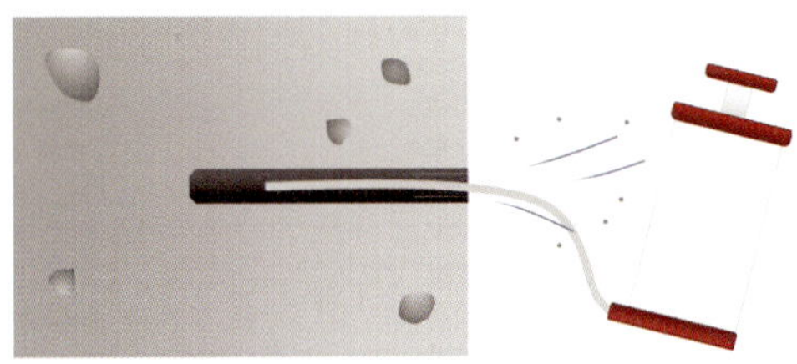

(b) 천공 홀 내 이물질 제거

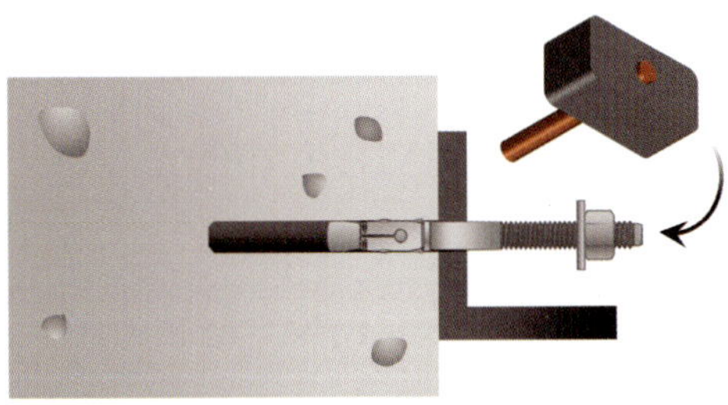

(c) 부착물 거치 및 앵커 관통 삽입

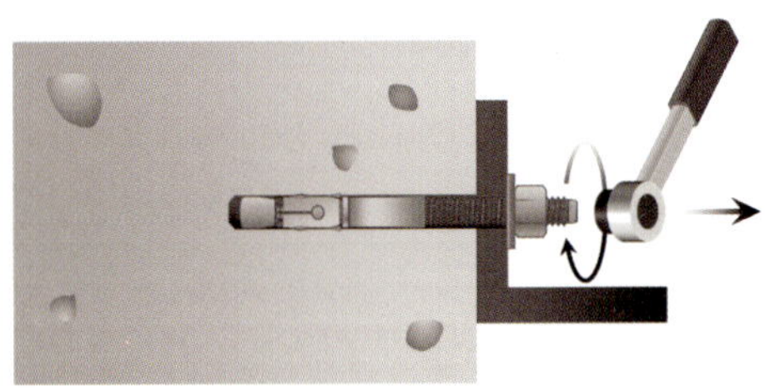

(d) 규정 토크 값 적용

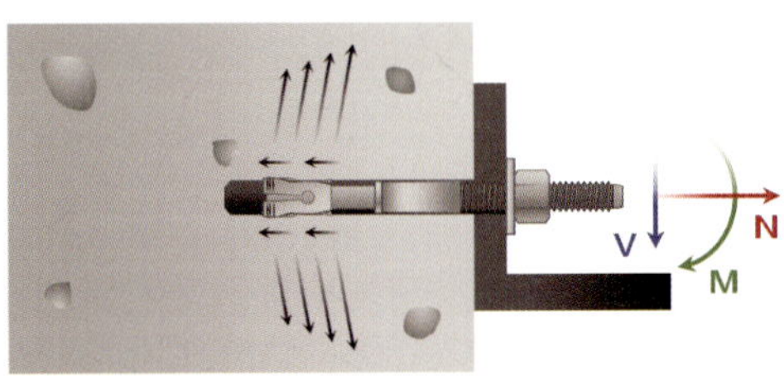

(e) 앵커 설치 완료

[그림 7-34] [후설치 앵커(Post-installed Anchor) 설치 과정]

〈표 7-20〉

현장 검측 및 체크리스트

<table>
<tr><td rowspan="2">현장명</td><td rowspan="2"></td><td>설치자</td><td>(인)</td></tr>
<tr><td>공사 담당자</td><td>(인)</td></tr>
<tr><td>설치 일자</td><td></td><td>품질 담당자</td><td>(인)</td></tr>
<tr><td>검측 일자</td><td></td><td>검사자</td><td>(인)</td></tr>
</table>

<table>
<tr><th>순번</th><th>검사항목</th><th colspan="2">검사 내용</th><th colspan="2">검사 결과
[O, X]</th><th>비고</th><th>조치, 주의,
기타사항</th></tr>
<tr><td rowspan="2">1</td><td rowspan="2">철근
위치
확인</td><td colspan="2">철근 탐사기 사용 여부</td><td></td><td></td><td>–</td><td></td></tr>
<tr><td colspan="2">도면과의 일치 여부 확인</td><td></td><td></td><td>–</td><td></td></tr>
<tr><td rowspan="2">2</td><td rowspan="2">천공
작업</td><td colspan="2">천공 깊이 및 앵커 직경 확인</td><td></td><td></td><td>시방서, 도면, 기술
자료 참조</td><td></td></tr>
<tr><td colspan="2">천공 홀 각도 유지 여부 확인</td><td></td><td></td><td>5 % 이내 확인</td><td></td></tr>
<tr><td rowspan="2">3</td><td rowspan="2">홀
청소</td><td colspan="2">에어브러시로 이물질 제거</td><td></td><td></td><td>유사 장비 사용</td><td></td></tr>
<tr><td colspan="2">이물질 제거 확인</td><td></td><td></td><td>육안 검사</td><td></td></tr>
<tr><td rowspan="2">4</td><td rowspan="2">앵커
설치</td><td colspan="2">부착물의 관통직경과
앵커 직경 일치여부 확인</td><td></td><td></td><td>–</td><td></td></tr>
<tr><td colspan="2">앵커 주변 콘크리트 균열 확인</td><td></td><td></td><td>육안 검사</td><td></td></tr>
<tr><td rowspan="2">5</td><td rowspan="2">토크 값
적용</td><td colspan="2">제조사 제공 기술 자료 확인</td><td></td><td></td><td>–</td><td></td></tr>
<tr><td colspan="2">규정된 토크 값 적용 여부</td><td></td><td></td><td>–</td><td></td></tr>
<tr><td rowspan="8">6</td><td rowspan="8">최종
점검</td><td>품질</td><td>앵커 보관 및 상태 ,
콘크리트 모재 상태</td><td></td><td></td><td>불량 및 녹 확인,
콘크리트 균열
(0.2 mm 이상)</td><td></td></tr>
<tr><td rowspan="3">안정성</td><td>묻힘깊이 h_{ef} [mm]</td><td></td><td></td><td rowspan="3">앵커가 콘크리트에
올바르게 고정되어
있는지 확인</td><td rowspan="3"></td></tr>
<tr><td>연단거리 c_{min} [mm]</td><td></td><td></td></tr>
<tr><td>최소 간격 s_{min} [mm]</td><td></td><td></td></tr>
<tr><td>토크 값</td><td>토크렌치를 사용하여
정확한 값 사용
여부 확인</td><td></td><td></td><td>제조사 제공
기술자료 참조</td><td></td></tr>
<tr><td>설치 기록</td><td>설치 일자, 설치자,
장비 및 도면 번호
등의 기록 확인</td><td></td><td></td><td>–</td><td></td></tr>
<tr><td>안전성</td><td>예상하중에 대한
저항력 테스트</td><td></td><td></td><td>인장, 전단시험</td><td></td></tr>
<tr><td>주변 환경</td><td>작업 환경의
안전성 점검</td><td></td><td></td><td>–</td><td></td></tr>
</table>

CHAPTER 08

현장 컨설팅

제8장 | 현장 컨설팅

1절. 외장재 현장 컨설팅

1. 현장 컨설팅 필요성

건축물의 초고층화, 입면의 비정형화, 외장재의 고성능화로 인한 외장재 설계 복잡해 짐에 따라 발주처 및 건설사 등 건설 현장의 시공 기술자들의 외장재(커튼월)에 대한 전문 지식의 한계가 있고, 설계사에서 작성한 건축도면의 외장재에 대한 설계도면의 완성도 미비 등 이러한 이유들로 인해 일반건축물 건설 현장에서 외장재(커튼월)관련 전문 컨설턴트의 필요성을 느끼게 되었다.

2. 현장 컨설팅 목적 및 결과

커튼월(외벽) 전문가(컨설턴트)가 전문적인 지식 및 경험을 바탕으로 점점 복잡해지는 건축물 외벽에 대한 공법 및 품질관리에 대하여 자문하고, 커튼월(외벽) 시공사의 설계, 구조계산, 생산, 시공 등 각종 업무에 대한 검토, 검수를 통해 통제함으로써 외벽의 기밀, 수밀, 구조, 단열 성능 등 각종 성능을 효율적으로 확보하고 건물의 미적인 가치를 향상시켜 양질의 건축물 준공을 목적으로 한다.

현장 발주자(건설사, 발주처)는 커튼월(외벽) 컨설팅을 받음으로써 공기단축, 합리적인 설계, 생산품질 관리, 시공품질 관리 등 건설사에서 세부적으로 시행하지 못하는 업무를 통해 공사비 절감, 하자발생 경감과 같은 결과를 얻을 수 있다.

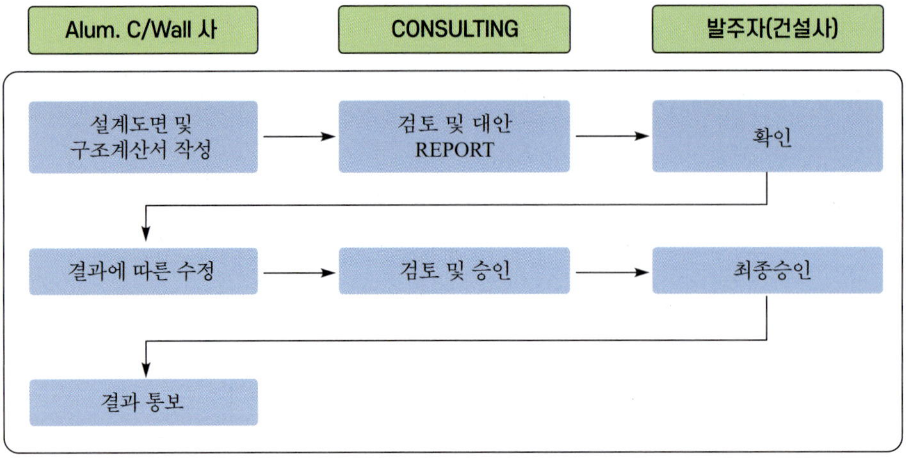

[그림 8-1] 컨설팅 과정 PROCESS

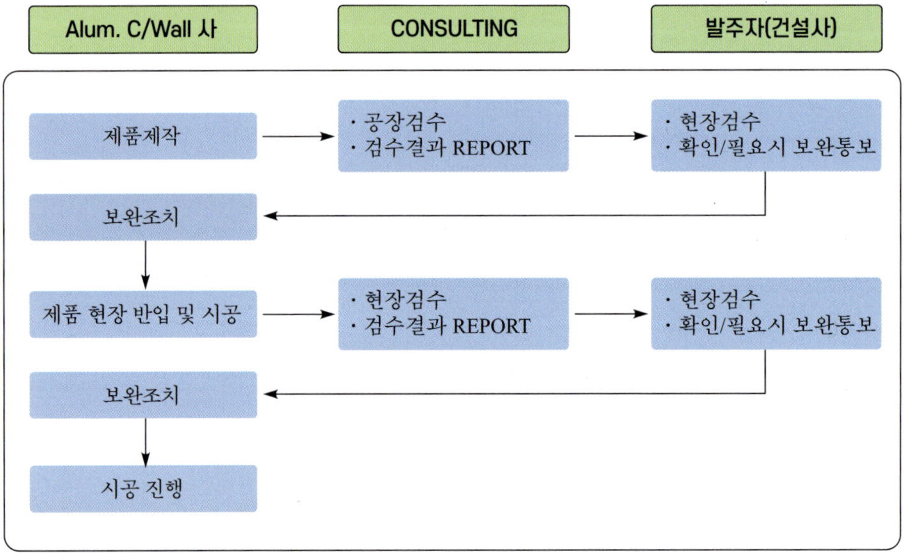

[그림 8-2] 제작, 설치과정 PROCESS

2절. 컨설팅 주요 업무

1. 건축도서 검토 및 V/E(Value Engineering)

초기 건축도면, 구조계산서, 시방서 등 자료를 검토하여 문제점 발췌 및 보완사항을 제시 하여 외장 시공업체 선정 후 변경사항에 대한 결정 시간을 단축할 수 있다.

구조검토 및 적용자재 등을 검토하여 V/E사항을 제시하여 전문적이고, 객관적인 공사비 절감 방안을 발주처에 제안한다.

가. 건축도서 검토 예시 자료

1. 도면 검토 사항

CITYWALL ENG Co., Ltd.
파사드분야의 종합컨설팅 그룹

구 분	도면 A-126 (형별성능내역상세-3)
도면	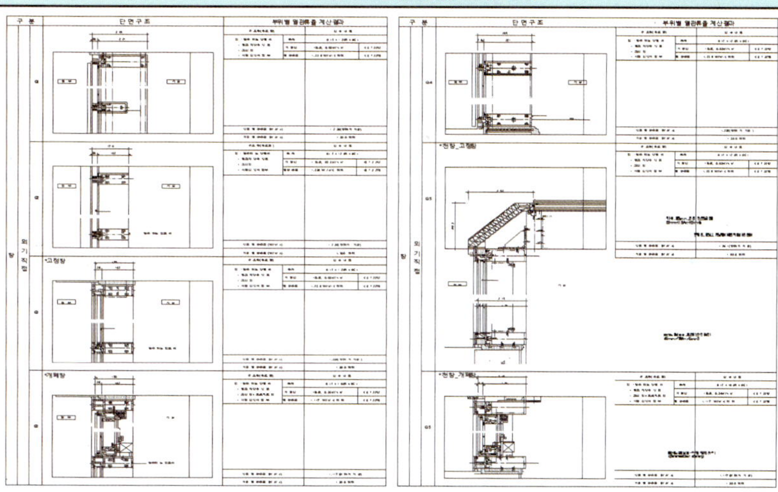
설명	① FIX창 구간 적용 열 관류율 : 1.238 W/㎡.k , OPEN창 구간 적용 열 관류율 : 1.117 W/㎡.k 임. ② 24mm(6+12+6)유리 열 관류율 최고 1.16 W/㎡.k 임. ▶ 현실적으로 24mm 유리를 적용하여 1.234, 1.117 열 관류율을 만족하기는 불가능 할 것으로 사료됨.

3

www.citywalleng.co.kr

[그림 8-3] 건축도서 검토 예시 자료

1. 도면 검토 사항

CITYWALL ENG Co.,Ltd.
파사드분야의 종합컨설팅 그룹

구 분	도면 A-901 등 (외장패널 상세도)
도면	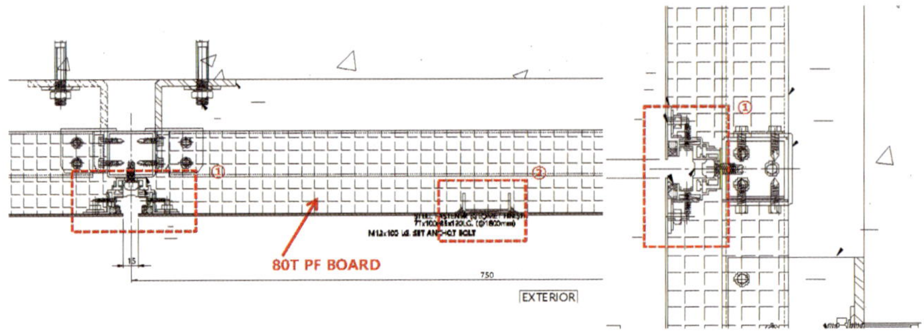
설명	① 2.5T 선도장 Alum.Sheet 및 Stud Bolt & Mould Type 적용. → Mould 부위 우수 또는 눈 고임 현상발생으로 누수발생 우려 및 겨울철 결빙우려 있음. ② 패널 W Module 750으로 후면부 보강 필요 없을 것으로 사료됨. ③ 패널 상세도상 후면부 단열재두께 80mm로 표기 되어있음. → 형별성능내역상(A-124) 90mm PF Board임.

4

www.citywalleng.co.kr

[그림 8-4] 건축도서 검토 예시 자료

1. 도면 검토 사항

CITYWALL ENG Co.,Ltd.
파사드분야의 종합컨설팅 그룹

구 분	도면 A-812, A-928 (창호일람표 및 창호상세도)
도면	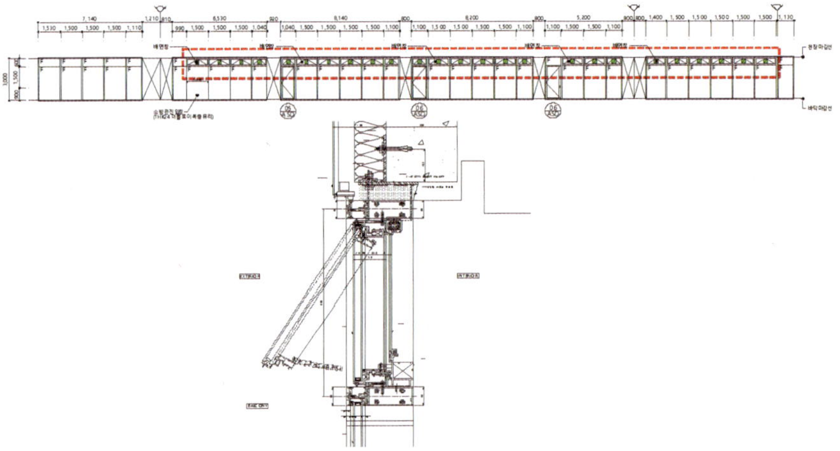
설명	① 배연창 Type : Project Out Open Type으로 설계됨. → 배연면적(양)을 감안하여 Pull Down Out Open Type 적용이 합리적임.

5

www.citywalleng.co.kr

[그림 8-5] 건축도서 검토 예시 자료

1. 도면 검토 사항

CITYWALL ENG Co.,Ltd.
파사드분야의 종합컨설팅 그룹

구 분	도면 A-812, A-928 (창호일람표 및 창호상세도)
도면	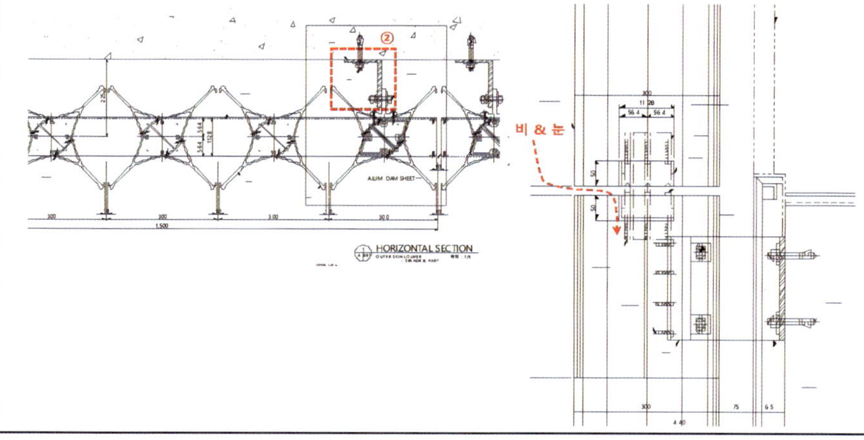
설명	① 외부 수직 루버 준공형태로써 현재 Detail과 같이 End Dam처리 없이 Pipe로만 제작시 우수 및 눈 유입으로 겨울철 동파 매우 심각히 우려됨. 또한 날개 형태로써 바람에 의한 떨림, 풍절음 발생 우려됨. → 강남 M현장 수직 원형 Pipe 루버 동파 및 떨림 발생. ② 외부 노출 Anchor Fastener Steel재질 적용으로 추후 부식우려 높음.

6

www.citywalleng.co.kr

[그림 8-6] 건축도서 검토 예시 자료

1. 도면 검토 사항

CITYWALL ENG Co.,Ltd.
파사드분야의 종합컨설팅 그룹

구 분	도면 A-892, A-402 (입면도 및 루버 상세도)
도면	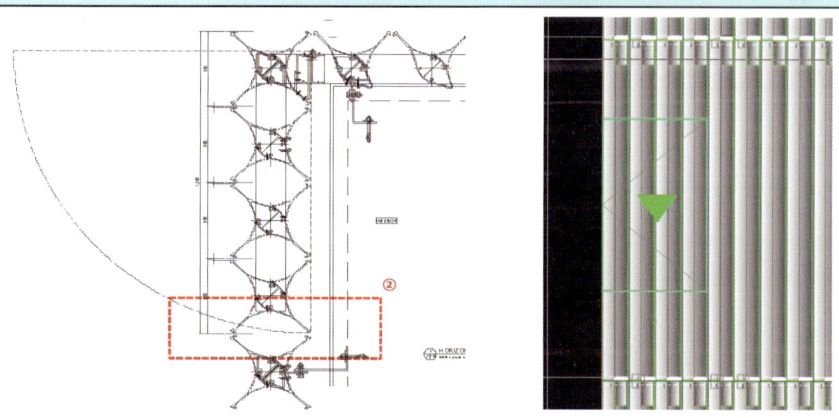
설명	① 소방대 진입창 구간 외부 루버 Casement 형태 Open 할 수 있는 형태로 설계됨. → 루버 중간부분을 별도 Frame을 사용하여 제작 형태로 설계되었으나, Hinge로만 구조성능을 만족하도록 설계되어 불안정 구조임. ② Open되는 쪽에 시건장치가 적용되지않아 Close상태시 완전 고정되지 않을 것으로 예상됨.

7

www.citywalleng.co.kr

[그림 8-7] 건축도서 검토 예시 자료

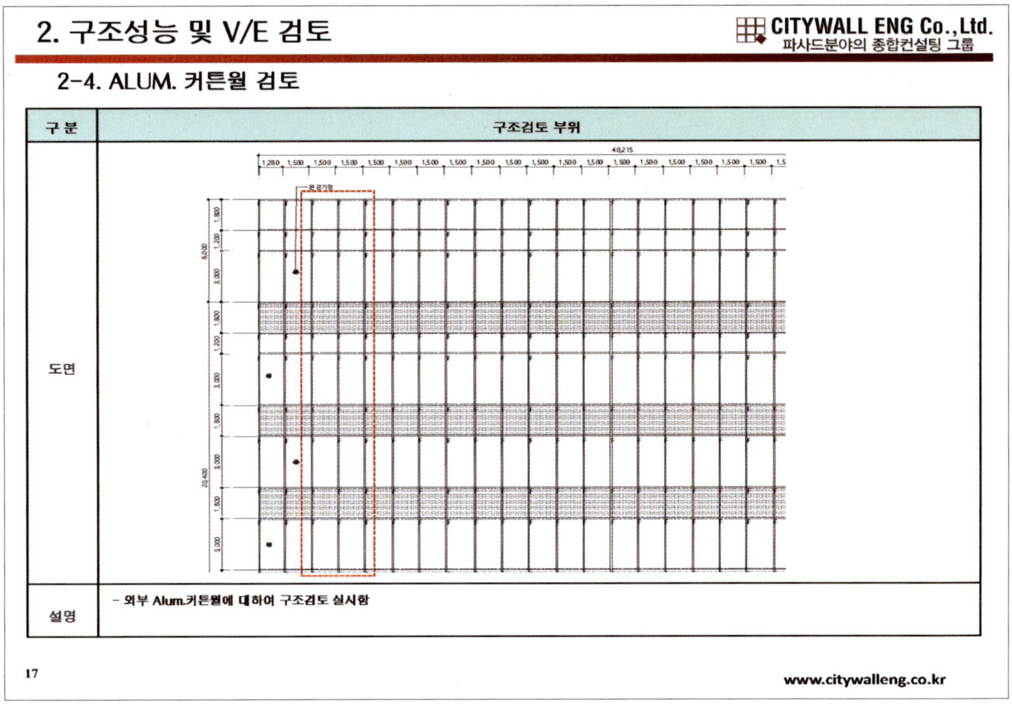

[그림 8-8] 구조성능 및 V/E 검토 예시 자료

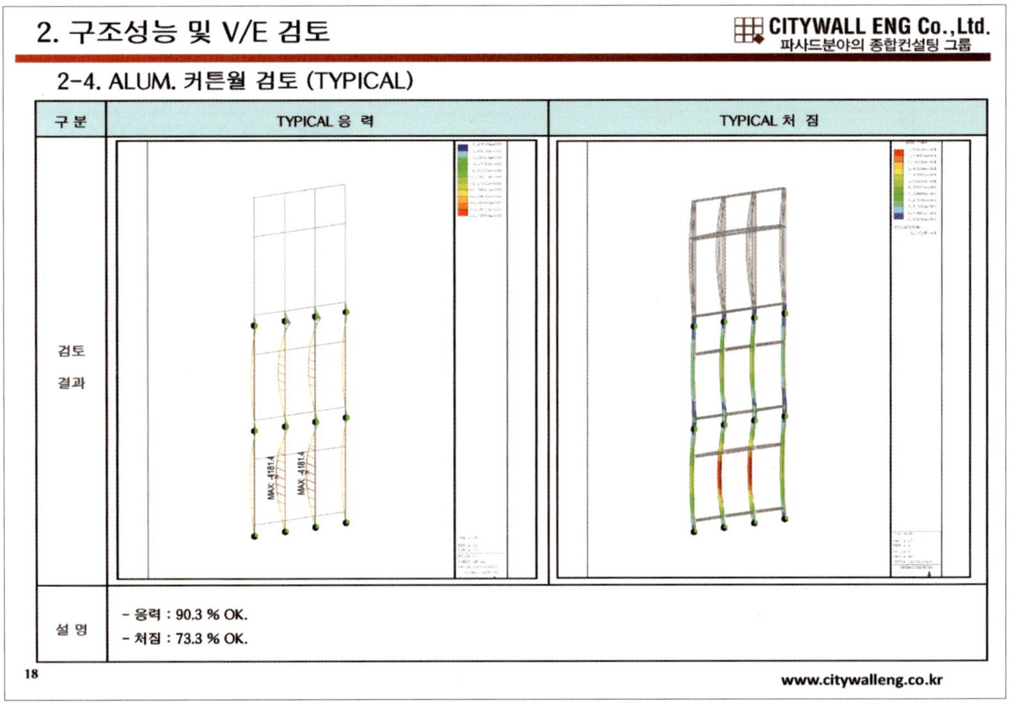

[그림 8-9] 구조성능 및 V/E 검토 예시 자료

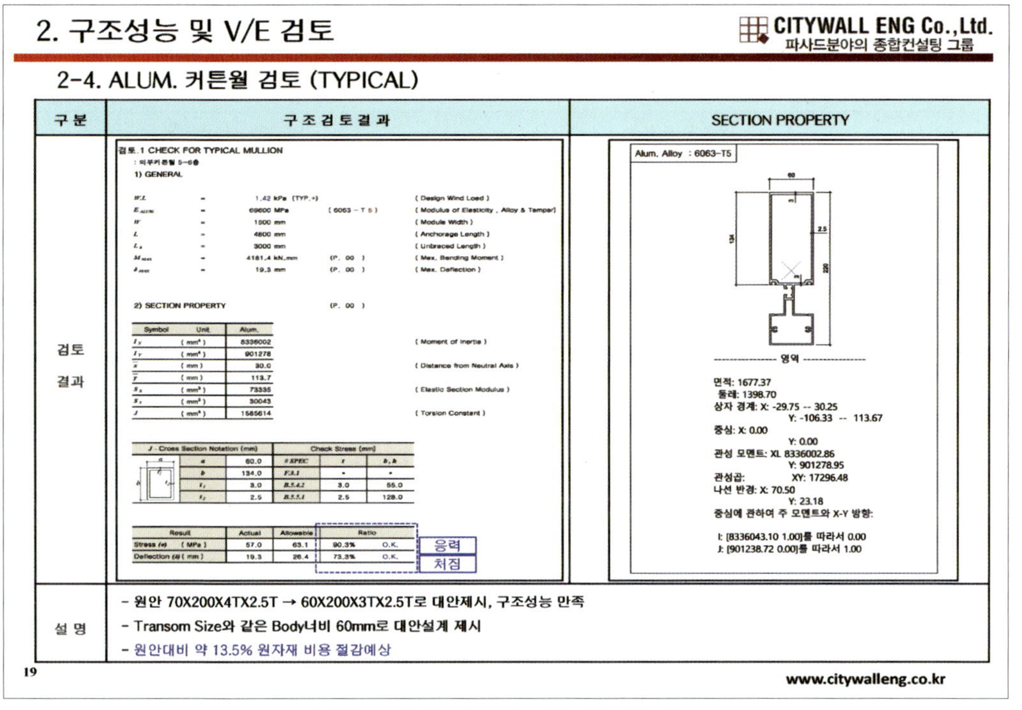

[그림 8-10] 구조성능 및 V/E 검토 예시 자료

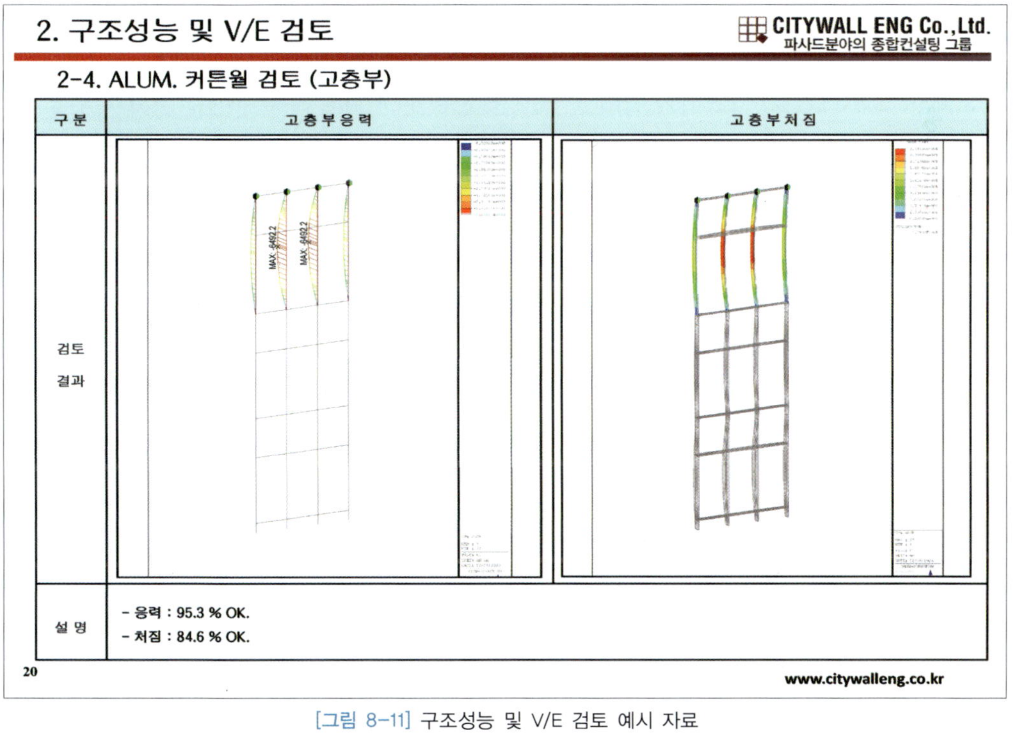

[그림 8-11] 구조성능 및 V/E 검토 예시 자료

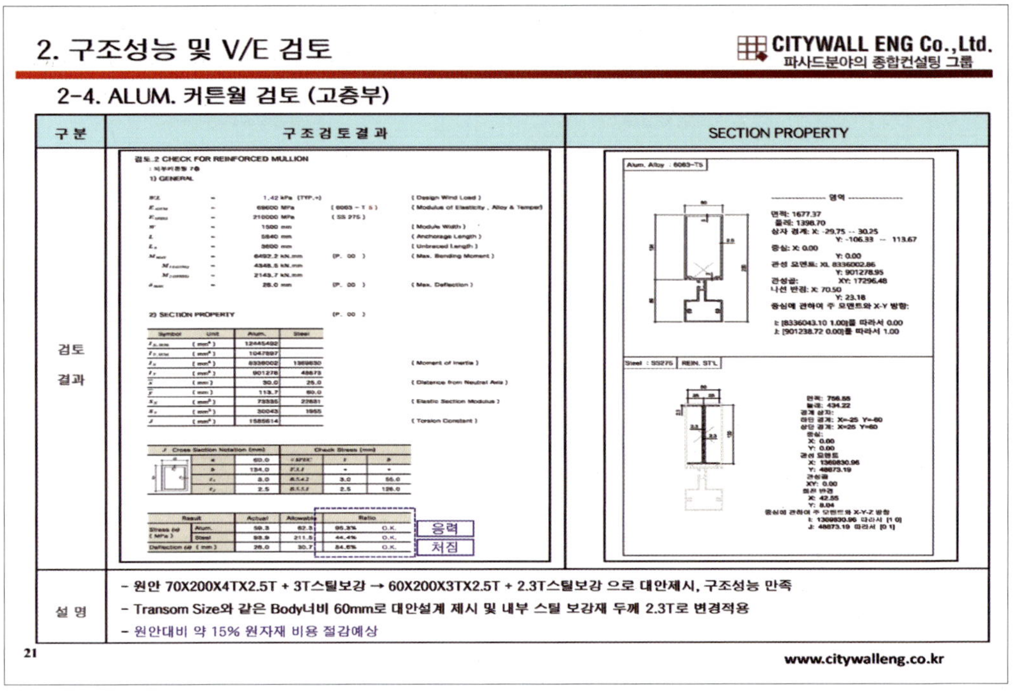

[그림 8-12] 구조성능 및 V/E 검토 예시 자료

2. 외장 시공업체 입찰지원

건설사에서 외장(커튼월) 시공업체 선정을 위해 현장설명 및 입찰을 실시하는 시점에서 공무, 설계, 시공 담당자와 협의를 통해 현장에 맞는 적정한 현장설명 기준을 보완, 작성하고 질의 사항에 대하여 전문적인 지식을 바탕으로 답변서 작성 등 원활하게 업체 선정이 이루어지도록 자문 및 지원한다.

가. 현장설명 자료 검토 및 보완

현장 건설사 공무팀에서 작성한 외장 시공업체 현장설명 자료를 접수받아 도면, 시방서 및 구조계산서 등을 토대로 오류사항 및 누락사항에 대한 협의를 거쳐 보완, 수정하여 현장설명이 최대한 자세하고, 상세히 되도록 한다.

나. 현장설명용 도면 작성 및 보완

건축도면의 외장(커튼월)과 관련된 도면을 확인하고, 이전 실시한 도면검토사항 및 V/E 검토사항 중 협의하여 변경반영 결정된 사항들을 토대로 외장 시공업체 현장설명 시 배포 할 수 있도록 Detail도면 추가작성 및 관련도면들을 보완한다.

다. 현장설명 후 질의 사항에 대한 회신

외장(커튼월)시공 업체 선정을 위해 현장설명 실시 후 질의사항에 대하여 전문가 적인 지식과 해당 현장의 검토 사항을 기준으로 답변을 회신하여 건설사 담당자의 비전문가로써 부족한 부분을 Support한다.

라. 입찰 참가 외장 시공업체에 대한 정보 자문

현장에서 외장(커튼월)공사 발주를 위한 현장설명 실시 전 참가 업체에 대한 업무수행 능력확인 및 선별을 위해 컨설턴트에게 시공업체별 정보를 요청하는 경우 업체조사, 자료정리 등을 하여 자문한다.

3. LAB MOCK-UP TEST

커튼월 실물 모형 Test라 하며 현장에 실제 커튼월(외장재) 시공 전 일부 입면의 실제 Size로 커튼월(외벽) 제품을 제작하여 시험소에 현장여건과 동일하게 시공한 후 기밀, 수밀, 구조, 단열성능에 대한 검증을 하는 단계임. 전문가인 컨설턴트가 Test부위 제안부터 Shop Dwg. 및 구조계산서 검토, Test시료 시공상태 검수, Test 참관 후 보고서 작성까지 전체적으로 관여하여 원활한 Test 진행이 되고 정확한 결과를 얻을 수 있도록 관리한다.

가. Mock-Up Test 부위 제안 및 선정
나. 특기 시방서 기준 Test 항목 결정
다. 시험소 선정관련 자문
라. Mock-Up Shop Dwg. 및 구조계산서 검토 (승인 시까지 Rev.)
마. 자재 승인서류 검토
바. 원, 부자재 생산공장 또는 제작공장 검수
사. Test시료 설치 검수
아. Test 참관 및 보고서 작성

위 업무의 순서로 업무를 진행하며, 검토결과 공문 및 보고서를 작성하여 현장에 제출한다.

*시료검수 및 Test 결과 보고서 예시

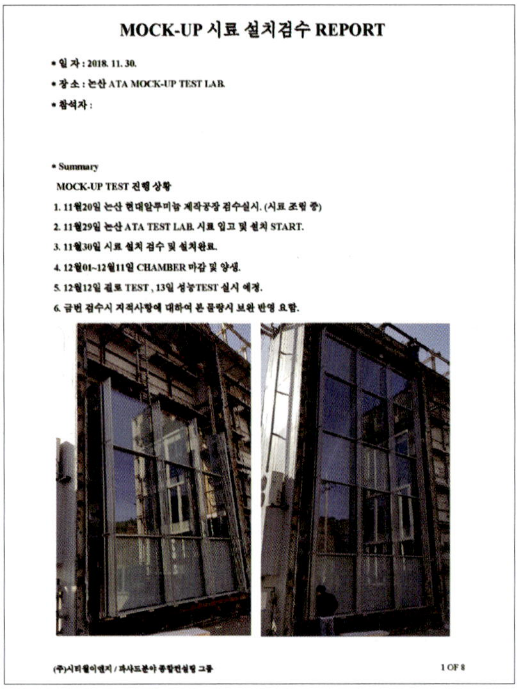

MOCK-UP 시료 설치검수 REPORT

- **일 자 : 2018. 11. 30.**
- **장 소 : 논산 ATA MOCK-UP TEST LAB.**
- **참석자 :**

- **Summary**

MOCK-UP TEST 진행 상황

1. 11월20일 논산 현대알루미늄 제작공장 검수실시. (시료 조립 중)
2. 11월29일 논산 ATA TEST LAB. 시료 입고 및 설치 START.
3. 11월30일 시료 설치 검수 및 설치완료.
4. 12월01~12월11일 CHAMBER 마감 및 양생.
5. 12월12일 결로 TEST , 13일 성능TEST 실시 예정.
6. 금번 검수시 지적사항에 대하여 본 물량시 보완 반영 요함.

(주)시티월이엔지 / 파사드분야 종합컨설팅 그룹 1 OF 8

[그림 8-13] 시료검수 및 Test 결과 보고서 예시

MOCK-UP 시료 설치검수 REPORT

PICTURE NO. : 1

- **SILL FRAME의 GASKET 가공부 확인**

☞ FRAME 내부측 유입수 발생시 배수를 위한 GASKET의 가공으로 GASKET의 고정상태, 형상 및 가공상태 양호함.

(주)시티월이엔지 / 파사드분야 종합컨설팅 그룹 2 OF 8

[그림 8-14] 시료검수 및 Test 결과 보고서 예시

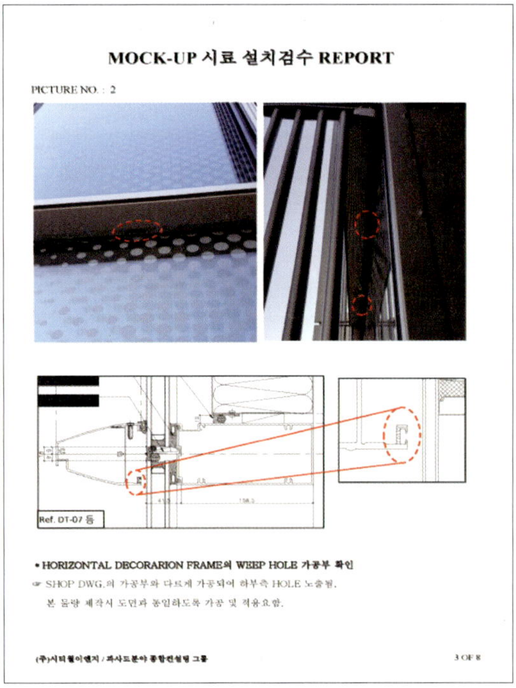

MOCK-UP 시료 설치검수 REPORT

PICTURE NO. : 2

Ref. DT-07 등

- **HORIZONTAL DECORARION FRAME의 WEEP HOLE 가공부 확인**

☞ SHOP DWG.의 가공부와 다르게 가공되어 하부측 HOLE 노출됨.
본 물량 제작시 도면과 동일하도록 가공 및 적용요함.

(주)시티월이엔지 / 파사드분야 종합컨설팅 그룹 3 OF 8

[그림 8-15] 시료검수 및 Test 결과 보고서 예시

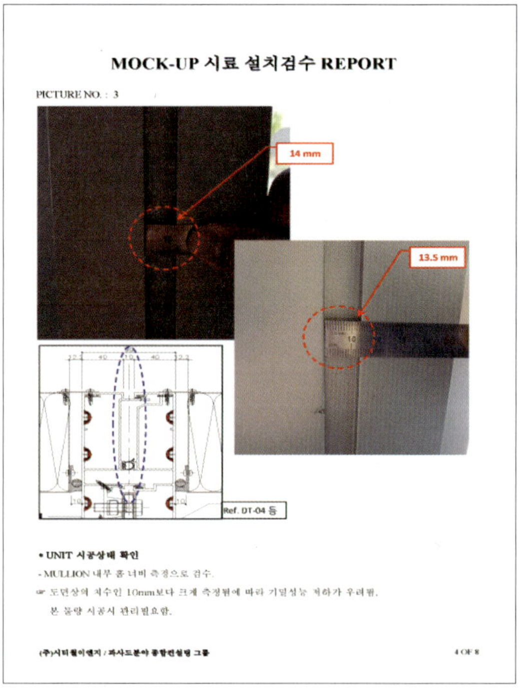

MOCK-UP 시료 설치검수 REPORT

PICTURE NO. : 3

14 mm

13.5 mm

Ref. DT-04 등

- **UNIT 시공상태 확인**

- MULLION 내부 홈 너비 측정으로 검수.

☞ 도면상의 치수인 10mm보다 크게 측정됨에 따라 기밀성능 저하가 우려됨.
본 물량 시공시 관리필요함.

(주)시티월이엔지 / 파사드분야 종합컨설팅 그룹 4 OF 8

[그림 8-16] 시료검수 및 Test 결과 보고서 예시

MOCK-UP 시료 설치검수 REPORT

PICTURE NO. : 4

• **ANCHOR 시공상태 확인**

- SERRATION 가공 ANCHOR 및 사각와셔의 시공상태 검수.

☞ ANCHOR부 밀림방지를 위해 SERRATION 가공 후 ANCHOR CLIP과 사각와셔를 맞물림 시공을 적용하였으며 시공상태 양호함.

(주)시티월이엔지 / 파사드분야 종합컨설

[그림 8-17] 시료검수 및 Test 결과 보고서 예시

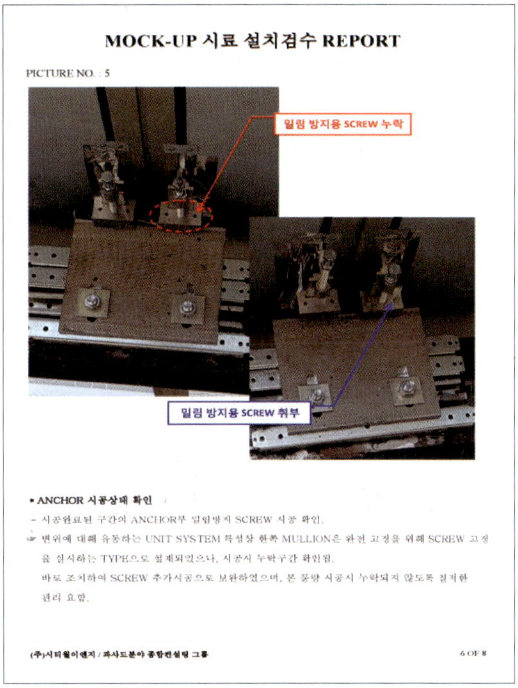

MOCK-UP 시료 설치검수 REPORT

PICTURE NO. : 5

• **ANCHOR 시공상태 확인**

- 시공완료된 구간의 ANCHOR부 밀림방지 SCREW 시공 확인.

☞ 변위에 대해 유동하는 UNIT SYSTEM 특성상 한쪽 MULLION은 완전 고정을 위해 SCREW 고정을 실시하는 TYPE으로 설계되었으나, 시공시 누락구간 확인됨.
바로 조치하여 SCREW 추가시공으로 보완하였으며, 본 물량 시공시 누락되지 않도록 철저한 관리 요함.

(주)시티월이엔지 / 파사드분야 종합컨설팅 그룹 6 OF 8

[그림 8-18] 시료검수 및 Test 결과 보고서 예시

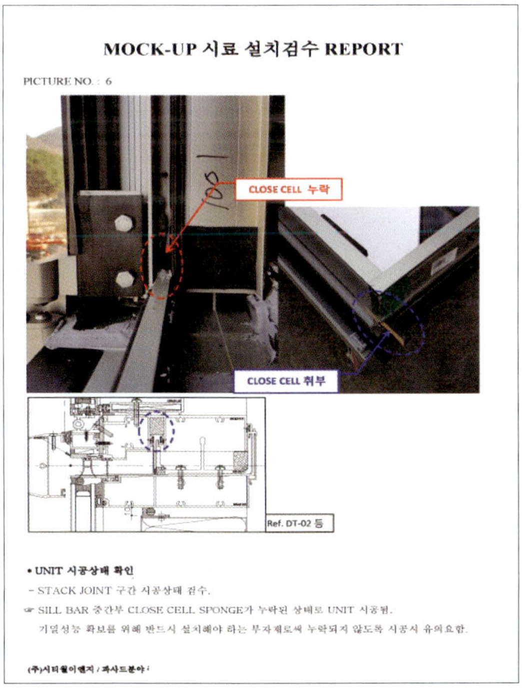

MOCK-UP 시료 설치검수 REPORT

PICTURE NO. : 6

• **UNIT 시공상태 확인**

- STACK JOINT 구간 시공상태 검수.

☞ SILL BAR 중간부 CLOSE CELL SPONGE가 누락된 상태로 UNIT 시공됨.
기밀성능 확보를 위해 반드시 설치해야 하는 부자재로써 누락되지 않도록 시공시 유의요함.

(주)시티월이엔지 / 파사드분야

[그림 8-19] 시료검수 및 Test 결과 보고서 예시

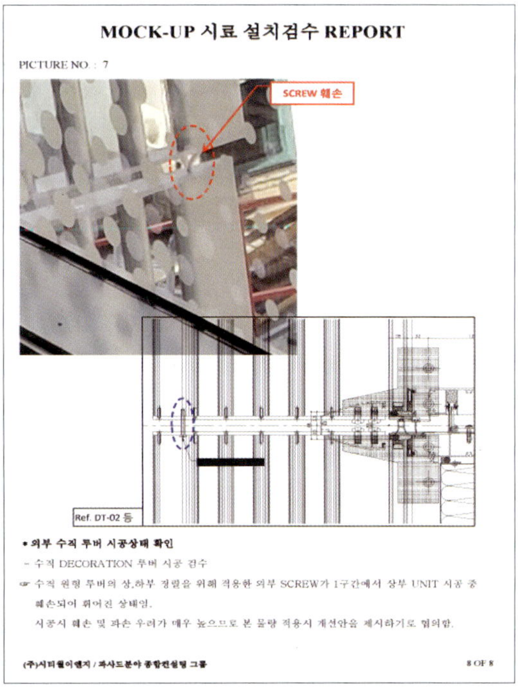

MOCK-UP 시료 설치검수 REPORT

PICTURE NO. : 7

• **외부 수직 루버 시공상태 확인**

- 수직 DECORATION 루버 시공 검수

☞ 수직 원형 루버의 상,하부 정렬을 위해 적용한 외부 SCREW가 1구간에서 상부 UNIT 시공 중 훼손되어 휘어진 상태임.
시공시 훼손 및 파손 우려가 매우 높으므로 본 물량 적용시 개선안을 제시하기로 협의함.

(주)시티월이엔지 / 파사드분야 종합컨설팅 그룹 8 OF 8

[그림 8-20] 시료검수 및 Test 결과 보고서 예시

LAB. MOCK-UP TEST REPORT

2018. 12. 12. ~ 12. 14.

메디치 프로젝트 신축공사

1

[그림 8-21] 시료검수 및 Test 결과 보고서 예시

MOCK-UP TEST REPORT

1. **시험 일자** : 2018년 12월 12일, 13일, 14일(보완)
   1) 12월 12일 : 결로시험
   2) 12월 13일 : 성능시험(기밀, 수밀, 구조성능, 구조안전성 시험)
   3) 12월 14일 : 배연창 보완 Re. Test
   4) FACADE 시공사 : 현대알루미늄, 한국유리(유리공급), 한일배연창(배연기)

2. **시험 장소** : 논산 ATA Test Laboratory

3. **시험 목적** : 현장 설치되는 FACADE의 성능, 기능 및 내/외관상의 문제점을 실물시험을 통해 확인, 검토하여 수정 및 보완하는데 그 목적이 있음.

4. **MOCK UP TEST의 기준** : ASTM E-330, 283, 331 및 AAMA 501.1

5. **시험 결과**

REPORT에 명기된 결과치 및 현상은 시험 진행 시 참관한 내용과 일치하며 상세사항은 시험소 MOCK-UP TEST 보고서를 참고 바랍니다.

1) TEST NO.-1 : 결로시험(BY SPEC.)

결로시험은 겨울철 차가운 외기에 의해 실내에 발생될 수 있는 결로를 파악하고 시험체의 단열성능을 평가하기 위한 시험이며, 각 CYCLE의 내부 온도, 습도 및 외부 온도를 일정시간 가한 후 시험체 각 부위의 결로발생 유무를 관찰하여 판단한다.

	OUTDOOR	INDOOR		DURATION
		TEMP.	HUMIDITY	
1 CYCLE	-15℃ ±2℃	24℃ ±2℃	40% ±5%	2HRS
2 CYCLE	-15℃ ±2℃	24℃ ±2℃	45% ±5%	2HRS
3 CYCLE	-15℃ ±2℃	24℃ ±2℃	50% ±5%	2HRS

→ 1 CYCLE의 내, 외부 조건으로 결로시험 결과 결로현상은 관측되지 않음.

→ 2 CYCLE의 내, 외부 조건으로 결로시험 결과 FIX구간 유리 하부쪽 약 20~30mm 정도의 김서림 확인됨. (사진 1-f~h 참조)

→ 극한조건 시험인 3 CYCLE의 내,외부 조건으로 결로시험 결과 FIX구간 유리 하부쪽 김서림 면적이 2 CYCLE대비 더 넓어지진 않았으나, 좀더 진행되어 습기막 형성됨.(사진1- i~k 참조)

2

[그림 8-22] 시료검수 및 Test 결과 보고서 예시

2) TEST NO.-2 : PRE-LOAD TEST (ASTM E330)
→ 시료 및 CHAMBER에 이상 없음.
3) TEST NO.-4 : 기밀성 시험 (ASTM E283)
→ FIX PART = 2.12 CFM < 35.15 CFM (ALLOWANCE)
→ VENT PART = 2.03 CFM < 11.75 CFM (ALLOWANCE)
4) TEST NO.-3 : 개폐창 작동시험 (배연창)
→ 5회 작동 , 이상 없음.
5) TEST NO.-5 : 1차 정압하 수밀성 시험 (ASTM E331)
→ 누수 없음.
6) TEST NO.-6 : 동압하 수밀성 시험 (AAMA 501.1)
→ 누수 없음.
7) TEST NO.-7 : 구조 시험(ASTM E330)
→ 정압 100% 시험시 처짐 GAUGE 수치 이상으로 1차 TEST 중단 후 CHAMBER 보강.
→ CHAMBER 밀림현상으로 보강 후 재 TEST 결과 정압 100%시 구조성능 만족.
→ 부압 100% 시험시 압력 가압 불가로 2차 TEST 중단 후 배연창 TAPING 실시.
→ 배연창 구간 압력 누기가 원인으로 TAPING실시 후 재 TEST결과 구조성능 만족.
(추후 정확한 누기원인 파악하기로 협의 후 TEST 진행)

구 분	하부 MULLION	상부 MULLION	TRANSOM	GLASS	배연창 (VENT BAR)	비고
허용 처짐	23.85mm	23.85mm	8.57mm	1 Inch (25.4mm)	8.57mm	
정압 실제 처짐 ($+255kgf/m^2$)	14.38mm	20.73mm	0.99mm	19.60mm	3.44mm	
부압 실제 처짐 ($-255kgf/m^2$)	14.34mm	20.27mm	1.15mm	20.51mm	5.15mm	
판 정	OK	OK	OK	OK	OK	

8) TEST NO.-8 : 2차 정압하 수밀성 시험 (ASTM E331)
→ 누수 없음.
9) TEST NO.-9 : 층간변위 시험 (AAMA 501.4)
→ ALUM.FRAME, ANCHOR부, GLASS, SEALANT 등 시료에 이상 없음.
10) TEST NO.-10 : 3차 정압하 수밀성 시험 (ASTM E331)
→ 누수없음.
11) TEST NO.-11 : 구조안전성 시험(ASTM E330)
→ 정압 150% 시험시 부재의 복원량이 허용치를 만족함.

3

[그림 8-23] 시료검수 및 Test 결과 보고서 예시

→ 부압 150% 시험시 부재의 복원량이 허용치를 만족함.

구 분	하부 MULLION	상부 MULLION	TRANSOM	GLASS	비고
허용 처짐	8.40mm	8.40mm	3.0mm	No Breakage	부재 복원량
실제 처짐 ($+382.5kgf/m^2$)	0.44mm	0.51mm	0.01mm	0.51mm	부재 복원량
실제 처짐 ($-382.5kgf/m^2$)	1.18mm	1.56mm	0.16mm	0.28mm	부재 복원량
판 정	만 족	만 족	만 족	만 족	

6. **시험 사진**

1) 결로 TEST

(a) 외부전경

4

[그림 8-24] 시료검수 및 Test 결과 보고서 예시

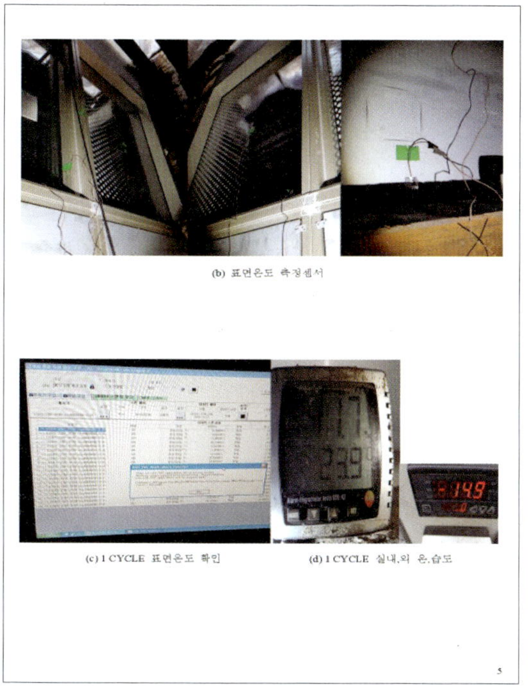
(b) 표면온도 측정센서

(c) 1 CYCLE 표면온도 확인 (d) 1 CYCLE 실내,외 온,습도

5

[그림 8-25] 시료검수 및 Test 결과 보고서 예시

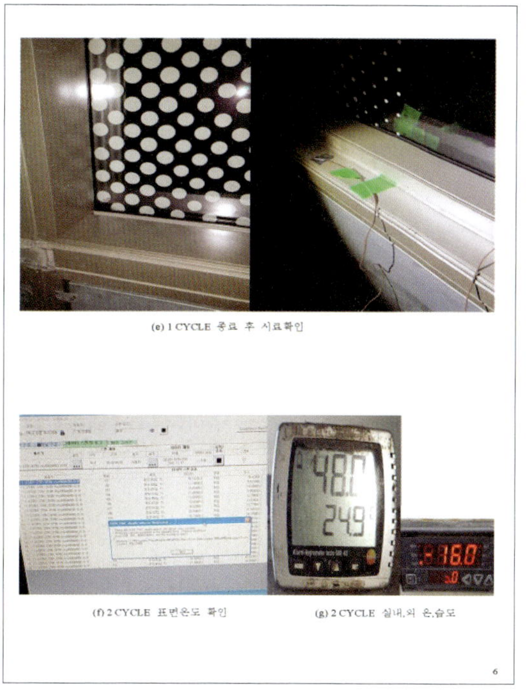
(e) 1 CYCLE 종료 후 시료확인

(f) 2 CYCLE 표면온도 확인 (g) 2 CYCLE 실내,외 온,습도

6

[그림 8-26] 시료검수 및 Test 결과 보고서 예시

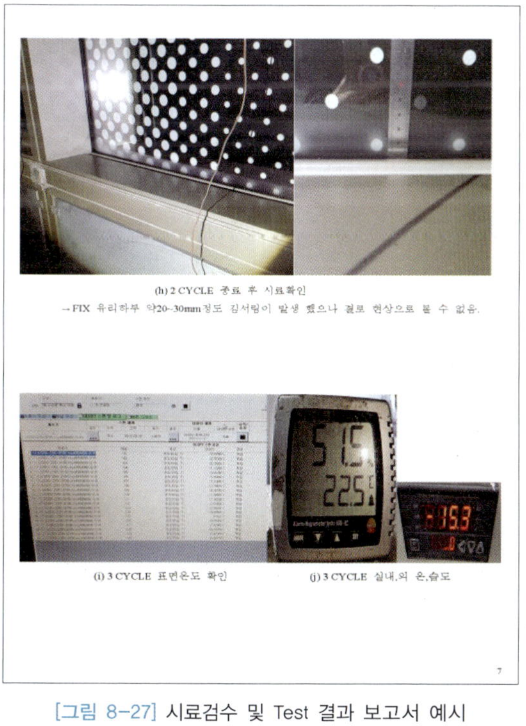
(h) 2 CYCLE 종료 후 시료확인

→FIX 유리하부 약20~30mm정도 김서림이 발생 했으나 결로 현상으로 볼 수 없음.

(i) 3 CYCLE 표면온도 확인 (j) 3 CYCLE 실내,외 온,습도

7

[그림 8-27] 시료검수 및 Test 결과 보고서 예시

(k) 3 CYCLE 종료 후 시료확인

→FIX 유리하부 약20~30mm 습기막이 발생 되었으나 유리표면의 5%이내 면적임.

8

[그림 8-28] 시료검수 및 Test 결과 보고서 예시

2) 성능 TEST

(a) 기밀성능 시험

(b) 정압하 수밀시험 (c) 동압하 수밀시험

9

[그림 8-29] 시료검수 및 Test 결과 보고서 예시

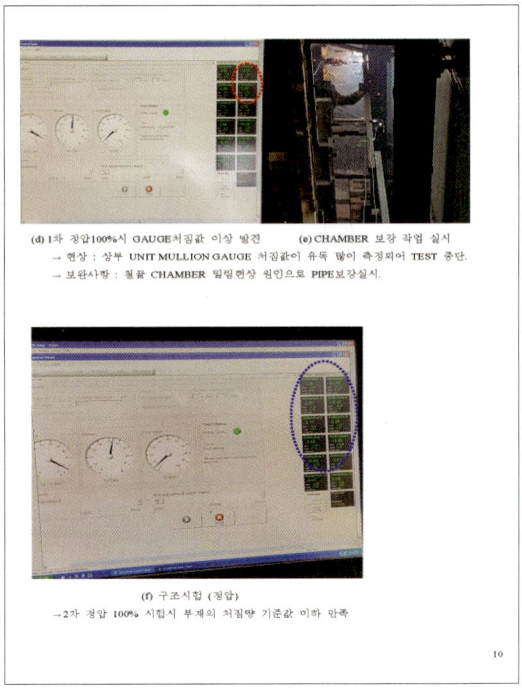

(d) 1차 정압100%시 GAUGE처짐값 이상 발견 (e) CHAMBER 보강 작업 실시

→ 현상 : 상부 UNIT MULLION GAUGE 처짐값이 유독 많이 측정되어 TEST 중단.

→ 보완사항 : 철골 CHAMBER 밀림현상 원인으로 PIPE보강실시.

(f) 구조시험 (정압)

→2차 정압 100% 시험시 부재의 처짐량 기준값 이하 만족

10

[그림 8-30] 시료검수 및 Test 결과 보고서 예시

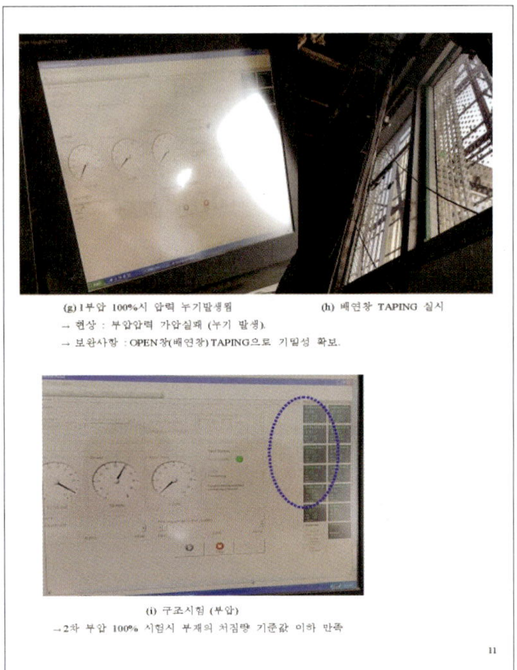

(g) 1부압 100%시 압력 누기발생됨 (h) 배연창 TAPING 실시

→ 현상 : 부압압력 가압실패 (누기 발생).

→ 보완사항 : OPEN창(배연창) TAPING으로 기밀성 확보.

(i) 구조시험 (부압)

→2차 부압 100% 시험시 부재의 처짐량 기준값 이하 만족

11

[그림 8-31] 시료검수 및 Test 결과 보고서 예시

(j) 층간변위 시험 (좌) (k) 층간변위 시험 (우)

→ 층간변위 시험결과 이상없음.

(l) 관류변위 시험 정압 150% (m) 관류변위 시험 부압 150%

12

[그림 8-32] 시료검수 및 Test 결과 보고서 예시

3) 배연창 구간 재 TEST (12월14일)

(n) 배연창 부위 부압 100% 재 TEST

→1차 부압 TEST시 압력 누기 발생원인 배연기 문제로 판단되어 배연기 업체 보완 조치 후 재 TEST 실시.

→ 보완사항 : 배연기 CHAIN 장력 조정 & 완전 밀착

→ 재 TEST 전 3회 개폐실시 후 부압 100% 시험 실시 결과 VENT BAR 처짐량 기준값 이하 만족 (기준 처짐값 : 12.4mm , 실제 처짐값 : 5.15mm)

7. **결론 및 컨설팅 의견**

MOCK UP TEST 결과 당 현장의 외장을 형성하는 Alum. Frame, Anchor 및 Glass 등은 기밀, 수밀, 구조 및 단열 성능을 보유하고 있음이 입증되었음.

단 현장 본 물량의 가공, 조립 및 설치 등 전 공정에 대하여 금번 Mock-Up Test시 확인된 개선 사항은 반드시 적용하여 좀더 우수한 외장(Curtain Wall)이 형성될 수 있도록 하여야 할 것임.

1) 단열성능 및 기밀성능 문제없음.

2) 대형 SIZE로 기밀성능 취약한 배연창 제작 및 시공시 정밀하게 실시하여야 함.

3) 추후 본 물량 배연기 적용 및 시공시 문제가 발생되지 않도록 철저한 관리가 필요함.

13

[그림 8-33] 시료검수 및 Test 결과 보고서 예시

4. SHOP DWG. 및 구조계산서 검토

커튼월(외장재) 시공社에서 공사를 위해 작성 제출한 Shop Dwg. 및 구조계산서를 전문지식을 바탕으로 검토하여 수정 및 보완시킴으로써 추후 하자 발생에 대한 우려를 낮추고 최종 감독관 승인 시에 수준 높은 승인용 Shop Dwg.을 제출할 수 있다.

가. 건축도면(원도면), 특기시방서, 현장설명 자료와 Spec 비교 검토

나. Shop Dwg.(도면) 구성 완성도 확인

다. 커튼월 Frame 및 판넬 Truss 등 외장 주요부재의 적정 Size 적용 검토

라. 수밀, 기밀, 단열성능 확보여부 검토

마. Anchor(접합부)부 부재의 적정 Size 적용 확인(구조계산서와 비교검토)

바. 적정 풍하중 적용 확인 (법규, 풍동시험자료)

사. 구조계산서와 도면간 일치여부 확인

아. 구조계산 구간의 적정성 확인

자. 구조계산 오류부분 발췌

차. 추가 구조검토 부분 확인

카. 검토사항 Shop Dwg. 구조계산서에 Comment 및 승인 시까지 Revision

위 업무사항들을 기본으로 도면을 검토하며, 도면 및 구조계산서 각 장에 Comment한 자료를 공문과 함께 건설사 및 커튼월(외장재) 시공사에 송부한다.

*Shop Dwg. 및 구조계산서 검토 예시

[그림 8-34] Shop Dwg. 및 구조계산서 검토 예시

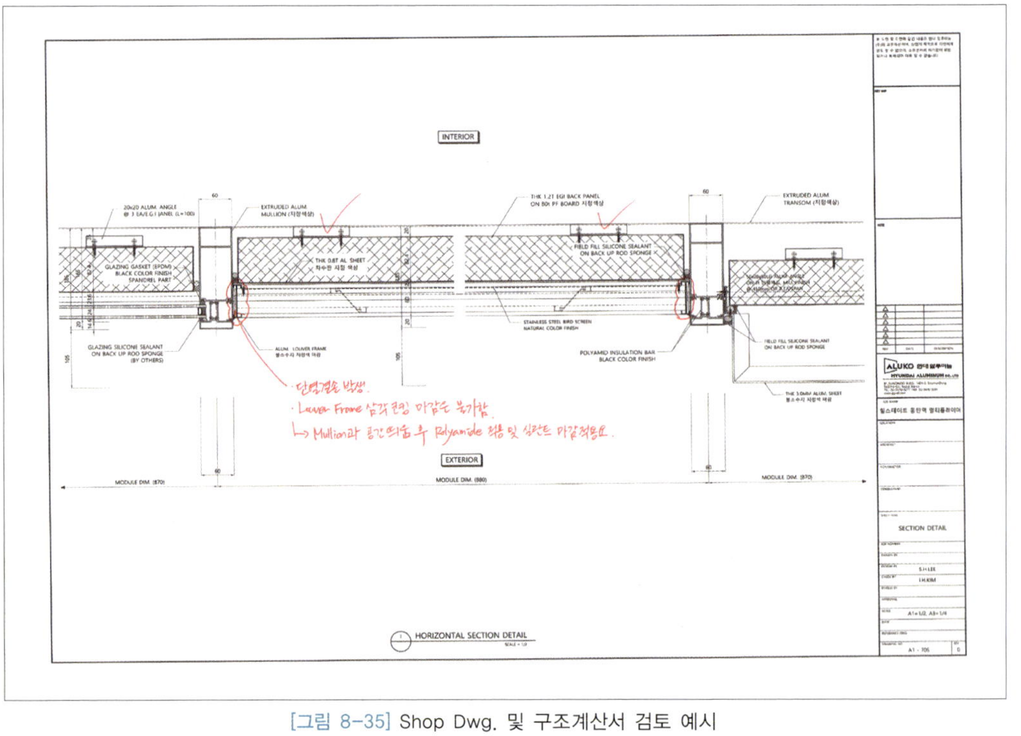

[그림 8-35] Shop Dwg. 및 구조계산서 검토 예시

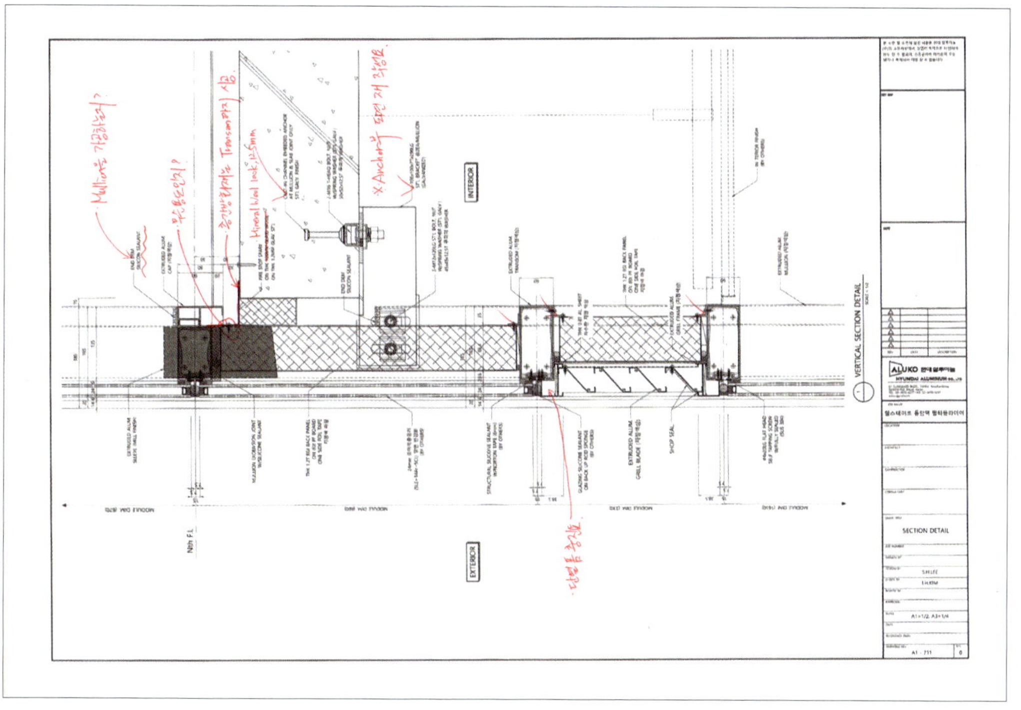

[그림 8-36] Shop Dwg. 및 구조계산서 검토 예시

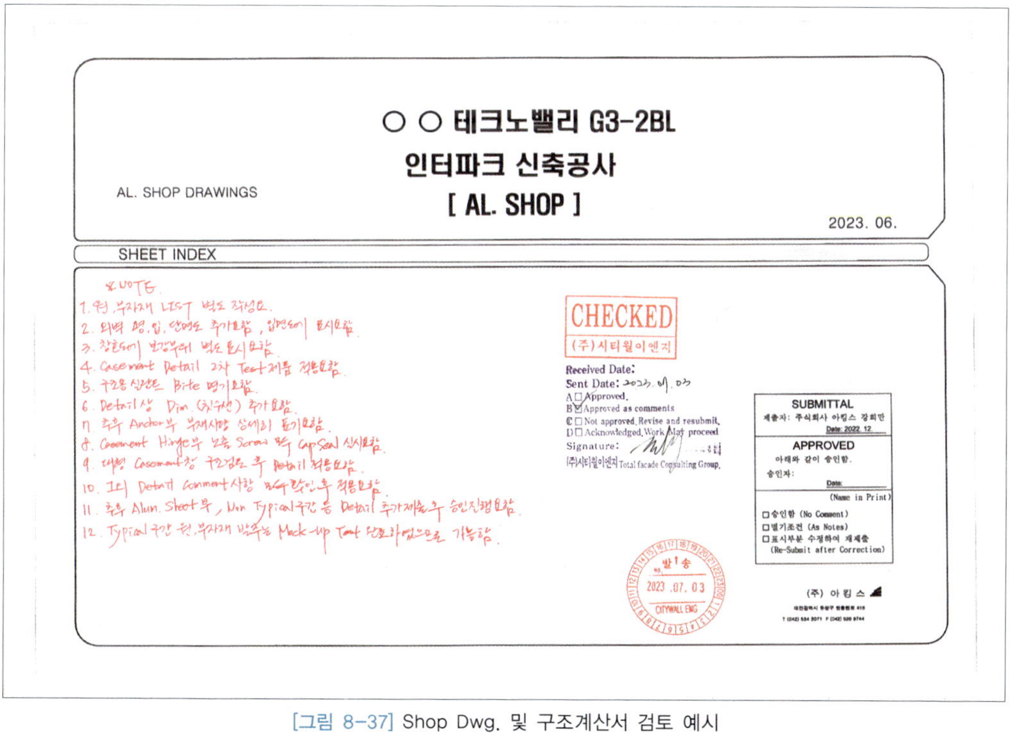

[그림 8-37] Shop Dwg. 및 구조계산서 검토 예시

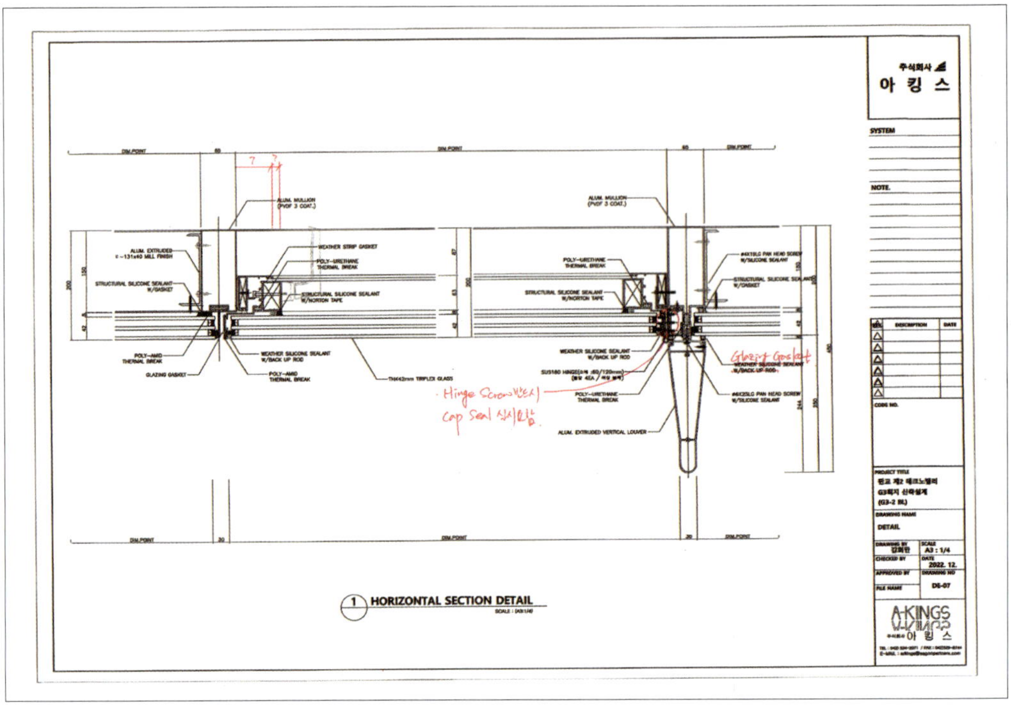

[그림 8-38] Shop Dwg. 및 구조계산서 검토 예시

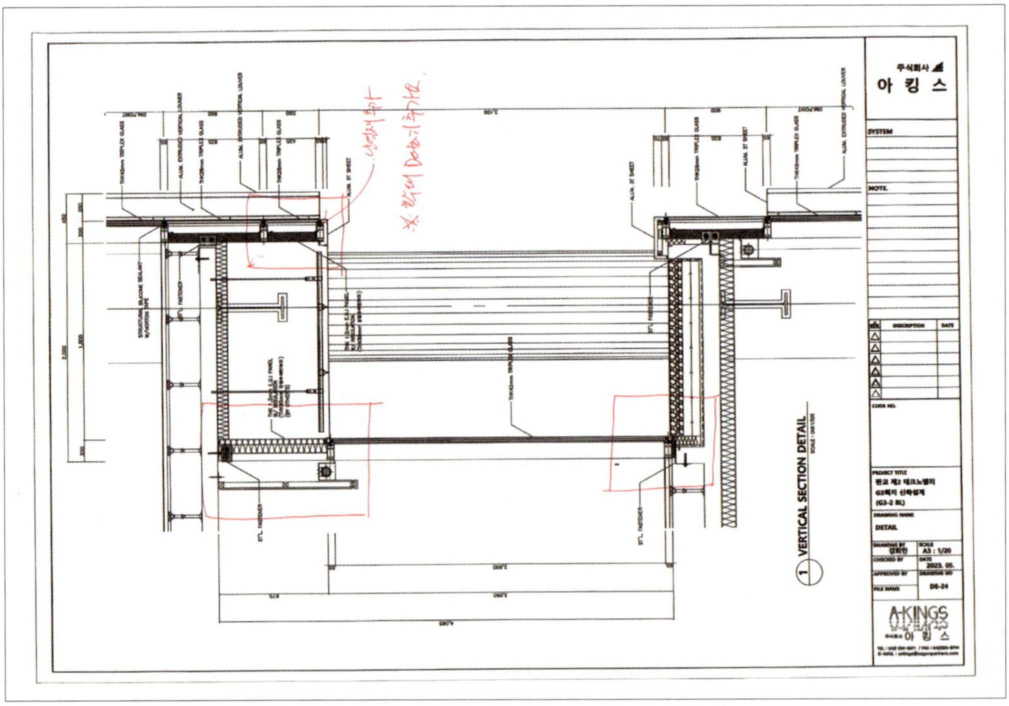

[그림 8-39] Shop Dwg. 및 구조계산서 검토 예시

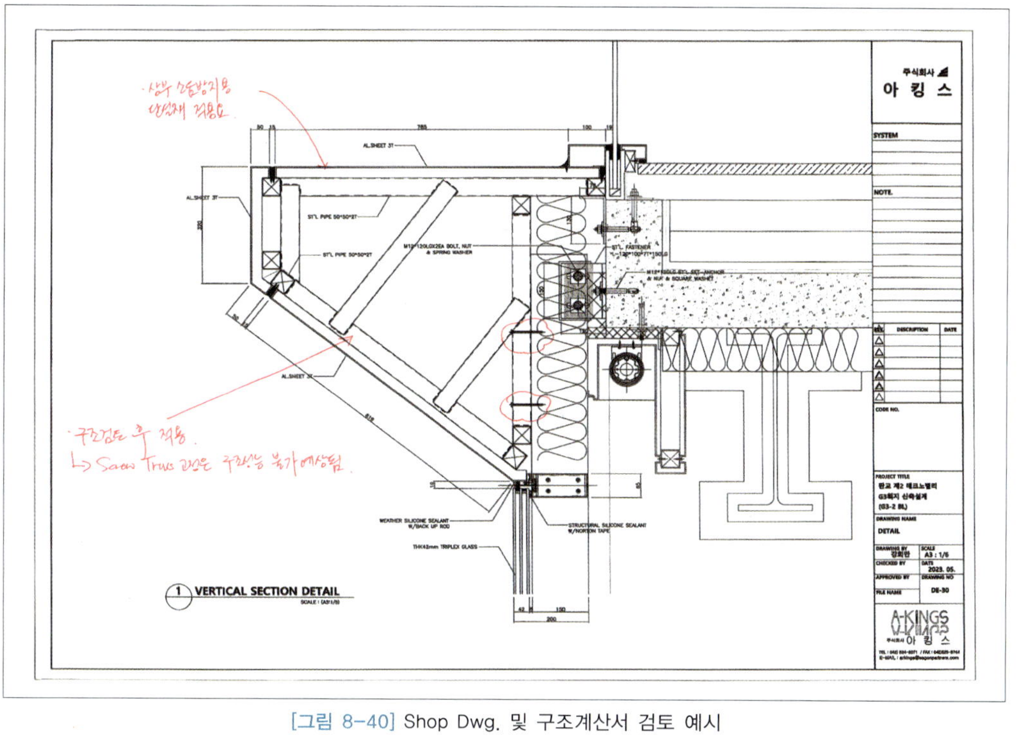

[그림 8-40] Shop Dwg. 및 구조계산서 검토 예시

5.생산단계 검수

원자재 생산 및 조립 시에 공장에 직접 방문하여 생산능력(Capa.), 제품의 생산품질 등을 확인하고 스케줄 Check 및 품질 검수를 통해 좋은 Quaslity의 제품이 생산되도록 컨설팅한다.

가. Alum.원자재(Frame) 압출공장 검수

나. Alum.원자재(Frame) 도장공장 검수

다. Alum.원자재(Frame) 단열공장 검수

라. Alum.Sheet 등 판넬 생산공장 검수

마. 커튼월, 창호, 판넬 등 외벽 System 제작공장 검수

바. 유리 생산 및 가공공장 검수

사. 각 검수 단계별 Check List 작성

아. 각 검수 단계별 검수 보고서 작성

외장(커튼월)과 관련된 공장을 위와 같이 건설사 담당자, 감리단, 외장시공업체 담당자 입회하에 실사 후 검수 보고서를 제출하여 적합성 판단에 도움이 되도록 한다.

* 공장검수 보고서 예시 자료

원자재 공장 검수 REPORT

- 일 자 : 2019. 03. 12~15
- 장 소 : 알루코그룹 알루텍비나 (베트남 하노이 타이응옌 공장)
- 참석자 : 이지스자산운용㈜ - 김 대 익 이사, 김 성 욱 과장
  WSP - 구 회 종 상무, 권 석 현 이사
  ㈜무영씨엠건축사사무소 - 황 건 순 전무, 박 명 성 상무
  JMA - 정 대 운 팀장
  현대건설 - 김 재 환 부장, 대우건설 - 박 철 환 과장
  ㈜시티월이엔지 – 주 현 용 차장
  현대알루미늄 - 우 정 석 전무, 박 균 호 부장, 홍 순 창 차장

< 공장 외부 전경 >

(주)시티월이엔지 / 파사드분야 종합컨설팅 그룹 1 OF 19

[그림 8-41] 공장검수 보고서 예시 자료

원자재 공장 검수 REPORT

PICTURE NO. : 1

- **공장현황 및 생산현황(계획) 브리핑**
- 베트남 하노이 타이응옌 공장 : 전체 약 16,000 ㎡ 규모
- 검수일 현재 생산현황 : 압출 약 54 ton, 도장 약 10 ton
- 생산계획 : 월평균 약 50-60 ton 압출,도장,가공하여 한국으로 출고예정

(주)시티월이엔지 / 파사드분야 종합컨

[그림 8-42] 공장검수 보고서 예시 자료

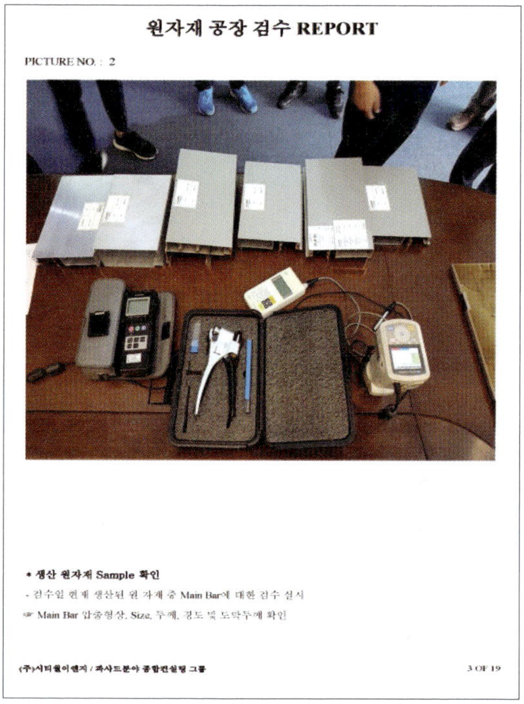
원자재 공장 검수 REPORT

PICTURE NO. : 2

• 생산 원자재 Sample 확인

- 검수일 현재 생산된 원 자재 중 Main Bar에 대한 검수 실시

☞ Main Bar 압출형상, Size, 두께, 경도 및 도막두께 확인

(주)시티월이엔지 / 파사드분야 종합컨설팅 그룹 3 OF 19

[그림 8-43] 공장검수 보고서 예시 자료

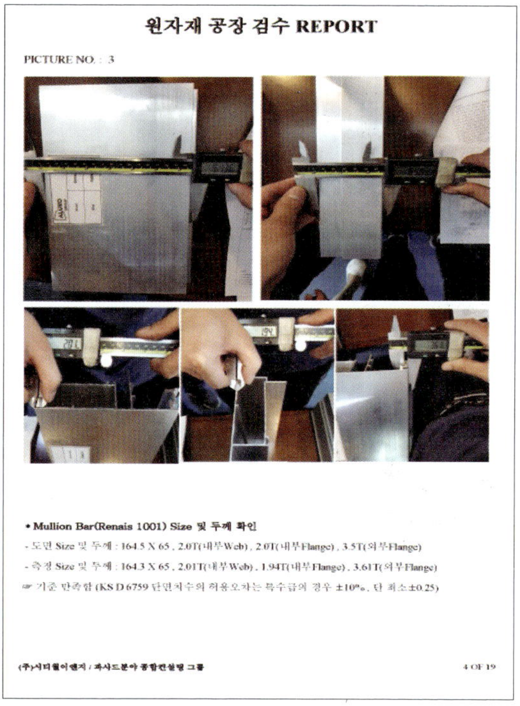
원자재 공장 검수 REPORT

PICTURE NO. : 3

• Mullion Bar(Renais 1001) Size 및 두께 확인

- 도면 Size 및 두께 : 164.5 X 65 , 2.0T(내부Web) , 2.0T(내부Flange) , 3.5T(외부Flange)
- 측정 Size 및 두께 : 164.3 X 65 , 2.01T(내부Web) , 1.94T(내부Flange) , 3.61T(외부Flange)

☞ 기준 만족함 (KS D 6759 단면치수의 허용오차는 특수급의 경우 ±10%, 단 최소±0.25)

(주)시티월이엔지 / 파사드분야 종합컨설팅 그룹 4 OF 19

[그림 8-44] 공장검수 보고서 예시 자료

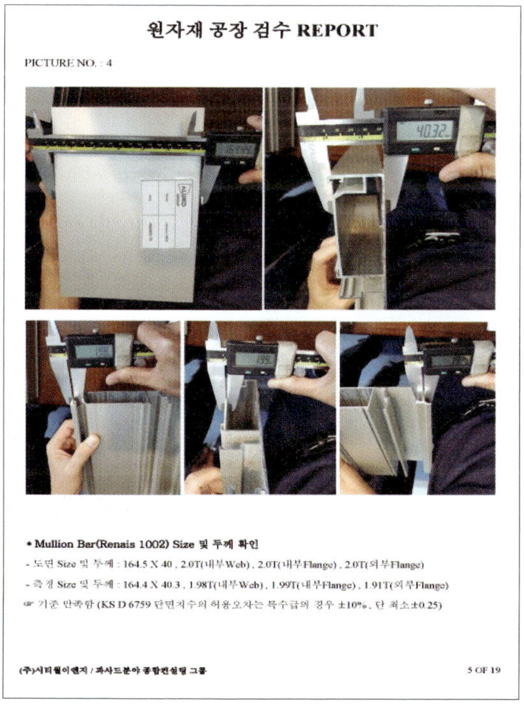
원자재 공장 검수 REPORT

PICTURE NO. : 4

• Mullion Bar(Renais 1002) Size 및 두께 확인

- 도면 Size 및 두께 : 164.5 X 40 , 2.0T(내부Web) , 2.0T(내부Flange) , 2.0T(외부Flange)
- 측정 Size 및 두께 : 164.4 X 40.3 , 1.98T(내부Web) , 1.99T(내부Flange) , 1.91T(외부Flange)

☞ 기준 만족함 (KS D 6759 단면치수의 허용오차는 특수급의 경우 ±10%, 단 최소±0.25)

(주)시티월이엔지 / 파사드분야 종합컨설팅 그룹 5 OF 19

[그림 8-45] 공장검수 보고서 예시 자료

원자재 공장 검수 REPORT

PICTURE NO. : 5

• Head Bar(Renais 1008) Size 및 두께 확인

- 도면 Size 및 두께 : 167.7 X 105 , 2.0T(내부Web) , 2.5T(중간Leg) , 2.5T(내부Leg)
- 측정 Size 및 두께 : 167.6 X 104.9 , 1.87T(내부Web) , 2.51T(중간Leg) , 2.65T(내부Leg)

☞ 기준 만족함 (KS D 6759 단면치수의 허용오차는 특수급의 경우 ±10%, 단 최소±0.25)

(주)시티월이엔지 / 파사드분야 종합컨설팅 그룹

[그림 8-46] 공장검수 보고서 예시 자료

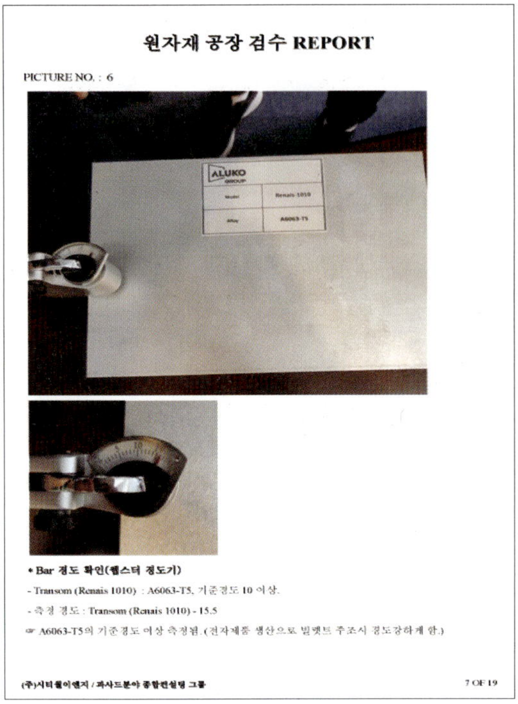

원자재 공장 검수 REPORT

PICTURE NO. : 6

• Bar 경도 확인(웹스터 경도기)

- Transom (Renais 1010) : A6063-T5, 기준경도 10 이상.
- 측정 경도 : Transom (Renais 1010) - 15.5

☞ A6063-T5의 기준경도 이상 측정됨.(전자제품 생산으로 빌렛트 주조시 경도강하게 함.)

(주)시티월이엔지 / 파사드분야 종합컨설팅 그룹 7 OF 19

[그림 8-47] 공장검수 보고서 예시 자료

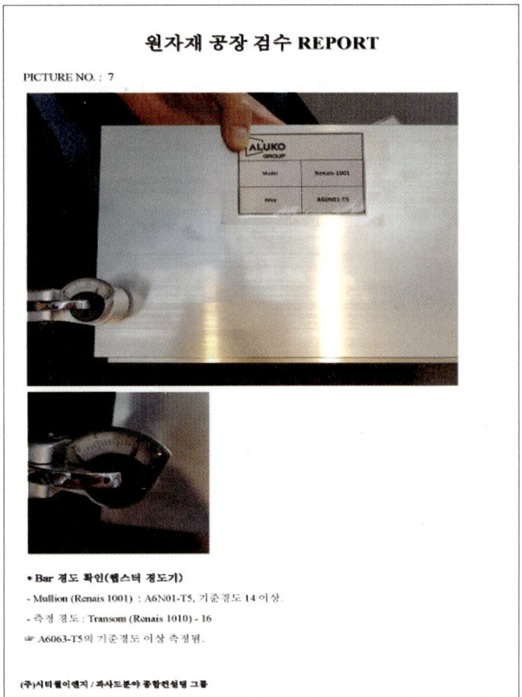

원자재 공장 검수 REPORT

PICTURE NO. : 7

• Bar 경도 확인(웹스터 경도기)

- Mullion (Renais 1001) : A6N01-T5, 기준경도 14 이상.
- 측정 경도 : Transom (Renais 1010) - 16

☞ A6063-T5의 기준경도 이상 측정됨.

(주)시티월이엔지 / 파사드분야 종합컨설팅 그룹

[그림 8-48] 공장검수 보고서 예시 자료

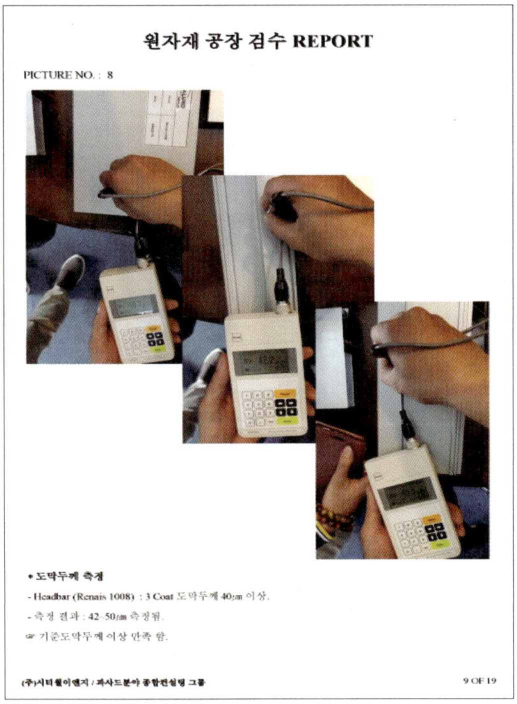

원자재 공장 검수 REPORT

PICTURE NO. : 8

• 도막두께 측정

- Headbar (Renais 1008) : 3 Coat 도막두께 40㎛ 이상.
- 측정 결과 : 42~50㎛ 측정됨.

☞ 기준도막두께 이상 만족 함.

(주)시티월이엔지 / 파사드분야 종합컨설팅 그룹 9 OF 19

[그림 8-49] 공장검수 보고서 예시 자료

원자재 공장 검수 REPORT

PICTURE NO. : 9

• 도막두께 측정

- 도장검사 Sample Bar : 3 Coat 도막두께 40㎛ 이상.
- 측정 결과 : 43~55㎛ 측정됨.

☞ 기준도막두께 이상 만족 함.

(주)시티월이엔지 / 파사드분야 종합컨설팅 그룹 10 OF 19

[그림 8-50] 공장검수 보고서 예시 자료

원자재 공장 검수 REPORT

PICTURE NO. : 10

• 공장의 청결 상태

- 빌렛주조, 압출, 도장, 가공 공장 청결상태 양호.

☞ 빌렛주조부터 압출,도장,단열,가공 까지 모두 가능한 설비 및 인력 갖추고 있음.

(주)시티웰이엔지 / 파사드분야 종합컨설팅 그룹 11 OF 19

[그림 8-51] 공장검수 보고서 예시 자료

원자재 공장 검수 REPORT

PICTURE NO. : 11

• Alum.압출 원재료인 Billet 확인

• 설계된 Alum.Bar 형상대로 압출하기 위한 금형(Dies) 확인.

(주)시티웰이엔지 / 파사드분야 종합컨설팅 그룹 12 OF 19

[그림 8-52] 공장검수 보고서 예시 자료

원자재 공장 검수 REPORT

PICTURE NO. : 12

• 압출단계 및 Control Box

- 압출가능 Size : Dies 외경 8 Inck~12 Inch 까지 가능.

(주)시티웰이엔지 / 파사드분야 종합컨설팅 그룹 13 OF 19

[그림 8-53] 공장검수 보고서 예시 자료

원자재 공장 검수 REPORT

PICTURE NO. : 13

• 압출된 Alum.Bar 냉각 및 절단단계

• Bar의 직진도를 교정하는 단계

(주)시티웰이엔지 / 파사드분야 종합컨설팅 그룹 14 OF 19

[그림 8-54] 공장검수 보고서 예시 자료

원자재 공장 검수 REPORT

PICTURE NO. : 14

• 압출된 M/F Bar를 도장하기 위해 Racking 하는 단계

- Vertical Line으로 전처리(Chromate처리)부터 도장까지 모두 완료된 후 출고됨.

(주)시티월이엔지 / 파사드분야 종합컨설팅 그룹 15 OF 19

[그림 8-55] 공장검수 보고서 예시 자료

원자재 공장 검수 REPORT

PICTURE NO. : 15

• 실제 도장이 이루어지는 도장 부스

- 전자동 System으로 전처리 후 하도,상도,Clear Coat 까지 3 Coat모두 실시됨.

☞ 상,하 수직으로 움직이는 회전 Spray에 의해 Paint 분사하여 도포되는 System.

(주)시티월이엔지 / 파사드분야 종합컨설팅 그룹 16 OF 19

[그림 8-56] 공장검수 보고서 예시 자료

원자재 공장 검수 REPORT

PICTURE NO. : 16

• 도장 및 건조 후 출고단계

- 당 현장 Bar 도막두께 Random Check

☞ 41㎛ ~ 44㎛ 확인. 기준 40㎛ 이상으로 양호함.

(주)시티월이엔지 / 파사드분야 종합컨설팅 그룹 17 OF 19

[그림 8-57] 공장검수 보고서 예시 자료

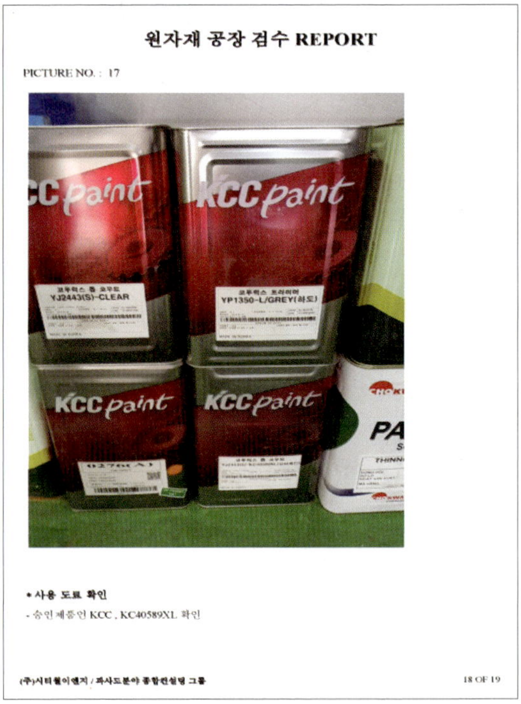

원자재 공장 검수 REPORT

PICTURE NO. : 17

• 사용 도료 확인

- 승인제품인 KCC , KC40589XL 확인

(주)시티월이엔지 / 파사드분야 종합컨설팅 그룹 18 OF 19

[그림 8-58] 공장검수 보고서 예시 자료

원자재 공장 검수 REPORT

PICTURE NO. : 17

• **가공 공장 확인**

- 자동 절단기, CNC 가공기 등 정밀 가공을 위한 설비를 보유하고 있음.

☞ 최신 설비를 보유하고 있으므로, 가공 오류가 발생하지 않도록 철저한 관리 요함.

(주)시티월이엔지 / 파사드분야 종합컨설팅 그룹　　19 OF 19

[그림 8-59] 공장검수 보고서 예시 자료

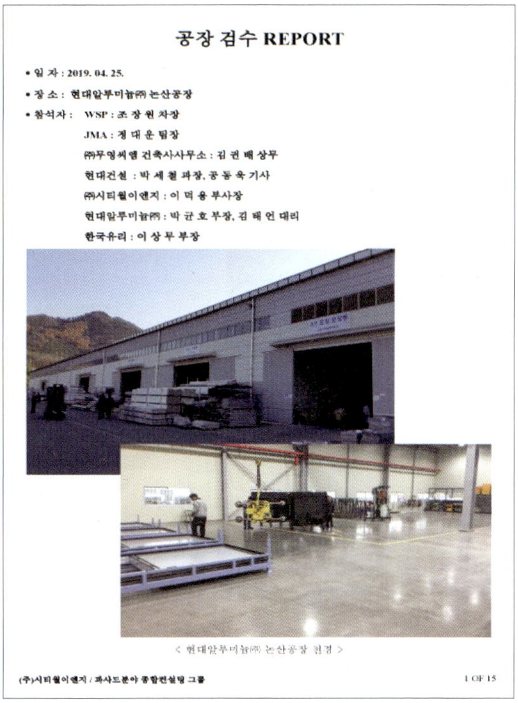

공장 검수 REPORT

• 일 자 : 2019. 04. 25.

• 장 소 : 현대알루미늄㈜ 논산공장

• 참석자 : WSP : 조 장 원 차장

JMA : 정 대 운 팀장

㈜무영씨엠 건축사사무소 : 김 권 배 상무

현대건설 : 박 세 철 과장, 공 동 욱 기사

㈜시티월이엔지 : 이 덕 용 부사장

현대알루미늄㈜ : 박 균 호 부장, 김 태 언 대리

한국유리 : 이 상 무 부장

< 현대알루미늄㈜ 논산공장 전경 >

(주)시티월이엔지 / 파사드분야 종합컨설팅 그룹　　1 OF 15

[그림 8-60] 공장검수 보고서 예시 자료

공장 검수 REPORT

PICTURE NO. : 1

• **가공 제품 확인**

- 베트남 공장에서 압출,가공 되어 입고된 제품 확인

☞ 대체적으로 양호한 품질로 가공되어 입고됨

(주)시티월이엔지 / 파사드분야 종합컨설팅 그룹　　2 OF 15

[그림 8-61] 공장검수 보고서 예시 자료

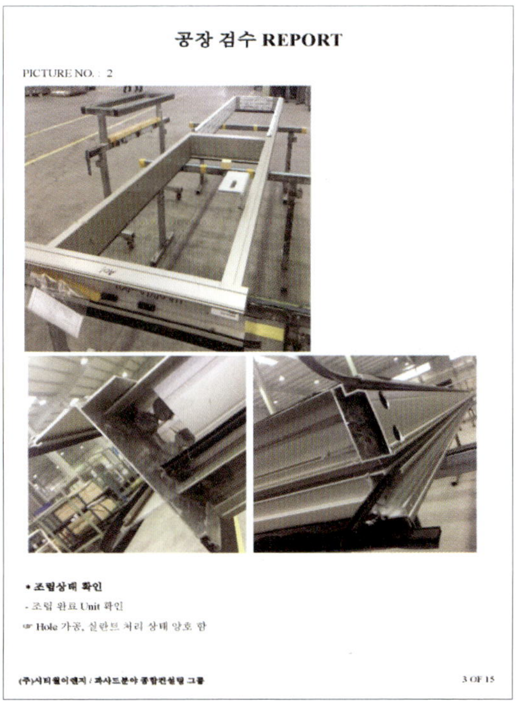

공장 검수 REPORT

PICTURE NO. : 2

• **조립상태 확인**

- 조립 완료 Unit 확인

☞ Hole 가공, 실란트 처리 상태 양호 함

(주)시티월이엔지 / 파사드분야 종합컨설팅 그룹　　3 OF 15

[그림 8-62] 공장검수 보고서 예시 자료

공장 검수 REPORT

PICTURE NO. : 3

• 조립상태 확인

- Mullion & Transom 조립부 확인

☞ 지난 검수시 지적한 Mullion & Transom 조립부 단차발생 개선되어 양호함

(주)시티월이엔지 / 파사드분야 종합컨설팅 그룹 4 OF 15

[그림 8-63] 공장검수 보고서 예시 자료

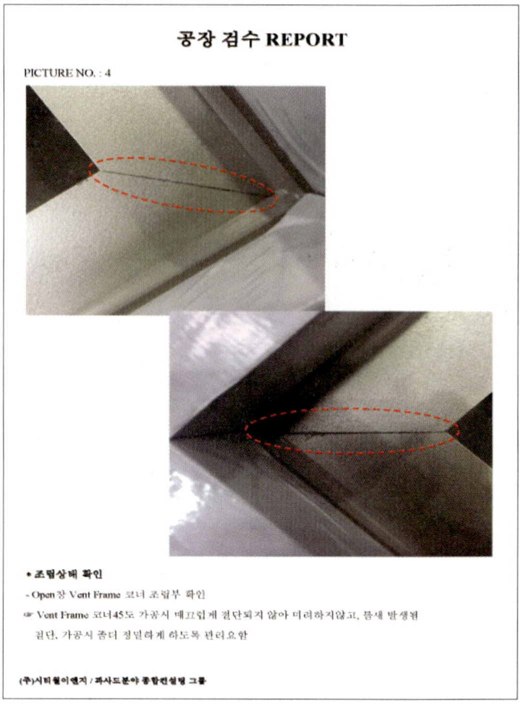

공장 검수 REPORT

PICTURE NO. : 4

• 조립상태 확인

- Open창 Vent Frame 코너 조립부 확인

☞ Vent Frame 코너45도 가공시 매끄럽게 절단되지 않아 미려하지않고, 틈새 발생됨
절단, 가공시 좀더 정밀하게 하도록 관리요함

(주)시티월이엔지 / 파사드분야 종합컨설팅 그룹

[그림 8-64] 공장검수 보고서 예시 자료

공장 검수 REPORT

PICTURE NO. : 5

• Back-Panel 확인

- Back-Panel내부면 Scretch 발생

☞ 실내측 내부면 이므로 천정마감 안쪽으로 가려지고, 부식우려가 높지 않으므로 문제없음
Scretch가 심한 부분은 부식확산 방지를 위해 Touch-Up 스프레이로 보완요

(주)시티월이엔지 / 파사드분야 종합컨설팅 그룹 6 OF 15

[그림 8-65] 공장검수 보고서 예시 자료

공장 검수 REPORT

PICTURE NO. : 6

• Wing Part 구간 조립상태 확인

- Wing Part 조립 공차 과도하게 발생

☞ St'l 보강재 삽입으로 인해 Alum.Bar 조립시 공차가 과도하게 발생되므로 구조계산 확인 후
보강재 생산시 두께-공차 허용 가능함

(주)시티월이엔지 / 파사드분야 종합컨설팅 그룹

[그림 8-66] 공장검수 보고서 예시 자료

공장 검수 REPORT

PICTURE NO. : 7

• **Wing Part 조립상태 확인**

- Alum.Bar와 St'l 보강재 고정 Screw 취부 확인

☞ Screw 간격은 300mm로 양호하나 길이가 짧아 고정이 불안정 함
Screw길이 긴 제품으로 추후 변경 적용하도록 협의함

(주)시티월이엔지 / 파사드분야 종합컨설팅 그룹 8 OF 15

[그림 8-67] 공장검수 보고서 예시 자료

공장 검수 REPORT

PICTURE NO. : 8

• **자체 제품관리 확인**

- 국내 논산공장 자체 품질관리 확인

☞ 생산,가공 불량 입고품 또는 제작오류된 제품 자체 검사를 통해 불량처리 하고있음

(주)시티월이엔지 / 파사드분야 종합컨설팅 그룹

[그림 8-68] 공장검수 보고서 예시 자료

공장 검수 REPORT

PICTURE NO. : 9

• **유리 Glazing 확인**

- 별도 유리 Glazing 공장동 신설

☞ Glazing을 위한 Unit 받침대를 별도 제작하여 양생까지 매우 양호하게 관리하고 있음

(주)시티월이엔지 / 파사드분야 종합컨설팅 그룹 10 OF 15

[그림 8-69] 공장검수 보고서 예시 자료

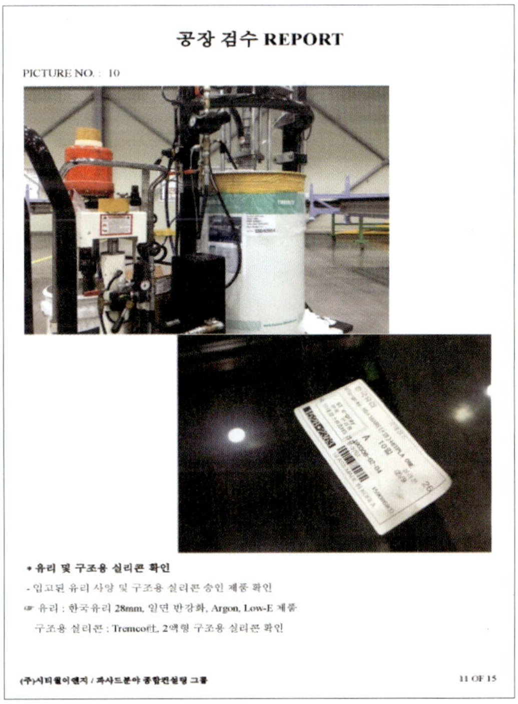

공장 검수 REPORT

PICTURE NO. : 10

• **유리 및 구조용 실리콘 확인**

- 입고된 유리 사양 및 구조용 실리콘 승인 제품 확인

☞ 유리 : 한국유리 28mm, 일면 반강화, Argon, Low-E 제품
구조용 실리콘 : Tremco社, 2액형 구조용 실리콘 확인

(주)시티월이엔지 / 파사드분야 종합컨설팅 그룹 11 OF 15

[그림 8-70] 공장검수 보고서 예시 자료

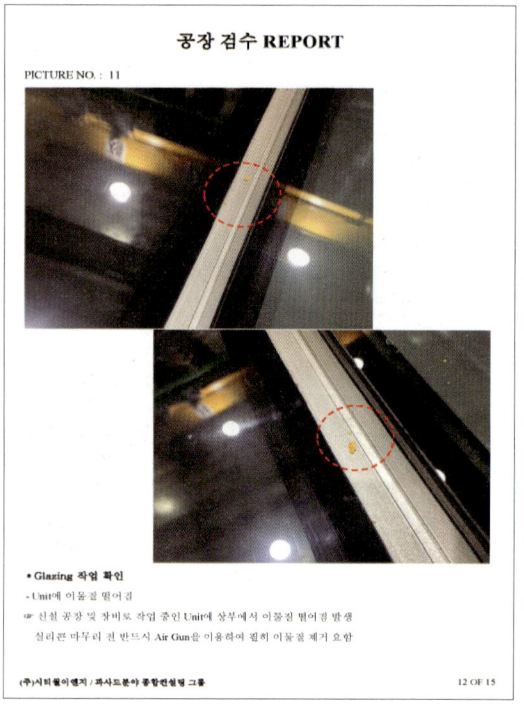
공장 검수 REPORT

PICTURE NO. : 11

• **Glazing 작업 확인**

- Unit에 이물질 떨어짐

☞ 신설 공장 및 장비로 작업 중인 Unit에 상부에서 이물질 떨어짐 발생
실리콘 마무리 전 반드시 Air Gun을 이용하여 필히 이물질 제거 요함

(주)시티월이엔지 / 파사드분야 종합컨설팅 그룹 12 OF 15

[그림 8-71] 공장검수 보고서 예시 자료

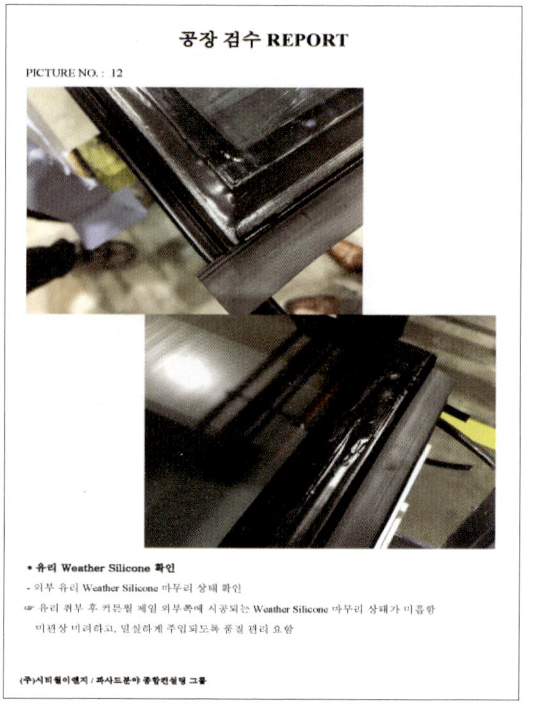
공장 검수 REPORT

PICTURE NO. : 12

• **유리 Weather Silicone 확인**

- 외부 유리 Weather Silicone 마무리 상태 확인

☞ 유리 취부 후 커튼월 제일 외부쪽에 시공되는 Weather Silicone 마무리 상태가 미흡한
미관상 미려하고, 밀실하게 주입되도록 품질 관리 요함

(주)시티월이엔지 / 파사드분야 종합컨설팅 그룹

[그림 8-72] 공장검수 보고서 예시 자료

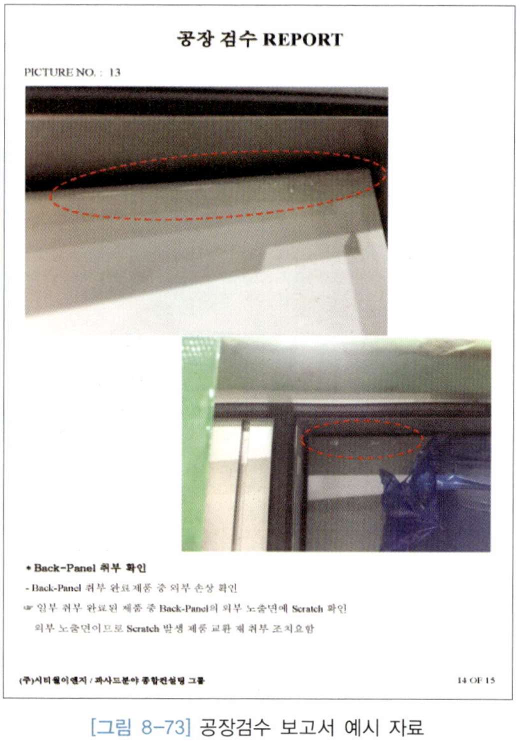
공장 검수 REPORT

PICTURE NO. : 13

• **Back-Panel 취부 확인**

- Back-Panel 취부 완료제품 중 외부 손상 확인

☞ 일부 취부 완료된 제품 중 Back-Panel의 외부 노출면에 Scratch 확인
외부 노출면이므로 Scratch 발생 제품 교환 재 취부 조치요함

(주)시티월이엔지 / 파사드분야 종합컨설팅 그룹 14 OF 15

[그림 8-73] 공장검수 보고서 예시 자료

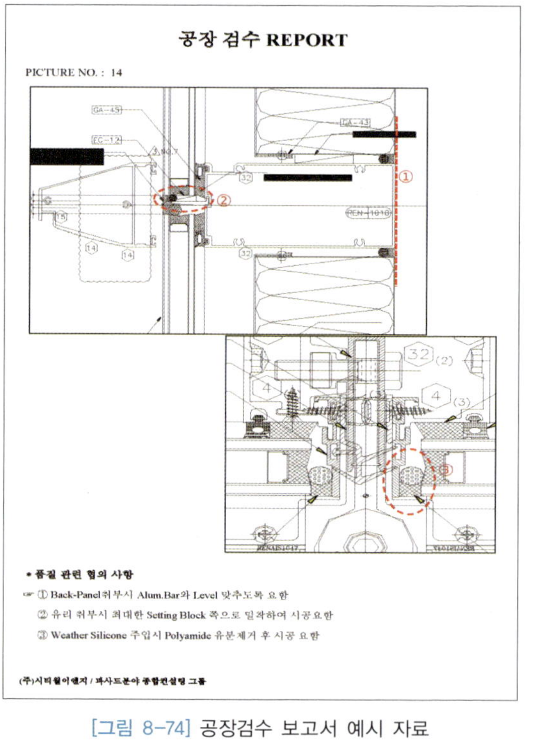
공장 검수 REPORT

PICTURE NO. : 14

• **품질 관련 협의 사항**

☞ ① Back-Panel취부시 Alum.Bar와 Level 맞추도록 요함
② 유리 취부시 최대한 Setting Block 쪽으로 밀착하여 시공요함
③ Weather Silicone 주입시 Polyamide 유분제거 후 시공 요함

(주)시티월이엔지 / 파사드분야 종합컨설팅 그룹

[그림 8-74] 공장검수 보고서 예시 자료

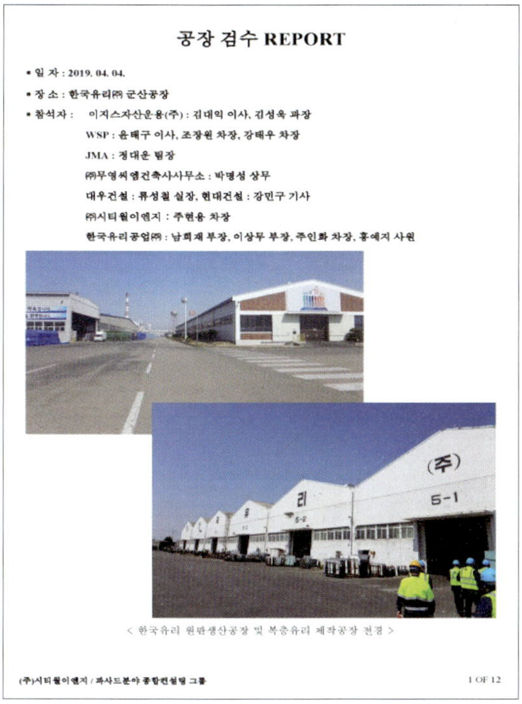

공장 검수 REPORT

• 일 자 : 2019. 04. 04.

• 장 소 : 한국유리㈜ 군산공장

• 참석자 : 이지스자산운용(주) : 김대익 이사, 김성욱 과장
WSP : 윤태구 이사, 조장원 차장, 강태우 차장
JMA : 정대운 팀장
㈜무영씨엠건축사사무소 : 박명성 상무
대우건설 : 류성철 실장, 현대건설 : 장민구 기사
㈜시티웰이엔지 : 주현용 차장
한국유리공업㈜ : 남희재 부장, 이상무 부장, 주인화 차장, 홍예지 사원

< 한국유리 원판생산공장 및 복층유리 제작공장 전경 >

(주)시티웰이엔지 / 파사드분야 종합컨설팅 그룹 1 OF 12

[그림 8-75] 공장검수 보고서 예시 자료

공장 검수 REPORT

PICTURE NO. : 1

• 검수 전 안전 및 생산현황 브리핑

- 공장검수 전 안전에 대한 브리핑, 설비 및 생산현황 브리핑.

☞ 코팅, 절단, 강화, 복층제작 및 출하 모든 공정 90%이상 자동화 SYSTEM으로 생산됨.

(주)시티웰이엔지 / 파사드분야 종합컨설팅 그룹

[그림 8-76] 공장검수 보고서 예시 자료

공장 검수 REPORT

PICTURE NO. : 2

• 원판 로이 코팅 전 세척 단계

- 생산된 유리 원판을 로이 코팅 하기 전 세척실시.

(주)시티웰이엔지 / 파사드분야 종합컨설팅 그룹 3 OF 12

[그림 8-77] 공장검수 보고서 예시 자료

공장 검수 REPORT

PICTURE NO. : 3

• LOW-E 코팅 단계

- 세척된 판 유리를 LOW-E코팅 하는 설비.

☞ 설비 중간,중간 점검구를 통해 확인, 코팅 최대 SIZE : 3,300X6,000

(주)시티웰이엔지 / 파사드분야 종합컨설팅 그룹

[그림 8-78] 공장검수 보고서 예시 자료

공장 검수 REPORT

PICTURE NO. : 4

• LOW-E코팅 검사

- 코팅 후 검사 단계.

☞ 육안검사 및 빛 투과로 불량제품 CHECK, 유리 생산제품 별 SAMPLE보관.

(주)시티월이엔지 / 파사드분야 종합컨설팅 그룹 5 OF 12

[그림 8-79] 공장검수 보고서 예시 자료

공장 검수 REPORT

PICTURE NO. : 5

• 원판 절단 단계

- 복층유리 제작 첫 단계로 유리 원판을 발주 SIZE에 맞게 절단하는 단계.

☞ 자동화 설비로 최대 절단 가능 SIZE : 3,300X6,000

(주)시티월이엔지 / 파사드분야 종합컨설팅 그룹

[그림 8-80] 공장검수 보고서 예시 자료

공장 검수 REPORT

PICTURE NO. : 6

• 세척 및 면취

- 절단된 유리를 강화 전 세척 및 면취하는 단계.

☞ 강화, 반강화 유리는 반드시 파손 방지를 위해 면취를 실시해야 함.

(주)시티월이엔지 / 파사드분야 종합컨설팅 그룹 7 OF 12

[그림 8-81] 공장검수 보고서 예시 자료

공장 검수 REPORT

PICTURE NO. : 7

• 강화처리 단계

- 강화, 반강화 처리 로 및 강화 후 영상확인을 위한 제브라 보드

☞ 강화처리 후 반드시 제브라 TEST를 통한 영상확인 요함, 최대 강화 SIZE : 2,800X5,000

(주)시티월이엔지 / 파사드분야 종합컨설팅 그룹

[그림 8-82] 공장검수 보고서 예시 자료

공장 검수 REPORT

PICTURE NO. : 8

• 간봉제작 및 BUTYL 부착

- 복층유리 제작 SIZE에 맞는 간봉 절곡 제작 및 BUTYL 부착

☞ 당 현장 단열간봉 (TGI) 적용, 자동화 생산

(주)시티월이엔지 / 파사드분야 종합컨설팅 그룹 9 OF 12

[그림 8-83] 공장검수 보고서 예시 자료

공장 검수 REPORT

PICTURE NO. : 9

• 복층유리 제작 단계

- 전 자동화 SYSTEM으로 이루어짐.

☞ 간봉부착→2장의 판유리 기계안으로 이동→EDZE STRIPPING→복층접합 및 아르곤가스 주입 → 2차 구조용 실리콘 주입 및 적재

(주)시티월이엔지 / 파사드분야 종합컨설팅 그룹

[그림 8-84] 공장검수 보고서 예시 자료

공장 검수 REPORT

PICTURE NO. : 10

• 제작완료 제품 품질 확인

- 복층유리 2차 구조용 SEAL 주입상태 및 아르곤 가스 주입량 확인.

☞ 아르곤 가스 주입량 약 95% 확인, 운반중 2차 SEAL 손상되지 않도록 양생 후 운반요함.

(주)시티월이엔지 / 파사드분야 종합컨설팅 그룹 11 OF 12

[그림 8-85] 공장검수 보고서 예시 자료

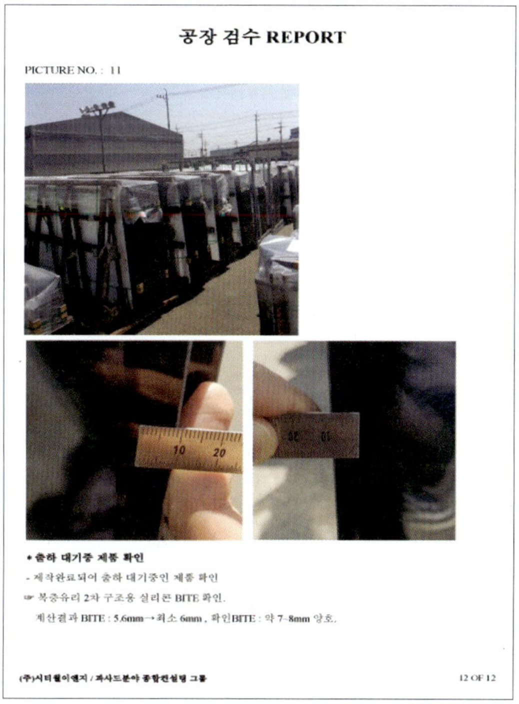

공장 검수 REPORT

PICTURE NO. : 11

• 출하 대기중 제품 확인

- 제작완료되어 출하 대기중인 제품 확인

☞ 복층유리 2차 구조용 실리콘 BITE 확인.

계산결과 BITE : 5.6mm→최소 6mm , 확인BITE : 약 7~8mm 양호.

(주)시티월이엔지 / 파사드분야 종합컨설팅 그룹 12 OF 12

[그림 8-86] 공장검수 보고서 예시 자료

6. 현장 시공단계 검수

커튼월, 판넬 등 외장재 제품이 현장에 반입되어 시공전 가공 및 제작 품질 검수, 시공 중 Shop Dwg. 및 구조계산서와 일치여부 확인, 시공 후 실란트처리 및 보양 등 마무리 작업 검수를 직접 실시하여 실제 시공 시 일어날 수 있는 시공품질 저하를 방지하고, 현장 시공팀과 협의, 지적사항 보완방법 제시 등을 통해 좋은 품질의 외장(커튼월) 시공이 되도록 컨설팅한다.

가. 현장 입고 제품의 제작상태 확인
나. Shop Dwg.과 비교 정확한 시공위치 확인
다. 공장 검수시 지적사항 반영 제작여부 확인
라. 현장 시공용 부자재 적정여부 확인 (Size, 재료 등)
마. 접합부(Anchor) 시공품질 확인
바. 누수, 파손 등 하자 발생 위험 Point에 대한 정밀시공 요구
사. 현장 여건에 따른 변경 시공부 협의 및 대안제시
아. 현장 관리자 및 시공자 교육
자. 각 검수별 사진촬영 및 보고서 작성
차. 검수시 지적사항에 대한 조치사항 확인

* 현장검수 보고서 예시 자료

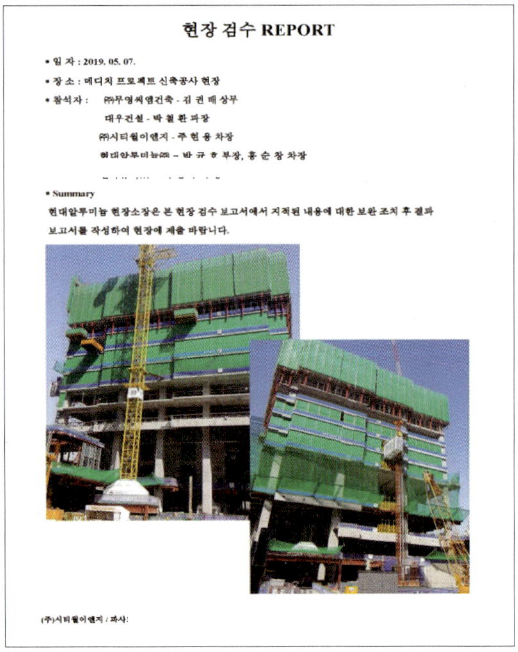

현장 검수 REPORT

- 일 자 : 2019. 05. 07.
- 장 소 : 메디치 프로젝트 신축공사 현장
- 참석자 : ㈜무영씨엠건축 - 김 권 태 상무
  대우건설 - 박 철 환 과장
  ㈜시티월이엔지 - 주 현 용 차장
  현대알루미늄㈜ - 박 규 호 부장, 홍 순 창 차장

- Summary

현대알루미늄 현장소장은 본 현장 검수 보고서에서 지적된 내용에 대한 보완 조치 후 결과 보고서를 작성하여 현장에 제출 바랍니다.

(주)시티월이엔지 / 파사:

[그림 8-87] 현장검수 보고서 예시 자료

현장 검수 REPORT

PICTURE NO. : 1

- Alum.C/Wall 시공 Start

☞ 검수일 현재 B동 3층 Alum.C/wall 시공 Start.
Start Sill Bar 시공상태 및 3층 Unit 입고 품질 검수 실시.

(주)시티월이엔지 / 파사드분야 종합컨설팅 그룹 2 OF 11

[그림 8-88] 현장검수 보고서 예시 자료

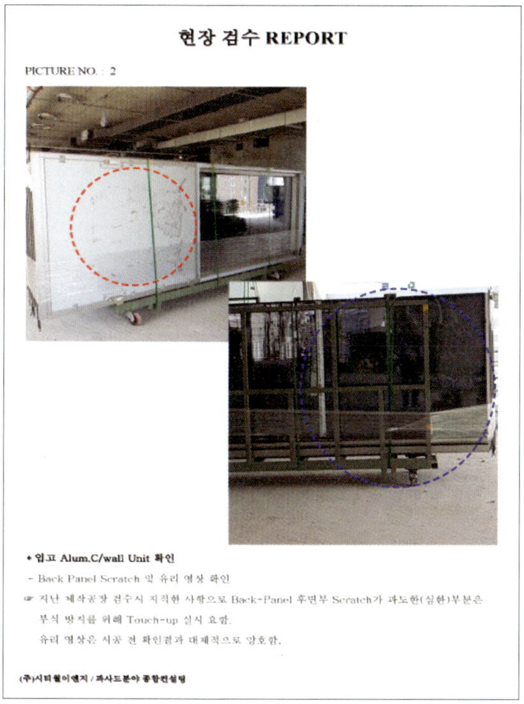

현장 검수 REPORT

PICTURE NO. : 2

• **입고 Alum.C/wall Unit 확인**

- Back Panel Scratch 및 유리 영상 확인

☞ 지난 제작공장 검수시 지적한 사항으로 Back-Panel 후면부 Scratch가 과도한(심한)부분은 부식 방지를 위해 Touch-up 실시 요함.
유리 영상은 시공 전 확인결과 대체적으로 양호함.

(주)시티웰이엔지 / 파사드분야 종합컨설팅

[그림 8-89] 현장검수 보고서 예시 자료

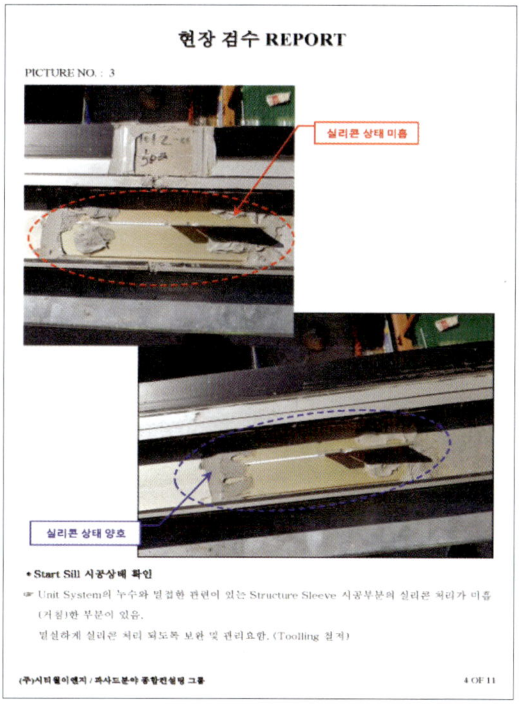

현장 검수 REPORT

PICTURE NO. : 3

• **Start Sill 시공상태 확인**

☞ Unit System의 누수와 밀접한 관련이 있는 Structure Sleeve 시공부분의 실리콘 처리가 미흡(거칠)한 부분이 있음.
밀실하게 실리콘 처리 되도록 보완 및 관리요함. (Toolling 철저)

(주)시티웰이엔지 / 파사드분야 종합컨설팅 그룹 4 OF 11

[그림 8-90] 현장검수 보고서 예시 자료

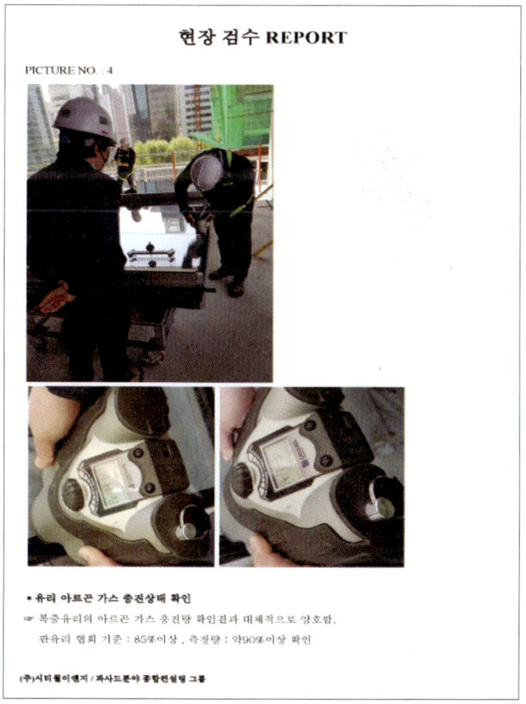

현장 검수 REPORT

PICTURE NO. : 4

• **유리 아르곤 가스 충진상태 확인**

☞ 복층유리의 아르곤 가스 충진량 확인결과 대체적으로 양호함.
판유리 협회 기준 : 85%이상 , 측정량 : 약90%이상 확인

(주)시티웰이엔지 / 파사드분야 종합컨설팅 그룹

[그림 8-91] 현장검수 보고서 예시 자료

현장 검수 REPORT

PICTURE NO. : 5

• **반강화 유리 휨(Roller Wave) 확인**

- 반강화 유리의 휨 값 (Roller Wave) 측정

☞ 반강화 유리의 시공 후 영상일그러짐과 관련하여 유리의 휨 값 측정실시.
측정결과 부분 휨 값(300mm거리) 대체적으로 약 0.2mm 이하로 확인됨.
(기준 KS L 2015 상 1.5mm)

(주)시티웰이엔지 / 파사드분야 종합컨설팅 그룹 6 OF 11

[그림 8-92] 현장검수 보고서 예시 자료

현장 검수 REPORT

PICTURE NO. : 6

• **Anchor부 확인**

- Anchor 시공상태 검수

☞ 일부 Stud Anchor 시공이 누락된 구간이 있음. 골조 여건상(철근걸림) Stud Anchor 시공이 누락된 부분으로 2층부분 SPG System인 구간은 보완이 반드시 필요함.

→ 내부쪽으로 Plate 덧댐+Anchor 추가시공 보완으로 협의

(주)시티월이엔지 / 파사드분야 종합컨설팅 그룹

[그림 8-93] 현장검수 보고서 예시 자료

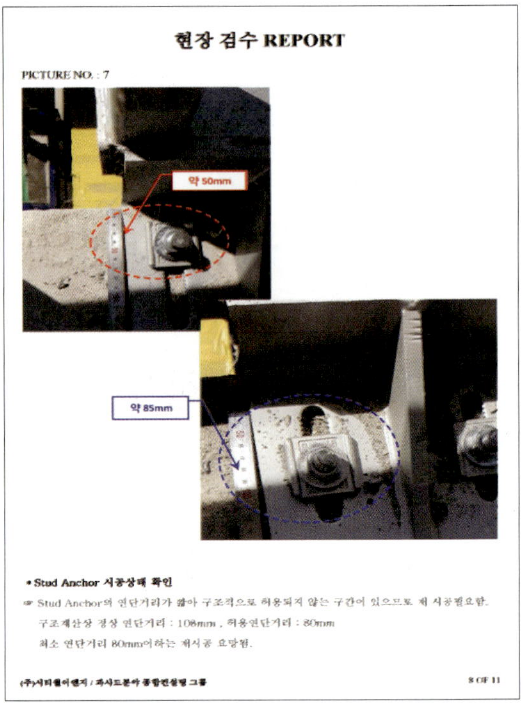
현장 검수 REPORT

PICTURE NO. : 7

• **Stud Anchor 시공상태 확인**

☞ Stud Anchor의 연단거리가 짧아 구조적으로 허용되지 않는 구간이 있으므로 재 시공필요함.

구조계산상 정상 연단거리 : 108mm , 허용연단거리 : 80mm

최소 연단거리 80mm이하는 재시공 요망됨.

(주)시티월이엔지 / 파사드분야 종합컨설팅 그룹 8 OF 11

[그림 8-94] 현장검수 보고서 예시 자료

현장 검수 REPORT

PICTURE NO. : 8

• **Start Sill Bar Bracket 확인**

☞ Start Sill 고정용 St'l Bracket 시공상태 확인결과 대체적으로 양호함.

구조계산서상 5.5Φ Screw 10 ea 취부.

(주)시티월이엔지 / 파사드분야 종합컨설팅 그룹

[그림 8-95] 현장검수 보고서 예시 자료

현장 검수 REPORT

PICTURE NO. : 9

• **Wing Part Steel Corner Bracke 확인**

☞ Wing Part의 코너부 St'l Bracket 두께 확인결과 구조계산서와 동일한 15T 확인됨.

(주)시티월이엔지 / 파사드분야 종합컨설팅 그룹 10 OF 11

[그림 8-96] 현장검수 보고서 예시 자료

현장 검수 REPORT

- 일 자 : 2020. 02. 11.
- 장 소 : 메디치 프로젝트 신축공사 현장
- 참석자 : ㈜시티월이엔지 - 주 현 용 부장
  현대알루미늄㈜ - 홍 순 창 차장, 장 미 라 차장

- Summary

현대알루미늄 현장소장은 본 현장 검수 보고서에서 지적된 내용에 대한 보완 조치 후 결과 보고서를 작성하여 현장에 제출 바랍니다.

㈜시티월이엔지 / 파사드분야 종합컨설팅 그룹

[그림 8-97] 현장검수 보고서 예시 자료

현장 검수 REPORT

PICTURE NO. : 1

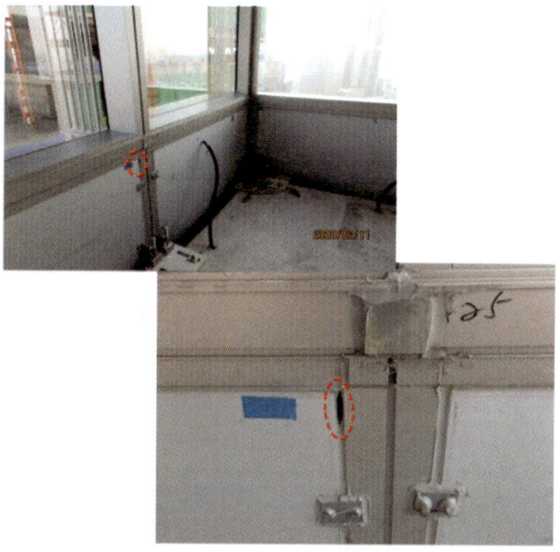

- BACK-PANEL 취부 확인

☞ B동 26층 Unit 확인결과 Back-Panel 주위 실리콘 훼손부위가 일부 있음.
추후 Back-Panel 실리콘 틈새(훼손부)로 습기에 의한 결로현상 발생 우려되므로 반드시 밀실하게 보완요함.

㈜시티월이엔지 / 파사드분야 종합컨설팅 그룹 2 OF 8

[그림 8-98] 현장검수 보고서 예시 자료

현장 검수 REPORT

PICTURE NO. : 2

- GASKET 확인

☞ 검수일 현재 현장 입고돼어 시공대기중인 Unit의 Sill Bar Gasket 확인결과 일부 직진도가 불량한 제품이 있음.
지속적인 지적으로 상부 사진과 같이 대체적으로 개선되었으나 현재까지 불량한 제품이 취부되고있으므로 최대한 직진도 양호한 제품으로 제작하도록 관리요함.

㈜시티월이엔지 / 파사드분야 종합컨설팅 그룹

[그림 8-99] 현장검수 보고서 예시 자료

현장 검수 REPORT

PICTURE NO. : 3

- BACK-PANEL 취부 확인

☞ B동 25층 Unit 확인결과 Back-Panel 주위 실리콘 Crack부위가 일부 있음.
추후 Back-Panel 실리콘 틈새(Crack)로 습기침투에 의한 결로현상 발생 우려되므로 반드시 밀실하게 보완요함.

㈜시티월이엔지 / 파사드분야 종합컨설팅 그룹 4 OF 8

[그림 8-100] 현장검수 보고서 예시 자료

현장 검수 REPORT

PICTURE NO. : 4

• 커튼월 오염 확인

☞ 시공완료되어 보양 전인 C/Wall의 Transom부 상부층 콘크리트 부산물로 인해 오염됨.
추후 보양작업시 반드시 Air Gun 또는 부드러운 솔 등으로 오염물 제거 후 실시 요함.
(청소 미 실시시 표면 부식우려 있음.)

(주)시티월이엔지 / 파사드분야 종합컨설팅 그룹

[그림 8-101] 현장검수 보고서 예시 자료

현장 검수 REPORT

PICTURE NO. : 5

• 커튼월 보양 상태 확인

☞ 시공완료되어진 C/Wall의 보양상태 확인결과 대체적으로 양호하게 이루어지고 있음.
청소상태 양호하며, 보양자재 제품 매우 양호한 제품으로 실시 하였음.

(주)시티월이엔지 / 파사드분야 종합컨설팅 그룹 6 OF 8

[그림 8-102] 현장검수 보고서 예시 자료

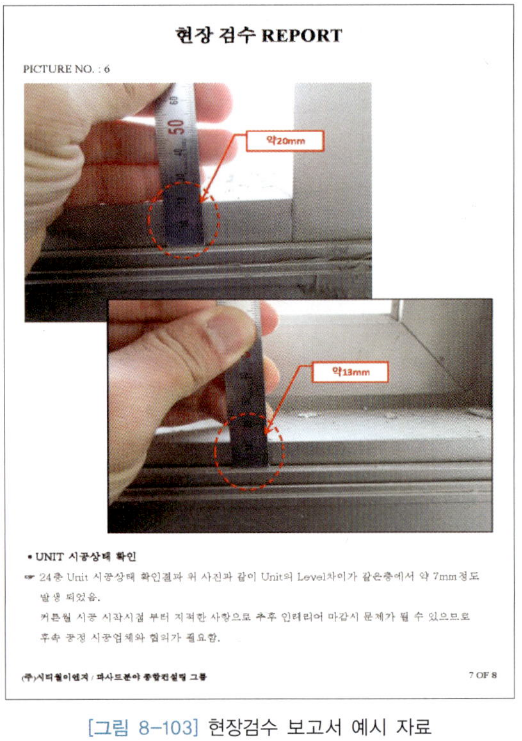

현장 검수 REPORT

PICTURE NO. : 6

• UNIT 시공상태 확인

☞ 24층 Unit 시공상태 확인결과 위 사진과 같이 Unit의 Level차이가 같은층에서 약 7mm정도 발생 되었음.
커튼월 시공 시작시점 부터 지적한 사항으로 추후 인테리어 마감시 문제가 될 수 있으므로 후속 공정 시공업체와 협의가 필요함.

(주)시티월이엔지 / 파사드분야 종합컨설팅 그룹 7 OF 8

[그림 8-103] 현장검수 보고서 예시 자료

7. 완료 보고서

컨설팅 업무 완료 후 그동안의 모든 자료 및 보고서를 취합하여 정리하고, 외장관련 마지막 준공도서, 구조계산서 검토를 실시한다. 전체적으로 완료 현장에 대한 컨설팅 의견을 작성 정리하여 최종 제출 함으로써 업무를 마무리 한다.

가. 컨설팅 시작부터 마무리까지 모든 자료 및 보고서 취합

나. 종합적인 컨설팅 의견 작성

다. 외장관련 마지막 준공도면 및 구조계산서 확인

* 완료 보고서 예시 자료

종 합 보 고 서

(ALUMINUM CURTAIN WALL FIELD CONSULTING)

ISSUED TO 현대건설
DATE OF ISSUE 2021. 04.
PREPARED BY (주)시티월이엔지
FACADE TOTAL CONSULTING GLOUP
경기도 성남시 분당구 금곡동 코오롱트리폴리스 B-3403
TEL. 031-708-6134 FAX. 031-708-6136

1

[그림 8-104] 완료 보고서 예시 자료

CURTAIN WALL CONSULTING REPORT 를 작성하며..

신축공사 중 외장부분 ALUM. C/WALL 공사와 관련하여, TECHNICAL CONSULTING 을 (주)시티월이엔지가 성공적으로 진행하였음에 감사드립니다.

(주)시티월이엔지에서는 건물에 적합한 C/WALL SYSTEM 의 구축과 원가절감, 품질 및 시공성 향상에 최선의 노력을 기울였으며 그에 대한 기술적인 주요사항을 여기에 정리하였습니다. 앞으로 현대건설의 기술 발전에 참고가 되기를 바랍니다.

또한 앞으로도 (주)시티월이엔지는 현대건설과 보다 긴밀한 기술적 파트너가 될 수 있도록 지속적인 노력을 경주하겠습니다.

아낌없는 성원을 당부드립니다.

(주)시티월이엔지

2

[그림 8-105] 완료 보고서 예시 자료

- 목 차 -

[그림 8-106] 완료 보고서 예시 자료

1. CURTAIN WALL CONSULTING 의 도입 배경

CURTAIN WALL 은 비 내력식 벽으로서 공기의 단축, 외관의 미려함, 건물 수명의 증가, 건물의 경량화 등 여러 가지 장점을 제공함으로 최근 고층 OFFICE BUILDING 및 주상복합 빌딩에 적용되고 있다.
당 현장은 실내환경에 요구되는 사용자의 쾌적함과 환경조성을 위해서 많은 요구 조건을 충족시켜야 한다. 그 중 특히 외벽부분은 기밀, 수밀, 구조 및 내풍압 성능은 물론이고 결로방지 성능을 갖춘 C/WALL 시스템이 필요하게 되었다. 이에 (주)시티월이엔지와 외장부분 컨설팅 용역을 결정하기에 이르렀으며, 그 도입 배경은 아래와 같다.

가. 전문 CONSULTANT 의 기술력을 동원하여 ENGINEERING 과정을 거쳐, 검토 결과를 반영하여 하도급 업체 입찰을 시행함으로써 일반적으로 공사 진행 시 발생하는 건축도면의 모순에 따른 설계 변경 및 추가부분에 대한 원가 절감을 이룰 수 있다.

나. 쾌적한 실내환경 조성을 위한 겨울철 단열 및 결로에 대한 체계적인 준비가 필요하며 이에 대한 기술적 자문을 필요로 한다.

다. 기타 수밀, 기밀, 구조, 지진력과 적재하중에 의한 수평, 수직 변이에 대한 대응 등 CURTAIN WALL 과 관련한 각종 성능에 대하여 보다 이론적이고 구체적으로 접근하여 기술력을 확보하고 높은 품질을 유지하기 위하여 전문가의 자문을 필요로 한다.

라. 상기의 각종 장점을 구체적으로 현장에 반영하고 MOCK-UP 시험, 생산, 시공 등 체계적인 관리가 필요하여 이를 위한 전문가의 자문이 필요하다.

2. CONSULTING 용역 수행방침 및 계획

CONSULTING 은 입찰 전 단계의 VALUE ENGINEERING 으로부터 업체 검토, SHOP DWG. 구조, MOCK-UP, 생산, 시공 과정까지의 전 과정을 CONSULTANT 와 현장 관계자가 긴밀히 협조하여 진행을 하며, 핵심적으로 중요하고 관리가 필요한 SHOP DWG. 단계에서는 문제점 발생시 즉각적인 해결안 제시 및 방향 결정으로 신속하고 원활한 업무 진행을 추진하도록 하였다.

4

[그림 8-107] 완료 보고서 예시 자료

3. 접근방법

CONSULTING 의 접근방법은 현대건설의 원가절감을 위한 ENGINEERING, 품질 향상을 위한 각종 성능 검토와 생산 및 시공과정의 품질관리로 구분하여 접근방법이 달라진다.

가. ENGINEERING

ENGINEERING 은 하도급 업체 결정 또는 하도급 단가를 결정 후 진행할 경우 생산 시간이 지연될 수 있고, 정산문제가 발생하여 이에 따른 분쟁이 발생한다. 따라서 하도급 입찰 전에 외장 부분에 대한 검토 및 ENGINEERING 을 CONSULTANT 가 정확하고 신속히 처리하여 하도급 입찰에 임함으로써 원가절감과 품질 향상에 기여 할 수 있도록 하였다.

나. 각종성능

CURTAIN WALL 의 성능은 구조, 수밀, 기밀, 단열, 결로, 지진력에 의한 변이 흡수, 적재하중에 의한 변이 흡수, 창호의 개폐성, 시공성 등 아주 다양하고 복잡한 검토사항이 있다. 이러한 성능은 건축설계 및 시방서에 준하여 작성된 SHOP DRAWING 단계에서 이론적 판단이 가능함으로 CONSULTANT 가 즉각적인 판단을 유도하여 신속히 결정하는 방향으로 처리하였다.

다. 생산 및 시공 과정의 품질관리

ALUM. 부재의 생산 및 C/WALL 시공 과정은 설계에 준하여 모든 작업이 이루어진다. 따라서 소요 CONSULTING MAN POWER 를 최소화하는 방향으로 하였으며, 핵심적인 시기에 생산 공장을 방문하고 검수하여 원하는 품질을 유지할 수 있도록 하였다. 현장 시공과정은 주기적으로 INSPECTION 하여 품질을 유지하고 평시 현장 담당자가 품질을 유지하는 SYSTEM 으로 접근하였다.

5

[그림 8-108] 완료 보고서 예시 자료

4. CONSULTING 수행계획

가. CONSULTING 범위

1) C/Wall 시공업체 선정단계
.입찰 전 서류준비
- 건축도면을 검토하여 입찰에 필요한 도면 및 구조계산서, 시방서를 작성한다.
.현장설명 참석
- 현장설명에 참석하여 질의사항에 대한 방향을 제시한다.

2) MOCK UP TEST 및 SHOP DWG.단계
.시험소 MOCK UP
- 시험소 MOCK UP 부위 및 시험일자를 검토한다.
- C/Wall 사에서 작성한 SHOP DWG. 및 구조 계산서를 검토하고 이에 따라 제작, 설치한 시료를 검수한다.
- 시험을 참관하고 보고서를 작성한다.
.VISUAL MOCK UP
- 현장에 설치할 시료 TYPE 을 결정하고 시공된 시료를 검수한다.
- 검수결과를 보고한다.
.SHOP DWG.검토
- 시방서 및 건축도면을 근거로 작성, 제출된 SHOP DWG.을 검토한다.
- 수밀, 기밀, 단열, 내진 및 층간 방화 등 모든 성능에 대한 충실도를 검토한다.
- 각종 HARD WARE 및 사용자재에 대한 적합성을 검토한다.
- 검토결과를 보고한다.
.구조계산서 검토
- Alum.부재 및 St'l 부재에 대한 구조계산서를 검토한다.
- 기타 긴결재에 대한 구조계산서를 검토한다.
- 검토결과를 보고한다.

3) 자재검수 단계
.사용자재에 대한 적합성을 검수한다.
.생산된 부재의 상태를 검수한다.
.검수결과를 보고한다.

6

[그림 8-109] 완료 보고서 예시 자료

4) 시공단계

.시공 전 C/Wall 및 판넬에 대한 특성 및 시공 시 중점 관리 부분에 대한 교육을 실시한다.

.C/Wall 및 판넬의 설치사항 검수

- 설계도면과의 일치 여부 및 설치 부재의 수직, 수평도 검수
- 부재에 취부되는 각종 ACC'Y.의 조립 상태 및 조립부위에 대한 Sealing 상태 검수
- 고정 철물에 대한 표면처리 및 용접 후 방청상태 검수
- 그 외 자재의 설치 상태 검수

나. CONSULTING 세부계획

1) TENDER PHASE

1)-1. 입찰서류 준비

- 성과물 : 입찰조건 및 제안양식

※ 필요 시 입찰기간 중 하도급자의 질문 및 정보

1)-2. 입찰용 설계도서, 시방서, 현장설명서, 구조계산서를 검토하여 입찰용 서류의 정확성을 높인다.

- 성과물 : 검토결과 보고서

1)-3. VALUE ENGINEERING

- 검토항목 : A. MULLION, TRANSOM 등 주요 FRAME
  - 주요 FRAME 을 정밀 구조 검토하여 경제적인 SYSTEM 을 구축함으로써 원가를 절감함.

  B. GLASS 및 판재
  - 주요 GLASS 및 판재를 정밀 구조 검토하여 경제적인 SYSTEM 을 구축함으로써 원가를 절감함.

  C. ANCHOR SYSTEM 및 기타 자재
  - ANCHOR SYSTEM DESIGN 을 재검토하여 시공성, 방청성, 구조성, 경제성을 향상시키며 기타 자재에 대한 경제성을 재고한다.

1)-4. 발주자가 공사의 특성 및 전문성을 고려하여 시공경험 실적, 기술력, 경영상태, 신임도 등을 종합평가 할 수 있는 자료를 작성한다.

- 검토항목 : A. 입찰 서류 재검토
  B. 생산능력

7

[그림 8-110] 완료 보고서 예시 자료

C. 생산 및 설치일정 검토
D. 품질관리 및 안전관리 방법
E. 설계자 능력
F. 시공도 및 구조계산 / 기 진행했던 PROJECT
G. 투입일정
H. SYSTEM 대체 안

- 성과물 : 검토보고 및 의견서

1)-5. 입찰자 면접 시 참석하여 하도급자 결정에 관련된 각종조언을 한다.

2) SHOP DRAWING & FABRICATION PHASE

2)-1. 하도급자가 작성한 종합시공계획서를 검토한다.

- 검토항목 : A. 전체 예정 공정표
  B. 현장 직원 조직표
  C. SHOP DRAWING SCHEDULE
  D. 제작 및 DELIVERY SCHEDULE
  E. 품질관리 계획서 (시험 및 측량 검측 계획서 포함)
  F. 안전, 환경 관리계획서 (화재예방 계획서 포함)
  G. 자재, 인원, 장비 투입계획서
  H. 시공계획서 (공장제작 계획서, 현장설치 계획서 포함)
  I. 공법관련 특기사항 (적용공법에 대한 실시계획서)
  J. 사용자재, 장비사양서
  K. 양중 및 운반계획서
  L. 현장 내 STOCK 계획서 (층별 계획서 포함)

2)-2. MOCK-UP TEST

- MOCK-UP TEST 형태, 위치, 하중, 시험 종류, 시험장소 등에 대하여 사전 논의 결정한다.
- 하도급 업체의 MOCK-UP DRAWING 및 구조 계산서를 사전 검토하여 가장 이상적인 TEST 가 되도록 한다.
- 검토항목 : 구조성, 수밀성 및 등압이론, 기밀성, 단열성, 층간변이 대응성, 시공성, 외관, 방청성, 오염 등.
- 성과물 : 도면 및 구조계산서 검토 결과 보고서
- MOCK-UP 제작 시 공장에 사전 방문하여 제품을 검수하고 TEST LABORATORY 에

8

[그림 8-111] 완료 보고서 예시 자료

방문, 설치과정을 검수하여 현장 설치될 것과 동일한 시험체가 되도록 유도한다.

- TEST 에 참관하여 이상적인 시험이 되도록 진행하여 문제점 발견 시 즉시 해결하여 시험이 원만하게 진행되도록 한다. 또한 TEST 후 즉시 결과를 보고하여 생산에 사전 반영토록 한다.

2)-3. VISUAL DISPLAY MOCK-UP

VISUAL DISPLAY MOCK-UP 부위를 사전에 협의하여 이상적인 MOCK-UP 이 되도록 유도한다.

2)-4. SHOP DRAWING & STRUCTURAL CALCULATION

- SHOP DRAWING 수량에 따른 하도급자의 MAN POWER 를 사전조치 하도록 하여 공정에 차질이 없도록 한다.
- SHOP DRAWING 에 대하여 구조계산서와 함께 구체적으로 검토하여 구조성, 수밀성, 기밀성, 단열성, 층간 수평, 수직 변이 대응성, 시공성, 외관, 방청 등 성능향상에 이상이 없도록 한다.
- 성과물 : 도면 및 구조계산서 검토 결과 보고서

2)-5. MATERIAL INSPECTION

- 생산 시작 시점에 생산 공장을 방문하여 각종 부재에 대한 INSPECTION 을 실시하여 지속적인 품질을 유지토록 한다.
- 검수 ITEM : 각종 ALUM.부재, 부자재의 성능 등.
- 각종 소재 구매 시 MILL CERTIFICATION 을 제출토록 하여 KS 규격 여부, 성분, 강도 등을 검토하여 우수한 소재를 사용토록 한다.

3) INSTALLATION PHASE

3)-1. 현장 C/WALL 설치에 관한 공정을 검토하고 커튼월과 관련된 주변공정과의 문제를 검토하여 원만한 공정이 되도록 유도한다.

3)-2. 설치 기능공에 대한 사전기술교육을 실시하여 품질에 이상이 생기지 않도록 한다.

3)-3. 현장 구체 실측 결과를 검토하여 이상 유무를 확인하고, 필요시 MODULE SIZE 를 재설정 한다.

9

[그림 8-112] 완료 보고서 예시 자료

3)-4. 최초 ANCHOR 설치 후 결과를 검토하고 결과를 하도급자에게 통보하여 안전한 ANCHOR 가 시공이 되도록 한다.

3)-5. 현장 공정에 이상이 없도록 하기 위하여 가공, 조립 등 생산 공정을 수시 점검한다. 또한 점검 결과에 따라 공정을 협의 조절한다.

3)-6. 초기 2 개 층 CURTAIN WALL 설치기간 중 설치 및 품질관련 제반사항을 중점적으로 INSPECTION 한다.

3)-7. CURTAIN WALL 설치기간 중 설치결과를 INSPECTION 하여 REPORT 를 작성 보고한다. 또한 필요 시 회의를 소집하여 문제점을 해결한다.

10

[그림 8-113] 완료 보고서 예시 자료

5. CURTAIN WALL SYSTEM 개요

가. 적용 설치공법

1) 당 현장은 UNIT 방식의 ALUM. C/WALL 및 수직 ALUM.루버 등 으로 외장이 형성되어 있다.

2) C/WALL SYSTEM 은 MULLION 과 TRANSOM 비노출 및 2-Side TYPE 의 UNIT SYSTEM 을 적용하였으며, 수직재와 수평재를 공장에서 가공, 조립 후 유리끼우기 까지 완료 출하하여 현장에서 Winch 를 사용하여 1 개층씩 시공하는 방식을 적용하여 현장의 공기단축, 시공성 및 품질 향상을 유도하였다.

나. 적용 풍하중

1) 풍하중 산정

당 현장은 높이 약 170m 규모의 고층 건물로서 풍동시험을 실시하였으며, 이에 따라 풍하중은 커튼월 특기시방서에 명기된 TYPICAL 풍하중과 그외 EDGE ZONE 은 별도로 구분 산정 하였으며 결과는 아래와 같다.

2) 적용 풍하중

- TYPICAL ZONE : 2.5 kPa (+255 kgf/㎡)
- EDGE ZONE : -2.8 kPa (-285.5 kgf/㎡)

(CONER ZONE 은 평면상 건물 최소 수압면의 1/10 지역을 말한다. 당 현장은 풍동시험 자료 확인하여 ZONING.)

다. 구조성

1) 커튼월 부재의 구조적 허용치

A. 풍하중에 대하여

① Mullion 및 Transom 구조재

- 처짐량 : L / 175 이하 (부재길이 4110mm 이하의 경우)

L / 240 + 6.35mm 이하 (부재길이 4110mm 초과의 경우)

11

[그림 8-114] 완료 보고서 예시 자료

- 허용응력 : AA / Specifications for Aluminum Structures/USA

② Aluminum Panel

- 처짐량 : L/60 이나 19mm 중 적은 값 이하 (특기시방서 기준)
- 허용 응력 : 각 소재의 허용인장응력 이내.

* 구조계산에 의해 적절한 보강재를 취부하여 평활도를 유지하여야 하며 보강재의 재질은 Aluminum 으로 한다.

③ 유리

- 처짐량 : 설계압력 100%에서 30mm 이하, 설계압력 50%에서 L/60 이나 19mm 중 적은 값 이하.

B. 자중에 대하여

① Transom

- 처짐량 : 고정 창 : 3.0mm 이하

개폐 창 : 1.5mm 이하

C. 기타 풍하중 및 자중에 의한 합성 응력을 검토하여 허용치 이내로 설계하였다.

D. Steel 구조물 및 Anchor

강구조 계산 규준 / 한국 건축 학회에 준함.

E. 구조 계산서

모든 ALUM. CURTAIN WALL 및 PANNEL 에 대한 구조 계산서를 현대알루미늄㈜에서 작성 제출하여 ㈜시티월이엔지 에서 검토 완료함.

12

[그림 8-115] 완료 보고서 예시 자료

6. MOCK-UP TEST

가. LABORATORY MOCK-UP TEST

1) MOCK-UP TEST 의 목적

시험소의 MOCK UP TEST 는 현장의 외벽 형성 조건을 시험소에서 재현하여 인위적 방법으로 성능을 확인하고 생산, 가공, 조립 등의 공정을 검토하여 시공과정에서 나타날 수 있는 문제를 사전에 해결함으로써 궁극적으로 외장의 성능 향상에 목적이 있다.

2) MOCK UP TEST 계획

A. TEST 일시

성능 시험 : 2020. 06. 03.

B. 시험장소

성능 시험 : 논산 ATA

기밀성, 수밀성, 구조성, 층간변위, 잔류변위 시험을 실시함.

3) 재료생산 및 시공업체

A. ALUM. BAR 압출, 가공, 제작 : 현대알루미늄

B. C/WALL 조립, 시공 : 현대알루미늄

C. 유리 및 Alum. Sheet 제작, 시공 : 한국유리, 현대알루미늄

나. MOCK-UP TEST 보고서

- 첨부제출 MOCK-UP TEST 결과보고서 참조

13

[그림 8-116] 완료 보고서 예시 자료

7. 품질관리 계획

품질 관리는 국내 최고의 품질유지에 그 목표를 두고 있으며, 아래의 세부 계획에 의거하여 현장을 관리한다.

가. EXTRUSION BAR

1) EXTRUSION BAR 는 ALUM. 업체에서 MILL SHEET 를 제출한다.

2) ALUM. 업체는 EXTRUSION BAR 에 대한 Q.C. REPORT 를 제출한다.

3) WEBSTER 경도기를 이용하여 ALUM. BAR 의 경도를 CHECK 한다.

(6063-T5 기준, 11 KG/mm² 이상)

표 1 알루미늄 합금의 기계적 성질

기호	질별	인장시험				
		시험위치의 두께(mm)	단면적 cm²	인장강도 N/mm²(kgf/mm²	내력 N/mm²(kgf/mm²	연신률 %
A 1100 S A 1200 S	H12	-	-	74 7.5) 이상	20 2.0) 이상	-
A 2014 S	O	-	-	245 (25) 이하	127 (13) 이하	12 이상
	T 6	-	-	343 (35) 이상	245 (25) 이상	12 이상
	T 42	-	-	343 (35) 이상	206 (21) 이상	7 이상
	T 6	12 이하	-	412 (42) 이상	363 (37) 이상	7 이상
		12 초과 12 이하	-	441 (45) 이상	402 (41) 이상	7 이상
		19 초과	160 이하	471 (48) 이상	412 (42) 이상	7 이상
			160 초과 200 이하	471 (48) 이상	402 (41) 이상	6 이상
			200 초과 250 이하	451 (46) 이상	382 (39) 이상	6 이상
			250 초과 300 이하	431 (44) 이상	363 (37) 이상	6 이상
	T 62	19 이하	-	412 (42) 이상	363 (37) 이상	7 이상
		19 초과	160 이하	412 (42) 이상	363 (37) 이상	6 이상
			160 초과 200 이하	412 (42) 이상	363 (37) 이상	6 이상
A 2017 S	O	-	-	245 (25) 이하	127 (13) 이하	16 이상
	T 4 T 62	-	700 이하	343 (35) 이상		
			700 초과 1000 이하	333 (34) 이상	196 (20) 이상	12 이상

14

[그림 8-117] 완료 보고서 예시 자료

A 2024 S	O	-	-	245 (25) 이하	127 (13) 이하	12 이상
	T 4	6 이하	-	392 (40) 이상	294 (30) 이상	12 이상
		6 초과 19 이하	-	412 (42) 이상	304 (31) 이상	12 이상
		19 초과 38 이하	-	451 (46) 이상	314 (32) 이상	10 이상
		38 초과	160 이하	481 (49) 이상	363 (37) 이상	10 이상
			160 초과 200 이하	471 (48) 이상	333 (34) 이상	8 이상
			200 초과 300 이하	481 (47) 이상	314 (32) 이상	8 이상
	T 42	19 이하	-	392 (40) 이상	265 (27) 이상	12 이상
		19 초과 38 이하	-	392 (40) 이상	265 (27) 이상	10 이상
		38 초과	160 이하	392 (40) 이상	265 (27) 이상	10 이상
			160 초과 200 이하	392 (40) 이상	265 (27) 이상	8 이상
A 3003 S A 3203 S	H 112	-	-	94 (9.5 이상)	34 (3.5) 이상	-
A 5052 S	H 112	-	-	177 (18) 이상	69 (7.0) 이상	-
	O	-	-	177 (18) 이상 245 (25) 이하	69 (70.) 이상	20 이상
A 5454 S	H 112	130 이하	200 이하	216 (22) 이상	84 (8.5) 이상	12 이상
	O	130 이하	200 이하	216 (22) 이상 284 (29) 이하	84 (8.5) 이상	14 이상
A 5080 S	H 112	130 이하	200 이하	275 (28) 이상	108 (11) 이상	12 이상
	O	38 이하	200 이하	275 (28) 이상 353 (36) 이하	115 (12) 이상	14 이상
		38 초과 130 이하	200 이하	275 (28) 이상 353 (36) 이하	108 (11) 이상	14 이상
A 5086 S	H 112	130 이하	200 이하	240 (24.5) 이상	93 (9.5) 이상	12 이상
	O	130 이하	200 이하	240 (24.5) 이상 314 (32) 이하	93 (9.5) 이상	14 이상
A 6N01 S	T 5	6 이하	-	245 (25) 이상	206 (21) 이상	8 이상
		6 초과 12 이하	-	226 (23) 이상	177 (18) 이상	8 이상
	T 6	6 이하	-	265 (27) 이상	235 (24) 이상	8 이상
A 6061 S	O	-	-	147 (15) 이하	108 (11) 이하	16 이상
	T 4	-	-	177 (18) 이상	108 (11) 이상	16 이상
	T 62	-	-	177 (18) 이상	93 (9.5) 이상	16

15

[그림 8-128] 완료 보고서 예시 자료

						이상
	T 6 T 62	6 이하	-	265 (27) 이상	245 (25) 이상	8 이상
		6 초과	-	265 (27) 이상	245 (25) 이상	10 이상
A 7003 S	T 5	12 이하	-	284 (29) 이상	245 (25) 이상	10 이상
		12 초과 25 이하	-	275 (28) 이상	235 (24) 이상	10 이상
A 7N01 S	O	-	200 이하	245 (25) 이하	147 (15) 이하	12 이상
	T 4	-	200 이하	314 (32) 이상	196 (20) 이상	11 이상
	T 5	-	200 이하	324 (33) 이상	245 (25) 이상	10 이상
	T 6	-	200 이하	333 (34) 이상	275 (28) 이상	10 이상
A 7075 S	O	-	-	275 (28) 이하	167 (17) 이하	10 이상
	T 6 T 62	6 이하	-	539 (55) 이상	481 (50) 이상	7 이상
		6 초과 75 이하	-	559 (57) 이상	500 (50) 이상	7 이상
		75 초과 110 이하	130 이하	559 (57) 이상	490 (50) 이상	7 이상
			130 초과 200 이하	539 (55) 이상	481 (49) 이상	6 이상
		110 초과 130 이하	200 이하	539 (55) 이상	471 (48) 이상	6 이상

표 2 6063 기계적성질

기호	질별	경도 시험		인장시험			
		시험위치의 두께(mm)	HV 5	시험위치의 두께(mm)	인장강도 N/mm²(kgf/mm²)	내력 N/mm²(kgf/mm²)	연신률 %
A 6063 S	T 1	-	-	12 이하	118 (12) 이상	59 (6.0) 이상	12 이상
				12 초과 25 이하	108 (11) 이상	54 (5.5) 이상	12 이상
	T 5	0.8 이상	58 이상	12 이하	157 (16) 이상	108 (11) 이상	8 이상
				12 초과 25 이하	147 (15) 이상	108 (11) 이상	8 이상
	T 6	-	-	3 이하	208 (21) 이상	177 (18) 이상	6 이상
				3 초과 25 이하	208 (21) 이상	177 (18) 이상	10 이상

나. PAINT

1) ALUM. 업체에서 MILL SHEET 를 제출한다.

2) ALUM. 업체는 도장공장의 Q.C. REPORT 를 제출한다.

3) 도막게이지를 이용하여 생산된 제품의 도막을 CHECK 하고 , 승인 SAMPLE 과 색차를 비교한다.

16

[그림 8-119] 완료 보고서 예시 자료

방법	공정	제품명	건조막두께	건조조건
3 COAT 1 BAKE	하도		5~7 μ	NO BAKING
	상도		25 ~ 30 μ	NO BAKING
	CLEAR		10 ~ 15 μ	232 ℃ X 5 MIN

물성 (PHYSICAL & CHEMICAL PROPERTIES)

TEST ITEMS		AAMA 2065 SPEC (98)	RESULT	REMARKS
물성규격	광택 (GLOSS-60°)	Low: Max19, Min20~79 High: Min 80	25-35	ASTM D523 (60 degree gloss meter)
	경도 (D 교 Film Hardness)	F Min	H	ASTM D3363 (Eagle Turquoise Pencil)
	부착성 (Adhesion)	No Removal of Film (100/100)	100/100	1mm Cross Cut Wet & Dry
	내비등수성 (Boiling Adhesion)	No Removal of Film (100/100)	100/100	1mm Cross Cut 99-100℃ x 20mins
	내충격성 (Impact Resistance)	No Removal of Film	No Removal of Film	16mm diameter, Gardner impact tester)
	내마모성 (Abrasion Resistance)	Abrasion Coeffcient Value (V/T) 40 Min	65	ASTM D968
	내산성 (Acid Resistance)	No Blistering No Visual Change	No Blistering No Visual Change	15mins(18-27℃)Sport Test(10%Muriatic Acid)
	내몰탈성 (Mortar Test)	No Loss of Film Adhesion No Visual Change	No Loss of Film Adhesion No Visual Change	24 Hrs Part Test
	내질산성 (Nitric Acid Resistance)	Color Change 4ΔE(Hunter) Max... ASTM D2244	3ΔE	70% Nitric Acid 30Mins
	내세제성 (Detergent Resistance)	No Blistering, No Visual Change ASTM D3359	No Blistering, No Visual Change	Glass Cleaner Dropping
	내유리세정제성 (Window Cleaner Resistance)	No Blistering No Visual Change	No Blistering, No Visual Change	3% DeterGent 38℃ x 72 Hrs
	내습성 (Humidity Resistance)	"Few" Blisters(NO.8) Max, ASTM D714	No Blistering,	ASTM D2247 (100%RH 100°F, 40Hrs)
	염수분무성 (Salt Spray Resistance)	1/32" Max, Under Cutting ASTM D1654	1/32"	ASTM B117 (5%Salt 100°F, 40Hrs)
	촉진내후성 (Weathering-Color Resistance)	Color Change 4ΔE(Hunter) Max... ASTM D2244 GlossRetention (60°)50%Min ASTM D523	3ΔE 80%	South Florida Exposure 10 Years 45°, Florida (Latitude 27°North)
	내노화성 (Chalk Resistance)	Chalking Rating No8(colors) and No.6 (White) Max ASTM D659	Colors: No.8 White : No.6	
	내침식성	10% Loss Max	5%	

17

[그림 8-120] 완료 보고서 예시 자료

4) 도료 공급업체에서 정기적인 도장공장의 LINE 을 점검한다.

다. SEALANT (WEATHER SEALANT)

1) SEALANT 의 공급 업체인 트렘코에서 정기적인 업체 방문을 하여 GLAZING 상태를 점검한다.

A. 감리계획

① 제품 품질 관리

실란트 자재의 현장반입 시 제조업자명, 상품명, 제조 년월일, 포장상태, 유효사용 기간에 대하여 감독관측의 검수를 받고 제조업체에서 발급한 시험성적서를 확인 후 현장에 반입한다.

② 표준 시공방법 및 절차

가) 시공부위의 청소

1) 시공부위의 먼지, 기름, 수분, 연마 잔여물 등을 완전히 제거한다.

나) 마스킹 테이프 작업

1) 시공부위 주위에 오염 또는 훼손을 방지하기 위하여 조인트 양측에 테이핑 작업을 실시하며 마스킹 테이프 제거 시 점착액이 남지 않는 우수한 제품을 사용한다.

2) MASKING TAPE 는 당일 작업 부분에 한하여 붙여준다.

다) 코킹작업

1) 조인트 바닥부분에 깊숙이 노즐을 삽입한 후 충분히 실란트를 짜 넣으면서 일정한 속도를 유지하여 균일하게 시공토록 한다.

2) 항시 기포가 조인트 내에 들어가지 않도록 조심한다.

3) 불균형한 시공부위는 기포가 생기지 않도록 수정 보완토록 한다.

4) 교차부분은 중앙에 삽입한 후 충분량의 실란트를 짜 넣는다.

5) 실란트가 교차점을 중심으로 충분히 4 방향으로 밀려 흘러 들어간 후 다시 연속해서 실링작업을 하며 교차 부분에는 이동 부분을 만들지 않는다.

6) 코너부분도 교차부분과 동일한 방법으로 시공한다.

7) 연결 부분은 반드시 교차 부분이나 코너 부분을 피해서 직선 조인트 부분에서 만든다.

8) 연결이 아직 경화되지 않았을 시는 노즐을 실란트 안으로 찔러 넣고 다시 작업을 시작한다.

9) 연결부분이 경화되었을 시는 새로운 실란트와의 접착면적을 넓혀주기 위해서 칼로 비스듬히 각도(45°정도)를 내며, 청소 후 시공한다.

라) TOOLING 작업

18

[그림 8-121] 완료 보고서 예시 자료

1) CAULKING 작업이 끝나면 즉시 경화되기 전에 작업한다.
2) 각 조인트 폭에 알맞은 주걱을 준비하여 실란트의 표면을 일정한 각도로 깨끗이 밀어준다.
3) 교차부분이나 코너 부분에서는 여러 차례 주걱으로 밀어준다.

마) 마스킹 테이프 제거

마스킹테이프는 TOOLING 작업이 끝난 후 즉시 제거하며, 제거주위가 깨끗하고 균일하게 되도록 한다.

바) 양생

CAULKING 된 작업부위는 경화되기 전까지는 접촉하지 않도록 통제하며 움직임이 있을 시 내 CRACK 성의 문제가 발생할 수 있으므로 충분한 경과시간을 두도록 한다. (최소한 24 시간이 경과되어야 한다).

라. GASKET 류

1) ALUM. 업체에서 원재료에 대한 공급 확인서를 제출한다.
2) 사용하고 있는 GASKET 시편을 채취하여 시험 의뢰 후 시험 성적서를 제출한다.

19

[그림 8-122] 완료 보고서 예시 자료

8. CHECK LIST

현장 CHECK LIST

시 공 회 사				수 검 인			
검 수 부 위			층	검 수 인			
NO	검수공정	NO	검 수 항 목	검수결과			비 고
				상	중	하	
1	FRAME	1	ALUM. FRAME 의 외관 및 도장의 손상은 없는가				
		2	MULLION 및 TRANSOM 은 단차없이 조립 되었는가				
		3	JOINT SEAL 은 밀실하게 충진 되었는가				
		4	WEEP HOLE 은 도면에 명기된 위치에 가공 되었는가				
		5	WEEP HOLE 에는 OPEN CELL BAFFLE SPONGE 가 부착되었는가				
2	개폐창호	1	개폐성능은 부드러우며 닫았을때 완전히 밀착되는가				
		2	실내측 VENT 의 좌우상하 노출치수는 동일한가				
		3	VENT 및 VENT FRAME 의 45 도 조립상태는 양호한가				
		4	GASKET 는 끊김이 없는가				
		5	GASKET 의 코너는 용접처리가 되었는가				
		6	양 SIDE ARM 의 취부상태는 양호한가				
		7	HANDLE 의 개폐방향 및 작동상태는 양호한가				
		8	SILL 부분의 LOCKING 자재는 정확한 위치에 취부되었는가				
		9	HANDLE 의 보양은 실시하였는가				
		10	STRUCTURAL 코킹 및 NORTON TAPE 의 취부는 외관상 BAR 면의 COLOR 가 노출되지 않도록 하였는가				
		11	구조용 코킹의 BITE 는 도면과 동일하게 적용 되었는가				
3	유리	1	GLASS CARRIER 및 GLASS SETTING BLOCK 의 취부상태는 도면과 동일한가				
		2	2 차 SEAL 은 지정된 구조용 SEALANT 로 사용되었는가				
		3	유리의 간봉이 상하 좌우로 심하게 노출되지 않았는가				
		4	실외측 코킹의 색상이 지정색과 동일한가				
		5	외관상 흠집이나 잔금은 없는가				
		1	ANCHOR CLIP 의 규격은 구조계산서의 사양을 만족하는가				

20

[그림 8-123] 완료 보고서 예시 자료

4	ANCHOR	2	ANCHOR CLIP 의 표면처리는 도면 및 시방의 기준에 적합한가				
		3	ANCHOR CLIP 의 바닥과 SLAB 면은 완전히 밀착하였는가				
		4	ANCHOR CLIP 과 SLAB 면과의 이격부분을 ST'L PLATE 및 무수축몰탈을 이용하여 빈틈없이 보강하였는가				
		5	ALUM. BAR 와 ANCHOR CLIP 사이의 VINYL ISOLATOR 는 제 위치에 취부되어있는가				
		6	NUT 의 최종조임 후에 나사산이 최소 2 개 이상 노출되는가				
		7	용접시 용접장은 구조계산서상의 값 이상인가				
		8	용접을 실시한 후 녹막이(방청)은 확실히 실시하였는가				
		9	SET ANCHOR 의 경우 삽입길이는 구조계산서와 일치하는가				
5	BACK PANEL 및 단열재 취부	1	BACK PANEL 의 색상은 지정색인가				
		2	BACK PANEL 주위의 코킹 색상은 지정색인가				
		3	BACK PANEL 의 ANCHOR 부는 FOAM 충진이 되었는가				
		4	단열재는 밀실하게 취부되었는가				
6	ALUM. 복합판넬	1	4 면의 코킹 누락 부위 또는 파손된 부분은 없는가				
		2	코킹의 색상은 지정색인가				
		3	전체적인 PANEL 의 색상이 지정색과 동일한가				
		4	시공된 PANEL 의 이색현상은 없는가				
		5	설치 전 PANEL 의 SCRATCH 및 파손은 없는가				
		6	PANEL 과 PANEL JOINT 폭은 도면과 동일한가				
		7	특히 CORNER PANEL 의 직진도는 유지되는가				
		8	기 시공된 PANEL 의 평탄도는 이상이 없는가				
		9	단열재는 도면과 동일하게 설치 되었는가				

9. 유리의 내풍압 검토

건축물의 외벽에 사용하는 판유리의 경우 내풍압 설계를 하여, 판유리의 내풍압 강도가 설계풍압력을 상회하도록 판유리의 품종, 두께, 면적 등을 결정하여야 한다.
창원 한양대학교 한마음국제의료원 신축공사의 경우 유리 크기별 설계풍압력에 따른 내풍압 검토를 하여 결과에 따라 일반, 일면반강화 또는 양면반강화 복층유리의 적용을 사전에 계획하고 현장 적용하였다.

21

[그림 8-124] 완료 보고서 예시 자료

10. 생산 및 시공 관련 INSPECTION 과정과 보완작업

생산 및 시공검수는 CONSULTING 계획서에 따라 중요시 마다 실시하였으며 주요사항은 아래와 같다.

- 압출 금형 제작 후 압출재 검수
- Mock-Up 시험체 제작 후 시험체 검수
- Mock-Up Test 참관 및 시험체 설치 검수
- Shop Dwg. 및 구조계산서 검토
- 본 물량 생산 시점 공장 검수
- 현장 설치 시점 초기 설치품 검수 및 지속적인 중간 검수
- 완료 후 검수

각 시점에 지적된 사항은 ㈜시티월이엔지의 검수 Report 에 따라 보완 및 수정작업이 진행되도록 커튼월 및 유리 시공업체에 통보 하였음.

가. 공장 검수

1) 일 시 : 2018. 11. 20. / 2019. 03. 12.~15 / 04. 04. / 04. 25. / 06. 14. / 10. 31 / 11. 15
2) 장소 : 알루코 논산공장(제작), 알루코 베트남공장(압출 및 도장), 한국유리 군산공장
3) 공장검수 결과 내용
- 별도 제출 REPORT 참조

나. 현장검수

1) 일시 : 2019. 05. 03. / 05. 15. / 05. 23. / 06. 11. / 06. 28. / 11. 19. / 12. 18. / 2020. 02. 11. / 04. 17. / 07. 08.
2) 장소 : 메디치 프로젝트 신축공사 현장
3) 검수결과

현장검수를 통하여 지적사항이 있을 시는 현장 및 알루미늄 커튼월 시공사에 수정 및 보완하도록 권고 하였다.

4) 검수 결과 내용
- 별도 제출 REPORT 참조

22

[그림 8-125] 완료 보고서 예시 자료

3절. 외장재 관련 주요 법규사항

1. 외장재 관련 건축구조 기준

건축구조기준은 건축물의 구조적 안전성과 내구성을 보장하기 위한 설계와 시공에 관한 법적·기술적 기준으로 이를 통해 건축물은 외부의 하중, 자연재해, 사용자에 의한 하중 등을 견딜 수 있도록 설계되어야 하며, 안전성을 확보하는 것이 목적이다. 일반적으로 국가 법령 및 산업 표준에 따라 정해지며, 다양한 하중, 재료, 구조 방식, 시공 방법 등을 규정한다.

국내에서는 건축구조기준(KBC, Korea Building Code) 및 한국산업표준(KS) 등이 주요 기준으로 사용된다. 이러한 기준들은 건축물의 구조적 안정성을 확보하고, 각종 재해에 대한 저항력과 사용자 안전을 보장하는 데 필요한 규정을 제공한다.

외장재는 건축물의 외부를 구성하는 중요한 부분으로, 건축물의 미관과 기능성을 결정짓는 요소이다. 외장재는 건축물의 내구성, 방음, 단열, 방수, 그리고 안전성을 확보하는 데 중요한 역할을 한다. 이에 따라 외장재에 대한 건축구조 기준은 해당 재료가 어떤 조건에서 사용될 수 있는지, 그리고 안전성을 보장하기 위한 규정들을 포함한다.

국내에서 외장재에 관한 건축구조기준은 건축법과 건축물의 구조기준에 포함되어 있으며, 주로 다음과 같은 주요 기준이 적용된다.

가. KDS 41 10 10 건축구조기준 구조검사 및 실험의 5.3등 비구조요소
나. KDS 41 12 00 건축물 설계하중의 5.4 외장재설계용 풍하중
다. KDS 41 17 00 건축물 내진설계기준의 18.3.4 등
라. KDS 41 30 00 건축물 강구조 설계기준의 4.11.7 등
마. KDS 41 80 20 유리구조 설계기준

2. 층간방화 및 소방법 관련 기준

외장재와 관련된 소방법은 건축물의 화재 안전을 보장하기 위해 규정된 기준으로, 주로 건축물 외벽을 구성하는 재료가 화재 발생 시 화염과 연기의 확산을 차단하는 데 중요한 역할을 한다. 소방법은 건축물의 화재 위험을 최소화하기 위해 외장재에 대한 방화 성능기준을 규정하고 있다.

특히 근래에는 일반 건축물의 고층, 초고층 설계가 주를 이루고 있으며 미려한 입면 구성을 위해 층간에 콘크리트 수벽이 아닌 유리, 판넬 등의 재료를 적용하여 커튼월의 외벽 설계를 하고 있다.

고층, 초고층 건축물에서 화재 발생 시 소방대처가 쉽지 않고 그로 인한 여러 인명피해 및 재산상 피해를 입는 사례가 발생됨에 따라 외장재와 관련된 소방법이 점점 강화되고 있는 실정이다.

특히 2022년부터 건축법 시행령의 건축물의 피난, 방화구조 등의 기준에 관한 규칙에 따라 커튼월(외장재)의 내화채움구조(층간방화)와 관련하여 건축자재의 품질인정 제도를 시행하고 있으므로 그동안 시험성적서에 의해 적용하였던 SYSTEM 제품은 더 이상 실제 현장에 적용할 수 없게 되었다.
강화된 시험방법 및 기준을 통과하여 인정서를 발급받아 고시된 내화채움 구조 제품을 실제 시공해야 하므로 건설사, 외장시공사, 컨설팅사 등 여러 실무자의 혼란이 있었다.
커튼월 및 외장재의 층간방화 및 소방법과 관련하여

가. 건축법 제5장 건축물의 구조 및 재료 등

나. 건축물의 피난, 방화구조 등의 기준에 관한 규칙을 확인하여 현장 컨설팅 업무 시 적용하면 될 것이다.

3. 주재료 Alum.관련 KS 기준

일반 건축물에서 입면적으로 미려하면서 기밀, 수밀, 단열, 구조성능을 만족할 수 있는 GLASS 커튼월을 많이 적용하고 있다.
커튼월 구성 재료 중 경량이면서 구조적 안전성을 확보할 수 있고, 또한 생산, 가공, 시공이 수월한 ALUM.을 주 FRAME 재료로 사용해 왔다.
커튼월과 관련하여 국내 설계, 시공 및 구조성능에 대한 명확한 기준이 현재까지도 없으나, 주재료인 ALUM.부재에 대해서는 생산제품의 품질과 관련하여 KS기준에 별도 명시하고 있어 만족하는 생산품을 적용하도록 각 현장 시방서에 제시하고 있다.

가. KS D 6759 알루미늄 및 알루미늄 합금

나. KS D 6711 알루미늄 및 알루미늄 합금의 도장판 및 띠

4절. 드론을 이용한 현장 컨설팅

1. 현장 검수시 드론 활용

현장 컨설팅(FIELD CONSULTING)의 주요 업무 중 하나로써 외장재(커튼월)의 시공 품질을 검수하여 보고서를 작성 제출하고, 지적사항에 대하여 보완하도록 하고 있다. 현재까지의 현장 시공품질 검수는 컨설턴트가 직접 현장에 방문하여 육안 확인 및 사진 촬영을 하는 방식으로 시행하여왔고 안전문제 및 현장의 여러 여건으로 인해 건축물의 외부보다는 주로 내부에서 진행하고 있으므로 실제 외장재 외부 품질 확인에는 한계를 인식하고 있었다.

또한 팬데믹 기간을 겪으며 비대면 방식의 외장재 품질 검수에 대한 필요성을 더욱 느낄 수 있게 되었고, 드론을 외장재 현장 컨설팅 중 품질검수에 활용할 수 있도록 연구하게 되었다.

가. 현재 커튼월(외벽) 현장 시공품질 검수시 주로 내부에서 시행

나. 유리, 접합부, 판넬 등 외부에서 품질검수 필요성 절실

다. 안전상 인력에 의한 외부 검수 한계

라. 시공 완료 후 누락부 확인 용이함 (인력으로 전수확인 불가능)

마. 불가능했던 초고층 빌딩, 비정형 건축물 외벽 검수 실현가능

이와 같이 드론을 현장 품질 검수시 적용 할 경우 현재 직접 육안 방식의 한계점을 보완할 수 있을 것으로 크게 기대하고 있다.

현재는 연구, 개발 단계로써 걸음마 수준이라 할 수 있으나, 소프트웨어의 완성도를 높이고 실제 적용현장 사례를 늘려감으로써 현장컨설팅 시공품질 검수의 획기적인 발전을 가져올 것으로 기대되고 있다.

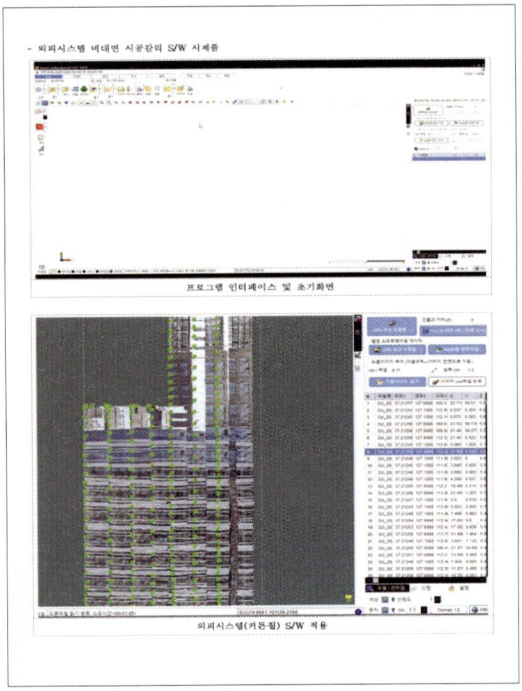

[그림 8-126] 현장 검수시 드론 활용

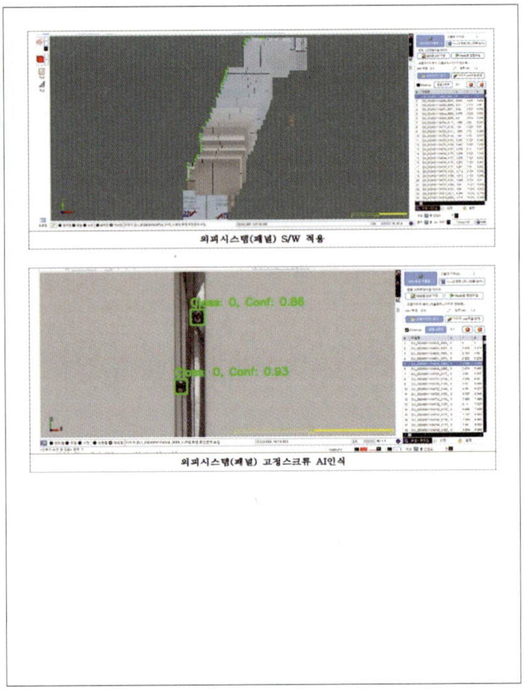

[그림 8-127] 현장 검수시 드론 활용

[그림 8-128] 현장 검수시 드론 활용

[그림 8-129] 현장 검수시 드론 활용

2. 외장재 하자 원인 파악 드론 활용

현장에서 외장재 공사와 관련하여 드론 활용 중 품질검수보다 활용도가 높을 것으로 예상되는 부분으로 시공완료 후 외장재의 문제점을 파악하는데 적용할 수 있다.

외장재 공사가 완료된 후 에는 별도의 외부 장비가 없을 경우 파손, 누락 등의 부위를 직접 확인하기 불가능하여 파악이 매우 어려운 현실이라 할 수 있다.

가. 누수, 외장재 파손 등 외부에서 확인해야 하는 하자원인 파악 가능

나. 인력으로 외부 원인파악 한계

근래에 들어서 현장에서 컨설팅 업무를 진행하며 직접적으로 접한 현장에서의 요구 사항은 위와 같이 시공누락부, 하자원인을 찾는데 드론적용을 굉장히 필요로 하고 있음을 체감하고 있다.

참고문헌

- 건축법 / 건축법 시행령 / 건축물의 피난 방화구조등의 기준에 관한 규칙
- 국토교통부 고시 건축물 에너지 절약 설계기준
- 국토교통부 고시 건축자재 및 품질인정 및 관리기준 / 세부운영지침
- 국토교통부고시 공동주택 결로 방지를 위한 설계기준
- 국토교통부고시 범죄예방 건축기준
- 산업자원부 고시 효율관리기자재 운용규정 / 고효율에너지기자재 보급촉진에 관한 규정
- KDS 41 80 20 유리구조 설계 기준
- ASTM E 283/283M Test Method for Determining Air Leakage Through Exterior Windows, Curtain Wall and Doors under Specified Pressure Differences Across the Specimen
- ASTM E 330/330M Test Method for Structural Performance of Exterior Windows, Curtain Wall and Doors under Uniform Air Pressure Differences
- ASTM E 331 Test Method for Water Penetration of Exterior Windows, Curtain Wall and SkyLight Doors under Uniform Static Pressure Differences
- ASTM E 783 Standard Test Method for Field Measurement of Air Leakage Through Installed Exterior Windows and Doors
- ASTM E 1105 Standard Test Method for Field Determination of Water Penetration of Installed Exterior Windows, Skylights, Doors, and Curtain Walls, by Uniform or Cyclic Static Air Pressure Difference
- AAMA/WDMA/CSA 101/I.S〉2/A440 NAFS North Americna Fenestration Standard/ Specification for window, doors, and skylights.
- AAMA 501 Method of Tests for Exterior Walls
- AAMA 501.1 Standard Test Method for Exterior Windows, Curtain Wall and Doors for water Penetration Using Dynamic Pressure
- AAMA 501.4 Recommended Static Test Method for Evaluation Curtain Wall and Storefront Systems Subjected to Seismic and Wind Induced Interstory Drifts
- AAMA 501.5 Test Method for Thermal Cycling of Exterior Walls
- AAMA 501.6 Recommended Dynamic Test Method for Determining the Seismic Drift Causing Glass Fallout from Window Wall, Curtain Wall and Storefront Systems
- AAMA 501.7 Recommended Static Test Method for Evaluating Windows, Window Wall, Curtain Wall and Storefront Systems Subjected to Vertical Inter-Story Movements
- AAMA TIR-A 11 Maximum Allowable Deflection of Framing Systems for Building Cladding Components at Design Wind Load

- KS F 2271-1 건축부재의내화시험방법-일반요구사항
- KS F 2271-8 건축부재의내화시험방법-비내력 수지국획부재의 성능조건
- KS F 2271 건축물 마감재료의 가스유해성시험방법
- KS F 2278 창호의 단열성 시험방법
- KS F 2292 창호의 기밀성 시험방법
- KS F 2293 창호의 수밀성 시험방법
- KS F 2295 창호의 결로방지성능시험방법
- KS F 2296 창호의 내풍압 시험방법
- KS F 2637 문, 창, 셔터의 침입 저항 시험방법 - 동하중 재하시험
- KS F 2638 문, 창, 셔터의 침입 저항 시험방법 - 정하중 재하시험
- KS F 2845 유리구획 부분의 내화 시험방법
- KS F 3109 문세트
- KS F 3117 창세트
- KS F ISO 1182 화재연소시험방법-불연성 시험방법
- KS F ISO 5660-1 연소성능시험-열방출률, 연기발생률,질량감소율-제1부 열방출률(콘칼로리미터법) 및 여긴발생률(동적측정)
- 제로에너지 건축물인증 기술요소 참고서, 한국에너지공단 건물에너지실, 2024.3
- 조용철, TCC Book of Knowhow, TECHNOFORM BAUTEC, 2015
- 안정혁, 건물외피의 기술개발 동향, 이건창호, 2023.11
- 최원기, Facade Design Guideline, 선우시스 기술연구소, 2017
- Fenestration And Cladding Engineering Technology Scheme
  © Centre for Window and Cladding Technology - 2000, 2001
- https://metsolar.eu/blog/designing-a-commercial-building-project-checklist-how-to-achieve-maximum-area-for-a-solar-power-plant
- https://nfrccommunity.org/page/CI
- 건축물 외피의 에너지 절감기술, 한국과학기술정보연구원, 차성기, 2009
- http://www.tboake.com/carbon-aia/introduction.html
  AIA, The Carbon Neutral Design Project, 2012
- Glass Facade Design Guidebook, 한글라스, 2019
- 독일 TECHNOFORM, KRONOS 기술 마케팅 자료
- 창호의 단열성능에 미치는 열교 차단재의 기능과 역할, 대한 설비공학회 하계 학술발표 논문집, 최원기, 조용철, 2017
- 주거복지구현을 위한 생활밀착형 공동주택 성능 향상 기술개발(과제번호 20RERP - B082204 - 07, 주거환경연구사업, 이화여자대학교 산학협력단, 2014~2021(7년)
- 창호 에너지성능 시뮬레이션 프로그램 및 검증(과제번호 20152000000210, 산업기술혁신사업, 에너지수요관리핵심기술), ㈜비이엘테크놀로지, 2015~2018
- ISO 10211:2017, Thermal bridges in building construction - Heat flows and surface temperatures - Detailed calculations

- EN14024, ISO-10077-2, GB/T 23615-1-2017
- ISO 15099:2003, Thermal performance of windows, doors and shading devices - Detailed calculations
- ISO 10077-2, Thermal performance of windows, doors and shutters - Calculation of thermal transmittance
- 국토교통부, 콘크리트용 앵커 설계기준 (KDS 14 20 54 : 2021)
- 국토교통부, 철근공사-표준 시방서 (KCS 14 20 11 : 2022)
- 한국콘크리트학회, 콘크리트구조 설계기준 해설 〈강도설계법〉 (KCI M-21-001)
- 한국콘크리트학회, 콘크리트용 앵커 설계법 및 예제집 (KCI-M-24-018)
- ACI Committee 355.2. (2008), Evaluating the Performance of Post-Installed Mechanical Anchors in Concrete.
- ACI Committee 355.2. (2014), Evaluating the Performance of Post-Installed Mechanical Anchors in Concrete.
- ACI Committee 355.2. (2019), Evaluating the Performance of Post-Installed Mechanical Anchors in Concrete.
- ACI Committee 318. (2014), Building Code Requirements for structural Concrete (ACI 318-14) and Commentary (ACI 318R-14).
- ACI Committee 318. (2019), Building Code Requirements for structural Concrete (ACI 318-19) and Commentary (ACI 318R-19).
- EN 1992-4, Eurocode 2 - Design of concrete structures - Part 4 : Design of fastenings for use in concrete
- EOTA, EUROPEAN ASSESSMENT DOCUMENT(2016), MECHANICAL FASTENERS FOR USE IN CONCRETE (EAD 330232-00-0601)
- 균열 콘크리트에 설치된 내진용 M16 스테인리스 스틸 확장식 후설치 앵커 인발실험. 김진규, 천성철, 안영승. 한국콘크리트학회. 2022, 34, 43-50.
- 균열 콘크리트에 설치된 내진용 스테인리스스틸 확장식 후설치 앵커의 신뢰성 평가. 김문길, 심혜정, 천성철, 안영승. 한국콘크리트학회. 2023, 35, 433-441.
- 균열 콘크리트에 설치된 비틀림 제어 확장앵커의 성능평가. 채경훈, 박태원, 허무원, 박현수, 안영승. 한국콘크리트학회. 2023, 35, 635-644.
- 내진용 스테인리스스틸 확장식 후설치 앵커의 사용조건 평가-최소 연단거리와 지진 인장. 김문길, 심혜정, 천성철, 안영승. 한국콘크리트학회. 2024, 36, 225-234
- 슬리브 및 헤드 길이에 따른 후설치 앵커의 인발성능평가. 허무원, 채경훈, 안영승, 박태원. 한국구조물진단유지관리공학회. 2021, 25, 8-15.

창호/커튼월 실무와 이론　　정가 35,000원

저　자 : 사단법인 한국창호커튼월협회

발행인 : 임정대
발행처 : 도서출판 구미서관

발행 : 2025년 7월 23일

등록 : 1979년 6월 29일 No.9-6호

주소 : 서울시 마포구 신촌로2길 5-15
전화 : 02-333-1101
팩스 : 02-335-2201
http://www.goomibook.com

ISBN 979-11-6257-316-7 (93540)